生态设计手册

［马来西亚］杨经文　著
黄献明　吴正旺　栗德祥　等译

中国建筑工业出版社

著作权合同登记图字：01-2008-3170号

图书在版编目（CIP）数据

生态设计手册／（马来西亚）杨经文著；黄献明等译．—北京：中国建筑工业出版社，2012.6

ISBN 978-7-112-13578-3

Ⅰ.①生…　Ⅱ.①杨…②黄…　Ⅲ.①生态学-应用-建筑设计-手册　Ⅳ.①TU2-62

中国版本图书馆CIP数据核字（2011）第217893号

Ecodesign：A Manual for Ecological Design/Ken Yeang-0-470-85291-7

责任编辑：董苏华　　责任设计：董建平　　责任校对：陈晶晶　关　健

生态设计手册

［马来西亚］杨经文　著

黄献明　吴正旺　栗德祥　等译

*

中国建筑工业出版社出版、发行（北京西郊百万庄）

各地新华书店、建筑书店经销

北京嘉泰利德公司制版

北京中科印刷有限公司印刷

*

开本：787×1092毫米　横1/16　印张：$29^1/_2$　字数：740千字

2014年7月第一版　2014年7月第一次印刷

定价：**99.00**元

ISBN 978-7-112-13578-3

（21391）

生态设计手册

/ 杨经文

输出

● 呼吸产生的CO_2 ● 废热 ● 污水

消耗

混合垃圾（如有机垃圾、固体废弃物、废弃设备用品等）

再生的材料
- 废热
- 织物、纸张、木制品
- 噪声、碎屑、固体垃圾、废纸、丢弃的设备、损坏的材料、结构、化学品等
- 过程损失、有机物与无机物（如食物残渣、碳氢化合物、矿渣、残油、微粒等）
- 石油化学制品、塑料、橡胶、纤维
- 食物
- 金属制品
- 可进行直接循环的废弃物残渣（如药品、锯末等）
- 增加的清单

人工处理（包括焚烧、填埋、污废水处理）

● CO CO_2 ● 废热 ● 灰烬

废热 ● 可用能量 ●

- 热量、电力
- 交通
- 产业（包括矿石还原、建筑的空调采暖）
- 商业、办公和居住（大部分用于空间的空调与采暖）

光合作用的直接和间接产品：
- 食物
- 森林及其副产品
- 有机物
- 石油炼制产品
- 鱼产品

无机物质与产品

金属矿藏及其产品：
- 铁质
- 非铁质

结构材料（如石材、水泥、灰泥、砂、碎石、玻璃等）
- 材料生产

石油、天然气、煤炭

输入

矿物 农产品 化石燃料

生态系统 空气 水 土地 能源

谨将本书献给我的母亲 Louise 和我的父亲 C. H.

致谢

谨对以下为本书出版提供了重要贡献的朋友们致谢：谢谢本书的责任编辑 Helen Castle 的耐心和鼓励、编辑 Mariangela Palazzi-Williams 对书籍出版所作的高效而有力的管理、编辑 Lucy Isenberg 对本书初稿的编辑，感谢诺曼 · 福斯特爵士的支持和鼓励，感谢 Bryan Lawson 教授（英国设菲尔德大学）对本书主题的指导，感谢 Jeremy Till 教授（英国设菲尔德大学）对初稿的审查以及对编写设计手册的建议，感谢 Ivor Richards 教授（英国纽卡斯尔大学）的重要交谈与批注，感谢 Max Fordham 的批注与建议，感谢 John Frazer 教授在生态设计方面的建议与思想，感谢 Kisho Kurokawa 博士的鼓励以及他对生态设计（新陈代谢理论）的建议，感谢 Charles Jencks 有关生物形态设计方面的思想，感谢 Richard Frewer 教授（香港大学）的建议与鼓励，感谢 Peter Cook 教授的关键性建议，感谢 Alan Balfour 教授的敏锐批评，感谢 Mohsen Mostafavi 教授（美国康奈尔大学）的建议和鼓励，感谢 Masayuki Fuchigami 在绿色设计方面的建议，感谢 Ingo Hagemann 教授（德国亚琛大学）在光伏理论方面的建议，感谢 Colin Meurk 教授（新西兰奥克兰大学）在生物迁移方面的建议，感谢 Simon Fisher 在生物联结性方面的研究，感谢 Klaus Daniels 教授（瑞士苏黎世联邦高等工业大学）在环境系统方面的建议，感谢 Lam Khee Poh 教授（美国卡内基梅隆大学）建筑性能方面的建议，感谢 Paul Hyett 在绿色设计方面的交谈，感谢 Guy Battle 和 Chris McCarthy（班特麦卡锡工程咨询公司）在环境系统方面的建议与鼓励，感谢 Steve Featherston（Llewellyn Davies Yeang 公司）的支持，感谢 Sym van der Ryn 的建议，感谢 Dieter Schempp 教授（德国图宾根大学）在植被绿化建筑一体化方面的建议，感谢 David Balcombe（英国埃塞克斯郡议会建成环境机构负责人）对埃塞克斯设计主导型可持续工作室的支持，最后还要感谢 Ian McHarg 教授（美国宾夕法尼亚大学）在生态规划方面所作出的开创性研究，感谢 Kazuo Iwamura 教授（日本武藏技术学院）的创意与批注，感谢 Ridzwa Fathan 为本书提供的版号，感谢 Yenniu Lim 为本书所作的装帧设计，感谢 Teh Sook Ay 和 Hamzah 为本书写作提供了工作环境，最后需要感谢我的家庭，正是你们对我每天深夜和凌晨由于本书写作所带来的没完没了的吵闹和

生态节点设计

章节标题

滋扰的宽容，使我得以顺利完成本书的写作。

当然对以上诸君我所表达的也仅止于感谢，对本书的一切纰漏本人将承担唯一责任。

手册使用指南

尽管各章节的组织力图反映设计师完成任何一项设计任务所应普遍遵循的一般步骤（如从场地分析入手、继而开始概念性设计等），但仍需指出设计师不应把各章节视为对设计的形式化的刻板描述，而需根据项目的实际情况进行自由组合。

1. 对于生态设计的初学者，我们首先建议您通读本书的目录，这样可对生态设计过程中所应考虑的各因素迅速建立起基本的框架。

之后您可阅读设计指导（B1—B31）中每章的标题，同时结合每章开头的梗概以及结尾的小结，以迅速抓住生态设计方法的要领。在梗概与小结之间是相关的设计思考以及有关设计步骤的详细描述。

2. 对于生态设计专家或高级读者，您可独立阅读各章节，因为每个主题均提供了相应的信息，本书的目录则可作为索引供您在具体设计时查用。设计师也可将本书作为一种生态设计框架使用。

3. 本书既有详细的技术解释、也包含了大量案例，目的是便于设计师使用。如果本书仅囊括所有可用的技术及其系统，体系会变得过于庞大、使用烦琐，因此在每章的开始都从设计师的角度对特定技术进行简要的描述，并介绍它的基本理论，而在结尾则对设计师如何使用这些技术提出建议。

4. 本书共分为三部分，A 部分（A1—A5）是对生态设计的总体介绍以及生态设计的一些基本假设。

5. 建议您首先阅读 A1—A5，以便初步了解生态设计的思考角度，并建立生态设计所必需的基本生态价值观，这是生态设计与规划的前提。A2 主要阐述生态设计中的生态一体化理念。A3 讨论生态系统概念，这是生态设计的基础理论——将建成环境视为自然生态系统中系统、结构、过程等要素的延伸。A5 提供的是生态设计的理论基础，同时构建了一个可用于指导或评价生态设计活动的概念框架（工具）。

6. 和常规的设计活动一样，设计师首先应审视所有的设计要求，并通过设计予以满足，B1、B2 和 B3 详细描述了在最初阶段我们在对建成环境、基础设施或某种产品进行常规设计活动所必须考虑的各种问题，这也是帮助设计师分析和梳理基本的设计要求。

7. 无论是建成环境还是基础设施都有其特殊性，B4—B11 主要讨论生态设计应了解和评估的相关环境要素，它们就是 A5 部分矩阵框架中涉及的第 L22 种关系。

对于产品而言，其生产、制造、配送、销售及使用之环境各不相同，因而它们对环境（活动发生的场所，包括产品的储存和运输）的影响就有了特定的内容，而这些影响需要进行整体考虑（B4—B11 对这一问题也进行了讨论）。

8. B4 对设计中如何评价场地的生态历史建立了类型框架，这也是设计师进行选址的基础。本章同时还提示设计师在开始设计前，进行生态场地分析所需要包含的基本内容，这些也是未来进行 L11 所要求的结果监测以及 L22 要求（这些要求都根据 A5 建立的理论矩阵展开）的目标系统的全生命周期考虑的依据。

9. 在完成场地的生态历史评价后，B5 阐述了场地生态分析与规划的整合设计方法及工作步骤。这是景观设计师常用的一种生态土地利用规划方法。

要进行一次完整的场地生态分析，设计师应进行一系列生态分析（可以请生态学家参与完成）以检查目标场地生态系统的空间、系统等生态特性（包括生物多样性、生物链状况、生态系统的能量流与物质流、生物与非生物要素的污染水平等）。

清单和图示分析的结果以及有关场地特性与表现的评价，将让设计师明确了解场地的生态承载力水平，以作为后续空间设计的基础，未来的空间布局、建成环境的废弃物排放如何处理等问题，均应据此提出针对性设计。

10. B6 主要帮助设计师进行场地规划，以尽可能准确地反映场地生态系统边界的细节。设计师需同时参考 B8 中的有关理论与方法，以使提高设计有助于改善场地已有生态联系或通过创造新的联系以加强场地生物间的联系或物种多样性水平。

11. B7 所述内容是生态设计的关键部分，因为大部分现有的建成环境都是无机和非生物的，A3 和 A4 提醒设计师应在每一生态设计或场地中，保持生物部分与非生

书籍指示符

章节指示符

物部分的平衡，同时尽可能效法自然生态系统中的结构、过程与功能组织。

在这一过程中，设计师可着手于设计的生态美（见 C1），如当在其室内外空间中有较多生物时，设计对象也许就具有了更有机的外观（如 B18 和 B21 所述）。

12. B8 所列举的范例特别重要，生态设计中设计师应超越设计自身的场地（如超过 $1hm^2$），需要将其对生态系统的关注扩大到更大的自然环境中，针对于此，B8 试图在二者间建立起一种恰当的生态关联。

13. B9 主要想提醒设计师有必要增加设计对象中的生物要素，当设计要求比较庞杂时，设计师通常会采取高度集中化布局或将建筑形体分散化，继而考虑相关基础设施的条件、联系通道（如道路）以及铺地等与自然区域相关的部分。

基础设施、道路、铺地等非生物部分的处理会造成或加剧区域的热岛效应，因此设计师应增加设计对象中的生物要素，还包括道路的走向和形态设计（如采用的铺装材料等，见 B7），以缓解建成环境的热岛效应。

14. B10 要求设计师考虑设计对象的能源需求，包括与设计对象相关的运输能耗，尤其在城市环境中，交通过程通常消耗了大量的不可再生能源。区域和场地的交通规划同样会影响场地生态（见 B5），同时会干扰并破坏场地已有的生物廊道。

15. B11 提醒设计师要在项目所在区域外更大的规划和城市环境中，对设计对象的模式、功能和运行进行整体设计，以取得协同效益。

16. B12 到 B29 是设计师在建造或产品中与环境舒适相关的系统时需要考虑的若干问题。

首先是对建筑系统（B1—B3）中的设计、生产、建造活动的前提及其场地环境（B4—B11）进行评估，场地环境还是为塑造与设计要求、所容纳系统相对应的建筑形式的依据。这些都是 A5 矩阵中 L11、L21、L12 考虑的问题。

17. B12 试图建立建筑造型和朝向设置的基本策略，这要求首先分析和研究项目所在区域的全年气候条件，并以此为基础，结合 B5 所提到的场地特征和生态原理，确定相应的设计手段和布局方式（即被动式设计手法）。

B12—B17 详细描述了通过建筑形式及内部系统构建舒适建成环境的各种考虑因素，即 A5 矩阵中 L11 所描述的内容。

18. 在策略选择上，在实际的设计过程中，设计师必须首先优化 B13（被动策略）中所有的设计选择，特别是对当地气候条件的呼应，然后再去考虑确定 B14（混合策略）中的设计选择，之后才是 B15（主动策略）中的设计选择。当所有这些策略都经过了详细的分析后，设计师才可能进入 B16（创造性策略）和 B17（复合模式）阶段，尽管在某些项目中，B16 常常作为一般要求被提出来。

19. 通常情况下，建筑中环境与舒适性系统采用的是复合模式的设计方法（B17），特别是当项目所在的区域气候具有显著的全年波动变化（如四季分明区域）时，这就显得尤为突出。

20. B18 和 B29 与设计对象的输入（矩阵中的 L21）、输出（矩阵中的 L12）有关，它们包括组成设计系统中结构体系、围护结构体系（如立面系统等）、建筑材料、家具、部品、设备等在内的所有内容，所有这些同时也是潜在的废弃物或设计对象的输出品（如矩阵中的 L12 所描述的），它们的使用、再生、循环以及在生物圈中的最终归宿都需要在设计阶段予以充分、整体地考虑。

21. B19 主要考察作为设计对象输入之一的水资源（矩阵中的 L21）的节约、合理使用、地下水回渗（借以防止过度流失进市政雨水管道）等问题。

22. B20 主要讨论的是污废水及其从建成环境中排放以及再循环等问题。

23. B21 讨论的是食物生产本地化及独立供给的必要性问题。

24. B22 考察建筑系统中的所有材料如何仿照自然生态系统（见 A3 和 A4）中的物质循环过程实现再生、循环以及最终重组等问题。

25. B23 要求设计师寻找整合设计系统中非生物部分与生物部分的有效途径，这种整合不仅包括水平方向的整合（见 A2、B3、B7 和 B8），也包括垂直方向，以确保获得更高的生物整合度。

26. B24 描绘一种对设计对象进行评价的方法，它把设计对象看做是一系列作为建筑系统输入物、输出物及其结果的能量流、物质流以及人、机器设备的集合。

27. B28—B29 讨论的是如何在设计系统中组织与磨合各种材料和组分的方法，这一方法同时还须有助于在设计系统寿命结束时，顺利实现拆解以便材料的再生、循环以及最终的重组。

章节分界符

28. 在 B30 中，设计师将完成对设计系统循环体系的构建，同时重新评价其完整性，特别是除其审美外的对自然环境的价值和影响。

29. C1—C3 是设计师按照本书进行具体实践时可能用到的其他内容和资料。

C3 将建成环境的生态设计与医学中的假肢设计进行类比：二者均致力于将人工设计系统整合进一个自然有机体中，新系统与宿主系统生态整合的有效性成为评价整合行为成功与否的简单标准。对于人工环境而言，它所面对的有机主体以及必须实现有效生态整合的对象是自然生态系统、生物圈以及地球的生物进程。

页码数字

生态设计带来对建筑及其环境的重新定义

绪言

当前，在人类活动对自然环境的生态影响问题上，设计师们关注的一个最紧迫的问题是如何去设计（在某些情况下是重设计）包括日常生活中所有人工制品在内的建成环境，使它们对环境有益，既不会产生破坏，也不会对人类赖以生存的自然界造成环境问题。

这本使用手册在研究和整理的基础上回答了这个问题。尽管市面上流通的关于生态设计的文献相当丰富，但并未能提供全面的设计方法和标准，而这正是本手册的目标和用途。

生态设计不仅从技术角度来研究如何摈弃一种物质或体系从而使其有利于另一种物质或体系，更是研究我们人类社会和建成环境怎样形成一个整体并且成为地球生命中的有益部分。生态设计必须能够适用于建成环境（例如土地使用、建筑设计、产品设计、能源系统、交通运输、物料、废料、农业、林业、城市规划等）的所有方面。随着我们理解的深入，生态设计需要对体系结构和建成环境赋予新的含义。文中定义了这种体系结构应该是什么、它如何产生作用以使它既能实现绿色环保及可持续发展，又能持之以恒。经分析，为了人类的未来，现存建成环境的作用、功能和工艺已经被重新利用以解决生物一体化的全球性问题。本手册在这一点上提供了设计依据，而且通过全面综合的指导使读者了解生态设计的构成。

应当全面改变我们的评估，这包括我们当前如何认知体系结构和建成环境、设计的环境脉络，以及我们如何从结构上和过程中作出应对。很明显，需要一个完全不同的模式来设计自然环境所能承受的人类活动以及建成环境。

本手册还要使企业理解他们对环境造成的后果，帮助他们展望公司走可持续发展道路的另一番景象，并用新的工艺、材料和态度来实现这个前景。

在这几个问题中，我们首先必须承认本手册并不能回答生态设计中的所有问题。相对来说，由于生态方面的技术仍处于初期，所以不可避免存在大量未解决的理论及技术问题。虽然有这些缺陷，本手册仍然能为设计者提供方法上的基础，以完成尽可能完善的设计。我们希望这个基础工作能随着该领域的发展而引起关注并得到改进。

在理论技术问题的解决方案还不全面的阶段，本手册从战略上提供了一套指导原则，并为设计者提供了基础的框架来解决这些问题，以达到设计中理想的生态目标。

我们必须承认，仅仅遵循手册中的指导原则是不可能自动生成设计的。读者想要这样做的话，一定会失望。通常来讲，尽管在实现工艺和解决问题的过程中，可能会获得潜在的线索，来描述对于新的设计来说什么是最优的外形、形式和体系，并产生最终设计形式的轮廓，但设计并不能通过数据收集、分析以及遵守绿色法则获得。

我们必须清楚，所有的设计过程都需要设计者对形式的创新，其中，在将许多原理应用于一个整体的过程当中实现设计。最终，设计体系的工艺和美学构想完全取决于设计者的设计技巧，很明显，这是因人而异的。

这里“设计者”这个词不仅涉及行业中建筑师、产品及工业设计师、工程师、城市规划者，还包括所有在自然环境中具有典型行为的专业人士。

尽管这里提供的生态设计的指令是以我们所希望的有序方式给出的，但是我们仍要注意生态设计在应用时并无先后顺序，因此这些指令的执行顺序会随着设计任务的变化而发生变化。

许多生态设计不得不从经验主义的思维出发，因此许多初步的设想和认识是非常抽象的。其挑战性就在于获取这些抽象的思维并使其得以实现；这一点会影响设计方案的制定、产品图的绘制或结构规范的产生，这些都超出了本书的范围。生态设计是多学科性的，我们的目的是要给出生态设计结构及其基本原则的整体概念。

手册中包括了生态设计理论基础的描述。由于像 A5 中所提到的可靠的理论—实践框架对于主流中合法化及生态设计地位有至关重要的作用，所以，我们坚信，在学术界、政界和专业领域，按照优先顺序，关于可持续发展问题的讨论都将会从边缘发展到主流，从而占据主要的地位。

尽管如此，该手册给出了关于影响建筑形式的生态决定性因素的综合概念基础和理论框架。无论是建筑结构还是基础设施，都需要进行预设计，因为设计体系依赖于产品使用和后续的回收利用以及最终环境的同化作用。

本书在简单实用的基础上研究了人类活动和建成环境以及自然环境的各个方面，如果要使人类这一物种得以长期生存，这些问题必须从总体性和对地球无害的生态完整性上予以考虑。

理论上讲，只要自然环境的生态完整性仍然完好，我们就可以说，人类的建成环境——就像蜂窝和狐狸巢一样（尽管比蜜蜂和狐狸群体的规模要大很多）——未必会对生态系统和全球生物圈有害，还可能有益。

人类是对自然界污染最严重的物种，也是唯一一个有能力规划和掌握自己前途的物种。现在，我们必须按手册里的原则和指令来训练这种能力了。

杨经文

（Ken Yeang）

Kynnet@pc.jaring.my

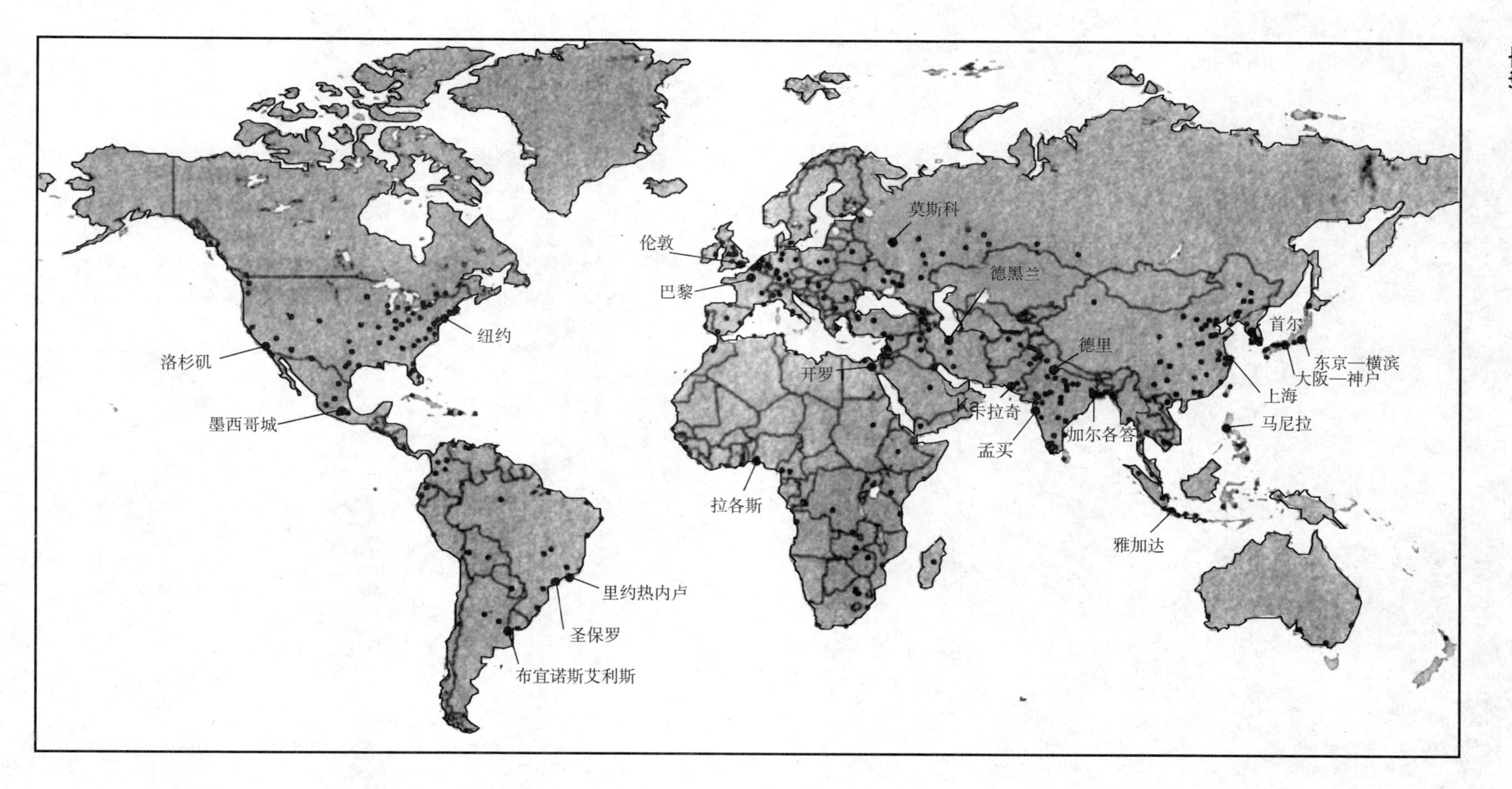

绪言 -1　　2000 年世界上最大的城市（规划的）

●人口多于 1000 万的城市

• 人口 100 万—1000 万的城市

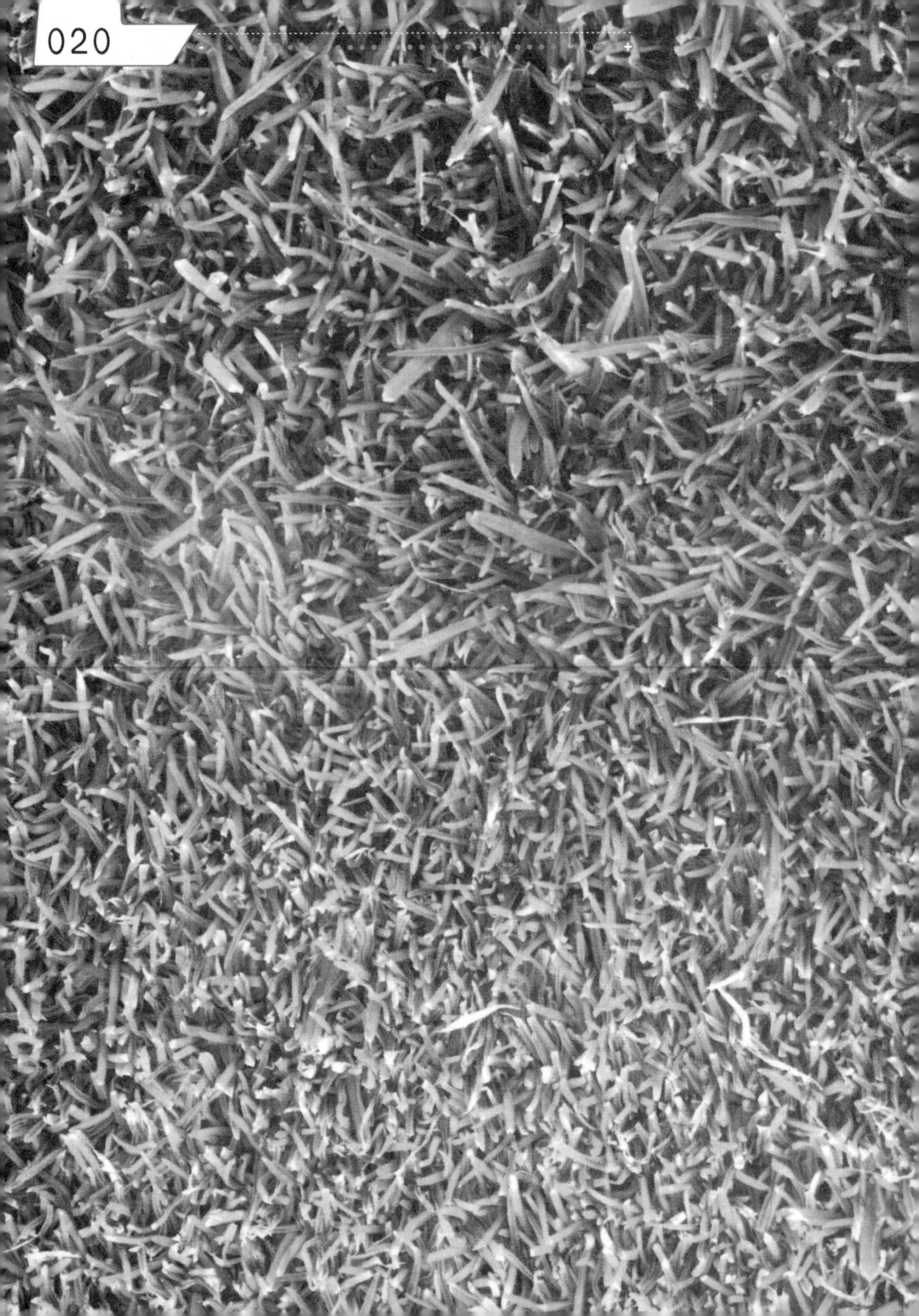
020

A部分

基本假设与策略

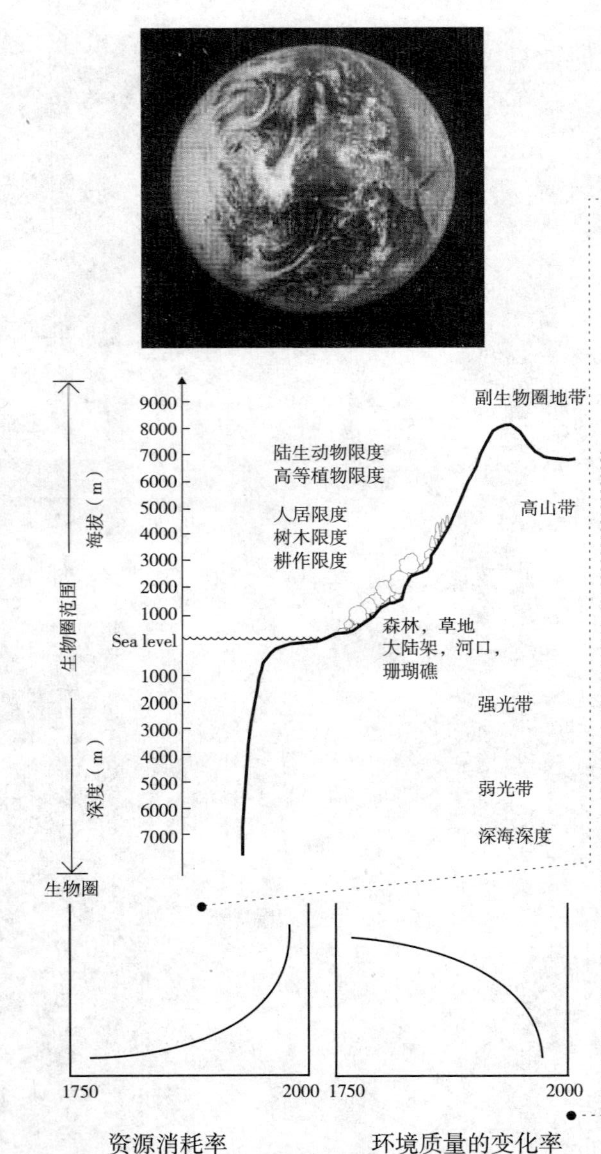

资源消耗率

环境质量的变化率

A1. 何为生态设计？人工与自然系统的生态整合设计

简单地说，所谓生态学设计或生态设计，指的是通过生态设计理念和策略来设计我们的建成环境和生活方式，以便与地球上生存的所有形态生命在内的生物圈友好而紧密地整合起来。而这也必须成为全部人造环境设计工作的根本依据。

对生态设计的定义和明确描述引导着我们直面设计中至关重要的若干问题，具体如下：

生态设计的基本前提是健康——包括人类和自然界中成百上千万的物种，为了生存而呼吸的空气、饮用的水，还有那些用于生产食物的未被污染的土地。在今后的几十年里，人类的生存将不仅依靠自然环境的质量，更要依靠维持一切人类活动的能力——包括维持我们的建成环境而不会进一步损害和污染自然环境。生态设计的基础就是这些基本条件，简单来说，就是人类的健康有赖于自然环境持续健康的发展。

在自然界中，人类是一个具有污染性的物种。人类实际上是自然界中最具污染性的物种。但 200 年前人类并非如此，总的来说，当时的人类也算是生物圈种群中的一个好邻居。然而现在人类开始像“随处排泄的狗”一样把排泄物、垃圾和碎片随意丢弃到美丽的自然中。在过去 200 年里，人类对自然环境的污染和改造的程度呈逐渐上升的趋势。虽然人类数量仅占地球所有生物量的 1%，但他们绝对应对地球上 99% 的污染后果负责，并且人类的建成环境还覆盖了 8% 的生物圈地表。

加重自然环境污染的还有化石燃料等不可再生资源的消耗。如果我们从人类生活方式中抛弃化石燃料，那么人类现有的现代工业文明就将终止。事实上我们现代人类生存的每个方面几乎都来自化石燃料，由它提供动力或受它影响。根据目前的推测，可能在未来 8—18 年间，全球原油产量会达到峰值。人类正趋近一个巨大的历史交叉口。如果没有电世界将会怎样？没有电，空调、电脑、信用卡机、石油泵、取款机都将停止工作。当电源耗尽几个小时后，很多长途汽车交通会因耗尽燃料而停止。如果人类社会的两大基础，石油、电能垮掉，人类社会将直接回到石器时代。

那么，必须用深入且广博的生态基础来设计建成环境与生态学的紧密联系，从而反映人造环境和自然环境的密切关系。不可避免地，生态因素必会成为所有人工制品、建筑物、基础设施——即所有建成环境和设计必须顾及的考虑因素。而如何达到这一目的已经成为当前生态设计师们所争论的焦点。

目前，人们在什么是生态设计这一问题上仍存在误解。绿色建成环境的主题不仅是通过前沿技术就可以解决的问题。许多设计师错误地认为，一旦他们用了足够多的生态工具，如太阳能集热器、风力发电机、太阳光电和生物沼气填满一栋建筑，就会立刻形成一个生态设计。当然，事实远非如此。我们不否认，这些最终可能引导我们实现理想生态产品或结构、基础设施或规划的技术系统和设备具有实验性和实用性，但它们肯定不是生态设计的终极目的，这其中很多在生态建筑中只不过是无用功罢了。那些令人钦佩的工程革新到底是什么？不过是一个伪装神圣的神话。不幸的是，建筑期刊一直延续了这种流行观点，由此导致了生态设计的许多认识误区。这种现象引出一种观点：如果将建筑师与熟悉该项工程设计的机电工程师集合在一起，他们就会创造出生态建筑——然而令人遗憾的是，他们实际上所能建造的仅仅是一个生态工具建筑，一种技术拯救的幻象而已。用光伏电池、太阳能板和低能耗结构的耐热玻璃组成的建筑形式没有什么特别引人注目的，进一步说，绿色设计不仅仅是低能耗设计。必须清楚的一点是，生态设计不是生态技术系统在某一建筑中的简单集合。这些技术可能是生态设计师的一项使用工具，但其最终目标是通过设计实现环境整合。通常这些技术上的困扰会扰乱设计师的注意力，使他们不能从更宏观的角度去理解生物圈里的生态学和生态系统。

通过工程方法和生态方法进行绿色或生态设计，两者间有着本质区别。在工程方法中，设计师以终为始，脑子里勾勒出预期结果，加上高效的过程控制，按既定目标进行建造，直至结束。相反，生态方法是从环境识别（即观察那里有什么）开始，受控于实现环境和谐的过程。

设计系统的形状、内容、机能必须从一开始就针对良性的环境一体化这一简单目标，以建造建成环境开始，并达到最终与环境同化的目的。然而，这项任务说起来容易，但要做到则很难。

● 生态设计不是生态工具的组装

· 对本地生态系统的影响
· 对生物圈和气候过程的影响
· 对能量和材料源的影响
· 对现有建成环境的影响

能量输入
从生物圈获
得的材料输入

无机质谱仪 + 运营系统
建成系统

能量输出材料输
出排放到生物圈
（包括其可利用
生命周期尽头的
建成系统）

对场地生态的影响

● 将建成环境的影响与自然环境整合

本手册阐述了这一势在必行的任务，为生态设计提出了清晰实用的定义，给出了一套合理、综合、统一的理论框架，使生态设计有明确可循的途径和依据，有利于我们确定建筑形式及其相关的系统特性和功能。

小结

生态设计是针对建成环境与自然环境间实现友好、紧密的生态整合而进行的设计。更确切地说，本手册讨论了为实现这种良性的生态整合所需作出的努力、为什么这些努力必不可少、设计中要考虑哪些因素及哪些方面、它们如何影响建筑形式的形成（包括其内容及其过程），以及这些建筑形式的外观（见 C1）。

我们必须明白，生态设计仍处于初期阶段。人类对生物圈的干扰，从现有的破坏程度和生态学者的研究来看，很明显，人类没有完全理解生态系统以及它们对人类行为的反应，而人类作决策时也不像理解了这一问题。

A2. 生态设计的目标：环境友好的、与环境无缝紧密整合的设计

生态设计的目标是良好的环境生物整合。从本质上说，生态设计是一个过程，人类的目的是通过这个过程与更大的格局、流量、过程及自然界的生物配置审慎而和谐融合在一起。简单来说，生态设计是将所有人造环境及人类活动与自然环境紧密而友好地整合的过程，该过程包括了原材料的采集、加工、建造、拆除，以及最终重新融入自然与生态系统等各个阶段。从根本上说，生态设计的关键前提和主要问题，是所有人造系统与生物圈中自然系统过程的有效集合。

这种描述大有益处，因为它能让我们将所有设计专注于一个目标，那就是实现环境的生物整合。

这里的人造环境是指人造世界中所有项目、要素和组分。包括建筑物、结构、城市基础设施（例如公路、排水沟、城市排水、桥梁、港口等），所有我们提取、制造、生产的物品，以及人工制品（例如冰箱、玩具、家具等），实际上是所有人造物品。与人造环境相平衡的是自然环境，它由生物圈中的生态系统组成，该系统包括地球和生物圈过程中所有生物和非生物。地球生态是终级环境，是人类活动和建成环境与环境的整合。

生物圈这个词在这里指大气层、地表层、海洋、洋底或者有机生物的生存区域。它在地球表面形成一个薄层，包括地壳表面、水圈、低层大气。这是我们建成环境的来源，也是最终的归宿。

生态设计的关键是整合。由于对整合设计、环境整合及其系统调节的强调，这种观点和对环境整合以及它系统论述的强调，正是大多数其他生态设计作品所缺少的。实际上，不管在生态设计中，还是人类活动中，紧密的生态整合都是我们人类必须首要解决的根本问题。如果人类能够成功地将整个人造环境、它的功能以及所

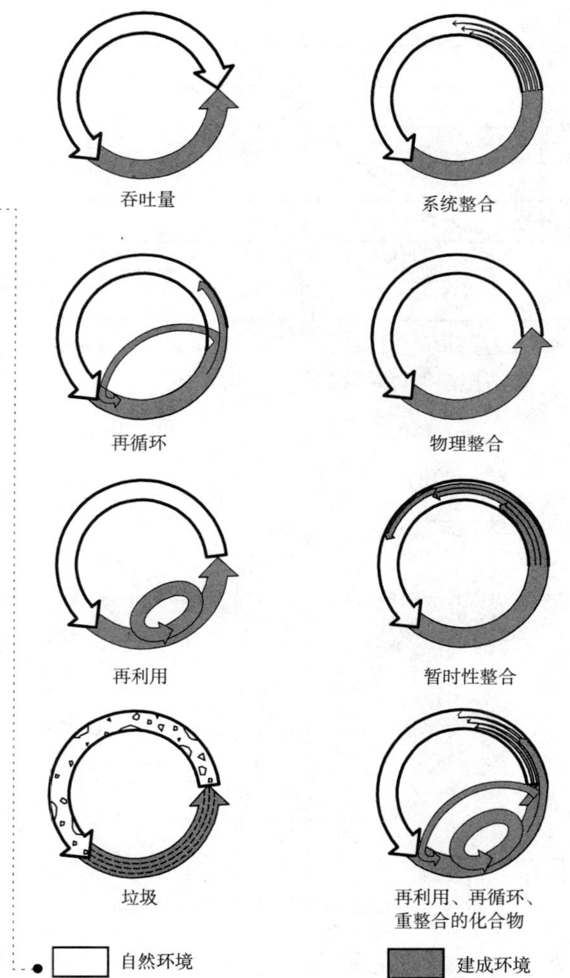

建成环境和自然环境的整合

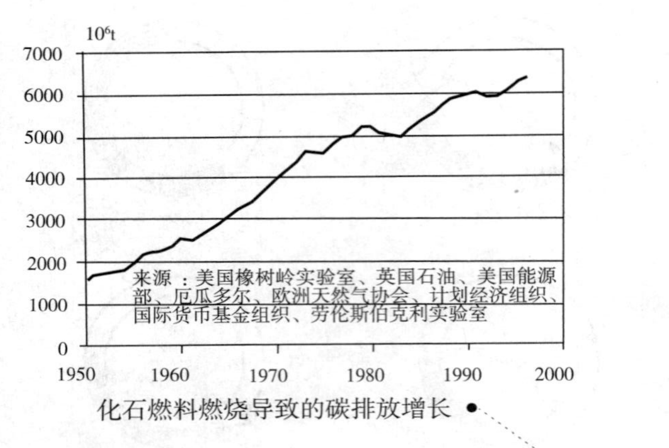

化石燃料燃烧导致的碳排放增长

按气体划分	（%）
二氧化碳（CO_2）	49
甲烷 （CH_4）	18
一氧化二氮（N_2O）	6
CFC-11 和 CFC-12	14
臭氧（O_3）	8
其他	5

按行业划分	（%）
能量	57
氟氯烃（CFC）	17
农业	14
林业	9
其他产业	3

按气体和行业划分的对全球变暖的作用

有过程完全与自然以友好、紧密和共生的关系整合起来，那么我们就可以消除因人类活动给自然环境造成负面影响所带来的一系列重大问题。

有些设计师认为，绿色设计对自然环境产生的消极影响最低；绿色设计的建成环境对地球的索取较少，对人类的给予较多；如果将建成环境比作一棵树（即生成氧气、使用太阳能、净化水等），那么绿色设计确实包含了所有这些方法，但如果设计系统不能在它们的建造、运营（在使用）、最终再利用、循环或重整等阶段与自然环境整合，那么它们只能减缓目前环境受损的速度，而不会形成最终解决方案。判断是否成功的最终标准必须是建成环境与自然环境整合的紧密、友好和包容程度，最终的标准仍然是整合。

例如，如果我们能在生态系统的自然循环和过程范围内进行系统整合，从工业建成环境中吸收所有排放物和废弃物（固体、气体、液体）而不干扰或影响这一循环和过程，那么就不会出现废弃物之类的东西或环境污染。

如果我们能将能量利用率与生物圈中的可利用资源（无论是可再生或不可再生资源）的再生速度协同，那么就根本不会有能源枯竭，或温室气体带来的全球变暖问题了，同时也就再不用为后代的可持续发展担心了。尽管自然资源和能源使用过快，人类却放弃了可供永久利用的太阳能。在过去200年间，人类肆无忌惮地挥霍资源，而这些资源本不应用于不必要的需求。自然资源（例如化石燃料、金属和其他材料）的提取速度不应快于其慢慢降解、重新融入地壳或被自然界吸收的速度。同样，物质在建成环境里系统性增加或生成的速度不能超过它们分解的速度。

如果能将所有建成环境和基础设施与大气圈的生态系统加以实质性整合，就不会面临任何生境受到干扰或生物多样性消失及由此引发的相关问题。

当然，在我们强调这是生态设计所面临的至关重要的议题和设计问题的同时，我们仍须认识到，要以环境友好和紧密整合这一方式来深入彻底地实现上述目标很困难，但这正是生态设计面临着巨大挑战所在。

为进一步阐述生态设计的依据，应当从三个独立的层面来探讨生物整合的目标：物理性、系统性和暂时性。物理整合是建成环境在配置、地理、位置上与生态系统的物理特征和过程的整合。系统整合是建成环境的流动、功能、运作、过程与生态系统及生物圈中的过程和功能的整合。暂时性整合是人类和建成环境按照生态系统和生物圈中更新和再生的自然速度以可持续的速度对自然资源、生态系统和生物圈过程的使用和消耗进行整合。每种层面的整合都必须以友好和紧密的方式实现（即无消极后果或将消极后果最小化），并且，在理想状态下对自然环境有积极的影响。这就是生态设计和规划的基本原则。

在解决这些生态整合问题时，读者可以参阅生态设计“互动作用模型”（A5），它会告诉我们建成环境所有必须考虑的各方面因素。例如，生态整合的范围可以做如下分解：设计师必须解决支撑我们建成系统的材料、产品和城市基础设施初级生产（包括安装施工、现场操作以及对其相关环境的影响，如生物圈中的气候过程）的生态整合。生态整合的另一个内容是在使用期间人类和物质在建成系统的流动和运输。建成系统自身的空间影响（还有其随后的改变和革新）冲击着当地的生态系统。最后一个组分是建成系统的排放物和输出物的影响以及在现有人造环境的再利用或再循环，还包括最终与自然环境融合和重整。这些过程组成了建成系统自身材料和设施的内容，此后在其使用寿命结束后将在别处进行处理。

因此，生态设计是一个复杂的任务。因为所有涉及自然环境的事物之间都有多重联系和影响，并且他们之间还相互依赖。建筑形式中所有这些方面的有效解决方案都变成了复杂的设计和技术上的努力。建成环境设计和创作的每一项行为都能给自然环境造成重大的消极影响，比如来自生产、操作、运输、再循环、再利用到最终与环境重整的每个阶段。因此，生态设计应以一种友好而积极的方式，实现自然界生态系统和人造系统在物理性、系统性、暂时性上的整合。在实践中，要实现绝对的生物整合（见B3），很困难。因此，生态设计成了决定将哪些生物因素优先整合的过程，而这些因素对设计方案和与某个特定场合相关的特定生态状况至关重要（见B3）。

等级	整合层次		联系
生物圈	↑	↓	大比例环境
生物群系	↑	↓	中比例环境
生态系统	越来越复杂的组织	↓ ↓	环境和生物群条件外围
官能团	↑ ↑ ↑	生物有机个体下降数量	构成官能团的物质耐性范围内的环境压力
种群	↑	↓	构成生物群落的物质耐性范围内的环境压力
群体	↑	↓	其他种群和小比例环境
生物体	↑ ↑	↓ ↓	其他相同或不同个体和小比例环境

● 生态设计中的整合和联系等级

生物分解
生物温和分解产物会转化成覆盖物。总的来说，在有水的条件下生物进行分解。掩埋垃圾可能会抑制生物分解。当产物被压缩，生物分解表现会略好。在产物暴露于外界环境的时候，降解必须100% 少于 2 个月。

生物降解
生物进行完全地温和降解而不是生物分解（例如，由微生物有机体制造而成）。

生物再生
生物在三个月内完全地温和降解，不留下任何残留（例如，用玉米基础材料的层次叠合的纸制品）并且可以防水长达 6—8 小时（例如饮料瓶和快餐盒）。

生物加强
良好的生物强化（例如干燥气候下用于防止侵蚀的人工毛刺）。用附加物刺激植物生长（例如植入兴奋剂的植物种子和播种）。

注释：所有的产出必须对自然环境温和无害。

● 系统性整合

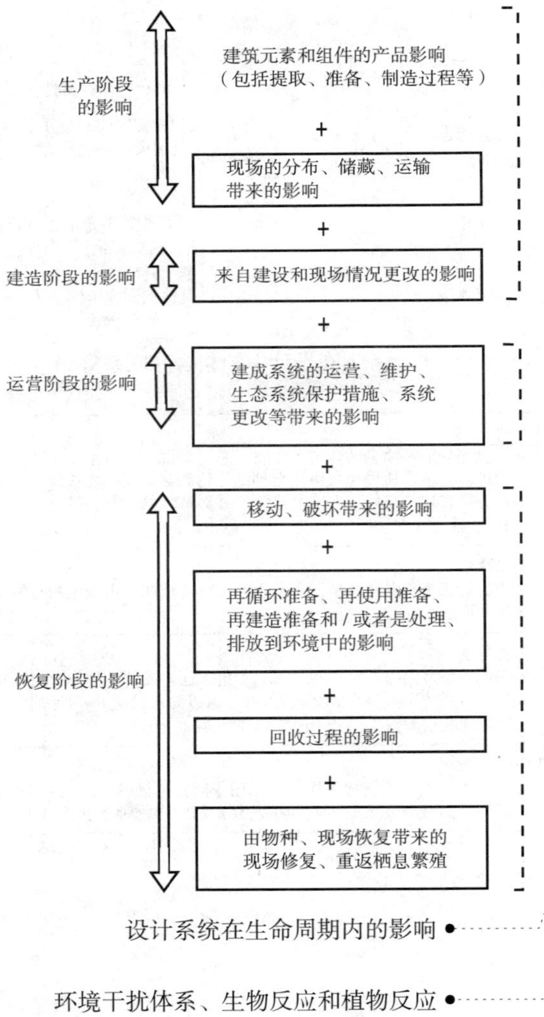

生产阶段的影响：建筑元素和组件的产品影响（包括提取、准备、制造过程等）+ 现场的分布、储藏、运输带来的影响

建造阶段的影响：+ 来自建设和现场情况更改的影响

运营阶段的影响：+ 建成系统的运营、维护、生态系统保护措施、系统更改等带来的影响

恢复阶段的影响：+ 移动、破坏带来的影响 + 再循环准备、再使用准备、再建造准备和/或者是处理、排放到环境中的影响 + 回收过程的影响 + 由物种、现场恢复带来的现场修复、重返栖息繁殖

设计系统在生命周期内的影响

环境干扰体系、生物反应和植物反应

当今用于生态设计的一些技术，例如20世纪60年代由景观建筑师提出的生态土地使用规划（见B5），与现实这些目标尤其密不可分。虽然不能完全令人满意，但已经为我们将建筑形式、基础设施与生态特征和场地过程进行物理与机械整合提供了更大的可能性。然而，大多数情况下，与人类所探索的生态系统过程进行系统整合相反，生态系统所能达到的整合水平本质上说仍是建筑、基础设施与场地生态特征在机械和物理上的整合。例如，在许多情况下，将建筑形式的运营系统、基础设施中的“流”与生态设计的系统整合仍不够彻底。

什么是可持续设计？广义地说，可持续设计就是生态设计。也可将其定义为确保能满足社会需求，而不会减少留给后代的机遇而进行的设计。它包括所有设计模式，只要这些模式能通过自身与自然环境的生存过程进行物理性、系统性和临时性整合。从而最大限度降低对环境的破坏性影响（见附录2）。

至于“后代”这个定义，问题是我们所说的将来到底指将来的什么时候。答案很可能仅仅是今后的一百年。今天的世界，即使人类对环境影响没有任何重大变化，它也可能会再延续一百年，也许到2100年；但如果我们不改变自己的生活方式和建成环境，之后的前景就显得并不是那么乐观。我们已经看到按人类当今的消耗速度，对于不可再生资源的石油，还能持续利用不超过50年。

就建成结构（建筑、各种类型结构和基础设施）来说，生态设计不仅要考虑整个建成系统的设计，而且要考虑在其制造、运输、建设到其最终再利用、再循环及重整过程中的相关事宜。它包括了从设计纲要的准备到场地选择、概念化及设计的进展，施工技术，环境美化，建筑垃圾的管理、使用和生态系统保护期间的消耗以及居住者健康的所有相关问题。在进行生态设计时，要考虑对有建筑结构施工场地加以保护，场地生态系统及其生物、非生物组分必须与结构中的过程相整合；还包括水、能源、材料以及其他生物资源的保护和生物整合问题（见B4—B8）等。除此之外我们还必须考虑建成系统内部本身的项目、装置、产品和设备。

小结

生态的设计，或者在这里简称为生态设计，是整合人造环境与自然环境的设计。其内容包括人造环境形式的土地规划，（对于某项产品的生态设计来说）在生命周期中确定其内容、功能和过程以及对流动的监测，生态设计的环境影响及其与环境相互作用的影响，其输入、输出及相关方面和活动（如运输等），以达到与自然环境紧密、友好和共生的整合。

生态设计的这种定义非常有用，它可以作为设计师的一套参考文献，确保在进行生态整合时，把所有与设计相关的关键方面都考虑在内，同时在通过设计确定建成形式的过程中，能使这些关键方面得以实现。

生态设计的首要任务是避免环境进一步恶化，并通过设计加以维持。最终的生态设计应力争恢复到大规模工业污染时代以前的环境状态。

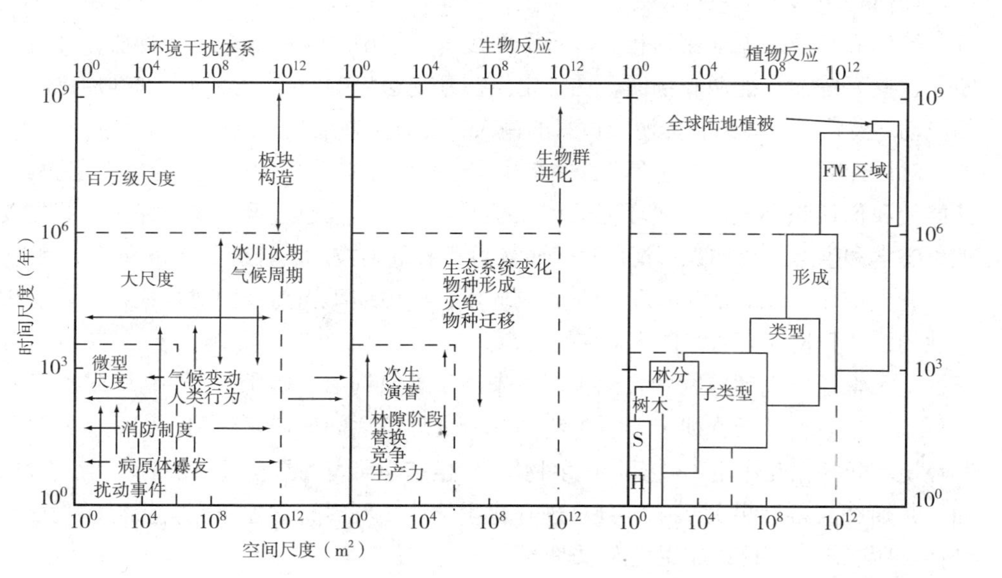

生物圈

生态系统

群落

群体

生物组织系统

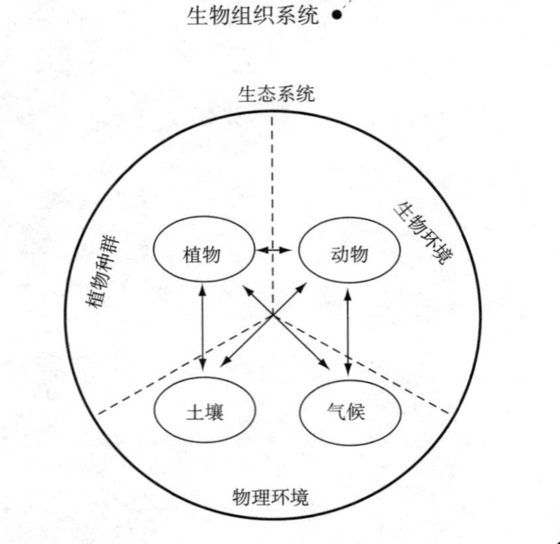

植物、动物、其他生物以及物理环境组成了生态系统的组成成分

植物群落被看做是图示那样与环境进行特殊相互作用的个体集合，设置在特殊物理环境中的高度整合体。

A3. 生态设计的基础：生态系统概念

生态设计必须以生态系统概念为基础进行。生态系统的概念首先由植物学家 Arthur George Tansley（1871—1955 年）在 1935 年进行了阐述，后经 Eugene P. Odum（1913—2002 年）发展为一套通用系统，本质上，生态系统是自然界中很小的一个单元，它由生物、非生物、它们生活的总环境以及它们之间的相互作用形成了一个稳定的体系。整个地球可以看做是一个由生物组织系统构成的生态单元。这个概念是生态设计的基石，对于我们至关重要。

生态系统这个概念是德国生物学家 Ernst Heinrich Haechel（1834–1919 年）在 1866 年提出的。它对生物体，生物体与所有相关环境，生物与非生物生态系统之间的相互关系做了科学研究，并着眼于生物体对无生命环境的影响。

生态系统的一个重要特点是它的规模可大可小。没有一个生态系统是单独存在的。任何等级的生态系统都是开放系统，而非封闭系统。这也说明了所有生态系统都与能源和物质的流动密切相关。每个系统都从周围系统摄取能源和物质，并且不断向这些系统输出能源和物质。在确定生态系统边界的时候，必须考虑其周围相关的流动。忽略这些联系，能源及材料的输入就会对生态系统造成损害。

对设计师而言，研究生态学，并将生态学作为生态文化加以理解是十分必要的，这能使我们认识和理解构成环境的相互联系和过程，并通过设计加以保护。我们要把生态学和生态系统知识广泛应用于重新设计我们的技术、社会、经济和政治制度，并把它们应用于现有的工业生产及建成环境，以便缩小当前我们对建成环境具有破坏性的设计和技术与那些自然系统的差距。

生态学是研究动植物的自然生境（来源于希腊词语“栖所”，即“房子”）的一门科学。生态科学旨在研究所有生物与其所处环境之间的相互作用，以及有机体与其环境之间的相互作用（包括其他生物体）。生态学研究的是模式、网络、平衡、循环，而不是研究直接因果关系来区分物理和化学学科。同时，它也研究自然界的功能和结构。所有规模都可以应用生态原理。

总体来说，如果一个生态系统的输入输出（能源和物质）能相互平衡而不会损失大量养分，那么该生态系统就能可持续运作，这种情形可称为动态平衡或“稳态”，尽管可能会有波动。同样（见 A5），人造建成环境的设计也必须以实现该平衡或稳态为目标。强健的人造生态系统是自然生态系统在生物圈中的延伸。

因此，对生态文化的基本认识对设计师来说至关重要，设计师必须深刻了解诸多行为对自然环境产生的生态后果，并理解生态学和生态系统的概念。这一点非常重要，原因至少有两个：首先，生态知识有助于设计师清楚地理解人类发展和进步导致环境退化的深层原因。其次，对生态概念的全面领悟有助于设计师评估、衡量并合理预测设计可能造成的环境破坏。最为重要的是，它能帮助设计师基于生态原理确定设计解决办法，并基于生态拟态策略进行设计（见 A4）。

生物圈是围绕地球的一薄层，从海洋深处延伸 30—40 英里直到上层平流层，它包含了地球上存在的所有类型的生命形式。在狭窄垂直的带状空间内，生物和地球化学过程交互作用以维持生命。全球生物圈可划分成许多生态区，各个生态区里生活着已经适应当地气候、地形和土壤的各种特色植物、动物、鸟类、昆虫、鱼类及其他栖息物种。每个生态区域都包含诸多生态单元或生态系统。热带雨林和热带季雨林大约占地表植物面积的 20%（温带森林包括常绿林、落叶林和北方森林占地表植物面积的 19%）。开阔林地、灌木丛和热带草原占 19%，温带草地占 7%，冻土地和高原地区略多于 6%，沙漠区和半沙漠区占 14%。所有的潮湿生境，比如湖泊、河流和沼泽共占 3%。耕地占剩下面积的 45% 出头。

在每个生态系统内，构成生物群落的生物体与它们所生活的环境保持平衡。例如，某个区域的整个气候和地形是决定生态系统发展类型的主要因素，但在任何生态系统内都有着复杂的相互作用和细微的变化，它们会生成更小型的生物群落，动植物在这种生物群落中会占据各自特定的生态位。本文参考的正是生态系统的这个概念。

生态系统有很多种定义。Tansley 将生态系统描述为“地表自然界的基础单元”。其他解释还包括将它看做是一个能量处理系统，其中的组分经过长时间共同进化为动植物、真菌和其他生物体群落，并与其他生物种保持不同程度和种类的相互依赖

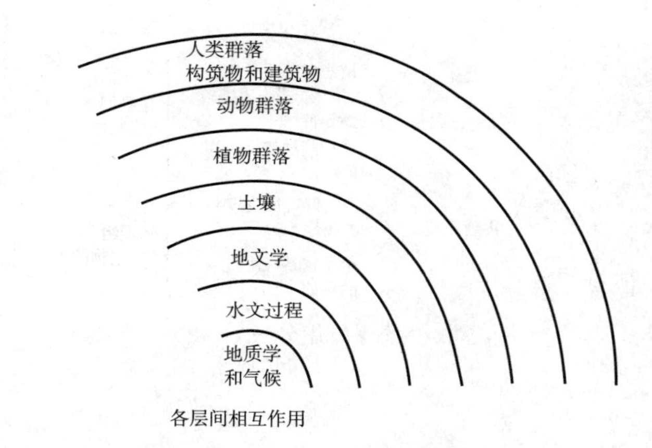

• 决定生态系统发展类型的因素

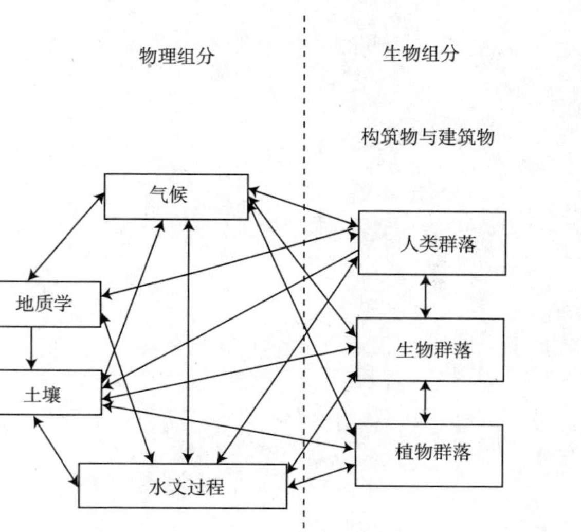

• “千层糕”模式的生态系统内各层间的相互作用（即物理组分、生物组分）

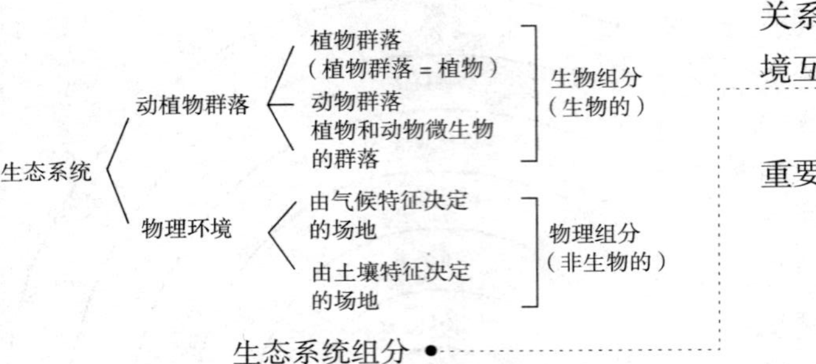

生态系统组分

关系，也可能进化为动植物和微生物群落构成的动态复合体，它们与所在的无机环境互动，从而构成一个功能单元。

下面是关于生态学和生态系统的几个关键方面，对生态设计师而言理解它们至关重要：

生态系统的组分包括：

层

—绿化带或者自养层，有机体和植物通过它们吸收光能和简单的无机物。在这主要将简单物质转化成复杂物质。

—棕色带或者异养层，有机体通过它们利用、重整和分解复杂物质。在这里主要进行复杂物质的分解。

结构组分

—参与物质循环的无机物、碳、氮、二氧化碳和水等。

—联系生物和非生物的有机物和混合物、蛋白质、碳水化合物、液体、腐殖质等。

—气候系统，包括温度、降水等。

—有机生产者——自养；主要是能利用简单物质和光能合成食物的绿色植物。（“生产者”）

—有机消费者——吞噬型；摄取微粒状有机物质或其他有机体的动物。（“消费者”）

—有机分解者——腐生性营养；主要是细菌、原生动物和菌类等，它们同时释放有机物和无机物，而这些有机物和无机物被植物回收，或提供能量，对其他生物成分具有调节作用。（“分解者”）

过程

—能量流。

—食物链或营养关系。

—多样性模式，空间的、时间的。

—矿物质，除去食物的养分循环。

—发展和进化。

—控制或控制论方面。

- 生境位于生态系统之内，是有机体或种群自然存在的空间或场所。这些有机体为其他生物生产食物（例如，植物经过光合作用生长却成为食草动物的食物等）。当然这里还存在很多其他有机体，比如分解者会将物质分解成基本元素。在生态系统中有一个完整的养分循环过程（从有机体到有机废物再到有机体）和能量流动的净平衡（在生成物质和热量期间，能量输出与太阳光的能量输入相平衡）。设计师必须明白，项目现场这些复杂的过程和功能，很容易被建成系统、结构和人类活动打乱；所以，在任何拟定的人类行为活动发生之前，系统地研究那些生态系统中的诸多过程，对设计师来说是至关重要的（见 B4—B5）。
- 生态系统的关键因素不仅仅是其规模，还包括能量流动和物质循环。
- 地球由不同种类和规模的生态系统组成，这些生态系统是相互联系的。设计师必须将所有这些行为活动看成在生态上和环境上相互联系，它们的影响不仅是局部和区域性的，而且是全球性的。
- 自然生态系统随着演替过程而改变。生态演替源于物种的出现，生长、资源获取和竞争过程共同促进了整体生态系统的发育。当地资源的可利用性是决定生态演替的限制性因素，之后，生态系统的成功发育取决于物质在内部再循环过程的发展。这关系到有机物的腐败、营养物的释放和再利用以及土壤有机质的活动等。因为生态系统在不断变化，设计师必须随时监控设计系统生态系统的状态，并针对设计系统对当地的长期影响作出持久评估。生态设计并非一次性的活动。
- 生态系统内的每个生物体，不论大小都在维持群落的稳定性中起到了极其重要的作用。其生境就是动物、细菌、单细胞生物、植物或真菌所生存的地方。每个有机体都有适合其自身生长的领土范围。对所有有机体而言，最重要的因素是其能量或食物的来源。从生态学观点看，地球上的所有物种（包括人类）是共同进化的，每个物种虽然看似不重要，却有权生存下去。在任何生态系统

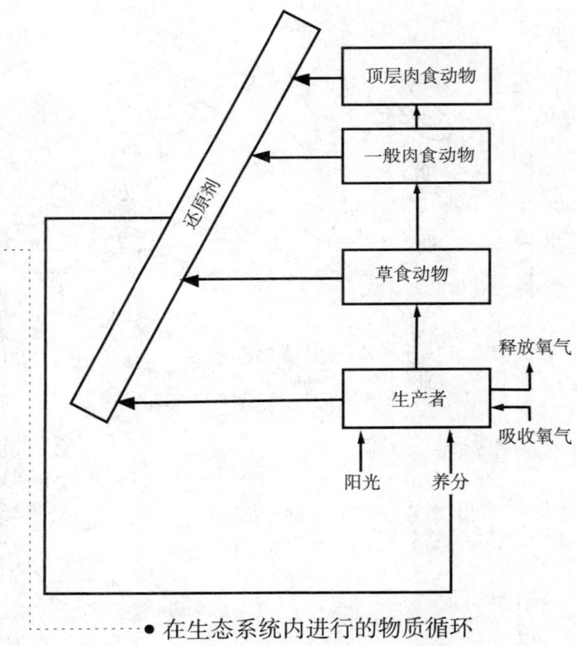

● 在生态系统内进行的物质循环

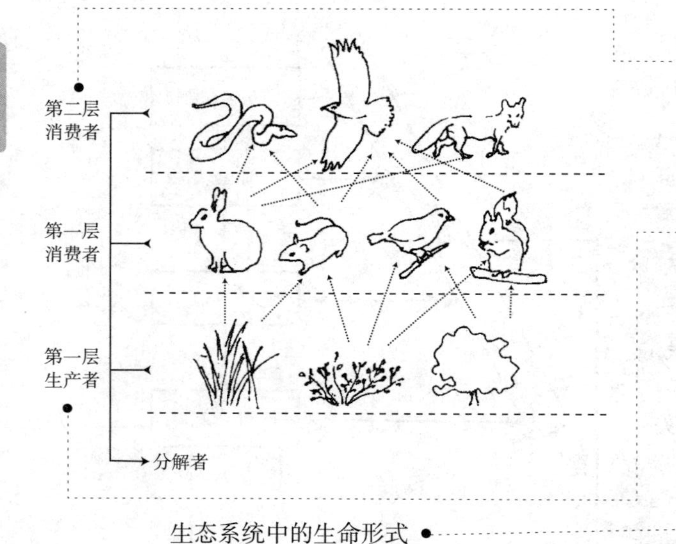

生态系统中的生命形式

中都存在着类型复杂的觅食关系或食物链。在生态系统中，这种食物链通常有3或4条，5、6、7条等出现得相对较少。食物链长度是有限的，其主要原因是动植物体内所储存的大部分能量在食物链的每个层级都会流失。设计师必须意识到这种模式的脆弱性，并警惕人类活动对食物链的干扰和破坏。

- 植物是所有生态系统中最主要的食物和能量来源。它通过光合作用利用阳光、水、二氧化碳、矿物质等环境元素来获取能量。然后食草动物再通过食用这些植物来获取食物。同样，食草动物又被肉食动物捕获，而该肉食动物又可能成为另一种肉食动物的美餐。动植物的废弃物在生境内被微生物分解，然后又转化成环境的原材料。作为设计师，应注意到生态系统内的这个过程是可循环的，而在我们当前的人造建成环境，生产过程却是单向的，末端的排放物会破坏自然的循环过程，从而造成环境破坏。
- 生态系统中的生命形式完全取决于环境内的敏感性平衡，人类对局部、区域和全球范围内任何改变都可能进一步造成灾难性的后果，从而影响人类的生活。对生态学独特的理解和洞察不仅对其自身意义重大，对环保主义的发展也起到了至关重要的作用。
- 所有物种在进化时都会在身体上和行为上相互作用。例如，授粉昆虫和鸟类分别进化出适合生存的喙和鸟嘴，被授粉的花已适应这种合作关系，会促进、鼓励昆虫和鸟类的授粉行为，因此，昆虫和鸟类在觅食过程中成为高效的授粉者。世界万物都会对气候和大气的变化以及当地的土壤化学作出反应，并同时改变其生境。如果人类想永远生存下去，那么我们的生境（建成环境）也必须适应自然环境过程，比如根据特定区域的生态和气候进行建设和生活（见B5、B6和B13）。（据估计，在接下来的几十年内每年平均5万个物种——包括哺乳动物、鸟类、昆虫和植物——会消失。如果这种趋势持续下去，超过2/3的现存物种将在21世纪消失。）
- 在生态研究方面，设计师研究的并不是每种个体生物本身，而是个体生物如何在其他生物所处群落中的生存。在与其他生物共处的群落中，生态设计是对建成环境的设计，它着重于自然界中与其他构筑物之间的关系，与整个自然群落生命的关系以及与生物圈中生态系统的关系。

- 也许对许多人来说，对他们影响最小的是自然界中构成复杂生物群落的动物和植物。群落不仅确保了上述物质和能量转换进行有序的循环，而且可以调节湿度，帮助地表缓冲剧烈的地貌变化，并且促进土壤的形成。简言之，人类依赖这些生物体生存，此外还依赖于其维持人类生存所必须具备的其他栖息条件。这些生物体的改变由人类所致，无论是因为人类荒唐破坏环境或是自然过程间接促进，这种改变对人类来说，甚至比与人类行为无关的“自然变化”更加严重。因此设计师必须意识到每个项目现场的生物群落，并确保维持这些群落的生态完整性。
- 总体来说，自然系统的基本特点是生态系统和整个生物圈是相对稳定和富有弹性的。这种弹性可以抵制干扰，并能从长期“冲击”（如人类行为）中恢复过来，对保持生物圈的生命及维持系统的正常运行是必要的。在生态系统内部，保持物种、功能、过程网络的完整性，以及联系不同系统的网络，对确保稳定性和弹性是十分关键的。如果生态系统变得简单化，其网络之间失去联系，那么生态系统将变得更加脆弱，面对灾难性和不可逆的退化将会变得更加不堪一击。人类活动导致的变化，例如全球气候改变（显著变暖）、臭氧层破坏、生物多样性匮乏、渔业崩溃、越来越严重的洪灾和干旱等充分证明，生物圈的弹性正在减弱。我们目前和将来的设计决不能再进一步破坏这种弹性，而应在生态系统能力范围之内进行设计。正是由于这些原因，生态设计方法对建成环境和行为活动才显得至关重要。
- 可是生态系统的组成成分（生物体、群体、物种、生境等）、过程（营养循环、碳循环、生态连续性等）、特征（弹性、健康、完整性等）为我们提供了维持生命的环境。但由于自然弹性随着时间的推移逐渐降低，生物圈中的生态系统演进受到更多约束，并随着生态系统减少和消失，所以我们设计系统和行为活动的生态影响就变得越发重要。因此，就生态系统的影响而言，我们在设计时越发需要关心环保和进行监控。
- 与地球生态系统相关的所有设计努力都应适应未来的发展；因此他们应当

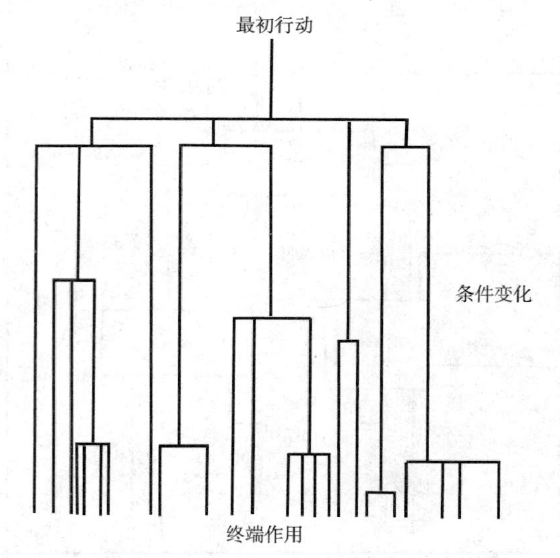

• 由于单一行为带来的生态系统内存在条件的增强性和多重性变化

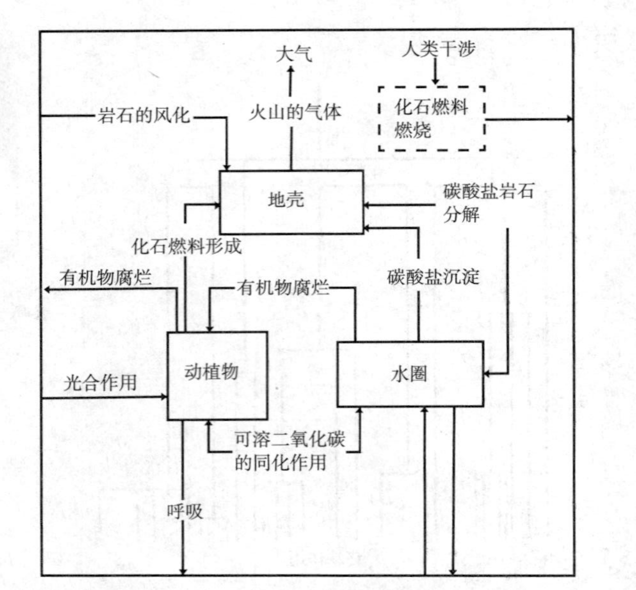

生物圈中人类通过化石燃料的燃烧作用将其分解成碳循环

具有一定的预兆性和期待性。为了避免将建成环境再次设计成具有单向生产能力的系统，在设计建成环境时，应提前对其组成成分（如材料和组件）的潜在回收、重复使用和再循环能力加以考虑；这才是生态系统的需要和基础（见 B29）。

- 每个地域生态特征的独特性和唯一性都会通过设计系统的特点反映出来。适用于某个特定场所的设计体系却并不一定适合另一个场所，即使他们表面上看起来相似。正是由于这种唯一性特征，每个地方都必须对各自的生态组分加以评估，即使其生态组分看起来没有任何特征。甚至每个地方都有自己特有的地下水状况、表层土壤、树木等要素，它们都可能对人类破坏行为产生不同的反应（见 B4—B6）。
- 地球实质上是一个质量有限的封闭物质系统，地球上所有的生态系统和物质及化石能源资源，形成了对人类行为活动的最终限制。承认这种局限性对理解生态设计的可持续性至关重要。一切设计不可避免地受这种限制的约束。例如，地球上最早的生态系统的功能之一是数十亿年前的光合作用，它产生了氧气，这使人类等呼吸氧气的生物得以存活。而未来则取决于生态系统能否保持大气，如氧气、二氧化碳的适当平衡。我们必须承认，没有任何人造技术系统可以替代这些自然提供的必不可少的服务，同时，确保在目前和未来的设计中不要耗尽或失去这些服务的弹性对我们来说至关重要（见 A4）。
- 生态设计是对生态系统的过程和不可再生资源合理和审慎的安排及使用。（NB“资源”这个词在这里指自然组分，即使它的语境通常还是意味着要被开采。）这与过去设计师建筑、制造和生产不同，就好像自然环境本质上有无穷的能量一样——为人造环境提供资源以及作为废弃物处理的最终下水道或垃圾场的能力。人类必须清楚，这样的观点再也站不住脚了。一个对生态负责任的设计师在设计时，必须考虑到生物圈真正的局限性，以及生态系统有限的恢复能力，这既包括从资源损失中恢复的能力，也包括汇集废弃物的能力。
- 了解生态系统概念的设计师会充分意识到生态设计是一个以保护为目标的途

径（见 B19、B26）。谨慎而持续地利用不可再生资源对于生态设计至关重要。设计系统在其整个使用周期内的生产、运行和最终处理会消耗大量的能源和物质，设计师必须意识到这一点并加以量化。同时，设计师还必须知道不可再生资源被利用或重复使用的程度，即要知道建成系统的资源消耗率。就建成环境而言，一个因素是设计师纳入设计系统的空间容纳量（例如建成区）可能已经超出了建筑使用者的要求。倘若提供的空间和物理容纳量区别显著增大，那么它会导致建筑结构对能源和资源的使用率降低，并且这种区别也会在其中反映出来。同时，也可以量化这种区别，将其作为衡量建成系统对生物圈的影响以及消耗地球资源的指标。生态设计实际上涵盖了暂时性整合设计：谨慎使用不可再生资源和可再生资源，使用率不要超过它们的自然再生速率；通过设计使不可再生资源的使用达到最佳化（见 B26）。

- 生态系统同样也是动态系统，并且总是在不断变化。它们的生物体、数量和相互关系以物种演替过程的方式不断变化。当前物种生存的环境决定了它们演替的类型、速率和局限。当受到周期性或灾害性干扰时，即使最稳定的生态系统也会发生变化。在很多较小的生态系统中，它们的累积性变化可以对一些较大的生态系统产生显著的影响。由于自然环境的这种不断变化，设计师必须加以持续监控，这也包括人造环境发生类似变化的后果。
- 生态过程的作用广泛而持久，并随着时间改变。一些过程几乎是瞬间发生，比如新陈代谢功能，然而一些过程又长于人的寿命，比如分解、树木生长、土壤和化石燃料的形成。生态系统也是随着季节和年份的变化而变化的，同样会受到气候改变和干扰的影响。随着生态系统的持续演变，生态过程同样也在不断变化。人类的破坏性行为给生态系统造成了广泛的损害，并通过生态系统改变了生物、化学和地文流动。人类干扰生态系统的某些影响需要很长时间才会逐渐显露。
- 生态系统的特征是系统嵌套：系统之间相互依靠、变化和循环。通过设计加强生态联系对生态设计十分有益（见 B8）。

生态系统特征	发育阶段	成熟阶段
	群落精力旺盛的	
– 总共产品 / 群落呼吸（P/R 比）	大于或小于 1	约等于 1
– 总共产品 / 常作物生物体（P/B 比）	高	低
– 支撑的生物量 / 单位能量流（B/E 比）	低	高
– 群落净产量（收益）	高	低
– 食物链	线性、主要用于放牧	网状、主要风化为岩屑
	群落结构	
– 有机质总量	小	大
– 无机养分	额外的生命性	细胞内生命性
– 物种多样性～多种组分	低	高
– 物种多样性～公平组分	低	高
– 生化多样性	低	高
– 成层法和空间多样性（模式多样性）	缺乏组织	合理组织
	生命历史	
– 生态位规格	宽	窄
– 有机体的大小	小	大
– 生命周期	短而简单	长而复杂
	营养循环	
– 矿物循环		
– 生物体同环境间的养分交换率	开放	关闭
– 碎石在营养再生过程中的作用	快	慢
	选择压力	
增长形式	对快速增长率（R– 选择）	对反馈的控制（R– 选择）
产品	数量	质量
	全部自动动态平衡	
内部共生	未开发	已开发
养分保护	差	好
稳定性（对外部扰动的阻力）	差	好
熵值	高	低
信息	低	高

• 生态演替模式：生态系统发展中的预期动态

1. 开始
任何演替都是从裸露的表面开始的。起始点可能是“新出现的”，如新兴海岸线，更常见的是因自然或人为原因之前覆盖的所有植被被剥离的地表。

2. 移植
最初的植物生长是基于少数专门性、高耐压植物物种。生物体总数比较低，土壤比较初级，总的来说是缺乏有机质和可平衡养分。典型的移植者是苔藓类植物和可以忍耐极端水分和营养条件的维管植物（高或低或交互）。

3. 发展
随着土壤条件的提高，高耐压物种会逐渐被越来越多多产的、具有竞争性的物种所代替，包括牧草和杂草。这两种抗干扰能力极强，通常会枯萎，在不同的环境条件下，基本情况不稳定、容易改变。

4. 成熟
到这一阶段，生态系统的植被基本上由竞争力强的物种主导，但这些物种的生命周期不一定很长。在生态系统中，土壤条件比较稳定，营养和水分条件并非主要问题。典型物种是竞争性草种、灌木、小树。非维管植物是次要的组分，更高营养的和分解物种的范围非常广。

5. 高潮
植被发展的最后阶段是相对稳定和持续的。通常由具有长生命周期的大树决定。几乎不存在演替顺序初始阶段最初的生物或非生物环境条件。是否存在这种稳定高潮的条件仍有待探讨。

典型的植物演替阶段

- 生态系统中，特定物种或某些物种之间的联系可能对其功能产生重大影响。生态学研究中的两个关键概念是使用指示物种和关键物种。指示物种是评估一个特定生态系统的一种方法。经过精心挑选后，指示物种可以为设计师提供特定的生境信息，特别是有助于解决物种保护问题的必要信息。指示物种的定义是“一种存在于特定场所的生物体（通常是微生物或植物），可以通过它来衡量环境情况”。例如，设计师可能会注意到，藓类植物的存在表明土壤呈酸性，颤蚓蠕虫的存在表明土壤缺氧，滞水表明不宜饮用；某些植物物种的存在可以表明其他物种是否能生长茂盛等。
- 了解生态系统的构成方式，包括哪些物种与其他物种有内在联系，以及了解它们的地文和土壤因素，对设计师评估生态系统健康状况工作大有裨益。设计师可以把特定物种当做生态系统生境整合的指标。例如，在海洋生态中，蝴蝶鱼被用来监测珊瑚礁的健康状况，作为全体珊瑚礁健康或多样性的指标，如果某个特定珊瑚礁中蝴蝶鱼的数量和种群多样性下降，那么可以看做是珊瑚礁的健康状况已经在大打折扣的信号。内潮生态系统中，筛选的供给者（同样是其物种多样性和动态性）的抽样化学分析可以指明其生境被污染的范围。
- 另一方面，关键物种对生态过程的影响比单纯按物种的丰富程度和生物量估计的影响要大。关键物种通过竞争、共同作用、传播、授粉、改变栖息环境和非生物因素等方式影响生态系统。关键物种通常在它们的生境中影响着生物多样性。例如，海星（*Pisaster ochraceus*）能保持潮带间群落良好的平衡状态。一旦这种捕食物种发生迁移，群落中所有其他物种的种类及群体密度将发生极大变化。而其他物种的迁移却不会引起这种变化。昆虫的授花粉器是关键物种的另一个例子，因为超过三分之二的开花植物要靠它们授粉进行繁殖。土地转为单一农业用地或城市扩张引起授粉物种减少，会导致繁殖成功率下降，进而会影响那些以种子或果实为生的其他物种。关键物种在生态系统中的地位是如此重要，以至于有人提出将它作为努力保护世界生态系统生物多样性的基础。设计师必须意识到单一物种对生态系统影响的重要性。为管理、理解、恢复生态系统，设计师必须理解和考虑个体物种的角色。

- 土地使用类型的变化对关键物种的影响会远远超越人类使用土地的范围，并且这种影响难以预测。不幸的是，人类通常只会在关键物种迁移或消失从而给生态群落中其他物种带来显著变化的时候，才会注意到它们。
- 关键种的减少可以用同样的方式影响生态群落，引入新物种可能对生态系统过程有着同样显著的影响，它们会成为掠食者、竞争者、病原体或疾病带菌者。例如，在美国西部引入盐雪松作为防风林，因种植物种类减少、蒸腾作用增加、地下水位降低以及盐雪松侵入河岸和湿地生态系统引起土壤盐分增加而造成土壤腐蚀。它对生态系统中的养分循环的负面影响并不难观察到。
- 物种相互作用同样也体现在营养层面上，即发生在食物链的流动和不同阶段，如生产者（或自养、初级生产者）、食草动物、分解者和其他异养生物。在同一个营养级上的某些物种或生物群的大量变化会影响到其他营养级，甚至导致物种多样性、群落乃至整个生产力发生显著变化。因此，设计师必须意识到，在设计和规划某个特定场所用地时，建成结构或基础设施的布局模式会改变自然物种的平衡，还会对生态系统的生产力造成长期的影响。
- 与生态学家一样，设计师可以用指示物种来衡量我们建成生态系统内的环境条件和变化情况。如果我们能在同一生态区找回到我们所设计的建成环境中的物种，那么我们的生态设计就算成功了。（比如，由于我们增加了设计系统的生物量以及提供了更多生境，见 B7）。例如，设计师应当在任何建筑活动干扰某个区域前，先了解该区域自然生存的物种（因此是生态），然后通过设计来保存这些物种的生境，并通过生态廊道等使这些生境与其他更大的生态系统相联系，设计时可以将它们作为设计的一部分（见 B8）。在整个过程中，用生态监控来评估所发生的变化是必不可少的。也不以使用指示物种开始，以破坏生境的出现结束。生态研究表明，对破碎的生境有一些适当指标（例如红斑水蜥、环颈蛇、灰树蛙消失）。爬行动物和两栖动物的区域灵敏度可以让它们成为生境破碎的指示物种。

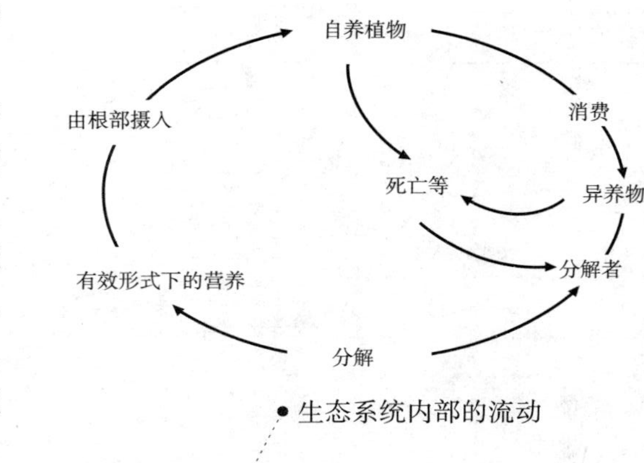

• 生态系统内部的流动

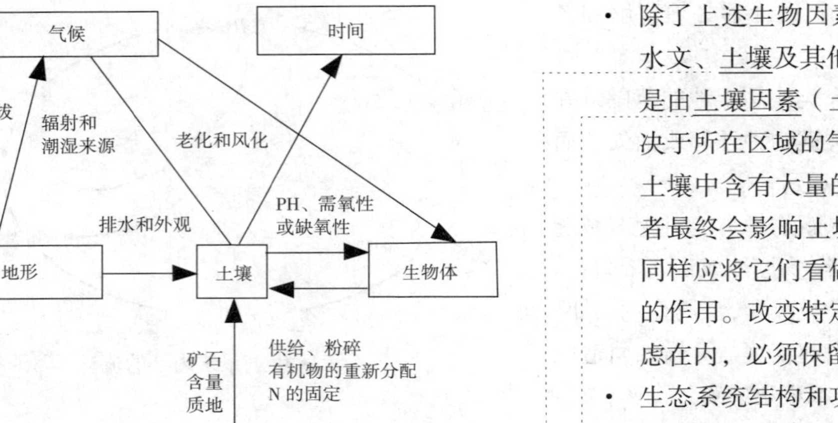

生态系统内的土壤因素

- 除了上述生物因素，设计师还必须意识到生态过程同样依赖于当地的气候、水文、土壤及其他地理因素（见 B5）。生态系统关键过程（初级生产和分解）是由土壤因素（土壤养分、温度、湿度）决定的，这些因素的暂时性模式取决于所在区域的气候。土壤因素在平衡生态养分循环中尤其起到了关键作用。土壤中含有大量的分解者，它们以细菌、霉菌和菌根的形式存在，这些分解者最终会影响土壤的生产力和呼吸率，而这正是生态系统能量流动的基础，同样应将它们看做生物体的关键组群。这一点强调了土壤在生态系统中所起的作用。改变特定场所的设计时，设计师必须将生态系统的土壤因素作用考虑在内，必须保留所在区域的表层土。
- 生态系统结构和功能的自然模式为引导可持续性土地使用的规划和设计提供了模型。物种种群要适应所在区域的限制条件。一个地方如果超出生态约束的范围使用土地，则必须长期投资，并且会造成大范围的影响。因此设计师必须确保所采用的土地使用、开发、建筑或园林设计类型能与当地条件兼容。这一点强调了了解当地生态过程的重要性以及在当地生态系统被破坏前必须对生态系统的清单进行备份（见 B5）。
- 人为干扰可以明显塑造和改变生态系统过程和功能的类型、强度、持续时间、频率和时间选择。人为干扰能从根本上改变生态系统的特征，因为它同时影响着地上和地下过程以及物种成分、养分循环和生境结构。例如，建筑施工活动就类似于对生态系统的大规模干扰行为，能够改变生态系统的过程。
- 生态系统过程还会受其景观格局、规模、形状和模式特征的影响。随着生境面积减少，或如果两个生境区域之间的距离增大（比如，由于人类干预），物种成分和数量就会蒙受损失。对于较大的生境区域，由于具有更高的局部变异性，会比小生境区域容纳更多的物种。生境区域边缘和内部所生存的物种有所不同。设计师在设计时应当加强生境区域之间的连接，提高生态连通性（见 B8）。
- 不同生境区域之间所需的连通量也随物种的不同而有所差异，这取决于主要物种的数量，空间安排和迁移能力。这些新的连通或生态廊道（见 B8）具有很多功能：作为生境、排水沟渠、过滤器、屏障、源及汇。设计师在某地方设计新的生态廊道时，有必要先确定该生态廊道要实现的目的或功用。此前对“廊道”一词认识模糊，导致对它的界定有诸多矛盾之处，因此设计师在设计时，应当解决廊道的所有可能功用问题。对生态廊道的正确设计和管理将取决于在开始阶段对它可能的生态功用的准确评估。

- 生境区域生态重要性要比它的规模和分布的重要性大得多，比如河流沿岸植被，可能生长在小溪边或小块湿地边相对狭窄的地带等。即使这些地块面积小而且不连续，它们的生态功能却超出了它们的空间范围。这种不连贯的通道具有重要作用，可以储存过多的养分，否则这些养分只能进入水体，造成水体富营养化或酸化。有一种很普遍的危险是，设计师可能会过分设计，而忽视这些看似不重要的生境。从生态角度讲，其他生境可能第一眼看起来很重要，但却是棕地，是城镇或城市景观中常被忽视的土地区域（B4）。
- 建成环境的物质和形态由可再生和不可再生能源以及物质资源构成，而所有这些都来自地球地幔和它周边的资源。换句话说，我们的建成系统依靠地球提供能源和物质资源才能持续健康存在和得以保存。因此，生态设计是对这些资源使用的一种节俭而谨慎的管理形式。我们的人造环境不应当再被设计成具有单向生产能力的系统，而应设计为封闭或循环的系统（B27）。
- 设计师必须意识到生态系统为我们的建成环境提供的“服务”。这些服务包括物质流动、能量流动和信息流动，它们来自人类赖以生存的生物圈。生态系统提供的这些自然服务至关重要，没有它们，人类这个物种就不可能生存。现就这些“服务”总结如下：
  - * 初级生产力——光合作用、制造氧气、去除空气中的二氧化碳，并在植物上固碳，从而形成食物链的基础；
  - * 授粉；
  - * 害虫和疾病的生物控制；

* 生境和庇护所保护（维持食物、抗病性、医药的遗传资源）；
* 水供给、水量调节（即洪水控制——相比裸露的山坡而言，有植被能显著降低径流量）和净化水资源；
* 废物循环和污染控制（由大批分解者进行）；
* 养分循环；
* 原材料生产（木材、草料、生物燃料）；
* 土壤形成和保护；
* 生态系统干扰调节；
* 气候和大气调节。

人类若想用可持续和经济上能承受的技术体系和替代品，而不用不可再生能源资源来替代自然界提供的免费“服务”是行不通的。基于这个简单的原因，生态设计应当尽可能多用被动式和非技术性手段，因为这种设计模式不需使用不可再生能源资源。为确保自然界中这些生态系统服务持续存在，必须恢复和维持生物圈中生态系统的环境健康以支撑人类生存，这对人类来讲至关重要（B13—B17）。

网络

在自然界各个层面中，我们发现，一些生命系统寄宿于其他生命系统内，即网络中的网络。它们间的界线并没有将它们分开，而使它们显得更为相似。所有的生命系统之间都相互交流，共享边界资源。

循环

所有生物体必须依靠其环境中物质和能量流的不断供给来维持生命，同时它们也不断生产废物。然而，生态系统不产生净废物，一个物种产生的废物成为另一物种的食物。因此，物质通过生命网进行连续循环。

太阳能

太阳能，通过绿色植物的光合作用转化成化学能，从而带动生态循环。

合作关系

在生态系统中，能量和资源的交换通过广泛的合作得以维持。生命形式不是靠对抗接管地球，而是靠配合、合作和网络关系。

多样性

生态系统通过生态网络的丰富程度与复杂性实现稳定和富有弹性。生物多样性越高，生态系统越具弹性。

动态平衡

生态系统是一个灵活，不断变化的网络。其灵活性是多次反馈循环保持系统动态平衡的结果。 没有一个变量达到最大值；所有的变量都在理想值附近上下波动。

了解生态学将对设计师处理设计系统模式的方式产生影响。设计师不仅是在塑造设计系统的模式，而且还在确定它的内容、体系和过程（和后果），以及设计系统的重复使用、再循环和最终生态整合。

小结

以上是生态学和生态系统的关键方面（其属性和功能），需要设计师来理解它们。要领会这些也许很麻烦，但对于设计师而言，确立基本的生态素养和对生态设计的必要理解，比知道一些单纯的生态技术，更为重要。

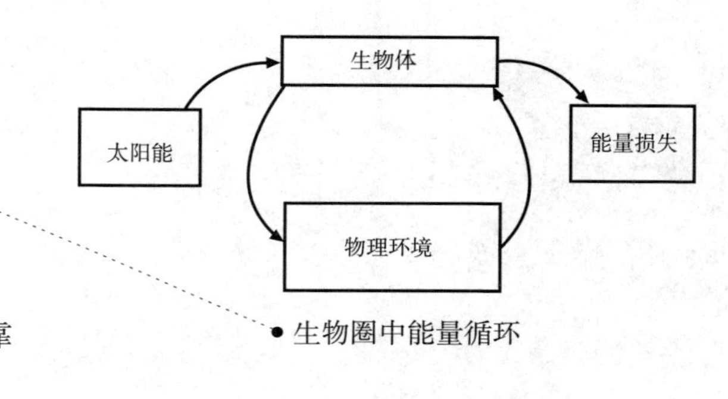

生物圈中能量循环

设计	生态系统	工程技术
强调	生态和环境生物	技术和工程
始于	环境洞察力	提前决定规格
利用过程	系统性整合	系统效率
目标	环境共生	产品
特征	有机的 整体的 自然的	机械的 增加的 人造的

生态方法和工程方法的比较

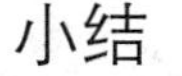

最后，生态设计主要基于三点伦理原则：

1. 这一代人对于造福后代的责任心；

2. 地球资源及其承载力的局限性与丰富性；

3. 包括人类的所有物种的生存权利。

我们需要确定一种全世界都能达成共识的新型生活方式和环境范式。

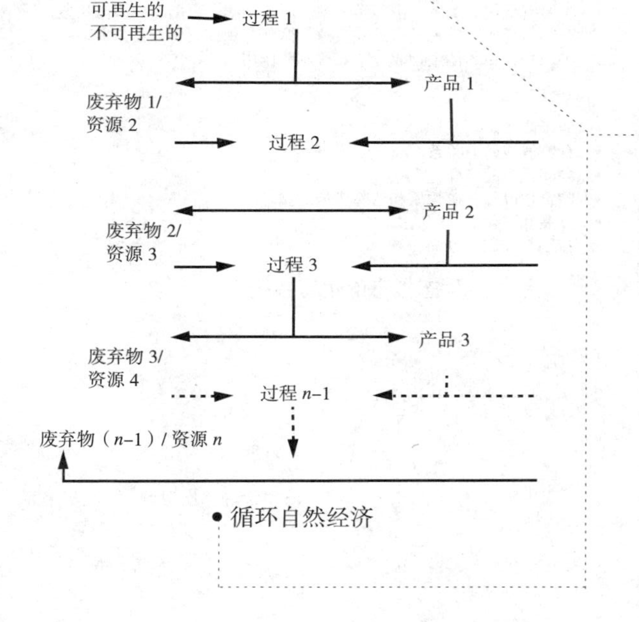

A4. 生态拟态：基于生态系统模拟的设计

生态设计可以看做是基于生态拟态的设计，其定义是在模仿自然界中生态系统的属性、结构、功能和过程的基础上对建筑生态系统设计。生态拟态是必要的，因为如果我们设计的系统属性和特征与自然界生态系统类似的话，那么生态整合设计会变得非常容易。生态拟态设计的原理和仿声学和生物模拟类似，都是基于自然界的“设计”和“技术”远远优于人类的设计和技术这一基本原理。

了解生态设计和可持续性的关键是要认识到，我们无须创造人类种群，也无须修复满目疮痍的建成环境，但我们可以通过模拟自然界生态系统中自然生存的可持续的动植物和微生物种群，重新塑造它们。实际上我们的设计必须具有生态拟态文化。生态学家认为地球生物圈维持生命本能的显著特征显而易见。进而，要设计可持续的人类群落，必须确保其生活方式、商业、经济、物理结构和技术不会干扰自然界维持生命的本能。自然界中种群的生存模式随时间不断进化，同时还与其他生物体系，包括人类与非人类进行持续不断的相互作用，这样种群才能持续。但生态的可持续性并不意味着事物一成不变。它是一个共同进化的动态过程而非一个静止的状态。

它的设计方法是生态拟态（就如生物模拟），即用生态系统作为设计模型，所以这种设计是建立在从生态学中获得的经验之上的。设计方法需要研究生态模型和过程，以及它们作为建成环境潜在设计方案的再生产过程。为了阐明这一点，一些对维持生命至关重要的生态学原则是:网络、循环、太阳能、合作、多样性和动态平衡。我们在设计建成环境时可以模仿这些原则。

生态拟态的基本理论是不言而喻的。在生物圈中，稳定的生态系统不受人类的任何干涉。它们能够自我维持，即使每个生态系统可能处在各自生态演替和成熟的不同阶段。生态拟态依据的基本理论是：生态系统（380 万年才得以生成）内在的运作方式和组织结构远远优越于人造生态系统。正如设计假肢和器官一样（如 C3 所示），如今人类能够模仿自然，尽管在我们人造建成环境中只有一部分取得了成功。但如果加上生物科技，就可以为人类造福。生态拟态不仅为我们提供自然界新的模型，为我们的建成环境设计推出的新的衍生战略，而且它还是建造、运作建成环境新样式、新方法的来源。生态拟态的目标是设计、建造我们人类的建成环境，这样，它才可能作为人造生态系统运行，并且与自然生态系统稳定共存。

为了将我们的建成环境设计成能模仿生态系统的特性，我们的人造生态系统必须以类似于自然生态系统的方式进行运作（例如,能量和物质的消耗必须达到最优化，废弃物生成达到最小化，一个过程产生的废弃物能够充当另一个过程的原材料）。与此同时，我们决不能忽视生态设计最主要的目标，那就是让我们的建成环境和自然环境以紧密、和谐的关系共存。并且，我们的建成环境在自然界中不仅仅是一个被动的、人造的装置。它的过程必须模拟生态系统几乎所有功能，模拟方式既要有益于人类，又要有益于自然环境，同时与自然界生态系统进行和谐的、系统的相互作用。我们必须完整地模仿生物生态系统来进行我们的建成环境系统的设计。这样就可以进一步提高我们设计系统与生态系统在功能上的整合程度。生态拟态是生态设计的类比基础。要完成生态拟态，可能必须将我们建成环境设计成一种混合物或复合物，其中既包括人造组分，也包括自然组分，这样它和生态系统的成分、结构和功能就可以最为接近。

生态系统的概念最早主要用来指一个随机系统，它由对特定应用因素而定。这一定义与我们的目的相关性最强，因为它的制定与特定的研究目标相关。在生态拟态时，设计师有意识地深入生态系统寻求灵感，以希望其设计是以自然为基础的创新作品。设计师可以评价一个设计是否符合生态要求，衡量其保护生物群落的完整性和稳定性到什么程度。未到达这些要求就是错误或不符合要求的设计。

我们的建成环境和建成系统通过生态设计能够模拟的生态系统的一些特性如下：

层次：
- 绿色带或自养层，有机体和植物凝聚太阳光，利用简单的无机元素。来自较简单物质的复杂元素的发展占统治地位。
- 棕色带或异养层，有机体利用、重新安排和分解复杂成分。

结构成分：
- 无机元素，碳、氮、二氧化碳、水等，参与物质循环。
- 有机元素和混合物，蛋白质，碳水化合物，脂质，腐殖元素，联系有生物和无生物的种类。
- 气候系统，包括气温、雨量等。
- 自养有机物生产者，主要是能够将简单元素和光能合成为营养成分。
- 食菌有机物消费者，摄取颗粒状有机物质或其他有机体的动物。
- 生腐有机物分解者，主要是细菌。原生动物、真菌，以及分解复杂物质释放有机无机产品并被植物循环利用或提供能量来源的物种，并且在其他生物成分中具有调节作用。

过程：
- 能量流动。
- 食物链或营养关系。
- 空间或时间多样化方式。
- 除食物以外，矿物质和营养成分的循环。
- 发展和进化。
- 控制与控制论方面。

生态拟态的生态系统性质

生态系统中没有废弃物的概念

事实上，几乎所有的生命，即便是最基本的细胞都是相互关联的，都会对它们的环境作出反应、交流，会在多样性中繁荣，不会产生净废弃物。而当前的人类和它的建成环境是例外。在自然系统中没有“废弃物”一说，因为任何东西都会被吸收并重新融入生态系统。在自然界中，废弃物即食物。与生态系统的运作模式类似，生态设计应确保我们的人造建成环境中所有东西都能在系统中的其他地方得以有效利用。在自然界中，一个成熟的生态系统可以像多年生植物那样，通过在退化器官中保留大量的物质和养分达到最优，而不用像一年生植物那样每年枯萎腐败，次年重新生长。在某些生态系统中，多年生植物扮演了一年生植物的角色，生长速度最终下降，单位生物量的生产力降低。这样的系统不再是生产效率最大化，而是转向最优化，例如，通过制止养分和矿物的流失实现最优化。从生态学中学到的关键一课是，随着系统中生物量的增长，将需要更多的循环过程和更复杂的互动作用来避免生态系统崩溃。在模仿生态系统时，我们设计的人造建成系统必须包含更多的循环过程和互动作用。在自然界中，生态系统越成熟，它就会变得越自给自足。在系统内，它对需要的物质加以循环，同时不浪费任何物质使其流向外部环境。它利用生产者、消费者和分解者的多样组合加以循环。这是一个复杂的组织，有丰富的相互联系。在系统内部，所有的废弃物都成为一种生物或其他生物的食物。它摄入的唯一物质是来自太阳的光能，输出的唯一能量是可以利用的副产品：热量。所有这些相关属性都可以与我们的人造建成环境整合。

例如，生态系统在其内部通过严密的重复使用和再循环来保持原料的循环。同样，通过生态拟态设计我们的建成环境时，必须确保原料能够不断被重新利用和再循环；而不再留在建成环境里面，它们必须紧密、友好地整合到自然环境的循环和过程中去，而不是被麻木地当做废弃物倾倒入垃圾填埋场。

在人造建成环境中，用以维系和满足我们的需要和活动的建设是我们所作的唯一最浪费的过程。当某种东西看起来没有进一步利用的价值时，它就成了废物。因此，在我们经济和建筑行业中最需要的是设计、建造和循环过程，它们与生命进化过程联系更为密切，而不是单纯制造那些孤立、毫不相关和毫无生气的消耗品。

循环利用的原则在生态系统中显而易见：自然系统中任何事物都能够被很好地吸收到系统中的其他地方。同样地，一种物种的养分来自另一个物种的死亡和腐烂。就这点而言，对于一种生物体来说是废物的东西，对于另外一种生物体来说则是养分。有机物质分解的过程主要是将养分循环到土壤中去的过程。有机物质的分解始于大量土壤有机体，如蚯蚓、节肢动物（蚂蚁、甲虫和白蚁）和腹足纲软体动物（刺蛾和蜗牛）。这些有机体将有机物质分解成小的结构，然后这些小结构又被更小的有机体像真菌和异养细菌分解。细菌在地球上的一些最重要的养分循环中扮演关键角色。它们的适应性意味着除了用氧呼吸以外还要用培养基呼吸，通过吸收和使一系列不同的有机和无机培养基以产生新陈代谢。显然，生态系统中的物质和能量以不同方式不间断地进行着循环和转化。

原则上，自然系统中没有污染物这一类东西，因为毒素不会在系统层面大量储存或输送，而是只被某一物种合成和使用。毒素主要通过土壤有机体在生态系统内部处理，在那里它们可以被分解掉。

相比之下，在我们的建成环境中，85% 的人造物质经过生产过程后迅速变成了废弃物。我们必须降低并最终消除这一高比例。我们可以将生态拟态的经验应用于此，来降低建成环境的物质生产能力。一种方法是在设计时强调新产品和人工制品的质量和寿命，而不是它们的数量，若一味强调数量，到头来还是要进行严格的重复使用和再循环。为实现这一目标，我们可以在设计一开始就力求通过再循环、重复使用、再制造以及将废弃物当做资源来用等方式来制止养分和矿物质的流失。尽管目前在我们人造群落中有"工业生态学"这样的事例在运作，在那里工业制造商可以分享他们的一些资源（即一个制造商利用另一个制造商的废物作为资源），但我们的建成环境仍然缺乏多功能性，也无法经济地组织起来进行充分的再循环利用。

在成熟的生态系统中，用一个金融术语作比喻，有机体是靠"收获利息"而非"本金"生活。在自然界中，不到万不得已，即没有任何食物的情况下，物种不会对被捕食的物种或食用植物赶尽杀绝。在稳定的生态系统中，被捕食的物种绝不会完全灭绝，并且用于食用的植物也可以重新长出来。

食物开始耗尽，变得更难寻找的时候，需要花费更多精力去掠食，而不是终有一餐美食可以坐享，这时对野生动物来说，通常更容易转向其他食物资源，而让原来的食物可以再生。在进行人工模仿时，我们只能以可再生资源自我更新的速率去使用它们，同时使用不可再生资源的速率不能快于可再生资源替代品生长的速率（例如，以植物生产塑料，用玉米生产燃料）。在实践中，人类不可能等到化石燃料（作为不可再生资源）形成，因为其形成所需时间超过了人类的寿命。从过去到现在，人类在这两点上从未成功过。人类一直靠馈赠生活，这些馈赠的代价是资源耗竭，森林锐减，严重损害环境的农业，过度捕捞，过度耕种的农场，过度放牧的牧场，所有这些都导致陆地和海洋的生产能力显著降低。生态拟态的设计师只能采用可再生的（实质上是靠“利息”为生）和“可持续生产”的概念，这一概念也被应用于可持续发展的林业和渔业部门（参见 B29 关于循环、再利用和再生产等的讨论）。

就建成环境而言，生态设计必须确保其排泄物和排放物尽可能在建成系统内部，或者在整个城市系统内进行循环或重复利用（例如，通过不间断地循环和再利用废水、废热、雨水、废纸等），并且能促进它们最终良性整合。如果人类不能够在建成系统内部循环这些废弃物，那么这些废弃物也应该在整个城市系统范围内部循环，在那里有设计好的系统（例如，在城市基础设施内部，见 B12）。实际上，这一点意味着在我们一开始设计时，就必须有更大规模的城市人造循环、重复使用和维修系统，并且随时可用。这一点不仅仅适用于体积较大的废物，也适用于分子尺度上的废物（建筑物备用发电机和供暖系统排放器的二氧化碳等）以及排放的废热（例如，散热）。

生态系统中能量的有效利用

生态系统完全依靠其环境中的太阳能，实际上，随着时间的流逝，大自然会将太阳能以化石燃料的形式储存起来。人类使用的化石燃料作为一种不可再生能源资源，有很高的熵率。与养分和矿物质不同，能源不能通过生态系统的网状联系进行循环。在几乎所有生态系统中，其能量都通过光合作用利用太阳能，并被转化成为糖和碳水化合物。到达地球的太阳光只有 2% 被利用，绿色植物、蓝绿色藻类植物和某些细菌对太阳光的利用率能够达到 95%。

陆地的承载力与生态系统能量循环率密切相关。正如光合作用系统捕获太阳光，并将其转化为能量的效率一样，只有 10% 的能量能够为食草动物所用，而下一级食物链中食肉动物等只能利用它上一级的 10%，因此能被更高营养级利用的能量越来越少，从而使动物高效节能。动植物进化出来的行为和机制其实就类似于一种节能策略。

在成熟的生态系统中，太阳能作为可再生资源转化成能量被有效利用。同样，人类也应该利用类似的可再生能源资源，以减少对不可再生资源的依赖性。以太阳、风、潮汐、生物柴油形式存在的能源都是“当前的”太阳能，这里叫做可再生能源资源，与之相反的是“古代的”太阳能，也就是化石燃料，在这称作不可再生能源资源（B26）。化石燃料是古代动植物经过厌氧分解形成的，它们的腐败过程并没有结束，但更新速度远远不及人类的消耗速度。

随着生态系统进入演替状态，能量的利用效率显著提高。而燃烧化石燃料大大加快了演变进程，反过来向大气中释放大量的碳。在大自然稳定成熟的生态系统中，如此大量的流量还闻所未闻。最终，生态设计应该力求使建成环境像在生态系统中一样，依靠目前的太阳能有效运转。在实现这一目标之前，生态设计应该把注意力放在能源保护和效率上。这样才能使不可再生燃料中的每一单位能量在设计系统中得到最优化的利用。现实生活中减少能源浪费、抑制低效利用的机会很多（例如，从使用紧凑型荧光灯到为建成环境提供更好的绝缘材料）。然而，这些策略绝不是提高能效的终极目标。生态设计需要确保人类和他们的建成系统像自然系统使用它们的能源一样使用自己的能源——将多样性最大化，这样矿物质和养分就能更有效地循环。反过来，人类需要重新评价他们最大化的事物（生产能力）而且要最优化（见B26关于不可再生能源的讨论）。

生态拟态是使用纳米结构模拟植物的光合作用过程。光合作用是最基本的生命过程之一，是植物和动物间生态关系的关键。在这一过程中植物和细菌通过分子合成和质子梯度将光能转化为化学能。

生态系统中动态和信息驱动系统

生态系统中各组分的身份是按照过程来定义的。成熟的生态系统有无数的互动渠道，将信息反馈给所有的生物群落，以确保高度的环境控制和全面的系统稳定性。它们可以看做是靠“信息”运作。在生物系统内部，资源可利用性由进化而来的机制控制，这种机制会奖励那些高效行为。一个成熟的群落依靠丰富的信息反馈系统运作，这一

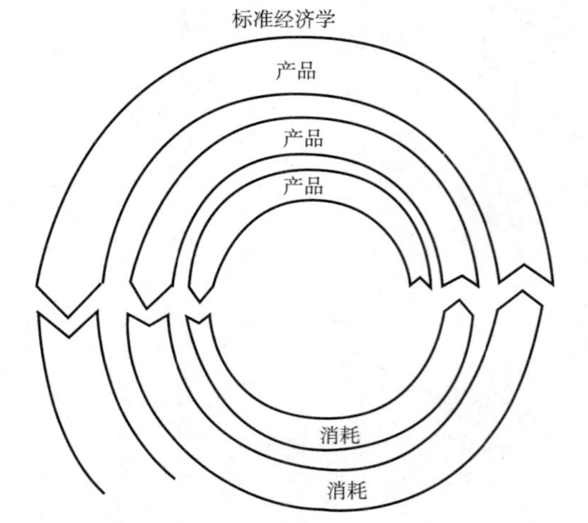

标准经济学从产品的增长循环和消费进行考虑，而不是仅仅考虑支持生态环境的功能。这种观点鼓励最终耗竭周围环境的经济

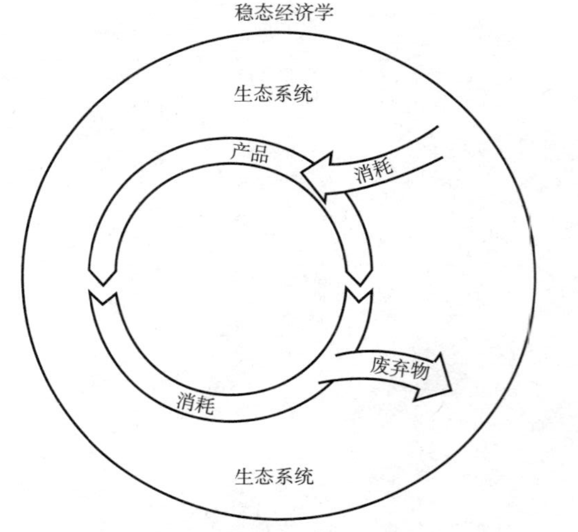

稳态经济学研究将周围生态系统考虑其中的生产和消费，并力图达到平衡的状态

系统允许群落的一种组分发生变化去影响整个系统，同时能更好适应不断变化的环境（促进进化）。成熟的生态系统在原地生活、适应和进化，生态拟态也应以此为目标。生态设计必须通过创新型来适应，用一个丰富的、能自我矫正的反馈机制来减少环境干扰，以实现和维持系统稳定。生态设计应确保能量和物质资源不是被浪费而是被充分保护，这样如果发生干扰的话，就可以缓和对人造系统带来的冲击，同时还可以应对可能发生的变数。例如，众所周知，热带雨林是储存化学物质的大仓库，这些化学物质可以用于制药，而这种资源人类几乎没有用过。有了这一资源就能够帮助人类应对我们人造系统中发生、扩散和突变、进化的各种疾病和瘟疫，并与其持续抗争。在大多数情况下，人造系统是对自然生态系统的大规模“扰乱”。它们将自然界中多样化的功能服务简化成一个更为简单的系统。因此我们生物圈中的自然生态系统应得到保护，以便吸收任何将来对系统造成的冲击，这变得更加重要。

生态系统内部的相互协作及竞争

在生态系统中，物种间的合作和竞争互相关联并保持平衡。这样系统就可以允许每个物种个体独立活动，并共同合作、相互协调所有物种的活动方式。所有生命系统都是相互关联、互相依赖的，这样才能持续生存。与此同时，必须认识到我们的建成环境对生态系统的依赖性。我们的建筑物（人工的）和馈赠物（自然的）之间的相互依赖感可以被看做是“关联性”。它需要摆脱现代科学的局限性，摆脱间接主导人类活动的社会、政治和经济背景，这种背景认为我们并不需要与自然进行联系和整合。生态设计必须以尽可能多的方式寻求整合，整合后，建成系统和它的用户就与自然界联系到了一起。随着时间推移，完全实现生态设计这一要求本身变得很难，也很复杂，但尽管如此，生态设计仍是至关重要的。

更确切地说，进行生态整合设计时（见 A2），与把生态设计看做是因果分离的设计（即没有关联）完全不同的是，我们的设计系统必须处理和创造性地适应与生态系统的关联和相互依赖性。生态设计要求通过设计进行全盘整合，必须审慎管理建成系统与生物圈中生态系统的能量和物质。这样我们就能减少设计对生态系统造成的不利影响。

生态系统中不同物种和生态位之间相互作用的一个结果是“协作”，有机体由此分散开来利用所有可能的生态位，这样每个物种的残留物均会被清理干净。这可以由生产者、消费者和分解者在它们功能生态位中一起创建动态稳定的系统的角色予以佐证。通过物种群落间的高组织性和相互关联性，生态系统能让每个个体物种独立活动，但同时又将所有物种的活动模式整合为一个协作整体。生态系统中的协作和竞争关系既相互关联，又彼此保持平衡。

同样，就人造生态系统而言，提供群落等值种（equivalent）和功能多样性会形成生产者、制造者、服务（包括养分、废水和废物）和消费者等值种（循环和重复使用）之间的平衡，它们在建成环境中占据不同的生态位，提供不同的系统服务以及使用不同的资源（通常为彼此的废弃物），这些都必须通过各种网络彼此联系起来，从而达到高度组织化。

生态系统的结构多样性和空间效率

生态系统具有丰富的结构多样性和紧凑的空间效率。我们的设计系统，不管规模大小，不管它们的布局形式是横向还是纵向，都会有多种多样的形态和功能，并且应模仿生态系统丰富的结构多样性和空间效率。

在生态系统内部，生态多样性由三种主要多样性类型构成。首先是构成成分，它是最基本，也是最为人所知的类型：物种多样性。同时还包括基因多样性和群落及生态系统多样性。

功能多样性包括物种之间的多种生态互动关系，比如竞争，捕食，共栖以及养分循环等生态功能。它还包括许多物种和群落赖以生存的意外自然干扰事件，如每年的火灾。正是由于有了功能多样性，生态系统才能提供多种生态服务。

除了物种和生态位的多样性，生态系统的多样性还包括结构多样性。一般而言，动植物会非常高效地利用空间。不同的结构多样性反映了这种空间效率，它包括物种的规模、形态、分布以及跨越地域的生境和群落。

生态系统的“服务”和自然控制

生态系统通过生物圈中的物质、能量和信息的处理和流动为人造环境提供支持。生物圈为人类提供一个健康的环境，包括氧气的产生、土壤的形成以及水的自我净化。要高效经济地设计我们的建成环境，我们的设计系统就必须模拟生态系统提供的各种高效自然服务。

事实上生态系统本身就有自然控制能力，例如，培养不计其数的物种，它们不会定期直接捕杀，但会向生态系统提供许多重要的免费服务。物种以这种方式为农作物授粉，阻止可能有害的生物体，构筑和保持土壤并分解无机物，创造新生命。这些生态系统中“服务的提供者”，包括鸟类、蜜蜂、昆虫、蠕虫以及微生物等，这些作用和生物体看似微不足道，却对生态系统具有巨大的价值。

不幸的是，随着当前对自然环境的破坏，这种生态系统服务变得越来越捉襟见肘。人类不但没有将建成环境和这些生态系统服务整合起来，反而大肆分裂和破坏生境，这极大地降低了它们运作的范围和能力。人类为当前建成环境创造了条件，它们现在必须以经济的方式回归到自然的生态控制中，要么开发新的控制方式，要么设计新的整合组合。生态设计的根本依据是友好和紧密的生态整合，正如前文提到的那样，人造系统与自然环境以共生的方式整合，以利用现有的由人为控制和生态系统（或者是生物的）控制构成的自然控制。

生态系统的复杂性

生态系统是复杂的。生态系统内部是处于综合平衡的生物和非生物组分，它们相互关联，相互依存，是一个动态的连接统一体，像一个整体相互作用。生态系统中的许多因果关系也特别复杂。我们的人造系统需要模拟生态系统中非生物成分和生物成分的综合平衡，也要模拟生命组成（例如构成要素，目前主要是无机物）和非生命组成的组合平衡。

很明显，在我们模拟生态系统进行城市生态建设的过程中，每一步都充满着挑战。例如，我们会考虑生态系统的结构，比如森林生态系统。森林结构是形成森林的不同树种生长方式作用的结果，受地形、气候和土壤因素等的限制，但我们人造系统的设计和建造通常不受地形、气候和土壤因素的限制。

除当地地形和土壤的因素外，在人造城市环境中还存在着人为设计的景观因素。随着社会制度和社会群体结构的增加，要用某些标准的生态系统技术来衡量我们的城市环境将变得非常困难。生物模拟和生态拟态不仅仅是用新奇的方法来检验自然界作为设计的依据，事实上它们必须远远高于这一依据。考虑到最近物种和生境消失的速率，为了我们以及人造环境的将来，阻止物种和生境消失就成了一种竞赛和“拯救任务”。

除了生态拟态，生物拟态也能够应用于建筑学，它能使材料更加坚固、自行聚集以及自我修复。我们应当借助自然过程和自然力来发挥基本的建筑功能，同时通过整合自然系统让建筑物创造资源。在建筑工程系统中，生物拟态仍然是一个新的研究领域，人们正在寻求解决方案，来处理施工中的一些常见问题，如管道中水垢剥落，有毒胶粘剂，并且寻求混凝土生产的替代方法。然而，生物拟态方法远不仅仅是应用到单个建筑物和建筑材料上。这一过程正如一片森林，而不仅仅由一棵树组成，事实上它是由多种树木和其他生命周期相互关联的生物体组成，因此建成环境（例如城市）不仅仅是单独的建筑物，它必然是一个相互联系和整体的由生物要素组成的群落，它兼具自然和人造的特点，最终，自然规律仍然适用。

通过从自然系统获得的解决方案和模型，生态拟态可以用来重新设计建成环境中的人造系统。例如，通过模拟蜥蜴脚的黏合度来发明一种无毒的胶粘剂，通过模拟鲍鱼壳的物理和化学结构来研究如何建造不需混凝土就能自行聚合的墙体；如何通过模拟鲍鱼生成蛋白质来防止碳酸钙在它们外壳上堆积，在管道内壁刷上蛋白质涂层，防止管道产生水垢。这些解决方案都处在非常初级的研究阶段。当我们寻求将生态拟态作为一种对生态系统属性进行生物模拟的特殊形式时，对生态和生态系统的研究已经为我们提供了更多的关于这些性质的知识，尽管这还远远不够。然而，这种不完整性不应该阻碍设计师们进行生态拟态。

而且，处理和解决生态设计不是一次性的目标。设计师必须在设计系统的整个生命周期内管理和监控它的影响。这种复杂性是动态的,随着时间的推移复杂性不断上升，并在自然系统的作用中表现出来，生态系统过程在这些自然系统中很多时候都会发挥作用。

我们不能把生态设计当成一种通过设计来降低对环境的负面影响的遏制行动。同时，生态设计还必须为积极和可复原的结果而设计，为生态系统作出有益贡献。这种积极结果可能包括：改善生物多样性，制造纯净水，保护当地自然景观和生态，降低对能源资源的消耗和温室气体的排放，减少废弃物和污染（例如温室气体），以及减少这些设计的生态足迹。我们的生态设计能够而且必须对环境自然系统的修复、复原和更新产生积极的作用。生态拟态可以为设计师提供自然界中现存的模型，设计师可以模拟该模型，或从中获得灵感。

生态演替的各个方面（从发育到成熟阶段）

我们应该把处于成熟期的生态系统所具有的特性当做生态拟态的样板。我们人造建成环境的生态设计能够模仿那些在生态系统的成熟阶段生态演替所具有的生态系统属性。作为生态拟态的依据，生态系统在它发育期和成熟期所具有的属性和特征如下：

生态系统属性	发展阶段	成熟阶段
• 食物链	线性	网状
• 物种多样性	小	大
• 生命周期	短、简单	长、复杂
• 生长策略	着重快速增长	强调反馈
• 产品（体重和后代）	数量	质量
• 内部体征（合作关系）	未开发	开发
• 养分保持	简单	良好

（封闭循环）		
• 格局多样性	简单	复杂
（垂直覆盖层和水平区域分布）		
• 生化多样性	低	高
（如植物 / 草食动物竞争）		
• 生态位特化	宽	窄
（生态系统中的功能）		
• 矿物循环	开放	封闭
• 有机体和环境的养分交换率	快	慢
• 碎石	不重要	重要
（死亡有机质）在养分更新中的角色		
• 无机养分	额外生物体	内部生物体
（如铁等矿物质）		
• 总有机质	小	大
（生物量占有的养分）		
• 稳定性	弱	强
（抵抗外部扰动）		
• 熵值（损失能量）	高	低
• 信息	低	高
（反馈循环）		

以上各方面都可作为设计生态拟态的依据。从现有生态技术的发展水平来看，像生态系统那样在建成环境中使用人造系统，以使整个生态整合处于非常稳定的状态而无须使用不可再生能源资源，是不太可行的。通过设计来实现这一点成为人类在探索和发明中唯一最重要的生态设计和技术目标。

综上所述，成熟期生态系统的主要特征以及我们如何基于这些特征来设计我们建成环境，进而实现有效的生态整合，请看下页。

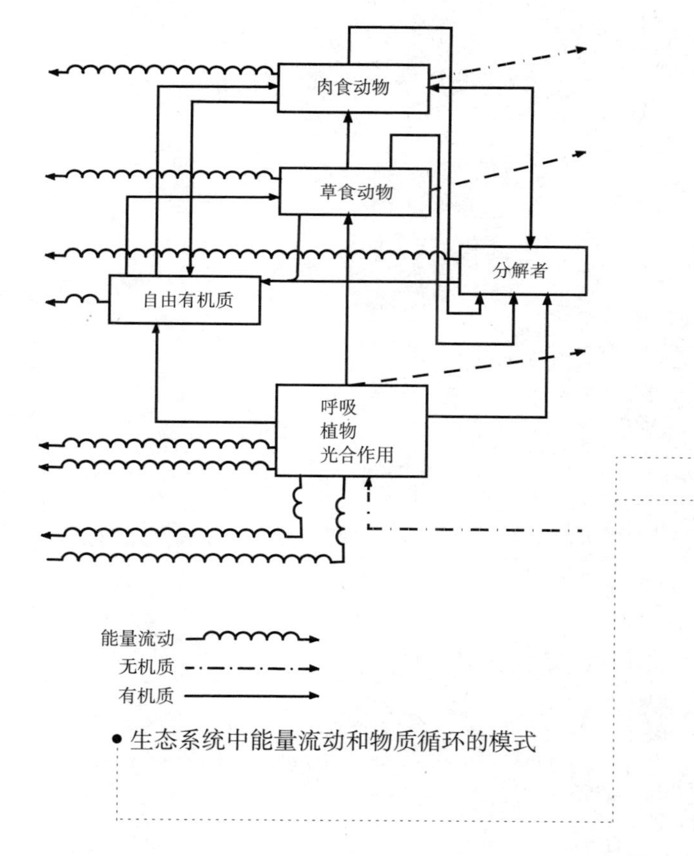

● 生态系统中能量流动和物质循环的模式

生态系统特性（成熟阶段）	人造仿生物体
能量	
· 光合作用活动总量减少	· 对不可再生能源依赖性降低（系统的生命周期，从生产到恢复）
· 使用可再生能源（太阳能）	· 从使用不可再生资源到可使用再生资源
· 高效能量流动	· 提高能源使用效率
· 使用所需能量	· 减少对不可再生能量资源的浪费
物质	
· 养分的循环	· 物质循环和输出
多样性	
· 生产者、消费者、分解者和综合物种的平衡	· 平衡生产者、制造者、服务者（包括营养、排污、废弃物等）和消费者（循环）
· 很多功能性生态位并产生多样性	· 增加高功能多样性
空间效率	
· 紧凑的空间效率	· 提高紧凑的空间利用率
· 高结构化多样性（小、大，横向或纵向，多样性强）	· 提供高结构化多样性（小、大，横向或纵向，多样性强）
信息和组织	
· 高物种和群落联系	· 获得高群落多样性
· 高群落组织（很多相互联系）	· 具有高群落组织（很多网络）

系统性控制

- 高环境控制和自然环境的有效的监控回应
- 提供全球保护，避免环境干扰
- 在生物系统中可利用资源的控制
- 保存资源、可持续使用和提高进行缓冲及处理变化的能力
- 共生系统的稳定性和回报性的系统合作
- 对环境稳定性采用自我修正系统

形式

- 功能适宜形式
- 通过类比和生态拟态模仿自然

很明显，这些因素和特征会影响我们设计系统的形式和过程。由此而建成的人造环境，在尊重人体工学和其他人类功能要求的同时，应更积极地反映上述因素和特征。

小结

在生物整合设计时，设计师可将生态系统的关键属性和特征看做设计原则、灵感和依据，并通过生态拟态加以创作。它们可被当做我们建成形式、设备、基础设施和建成环境中其他产品的设计目标和特征，进而加以应用和重新解释。最终的建成形式很可能是混合型的，或兼具人造和有机特征的复合形式。理想的生态设计是人造技术和自然的融合。最终形式可能是部分无机、部分有机的生物科技的融合，而设计形式是一种鲜活的技术，即活的技术或结构，它将成为野生动植物的替代生境。

A5. 生态设计的一般法则和理论基础：从系统到环境的互动矩阵

这里以互动矩阵的形式来介绍生态设计的理论依据和基础。这是一种分类矩阵和互动框架模式，以便让设计师明白在设计时必须考虑哪些方面，进而使设计尽可能全面。总之，要考虑如下因素：设计系统的环境；设计系统本身以及所有活动和过程；输入设计系统的能量和物质（包括人在内）；输出设计系统的能量和物质（包括人在内），以及在设计系统整个生命周期内，上述所有因素作为一个整体时它们之间的相互作用。

确定生态设计的理论基础至关重要，因为对什么是生态设计至今还没有一公认和有用的界定。此外，符合要求的绿色设计理论要能体现一整套被普遍公认的原则，但目前这种理论仍未建立。在对生态设计还未作出符合要求和公认的界定及理论框架之前，这一情形还会继续，还会有针对生态设计合理性的进一步批判，一旦生态设计不再是人们讨论的话题，或不能在关键和紧急情况下再为这种矛盾和误解提供令人满意的解决方案，最终甚至可能导致生态设计遭到否决或搁浅。

为了避免这种最坏情形的发生，有必要制定生态设计的基本法则。如下所述的互动矩阵实际上就是生态设计的法则和理论。在确立研究领域时，理论是理解和完善该领域不可或缺的一部分，因此，确定生态设计的理论依据至关重要。这种理论提供了框架，涉及该领域的知识不但可以通过该框架逐渐形成体系，还可以通过该框架得到检验。

这里所说的法则需要设计师关注设计系统的构成元素（输入、输出和内外关系），理解这些元素之间随着时间的推移如何互动（静态和动态），每种元素都代表分类矩阵的四部分。实际上这可以让设计师知道设计系统的哪些生态影响要优先关注，哪些在设计时要予以考虑或调整。

我们应该承认生态设计是复杂的，甚至比许多生态设计师目前对它的认识复杂得多。互动矩阵更具体地告诉设计师，生态设计涉及与环境相应的一系列相互依赖的互动关系或联系（全局与局部），必须将其视为动态的活动（即随着时间而变化）。它为生态设计的预期特性提供了整体结构。且不足之处在于它们没有充分体现对生态至关重要的环境整体特性（如互通性），而这是分类矩阵的固有特性。

必须明白，生态设计的基本前提是人造环境和自然环境的互通。因此，任何设计方法只要没有考虑这种互通性，或未考虑在本框架中因此产生关联的全部互动关系，都不能视为具有整体性，因此也不是生态设计，充其量就是一种不完整生态设计的方法。

同时，环境可持续目标要求最大限度降低（并作出响应）互动关系对地球生态系统和资源造成的负面影响，在这种情况下，每种互动关系（在框架中）都可能是使用时要考虑的生态原因。当然，我们应当意识到，生态设计不是遏制行动，设计系统可以对环境作出有效贡献（通过使用光伏电池产生能量），同时通过生态系统复原和生物多样性增强机制可以恢复和修复被破坏的生态系统。

我们的需求很简单，就是一个将设计系统的一系列生态互动与地球生态系统和资源进行组织、整合和统一的综合框架。该框架必须确定生态设计可能造成的影响，以便设计师评估哪些不合要求，哪些需要通过设计组合将影响最小化或作出改变。生态设计的理论基础必须使结构化和组织原则简单易行。可以是开放式结构形式，这样选定的设计限制因素（如生态考虑因素）就可以作为一个整体同时得到组织和确认。此外，开放式结构必须能够促进我们在接下来的组合中，对设计目标进行选择、考虑和确定。

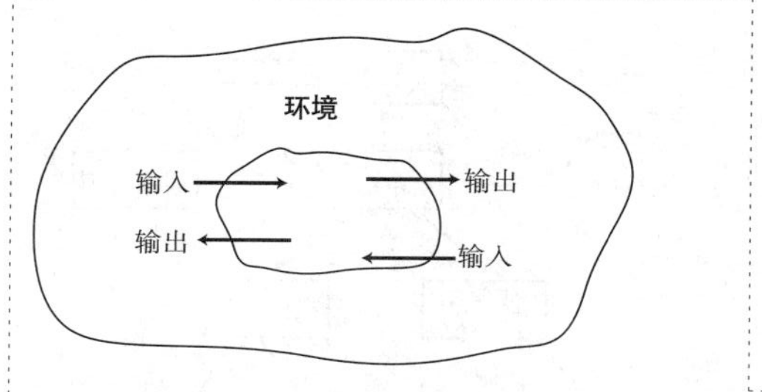

● 一个系统和环境及其之间的简单交换模式

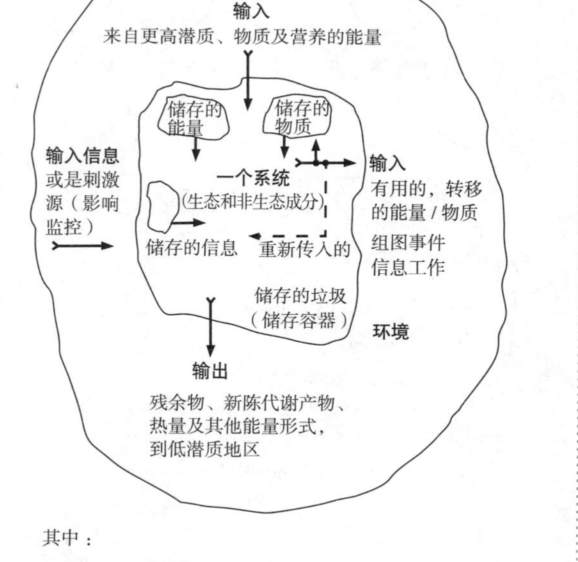

● 建成环境的输入与输出结构模式

这种开放结构可以只是一个概念上或理论上的框架。但它能让设计师决定哪些生态因素要在设计组合中加以考虑，同时确保对其他相互依赖的因素进行全面检查时有据可依，这些相互依赖的因素会影响设计，关键是要能证明它们的相互关系，最后它们也是生物圈中所有生态系统互通性的一种基本特性。

为构建生态设计理论，我们可以考虑使用一般系统理论方法，要考虑我们的设计作为一个存在于环境中（包括人造环境和自然环境）的系统（即设计系统或建成系统）会带来的结果。生态系统和一般系统的概念在生态学中都很重要。通常，在分析系统和它所处环境的关系时，不会对用于分析或描述设计问题的变量加以限制。事实上，这也适用于所有设计。我们在选择输入输出范围来描述系统和它所处环境时，不管有多幸运，它也不会是一个完整的描述。同样的，设计和理论概念化至关重要的任务是在设计决策阶段中选择正确的变量（见 B3）。

通过将开放式结构当做一种设计图来使用，设计师在寻求设计解决方案时也可以将其他任何与环境保护问题相关的行为准则（如废物处理、资源保护、污染控制、应用生态学等）包括进去。这些相互作用行为对于生态设计来说，是生态设计理论必不可少的特性：它必须包罗万象，还要开放。

因为生态设计有预兆性，也有预期性（如上所述），本质上，设计过程就成了对环境影响和效益的预期（见 B3），以及它实际所能实现的程度的一种陈述。从先前对生态学和生态概念的检验中我们发现，任何建成系统的环境影响程度都可以根据其对地球生态系统和过程，以及地球上的能源和物质资源（如某一特定产品或服务）的依赖程度（需求和贡献）来测定。这种依赖性既包括整体层面（不可再生资源的利用），也包括局部层面（局域生态）。所以，如果设计师意识到了设计对生态环境的影响（有利影响和有害影响），那么，这种意识实际上代表了这些环境影响的累积效应，设计师已经认可和预料到了。

不管怎样，以这种方式来定义设计不能让人类在生物圈中扮演剥削者的角色。相反，这种方法进一步强调了人类及其在生物圈中的建成结构对地球资源的依赖程度。从这一观点出发将有助于我们把注意力集中在设计系统具有生态意义的那些方面，同时注明不利影响可能会被消除、降低或弥补的重要领域。

环境的各种功能和方面与人类对它们的使用相互关联和重合，并会合于转换点，设计系统和周围生态系统在这里进行互动，同时，在这里进行友好和紧密的生态整合至关重要。这些转换点对生态设计极其重要，因为如果转换点没设计好，那么频繁的交换会导致生态系统受到破坏。因此，设计系统直接或间接依靠生物圈的特定要素和过程将通过如下几方面得以验证：

· 使用包括矿物质、化石燃料、空气、水和食物在内的可再生和不可再生资源；
· 使用生物、物理和化学过程，如分解、光合作用以及矿物质循环；
· 作为人类活动产生的废弃物和排泄物处理的终点，包括生命过程和人造系统的运作（如垃圾填埋场废物处理）；
· 作为人类生活、工作和建造的物理空间。

正是在这些领域，生态设计必须实现对环境有效的、无危害的整合。

然而我们必须记住，设计系统的转换点不会对生态系统造成任何影响的设计是不存在的。正如我们所见，通过设计，仅建筑物和产品实体就造成了生态系统的空间位移（即占据空间），还占用了土地，即减少了生物圈的空间。我们必须清楚，既然有了上述最基本的环境影响，就不可能实现绝对的生态兼容。然而，我们可以建立和制造这样的设计系统和产品，使它们最大限度降低对环境的破坏，甚至还会带来一些益处。生态设计的目标是让负面影响降到最低，同时让建成系统和自然生态系统之间有益的互动作用最大化。

从生态学家的观点来看，建筑物作为一种建成形式的设计结果，代表了对实际

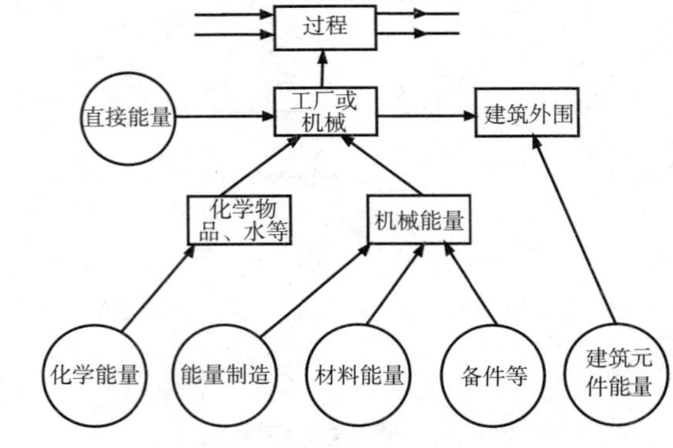

建成环境中单一过程的初始输入

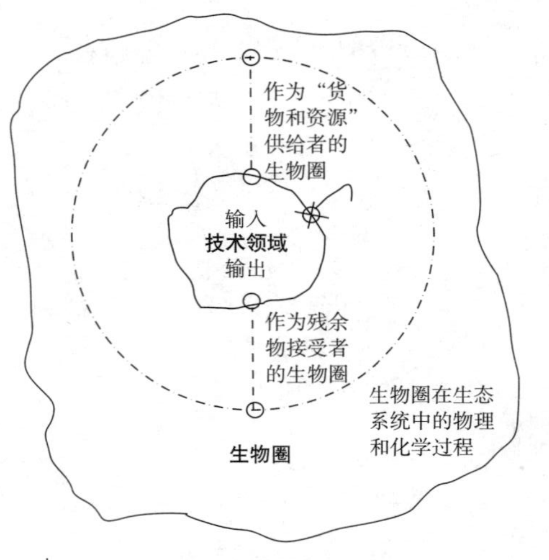

建成环境与外部环境之间的联系

与潜在的需求和对生态系统及地球资源的影响。要确定这些需求和影响，我们必须从获得这些能量和物质的环境源头到对设计系统的依赖性，直到其使用寿命末期来追溯设计系统中使用的能量和物质模式。如果我们认可这种原理，就意味着设计系统所有属性（不管是功能上、空间上、经济上还是文化上等）都要从它在全生命周期内与地球生态环境的关系背景上来看。因此，生命周期概念对生态设计来说至关重要。然而在生态设计中，生命周期包括了从开采到加工一直延续到重复使用、循环与环境重新整合。其原理是，只有确定每种设计方案的相关性，才能评估对生态系统造成的不利影响，并将其降至最低和采取预防措施。在实践中，不可能完全确定或量化。不过可以采用指数和广义理论框架来说明这种相关性。

构建生态设计的理论框架必须符合一系列概念，下面简明阐述这些概念。

生态设计的理论框架

建筑物、设计系统，或产品都有实体（形式、选址和结构）和功能（即在生命周期内，维持其生存的系统和运作），两方面都涉及建成结构和自然环境的关系，这种关系是随时间的推移逐渐形成的。设计系统就像生物体一样，但消耗的不是食物而是能量和物质，同时向环境输出。因此，我们的理论框架结构也应该模拟所有这些交换过程。

对设计系统的生态模型而言，三个要素必不可少。我们的理论框架必须对建成系统本身进行描述，对环境进行描述，包括周围的生态系统和自然资源，以及用图例表示这两者之间（即建筑物和它所处的环境之间）相互作用关系。

第一步要系统地考虑设计系统的内部过程（B12—B17）。第二步则根据对建筑物的物理和功能要求的全面了解，以施工活动和建筑物持续运作从环境中获取能源和资源的形式，测量与地球生态系统的相互作用。同时还要测量由于建筑物内部系统运作（“新陈代谢”作用使其作为建成环境运作，见 B4—B11 和 B18—B29）而回到自然环境中的物质和能量的数量。就建成结构而言，它包括将人和货物从建成结构往返运输的影响。

还有一个补充问题，即建成结构作为一种生态要素在环境的空间构型中的关系。建成结构作为建成环境存在于自然环境中，意味着会与生物圈进一步互动，并造成进一步影响。而对这种影响的分析也必须纳入理论框架中。

可用开放式一般系统框架来建构设计系统和它所处环境之间的“互动作用组合”。

在一般系统理论中，开放式系统和它所处的环境保持接触的概念大有益处。基于对建成环境和自然环境间的基本互动作用关系的分析，这种互动作用可以分为以下四个组合：

组合一：外部相互依赖性，指设计系统和外界环境的相互关系；

组合二：内部相互依赖性，指设计系统内部的相互联系；

组合三：由外至内进行物质和能量交换——即系统输入；

组合四：由内至外进行物质和能量交换——即系统输出。

这四个组合有效地阐述了建成环境和自然环境间的转换点。生态设计必须考虑到这四个组合以及它们之间的互动作用。这样每当我们进行设计时，就可以通过系统框架来确定设计系统会如何影响陆地生态系统和自然资源。

生态设计师构建的“分类矩阵”将这些互动组合以单个符号形式统一起来。我们可以用数字将设计系统和它所处环境的关系概念化，并加以演示（“1”代表建成系统，“2”代表环境）。如果字母 L 在系统框架里代表相互依赖性，那么这四种互动作用就可以确定。在分类矩阵中，将它们分别标记为 L11，L12，L21 和 L22。

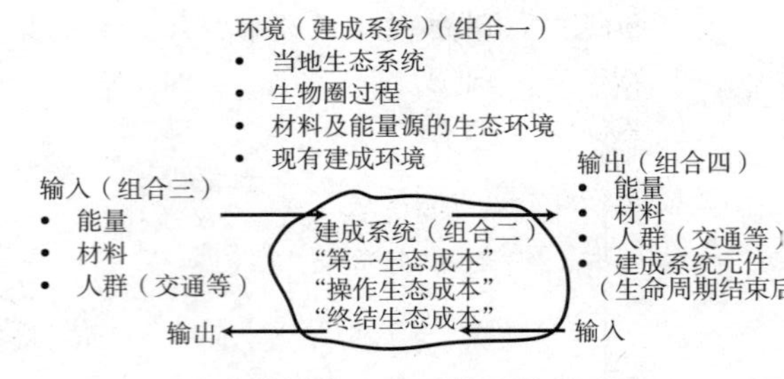

生态设计的一般系统理论模型

相互作用	符号	描述
设计系统（外部关系）的外部相互依赖性	L22	指整个周围生态系统的生态过程，该过程贯穿生物圈中与其他地区生态系统相互作用的其他生态系统，还指整个地球资源。还包括形成化石燃料和其他不可再生资源涉及的缓慢的生物圈过程。这些会影响建成环境功能，反过来也会受建成环境的影响，建成环境改变、删除或添加的正是这些元素。
设计系统（内部关系）的内部相互依赖性	L11	指在建成环境中发生或与建成环境及其使用者相联系的行为反应的总和。包括建成环境运作的功能。它们直接影响所处空间及其他位置的生态系统，以及地球资源的总量。这些可以按照建成环境生命周期的模式下来考虑。
能量及物质（系统输入）的外部/内部交流	L21	指建成环境的总投入。由建成环境的储备和流动组分构成（或是物理介质和建成环境及其伴随过程所需的能量和物质）。努力获得来自地球资源的这些输入通常会对生态系统造成巨大影响。
能量和物质（系统输出）的内部/外部交流	L12	指从建成环境中排放到生态系统和地球中的能量和物质的总产出。这些产出包括建成环境本身的物理介质和形式，这些介质和形式在达到使用寿命期限时也需要进行处理。这些产出如果没有被生态系统吸收，就会对环境造成损害。

• 环境相互作用的描述

$$(LP) = \begin{array}{c|c} L11 & L12 \\ \hline L21 & L22 \end{array}$$

这个数字抽象地描述了设计系统和它所处环境间的关系。

记住，1 代表建成系统，2 代表它所处的环境，我们可以将这四组互动作用关系绘制到分类矩阵上。L11 代表系统内（内部相互依赖性）的活动过程，L22 代表环境中（外部相互依赖性）的活动，L12 和 L21 分别指系统 / 环境以及环境 / 系统间的相互交换。因此，内外关系和互动依赖性都一一得到解释。实际上，“LP”是指生态设计，它是同时考虑这四个组合（及 L11,L12,L21 与 L22）在设计系统整个生命周期间，彼此互动作用关系的概述。

分类矩阵本身是一个完整的理论框架，它体现了生态设计需要考虑的所有因素。比如说，设计师可以利用这一工具全面地检验欲构建的系统或产品与其所处环境之间的互动作用，同时考虑到上述四个组合中环境的相互依赖性。

这样，从概念上讲，根据如下四组互动作用关系，我们就可以对设计系统进行分解和分析：

L22

这些相互作用描述了设计系统的外部相互依赖性或“外部联系”。这代表了周边生态系统的整个生态过程，就像我们看到的那样，它与其他生态系统相互作用。因此，L22 不仅完全包括了局域环境，也包括了陆地资源。它还包括了地球资源的创造过程（比如化石燃料，以及不可再生资源的形成），这些过程可能会与建成结构的运作相互影响。建成系统的建立或运作会改变、耗竭或是增加这些外部资源。

L11

内部相互依赖性是指建成系统的内部环境关系。即建筑物内部的所有活动，包括所有运作和功能。建成结构内部的新陈代谢作用影响更明显，这种影响会从建筑场地延伸至生态系统，并通过连接性反过来影响其他生态系统和生物圈的所有资源。L11 的影响贯穿建筑物整个生命周期。

L21

矩阵的该项限描述了进入建成系统的总输入量，包括所有进入其结构的交换物质和能量（包括人在内）。设计系统的系统输入包括构成其组分的资源及其运作过程所需的物质和能量。获得这些让建筑物运行的资源（从地球中开采基建材料和能源）通常会给生物圈和生态系统造成破坏。

L12

很明显，生态设计师最关注的是从建成环境进入自然环境的全部输出物，但这些输出物仅占全部互动作用的四分之一。然而，它们不仅包括建筑物施工和运行过程中排放的废物和废气，还包括建筑结构本身的实体物质。很明显，如果自然环境不能吸收这些输出物，那么它们就会造成生态破坏。

任何声称是生态保护的设计方法，只要没考虑这四种因素以及它们之间的互动作用关系，都不能说是完整的生态设计，因为互通性是生态系统至关重要的特征，未考虑这个因素就是非生态的设计方法。

如上所述，整体的生态设计必须考虑局部和整体环境的互动作用：设计必须有预期性和前瞻性。同时还得是动态设计，因为不管是建成结构还是产品，在设计系统整个生命周期中都必须考虑它的影响。还有一点，绿色设计本身要求非常苛刻。它既要考虑本身对环境的影响，同时也要设法消除对生态系统和陆地资源的负面影响。

设计时，生态设计师必须遵守这些原则，设法最大限度地提高设计的实用性和有效性，降低建筑施工和运行带来的负面影响。因此，设计师应尽可能采用“平衡预算”方法，权衡环境成本，以破坏性最小、最有利的方式使用全球资源。

生态设计框架提供了确定环境要素间联系的基本结构。生产建筑材料、搬迁建筑住户、运行建筑设备和系统，以及建筑物生命周期中其他过程中消耗的能源，生成的废弃物和使用的资源，这些都与环境要素的数量或质量的不断变化有关。这些变化的瀑布效应可以用来追踪它们对生态系统和特定群落的影响。作为对环保关注的终点，在群落里进行生物整合必不可少。评估这些影响能让我们准确判定它们对动植物群落生产力的重要性。

生态设计师在考虑特定环境影响时，应当着眼于和该环境相关的整个生态链，避免只关注到中间影响。各种影响之间并不是简单的线性链关系，而是复杂的网状联系；每次排放或使用自然资源都会导致空气、水和土壤及资源存量发生质量或数量的变化。反过来，空气、水和土壤及资源在质量或数量上的这些变化也会影响到生态链的不同终点。

从应用生态学的观点来讲，生态设计实际上与集中精力管理某一特定区域（如建筑工地）的材料和能源、管理某个特定项目或装配件（如产品设计）相关。也就是说，设计师实际上已经将地球上的能源和物质资源（生物和非生物组分）从开采、管理、装配直到临时的人造形式上都纳入考虑，不管它是建成结构还是产品（以为物品都有使用寿命）。到了使用寿命末期，它们在建成环境里不是被重复利用就是被循环，或是被吸收到自然环境的其他地方。但是，无论这种模式看起来有多么机械，我们都必须清楚，生态设计远不只是对能源和材料进行简单的管理。设计系统必须塑造一个生物与非生物组分平衡的生态系统，或者最好是塑造一种从局部到整体与自然环境有着多产甚至修复的关系。当然，我们还必须考虑设计建成系统的其他常规因素：设计方案、成本、美观性和场地等。

这里的理论框架提醒设计师，设计系统不仅是一个空间对象，它还有内部功能（L11）和外部联系（L22），这些同样都是设计系统的组成部分。在设计过程中，必须随时考虑环境的互动作用，这种互动作用不仅指结构的物理实体及其组分，同时也包括建筑物的功能方面、使用寿命期间的输出物以及后来对结构本身的处理，这些也都是分类矩阵的构成要素。

设计师可以将分类矩阵和上述互动作用关系组合分解，以核实设计系统的环境互动作用和影响，并将其概念化。同时，设计师还可以利用框架来分析或“拆析”设计，将设计系统要素间的互动作用分开，分别放入矩阵的四个项限中：资源输入（L21）和输出（L12）；内部功能（L11）；以及外部环境关系（L22）。值得强调的是，设计师的职业道德要自始至终贯穿矩阵的各个环节（即包括全部相互联系），设计时必须考虑到这点。从狭义上讲，设计时除了必须履行这些责任外，还有一个重要任务，那就是随时牢记“绿色”原则，包括持续发展的总体目标（即人类干预后，生态系统必须还能持续），最大限度地降低人类活动对环境造成的破坏性影响，同时最大限度提升对环境有益和可补救的影响。

因为矩阵具有系统性和全面性，可以用矩阵对环境影响评估进行核查。这提醒设计师在设计时要注意预期影响和互动作用的范围。比如，设计师在设计时可能会忽略掉某个互动作用，或为了强调某一因素的重要性而忽略另外一个因素，从而造成设计不平衡。

如果设计师一味地关注建成系统造成的污染（负面输出），努力减少这些输出物，那么即使这种设计是以“绿色”为目标，也会导致过多的能源输入，从而消耗更多的地球资源，还可能给其他生态系统（可能不是局部生态系统）造成压力。利用分类矩阵可以防止这种“跷跷板”效应，设计师只要牢记，任何设计在建筑物的整个使用周期内，只要未考虑到整个环境互动作用和后果，这种设计都不全面，因此从环保角度讲都不符合要求。

同时，矩阵框架要求设计师将设计系统及其组分与周边的生态系统进行整合，

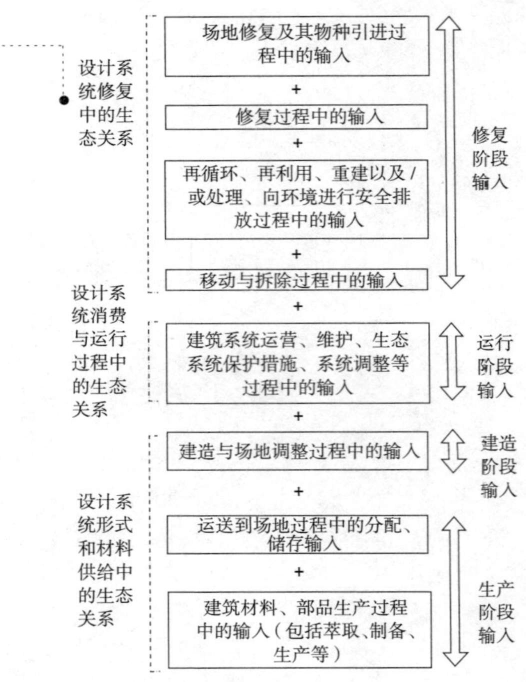

设计系统全生命周期中的输入总况

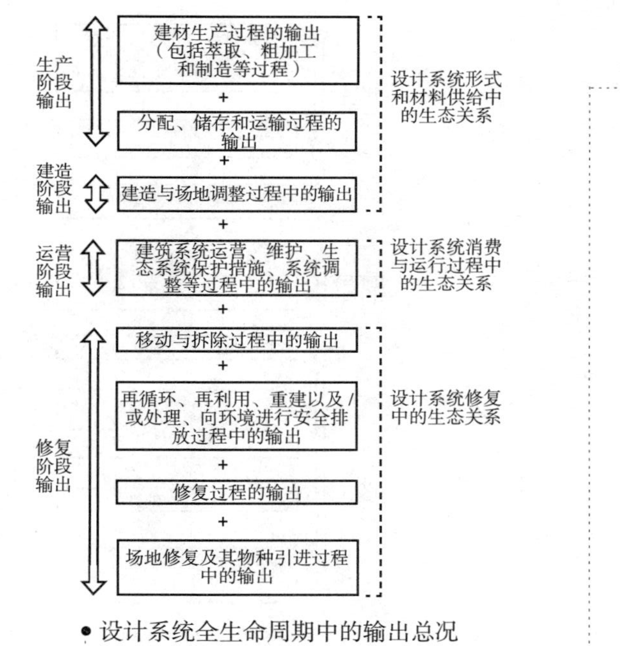

• 设计系统全生命周期中的输出总况

这种整合或同化方式能确保对生态友好，甚至可以实现共生。一旦设计系统开始运行，它的输出物对环境或多或少都会有影响，这种影响会降低生态系统提供输出物和自然资源的能力。有一种更全面和复杂的模型，它由反馈环构成，但相比目前的框架，这个模型还需进一步完善。

这一理论的主要特征是具有全面性。之前对生态设计的定义也应用到了某些设计方法中，虽然不是很精确，这些设计方法对环境有一定的关注，但不能核查它们的有效性和全面性。因此，这种理论框架可以用作分析工具，来评价其他设计师设计方法的敏感性和检测它的全面性。从多方面讲，由于生态方法是框架的删节版，由于没有考虑矩阵项限，或未注意到某些环境的相互依赖性，因此不是真正具有整体性、前瞻性和“绿色”的设计。如上所示，一个不完整的生态方法和非生态方法一样，会对生态系统造成破坏，事实上还会使那些力图避免的问题死灰复燃。因此，这里所说的矩阵和框架的功能也取决于它们的全面性。

综上所述，互动作用框架有以下四个主要功能：

- 设计师利用概念框架来组织和设法解决设计系统的生态分歧。在确定结构和生态之间的全部互动作用后，设计师就能根据各种因素（如所用材料）将这些材料组装到建成结构上，把对环境的负面影响降到最低。
- 这个模式可以共享，即设计师和其他用来评估设计系统的生态影响的行业人员都可以将它作为参考标准。这种通用性提升了“多重全面性”，因为对相互关联的环境问题的审查自始至终是以持续，和谐的方式进行的。
- 随着时间的推移，通过这种模式建立一个共同参考标准使进一步进行理论阐述成为可能。为了解决人们关注的环境问题，之前相互独立的具有相似问题的领域应该联合起来。比如，保护自然资源或提供替代方案可能对设计过程有所帮助。

对环境承诺和原则的真正考验是人类活动的程度（即在开垦土地时），这个模式提供了一个全面的框架，以便认识建成系统和生态系统的相互关系，让各领域的人通力合作，一起为生态设计理论作出贡献。

- 这里所说的相互作用理论是独一无二的统一理论，它将过去未经协调的环境科学和保护统一到一个理论之下。

正如理论能统一不同学科一样，这种设计模式也可以扩展到其他领域。设计师可以用该框架描述、预测设计系统的环境影响，而其他理论家和实践者可以用它来模仿多种有生态影响的广泛的人类活动，比如，用于旅游业以及对自然场地有影响的其他娱乐活动。

最后，这里构建的理论结构指出了该主题的其他设计原则和研究的差异。若要全面探索生态设计，需要某些数据，如果暂时没有可用的，就必须获得相应数据并将其量化。这种全面的设计框架提供了一个参考标准，设计师可以用它来评估任何设计，或在设计间进行相互对比（见 B3）。

以上前提为生态设计提供了广泛的理论基础，可以应用到我们设计系统或其他建筑类型中。从这一点开始，生态设计的应用策略，首先应该强调保护能源和物质的设计（即 L21 和 L11），或更精确地讲，在设计系统整个生命周期内，对能源和物质进行管理。很明显，这只是设计过程的开始。因为当前的统计数据显示，超过 28% 的国家能源用在了建筑上，同时作为建筑的输出物，超过 50% 的废弃物进入了垃圾填埋场，通过低能耗和协同的设计工作，争取实现物质在建成环境内部循环使用，这样就能获得重大的生态效益。生态设计需要我们对物质在建成系统所有组分中的使用进行不断质疑（如桩基、构架、建筑立面、填充墙、原料、操作系统等）（见 B29）。

我们必须清楚，相互作用框架并不能替代设计创造。在任何设计方案中，设计师都必须通过设计将选定的因素合成为一个实物形式，尽管很明显这是基于有依据的决定。在这一设计组合的过程中，这里所说的结构模型对确定生态的相互作用和意义很有帮助。就建筑物而言，这种设计决定毫无疑问是附加物，但是也应该优先于通常需要做的建筑和工程决策并对其予以指导。

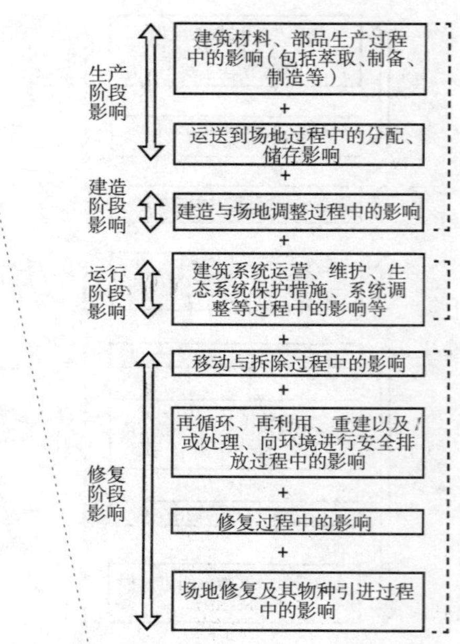

• 设计系统全生命周期的影响

分块矩阵同时还指出设计决策和材料的选用会对工程现场外的生态系统带来影响。每个设计问题都代表了设计系统主要元素和形态需求间相对重要性的特定生态平衡：不管哪一种情况，与这种平衡相关的设计组合都成了设计生态响应建成环境最有效的方式。

不同设计方法都可以当做备选方案，它们或多或少都有自己的优势，最终选择哪一种设计方法取决于眼前的设计问题（对某一特定的设计师而言）。我们不要试图预先为设计定一套标准的解决方案，因为没有任何单个或成套的草拟解决方案能解决所有的环境问题。这样做不是为了提供“万能药”（鉴于设计和解决方案多种多样，根本不可能实现）。而是举出实例并提供备选方案，让设计师洞察建成系统对环境多方面的破坏。在某些情况下，可能根本不需要合成实体系统就能解决问题。这里讨论的技术问题只是现状。

设计系统最终影响将反映设计师在设计过程中，对整个范围环境影响的容忍程度。然而，分块矩阵虽然是一个全面的框架，但不具有纲领性。也就是说，它涵盖了所有可能出现的问题，但很明显，它不包括某些特定状况和情形。它可以作为生态设计守则，但把这些守则应用于实际设计的是设计师个人。目前能预计的是可能会碰到的设计问题类型，在生态系统互动作用和影响领域尤其如此。从一开始就必须构建绿色设计框架，因为最初的选择很大程度上决定了对环境破坏的程度，影响设计系统反馈效应的大小以及进行纠正的可能。

即使在设计成形前，设计师也应该根据分块矩阵和绿色设计框架分析策略选择。分析结果可以缩小解决方案的范围，清楚表明在解决设计问题时需要了解的相互关系。各种因素和关系可以通过图表表示，以便于强调它们最重要的特征；同时这种概要性图解还可以用于许多其他情况，即用于现实设计和项目中，而不仅是一种理想化的概念。这样，设计问题的异同便一目了然。

到目前为止，互动作用模式和矩阵让那些遵循绿色原则的生态设计师对设计问题有了大体的认识。其实，这就像一张地图，从认识问题到最终解决，有很多条路可选。在设计中，设计师如何成功越过这些“地图”上的障碍和限制是他们个人的事情，这既与设计师的个性有关，又与所选用地点的特定环境和其他因素有关。重要的是，建成体系在适应自然环境时，设计师并没有忽略分块矩阵中确定的互动作用；但至于到底如何处理完全是个人选择的问题。

通常就理论而言，互动作用矩阵作为一种理论建构，对该领域研究的不断发展起着重要作用。在科学方法中，它是提出假设的首要焦点，然后在实践中经受检验。

按照分类矩阵的四个因素来整体考虑生态设计，很明显，生态设计是跨领域的，它不仅涉及建筑设计、工程设计及生态科学，还涉及环境控制和保护的其他方面，如资源保护、回收实践和技术、污染控制、蕴含量研究、生态景观规划、应用生态学及气候学。分类矩阵演示了各个学科之间的互通性，而在生态设计时，必须把这些学科整合到一起。设计系统的形态层出不穷，融合了各种各样的特征、子系统和功能，而这些都是跨领域影响的结果。

- 输入管理，或 L21；
- 输出管理，或 L12；
- 环境现实与建筑相结合的管理，或 L22；
- 与其他三类因素相关的建筑的内在操作系统的设计与管理，或 L11；
- 以上所有几类与生物圈内自然系统（以及其他人造系统）共同起作用的相互作用。

为实现最后一个（也是最宏观的）目标，即对我们的人造建成环境共存的各层面、生物圈自然周期以及生物圈中其他人为结构、群落和活动（即全部输入、输出、运行活动和环境影响）进行整体监控、同步化和整合，起初看起来可能有些幼稚和理想主义。但是，这对实现生态设计及可持续性的整体效力至关重要。然而，要实现这个目标需要借助数字和卫星全球信息系统（DIS）技术它们能提供全面的、前瞻性的全球经济政治决策的统一，这些技术将对生物圈生态系统和过程与人造环境的共存进行持续监控。（比如，可能会利用超高效率的纳米生物传感器，光纤设备来感测污染，迅速而准确感知和检测对环境的损害，再比如用来感知生态系统中食物、空气和物体表面上的病原生物体和细菌毒素，以及查明生物多样性的损失等）。设置这种全球生态感知系统在技术上是可行的，政府和国内外机构应将它作为首要目标。

小结

生态设计目前有很多限制条件，但互动作用矩阵为设计师理论化、审核和评估生态设计系统提供了根本依据。遇到生态设计问题时，我们应当将互动作用矩阵作为参考基准，确保全面考虑了与设计问题相关的生态问题。如先前所提及的那样，目前对是否应该注重可持续性的讨论持中间立场的人从少数逐渐演变成了主流，对他们来说树立一个这样自信的理论——实践框架是很重要的，他们急切地需要用这一框架来认可主流观念中可持续性的地位。

B部分
设计指导

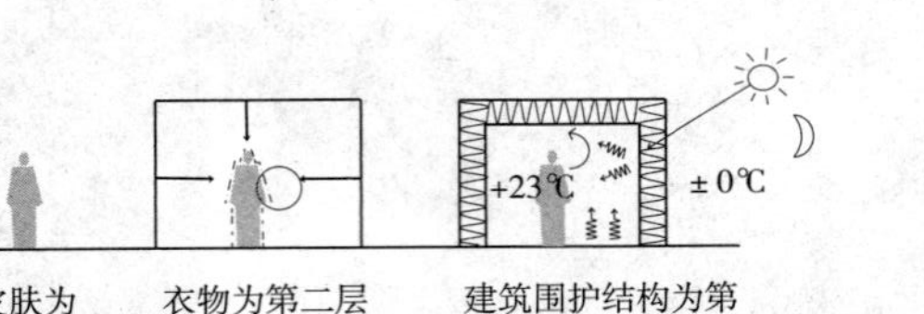

人类皮肤为第一层
衣物为第二层和环境及舒适性的基本决定因素
建筑围护结构为第三层及内部舒适条件的决定性因素
建成环境中外壳的层次

B1. 考察设计的前提条件：决定是否建造 / 制造

在设计过程的开始阶段，设计师必须考察设计的初始前提和基本原理并决定是否开始这个设计项目。我们需要考察此设计或其设计大纲本身的基础，评估拟设计系统对建成环境和自然环境的预期影响，以及此影响在开始建设后是否可以得到缓解，如果可以，则要估算其环境成本。

对设计前提的考察是至关重要的，因为不经考察就开始设计工作将可能导致对环境造成破坏或污染。采用生态方法，设计师必须从这一前提开始：随着人类生活方式对环境条件的需求以及生存条件之外的需求的增加，设计系统对环境的影响也增加了。在设计开始前的第一个问题是：要建造或制造的是什么，以及它的必要性和重要性如何。而第二个问题则是评估设计系统的有效性及其设计结果。例如，在准备一栋建筑物的设计大纲时，设计师必须计算出遮蔽处的范围以及舒适性，即设计中必须考虑的外壳的层次。这些都取决于此设计系统用户所期望的性能标准，并会影响建筑的范围。这一点可以用商业建筑的规划来说明：即设计师会在开始设计之前先了解项目在经济上的可行性。同样，生态设计师必须在对设计要求进行评估的开始阶段调研项目的生态可行性。我们不仅要考察如何建造拟设计系统，还应了解应从哪个设计系统开始以及这些设计系统是否全部应该进行。

与用户的需求或客户的要求相比，我们更应该留意设计师及其他人采用的方法是否会对建成环境的性质和形式造成不可持续发展的影响。这一问题的本质是设计师的职业道德问题。如果必须设计此建筑系统，那么就应当马上评估其建造的程度、如何使其具有生态响应性、从源头到生命周期的环境影响如何等。对于建筑物，生态设计的目标就包括：确保其设计方法可以使用最少的不可再生能源为建筑物提供热量、热水、冷却、照明、动力、通风和其他内部功能，并且对环境造成的影响最小。

我们认为部分生态设计中包括了对社会标准的规定。人们离简单的需求和使用方式越遥远，需要从自然环境中获取的支持就越复杂，我们也不得不更多地考虑并预估对环境的破坏。如果人类能减少对某些特定事物（例如住所、舒适度、流动性、食品供应等）的需求，那么对环境的影响也会相应地总体降低。归根结底，设计的影响范围就是采用该设计的社会后果。生态设计要避免超出安全标准的设计、过量供给以及一般意义上的过度设计。

例如，建成环境的设计温度对不可再生能源的使用及保护是一个问题。1970 年英国的住宅平均室温大约是 13℃，而到 2004 年升至 19℃。如果住户能接受较低的舒适度，那么就会节省大量的能源。通常，每升高 1℃需要多燃烧 10% 的燃料。较低的室温不过意味着住户不能穿薄衣服，而要换上保暖的衣服。生活方式的改变能影响的能量节约还包括少使用小型器具和电器。英国的家庭用户使用的能源占全国总量的 30%，其二氧化碳排放量占全国总量的 28%。

有关如何使用材料和不可再生资源以及生态系统的四个关键总体战略是：减少、再利用、循环使用和重整。第一个策略是减少（参见 B22 对再利用和循环使用的讨论）。从设计师的角度看，人类对环境的影响是可以减小的，但是必须以减少在住所和舒适水平上的投入为代价。如前文所述，人们对生态环境的需求越少，对环境的影响就越小。如果人们不需要遮蔽处和舒适度，就没有必要用生态学的思维对建成环境进行设计，因为人类已经完全成为自然界的一部分。例如，随着数字技术的运用，日常生活中的很多活动可以电子化处理，而不再需要人类之间进行这些交往的场所。在一个工业化的世界和对材料有高度预期的社会中，设计者面临的难题是如何平衡舒适度和对环境造成影响的能源使用这二者间的关系。例如，设计者了解到典型的北美高层建筑每天使用的能量为 11.5kW 之后，就要估算所设计的建成环境的用户能源消耗是否可以减少。

我们还要考虑将设计的系统的规模有多大。建筑物能源消耗的决定性因素就是建筑规模。新的建筑往往比现有建筑面积更大，每个住户或每项功能的建筑面积都比现有的多几平方米。为增加能源的利用，建筑物中的附加空间对周围环境（例如照明及机电系统）能源的使用增加量是附加房屋建筑面积的平方。例如，2000 年的一项研究表明，英国的家庭数以每年 1% 的速率增长，住宅能源需求的增长速率为 1.9%，而商业房屋面积增加 1.3% 将会导致使用电量增加 2%。效率改善带来的能耗缩减将很快被附加的建筑空间所需的能量需求赶上并超越。很显然，设计者必须降低新建筑的规模和建成形式的高度。例如高层建筑的生态效应是最差的，研究表明其建材能耗比一般建筑高出 30%。对于建成结构，首先要考察的方面就是空间规模（m^2）、高度和建成形式。

作为永久的住所和工作空间，建筑物已成为人类生活的首要条件。鉴于其必需性，设计师必须考虑如何建造以使其对地球生态系统和自然资源产生尽可能小的影响。建筑对环境的影响程度首先反映了该建筑物对社会需求的价值。吸收合适的材料（如食物和空气）并将其转化为对自身或该物种生存有价值的产品（例如热能和代谢能量）是所有生命的基本特征，现在人类社会摄入（即输入）包括像矿石燃料一样满足能量需求的材料、住所和废弃物处理，这种摄入（以及因此产生的废弃物）的范围取决于项目所在地人民的生活水平或国民生产总值（GNP）。不争的事实就是：为了给人类提供其生存方式所必需的输入，生态系统必然会发生改变。因此，在确定设计大纲（按照提供的空间和外围，确定建成形式中结构的范围）之前，有必要了解项目的规划和当地用户的需求。例如，我们可以通过其他方法满足这些需求而不需要提供任何围护空间，甚至仅使用部分围护结构或只需在用户间达成共识，使其降低资源摄入水平和环境要求。

因此，在设计之前，应提出以下问题后再决定需求并建立使用模型：在空间使用的前提，所需要的生活水平、舒适条件及消费状况要达到此标准用户愿意放弃或忍受什么？

生态设计方法必须在设计开始之前首先明确这些需要和标准，然后再准备设计大纲和用户需求。通常，需求越少影响越小。如果生态设计师试图通过降低当地普遍的舒适度或能耗水平来降低社会消费水平以使其结构或产品更符合生态学要求并减少浪费，那么设计系统的最终用户将不得不忍受生活舒适度、方便程度和消费状况的降低。生态设计师必须根据职业责任及用户的教育水平来解决这些问题，但这已超出了本书的范围。这就是生态设计的社会效应。

传统的设计大纲包括建成系统功能的定义。与工程经济学的过程类似，生态设计师需要考虑设计的目标（建筑结构或产品）能否通过其他现有途径来取得较好的效果，或者其功能是否可以通过不需建筑（和/或制造）的过程来实现，以及哪一种对生态系统中材料和能源使用的影响较小。换言之，为什么非要通过建筑或制造来实现呢？

我们需要进一步考虑设计的前提并在设计之前回答以下的问题：

- 存在的基本原理是什么？设计系统的目的是什么？设计系统是否已有正当的理由或价值，还是仅仅为了创造出一种微小或新颖的事物，而且使用过后会被排入环境，最终引起更复杂的环境处理及重整问题？设计从一开始是否必要？如果建筑系统或产品的设计只是为了追求新颖，那么结果就只能是产生更多的废弃材料；如果不能再对这些材料进行利用，就会给生物圈带来混乱，耗尽自然资源甚至可能在最终的吸收作用中产生更具破坏性的影响。

对用户需求的影响可能需要简单的管理决策，例如要求男性用户解下领带。如果非本住宅的居住者都按照对待自己家一样对待建筑物，能源管理就简单多了。

冬天，人们在家通常会穿较多的衣服来减少寒冷天气的取暖费用。加热或降低1.25℃会对降低能耗产生很大的影响，而这其实可以通过提倡理智地根据季节变化增减衣物来实现。类似地，不论是从健康还是能源影响角度来看，夏季浅色衣服和自然通风（即打开窗户）都比机械通风或开空调好。这些决策中的一部分是建筑物最终用户的管理及生活方式，当然如果建筑物在设计时窗户就是关闭的话，某些选择就被排除在外了。

能源效率策略是：通过限制室内空间的设计温度，来达到冬季温度最小化和夏季温度最大化（例如冬季19℃、夏季25℃）。

设定这些标准并非易事。需要了解的要点有：空间是“过热”还是“过冷”？这是由谁决定的？“不适”在何时真正成为一个问题？何时值得采取措施？以及我们要准备投入多少环境成本来解决这一问题？习惯在热带地区生活的人——尤其是发展中国家的人——可以忍受更高的温度和湿度。因为人们已经被当地的自然条件同化了，期望值也比较低。因此，这些问题引发了关于生活方式和文化的争论。

什么是空间需求（建筑毛面积）及其效率？

空间的尺寸和范围将会影响设计系统提供的环境舒适质量，并会进一步影响项目区域生态系统的环境条件及其消耗的能源及材料（地球的资源）的数量。这些问题明显取决于使用此建成环境的人们的需求及使用标准。很明显，需求及使用水平越高，设计系统（见上文）的尺寸及其子系统（操作系统）的范围也越广泛，进而对资源的需求和对生态影响也越大。

对建筑物而言，其本质是通过其封闭水平（例如封闭起来的毛面积）、提供的环境系统的水平和其他因素对设计概要进行评估，这些因素都与建筑物的能耗（即分块矩阵的L21）和排放水平（L21）以及净面积与建筑面积的比率有关。

如果对建筑物进行建筑面积比最大化的商业调整，封闭的范围将会改变。设计师需要估算出封闭区的总面积，并通过建成形式内的局部封闭或过渡空间（空中庭园和半覆盖区域）来减少封闭区面积。

- 什么是能源及材料消耗（与收益相比）：设计系统是否可能耗尽大量不可再生能源及材料却不产生任何社会效益？我们要在每个阶段评估拟建成系统的预期输入及输出影响（即不可再生能源和材料的使用及对生态系统的影响），这是其生产、操作、最终的再使用、循环利用和 / 或重新融入自然环境的结果。一个方法是使用生态足迹法，这是能源审计的一种形式，可以估算某种物质（从食品、纸张到建筑材料等）的消费对环境造成的负担。

由于用户也会影响建筑物内产生的废弃物和排放，因此设计师必须熟悉废弃物的特点和形式。城市废弃物中最多的是有机食品，然后是纸质 / 纸板和塑胶 / 橡胶废弃物。商业机构产生的废纸量大约为 0. 11kg/（m^2・d）（美国的数据）。我们可以通过制定适当的循环利用或重新使用的规定，或者通过设计来影响当地使用者的行为，以确保他们减少废弃物的排放。例如，经济的城市废弃物产生量大约为 0.8kg /（人·d），然而“挥霍”的废弃物产生量大约为 1. 5 kg /（人・d）。也可以将冷水消耗量从 150 L/（人・d）减少到 80 L/（人・d）以达到节约的目的。

有一套描述确保生产率和住户幸福感的热舒适环境的行业标准，例如 SAHRAE 55-1992。其中包括了不同气候带范围内的湿度控制。对于自然通风建筑，我们可以使用自适应舒适温度边界和可接受极限（例如 90%）。这些标准的目的是建立温度和湿度的舒适范围，设计建筑外围和暖通空调系统以维持舒适度并对住户提供热舒适环境。

低能耗设计要求我们安装持久的温度湿度监控系统，使操作者能在建筑物内控制热舒适性能、加湿和 / 或除湿系统，并要求我们确立温度及湿度舒适范围来设计建筑外围和暖通空调系统。可以在设计系统内安装一套温度湿度监控系统来自动调节适当的舒适条件。

被动式设计也可以使用含有主动式和主动模式装置的合成系统。例如，创建一个气候响应建筑格局需要设计师创造性地通过选址、定位、布局和建设来响应当地的温度和生态（即其维度和生态系统）；但是必须选择性地设计建筑物的环境机电系统，要在自然环境气候能源的第一次优化使用之后考虑其对能源消耗和节约的影响。当然，也可以对这样一个“工程”设计方案进行创造性的阐释。设计必须依据基本原理进行定量评估。要知道生态学方法不是能直接产生建筑形式的设计规则。如果有变动，就要用创造性的方法弥补现实条件与标准规范间的偏差。

不仅要重新估计用户的需求，还要了解他们在建成结构中的使用类型。例如，如果办公用纸提高了双面影印的使用率（通过用户教育），就能节约相当于 1500 万棵树的木料。在美国，仅仅商业用纸每年就消耗大约 2100 万吨办公用纸——相当于 3.5 亿棵树木。事实上，办公用纸是办公室废弃物输出的六大来源之一，也是增长最快的材料之一。

将设计系统类型的操作系统（即内部环境维护系统的范围，参见 B12—B17）分为五个规定水平：

- 被动式；
- 主动式；
- 完整模式（或特殊模式）；
- 生产模式；
- 复合模式。

将系统的基本水平设定为被动式——如果能被所有住户接受——在生态学上是最理想的。这需要优化当地所有可能存在的被动式系统。这里，完整的常规系统维护水平就是指特殊水平或完整模式。中间水平或主动式水平是维护的基准水平。生产模式是能量生产系统的应用（如光电池）。设计师必须在一开始就决定在建筑物中使用哪个操作系统水平（B12—B17）。

- 生产和配送的预测结果：设计系统的实现是否会引起环境问题？是否可以得到缓解？例如，生产设施和工厂可能会对所在地的生态系统产生负面影响。

生产中排放的废弃物可能会引起环境污染。原材料的运输可能会消耗大量的能源。原材料的提取可能会引起严重的环境问题。

- 地点特异性的影响：设计系统的创建和建设（对于建成结构）、将设计系统看做产品的生产设施或工厂是否会对所在地点产生影响?
- 使用设计系统的结果：设计系统的用户或操作（或产品的使用）是否会导致环境问题（例如排放余热和废弃材料，需要借助交通运输使人们出入于设计系统）？
- 再次使用和循环利用的结果：设计系统寿命结束后，其再次使用、循环利用和重整对环境有哪些影响?
- 设计系统“使用后处理”的结果：设计系统最终的处理是否会导致环境处理和重整的问题?

用户需求和设计系统的功能

从一开始，设计师就必须优先对拟建设项目的用户（人）和他们的需求进行评估，而不仅仅是考虑硬件（如建筑外围、设备、机械系统等）的要求，但大多数设计师都习惯反过来。我们首先要问是否可以不重新设计系统或制造产品，而是用较低的生态成本满足用户的需求，或者，用户所期望的生活水平和舒适度是否太高?

设计系统的预期寿命

在设计之初，我们要明确产品的预期寿命是“长”还是“短”，预期寿命“长”意味着产品的循环利用降至最低，但是仍需要进行内置的冗余及柔性设计，以便持续地循环使用。如果是寿命“短”的设计，就必须最大限度提高其连续重复使用的能力，以便循环利用（即重构）并最终融入生态系统。

该结构在当地生态系统中的足迹

基底的尺寸和建成形式进一步影响了土地上设计系统的物理足迹，并会对当地的植被、水文/地下水（参见B4和B5）等物理特征产生影响。另外，建成结构的形状会把影子投射在周围的地面上，影子会随每天的时间和季节变化而改变，建成结构的形状也会影响周围风景、街景和建筑物的风环境。通常的策略是减少建筑场地面积，使用较小的足迹设计并保持大部分场地生态上的连续性。

设计系统的结构

应当对建成结构进行审查。例如，我们需要高层的建筑形式还是扩展型的建筑形式？是否可以用低层、多层或组合形式取代单一的高层建筑形式？

确定建成形式的同时还要确定封闭空间的体积，这也是个要质疑的问题。是否可以将空间需求的一部分进行外部化或半封闭处理？因为封闭的空间越大，生产和运营所用的能量和材料就越多。

人类活动、建成结构设施或基础结构所在地的场地条件和生态复杂性

必须考虑场地本身的生态质量（B4和B5）。要避免建成结构和基础设施占用过多的场地面积，它们积累起来就可能导致严重的环境问题。

建成系统内部环境条件的范围

如上文所述，设计对环境的最初影响与用户对设计的尺寸和环境要求成比例。我们可以将设计概要的准备工作当做对设计系统用户舒适标准（空间及环境）和消

耗的设定（如合适的室内设计温度）。确定了设计系统的范围（即建筑面积）之后，我们就要设定所能减少的内部环境舒适标准的程度（如内部设计温度、每小时换气次数、室内空气质量及湿度等）。这些参数取决于建成环境用户的接受水平。显然，感官需求的水平越高，建成环境的面积就越大，对生态的影响也就越大。例如，如果公寓或办公楼的住户能接受较低的室内温度，机电系统就可以设计成节能型。

评估用户的需求时，不仅要考虑内部环境标准，还要考虑其规定的一致性。如果采用被动式环境系统（即不使用机电设备或操作系统），内部条件的一致性就会发生变化，因为被动式系统是与环境气候相关的。这是一个取决于用户个人偏好的主观问题。可能有人会持不同的观点：在设计的准备阶段，设计师对建成结构影响范围的作用最大。根据能量输入，一个国家能耗总量的一半都用于建筑物的采暖、照明、制冷和通风。根据能量输出，建筑物设计、维护和后期的改建等都直接影响矿物燃料的消耗量，此消耗又与释放到大气的二氧化碳的体积直接相关，是导致地球温度上升（温室效应）的因素之一。

开始准备设计概要时，设计师应该确定是否能通过结合被动式措施与直接效应的设计来满足设计系统舒适度的要求。无论如何，设计策略必须将所有被动式策略优化之后才能采用其他策略（B13）。设计师必须尽量使用适当的主动式系统。采暖、制冷、用电及通风的剩余能量需求应由生态系统所允许的主动系统提供，在这方面如果更注重当地环境能量的使用，就可以减少对内部操作机电环境系统的使用。影响这个问题的因素是用气候响应建筑结构来满足用户需求的生物气候设计原则的应用、被动构件的使用或适当的建筑定位，而不是作为完整模式策略的建筑物硬件的使用。要达到这个目标，设计师要准备“操纵”建筑及其结构定位、外墙设计、机电系统及考虑到项目所在地气候特征的其他特性。这些特性包括太阳轨迹、风力模式和湿度（被动式在 B13 中进一步讨论）。

确定建成系统的内部环境及运营消费水平或许是影响能量使用最重要的因素。在普通建筑物中，这些因素在建筑物生命周期内的能耗中占据了 65% 之多。这些水平通常与地点有关，并与当地人口生活标准和福利有关。住所的范围和设计系统使用者的舒适度通常会受到社会经济和政治结构及其生活标准的影响。正是这些需求和使用的水平决定了建成形式的面积及其服务系统和范围。因此不能假设特殊的内部环境普遍适用于所有情况。如前文所述，研究表明在热带（尤其是发展中国家）居住的人，由于期望值较低并且已经适应了当地的环境，更能适应较高的温度和湿度。

对温带区域（如欧洲）低能耗社会住房进行研究后发现，对于每居室两人居住的住宅燃料能耗大约为 125kWh/（m^2·a），三人或四人居住的住宅耗能为 166kWh/（m^2·a）。人类对环境造成的影响和破坏程度与生活条件和生活标准的下降程度直接成正比。生活在未工业化社会最低生活水平线上的人对环境的要求低很多。当人类行为、生存方式和期望值超出传统的“简单存在”时（例如需要更多或更有序的食品供应、住所采暖及制冷，更发达的运输等），环境影响就开始日益凸显。事实上，迅速而且无序的工业化进程必将造成灾难性的后果。人们离简单的生活方式越远，与环境相互作用的要求就越高越复杂，也将从中吸收（或排放）越来越多的供给和资源。最后，人们得到的只能是更加受损的生态系统。

设计师可以通过定量的评级或评判系统来将一个设计方案与其他方案进行估算和比较。另一个方法是采用互动矩阵（见 A5）。但是，和大多数可评估系统一样，评估者要做很多主观决定——有时是很多让步——进行价值鉴定。例如，即使生态学家也难以评估某些物种的灭绝造成的影响——“人之杂草，我之鲜花”。然而，尽管这种评估方法有若干不足之处，设计者仍需考虑上述问题并用此方法评估其设计方案。

小结

设计任务开始时，设计师通常会从设计概要着手，或对达到设计目标（包括人工制品，建筑物等）所要的经济成本进行评估，并将其纳入预算和财务可行性分析。

与其类似，在项目设计、建设或生产之前，生态设计师需要保证将设计概要作为生态设计概要的生态平衡性，明确设计的生态目标和生态一致性的程度，为设计系统预期的环境影响和收益及其用后形态进行初步评估。互动矩阵（A5）中包含了有关于此项工作的指导，即设计系统的预计输入、输出、活动等对生态系统和生物圈的影响。因此，生态设计要从这三个概要开始：设计概要、财政概要和生态设计概要。其后的设计步骤包括了对这三套要求的交叉考虑。

我们要知道，生态设计不是一个静态设计过程而是“长期设计”，要对不断进化和改变的环境进行长期管理，在此基础上确定设计建成环境的生态前景。

大型家用电器废料

B2. 识别设计客体是产品（无固定或仅有临时场所）还是建筑或基础设施（二者皆有场所特异性）：确定有效期的策略、场所特异性及设计系统的固定

每个设计任务开始时——尽管都是建成环境的组成部分，设计师都必须确定设计系统是产品、建筑设备（结构）还是基础设施。之所以要进行这种区分是因为它决定了在设计系统的内容、形式和过程方面所要给予关注的程度，以及它流经建成环境（即交通能源和存储）到达其使用、定位或固定的现场（如果有）的过程。

与产品不同的是，对大多数建筑物、构筑物和基础设施来说，这些问题都与场所相关，都具有潜在的移动性。要从商业角度将固定在地面上的大多数结构和基础设施看做金融投资，其价值将随年份的增长而增加。一座建筑物可以存在50—100年。办公大楼的设计使用年限一般为8—10年就应实现财政上的投资回报。在这种情况下，我们要使用宽泛的设计策略来设计灵活的建筑形式，以备将来建筑物的用途变化、维护或扩建。

产品、设备和配件的使用寿命则短得多。实际上通常的设计对这些物质使用后的处理方法是将其丢弃，但现在生态设计师必须将产品的寿命和使用后的处理方式纳入设计中。要使产品不会在使用寿命结束后变成废弃物，应该确保其能够进行生物降解（例如可以在丢弃后分解成为植物或动物的食物以及土壤的养分），或可将其返回建成环境参与工业循环以提供新产品所需的高质量的原材料，从而连续不断地进行再利用或循环使用。要按这些规定进行设计以达到节能（节约能量）、节水、耐久和易于维护的目的，并将其制造成可拆卸的形式以便循环利用，同时和环境重整而不造成更多的环境影响。一种方法是将设计产品在重新使用和回收利用过程中进行再制造。在传统的回收利用中，超过使用年限的成品经过回收重新成为原材料。相反地，经过再制造，产品及其成分会经过重新改造实现多次重复利用。如果建成环境中的产品是由符合标准的可更换零件制成的，其拆卸重建的成本将低于制造新产品的成本，并且其工艺稳定不易频繁改变，产品就可以得到迅速的再制造。必须承认产品的用法可能随地区改变，这一点超出了设计师的控制范围。

大多数情况下的产品（或设备）并无固定的场所，对其所在地生态系统的影响很小或没有多大意义，这一点取决于产品在哪使用、位于何处、是临时还是永久使用等。除了产品使用、生产或制造的场所，产品场所生态（B5）的编目需要也并非总能适用。对于建筑设施、结构和基础设施则不是这样，它们对其所在地有至关重要的影响，因此必须预先研究其场所的生态系统特征（参见 B4 和 B5）。理想状态下，所有产品、材料和废弃物都应成为生物或技术上的养分并重新进入生态循环，被土壤中微生物和其他生物体消耗并成为生物整合的有效成分，而不是在垃圾堆中结束生命。

产品设计的方法之一是将产品看做服务，这样它在使用过后的再利用就成了制造商的责任。产品不仅是被拥有和使用结束后被抛弃的物品，还是可以出租的服务。其所有权原则上属于制造商。当产品不再有需求或需要升级到新版本时，制造商就应收回旧产品，将其分解成基本元件（及技术养分）并将其用于组装新产品或将其出售给其他商业机构。这样就将处理产品的责任从消费者转移给了制造商。

同样，这个方法也适用于包装。可以通过立法使消费者远离销售点的所有包装材料。然后要求零售商回收消费者返还的所有包装材料。包括建筑产品和设备在内的所有产品都面临着这个处理附带包装的问题。包装在制造时会消耗能量和材料（如纸张、玻璃、铝、钢、塑料、木材和聚苯乙烯），在印刷时会产生有害的挥发性有机化合物，而在燃烧时会产生二氧化碳。据估计，处理包装的费用在全国废弃物处理的资金投入中占了一半，因此应将其设计成可循环利用的形式。

我们的食物产生的不仅仅是有机废弃物，还有本应分解成生物养分的产品包装的问题（在垃圾堆里占固体废弃体积的一半）。当前的技术已经可以将所有家用产品的包装（例如洗发水瓶、牙膏管、酸奶盒、果汁罐）制造成可生物降解的。

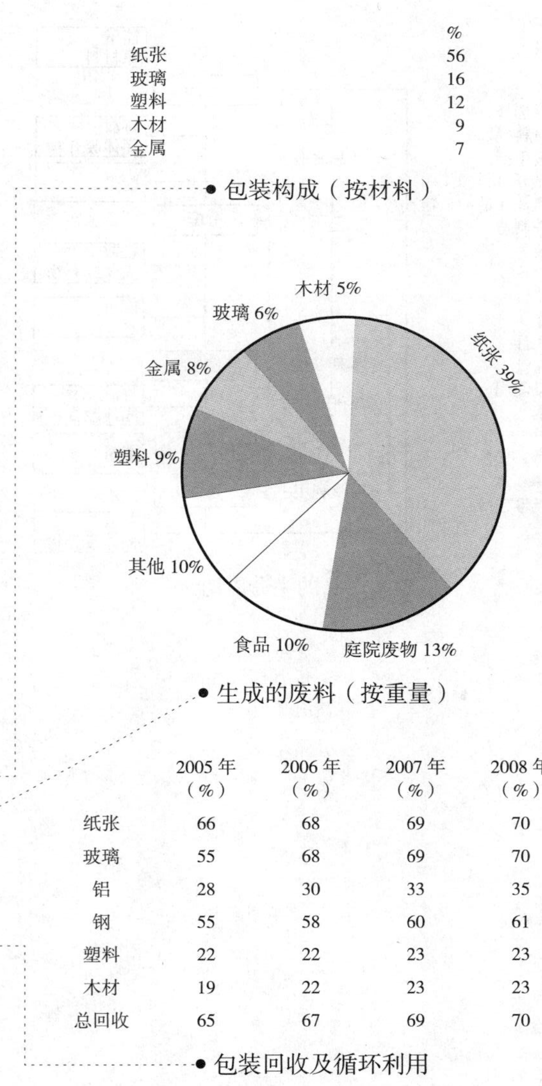

	%
纸张	56
玻璃	16
塑料	12
木材	9
金属	7

● 包装构成（按材料）

● 生成的废料（按重量）

	2005 年（%）	2006 年（%）	2007 年（%）	2008 年（%）
纸张	66	68	69	70
玻璃	55	68	69	70
铝	28	30	33	35
钢	55	58	60	61
塑料	22	22	23	23
木材	19	22	23	23
总回收	65	67	69	70

● 包装回收及循环利用

- 设计
- 材料选择
- 原材料提取
- 材料生产
- 可循环材料的使用
- 材料及元件的运输
- 元件制造
- 包装
- 运输

- 操作
- 耐久性
- 可靠性
- 能量使用
- 用水

- 收集，运输
- 循环利用
- 垃圾堆，焚化

能量 原材料
生产
排放 固体废弃物
能量
分配
排放 固体废弃物
能量 水
使用
排放 固体废弃物
能量
处理
排放 固体废弃物
产品制造
重新装配
再利用
修复
回收利用

典型产品的生命周期

将产品作为服务的概念可以延伸到建成结构和基础设施中的所有零件和元件。仅仅拥有产品然后在其使用寿命结束后将其丢弃是毫无意义的。其结果的经济性将不再基于货物的所有权，而是基于服务和流动的经济性。工业原材料和技术元件不能像在不同行业之间那样在制造商和用户之间不断循环。

在这样一个服务——流动经济中，制造商必须能轻易地拆卸其产品以进行重新分配原材料（例如 B28 中的拆卸设计）。这个方法有重大的设计意义，它不仅适用于产品设计，也适用于建筑物设计（即建成结构和基础设施）。大多数成功的产品或建筑的材料及元件都能轻易地拆卸或拆除、分离、重整和重新使用。

在产品设计中，要更加注意所有商业方面的生态后果，包括投入市场的产品的制造、使用和最终处理（不适用于建成结构、设备和基础设施）。例如，我们要考虑下列过程造成的环境影响：产品开发、用后处理、从来源到最终接收端或已无法使用并需要重新使用、循环利用或重新融入环境终点的过程和流动（即设计和原型等）。

除了产品对材料以及对自然资源的使用及其工业生产造成的环境影响之外，产品的生态设计还要求设计师考虑某些特定产品与商业相关的环境后果，比如包装、销售、交易、广告和促销，运输、分配和交货，整批销售和零售以及最终处理。产品在这些方面的环境影响不在这里讨论，但是其对环境的影响显而易见。

建筑产品之间可能存在联系。一种建筑产品能在特定项目的范围内，在特定经济条件下对其他产品起到另一尺度上的作用。

产品制造商应对其产品的整个生命周期负责。要将产品设计、制造成可持续循环利用并最终可通过重整融入环境的形式。大部分现有建成环境中的产品的整个生产线都需要重新设计以使其易于拆卸并进行循环利用。例如，某些产品可能含有复合材料（如少量金属或橡胶），从而使循环利用变得困难、不现实或不经济。

设计师可以通过设计使制造商或生产者承担能量消耗和产品使用及排放的责任。生态设计必须考虑产品的可修复性（如通过设计延长其使用寿命）和重新使用、循环利用或处理的能力（见 B27 和 B28）。

应将生产过程中的排放物设计成另一种产品或原材料，以直接重新使用或经处理后对其进行再利用，并将其作为下一步生产过程的输入（见 A4 生态拟态）。生产设计应尽可能减少不可再生能源和材料的使用，转而选择使用可再利用或循环利用（二次使用）的材料或元件（见 B28 拆卸设计）。

此处所说的产品不一定是一个项目或一个设备，它也可以是人类制造的任何东西（如可以包括食品生产）。

这种区分将会影响设计系统的形式（例如将设计系统作为建成结构、设备或基础设施的情况），因为设计形式需要与当地的生态特征、系统有机性（如与场地的地形有关）及系统性相联系。当设计系统是与场所无关或无地点特异性（大多数情况下）的产品时，其形式应有利于持续再利用、循环使用并能最终通过生物整合融入自然环境。

我们应将产品（包括装置、家具、工具和设备）设计成为：

- 材料及能源消耗少的；
- 已经循环利用或再利用的；
- 质量较高且寿命较长，用户占有量少但持续时间长的物体，能耗较少不需频繁更换的；
- 可修复的以延长其使用寿命并对其进行再利用；
- 设计成可再利用的，而非短期使用或一次使用后丢弃的；
- 设计成可循环利用的，不会当做废弃物扔掉；
- 能通过重整融入环境，不被当做垃圾扔掉；
- 在产品本身和 / 或其制造过程中不使用有害材料。

小结

设计师应该在一开始就将拟设计系统区分为产品、建成结构或基础设施。对于产品，从生产到使用及使用寿命结束后的处理都对其所在地产生了一系列影响，并对产品在所在地之间的运输及存储造成影响。除了需要评估产品本身在任何地方使用生产的影响之外，产品的用后处理也必须预先加以考虑并提前设计以进行再利用、循环使用或重整。如果不提前设计其用后处理，产品就可能会被送往垃圾场和 / 或成为被浪费的废弃物，而不能再通过重整融入自然环境。

如果设计任务是建成结构或基础设施，设计师则必须考虑其与固定场所之间的相互作用（按本手册所述）。

建筑或基础设施可以固定在特定的场所，但在本质上仍被认为是临时的固定，在建筑或基础设施使用寿命结束后或当其被拆除时，需要考虑所有组件和项目的用后处理。

B3. 确定设计与环境融合所能达到的程度：确立特定的约束条件

实际上，设计的生态响应范围本来并无限制。关键问题是我们应在何处停止以及设计所能达到的生物整合程度如何。因此，我们要在一开始就确定设计系统的生态响应及生物整合的可接受水平或设计目标中的绿色水平。我们要将这些对设计程序和场地条件至关重要的生态整合中的各方面因素进行先后排序。这就是生态设计的可变限制，因为没有硬性固定的限度来达到有限的生态整合，因此很难对其准确定义。

- 当设计师适应建成环境的生态结果时，要考虑建筑物移交给物主或用户之后的寿命。如果设计师严格地采取环保的方法，他就可以告知物主建筑物的建成结构、设备、基础设施和产品的造成的环境影响及其使用寿命结束后进行销毁的结果。

生态设计不仅仅是要符合预期的"绿色设计"标准——例如美国的LEED（能量与环境设计评估）或英国的BREEAM（建成环境评估方法），还要通过对特定系统的设计达到环境整合、绿色和生态整合的最高水平。

生态设计师必须知道，不可能让一个设计对所有因素都有良好的响应，或能优化生态设计的所有条件，这是不可能达到的理想状态。生态设计的关键是确定所能达到的绿色设计的水平。由于许多理论、技术以及解释层面还没有完全开发出来，这一过程还有一定困难，毕竟生态设计仍处于发展初期。设计师最好能尽可能多地考虑生态方面的问题，特别是互动矩阵（A5）中定义的关键问题。此外，设计师可以确保设计系统在其生命周期内对自然环境产生的负面影响达到最小，以达到对自然环境的最高效益和修复。例如，设计应恢复受损的生境和棕地，保持现存生态系统的物理连续性，增强其生态联系（如B8中的陆桥）。然而，设计时必须首先

- 人类福祉的相关因素
- 取决于此的生活材料标准
- 商品制造的需求
- 自然资本消耗的意义
- 自然资源的提取范围
- 废弃物排放的结果
- 人类福祉

生态设计本质上需要建立标准并确定能被社会所接受的用户需求的范围。

例如，要想减少向自然环境中排放的废弃能源和材料的数量，就必须减少自然资源消耗的范围和降低其速度。

因此我们必须减少自然资本的消耗和加工商品的使用。发达国家所青睐的生活材料标准的降低和生活标准的降低将会导致人类社会福祉的降低。问题就成了主观的问题：我们准备为可持续发展的将来放弃什么？设计师的角色就是用创新的方法达到这一目的。

● 生活标准与环境结果

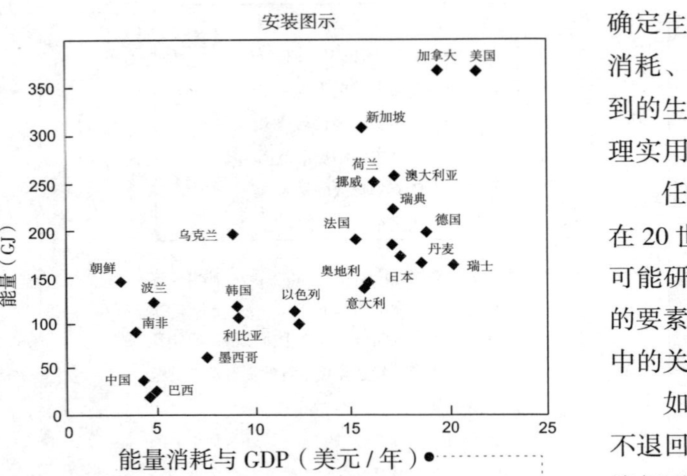

能量消耗与 GDP（美元 / 年）

确定生态设计所能达到的绿色的水平。尽管存在通用的最低性能操作标准（如能量消耗、废弃物循环及收割等），生态设计仍具有地域性，每个生态设计任务所能达到的生态整合的最大限度取决于项目、局部条件、当前技术因素以及其他因素的物理实用性。

任何一个设计过程都应综合考虑对其产生影响的所有因素。设计方法的研究者在 20 世纪 60 年代发现，这一问题取决于设计师，并且在设计真正付诸实践之前不可能研究考虑所有的影响因素。设计师必须有选择能力，要尽可能地确定设计任务的要素，并能提出可用于测试以及评估效力的方法。然而，必须考虑互动矩阵（A5）中的关键因素、其相互作用及结果。

如果设计师试图使设计中所有不利的环境影响保持在绝对最小值，社会就不得不退回到简单的存在形式（即比现有一般生活标准要低的形式，见 B1），并接受对环境舒适度、住所、能量及材料消耗要较低的生活条件。但这需要对现有社会、经济、政治结构进行复杂广泛的重建，这显然超出了设计的承受范围。

不能破坏市场上存在的各种各样的等级体系又要符合等级目标——这样产生的设计的基础是现存体系，因此其革新空间极小。然而这样的体系为建筑物的相互比较和项目规划提供了有益的参考和一览表，项目本身的需要与生态和生态系统标准的进一步评估相关。例如，生态设计的目标必须包括保护自然生态系统、修复受损系统以及限制将来的生态退化，如果生态设计着重于遵守预先决定的一览表，那么这些目标就很容易被忽视。与其在设计过程开始时思考我们是否能满足特殊的能量标准，不如考虑能使能源达到最有效的节能方式所需能量的数量、质量和规模。

理想的综合评估结构是互动矩阵（A5），它适用于产品或设计系统的整个生命周期，并可用于能源之间的评估。

在实现生态设计的过程中，设计师需要注意：在实际设计中，设计的生态整合水平具有理论上的广泛性，而生态整合的最大限度可能是无法达到的。最终，其限制可能来自于设计系统的财务预算、对特殊生态的约束以及技术体系的了解。在这种情况下，设计师只能尽力确保在效益最大化的前提下使生态影响达到最小。这些会成为设计项目能否实现的限制因素。因此，在实践中，生态整合的水平取决于在给定的建设或制造预算及技术方法条件下能达到的实际水平，并能确保其不会破坏环境。

但是，设计师必须了解：财政约束可能会使特定的生态设计任务面对难以接受的绿色水平的让步。这一点取决于设计师在给定的约束内能否创造出最佳条件以及环境整合的水平；或者设计师应该试图使放宽经济等条件的约束，或者拒绝生态上完全不可接受的任务。

与工程不同，生态是以辨别力为基础的，需要研究和了解大量关于生态系统、其组成物种及与其生境关系的问题。在这一点上，建成环境对特定生态系统自然环境的影响及其过程都可能是暂时的。然而，建成环境某些方面的影响是可以从数字上进行描述，例如生物多样性的损失、生态系统生产率的损失、后者在过程中承载能力的损失等。

用于建设一栋建筑物的能量比用于生产建筑材料的能量少一些。其直接能量大约占总体建材能耗的 7%—10%（美国）。

我们应该知道设计系统或产品的建材能耗值并不是其生态影响的良好指标，原因是：

- 能量单元没有考虑产品寿命长度。
- 能量单元没有考虑后来产品的再利用、再制造或循环使用。
- 如果能量产生于污染源，能量单元仅仅是环境影响的度量（例如，如果能量来自光电作用，高建材能耗值本身就是严重的生态影响）。
- 能量单元只是设计系统或产品生产的“第一”初始影响，没有考虑产品或材料功能随时间流逝产生的环境影响。

有很多方法可以评估产品或建筑形式的建材能耗：投入产出分析、过程分析、能量统计分析及其他复合分析方法。单层建筑形式由于表面积－体积比较低，因而建材能耗较高。随着建筑形式层数的增加，建材能耗最初会因为表面积－体积比升高而有所降低。研究表明建筑形式的建材能耗在层数接近 10 层时开始增加。40 层以上的高楼大厦比低层建筑形式每单位建筑面积的建材能耗高大约 60%，因为前者需要更多的原材料来满足结构和风力负荷的要求。

小结

本手册中突出显示的因素是设计师应该尽力达到的生态设计的目标。

生态设计的根本基础是环境的生态整合，而实践中设计师会发现其过于抽象而需要更具体的指导。

为说明这个问题，我们首先要建立三个基本的整合模式：物理的、系统的以及临时的。

物理整合是指通过设计来整合物理的存在，并使用（操作）带有场地生态系统物理特征和成分的设计系统。最好能在生态效益最大的前提下将生态影响减小到最低（例如生境的恢复、生物多样性的增强、受损生态系统的恢复等，见 B4—B8）。

系统整合是生态系统和生物圈（即空气、土地、水）设计系统的过程和功能的整合及同化，其形式为：系统能量及材料的输入、内部过程、能量及材料的输出（见 B9—B29）。

临时整合指的是以确保人类后代可以持续享用为目标的，通过设计系统实现的，对自然环境和自然资源进行的必要的利用和保护。

要达到生态整合的这三个水平总会受到每个设计任务的实际约束。在确定特定目标时，LEED、BREEAM 等都是需要超越的标准，其限度依次取决于设计任务和场地条件及生态条件。

设计师不能认为恰到好处地实现这些目标就能使设计系统具有令人满意的环境性能，情况并非如此。简单地实现这些目标意味着满足了一般的习惯。生态设计必须确定本手册尽可能详细描述的所有项目，而不是简单地满足一览表的标准。然而，每个设计任务的设计师都可以从确立必须达到的最小性能标准开始，并预计在技术、实际情况和其他限制条件下设计所能达到的生态整合最高水平。

节约用水的机会
- 减少水的使用：减小卫生设备和暖通空调设备的水流。
- 环境美化节水：减少饮用水需求。收集雨水并循环利用灰水。
- 废水处理革新技术：减少污水数量。

场地机会
- 城市地区的开发：对比现有城市区域的再开发与农村场地的开发，重新利用城市基础设施。
- 棕地场地的开发：对污染场地进行再开发，减少对其他场地的开发压力。
- 选址：不在不合适的场地进行开发，即浸水区域、农用地或湿地。
- 减少场地扰动：修复受损区域和保护原生区域，采用本地原生物种。
- 交通选择：增加可选择的交通方式，即骑自行车、轻轨和货车联营。
- 雨水的管理：避免形成雨水径流的净增长，或尽力减少径流；收集雨水以做备用。
- 减少光污染：尽量减少户外照明。
- 减少热岛效应：使用遮阴设备来减少城市热岛效应。

资源及材料
- 资源再利用：材料的再利用。
- 建筑物再利用：建筑物部分或全部的再利用。
- 回收成分：回收物质的再利用。
- 建设及废弃物的管理：循环地面清理、破坏及建设废弃物；在材料选择中使用寿命成本分析。
- 使用当地材料：越多使用当地材料，将材料输送到场地的费用越少，所需资源越少。
- 木材鉴定：使用符合森林管理委员会指南规定的木材。
- 迅速再生的材料：使用能迅速再生的农产品，如竹子。
- 回收含量：使用回收含量高的材料。
- IAO 最低性能：ASHRAE 标准 62–1999 对通风的规定。
  VOC 低排放的材料：仔细选择胶粘剂和密封胶、油漆和涂层、地毯和木产品来减少气态废物中的 VOC。
  日光照明：采用日光照明可以减少建筑物的能量消耗并提高舒适度。
  热舒适：ASHRAE 标准 55–1992；永久自动控制系统有益于提高人类舒适度。
  系统控制：可控制的窗户和单独控制可以提供较高水平的舒适度。
  二氧化碳监控：监控二氧化碳水平有利于改进室内空气质量。
  建设阶段的室内空气质量管理规划：建设阶段的室内空气污染可通过 IAO 的实施得到控制。
  环境吸烟（ETS）：在受限制的房间内限制吸烟。
  室内污染源及化学物质的控制：垫子有助于保持较低的室内污染水平，将工作区域与有害化学物质隔离开。

● LEED 标准的示例

（能量及环境设计标准）

B4. 评估设计系统所在场地的生态历史：选址和确立总体场地策略

土地
空气
水
其他

有些环境学家按照没有相互作用的分离区域错误地对环境进行构思。

环境区域

如果设计系统是建成结构、设备或基础设施并且具有地域性——而非一系列不连续的环境区域——设计师就必须先评估当地生态系统的生态历史以确定设计前所需生态分析的水平。这一点非常重要，因为生物圈的每个地方的生态都是不同的，有许多其他因素会对该环境区域造成影响。因此，此项评估对生态设计有决定性的作用，因为它是设计师确定如何规划并整合建成系统、结构和场地中的活动，即将其固定在何处以及如何对其排放进行系统整合。下面给出的是一种对项目场地进行分类的简单方法。

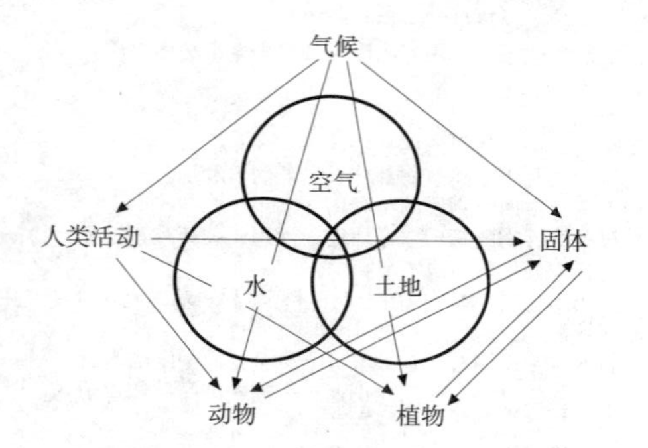

空气、水和土地的三个层次及其与生物因素的相互作用

项目场地生态系统的特征及特色

对于建成设备设计，我们尤其要研究项目场地的生态特征。此项研究必须在所有工作之前进行。选址时，必须首先进行评估以确定最佳场地。

地球表面可根据其植被特征划分成大的地理区域。这些区域也被称为生物群系，它们具有相似的气候、土壤和动物种类。生物群系是不连续的，但是不同生物群系中的群落通常具有相似性。

每个群落中的场地——将要进行建筑和基础设施建设的地方——具有不同的非生物及生物破坏的生态历史以及人为的生态系统划分。场地的生态历史会显示出早期的人类干预和近期的演替状态。每个场地所需的生态分析水平（B5）取决于其生态历史和复杂程度。

为了确定特定场地需要的生态分析的范围和结构，或制定基础设施的总体设计策略，设计师要在一开始就进行场地的生态复杂性及生态历史的评定，以确定它属于下列哪个类别：

- 生态成熟系统

这种生态系统的特征是生物多样性高。成熟的生态系统是指长时间未受人类干扰的系统，通常有大量不同的物种。不同的物种在相对稳定的基础上相互作用，有效地利用其获得的一切养分。生物多样性的差异取决于生态系统的位置。例如，每英亩雨林中有高达 400 个树种，（美国）新英格兰地区的阔叶树林中有大约 40 种，而在缅因州的森林中可能只有 10 种。生态成熟系统包括森林、沙漠、湿地和雨林，其本质是没有被人类干扰直接影响的生态系统。该系统是自然发展的地区，其演替可以进行到成熟和稳定的阶段。

根据生态学家 E.P. Odum 改写的陆地分类方法（多产地区、多产或自然地区、折中地区，城市工业或生态非重要地区），我们可以从生态设计的角度稍做改动将陆地区域划分为以下几种：

- 生态不成熟系统

仍处于自然状态，正从破坏中恢复或在演替和再生过程中的生态系统（例如被人类部分破坏的场地）。可以把这一类当做生态保护或自然区域，其生态演替可以进行到成熟阶段；如果不在高度多产阶段，该系统可以趋于稳定。

- 生态简化系统

最初是成熟或不成熟系统，但已经遭受放牧或受控燃烧、收割或选择性伐木或去除某些生物组成的场地。

- 人工混合生态系统

由人类通过轮作、农林、公园、花园等方式维护的混合生态系统。此系统是多产地区和保护地区结合的折中区域，可以将其看做将生态发展前两个阶段部分结合的生态折中区域。

- 单一种植生态系统

经过再次人工处理但仍是单一种植的生态系统（例如农业用地、用于伐木的再植森林、种植园、农作物、草坪）。这就是生态学家称为“多产地区”的系统，其生态演替可以在人类的控制下不断地延缓，以保持较高的生产能力。

场地的生态系统等级
生态成熟
生态不成熟
生态简化
人工混合
单一种植
零种植
污染

● 作为生态设计基础的场地类型的分类

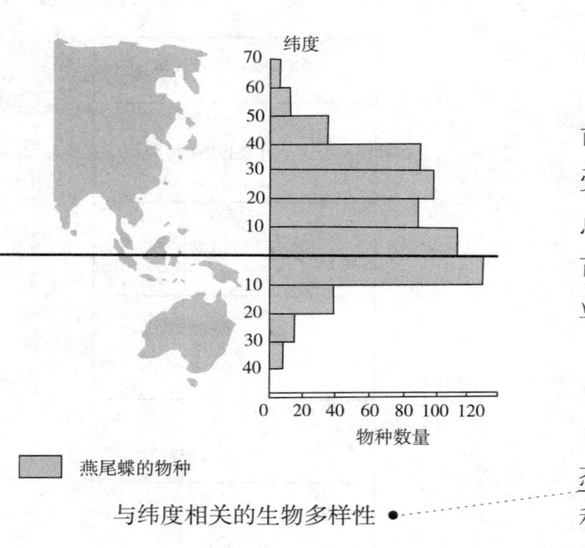

与纬度相关的生物多样性

· 零种植生态系统

没有保留任何生态文化的完全人工的生态系统，例如城市（以城市为中心的城市文化中，没有留下任何动物群和植物，其表层土可能已完全流失，仅留下岩床和受影响的下层土的水文）、露天矿山等。与我们现在的部分城市相似，没有历史参考点可以帮助我们理解我们来自何处，这些零种植景观已经失去了幸存的植物群落、古老的地貌轨迹以及我们进行重建所需的地理及文化特征。这一类可以作为城市工业或生态非重要区域。

· 受污染的生态系统

即指棕地（brownfielol）或受污染场地。

按照从生态成熟系统到受污染的生态系统的顺序，我们会发现项目所在地的生态多样性从上到下递减，过程的自然（生态）控制程度亦是如此。同时，能量需求和维护投入（如施肥、除草等）随着生态系统的脆弱程度的增加而增加。设计师必须在开始时确定项目场地属于上述哪个类别，因为这一点决定了即将进行的生态设计分析和规划的范围（见 B5）。

对于单一种植、生态成熟和生态不成熟场地，要在结构或基础设施的规划设计前进行深入的生态分析。显然，分析的范围取决于该场地生态系统的复杂性。场地的生态复杂性在上述分类中自下而上逐渐增加。

对于零种植场地，最主要的策略是尽可能恢复生物量和景观美化。城市土地使用导致了城市基础设施的建设（即公路、排水沟、污水、水网、供电等），改变了当地的水文和养分交换，也改变了生态系统的初级生产和当地的二级生产。我们要研究城市周围的植物（例如沿街边石、附近绿化带、历史生态信息等）以确定该场地被清理并开始建设之前所存在的物种。

如果场地面积足够大，那么还有一种设计方法是提供足够大的由场地的原始植被（适当的）构成的绿化带或生态区域。

设计工作包括研究场地的生态遗产、恢复并重建其原始生态概貌。

下面提供了设计过程开始阶段的战略指导思想，它为对待不同场地，不同生物多样性以及确定场地所需的数据范围提供了基础。

对待不同场地的指导方针

生态系统等级	场地需求的资料	设计策略
生态成熟	完整的生态系统分析绘图 细节分析的最高水平	• 保护 • 保存 • 避免任何建筑物造成的干扰；只在无影响区域进行建设（如果有）
生态不成熟	完整的生态系统分析绘图	• 保护 • 保存 • 在未受损害、影响最小、不会造成生态结果的区域进行建设
生态简化	完整的生态系统分析绘图	• 保护 • 保存 • 增加生物多样性 • 在低影响区域进行建设
人工混合	部分生态系统分析及绘图	• 保存 • 增加生物多样性 • 在低影响区域进行建设
单一种植	部分生态系统分析及绘图	• 增加生物多样性 • 在无生产潜能（非耕种区域与）和生态影响最小的区域进行建设 • 恢复生态系统和生境
零种植	现存生态系统元素（水文、现存树木等）的分析和绘图	• 增加生物多样性和有机物数量 • 恢复生态系统和生境
污染及棕地	被污染的生态系统元素的绘图	• 评定破坏的原因和污染的源头 • 净化、补救 • 恢复生态系统和生境

在上表中，场地的等级（第一列）为我们提供了场地所需的生态目录和研究范围（第二列）。选择方法（第三列）给出了该特定场地类型适用的设计策略。

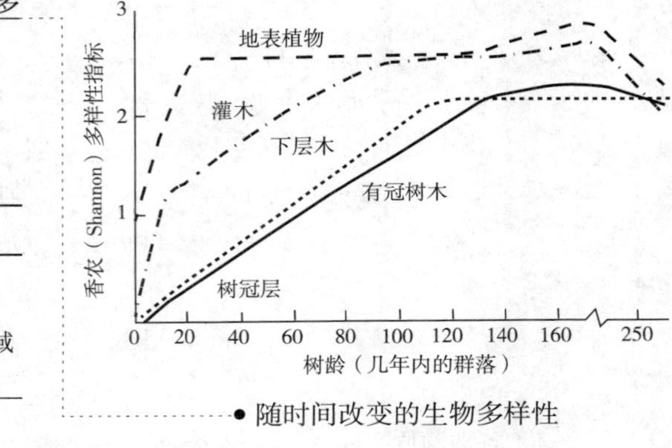

• 随时间改变的生物多样性

	哺乳动物	鸟类	爬行动物	两栖动物	鱼类
亚太地区	526	523	106	67	247
西亚	0	24	30	8	9
欧洲	82	54	31	10	83
北美	51	50	27	24	117
拉丁美洲	275	361	77	28	132
非洲	297	217	47	17	148
极地	0	6	7	0	1

各地濒危物种

选址

如果设计师将若干备选场地进行比较，就能根据上表中的资料将不同的场地按照从污染生态系统到生态成熟系统的升序进行分类，生态成熟系统是生态敏感性最强的系统，因此对建设造成的干扰的承受能力最弱。由此可见选址对生态设计至关重要。

选址过程中，设计师首先应确定是否对建筑有益或是干扰了当地环境。要避免在不适宜的场地上（即上面定义的生态成熟区域）进行开发，应减少建筑物选址造成的环境影响。为此设计师可能需要研究场地的大环境，检查当地的土地使用模式以及对流域和野生动物生境的影响。其他考虑因素则与公共交通相似。

在选址过程中，要优先考虑没有敏感元素和土地类型限制的场地。选择合适的建筑位置，用最小的足迹进行建筑设计把对场地的干扰降至最低。其策略包括罗列建筑计划、设于地下的停车场以及与邻居共享的设施。要避免在下面任何一条标准的场地上建造建筑物、公路或停车场：

- 基础的耕地或农田；
- 易受洪水影响土地，例如海拔低于百年一遇洪水水位的土地（例如溢流水位以上 2m）；
- 已被明确标识为某些濒危或濒临灭绝物种生境的土地；
- 临近水体（根据生态系统，包括湿地、孤立湿地或特殊考虑的区域，例如水体 30 多米以内）的土地；
- 公园或保护土地。

选址过程中，场地的优先顺序是从受破坏或污染的棕地向上到（按照上表给定的分类方法）恢复污染土地和预先开发或开垦土地的再利用，棕地是优先被考虑的。设计师需要实施场地补救计划（例如采取泵处理、生物反应器、土地耕作和就地补救等策略）以使建设项目得以进行。对于这些场地，我们要对实际或潜在的环境污染对建成环境造成的破坏进行修复或恢复。使用棕地可以减少对未开发地区的压力。

在棕地之后，第二个优先考虑的是设有基础设施、类似于大型交通中心的城市区域。我们要尽可能地保护绿地、动植物的生境及其自然资源。对于零种植区域及现有的城市环境，新的开发（尤其是集中的建筑）应位于交通发达的区域进行以减少运输成本。

对于原始的未受干扰的生态系统（如生态成熟及不成熟场地），由于长时间没有受人类干扰，通常会存在很多物种，这些物种在相对稳定的基础上相互作用，高效地消耗所有养分。多样的自然生态系统对人类行为的适应能力较强。

场地分类方法为在特殊场地进行策略选择提供了指导。例如，我们需要恢复那些已被人类严重毁坏的场地或被有毒物质污染的棕地，以使其适于人类和其他物种居住。

已遭到人为或天然植物破坏的土地（如城市公园）也可以恢复其自然植被，使其再次成为小动物、鸟类和昆虫的生境。

对于废弃建筑或棕地上的植被，加速其再种植的方法是选择性地引进本地生长的植物和动物。这一方法能增加该地区的生物多样性，使生态“校正”进行得更快更稳固。

另一种方法则不需要将生境重组到受干扰之前的状态，而是采用一种恢复性的方法——引进能够利用并识别所在场地的本土植物和动物。这种恢复方法同时还可以保留那些高质量的其他生境类型。

人为的建成环境占据的是陆地及以上的空间。一栋建筑物及相关的基础设施（例如公路、排水系统、污水处理系统等）坚固地竖立在陆地上。在现有的生态系统中留下了足迹。物理整合设计包括将具有生态系统物理特征的基础设施和建成系统进行整合，这样物理位移就不会扰乱场地生态系统的结构及功能。

在选址过程中，我们要考虑设计系统对其他人工系统的影响，如附近的建成环境和基础设施。这一点对于市中心的密集城市建筑尤其适用。例如，高层建筑的阴影会影响环境温度和其他建筑的太阳能生产潜力，后者对冬季温带和寒冷地区十分关键。减轻这一影响的方法是使用“生态包络体”（solar envelop）。生态包络体是

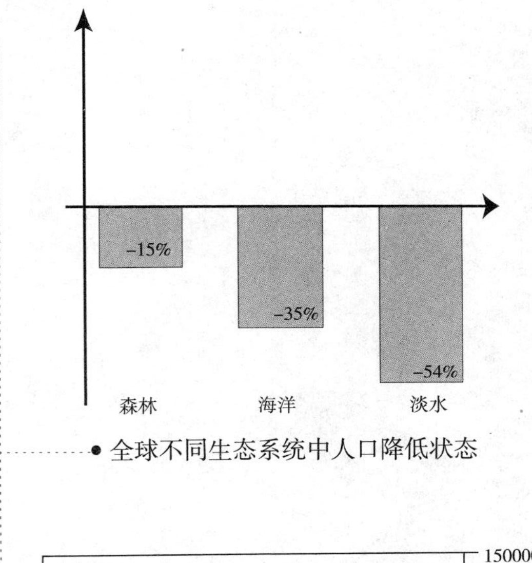

• 全球不同生态系统中人口降低状态

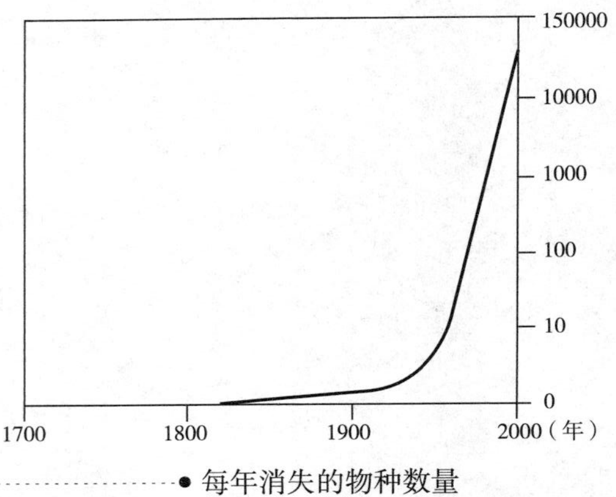

• 每年消失的物种数量

这张图描述了1700—1992年物种的估计损失。正常或“背景”灭绝速度在近6500万年里（从白垩纪恐龙及无数其他物种的消失开始直到最近一个世纪）并没有实质性的改变。

指在临界能量接受时段和季节，没有遮阳设施的条件下所能构造的最大假想体积。因此这是一个暂时的、空间的计算。研究表明这一概念适用于容积率达到1∶6的城市环境。

生态设计师应尽力避免包括开发建设在内的一切人类活动对自然环境造成的其他影响，例如生境破坏、引进入侵物种、污染、人口增长以及过度收割等。

选址和保护场地的方法不能只集中在生物多样性上，而应该扩展到保护更大的生态单元（如生态系统）。要用“健康的生态系统”和“完整的生态系统”这样描述性、规范性的概念来描述生态系统的水平，强调过程而不仅是强调要素。

如前文所述，选址要避开生态成熟场地和生态不成熟场地。生态成熟场地大多是需要保护的场所，即从地理角度定义为需按照一定原则或规定进行管理以达到特定的保护目的的区域。对生态成熟和不成熟场地的保护包括对其生态系统和天然生境的保护以及自然环境中物种数量的维持和恢复。

混合人工场地中大部分是驯养或养殖的物种，对它的维护和恢复主要包括在环境区域内部已形成其独特性质的物种。

对生物多样性的可持续利用要求所使用方式和速率不能长期降低生物多样性，而要保持其趋势以满足现存物种及其后代的需求。

通常，在广泛的分析之后需要列举并了解特殊生态系统的性质和机能。这一过程也要在设计和场地规划前进行。人类活动对场地生物多样性的影响可能会产生意外的结果。例如，我们可能会将一些旧的树篱移动到农田附近，但这样可能会使鸟类在农田附近筑巢，以前被鸟类捕食的昆虫可能会突然繁殖。如果我们理解了生物多样性中复杂而多样的平衡关系，就能避免对其干扰。

保护策略

对于需要保护的场地，生态系统的保护策略包括：

- 对需要采取特殊措施进行生态多样性保护的区域或场地进行识别。目标是生态系统、天然生境的保护以及自然环境中物种数量的维持。

- 确定适当的方针对需要采取特殊措施进行生态多样性保护的区域或场地进行选址、建设和管理。
- 系统管理场地内对于保护生物多样性具有重要意义的生物资源，以确保其保护和可持续利用。
- 审查保护区域周围环境的健康发展，以加强对这些区域的保护。
- 恢复场地内退化的生态系统，通过开发和实施规划或其他管理策略促进濒危物种的恢复。
- 调节、管理或控制与现有改性有机体的使用及排放有关的风险，它们来自可能产生不良环境影响的生物技术，影响生物多样性的保护及可持续使用，同时还要考虑对人类健康的威胁。
- 防止引入、控制或根除那些威胁场地生态系统、生境或物种的外来物种。
- 尽量提供有利于近期使用、生物多样性保护及其可持续使用之间的兼容性所需的条件。
- 如果必须对场地的生物多样性造成较大的不利影响，调节或管理相关的过程以及活动的分类。

生物一体化的设计需要设计师在一开始就确立场地的生态历史和分类，以决定是否应在此选址或是否允许在此处介入。项目场地的生态历史可以辅助设计师确定设计系统和场地生态之间的关系（参见场地类型及设计策略的分类列表）。

小结

设计建成结构或基础设施时，设计师必须首先利用给定的分类办法（参见上表）确定项目场地的生态历史。首先，它可以帮助设计师决定项目场地是否适合于拟设计系统或人类活动，或者生态系统是否允许介入。其次，场地的分类为设计师提供了选址的初步基础。最后，项目场地的生态历史为设计师提供了一般策略，用来确定拟设计系统与场地生态尤其是其物理和系统整合之间的关系。

设计师应注意，要使具有生态敏感性的场所接受设计系统而不造成任何破坏，我们首先就需要研究当地生态及生态系统的特征。这些程序能帮助我们理解当地的适应能力及生态系统的适应能力或其承载能力，并将其作为规划设计中场地完整性的基本标准（见 B5）。场地生态分析的范围以及设计师对特殊场地的分类取决于其生态历史、生态敏感性和预期的人类活动，也包括将要在此处加设的建筑结构、设备或基础设施。场地的生态历史决定了场地应采取的设计策略，它反过来也会影响可容许的足迹范围、设计系统建筑形式的强度和结构、进场通路以及设计系统性能的其他方面（例如输出的融合作用等）。

B5. 调查设计系统的生态系统（针对特定场地的设计）：为规划设计设立生态基准和背景，以保护生态系统并恢复受损或退化环境

设计师应首先确定生态历史背景和过去人为干预对场地生态系统的影响，然后研究并列出生态系统的特征、功能、结构和过程等，之后再确定该场地是否能承受拟建成结构、设备和基础设施的范围、操作及使用。设计师要预估可能产生的影响及收益，简单的目标是对自然起作用。场地调查及分析的必要之处在于能给设计师提供首选形式、建成结构和设备的强度及式样、相关通路的形式、配置（如公路等）及基础设施的范围等信息。此外，它能帮助设计师确定当地允许的可物理整合的系统操作水平，并指出如何以最小的生态系统负面影响达到这一水平。同时，设计师可以研究如何使扰动对生态系统的生物多样性和过程起到积极的作用。从这一点说，生态设计就是设计该场地的生态前景。

作为设计的前提条件，所有的设计都要首先严格检查项目场地的生态、气候特征以及自然边界（即地史、气候、地相、水情、土壤、植物、动物以及土地利用情况）。生物学家估计，如果全球的物种继续以现在的速率灭绝，50 年内将会减少四分之一的生命形式。

在野外地区进行建设会破坏许多物种的生境。最终设计应取决于场地的物理及生物概貌，而不是人造环境和人工制品的技术、类型和机械形式。如果设计中没有考虑场地生态及气候特征以及这些特征对设计系统运行的影响，那么这一设计就是非生态的。评估建设的潜在影响，需要先设立项目场地前期开发的生态基准或环境模型。此模型可以描述各场地因素的基本功能和相互关系，确定在建设中和建设后可接受的变化范围。选用的环境监控监测要贯穿整个建设过程。要在设计系统整个建筑规划的各建设阶段之间留出时间以便监控环境影响，并调整基准模型。

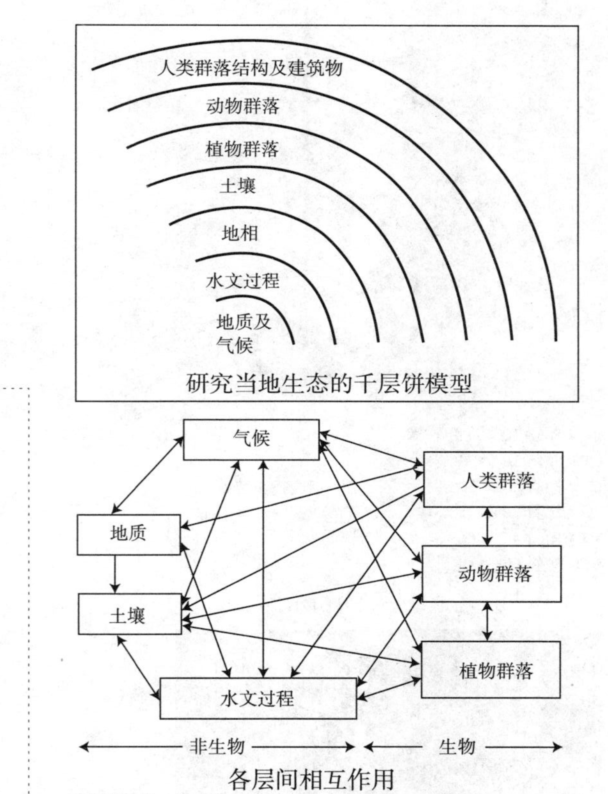

● 生态土地使用规划的筛漏绘图技术

倾斜 10° 及更平缓
倾斜 10° – 20°
倾斜 20° – 30°
倾斜 30° – 45°
倾斜 45° – 60°
倾斜 60° 及更陡
最适于建筑
适度适于建筑
建筑时注意斜坡
不适于建筑

场地地形的分析示例

总体规划设计
由当地生态研究产生的场地设计示例

基本的目标是减少对现有生境的破坏，并限制影响生物多样性和生态系统过程及功能的行为。要注意当地的水文情况，通过生物滞留、生物沼泽、可渗透铺面、植被梯田和屋面等方式设计自然排水模式（自然暴雨水处理），以减小径流并促进地下水补给。

这一点在本质上适用于特定场地的结构和基础设施的设计。就产品而言，这一点适用于产品制造设施、产品运输及使用、储存或销售设施的所在地。

生态系统场地模化及制图的分析深度取决于分级方法（B4）中项目场地的复杂程度。显然，生态成熟的场地需要更广泛地分析其生态系统，并且深刻地理解人类活动对环境的影响。分析的复杂程度一直下降，直到大多数生命元素都被去除的零种植生态系统。在实践中当然不可能得到景观描述的所有因素——即使是很小的景观，但是我们要充分利用所能得到的一切信息。

调查还能使我们对当地生态系统的承载能力进行评估。其基本原理是生态系统有自修复能力，能在很多自然干扰下自我维持，不像机械或建筑物一样需要经常的人工维护。如果生态系统有足够的吸收和转换污染物的能力，污染对生态系统的影响就可以成为短期的。这就是特定生态系统的承载能力。但是，一旦超过此承载能力，生态系统就会遭受不可逆转的损害。

物理整合设计

此调查实际上是对当地生态系统的生态现象进行的研究，我们需要了解生态系统的形式、过程和内容才能创建生态系统。通常，作为场地总体规划和建筑系统设计的一部分，物理整合设计的必需包括以下步骤：

- 建立该项目场地生态系统的模型，了解场地的自然环境。
- 确定可接受的变化极限，对于自然环境中因为罕见或生态脆弱或两者皆是而不能被开发的部分，应当予以保护，并采取缓冲措施。

- 根据这些部分的合成地图和能够经受计划干扰的场地的类型，按照社会及环境参数设计并布置建成系统，将自然及生物多样性的增强特征再次引入已经都市化的建成区域。
- 在建设和运营过程中监控场地的生态系统因素。
- 重新评估各开发阶段之间的设计方案。
- 补救并恢复以前被人类行为损坏的自然系统和区域。
- 如果是在城区，在建成系统的无机区域增加生物量有助于场地的生态改善。

此外，设计师不应忽略对拟建设计结构、基础设施及其他内容的社会和经济考虑。

要知道进行生态分析或描述可能是一项令人畏惧的工作，因为它需要大量的时间和专业知识。生态系统要经历自然季节的变换，完整的分析就必须包括全年不同时间的观察——场地差异越大（即在分级列表中越往上），任务越复杂。当地的植物和动物为设计师提供了了解场地生态条件的线索。过程及有机体因气候、地形不同而各异，应该注意其类型。如前文所述，包括所有内部关系的完整的生态分析包含了所有相互关系，是一项浩大的工程，所以，将生物群落的条件作为基准点有助于评估当地环境的总体状态。生态学家可以利用场地土壤情况、微气候、水文及动物物种相关的信息。例如，植物的特殊生长情况及其演替状态可以告诉我们该地区最近受到什么生态干扰、场地的生态生产率以及环境的生物多样性和稳定性，并进一步推论出地方生态系统和周围环境的相互关系。仔细观察场地生态之后，设计师可以推测出建设系统与环境的适合程度，以及生态系统受到人类干扰后的易损程度。

场地生态绘图

场地的生态分析并不是一周或一个月就可以完成的，而是需要几个季度才能完成。作为设计师，我们不能这样浪费时间。解决此问题的一个方法是使用“筛漏绘图”

技术来描述景观。我们可以将景观绘制成一系列图层，这是研究场地生态系统的简化方法。但是，很多人将这种方法看做生态分析的“一切”和“终结”，我们应抵制这样的趋势。这种方法是将场地的生态系统视作静态进行处理，忽略了生态系统内运转的常量动力以及生态系统动力随时间产生的变化。每个图层之间都存在复杂的相互关系。这一技术在20世纪60年代提出，一直沿用至今，后来通过卫星地理信息系统（GIS）和其他技术得到改进。这种“夹心蛋糕”方法可以简化成如下步骤：

- 识别现存的生物（动物及植物）物种，包括其多样性、在场地中的分配和数量。
- 创立物种的分级制度，即确定那个物种对生态系统的功能和生存能力是最有价值最重要的。
- 将这些结论——包括土壤因素和地形等的其他因素——作为设计和建筑规划要考虑的因素，将生物群落和地形的变化减到最小。

这种方法包括了按照生态系统的自然物理特征（植被、土壤、地下水、自然排水类型、地形、水文、地质等）通过“筛漏绘图”技术进行的简化绘图，提供了适应于不同开发强度的土地面积以及与自然系统承载能力相关的建筑形式。在场地规划或大型建筑系统的总体规划中，建筑物和公路可以设在适当的位置以确保对生态系统产生最小的影响和干扰。

场地绘图及调查

物理评估：气候、土壤和植物

一个地方的生态分析要从历史地质学开始。只能通过物理进化来了解一个地方。造山和古代海洋的历史——隆起、折叠、沉没、腐蚀和冰川作用——才能解释它们的存在形式。气候以及此后与地质相互作用的动植物的影响存在于岩石的记录中。气候和地质都可以用来解释地相——该区域现在的结构形态。北极与热带不同，沙漠与三角洲不同，喜马拉雅山与恒河平原不同。历史地质学、气候和地相使我们理解了水动态——河流和含水层的类型、其物理特征和相对丰度、洪涝与干旱之间的震荡。河流是年轻还是古老，按照排序有所差别；其类型和分布直接取决于地理、气候和地相。

了解当地植物进化的早期历史能帮助我们理解此处土壤的性质及类型。由于植物对环境因素的选择性很强，这样我们就可以通过识别地形条件、气候区域和土壤来理解植物群落分布的顺序和预测性。植物群落对环境变量的敏感性远远超出我们对有效数据的敏感性，因此我们可以从现存植物中推断出环境因素。动物在根本上是与植物相关的，因此也能提供上述信息。再加上植物群落的演替阶段及其年龄的信息，我们就可以据此了解并预知野生动物的物种丰富或缺乏。没有橡果就没有松鼠；老树林里的鹿很少；早期的演替可以提供更多信息。资源的存在总有充分的理由——煤、铁、石灰石、肥沃的土地、相对丰度的水源、运输路线、瀑布线以及水上运输的目的地。从这个角度看，土地使用图就好理解了。

这样得到的信息是一个整体的生态调查，它包括了所有深入调查的数据库。下一步是对这些数据进行解释并分析现有及将来的土地使用及管理情况。第一个目标是特别或罕见现象的调查。所有具有独特景点、地理、生态或历史重要性的场地都归为这一类。扩大这一类别可以帮助我们解释地质数据并找出经济矿物。地质、气候和地相可以指示出可靠的水源。地相可以显示斜坡，并指出哪个位置的水土适于作为农业用地。上述数据外加植物群落能够显示对林业和再创造的本质适用性。整体的数据通过检测后可以指示出城市化、工业、运输路线及其他人类活动用地的场地。通过这一系列的解释可以得到一套分析材料，但是一个地区的最后结果应包括独特

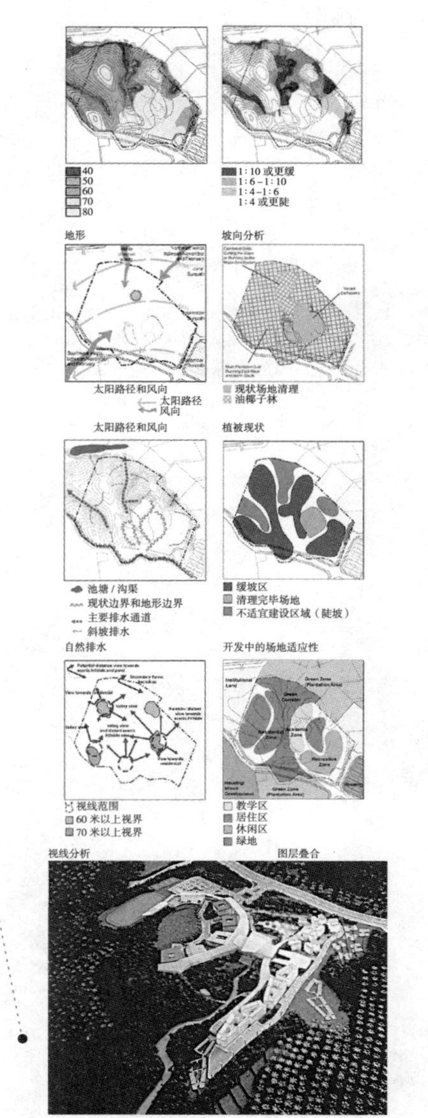

叠图法在场地规划中的应用示例
（诺丁汉大学总体规划，吉隆坡）

场地绘图、矿物及水源位置、斜坡及暴露处绘图、分类型的农业适用性绘图、林业绘图，每一个都是为再创造和设计系统规划服务的。

- 我们要保存场地的表层土。因为表层土充满了生命并像所有生态物质一样在不断变化，甚至在一把土壤里就含有数不清的白蚁、蠕虫、百足虫、小型节肢动物以及蟹、蜘蛛、细菌和菌类。所有这些生命系统都能从动植物残体中吸收营养物质，并将其分解为可由新一轮动植物再次吸收的形式，最终返回到土壤中。水通过裂缝、虫孔和树根裂隙渗透到下面持久湿润的地层（被称为地下水位）。

土地利用

这些内在适应性的绘图指明了整个研究区域最高级、最好的用途，但仍不够。这些绘图仅适用于不连续区域。森林中会有显性或共显性的树木及其他从属种类。我们必须尽力制定出每个区域中可能存在的所有共存、可兼容的用法。最终要形成一个矩阵，用每个坐标表示所有可能的土地用途。然后针对其他坐标逐个进行检查以确定兼容或不兼容的程度。例如，某个森林区域可能以林业用途进行管理，用作硬木或制浆，可以用于水管理、可发挥其腐蚀防治功能，或可用于进行野生动物再创造和建筑的管理。这里没有传统意义上的土地用途，而是多种土地利用方案。最后的结果是兼容性群落中现有及预期的土地使用绘图，这包括了将自然理解为响应自然法则的过程而产生的优势种、共优势种和从属种，是一个有限制因素的价值体系，为人类的使用提供了机会和约束。

上文首先使设计师在自然科学允许的范围内将大自然理解为一个过程。其次揭示了其中的因果关系。再次它允许设计师将自然过程解释为资源，以规定甚至预测未来的土地用途，而不仅仅是用于可兼容的群落。最后，给定的需求和投资使设计师能根据自然过程进行设计。

显然，场地调查的要求不仅仅是绘图。我们也要理解图层间的关系。我们绘制图层时，应将其覆盖、指定要点、评估计划土地用途与场地使用类型之间的相互作用，尽力绘制综合地图以指导场地、道路和排水的规划以及建筑的外形设计。

要记住对场地生态系统中生物及非生物成分的任何一种描述都只能用来预测环境的其他功能和体系，而并不能构成详尽的生态系统绘图。完整的分析应充分考虑其他子系统，并在子系统与动植物群体之间建立联系和相互关系。

生境

在理解项目场地生态的过程中，我们首先应明白生态元素可能分为几类。植物及动物物种是一类，其他因素还包括生境和生态过程，并可以依次对这些元素进行详细的说明。当设计师关注场地现有的物种时，要考虑是否存在以下物种：罕见的、濒危或濒临灭绝的植物或动物，狩猎动物，候鸟或迁徙物种，引发瘟疫的物种（植物或动物）或寄生生物。对生境的考虑应该包括确定食物链、物种的多样性以及适当的土地用途。生态系统的过程包括生产能力、水文及营养率。是否以及如何为这些元素区分优先顺序是个有争议性的问题。这一点最终取决于设计师的决定，因为连生态学家在如何保护生态系统不受人类损坏这一问题上的观点也未达成一致。这一方法可能是总体上的方法，也可能是一种在开发场地的使用中保护某些物种的方法。生态系统将得到多少保护，用何种方法进行保护，这些决策必须根据设计师的观点和目标纳入到特殊场地及其独特性质的背景中。

目前还有其他一些方法用于研究生态系统，并将其作为设计规划的基础（例如研究营养水平和流经生态系统的能量流动），但是我们要承认生态系统的研究是项复杂的任务，在大多数时候都是不完全的。例如，尽管已经有许多关于特定森林、湖泊或河流的研究，我们仍然缺乏足够的资料来解决针对任一给定的湖泊或森林的各种问题。

在设计场地建成结构、设备或基础设施等类型时，我们要注意以下几点：

- 通过获取生态知识，我们对某地的了解越来越多，但也面临了一些潜在的悖论。我们对有无穷乐趣的抽象美学、生命的多样性和复杂性有了进一步了解，但是却没有看到我们现在的工业、农业和个人活动对生物网的破坏。
- 拟定的设计必须注意并增强自然中的相互关系（而不是像许多设计师那样机械地考虑自然环境）。生态学中，所有的关系在某种意义上都是相互关联的。例如，没有人类和其他动物呼出二氧化碳，植物、细菌和藻类就无法从空气中得到二氧化碳来建立细胞并且为自身和其他生命形式提供营养。
- 设计系统的基础是将生命和自然界理解为自然特征的连接体并严格遵守，而不是违反生态系统中的生命法则。设计必须从一开始就从物理上、系统上和临时性上将建成系统构思成为当地生态系统的一个整合部分。例如，树木被破坏之后，就会开始土壤沙化。树木是表层土的主要资源。大多数灌木和草类的根系都不能深入到土壤深处，但是树木的根系可以分裂岩层，将岩石中的矿物与空气中的碳结合起来，为自身树叶和枝干的生长提供养分。这些枝叶落到地面上分解之后，改造并肥沃了对农业至关重要的上层土壤。自然界要经过 200—2000 年的时间才能产生 3cm 厚的表层土。
- 设计中，要达到有效的物理整合需要双向的努力。一方面，设计师要完全了解建成组件设计的特征和性质、它们的体系（如能源、供水、废弃物及污水处理等）和结构以及相关的操作设备（如工业设施与场地生态系统整合的过程）；另一方面，我们要保证特定场地的生态系统特征的独特性能通过设计系统的特殊性反映出来。即使表面相似，针对一个特定场地设计的建成系统也不能一成不变地复制到另一个场地。

设计系统必须能在建成结构开始建设之前响应场地的生态系统（即其结构、过程、成分、承载能力等）。同时，设计师不能将所有项目场地简单统一看待，或者将其看做有统一生态系统特征的经济商品。同样，没有两个生态样本是完全一样的，每个建筑物的场地或地区都是生态各异的——即使有一些表面看起来相似。每个场地的生态系统都有独特的物理属性、有机体、无机成分和相互作用。一旦理解了场地生态系统的特征和限制，设计师就能对建成结构和系统进行合理的规划设计以使其与生态系统达到物理整合。

- 设计之前，场地生态分析的范围和水平取决于生态系统的复杂性和状态（见B4）。如果设计项目不仅仅是单个建筑，并且位于生态高度敏感的区域（即生态成熟地区），那么我们就必须透彻了解场地的生态，并将生态设计提前到其中的保存、保护及场地规划过程之前。在这种生态敏感区域，最好能避免对生态系统的任何干扰。
- 生态设计有益的影响范围，以及对生态系统及周围建筑中的共生系统和物种的健康和成熟的作用，这些都是判断生态设计的最终标准，但不是唯一标准。例如，蚯蚓使建筑物屋顶及地面透气，建成系统的用户对自然循环的作用与理解。生态设计可以对场地产生积极的作用，例如增加生物多样性（见B8）。
- 设计师首先调查场地的生态系统和微气候、地理和水文情况，理解动态的相依性；随后使用调查所得的数据——大多是对生态健康、美观或珍品有益的——设计建成结构和基础设施，并努力增强这些方面的作用而非对其进行冲击。建筑学、工程学和园林建筑学设计就凝聚成为设计过程的一部分，从而达到人为设计与大自然的无缝整合。

- 即使场地在表面上没有任何生态特征，也要按照其生态组成对其进行评估，例如地下水条件、表层土、现有植被及其他元素，因为这些方面虽然不会立即从外表显现出来，但却可能会承受来自建成系统预期建设的生态结果。
- 建成系统所处的生态系统本身就是由相互作用的系统、循环和功能组成的。类似地，生态系统之间也有相互作用，但规模更大，对生物圈总体影响也更大。因此要从更大的生物圈背景下看待每个行动的结果。
- 我们的设计目标是使设计系统与生态系统达到共生关系，使设计系统周围的景观与建筑完美整合，即实现“建筑即景观”、“景观即建筑”。通过对场地生态系统的调查和研究，设计师可以考虑设计系统外部的生态依存性以及如何将其合并入设计过程（依存性见 A5）。外部生态及物理背景包括城市场地的生态以及整个城市环境中内地的生态系统（见 B11）。
- 设计系统表现出的潜在危害和场地环境的耐受水平（即承载能力）共同决定了项目的环境影响。影响的程度取决于各种因素，包括活动的密度和强度、持久性、该生态系统的强度或承载能力，以及同一区域可能缓和或加剧影响的其他活动的存在。项目场地生态系统的分析为设计师提供了基础以确定土地使用类型、保护区域、保护区域的类型、选址及建筑的类型以及设计系统生命周期内类似的影响。
- 设计系统对场地生态系统的物理影响可能从最小的局部影响（例如清除出一小块地建设独立住房）到整个土地区域的破坏（包括清除所有树木和植被、去除并平整地势，将现有河流或水路改道等）。对于后者，场地可能变成完全人造或加工的场地，已从工业上将其改变成完全的人工建成环境和景观。在这种情况下，建成系统的生物及非生物元素之间的平衡至关重要（见 B7）。

- 设计必须明确对下列因素的影响：如动植物（如生物多样性、濒临灭绝物种）、水（如水源、水质、水处理）、土壤（如污染物质、去除、夯实等）、空气质量（排放标准等）、用于设备运转和能量输送的能耗的重要性等（如燃料）。
- 设计系统可能会被描述为“人工场地”（即人工—自然混合生态系统或生境—恢复生态系统）。这当然不一定就是对生态有害的。它也可以起到积极的作用，能使生物多样性较差的贫瘠地区的生态系统得以改善。
- 若要生态系统承受建造和建成系统对它的压力，设计系统就必须在生态系统的弹力或自身承载能力极限之内。每个生态系统都有生态极限，如果超出其承载能力，生态系统就会受到无法修补的损失。每个场地也有其自然资产。自然资产是指“将有价值的货物和服务带到将来的（自然资产）资源”。例如森林或鱼类资源可以年复一年地提供可持续的流量或收成。产生这种流量的资源就是“自然资产”，可持续的流量就是“自然收入”。自然资产也能提供废弃物同化处理、腐蚀及洪水调控、紫外线辐射防护（臭氧层是自然资产的一种）等服务。这些维持生命的服务也被视为自然收入。生态系统的这些服务需要将其作为完整的体系，因此系统的结构和多样性就成为自然资产的重要组成部分。
- 设计过程中，评估承载能力并不是一次性的活动，它还包括设计系统使用寿命期间所有输入和输出的评估。我们要在一开始就明确相关的指标，以确定承载能力是否在极限范围之内，以及将要建造的结构的生态足迹如何，操作过程中及其最终破坏的指标以及材料和装置重新布置。
- 场地规划和设计不仅仅是对场地调查的结合及比较，尽力确定场地因素之间的相互关系以及这些因素如何适应环境的改变。了解这些关系能进一步明确一个地区的设计系统对其他区域的影响。例如，我们会经常发现地区的水文是土地形状、土壤、植物及野生动物的决定性因素。通过监测流域内的水质，可以使我们在场地规划的基础上很好地理解系统的功能。

- 重要的不仅仅是决定城市建成环境的规模和内容，我们还应检查它们在生态系统中的空间分配（即物理规划），这对于设计可持续发展的前景至关重要。穿越建筑物的空间移动会从物理上破坏生态系统。另外会产生不明显的相关成本。例如，建筑物的能耗在任何一个国家都占总能耗的 50% 左右，抵达建筑的交通运输和来自农村或市郊的供应就占据了剩余能耗的一半。很明显，运输路线、车辆类型和行人通道的设计，人们往返于设计系统，尤其是在运行阶段，车辆和机械的影响都必须考虑这些活动的高能耗性。总的来说，城市建成环境（是建筑物、活动、服务和运输的复杂矩阵）消耗了 75% 的世界能源，并产生了大量的污染和影响气候的气体。
- 在大尺度水平上，建成环境外部的生态依赖性（见 A5）构成了地球上所有生态系统及其资源的全部（见 B26）。认识人类行为所处的生态系统的特点，这为建筑物（包括结构和基础设施）主要的空间移动管理提供了基础标准。生态系统提供了生物群落之间的差异性。自然系统、资源和矿藏应予以保护和管理以确保它们（和我们）完好。部分脆弱的自然环境不应开发，设计师应扮演自然界安全卫士的角色。需要保护的区域包括森林、暴雨水储藏区、天然泉水、江河、沿海水域和海岸线、含水土层的补给区、高季节性泄水台、成熟植被、陡坡及野生动物和水生动物生境。
- 详细考虑这些生态特征，我们会发现流域的巨大价值来自其吸收净化水流、循环过量养分、保持水土和预防洪涝的能力。当植物层被去除或破坏时，横贯该地区的水和风会带走珍贵的表层土，而土壤一旦暴露就会以自然速率数千倍的速度被侵蚀。正常条件下，每公顷土地每年因侵蚀损失土壤0.04—0.05吨——远远少于自然造土过程取代的量。但是对于已经砍伐、转作农业种植和放牧的土地，侵蚀速率高出数千倍。被侵蚀的土壤带走了有益的养分、沉淀物和化学成分，但却通常对其最终区域产生有害影响。如果设计系统或活动对生态系统的影响会导致有害变化，设计师的一般策略就是权衡实施计划过程中考虑的预防或改善措施，以及可供选择的设计方案。要充分做到这一点，必须如前文所述那样对当地生态系统有透彻的了解。

- 在设计过程中要充分考虑建成环境所有相依性对地球生态及资源的影响（分割矩阵中的L22）。拟设计系统对场地的作用可能会很深远。例如，森林采伐（为获取木材和城市发展）对全球变暖的作用达到15%。对于建成系统，其建造过程中输入供给、输出排放和系统建成后运作行为等都会影响生态系统中的成分及空气传播和水传播过程。要在设计系统的整个生命周期内考虑其对当地、地区内和全球的影响。显然，在设计过程的开始阶段了解这些影响有助于将来计算其他建成结构生态结果，并能提供使当地生态环境不良影响最小化的基础。对场地进行观察能使设计师了解重要的物理特征，如自然排水的类型、重要地形、植被及气候条件等。对于建筑物密集的市中心，我们也要通过增加有机物质的数量来缓解城市的热岛效应，如景观美化（见B9）。其中一些方法包括：植物的选择性分布、城市区块布局的修订、建筑形态的选择（尺寸及聚类）、屋面、表面及建筑物的颜色、表面材料的性质（即其反射性、吸热性及建成结果等）（见B9）。
- 我们要承认，这些外部的相依性（L22）包括了生态系统过程和资源的全球相依性。建成环境依赖于其外部环境，并将外部环境作为其物理形式、实体、维护及运营的能量和材料来源。要保证这些资源能长期供应，就要将其使用中的保护措施纳入设计规范。最直接的设计目标应该是保证将来资源使用的潜力和灵活性。项目场地的生态系统也可以作为同化处理设计系统排放物的接受槽。生态系统的同化作用的承载能力是有限的，如果超过这个极限，生态系统就会恶化。

- 生物多样性是对环境影响进行比较的关键方法之一，经常用作评估可持续性的基础。设计师要了解生物多样性的不同类型。生物多样性是指“来自包括陆地上、海洋及其他水生生态系统的所有来源的生命有机体的物种多样性，也包括其结合构成的生态综合体；包括了物种内部、物种间和生态系统的多样性”［见生物多样性的规定（CBD）］。简单地说，这一术语描述了包括植物、动物和微生物（物种）在内的生命物质的多样性。亦指其生存地区（生境）及其在这些地区的作用（丰富）的多样性。这个概念还与有机体携带的遗传物质（基因）有关。生态设计师有必要了解生物多样性的每个方面，这样，他/她的设计才具有对生物多样性的敏感性，并为自然环境和人类社会赢得可持续发展的未来。

精确客观地测量生物多样性的方法之一是评估基因的多样性，因为它能反映特定场地中有机体的种系差异。但是这一方法常常被认为是不实用和不切实际的。物种计算是最简单的、科学家们最常用的方法。但是物种计算通常不能描述出大自然的精妙之处。例如，所有物种——不管存在还是不存在——都不会均等地对生物多样性起作用。另一种方法是结构性物种和间质物种的概念：结构性物种是能决定生态系统的物理结构并影响其他较小的间隙有机体生存环境的关键物种（例如：如果某处有橡树存在，那么动物和植物的整个子集都会存在）。也就是说，并非所有物种对生物多样性的作用都相同。

生物多样性可以从四个水平上进行考虑：

- 物种多样性；
- 生境多样性；
- 生态位多样性；
- 基因多样性（在单个物种内部）。

一个地区单个物种的数量有时被称为物种富度。各生态系统的物种富度是不同的。物种丰富的生态系统有雨林和珊瑚礁；物种稀少的生态系统有阿尔卑斯（高原）地区、沙漠和大多数设计环境。物种内个体的数目的均匀/平等分布也有所不同。例如，可能在热带雨林里许多物种的数量很少，或在桉树林、河口或设计景观里个别物种的数量极多。科学家已经辨明了 1.8×10^6 个有机物种。但是据估计，我们对生物多样性的了解非常有限（尤其是昆虫和微生物），应能辨明（10—100）$\times10^6$ 个物种。

物种多样性与稳定性的关系并没有简单的经验法则。但是物种损失对于物种稀少和物种富足的生态系统来说都是灾难性的。

生境多样性描述了生态系统中出现的不同物理环境或微气候的数目，这些生境各自都含有自己的有机物，例如高原地区的雪地和河流，以及桉树林里的树顶和森林地被物。一个地区总的生物多样性可能是大量生境多样性的结果。生境多样性较低的例子有草地、潮汐滩地，海洋及大多数设计景观。评估人类干扰对生态系统的影响时，设计师要知道生境损失对生物多样性的影响比物种损失更大，因为新的物种还可以迁入该地区但是生境却不能自己进行修复。因此生境的保护比物种保护更重要。

生态位多样性描述了有机体和生境之间关系的多样性。物种具有特殊性并能适应特定的条件，例如与其他物种的排外性、避免空间和资源的竞争。例如，有些只能可以通过蝙蝠和鸟类授粉，蝙蝠和鸟类就会选择在同样植物物种的不同场地筑巢来避免竞争。一些生境的生态位差异较大（如桉树林、半干燥区域或珊瑚群）。

种群	已描述物种	物种总数估值	已描述物种百分率
微生物			
细菌	30000	2500000	0.1
植物			
藻类	40000	350000	11
苔藓类	17000	25000	68
维管植物	220000	270000	81
菌类（包括地衣类）	69000	1500000	5
动物			
线虫类	15000	500000	3
节肢类	80000	6000000	13
鱼类	22500	35000	64
鸟类	9040	9100	99
哺乳动物	4000	402	> 99

阿尔法多样性指的是一个特定群体在特定地点和时间的物种多样性。样本中的物种丰度用多样性指标表征，该指标取决于样本的规模。

这个参数称为威廉姆斯阿尔法（α），用下式表示

$$\alpha = S/\log e\,(1+N/\alpha)$$

其中 N 为个体数量，S 为样本物种数量，α 为阿尔法

地球物种多样性与 α 多样性预期

生态位多样性与物种和生境多样性有关。将人类干扰施加于生态系统时，设计师应知道，与物种多样性的损失一样，生境的损失会导致生态位多样性的下降。对林下植物进行放牧和割草会减少生态位和物种的多样性。生态位可能会被适应性差的物种占据，例如野生动物和植物反而会置换出该土地固有的物种，使生态系统变得不稳定。

基因多样性是“基因库”，它指的是生态系统中所有基因的总体。这是个比较抽象的术语。但是，它确实能使我们了解保存及保护生态系统中的信息的必要性，并了解每个物种对于其内在的不可取代的基因资源都是珍贵的，即使是蜘蛛、菌类和细菌这样的物种。

即使没有人类迫切的需要，维护多样性和植物生命富度的重要性也可以得到论证。地球上生长的 22 万种开花植物中只有 1. 2 万种为人类所利用，其中仅有 150 种进行了商业种植。而在这 150 种里面，三个物种（小麦、稻谷和玉米）占据了全球食品供应的 60%。特定时间和地点、特定群体的物种多样性被称为“阿尔法多样性”。当出于实际原因，所有物种都不能被接受时，样本的物种富度就可以用独立于样本规模的多样性指标来表示。威廉姆斯阿尔法（Williams’alpha）多样性指标就是其中之一。

在设计生物多样性的保存和可持续利用时，设计师可以选择某些方法来保护场地生态系统结构和功能。其原理是生态系统的功能和回弹力取决于物种内部、物种之间、物种与非生物环境之间的动态关系。与简单的物种保护相比，这些关系和过程的保护对生态多样性的长期维持有更大作用。

在最近全球的保护行动中已经反映这种方法，即从强调物种保护转移到的生态系统保护。发生这种转移的原因，是通过简单的观察发现物种减少的原因来自生态系统完整性的损失。物种数量的波动、某物种的消失或出现对于生态系统都是正常的，这是系统动态发展的一部分。从核心上讲，保护措施中更有价值的努力是整个生态系统恒久的功能和回弹力。

了解关键的生态系统属性中生物多样性各个方面的重要性，这意味着设计师应该集中考虑这些方面，但是达到这种认知水平非常困难。科学家已经发现了很多物种与环境属性之间的联系，但是经常与其他生物学家的发现相矛盾。

通常来说，距离赤道越近物种多样性越丰富；海拔越高物种越稀少，因为大多数植物都不耐寒。植物群落为动物物种提供了生境。当然也有例外，例如沿海的海鸟远离赤道其数量反而增加。

初期的植物生产能力是与植物物种成正比的。这一点同样适用于增加的动物物种。另一方面，施肥等人工增加养分的手段对于某些植物群落来说可能会降低其多样性，因为肥料只适用于能够承受高养分的物种。

生物多样性中另一个明显的特点是它随时在变化。随不同的时间尺度——物种生命周期、季节性变化、长期演替过程以及变化的速率——生物多样性在不断变化。

生物多样性保护的核心是人类对土地的使用情况。土地使用的决定和建筑开发都无可避免地与人类的占有时间和资源估价有关。

我们可以从三个层面上划分生物多样性。顶层是生态系统，如雨林、珊瑚礁和湖泊。第二层是物种，由生态系统中的有机体构成，从水藻、燕尾蝶到海鳗和人类。底层是各种基因，构成每个物种个体遗传。每个物种都以独特的消费方式受制于自己的群落，并与其他物种竞争和合作。物种同时也会改变土壤、水和空气，从而间接影响其群落。生态学家将这个整体看做能量和材料的网络，能量和材料不断从周围的物理环境流入群落并返回，通过往复的流动形成我们赖以生存的永恒的生态系统循环。

一般来说，设计师必须通过维护生态多样性来保证场地生态系统的稳定。如果某生境的一个物种从群落中消失，只要有足够多的物种适合这一位置（例如生物多样性高的地方）——而不是极少（即生物多样性较少或正在减少的）——它的生态位就会很快并有效地被其他物种填补。

我们很难预测任何一种动物、植物或微生物在未来的全部价值。其潜能来源于已知和尚未想象到的人类需求。

我们在生态设计中主要忧虑的是自然生态系统和物种因为设计系统而加速消失。

目前我们造成的损失已经无法在人类期望的时间内修复。化石的记录显示新的动物和植物群花费了数百万年的时间才进化到前人类世界的富度。

场地生态系统的耐受度是设计师的一个关键基准点，因为它确立了生态系统能够适应并恢复的影响程度。设计必须基于基本的保护理论，即在成熟的生物多样性的生态系统中有不可替代的元素，必须考虑这些元素对生物圈长期稳定的重要作用。

设计师必须保证对生境的行为不会导致生物多样性下降，并采取所有可能的方法恢复并增加生物多样性。在建筑结构的设计规划中可能增加生物多样性的行为包括如下：

减少生物多样性的行为	增加生物多样性的行为
场地工作	
· 清理	限制并制约清除区域，将未清理的区域视为资源
· 分级	接受更高的限制；保持 / 储存材料
· 齐整	接受并为更高的多样性进行设计；抵抗干涉
· 排水	接受更高的限制；为现场用水进行设计
· 铺面	将坚硬表面减到最少，使用多孔表面
· 挖掘	接受斜坡约束；只在必要时进行挖掘
建筑过程	
· 废弃物	场地卫生：限制特定地点堆放废弃物
· 污染	限制混合（如石灰与水泥）和场地的清洗；完工时恢复
· 压缩	减少并限制大动作；恢复场地

• 停车	将施工人员停车区设在场地外
• 污染	限制特定区域内的活动；并恢复场地
• 无差别损害	监督以保证最小干扰，在禁入区域设置防护栏

建成结构、设备或基础设施的设计特点

• 场地覆盖面积过大	减少足迹，考虑上涨，减少内部循环空间，为野生动物的活动提供空间
• 体积过大	增加外部循环空间，考虑整合野生动物生境的内外空间
• 遮蔽过度	通过定向和设计，让太阳光能照射到周围的区域及其他建筑
• 风力影响	在设计中避免自然地区过大的风速和湍流，避免将野生动物的廊道设计成风洞
• 玻璃表面的位置	定位玻璃表面时避开鸟类的迁徙路线和飞行路径；将路线作为场地评估的一部分
• 动植物的妨碍	定位和设计时考虑动物、植物的自然活动以及动物群迁移，操作可行时使水流经建筑物地下等
• 过硬表面	将硬质表面的使用减到最少，使用多孔表面，在现场使用活水再造生境
• 动物不友好表面	尽可能用原始和自然的材料为鸟类和蜥蜴提供食物，为昆虫提供生境

建成系统和景观的材料及系统

• 污染及空间密集	考虑在工地外预制构件
• 来自减少生物多样性的工业	考虑更换材料和供应商

- 来自生物多样性受到威胁的区域　考虑更换材料和供应商
- 有毒输出或渗漏污水　更换材料
- 生命周期短的自然材料　使用更耐用的可持续资源制成的材料
- 来自不可持续的资源　使用能保护生物多样性的材料
- 稀有或濒危资源　只使用可持续资源的材料：例如苗圃，或使用更常见的物种

景观设计

- 坚硬的形式方案　使用软质材料并进行生境设计
- 过多的草坪和铺面　考虑减少单一种植，增加多样性
- 水景　考虑带生境的水体设计，用水景阻滞暴风雨导致的溢流
- 较低的物种多样性　考虑物种多样性较高的植物形式丰富的方案，提高生境多样性并增强生境间的连通性

植物材料

- 稀有或濒危物种　如果可以，尽量通过可持续的手段保护稀有物种以恢复生物多样性
- 来自现有的自然景观　更换材料或使用可持续地区或苗圃的材料
- 无生境价值　考虑使用对当地野生动物有生境价值的物种
- 非本土物种的生境　考虑更换本土物种为野生动物提供避难所
- 有可能成为害虫的物种　更换非侵入性的物种，并推广其使用

• 非本土物种	考虑更换成本土物种以避免因授粉导致周围地区的基因污染

景观维护

• 割草	考虑更换为低维护成本的多种景观
• 焚烧	用适当的强度，尽可能少燃烧，不危及现有环境
• 除草剂 / 生物灭杀剂	设计成低维护模式，从而取代劳动
• 肥料	必要时使用天然产品和堆肥
• 动物	抵制饲养野生宠物，或远离野生动物的生境设计有效的防范

建成形式的存在也会影响着其周围环境。建成环境的另一个人工制品——如我们日常生活中一些零散的项目——也会在使用及储存过程中占用空间，并在生命周期结束时（见 B2）最终沉积。其地面及空间的物理存在也会对所处的生态系统产生影响。因此生态设计的第一步是将建成环境物理位置与地面建筑和所在的生态系统进行整合。就像假臂、假腿这样的假肢器官必须与其附着的人体整合；所以建成环境必须与其宿主——这里就是指自然环境的生态系统——达到物理整合（见 C3）。然后，设计目标就是尽可能高地达到适于生态系统的良好整合水平。这是生态设计师最大面临挑战。

不幸的是，设计师在场地的现状分析中并未考虑这些问题。目前，设计师通常只关注设计系统将要进驻的场地的物理特征。这种场地分析的形式能帮助设计师为建成结构选择最好的位置、设计布局、预先安排车辆通道以及设计的形状、高度等方面。但是生态设计的考虑不止包括场地的物理特征，还包括生态标准以及周围生态环境及其过程。设计师要了解掌握场地的这些信息后再根据可持续发展和“绿色”设计原则来决定该生态系统所允许的建成结构、设备或基础设施的类型。构建设计系统与自然系统的共生关系是设计师的任务；在物理水平上，设计系统的系统特征、过程和功能要与生态系统的这些因素相整合，以避免人类活动对自然环境产生不良的或破坏性的作用。

如前文所述，这不仅仅是个一次性的考虑，物理影响会伴随设计系统的整个生命周期。它的起点是建成环境中的任一部分被提取、运输、制造、装配并用于人造环境，终止于最终的处理、重新配置或重整。

非特定场地的产品和人工制品（如办公、商业、家庭和个人使用的物品、汽车等）设计也有类似的情况。它们的整合应包括生产、使用（可能会从物理上取代一个生态系统）和寿命结束后的处理——再利用、再制造、循环利用或作为自然环境循环过程的一部分回到环境中去（见 B2）。

建成系统（即一栋建筑物、一系列建筑物、工程结构或基础设施）仅通过其物理存在就能从空间上替换掉其所在的环境。在场地上真正地建设起来的物理存在会影响并改变生态系统的过程和组成。物理存在包括形态、结构、选址、布局、构造和最终的毁坏，这些方面必须从整体上整合到当地的生态系统中。因此要评估这些方面对环境中自然系统的作用，包括空间类型和功能。设计师有责任确定在引入外来的建成系统后现有的生态系统仍能保持完整，而且生态系统的任一部分都不会受到不可修复的损毁或破坏。

前文讨论过，根据场地生态系统的调查，我们可以进行层间分析并绘制场地的合成地图，设计师可以用它来进行场地规划和设计。对于现存、已毁坏、部分毁坏的场地和城市场地，我们要确定计划中要重建和修复的城市生态系统的边界（见 B6）。作为一个普通策略，我们的建筑过程应产生最小的足迹，以使场地的大部分区域不受扰动或种上植被。

小结

根据对项目场地生态历史的初步评估，确定其中的生态敏感性或潜在敏感性，设计师必须对当地的生态系统进行调查和建模以确定场地对于新的建筑、设备和基础设施及人类行为的回弹力和承载力。这一过程可能包括绘制可容许扰动的合成地图，并描绘生态系统的自然模式，从而有助于绘制能容纳适当的人类行为或建筑的区域图。能容许扰动的区域绘图可以影响并表明建成形态的范围、内容和建成结构的形状。在布局规划时应考虑这些问题以及区域内地表水管理和自然排水的问题（见B19）。基础设施和系统必须合理布局，要能与当地生态环境的物理及生态特征的形式、类型和过程相整合。调查、建模和绘图也能为系统操作的设计提供基础，以使其与生态系统达到良好整合而不造成环境影响。但是，一旦完成了编目和生态建模，设计师就要继续监测设计对生态系统的影响，以及在设计系统生命周期内出现的任何会影响运营和用后处理（如最终的拆除和丢弃）的变化。

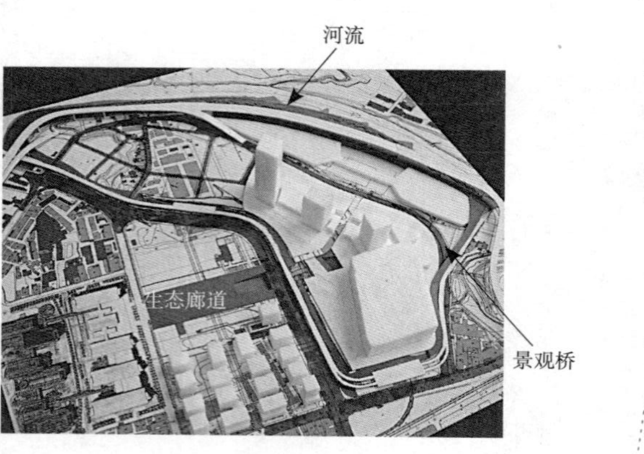

场地鸟瞰图

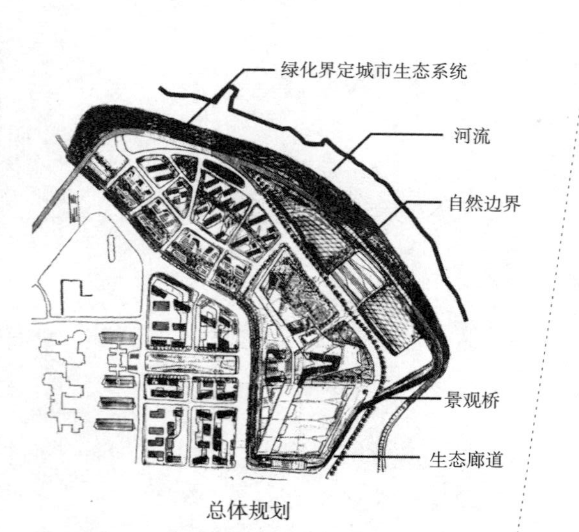

总体规划

作为生态设计基础的城市生态系统边界描绘

B6. 描述与当地生态系统相关的设计系统（人造或复合生态系统）边界：确立生态系统与生物多样性提升的大体范围

对于与场地相关的设计任务（即非产品），比较有效的方法是将设计目的（取决于场地生态地理及自然特征）确定为描绘生态系统作为人造或复合的设计系统的边界、强调自然边界、确定生态系统或设计系统边界条件的自然程度。这些并不是分离的边界，而是界定的边界。我们要认识到离散生态群落之间过渡带或边界的重要性，过渡带是营养、沉积物和能量以及生态过程的传递区域。城市生物多样性管理的主要任务是描述不连续自然子系统间的边界或过渡带。

按自然特征划分边界的场地（如珊瑚或江河生态系统）比较容易描述。描述一般边界条件的用途在于为设计师提供生态修复或恢复的区域基础，尤其是在生态系统受到先前人类活动严重干扰的区域。它也为增强生物多样性及整合作用提供了设计基础。对于人造结构环绕的城市场地的描述可能会困难或随意一些。系统理论将系统边界定义为物理上或概念上的边界，包括了所有系统（即生态系统）的主要构件，有效并完整地将系统与外部环境隔离开来可穿越系统边界的输入输出除外。生态场地规划的一个关键是雨水和地表水的排水管理。在起伏不平的地形上，也可以用自然水系和流域来描述设计系统的边界。

我们必须清楚，掌握生态系统特征的内容和图表（见 B5）并不能自动生成设计方案，它只给出一些场地设计规划的提示。可行的生态设计都是从研究和分析开始的。大量生态系统分析和覆盖图能确定生态规划的参数，但仍然不能直接进行设计。设计师首先必须根据生命物种的类型、流域、风力、排水模式、地理及地质特点和气候来描述其所在生态系统（如果场地面积很大）的自然边界条件，并确定将要创建或需要恢复生境的生态区域。在定义场地的自然极限和边界时，设计师要有效地定义生态系统、着手为其组件和人造建成设施（可整合为人造生态系统，见 A4“生态拟态”）创建特定生境，并记住有可能设计绿色通道（景观桥）的位置。同时，设计师可以尽力恢复已破坏的区域。描述边界时，设计师可以按照在自然景观中发现的生态系统顺序中的三个基本模式来进行，这三个模式合并成为形式，尤其是自然景观由于其存在的特殊时刻而直接表现其结构、功能和位置顺序。

生物整合规划

设计师可以采用但不局限于下列主要原则：

- 对人造车辆及城市运输系统、网络和基础设施路线进行规划、管理、整合，所采用的模式应尽量避免使分岔路线横贯生态敏感场地；避免使现有的生态系统分裂而产生孤岛生境，同时对线路和景观进行塑造以达到区域内外植物类型的连续性。
- 确定大致边界时，设计师必须保护景观现有的生态连续性或运用地形重新建设带有景观桥的生态走廊等。
- 设计的描述要能够突出显著的场地特征、罕见的岩石构造和地形结构或壮观的街景等，更着重于场地的生态功能。这种生态方法可以用来认知景观的自然形式。
- 同时设计师须支持并采用能将矿物燃料使用和排污量减到最小，并能减少温室气体排放的运输系统和类型。
- 设计必须识别并保留在计划建设和现有城市区域内已有的自然生态系统，保护当地自然环境和生态联合的完整性。
- 设计必须能限制污水排放和其他输出的数量，例如场地外处理所产生的废弃物。
- 设计形式必须能加强水保护并重视布局的水敏性类型；而设计师必须设计不透水表面将溢出水返回到地面并从建成结构中收集雨水。生态设计和场地规划必须包括沉积物和腐蚀控制方案——所有排放都能收集到邻近的水体中，还有表层土保护的方案。

- 景观设计必须将噪声污染控制在用户和生态敏感区域能接收的合理范围内。
- 设计师必须评估设计能量系统的使用和管理情况。
- 设计师必须在开始阶段就评估整个人造建成生态系统的材料输入输出对环境的影响。
- 必须对所有建设和拆卸活动进行监管，尽可能减少其对生态系统的影响。

小结

不能将设计系统当做独立的系统或有机体进行孤立的设计，因为地球上没有哪个生命系统能脱离生物圈的所有过程和功能而存在。在设计生态系统的时候，设计师必须在一开始就尽可能地描述与当地自然特征和类型相关的自然边界范围，然后确定设计系统的地理及平面形式。此后，设计师可以在其生态前景的设计过程中尽力提高设计系统的生态整合、连通性、生物多样性、功能及过程。

B7. 通过设计来平衡设计系统的生物与非生物组分：在水平与垂直两个方向上，将设计系统的无机质与生物质整合，并设计退化生态系统的修复方案

设计伊始，生态设计师就要平衡不断增加的人工制品与人造建成环境无机物之间的关系，这一点至关重要。事实上，任何生态设计都必须平衡设计系统的无机与有机成分。我们要努力使设计对当地生态系统发挥积极作用，避免持续给生态系统加入新的无机物（许多情况下是建筑构造和基础设施等惰性物质），以防导致更多环境破坏。生态设计师可借此过程转变当前生物圈中人造物不断增加的趋势，这一趋势是人类建造和生产活动不断扩大所致。这种平衡也有利于城市生境的创建和受损生境的修复。

我们必须要认识到，现有的建成环境——主要包括建成结构、设备和基础设施——基本上是无机的，其生物量几乎为零。相反，生态系统中却包含着目前所有生命有机体（生产者、消费者和分解者）并保持总量平衡。显然，如果人类继续用现在这种方式不断进行建设，而不平衡建成环境中非生物和无机成分与生物成分的关系，那么，生物圈的非渗透性、惰性、无机性和人造程度将不断增加。随着人类为自身需要而开拓越来越多的自然景观，自然生境的土地就越来越少。目前，树木和灌木林仍然覆盖了世界陆地的 40%，但是这个数字正在急剧缩减，同时覆盖地的质量也在下降。这直接威胁着大小物种的生存，甚至将他们推到灭绝的边缘。这就是生态设计必须抓住一切机会解决的问题。

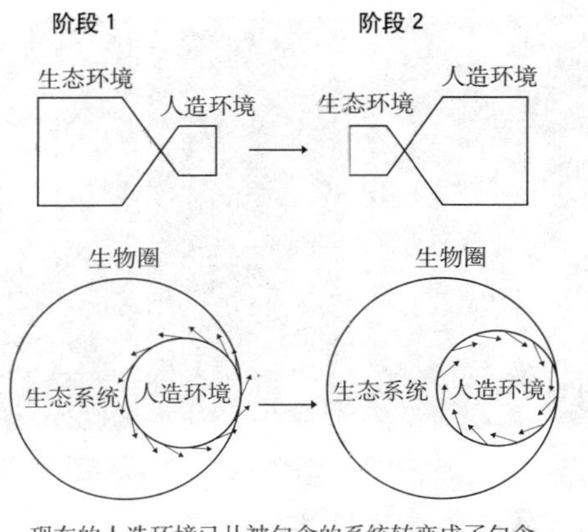

现在的人造环境已从被包含的系统转变成了包含系统，生物圈越来越充满人造元素。

- 生物圈充满人工制品：生物圈中至少 15% 的地表已被城市化

无机

现有建成环境大多数是物理（非生物）成分

有机

生态（生物）成分在哪里？

- 必须通过设计平衡无机与有机成分

生物量

设计师必须系统地展开设计，使设计系统的无机成分与相应的（如果经济允许）有机和生物组分达到平衡，其目的是创建出人造建成环境使其发挥建成生态系统的

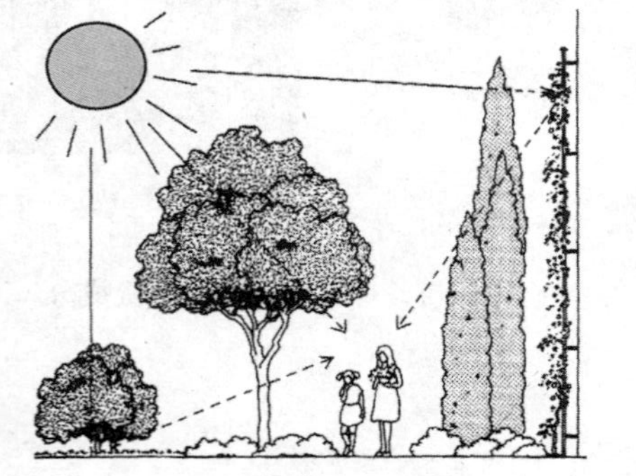

空中庭院细部（伦敦的象堡生态塔）

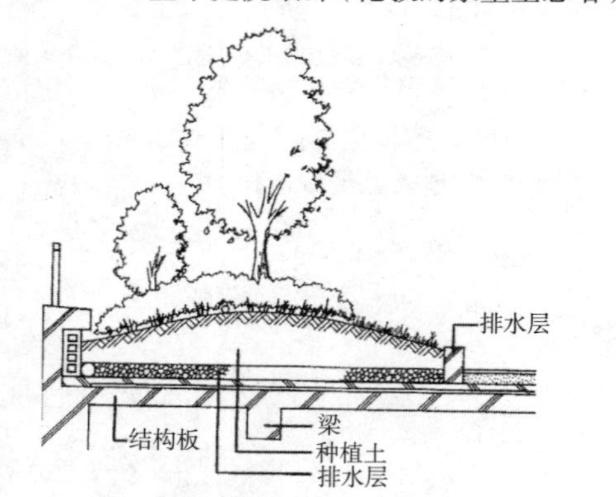

空中庭院详图（伦敦的象堡生态塔）

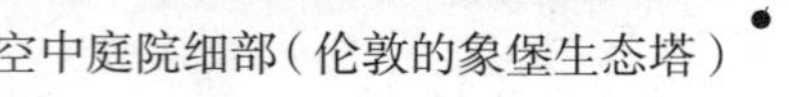

植被用于遮阳

作用。生物量指的是所有生命有机体（生产者、消费者和分解者）或在生态系统和食物链某一营养级上存在的某一类别（如物种）的总量，是建成环境中必须重新考虑的问题。生态设计必须寻求建成环境、基础设施及其环境之间的整合，此过程可以利用土壤和植物的要素，使建成环境看起来像自然环境的一部分，仿佛来源于自然。

作为生物量的一部分，植物对环境的作用表现在以下方面：通过光合作用制造氧气、吸收二氧化碳；控制水流并过滤水；冷却并过滤空气，形成静态气穴；保持土壤；为生态系统提供食物；制造纤维；产生能量；为野生动物提供食物和庇护所。我们要将这些功能再次列入建成环境以建设人造生态系统。植物是维持大气循环健康的重要部分。动物呼吸时，吸入空气中的氧气从而为血液充氧并消化食物。它们呼出二氧化碳含量高的气体，释放新陈代谢过程中多余的碳。对于植物，这个过程正好相反。植物吸收二氧化碳，将纯净的氧气释放到空气中。植物将空气中的碳与根系中聚集的矿物质结合起来。扩大植被面积并提高生物多样性能够延缓土地的退化，这样更多的土地就能够通过光合作用为生命体提供基本食物。保护生物多样性和生境的生态意义已被无数生态研究所证实。通常，一个生态系统含有的物种越多，其效率就越高。因此我们可以说生物多样性的损失对生物圈构成了危害，而不仅仅是进化过程或者生命历史中的一段篇章而已。

通过种植树木等途径增加生物量，不仅能控制并减弱城市中的热岛效应（见B9），树木通过吸收空气中的二氧化碳并放出氧气的过程还能防止全球变暖。根据森林覆盖的成熟度和类型的不同：1hm^{2}森林每年可以吸收多达16.3t的二氧化碳。绿化屋顶的隔热效应能够提高内部能源效率（例如减少供热及制冷系统的能耗）。这样不仅减少了总体能耗，还能降低温室气体的排放。设计师可以向设计系统引入额外的生物量（通过种植补偿性绿化树木和保护现有的树木面积）从而抵偿二氧化碳的排放。据估计，一棵树（10m高、6m树冠）每年大约能吸收160kg二氧化碳。

热带雨林
热带灌木林
热带落叶林
热带草原及稀树草原
温带草原
温带落叶林及雨林
沙漠或半沙漠化草原及灌木林
北部针叶林和混交林（针叶林带）
苔原
丛林（地中海）
山脉（复杂分层）

世界主要生物群落

植物的作用 / 主要树种、灌木和地被植物	生态控制							产品			野生动物	
	氧/二氧化碳	过滤空气	控制水流	过滤水	冷却水	形成静止气穴	保持土壤	食物	纤维	能量	食物	遮盖
石松	●	●	○	○	○		○			○	○	○
槐树	○	○	○	○	●	●	○			○		○
银杏	●	●	●	○	○	○	○					○
洋槐			○	○	○							○
鳄梨（鳄梨属）	●	●	●	○	○	○	○	●			●	○
柑橘属	○	○	○	○	○		○	●			●	○
莓实树	○	○	○	○	○	○	○				○	○
银槐							○					
木樨属			○	○			○					○
假虎刺		○	○	○			○	○			●	○
柳叶石楠	○	○	○	○			○					
盐肤木属漆树（*Rhus integrifolia*）	○	○	○	○			○				○	●
丝兰									○			○
乐民花				○								○
小球花酒神菊（*Baccharis pilularis*）				○			●					
迷迭香			○				○	●				
勋章菊属				○			○					○
草莓			○				○	●			○	
蔬菜								●			●	
药草								●				

● 主要的
○ 重要的

植物作用示例

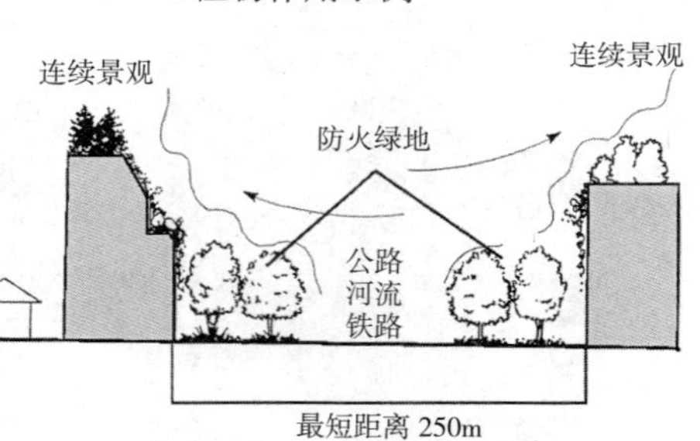

植被防火作用

在建成环境中种植树木等植物对全球的碳汇有重要作用，碳汇能将二氧化碳气体永久地从大气中去除而不加剧温室效应。树木和其他植物及有机体从空气中吸收二氧化碳以增加自身分子结构。也可以通过造林，创建“碳库”来实现生物固碳。

植物可以减少直接照射建筑表面的光线，降低得热量。还可以阻止反射光将热量从地面或其他表面带入建筑物。可利用景观产生不同的气流类型，通过产生气压差以控制或转移风向。研究表明靠近建筑外墙的林下气温要比露天区域低 2—5℃。

植被及林地

植被和林地（如树木、灌木和地被植物等）在全球碳平衡中的作用如下：

- 碳库：

  全球森林中储存的碳约占陆地植被碳储存量的五分之四。其中，约 60% 存在于热带雨林中，其他分布在温带和北方森林中，主要是在北半球高纬度地区。

- 碳汇：

  森林、土壤和其他植被一般能吸收大约 40% 的建成环境排放物。原因有两个：第一，森林和土壤修复了原有的受损地表，植物能重新生长并吸收二氧化碳。第二，由于空气中二氧化碳水平不断升高（某些地区是由于氮沉降增加），全球的光合作用（决定了植物从空气中吸收二氧化碳的速度）得以加强。但是随着温度进一步升高，碳摄取将会减低以平衡这一趋势。

- 温室气体的来源：

  热带地区的森林采伐和土地用途改变是全球变暖五大原因之一。

通过树木绿化来抵消二氧化碳排放是一个长期过程。森林随着树木的生长不断吸收二氧化碳，但最终生长速率和二氧化碳的吸收会减缓，直到树木生长和碳封存的速率趋近于零，即成为成熟的森林。老树死亡并将所含的碳以二氧化碳的形式返回大气，新树生长并以大概相等的速度吸收碳。若要（永远）维持碳封存的效用，有三个可供选择的方法：第一，长期保护成熟的林区，使其不受火灾和虫害。第二，可以进行采伐，但是采伐的木材必须隔绝空气进行储存，例如将其并入建筑构造中。第三，林地可以采伐，植物体以代替矿物燃料用于燃烧。这些都是严格的条件。

我们可以将“地球的生物量”定义为地球及大气中所有生物的总重量。有研究估计地球的生物量约为 75000×10^6t。其中包括约 250×10^6t 人类生物量、约 100×10^6t 其他动物生物量——其中一多半是鱼类——以及 10000t（原书如此，按下文，似为 10000×10^6t）陆地植物。

这些数字表明植物生物量比动物生物量大得多。动物生物量仅为植物总生物量的 2%—3%。动物物种成千上万，而人类作为单独的一个物种，其生物量却占动物总生物量的 10% 以上。如果不考虑人类生物量未来不成比例的增长（出生率以指数级增长），上面的信息就是平衡设计系统中生物量的基础。这样做，设计师就是在将荒地重新整合到建成环境中。

设计建成系统的生物量

有人主张用三个基本策略在空间上将植物和非人类生物量整合到建成系统中：并列法、混合法和整合法。并列法是将绿色植物集中放置在建筑的某处。混合法是绿色植物与建成环境的编排混合。整合法是指将绿色植物与建筑交织混合。采用整合法时，绿色植物与地面已有植被连接起来，通过建立物种间的相互作用和迁移，从而得到更丰富、更稳定的生态系统。因此整合法为首选方法。

第一，我们可以将所有绿色植物放入建筑中某个绿化密集的区域。第二，将绿化区域以分散的模式分布在建筑中，如一系列绿化槽或空中庭院。第三，可以建立更整体化的关系，将植物布局成螺旋状与建成环境的无机质交织，形成单独的人造垂直生态系统，即在地平面上与场地生态系统水平连接。

生态角度首选的类型当然是最后一种，即螺旋形连续绿色生物量，因为它能为物种的相互关系和迁移提供更多机会，并形成更多样化的生态系统。通常认为更多

并排

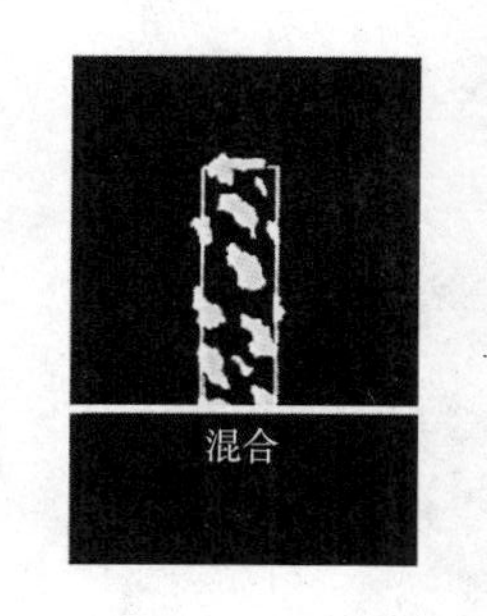

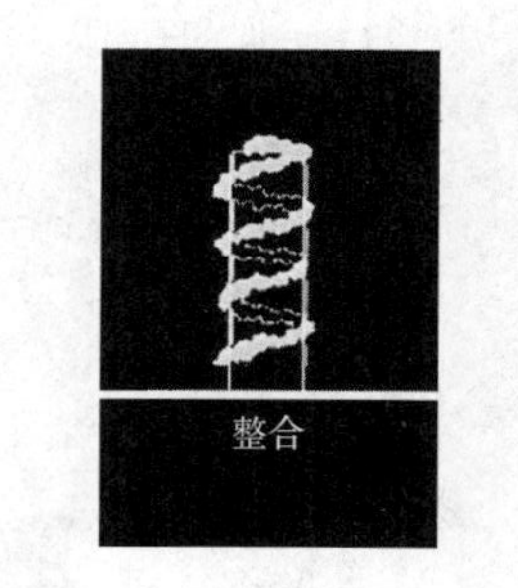

• 通过设计将植物和非人类生物量整合到建成系统中

连续的垂直景观示例

样化的生态系统是更为稳定的生态系统，因此需要的外部维护更少。

与上述建筑实例相同，等效的水平规划模式首先是在城市中建设一座所有绿色植物集中在一处的大型中央公园（如纽约中央公园）的类似规划。其次，我们可以将绿色植物分布到一系列绿色“广场”中去（如伦敦格鲁吉亚的广场）。最后，我们可以设置一系列相互交织的“绿色走廊”。在最后一种模式中，绿色走廊或生态廊道可以延伸到二级绿色“手指”，最终连在一起形成城市景观中的绿色走廊网络。显然，连接的模式是首选。

这两组模式（垂直引入建成形式中，以及水平引入规划模型中）可以成为设计师整合生物量与建筑和建成环境（如建筑设计和总体规划设计工作）的指导模式。

从在地平面上设置相互连接的密集绿地开始，沿建筑立面对角线向上铺设台阶式花槽，从而使生物量持续向上延伸。以高层建筑为例，中部楼层的生物量可以横越转换层，然后在楼体另一侧沿对角线上升，最后沿着直线上升到屋顶。生物量间的连通性（相对于分裂化）保证了生物多样性的维持（见上文）。

从地面开始，一系列相连的阶梯式绿化区域就形成了一条纽带，将建筑的绿色植物与立面屋顶花园联系起来。这些绿化区域或花槽会有一套内置重力洒水系统为植物提供水和养分。

很明显，在设计该系统时，绿色植物在建筑中所处的位置取决于由当地纬度决定的日照轨迹。例如，在高纬度地区进行设计时，设计师必须考虑到其日照轨迹主要来自南方，所以应将大部分绿色植物放在南面、东南和西南立面上。尽管原则上也可以引进在本地可以生存的北向物种，但建筑的平面设计仍应符合各个位置上植被的位置。

在有两个极端季节和两个过渡季节的温带气候中，选择在冬季和夏季都能生存的物种非常重要。铁路和公路沿线常见的生命力强的物种谱系可供选择。尽管有人怀疑在建筑物内进行植物绿化是否实用，但市场上已有建造屋顶花园的专用系统。

垂直景观设计是屋顶园艺的一种变化形式。另一种形式是绿墙，其设计理念是将多种功能融入单个构件（如柏林某公寓楼中的“垂直湿地”）。这种外墙可以用陶盆层叠串联起来，每个陶盆都用碎石填充并种上芦苇，灰水慢慢流过陶盆，通过过滤、沉降以及根系和细菌的主动吸收来去除污染物质。

更具技术性的垂直绿化方法是“呼吸墙”或称之为完全绿化立面。其核心在于建设生态意义上复杂而稳定的植物及微生物群落，加上利用水培生长媒质，因此它能使自然过程和建成结构环境系统交界处的室内空气质量得到进一步改善。

研究表明一个生态系统的多样性越丰富，其吸收人类活动和工业过程中日益增多的二氧化碳和氮的能力就越强。

平衡生物与非生物组分

在系统地平衡设计系统中生物与非生物组分时，我们要注意以下几点：

- 在任何一个生态系统中，虽然其他生物因素（如植物、动物和土壤）对系统也有影响，但当地气候才是最主要的生态影响因素。在大多数城市场地中，场地生态系统中剩余的元素和现存的生物可能就是上层地质地层中的表层土以及更为简化的动物群。对于新建系统，我们要认识到绿化工作在增加场地生态多样性中的重要生态价值。城市建筑及其表面上垂直及水平的景观设计能够将绿化的有机生物质引进到无机质中——否则这些无机物就将高度集聚。
- 尽管中低层建筑的花卉绿化策略已经发展得较为成熟（常用的方法包括花槽和屋顶绿化），但是在高层和大型建筑中的策略却较欠缺，我们应将绿化和有机材料应用于建成系统的立面、空中庭院和阳台或室内空中庭园，以使生物量比例达到平衡。

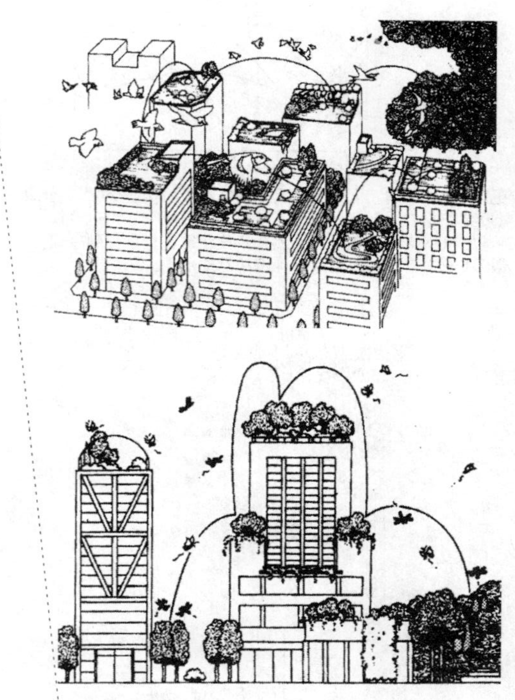

• 屋顶花园和空中庭院开创了新的城市生境

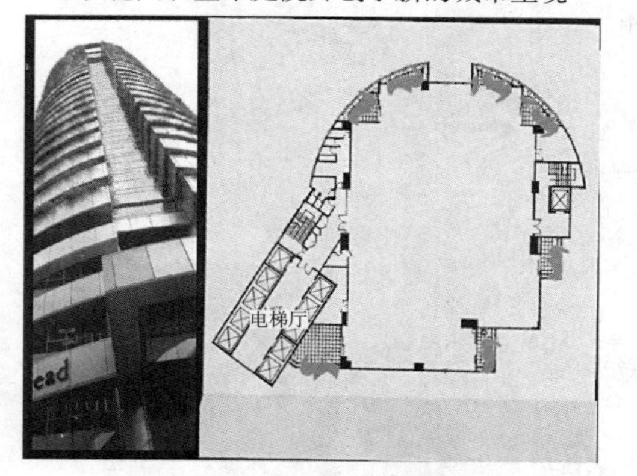

• 高层建成环境的垂直景观示例

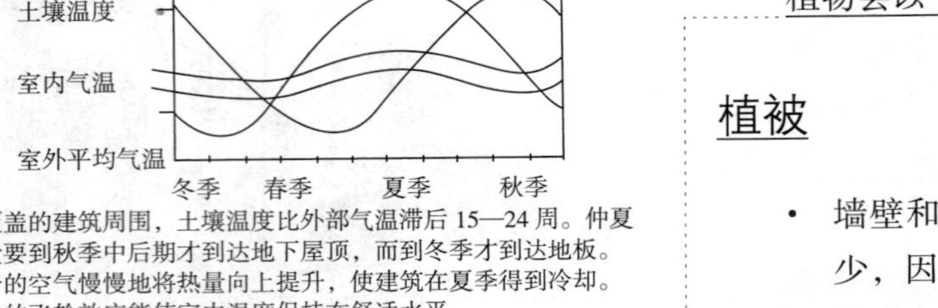

在土壤覆盖的建筑周围，土壤温度比外部气温滞后 15—24 周。仲夏时的热量要到秋季中后期才到达地下屋顶，而到冬季才到达地板。冬季寒冷的空气慢慢地将热量向上提升，使建筑在夏季得到冷却。这种热量的飞轮效应能使室内温度保持在舒适水平。

热量飞轮效应

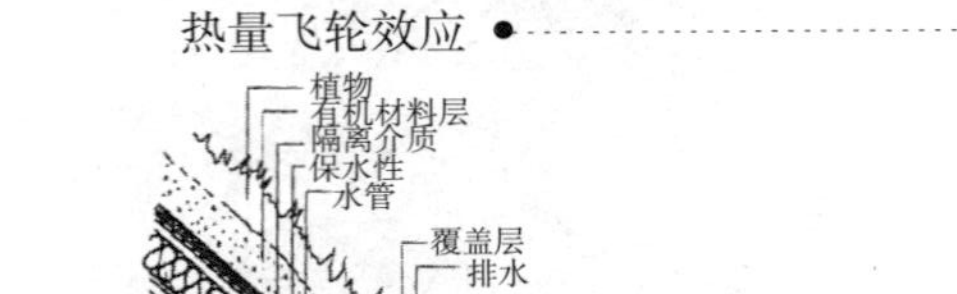

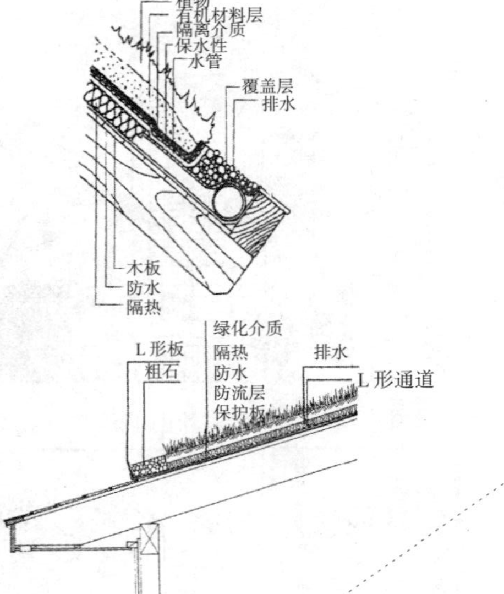

绿化屋顶细部

花槽设置重力水与养分供应系统

植物会以下列方式影响建筑物的室内温度和制冷负载：

植被

- 墙壁和窗户附近因有较高树冠和花架而能提供阴凉处，同时因为风阻相对较少，因此能减少太阳得热量（遮阳效果）。
- 墙壁上的攀爬植物和建筑物附近的高大灌木在提供阴凉的同时也明显地降低了墙壁近处的风速（遮阳及隔热效果）。
- 建筑物附近的植物可以降低建筑表面的气温，因此能减少传导和渗透的得热量。当然在冬天就会减少期望的太阳能得热，增加墙壁在雨后的湿度。
- 建筑物周围地面被植物覆盖能减少反射的太阳辐射以及周围区域向墙壁发出的长波辐射，因此能减少夏季的太阳能得热和长波得热量。
- 如果建筑物周围的植物能降低空调设施冷凝器周围的环境温度，系统的性能系数（COP）可以得到改善，满足建筑制冷能量需求所消耗的电能会减少。
- 建筑中能直接进行植物绿化的区域包括：屋顶表面、阳台、空中庭院和建筑立面上的花架构造。由于暴露在日照和风中，这些区域蒸发速率高于地表。植物增加了蒸发作用的表面积。积累起来的效果非常明显。小雨不会形成径流。中雨时，只有约一半的降水会从屋顶或空中庭院中排出。下大雨时，原本干燥的屋顶会延迟一个小时或更久才开始排水。每年的总雨水排放量可减少一半。这一点进一步验证了建成环境中屋顶花园和空中庭院的作用。绿化屋顶雨水排放较少的原因包括：

  * 植物保持了屋顶的雨水并用于新陈代谢的过程；
  * 平屋顶和阳台有额外的保水能力；
  * 屋顶的雨水经蒸发作用返回空气中。
- 屋顶的植物在气候调控方面的功能与地面植物是一样的。那种认为高层将建

筑物的屋顶或上部看成环境恶劣，不适于大量植物生存的观点是错误的。耐寒植物可以适应土壤层极薄或腐殖质含量极少的环境。某些植物可以在只有 7cm 厚的小卵石和粉沙的土壤中生长。植物对土壤深度的需求取决于它的类型。例如，草本植物需要 150—300mm，地被植物和攀爬植物需要 300mm，低矮和中型灌木需要 600—750mm；大型灌木和树木需要 600—1050mm。屋顶或空中庭院的新景观可以减少城市建筑物得热，从而改善城市的气候条件（见 B9）。屋顶花园也可以用于城市农业（很多蔬菜需要的土壤厚度都不超过 200mm）（见 B21）。

- 植物在有效应对风雨天气的同时，还具有美学、生态和节能等功效。绿化可为建筑内部空间和外墙遮阳，还可以使外部热反射和进入建筑物的眩光达到最低程度。植物的蒸发蒸腾过程可以营造健康的微气候，还可以有效地冷却建筑物立面，通过吸收二氧化碳和制造氧气来影响立面的微气候。例如，研究表明 $150m^2$ 的植物表面可以产生足够一个人呼吸 24h 的氧气。
- 设计师可以通过垂直及水平景观设计使某些有热岛问题的区域之环境气温得以降低（见 B9）。立面绿化可使街道环境温度（尤其是温带气候的夏季）至少降低 5℃，冬季的热损失可减少 30%。建筑立面上的植物能阻隔、吸收并反射一大部分太阳辐射，其余将穿过植物到达建筑表面。植物的叶面温度比环境温度低 1℃，草类、土壤或混凝土等湿润表面可能低 2℃还要多，因此能降低空调负荷，从而降低能源成本，对于建造更凉快更健康的建筑物有很大作用。
- 从生态学上看，树叶是一种有效的太阳能收集器。夏季，树叶利用太阳辐射使空气在植物和建筑物之间循环；通过"烟囱效应"和蒸发过程发挥冷却的作用。冬季，层层叠叠的树叶在建筑物周围形成静气保温层。即使在常绿植物不宜生长的寒冷地区，夏季制冷也仍是重要因素，使建筑与植被绿化相结合具有节能和生态效果。

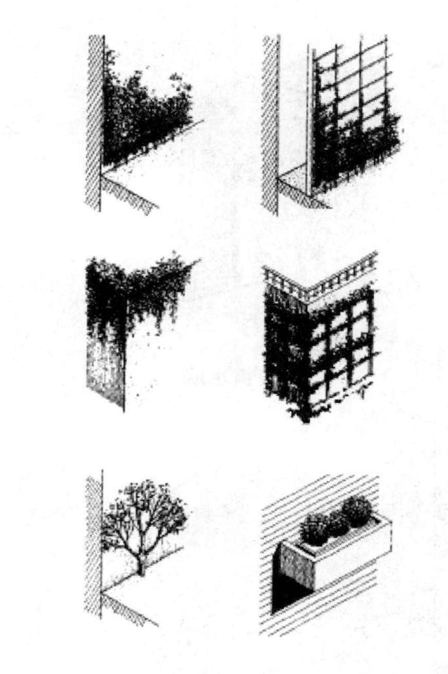

● 绿墙系统示例

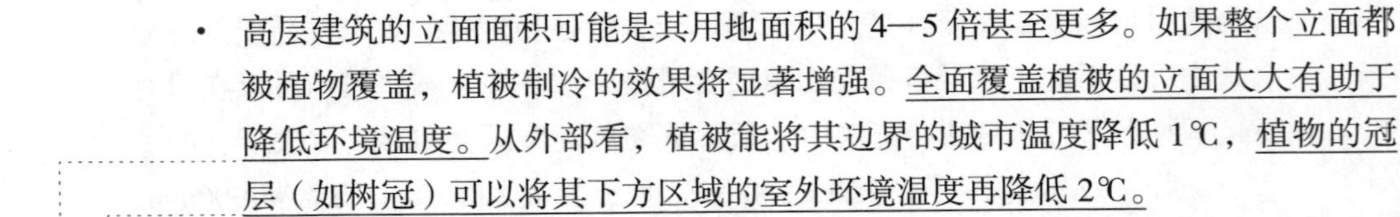

植被水墙

24h 的表面温度

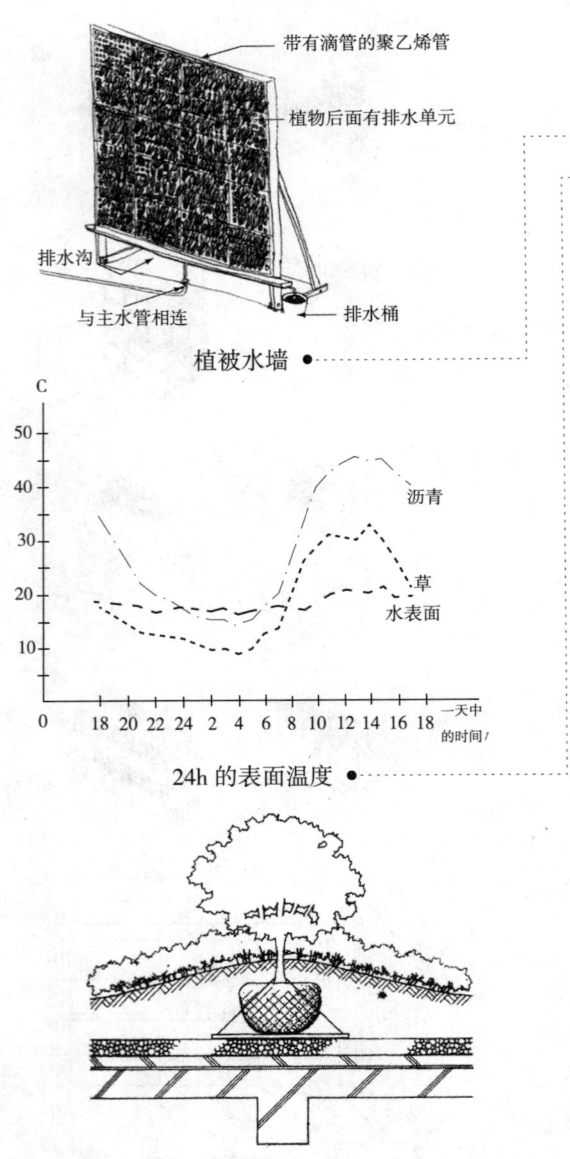

屋顶种植大株植物的土堤

- 高层建筑的立面面积可能是其用地面积的 4—5 倍甚至更多。如果整个立面都被植物覆盖，植被制冷的效果将显著增强。全面覆盖植被的立面大大有助于降低环境温度。从外部看，植被能将其边界的城市温度降低 1℃，植物的冠层（如树冠）可以将其下方区域的室外环境温度再降低 2℃。
- 研究表明，植物不仅能吸收二氧化碳放出氧气，还能去除甲醛、苯和空气中的微生物，有助于营造健康的室内环境（要求的密度是每平方米室内面积有一株植物）。例如，波士顿蕨能去除 90% 的引起过敏反应的化学物质（见 B18）。
- 绿化地区的湿度与蒸发蒸腾作用的速率有关。蒸发作用取决于当地漫反射系数和地形、叶面的褶皱和茎脉阻力。植被下方空气的相对湿度（潮湿的亚热带气候中）比没有植被的区域高约 3%—10%，而夏季期间（如亚热带气候）的差值更大，因为蒸发作用与树冠的密度成正比。由于风力作用和开花期树冠上的空隙，春季的差值较小。通过屋顶绿化，雨水中的毒素可被土壤吸收或分解，暴雨水排放可以得以减缓。干燥气候里，可以通过夜间喷雾的方法增强炎热天气的蒸发蒸腾作用，从而冷却建筑，并减少对空气调节的需求。温带地区的冬季，积雪和坚冰纤维组合可以充当保温层。
- 通常，一株大树一天可以蒸发 450L 水（相当于蒸发 960000kJ 能量）而不加热地表。其机械当量相当于 5 部平均尺寸房间的空调，每部空调每小时的运转负荷为 10500kJ，一天运行 19h。空调虽然也能将室内的废热排到室外，但同时也消耗了不可再生资源产生的电能。而产生的热量仍会提高城市气温、加剧热岛效应（这表明设计师需要考虑环境的相互连接性，见 B9）。但树木的蒸发作用致使热量不可用。为了说明景观作为被动设计策略的重要性，我们进行了城市空气水分来源的研究并得出结论：水平对流和蒸发蒸腾作用对湿度影响很大，绿化表面可以像其他高反射率的表面一样减少城市空气的热增量。研究表明，绿化地区上方的近地表空气温度比环境空气温度低 1—2. 25℃，植被可以将城市边界层的温度降低 1—1. 25℃。

- 至关重要的是，通过生物量的绿化能够鼓励物种迁移并得到更丰富的多样性，设计师要能确保设计系统在实体上的连续性。要通过城市建筑的“垂直景观设计”实现可行的连续性，系统应是联动的（例如在建筑物表面使用被称为“连续绿化区”的阶梯形绿化箱）。这应允许某些物种在一定限度上相互作用和迁移，并与地面生态系统联系。另一个方法是将绿化分为不连贯的箱子。但这样可能会导致物种同质性，需要更多的外部输入（如定期人工维护）来保持生态稳定性。实例已经证实，创建这些城市生境会使物种重返那些原本已灭绝的城市环境中。
- 作为一种通用的设计策略，我们应尽可能再次引入当地的本土植物。我们可能会发现本土植物被正确地再次引入自己的气候带之后，需要的维护和消耗的资源（如水、肥料和能量）都较少。
- 考虑建筑总的二氧化碳排放量时，我们的策略是补偿建筑生产中由于其一氧化碳和二氧化碳排放而引起的生态影响，方法是在建筑物内开辟一片树木，其范围相当于二氧化碳排放范围。但是，这一论点有个缺陷，即木材生产国家将生态设计看做减缓森林消失的战斗。尽管这是必须要达到的目标，但在设计时，设计师也要通过增加有机物质和生物量来平衡现有的无机城市环境，如果可能，尽量达到 $1m^2$ 雨林（每年能吸收 1kg 二氧化碳）。据估计吸收一辆车排放的二氧化碳需要 200 棵树。因此，要补偿使用建筑的车主，需要在场地或城市所在地种植等效数量的树木。
- 作为一般方法，设计师应尽可能少使用地表，而代之以在建成系统的上部移植植物和动物。

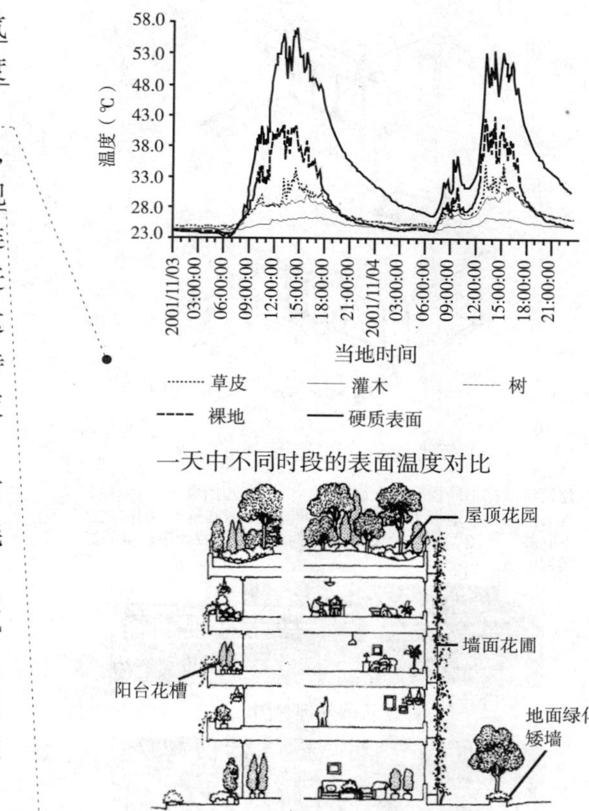

一天中不同时段的表面温度对比

垂直绿化设计

连续垂直景观设计

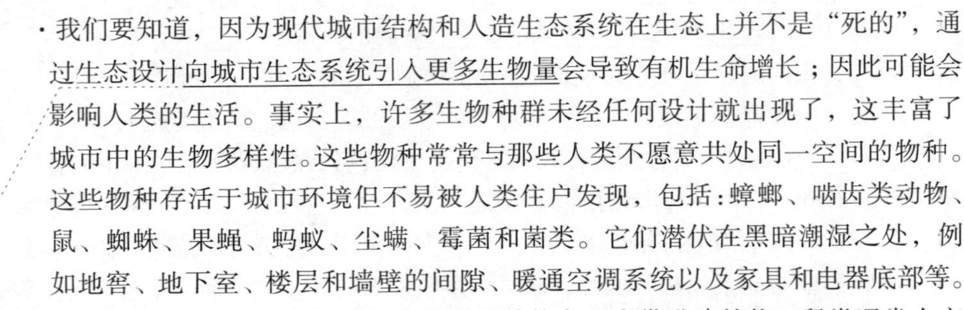

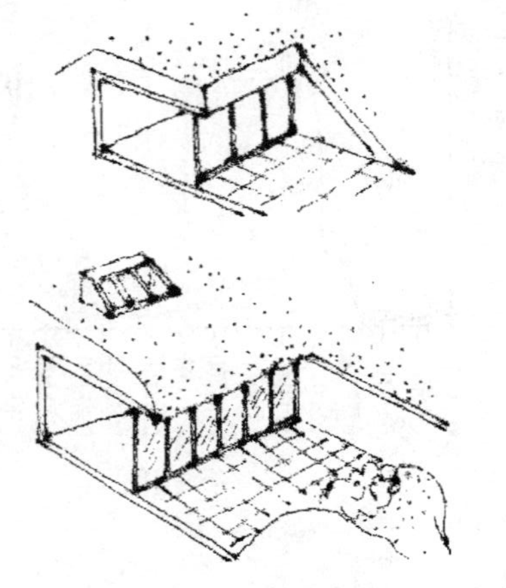

与土地整合的建筑

建筑可以在不同程度与土地整合。可能有遮挡墙壁（上图）；地面上的整个地板（中图）有土壤覆盖；或在地面以下有地下庭院（下图）。主要的玻璃窗面向太阳以吸收太阳热量并提供视野。

建筑的外部视图

从地面延伸到屋顶的连续整合的绿化区域示例

生态联系

物种及有机体

· 我们要知道，因为现代城市结构和人造生态系统在生态上并不是“死的”，通过生态设计向城市生态系统引入更多生物量会导致有机生命增长；因此可能会影响人类的生活。事实上，许多生物种群未经任何设计就出现了，这丰富了城市中的生物多样性。这些物种常常与那些人类不愿意共处同一空间的物种。这些物种存活于城市环境但不易被人类住户发现，包括：蟑螂、啮齿类动物、鼠、蜘蛛、果蝇、蚂蚁、尘螨、霉菌和菌类。它们潜伏在黑暗潮湿之处，例如地窖、地下室、楼层和墙壁的间隙、暖通空调系统以及家具和电器底部等。

鼠类通常生活在地下室，它们将跳蚤和其他寄生虫带进建筑物。鼠类通常在夜间活动，随着其数量的增加，现在白天也可能看到老鼠。不幸的是，鼠类的数量可飞速增长——如果不加抑制，一对老鼠在短短三周内可以繁殖6—12只幼鼠。老鼠三个月就可以达到生理成熟，假设有足够的食物、水和遮蔽处，一对老鼠仅一年后可以繁殖640只老鼠。鼠类极善游泳，通常生活在污水中，有时还会通过厕所进入建筑物。

建筑物里常见的老鼠有两种：褐鼠（或叫沟鼠）和随早期移居者从欧洲到达北美的黑色家鼠。它们把窝筑在建筑物、混凝土板底下和垃圾堆里，或者在建筑物地基下挖洞并筑成精细的地洞。尽管可以向上爬，但是它们更愿意生活在高层建筑的低层。这些鼠种可以咬透木材、铅、铝、铜、煤渣砖和未硬化的水泥。

家鼠也可能生活在树木里、攀爬植物覆盖的栅栏或阁楼上。它们通常从屋顶或公共管线进入建筑物。家鼠不如褐鼠大，但是很敏捷。尽管它们可能把窝筑在户外的树木（尤其是棕榈树）、常春藤和类似的植物之中，但它们可以通过摇摆、跳跃和攀爬进入建筑物的高层部分。

小家鼠的体重小于28g，更喜欢生活在建筑物内部。小家鼠大部分时间都待在墙壁夹层里、橱柜和家电后面。家鼠入侵的唯一迹象就是被咬过的食物和楼板、架子和台面上的粪便痕迹。它们几乎什么都吃，只要少量水，甚至没有水就可以生存。它们的繁殖能力惊人，一对小家鼠交配后仅 20 天就可以产下 5—6 只幼鼠。幼鼠三周后断奶，6—10 周就可达到生理成熟。一对小家鼠仅一年中就可以繁殖上千只。

老鼠身体携带着一种称为家鼠螨（血异皮螨）的小虫。这些螨带有立克次氏体细菌，会引起立克次氏体体痘的感染。

对于蟑螂来说，建筑物是理想的生境，因为有保护、食物、水和藏身之地。它们夜间活动，喜欢温暖潮湿的地方。比方说在温带地区的晚秋，当建筑的中央供暖系统开始工作时，就经常可以见到大量蟑螂从墙壁里迁移出来（因为热量使它们干渴）去寻找污水沟等水源。蟑螂——例如依赖于人类粪便的美国蟑螂——可能会传播沙门氏菌和志贺氏菌从而引起食物中毒和痢疾。要控制建筑物内蟑螂的数量，环境卫生很重要，因为这能限制蟑螂获得食物和水；垃圾应放在防蟑螂的户外容器内。要修补泄漏的水龙头和管线，并密封地基墙壁、空调周围的外墙、门窗、地板、顶棚上的裂缝。门窗附近腐烂的树叶等物质要清理干净。减少建筑表面和内部的潮湿面积有助于减少蟑螂滋生的区域。

建筑里生存的其他物种还有蜘蛛和昆虫。如果对蜘蛛不恐惧的话，它对于周围的建筑物是有好处的，因为它们能吃掉昆虫从而控制害虫的数量。跳蚤也是家里常见的害虫之一，它们喜欢灰尘和有机食物聚集的地方。它们喜爱满铺的地毯，是猫狗身上最常见的害虫。猫蚤被怀疑将鼠型斑疹伤寒转播给人类，也可能成为主人染上狗绦虫病的媒介。环境卫生对于控制跳蚤数量也是最重要的。用吸尘器打扫地板、地毯和以地毯装饰的家具能够清除跳蚤卵、幼虫和成虫。

臭虫是建成环境中的另一种害虫。现已发现有三种攻击人类的臭虫，其中最主要的一种是温带臭虫，也会叮咬鸟类、蝙蝠和啮齿动物。臭虫在卫生条件差或鸟类和哺乳动物筑巢的房屋屋顶附近很猖獗。改善并维持卫生条件等间接的方法对于控

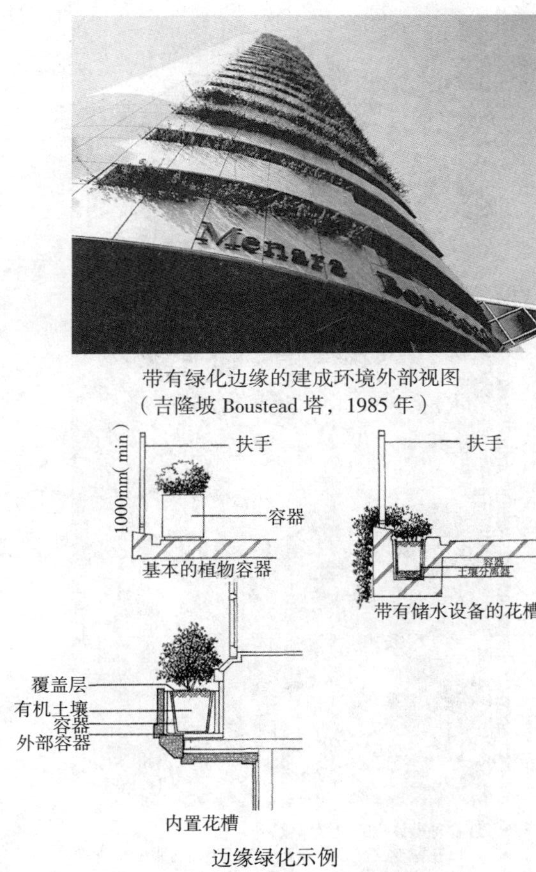

带有绿化边缘的建成环境外部视图
（吉隆坡 Boustead 塔，1985 年）

边缘绿化示例

改变绿化屋顶等高的轻型方法

边缘绿化的细部图

- 使物种整体化的连续绿化
- 可以在寒冷及炎热的季节生存的生命力强的植物物种（如路边和树篱上生长的物种）
- 与当地气候条件有关的花槽的混合土壤
- 位于花槽底部和顶部（混合土壤）的允许溢流的排水底板活门
- 建筑中与当地太阳轨迹有关的植被的位置
- 确保日光能照到植物背面
- 将“防风外表”的闸板滑动到有不同合成模式条件位置的疾风状态
- 植物和养分的重力给料灌溉系统
- 尽可能使设计成为完整的生态系统

绿色空中庭院设计的方面

制臭虫很有用，例如，使蝙蝠和鸟类远离房屋。

设计师必须洞悉这些有机生命形式，并通过设计减少它们的数量，以吸引更多像鸟类这样要求不高的动物物种。

- 另一种不受欢迎的有机生命形式就是室内的真菌。真菌污染会使居住者产生敏感症。头疼、眼睛发炎和嗜睡等症状，集合起来称为病态建筑综合征（SBS），尽管能证实这种风险的研究很少，但是SBS经常伴随有污染和敏感征。SBS与室内的真菌、青霉菌和穗霉菌的多少有关，两者都会引起呼吸疾病、哮喘和肺出血。哮喘更容易受到环境的影响而加剧，例如鼠和蟑螂的侵扰、环境不卫生和室内外的空气污染。
- 这些有机体和生物可能会滋扰建筑物中的人类。无论如何，生态设计都必须一方面注意争取创造生物与非生物组分平衡的建成环境。另一方面，要通过控制无益的有机生命来建设宜居和健康安全的环境。

在平衡设计系统无机成分（具有场地特异性）与更多的有机成分的过程中，设计系统的形状和外观可能会变得更有机化，从而较少地拘泥于几何和机械制造的外观。例如，引入植被可能会得到在“模糊”或“粗糙的”审美下具有较少限制的建筑。人们更倾向于采取这种连续模式，因为地理上它能建造更大面积的连续生境。

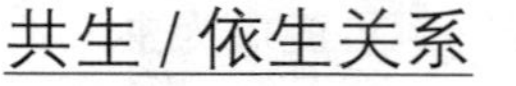

共生 / 依生关系

在增加建成系统生物量的过程中，我们要分析所包含的有机体将从关系中受益、受害还是既不受益也不受害。人类与其相关物种的关系可以分为共生和依生。共生是指一方受益巨大而另一方没有明显受益或者受害的关系。与人类共生的动植物物种有：黑鼠、沟鼠、小家鼠、鸽子、八哥、崖燕、麻雀、仓鸮、臭虫。其中大多数都是各自类别里最具城市化和数量最大的物种。与人类共生的植物包括几百种杂草，还包括向日葵和芥科植物等。

两个有机体之间使双方都受益的相互作用称为共生关系，人类及其同伴物种都不会破坏或毁灭对方[如果一方因另一方的收益而受害，这种关系被称为掠夺行为（捕食）]。

生态系统的复原

除了用植物和生物量调整现有建成环境中有机与无机成分的平衡之外，生物量的引入也是复原受损或植被单一斑块的一种方法（见 B4）。对退化生态系统的复原逐渐成为一项重要的工作，尤其是在土地普遍受损的城市附近。有时生态系统管理的第一个方案（即通过生态学上正确的结合和自然演替来利用本地系统）往往难以完成复原的目标。例如，自然生态系统的净生产力很低，就有必要限制净产量最大化的情况。如果其生境因为人类活动而过度受损，本地系统和自然演替对复原的效果可能就比较小，因为本地物种可能会生长缓慢，自然演替就受到阻碍。这种情况下，退化生态系统的复原可能需要使用其他区域的外来遗传物质来加速生态系统的恢复过程。复原的过程通常是一种适应性管理。开展现场行动、监控被影响的生态系统、比较结果与预期情况、调整后期行为与重复基于经验的行为，整个过程形成回路。

简单的屋顶绿化系统在 15cm 厚的特定的轻型基板上绿化一层草皮就可以达到 0.6W/（m^2·K）的 K 值，不需要额外的保温层。

在这种良好的保温层的上部，土壤的热质量使建筑内部的温度增幅减到最小。更为突出的是其制冷作用，比如绿色屋顶在夏季的作用。高温气候下，即使空气温度达到 35℃，土壤表面的温度也不会超过 25℃。反过来，在冬季的效果也是一样：即使环境温度到 –20℃，除了表层下一薄层之外，土壤都不会冻结。

除了这些对室内环境和节能的积极作用之外，屋顶绿化还有其他生态效益。每

1. 开始
所有演替的起始点都是裸露的地面。可能是“新的”，如刚形成的海岸线；更常见的是以前被自然或人类去除了植被覆盖的表面。

2. 定植
第一株植物生长的基础是少数特别的、承受能力强的植物物种。生物总量很低，土壤是退化的，通常缺少有机物质和平衡的养分。典型的开拓者是苔藓类植物和导管植物，能够忍受极端的水分及营养状态（高、低或二者交替）。

3. 发展
随着土壤条件的改进，高承受能力的物种被更为多产和竞争力强的物种取代，包括稻科植物和杂草。这是演替的忍耐力发展的一般特征，其基本状态仍是不稳定的，会随不同的环境条件改变。

4. 成熟
到这一步生态系统已经发展到了植被覆盖多为竞争性物种的阶段，尽管不一定是生命周期很长的物种。土壤条件稳定，养分及水状况已不是生态系统的主要问题。典型的物种是竞争力强的稻科植物、灌木和小型树木。无维管植物数量很少，高营养、作为分解者的物种占据多数。

5. 高峰
最终的阶段比发展阶段的植被覆盖更为稳定和持久。多数为生命周期长的大型树木。很少或几乎没有演替顺序开始的非生物或生物环境条件。是否有这样的稳定的高峰状态是个颇有争议的问题。

● 典型的植物演替的阶段

典型的专有绿化屋顶系统

平方米屋顶面积上，特定草类可以达到 50—100m² 的总叶片面积。这表示这种类型的植草屋顶的绿色表面是有绿化树木、灌木、小路和草地（每平方米地表面上，被修剪 5cm 高的草坪的叶片面积只有 9m²）的公园的 5—10 倍。植草屋顶上绿色表面成本低，还能有效地净化空气，减少雾的形成。

以下，我们将用几个例子来证明植草屋顶的重要性：

在密集的城市地区，大约 30% 的土地被建筑所覆盖。如果能将 10%—20% 的屋顶（城市总面积的 3%—6%）用土壤和野草覆盖，形成的叶片面积就相当于 30% 的建成面积为绿地。这是一种既简单又有效益的方法，可以减少密集的城市环境中的污染，并营造适中的气候。

另一方面，叶面积会产生大量的冷凝水。黎明之前，室外温度在草坪层处最低，形成了冷凝水。此过程中发出的热使泥土升温，减少建筑的热损失（1L 水冷凝放出 2200kJ 能量）。同时，为屋顶进行了灌溉。此外，植草屋顶能储存约 500mm 水，也就是说只有 20%—30% 的雨水从屋顶流下，从而减小了排水径流量。

为了防止草根生长穿过屋顶，可以使用一种特殊的能够防水、抗腐殖酸和紫外线辐射的增强塑料膜。有很多专利系统可以用于绿化屋顶和阳台。

小结

生态设计师必须评估拟设计系统的生物组分。大多数设计系统的成分本质上是完全无机的（除了人类用户和微生物生命）。因此，设计师要将必要的生物组分（如以绿色植物和相关的有机材料的形式）通过系统加以整合和平衡，使其融入当地现有的建成环境和拟设计系统，以此创建能从功能和内容上使人造混合生态系统和生境达到平衡的设计系统。这一点同样可以用来对那些几乎不含任何生物组分和有机生命的场地进行复原。设计师可研究生态系统的结构和成分并加以模拟（见 A3 和 A4）。创建这种平衡环境时，从美学角度看最终建筑的机械性、无机性和自动化程度较低，需要更有机、无定形的结构来响应有机物质的生物整合需求。

生物自卫本能是指人类那些来自遗传的、能积极响应自然的趋势。它进一步增加了建成环境中的生物量。研究表明绿色植物对人类有康复作用，对精神和身体健康上都有明显的改善作用。研究也表明，医院病人在有日光、树木和花朵的环境中比在生态无菌、人工照明和实用的内部环境中康复得更快。

B8. 通过设计改善现有生态连接并建立新的生态连接：提高设计系统的生物多样性，保护生态系统的现有组分，同时建造新的生态廊道和生态连接（如使用生态陆桥、树篱和提升水平整合度）

使用景观桥的生态连接景观的示例(中国华南，2002 年)

设计系统要保持并增加现有生态系统的生物多样性和环境的生态连续性，如果可能，还要建立新的生态连接。生态设计——尤其是场地规划时——必须考虑建立新的生态廊道、生态连接、生态网络和生态陆桥来增加生物多样性。自然环境中没有一种生物能在与其他有机体没有联系的情况下生存，因此这一问题格外重要。这一设计目标也很重要，因为通过改进现有的生态连接以及创建新的连接，可以增加当地的生物多样性。

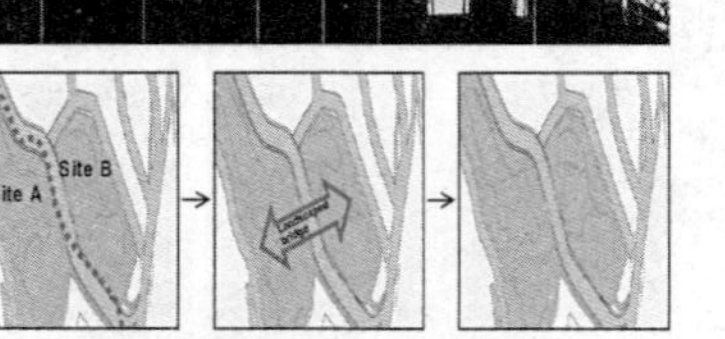

用于片段绿地再连接的景观桥概念

生态廊道：陆桥

每个生态设计都必须尽力创建生态廊道，例如将其作为线性连续的公园或绿色基础设施中的开放空间，并与当地更大的范围连接起来，减少生境破碎化。公路等不透水的表面是动物生活的障碍。考虑到动植物群的活动，这种绿色基础设施或生态结构是连续的无车辆区域。我们要认识到对天然生境片段连续性的要求——孤立的地块不足以使动植物生存。研究表明森林中的甲虫和老鼠几乎从来不穿越双车道马路，甚至会躲避公共交通附近未铺砌的林区道路。设计师也可以用实体设施来增强生境的连续性，例如用绿化或景观美化之后的陆桥作为孤立或不同的生境之间的“景观桥”。景观桥实际就是一个宽阔、绿化良好的平台，它可以跨越抑制物种移动和相互作用的无机区域（如不透水路面、高速公路或一些铺设表面）。景观桥经过绿化后，就能发挥其桥的功能将两侧的生境连接起来，从而扩大生境的规模并为野生动物提供迁移的通道。

理论上讲，相互分离的区域将会通过这座宽阔的绿化桥连接到一起。全新的绿色桥面将会成为高架的生态廊道，让动植物物种相互作用，以及在一个更大范围生境内共享资源并横向迁移，从而积极地改进并提高（通过设计）当地的生物多样性。在这种情况下，我们设计的努力不会为了保证对生态系统的影响最小而被动防御，而是通过增加并强化当地的生物多样性，或扩充和延伸连接其他生态系统的生态廊道，积极地影响生态系统。现有城市的建成环境已将景观割裂成孤岛，生态设计的主要目的之一就是将景观及其有机体重新连接，创建能有活力的生境。使我们现有的建成环境可持续发展并与周围自然区域整合，面临的一个主要任务便是增强连接，通过绿色走廊，以及周围绿地的辅助性生态功能，最大化并增强剩余生态系统的生存能力。在植物和非人类生物量与建成环境的不同整合类型中，带有“绿手指”的连续生态廊道和网络模式。

灌木篱墙

这是一种生态廊道的线性形式。尽管灌木篱墙对家畜来说是障碍，但是野生动物却可畅通无阻。英国的灌木篱墙包含了 600 多种维管植物，为英国五分之四的林地野生动物提供了栖息地。

绿色走廊的生态效益

- 这些新的联系强化并增加了自然系统中的网络。事实上，我们会发现生命系统和网络都是相互关联的。他们的边界并非隔界线而是类别划分线。所有的生命系统都可以横界相互交流并共享资源。
- 生态廊道有利于食物链和生境。现有生态廊道的消失扰乱并改变了生态系统内的流动和迁徙路线，并会导致生境污染。生态廊道还能为迁徙物种提供支持和路径。
- 创建新的生态廊道可以将现有景观中的植被片段连接起来，形成大片相互连接

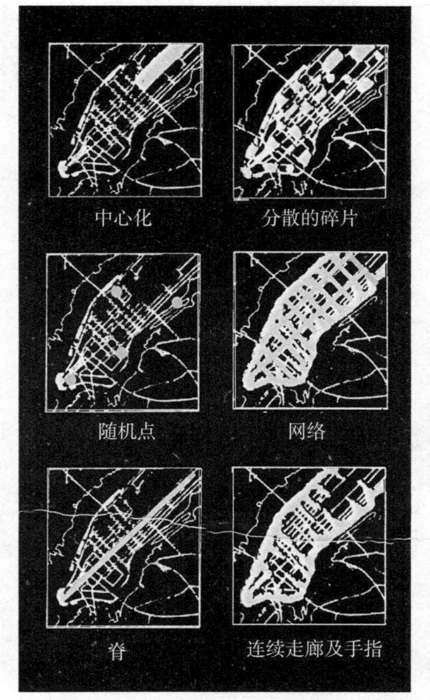

● 植被及生物量与建成环境的水平整合类型 © 杨经文

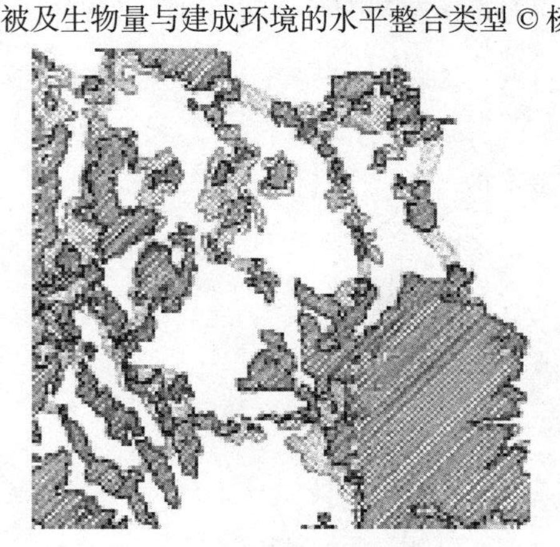

● 创建景观中连接的绿化区域

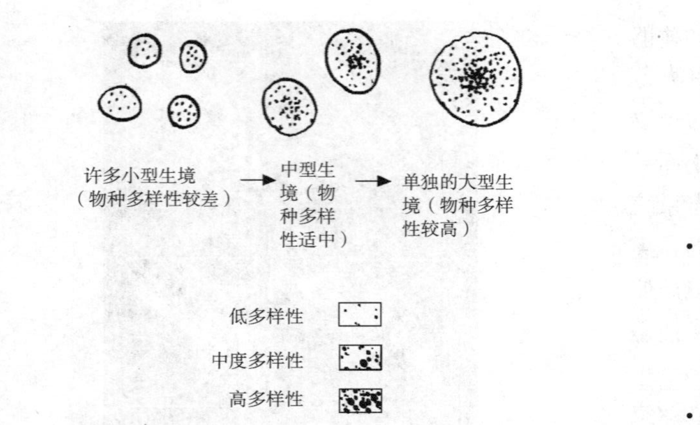

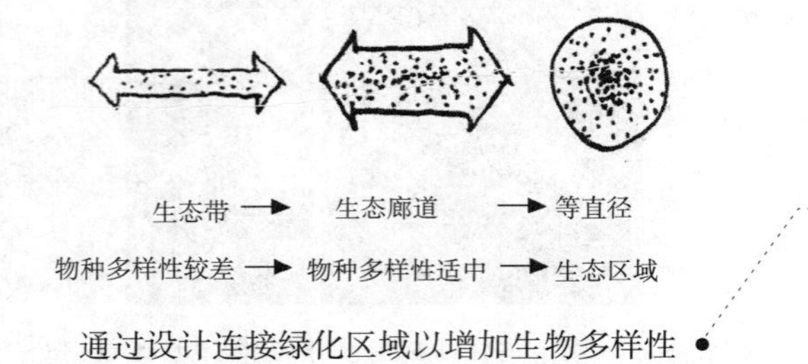

通过设计连接绿化区域以增加生物多样性

的土地，这样可以再现整个生态系统及其相互作用的居住者，改善动植物在地区间的活动。一般情况下，有机体会影响并改变其生活的环境，而环境也会决定它所包含的有机体。因此，生态系统的特点是其有机成分、环境因素和条件及其相互作用。生态系统的决定性因素包括人口和范围，新的生态廊道和连接扩大了范围，可进一步增强多样性和生态系统稳定性。

- 从生态学上看，尽管不透水地面和建筑形式等人造障碍物割裂了绿地，但动植物还会穿越城市环境以及城市中的绿化区间进行迁徙。但是，这种生态系统内部的迁徙是个循序渐进的过程，物种迁徙到另一地点可能需要 30—60 年甚至更久（植物在另一地点成熟尤其如此）。
- 设计师可以通过以下途径提升当地生物多样性：增加动植物相互作用的机会、不惜任何代价避免产生生境孤岛。生境孤岛易受人类活动的破坏和外来有机体的入侵。保存的生境越小，其灭绝的速度就越快。通过鼓励围绕核心保护区向外拓展自然生境，开垦并恢复附近已开发的土地以形成新的保护区，从而扩大保护区范围。
- 景观桥和其他类似生态廊道的连接设施增加了生态连接和生境的聚集。其重要性在于所有物种都要依赖于许多其他的物种，并形成复杂的互相依赖的网络。严格来说，没有真正独立的有机体。没有一种生命系统能脱离生态环境而独立生存，即使在基因层面，这种相互依赖性也是存在的。共生关系——从简单的到外来的——是生命形态生存和共存的一种普遍方式。
- 现有的城市发展、道路和不透水地面的建设会将自然环境和生态系统分割成不同的区块和绿地，这些区域的界限包括阻碍物种相互作用和迁徙的公路、高速路、建成结构、栅栏以及不透水地面。生境斑块会影响当地的生态，这些影响包括改变生物多样性和构成，改变现有的养分循环和授粉等生态过程。设计师必须确保新的公路形式能减少或去除生态分裂，保持生态系统内连续的植被类型。
- 生态系统中的网络是组织所有生命系统的一种基本形式。各级生命体，从细胞新陈代谢到生态系统的食物网，生命系统的组分和过程都以网络形式连接在一起。在我们的设计系统和建成环境中必须保持这种互连性。

- 增加绿地和生态系统之间的连接有利于增加生物多样性。随着生态系统多样性的增加，其中的物种会越来越多；随着这些物种的相互作用和迁徙，生物多样性进一步提高。当物种数量减少时，生态系统就变得贫瘠，例如在多样性难以提高的孤岛生态系统。如果把拥有数十种花草、上百种昆虫和小型哺乳动物、无数微生物的草原建设成为城市或市郊，其生态系统就变得枯竭。铺了沥青和修整过的地面上只有鼠类、鸽子、麻雀、狗牙草、特定的树种、蟑螂——这些都是能与人口众多的人类共存的生命力顽强的物种。
- 保护生物学应作为维护生态活力和保护整个生态系统的科学方法。保护学的研究表明了我们应建立多大的保护区才能保证生物多样性的核心不受干扰并保持健康。并了解稀有动物或濒临绝种的物种及其数量如何分布才能长期生存下去。保护生物学给出了保护区域间未受干扰的生态廊道宽度的设计指南，以使动物安全通过。方法包括：确定新保护区和需要立即受到保护的物种的优先顺序，制定长期的保护目标，确定恢复项目必须符合的条件（如果目标是建设真正可持续的生态系统）。
- 当城市的发展侵占了以前的野生区域的时候，许多物种的生境就会减少。当生境完全破坏之后，这些物种就会灭绝。这样发展下去我们会发现，最后只剩下小型孤立的生境，我们称之为片段生境或孤岛生境。剩余的区域越小，生境片段化的破坏性就越大。例如，如果将北美森林的生态系统分裂成住宅用地，需要浓密植被的鸟类（如画眉鸟和鸣禽）就会消失，只剩下可以在此环境生存的如蓝背樫鸟、黑唱鸫、家鷦鷯之类森林边缘的物种。
- 在各级自然系统中，我们会发现生命系统之间如同网络相互嵌套一样。其边界仅用于界定类别，而非使其相互隔绝。所有的生命系统都可以通过它们边界相互交流并共享资源。我们的布局设计必须促进这种连接而不是破坏它；这种连接是不可分割的。

- 将新的生物量和绿色植物添加到建成环境中也有助于提高当地的生物多样性。例如，除了降低城市的总体热岛效应之外，在城市中建设更多屋顶花园也能为野生动物创建新的城市生境。
- 研究表明，随着屋顶花园等生境的创建，本地物种——尤其是在城市化进程开始之前当地特有的物种（如鸟类、蝴蝶等）——最终会回到原来的地方。生物多样性会繁衍出更丰富的多样性，动植物和微生物的总量也会达到相应的水平。生活在一起的物种越多，它们所组成的生态系统就越稳定、生产能力越高。其中的物种不断扩散到多个生态位，获取比相似生态系统更多的原料和能量并形成循环。

通过增加生态系统网络的丰度和复杂性，生态系统可达到一定的稳定性和弹性。生物多样性越高，弹性越大。

- 地表的砍伐、挖掘和变更已经影响了生态系统，在设计需要较宽水平间距的大型建筑时必须要予以注意。这并不是说所有的土方工程都只有负面作用，但是不可避免地会去除地被植物和表层土，改变场地的地形（不管是大范围还是小范围）和自然排水路线。如果在设计中不考虑并解决这些影响，场地地形的变动可能会从根本上影响当地的自然排水，去除并破坏所有的现有植被（以及有关的动物群），降低水文状况和地下水位，最终导致周围水路淤积以及其他附属效应。
- 对于摩天大楼这样的高层建筑，其交通规划和道路建设（如果适用的话）及其布局的影响并不会对设计产生重要作用——或许对于建筑的近地平面部分比较重要；大多数时候其重要性都很低，除非是整体开发规模较大并需要复杂的公路交叉或相关的道路。无疑地，生态设计必须考虑设计对交通的影响，确认建筑（见 B10）与当地交通基础设施之间的关系。这是因为一切情况下，土地使用的增长都会增加建筑业主通勤次数，从而增加的交通量，进而严重影响能耗。

- 对于城市中那些向外延伸的建筑，其内外道路的布局在场地规划设计中起着重要作用，尤其是对水平进出通道（如行人、服务车辆、游客及停车）和消防通道（尤其是连接建筑中难以到达部分的服务道路）的规划。其路径选择、建筑台地高度、道路表面倾斜度及排水等设计必须考虑场地现有的地形，因为其类型可能会阻碍或促进对无机动车人行路线的规划，或阻碍与生物量和其他方面场地规划的有机联系。布局设计应注意避免横跨场地内关键的生态廊道，避免在洪水和腐蚀容易发生的场地部分铺装新的不透水地面，并考虑自然植被多样性、自然排水渠道及土壤等因素。
- 场地生态系统的植被层、土壤层和地表有复杂交错的方面，这对于建筑布局的设计尤为重要。在生态设计和新建筑规划的开始阶段必须考虑以下几个问题：对场地现有地形进行坡度分析和排水分析，计划场地现有地形和生态特征与新建筑的整合，以及其道路模式。
- 同样，必须要注意新的步行网络的类型、新的大面积不透水地面（如停车场或广场）的布置、所有基础工程系统（公路、排水、污水、水网系统、地表水排水渠道、电信、夜间照明、废弃物处理路径等）的路径选择，以及新的土方工程台地高度和排水路径。
- 对于中低层建筑，可以将建筑群连接起来，如建造高架伞状天篷。这一措施能够保护行人不受气候影响，夏季通过遮蔽屋顶空间不受阳光直射从而减少太阳能得热量，使屋顶可用作娱乐或露天活动，在建筑物底下和建筑物之间形成半封闭的过渡空间。天篷不一定是实心的。可以是可渗透或框架式绿化构造，或能够根据用途和全年季节的变换打开或闭合的可伸缩结构。
- 可将地下建筑作为城市的再生设施，这样的场地情况较复杂，涉及地契的多重所有权导致重建工作困难重重，需要长期协商和土地征用。一个典型的例子是现有城市重要部分重建，其街景立面需保留。通常重建的主要阻力是多重土地所有权，需要进行大规模高价收购。

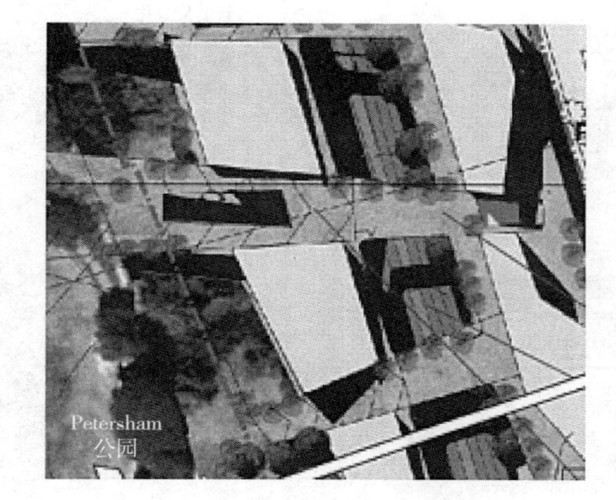

● 景观桥：新的行人连接系统

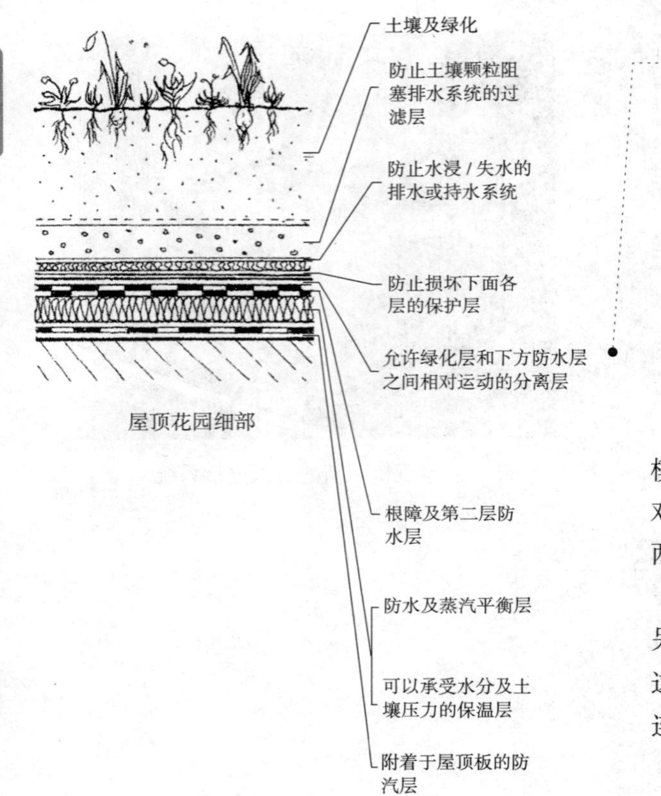

屋顶花园细部

- 可以将建筑全部或部分设计成地下。可以通过在屋面重新种上植物来补偿那些受到干扰的地面和土壤。这一措施能创建一个原本不存在的全新的生境，从而将已挖掘的地表改变成自然生境。
- 当被街道占据（通常是公众财产）的完整区域可以成为重建区域时，可以将线性地下建筑作为基本的解决方法。首先，要将街道设计成无车辆区域。为了保护街道现有建筑之间的关系，要将整个新的开发沉入地下，以将沿街相邻建筑部分或全部相连起来，形成一个线性的群体。还要将大型通风竖井插入地下结构，使日光和自然风进入地下的封闭或半封闭空间。

线性建筑位于街道所占区域内，作为一种新的开发模式，它已成为城市重建的模范。它适用于有相似街景的地区，尤其是现有城市中有历史特色的部分。这是对受到破坏的现有建筑物进行重建的另一种办法，尤其是对具有历史意义的街道两侧的建筑。

要提高连通性，我们还应将建筑之间跨越城市道路或街道的高空用景观桥相连。另一个方法是使用“楔形”建筑，即在建成结构旁创造地形，将地表建筑与景观整合。这种地形使最终建筑能达到更好的整合，呈现了与现有景观和当地生态系统较高的连通水平。

生态廊道的维护和创建历史较短（不管作为剩余植被不同岛屿之间的连续连接还是踏脚石），作为农村和城市区域的生态管理策略，通常作为土地保有权和实体约束（如灌木篱墙、公路附属建筑物和河流沿岸植物）的副产品产生。对于植物生长在相对未受干扰地面的区域，有一小部分科学证据和大量的事实表明，实体连接可以增强生物多样性：

- 有助于个体穿过受干扰景观；
- 增加了进入以前孤立生境的迁徙速率，维持了较高的物种丰度和多样性，有助于基因改良，补充了减少的群体，促进了重返生境的过程；

- 有助于已开发景观中自然生态过程的连续性；
- 为穿过景观区的动物和长期生活在廊道中的动植物提供了生境；
- 提供了水质改善和侵蚀缓解等生态系统服务。

生态廊道还有一些众所周知的缺点：

- 可能导致疾病传播，将动物暴露在捕食者面前；
- 引入新的基因可能会破坏当地的适应性；
- 促进先前不相交的群体进行杂交。

经过比较无维护生态廊道的成本及其对当地生态过程的影响之后，有些人主张，生态廊道的创建及维护成本能抵消那些更为均质生境的保护成本。

只有极少数科学数据对生态廊道作为生态设计策略一部分的有效性进行了检测，尤其是对经历过大规模开发的重大干扰区中的那些建立在不透水地面上的廊道（如曾经是码头区的土地）。

有些学者提出了下列观点以提供更多的支持数据：

- 生境连续性是自然环境的一个显著特点，应将其推广为抵抗自然环境破碎化的方法。
- “预警原则”要求在了解情况有限的条件下，保留现有的有益的生态连接。
- 大量证据表明生境损失引起的群体和群落的孤立造成了不利影响。

虽然没有足够的科学证据来帮助我们了解或预测维护或建立生态廊道的益处，但这理所当然是个好方法。

在确定绿化景观区域的设计和大小之前要考虑很多因素。当地现存或曾有过的本土动植物物种——如果对其进行充分考虑——与项目的结果有很大关系。动物群的生境和食物需求会影响其“健壮性”，或它们对过量噪声、光线和人类作用等的环境干扰的承受能力。此外，在有关开发区域的动植物群方面需要考虑

城市景观中可接受生境的本土植物移植

的问题还有：

- 它们觅食、迁徙和繁殖需要多大的空间？活动范围的差异与个体尺寸、食物来源和觅食方式有关。
- 它们如何活动？它们是沿地表活动、在树冠之间活动还是飞行？
- 其行动模式如何？有些物种会沿生态廊道的长度方向快速觅食，有些会缓慢移动或来回运动——即在到达目的地之前进行无数短距离、看似随机地来回运动。
- 相互连接性必须达到一定的程度，使个体和群体能够随着生境的成熟和/或天气的影响，在季节、捕食者数量和植物组分变化的不同时间获取适当的资源。这关系到生态廊道需要多少管理。

生态学家已经确定，多样性会随着生态系统规模的增大而增加。然而，要达到允许大量多样性存在的生境尺寸，或与类似未受干扰的生态系统，我们就不可能满足人类的居住和商业要求。其结果就是我们必须艰难地决定哪些物种最适合于在人类改变的环境中生存和繁殖。这就要求我们进行生态研究，至少要了解部分物种的要求和相互关系，地理位置不同，其结果也大不相同。由于先前提到的科学数据的缺乏，这一工作还有很多猜测的成分。

当动植物物种可持续发展或再引进的基本需求得到满足后，就可以确定生境的植物组分和形状尺寸了。周长－面积之比非常重要，它决定了可能的植物组分（光透射度——大量的先锋群落和杂草群落），以及场地作为生境或遮蔽处的适宜性（温度、土壤 pH 值、湿度、干扰等）。绿化走廊的这一比值较大，其中的物种较易受边缘效应的影响，承受较高的捕食风险、人类入侵、微气候的改变和波动。但是，由于这样的连接可能不太适合某些物种，其他（通常范围较小，或承受干扰的能力较差）环境中的连接就充当了生境的作用，并促进了基因的充分分散和群体增长。

因此，并没有一个万能的方案能使连接满足所有物种的需要。连接的类型、质量和规模必须与所选定的目标物种的需求和规模相匹配。

跨越不透水地面，或通常是在地下连接生境，这种方法已经在大型动物群体中获得成功，如加拿大的麋鹿。这种情况下，动物承受力主要体现在不需要贯穿廊道的复杂生境。但是，大多数物种并不是这样，而是需要相当多的材料、能量和专门技术。要在不透水地面创建生境类型的生态廊道，必须考虑土壤运输及将其融入不透水地面所需的能量，还要考虑保持土壤和新出现的植物所需的能量，直到充分建立起养分循环和功能性土壤生物区，以达到自维持的程度，使生态系统的持续管理达到最小。从非生物角度看，恢复是否成功的依据是投入量整体下降（例如维持发展所需的能量），这是因为绿色空间产生了积极的调温和水处理的作用。

当然，我们还需要对这些区域进行周期性的生态评估，以量化其效益。如果某区域土壤中的生物和非生物组分完全被破坏，恢复本地物种就更艰难，在当地生态建设过程中最好使用本地物种而非外来物种。事实上，这种方法的目的是保护在其他地区濒临灭绝的物种，有点像动物园的做法。它也能作为教育工具，用来提高城市居民的环保意识，并了解人类对健康生物圈的依赖性。

在保护和创建这些生态廊道和连接的过程中，最终的形式和外观使景观、城市景观和项目场地呈连续的形式，从而增加了生物多样性。这种形式就成为人造建筑设计的基础；很明显，其形式和过程必须整合现有的天然生态廊道和新的连接。一般来说，大面积形式优于线性形式。

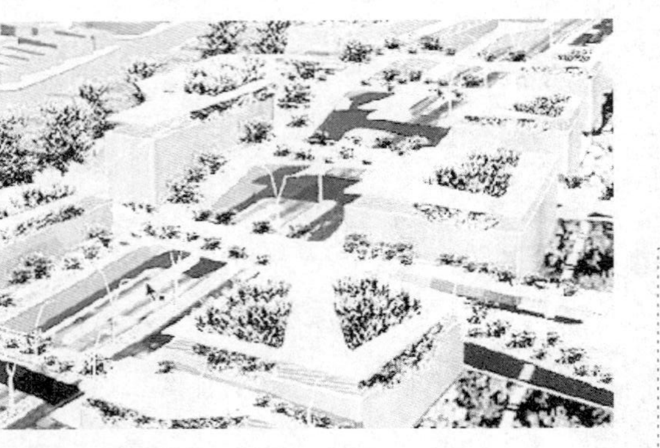

设计系统可以不对生态系统产生负面影响。进行生态系统设计时，拟设计系统可以有以下积极的作用：

- 保护生态系统（如自然保护区管理）
- 增加其作为资源的价值以提高生态系统（如荒地的重建）
- 通过改变来减少现有趋势并延缓环境的退化（如改变导致腐蚀的排水系统）
- 替换现有设计条件来恢复生态系统（如荒地再绿化）
- 是纯粹的能源制造者

设计系统潜在的积极效应

小结

在调整设计任务的初步规划、城市及生态环境时，设计师必须在项目场地布局的规划设计过程中伺机改善并增强生态系统内的生物多样性和生态连通性，并促进与当地生境的生物整合。设计可能对环境有利，也可能有害。对于项目场地在内容、环境和建筑表面都过度无机化的已有城市（即完全建成）环境中，这一点尤为重要。生境连续性设计对需要较宽地面覆盖范围的建筑（即景观中有大量的无机建筑足迹）来说至关重要。作为生态设计中场地规划策略的一部分，设计师有必要改进生态连接，如有可能要创建新的连接，同时确保设计系统不会阻碍这些连接。总体的场地规划策略就是要通过连接或生态廊道来增强生态功能，以提高当地生物多样性并保存生态系统中现有的连续性，避免被铺装路面等不透水地面将环境分割成孤立的地块。理想的生态总体规划应是互相连接的单一生态系统，物种可以横跨整个景观，并且生境不会被不透水地面或道路打断。

B9. 通过设计降低建成环境对当地生态的热岛效应：降低并改善对城市微气候的影响

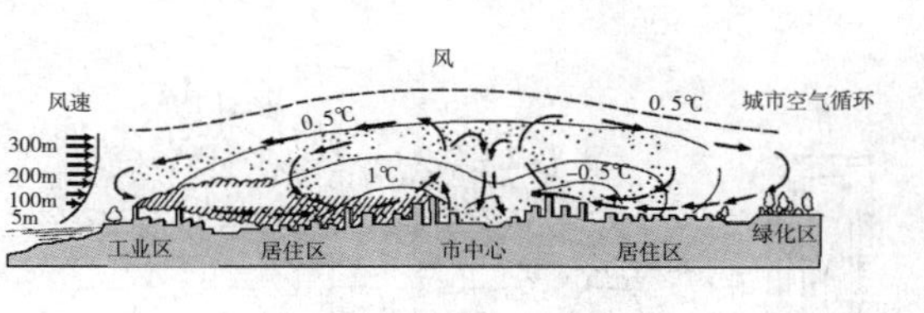

• 城市的热岛效应

生态设计师必须通过设计降低场地在引入新结构或基础设施后造成的热岛效应——尤其是在现有的城市建成环境、聚集大量无机质且生态足迹较小的地区以及大面积无覆盖屋顶和不透水地面。

热岛效应

解决热岛问题十分必要，因为有证据表明世界上几乎每个城市的环境温度都高于其周围非城市区域。这一温度上的差异被称为城市的热岛效应，其本质上是建成环境中建筑密集区域较高的空气温度与周围农村空气温度的比较，其定义是建筑区域与非建筑区域之间的温度梯度差值。地表的变化导致了微气候的变化，其总效果会通过热岛效应反映出来。全球的热岛效应都在加剧。下面是城市热岛现象的主要原因：

【1】地被植物的变化

- 由于不同层数的建筑物十分密集，日光在各个表面之间不断反射。这就意味着建筑物和地表在日间吸收了更多的太阳辐射，而夜间对低温天空的热辐射受到密集的建成环境的阻碍。
- 除了强风场地之外，高密度建成环境中的风速比其上空的风速小。海岸线附近的城市是最好的例子。夏季，尽管日间凉爽的海风在城市上方吹过，进入建筑区域后风速会迅速降低，自然通风的效果就减弱了。类似高楼“峡谷”这样的封闭的空间由于只有一阵阵微风，常常不能散播热量和污染物。
- 裸露地表和绿色植物等可渗透地表减少。由于蓄水能力下降，导致地面散发的热辐射量增加，失去了蒸发作用的冷却效果。
- 城市的地平面被高热容的物质（如沥青路面和混凝土）覆盖：日间吸收的太阳能在夜间散发，因此黄昏之后也会有令人不适的高温。

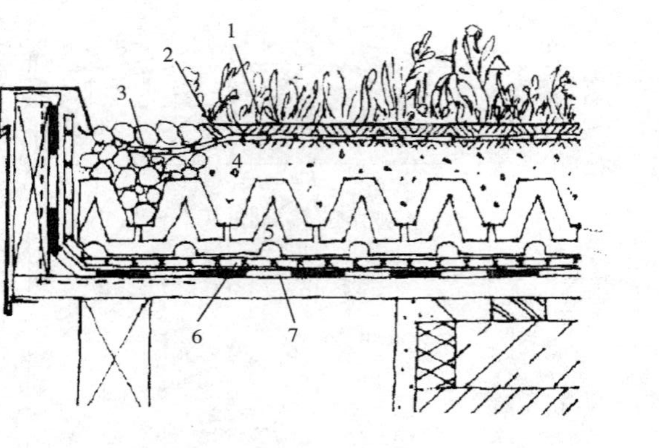

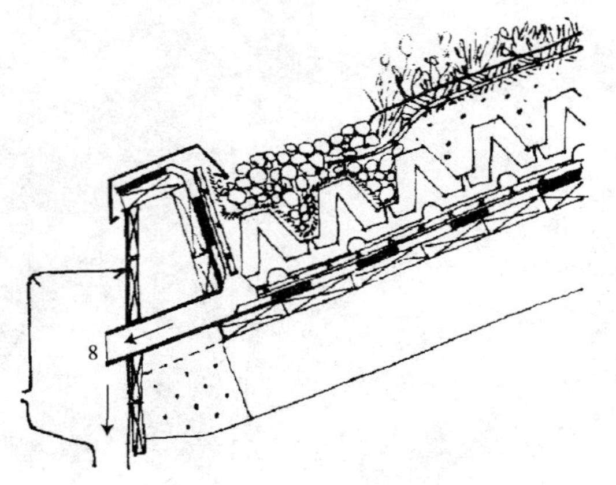

1. 植物
2. 有机材料层
3. 网状黄麻防腐蚀片，用于 15° 以上的屋顶坡度或多风场地
4. 锌底板
5. 异型排水元件
6. 保水 / 防潮垫
7. 根部防水
8. 出水口

屋顶边缘绿化示例细部

【2】高能耗

以市中心为例，空调设备、照明系统、机动车和工厂等能耗产生的热量都释放到了大气中。

【3】空气污染

环境污染产生携带热量的烟雾使气温上升，从而使整个城市变为被一层受污染的空气包围的“温室”。

最近利用卫星对雨水进行的研究证实，城市热岛使大多数城市出现了下风向夏季雨。研究者发现城市下风向 30—60km 之间区域每月平均降雨量比上风地区的平均值高出约 28%。在某些城市，下风向地区的降雨量增幅高达 51%。

密集的市区（如城市）与周围农村地区的温度差使空气从农村向密集的城市地区移动，促进了云的形成及其在城市上空的凝结。由于密集的城市区域夜间较热而形成了一个低压系统。随着热气上升，周围较冷的空气冲进来取代热气的位置。较冷的空气压缩后形成雷雨云。也就是说，热岛增强了对流，炎热时段产生的强大热气流会形成城市上空猛烈的雷阵雨。还有人猜想因城市中不同高度的无机表面而聚集的空气也会促使空气上升，形成云和降雨。

气候变化导致生态系统恶化，可能会加快野生动物、家畜、农作物、森林、沿海和海洋生态系统中疾病的转播（即影响其分布、群体大小、群体密度和行为）。

我们设计的生态系统必须考虑局部气候干扰，以及因为新建建筑的集中而导致热岛效应的可能。这一问题的解决方法不应仅针对单个建筑，还应考虑现有或新的城市整体规划。然而，在现有城市中，我们可以通过加强树木绿化和设置大范围的屋顶花园来减弱热岛效应，我们应避免在绿地上高层和密集建筑物的集中。其重要性在于以下原因：第一，温度的升高会影响当地的生态系统，可能会导致生态受损。第二，通过减弱热岛效应可以减少空调和制冷对可再生能源的需求。

减弱建成环境的热岛效应

设计师应通过下列步骤减弱建成环境的热岛效应：

- 通过设计增加绿化面积，有选择地在城市景观中通过植物类型布置和种类的分配和布局，将绿化或“绿色”屋顶花园（即草木或其他植物性物质）的面积最大化，使绿化面积大于无机表面面积，以减少热岛效应。
- 减少吸热表面，如铺装、沥青或混凝土表面，增加其透水性。
- 修改现有及新的城市区块规划，使用吸热少的布局方式、材料和表面。
- 确保单个建筑的设计（如尺寸、群集和形式）不会加剧热岛效应。
- 选择能降低热岛效应的屋顶、表面和建筑物颜色（如避免使用黑色或深色，而多使用白色和浅色）。
- 在设计系统中使用具有减弱热岛效应性质（如反射比、吸热性和建造影响）的表面材料。
- 增加树木、屋顶绿色植物和屋顶花园等这样的城市景观，为暴露的表面遮阳（见B7）。树木可以增加大气中的氧气含量，分解部分污染物质并减少灰尘。据估计300棵树木可以抵消一个人一生中所产生的空气污染量。
- 根据当地的地形设计建成环境，确保热岛效应不会影响设计系统周围更大的范围，减少对人类、周围自然和建成环境更广泛的影响。
- 对建筑的质量、密度和类型进行定型和设计，通过空隙和孔洞影响气流，调整建成环境与太阳和天空之间的角度以及暴露区域的面积。
- 设计道路和街道峡谷效应的宽高比和方向，以控制升温和冷却的过程、热舒适及视觉舒适条件，以便空气污染物质的扩散。
- 对建筑进行配置，通过设计来影响建筑物获得的热量和热损失、外表面的反射率和热容，包括过渡空间的使用。

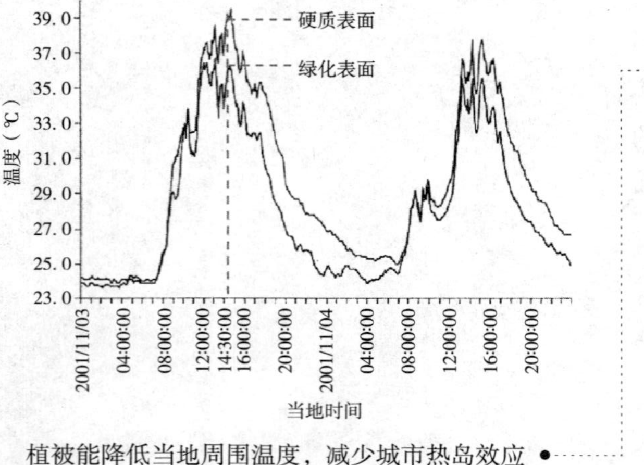

植被能降低当地周围温度，减少城市热岛效应

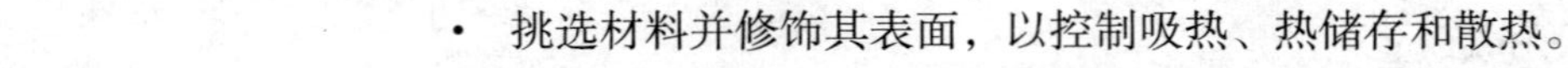

- 挑选材料并修饰其表面，以控制吸热、热储存和散热。
- 利用建筑物中植物表面的蒸发、蒸腾作用和蒸发－冷却过程，整合露天的绿地。
- 注意交通系统的简化、分流和重新设计线路。减少空气、噪声污染的产生和热量排放。
- 减少其他表面（如无顶区域）的热岛效应（已开发和未开发区域之间的热梯度差值），将其对小气候和人类及野生动物生境的影响降至最低。
- 在设计系统的建筑表面以景观来遮阳，使整体建筑生态足迹最小化。
- 用绿化表面如屋顶花园、开放式网格铺装或特定的高反射率的材料取代现有的表面（即屋顶、公路、铺装路面等），以减少吸热量。
- 为场地中无顶的不可渗透路面提供遮阳并使用浅色高反射率的材料（如反射率不低于 0.3）。这些表面可以用框架或带罩篷的屋顶遮阳（停车场、人行道、广场等）。
- 将停车场设计在地下或设计为有覆盖结构的形式。对停车场区域使用开放式网格铺装系统（如多孔混凝土这样的不透水地面）。
- 减少屋顶区域的热岛效应，通过安装高反射率屋顶和绿化屋顶减少热吸收，将其对小气候、人类和野生动物生境的影响降至最低。
- 在屋顶表面使用高反射率和排率的屋顶材料（测试排率不小于 0.9）；或安装“绿色”（绿化）屋顶。将反射率高的材料和绿化屋顶结合使用——如果两者可以覆盖屋顶区域的话。设计中必须对高反射率和绿化屋顶区域进行规定。
- 确保在建成环境的机电系统中不使用氟利昂（CFC）冰箱。为了对现有场地建筑中机电设备的再利用，设计必须逐步大范围地淘汰 CFC。在循环利用现有机电系统时，设计师必须建立详细的目录来确定使用 CFC 制冷剂的装置并对其进行替换。对于新的建筑物，设计必须明确没有使用 CFC 制冷剂的新的环境系统和装置（如机电系统）。

采取合理的设计方法，确保新的设计系统不会增加现有城市环境的热岛效应，建筑的屋面、缓斜面和坡面必须在有条件的地方（即与人工表面相比的自然表面）完全覆盖植被（见 B7）。达到这一目标后，建筑及其环境将更绿，拥有的植被更多，过程中会创建野生动物新的生境，并有可能使城市化之前普遍存在的物种重返此处。

可以说，树木犹如大自然的空调。树木在光合作用中通过根系吸收大量的水，再通过蒸腾作用由叶片释放到大气中。随着水分的蒸发，周围空气得到冷却——这与人类出汗的作用类似。在夏季的温带地区，一株平均大小的枫树在一小时内可以释放出超过 190L 的水。例如，研究表明枫树的冷却作用与一个大窗户上的空调相当。

一棵树通过光合作用，平均每年通过叶片吸收 23kg 二氧化碳，在其生命周期内储存 1t 二氧化碳。通过光合作用，树木从日光中吸收的二氧化碳和能量被分解成碳和氧释放到大气中。碳参与了树的生长。由于树木的蒸腾和遮蔽作用，树木周围的空气温度比周围环境低 5℃。有树木遮阳的地方的温度比没有树木的地方低 3.5℃。

种植了吸热绿色植物的场地，其建筑形状、形式和外观将从有限的轮廓鲜明的形式变为更不确定的具有模糊植被边界的建成形式。

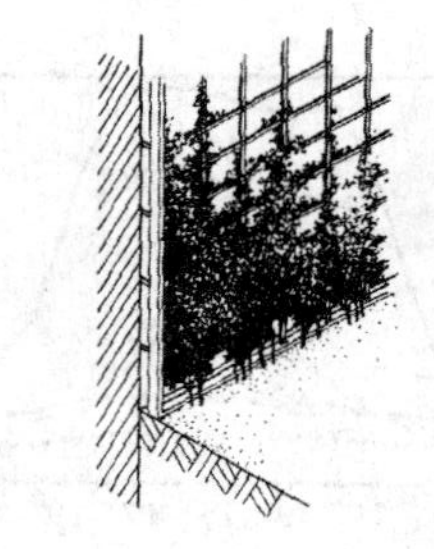
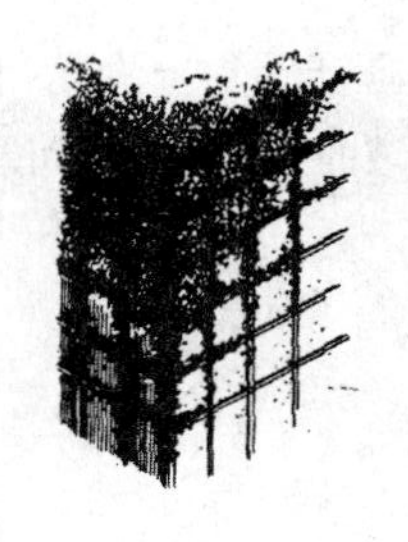
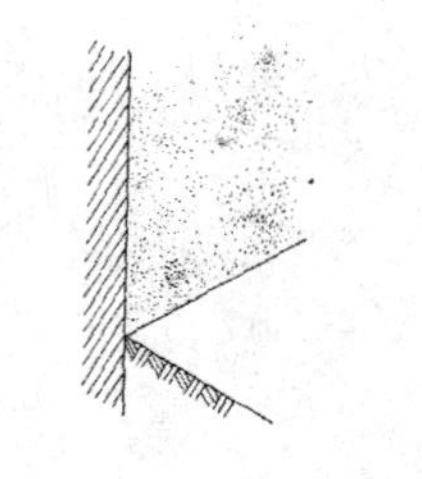
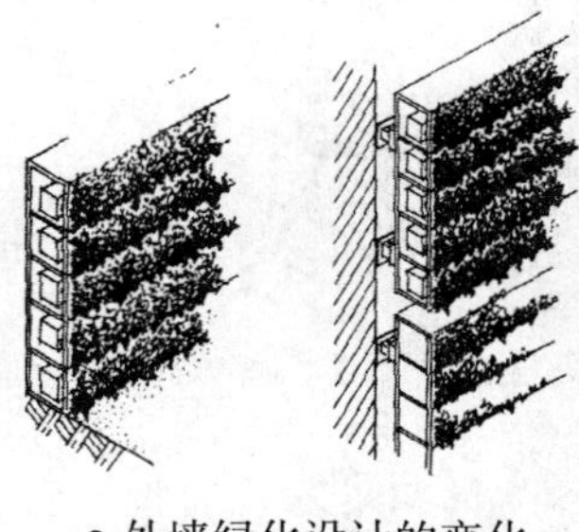

• 外墙绿化设计的变化

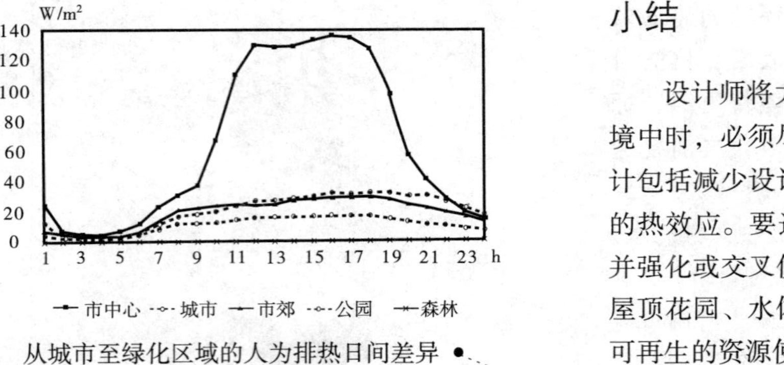

从城市至绿化区域的人为排热日间差异

小结

设计师将大体积、大质量的无机结构和基础设施添加到生态系统或现有城市环境中时，必须尽量通过设计减少由无机物增加引起的建成环境的热岛效应。生态设计包括减少设计系统对周围生态系统和生境的负面影响，调和其与（对）当地气候的热效应。要达到这一目标，基本的方法是设计更广泛的、水平模式的建成环境，并强化或交叉使用下列特征：适量的植物或有机质、有机或绿化程度更高的屋面或屋顶花园、水体景观、白色或浅色的屋面及墙面。实施这些策略还能减少空调中不可再生的资源使用，否则能源使用将增加热岛效应，提升其周围的城市温度。

B10. 通过设计减少设计系统中不同的交通模式、道路和车辆停车场的影响

生态设计必须在四个层面上考虑交通运输的生态影响：车辆进入设计系统；车辆在设计系统中停车；系统中交通运输的能量和材料成本（如人和材料出入设计系统和建筑物车辆基础设施的成本）。这些考虑的重要性在于交通运输（车辆和道路的基础设施）除了直接造成的结果（如设计更多的公路、停车场结构等）之外，还使用了大量的矿物燃料和不可再生资源和材料源。新的建筑物、设备和基础设施选址的基础并不仅仅是场地的生态背景（见 B4），还应包括其与现有交通中心或运输站的接近程度。

	小汽车（km/L）	冰箱（kWh/d）	燃气炉（10^6J/d）	空调（kWh/d）	住宅（kJ/m^2/h）
目前平均值	6	4	210	10	190
新模型平均值	10	3	180	7	110
最佳模型	18	2	140	5	68
最佳原型	27	1	110	3	11

不同家用装置的能效潜力

减少交通运输及其基础设施

生态设计必须尽量减少使用不可再生能源（如石油资源）的交通运输，这一部分在一个国家（以英国为例）中占能源总耗的 35% 和行驶里程的 83%。交通运输引起的不可再生能源的消耗与工业部门相当。不断增加的交通运输量是我们建成环境中必须要扭转的一个关键。所有的生态设计都必须充分考虑设计系统中城市交通的部分。对于建筑设施，这一问题包括影响景观的汽车道路（如公路和车辆通道）。例如，美国有 1.32 亿辆小汽车，190 万辆卡车，71.5 万辆公共汽车和 2.1 万辆机车。这一设计策略就是通过减少私人车辆、支持公众交通（公共汽车和火车）及步行来寻求运输模式的整合。这是生态学上保护矿物燃料和改进空气质量第二

时间	km/L 轿车	货车、小卡车、越野车	卡车
1975 年	5.0	3.7	2.0
1980 年	5.7	4.3	1.9
1985 年	6.2	5.0	2.0
1990 年	7.2	5.7	2.1
1995 年	7.5	6.1	2.2
2000 年	7.8	6.2	2.0

● 汽车燃料消耗（美国，1975—2000 年）

	km/L/ 乘客（直接能耗）	
	潜在的（满载）	典型的（均载）
城市汽车	22. 66	22. 66
小型汽车	42. 5	14. 9
城市柴油公共汽车（45 名乘客）	76. 11	20. 9
铁路捷运	186	14. 9

一般交通系统的能量效率及容量

有效的方法。设计师可以在建成环境和空间中通过设计含有方便通道来有效地影响公共交通设施。

汽车和其他车辆的停车场仍然通过这些设计系统的运行消耗着大量的材料和能源。

另外，在建设和运营过程中对环境有影响的还有运输材料和人们在设计系统的往返，以及因为系统材料的再利用和循环使用造成的最终交通影响。与铁路运输和公共汽车相比，小汽车在既定路线中每位乘客的平均二氧化碳排放量是最高的。

当设计系统是产品时，交通运输就要不仅仅考虑其制造过程，还要考虑在分销零售和回收再利用等过程中的影响。

大多数建成环境的设计都要包括作为场地内道路的交通设计，这一部分对生态系统有巨大的影响（如物理结构的目标生境、阻碍物种迁移的现有生境的划分等）。此外，从建成环境中传递和移除材料及废弃物也需要能量和环境成本，建成环境的住户和访客的出入亦如此（如晚上回家）。在任何情况下，交通运输规划都是城市和地区规划中设计和规划的决定性因素。这样一来，问题就成了如何在生态设计中解决这些问题。

汽车是最不节能的交通方式。从策略上讲，生态设计首先必须从设计的所有方面尽力阻止、减少或消除私人机动车的使用。这一策略将会减少或消除对穿过土地的道路的使用。

产品的生态设计必须考虑改进汽车自身的设计——如果不生产和使用汽车无法实行的话。应该通过设计减少其环境影响。一辆车寿命中 25% 的环境污染和 20% 的能耗都发生在制造过程中。每辆车少用一些钢材就意味着在采矿、精炼、分销、生产和汽车寿命结束后钢材的回收过程中节约了能量。对于典型的汽车发动机，运行或使用过程中只有约 20% 的汽油高质量能源转化成为活塞、齿轮和车轮的运动能量。其他的 80% 转化成了热量，主要通过散热器散发到空气中以及在发动机加热和排放中被损耗。另外，驱动汽车的这 20% 的能量中，一半都用于克服齿轮和轮胎的摩擦力上。实际上，初始燃料能量中只有十分之一或者更少的部分真正用于车辆的驱动。从总效率的比例来说，燃料能量中用于驱动的是 20% 中的 5%，即总的能效仅有 1% 而已。

汽车设计及其影响

设计师必须设计出使用较少燃料的汽车。每公里的燃料成本越低，就会有越多人愿意驾驶这种车辆。但这也可能产生相反效果，因为汽油里程数越好，郊区就会逐渐蔓延，就需要更多的汽车和高速公路，也需要更多的车辆用于服务扩大的郊区。除了控制郊区的蔓延之外，设计师必须尽力生产节能汽车来促进创建节能城市。客车的平均耗油量约为 20. 8mpg（英里 / 加仑）。混合动力电动车能够达到城市中 61mpg、高速路 68mpg 的水平。

类型	mpg（城市 / 高速路） 高	低
两座小汽车	61/68	8/12
微型汽车	28/37	11/18
超小型汽车	42/49	10/15
小型汽车	52/45	11/16
中型轿车	26/34	10/14
大型车	21/32	10/14
小型旅行车	42/50	17/21
中型旅行车	27/36	15/21
越野车	25/31	12/16
小型货车	21/27	15/20
小卡车	24/29	12/16
客货车	16/20	13/17

注：毛重 8500 磅以上的车辆不必遵守联邦燃料燃烧效率的要求，并未包括在排行表内。
来源：美国环境保护局

• 各类车辆最高最低燃料燃烧效率（2003 年）

设计师不能只考虑汽车设计（如混合动力绿色汽车），他还要对汽车在生产过程中产生的生态影响进行评估。这种评估应从金属采矿开始，而采矿是一个释放大量有毒物质的过程。车体及发动机中金属片的采矿、精炼、熔炼、铸造和冲压的过程中都要消耗大量的矿物燃料。就连车辆喷漆都会产生空气污染，更不要说使用过程中排放的污染物以及轮胎及车辆零件用后处理中的问题了。每吨汽车在生产过程会产生约 29t 的废弃物（以 20 世纪 90 年代德国为例）。制造一辆车排放的空气污染物与一辆车在 10 年使用中产生的污染量相当。生产汽车（以 20 世纪 90 年代美国为例）的金属（主要是钢、铁和铝）需求约占美国经济总量的 10%—30%。世界橡胶产量的二分之一到三分之二用于车辆生产。在 1999 年的一个广告中，福特汽车公司声称它每年使用的钢材能建起 700 座埃菲尔铁塔。

汽车设计：天然气、电动、燃料电池

生态设计必须考虑比汽油动力车清洁程度高 95% 的天然气汽车或混合动力汽车。除了使用清洁燃料之外，天然气或丙烷动力车也不会污染环境或排放致癌微粒，燃料消耗和可燃性都较低。

交通方式	燃料效率
直升机	1.5
超音速飞机	13.6
波音 707	21.0
波音 747	22.0
汽车	32.0
地铁	75.0
市郊火车	100.0
公共汽车	125.0

交通运输燃料效率

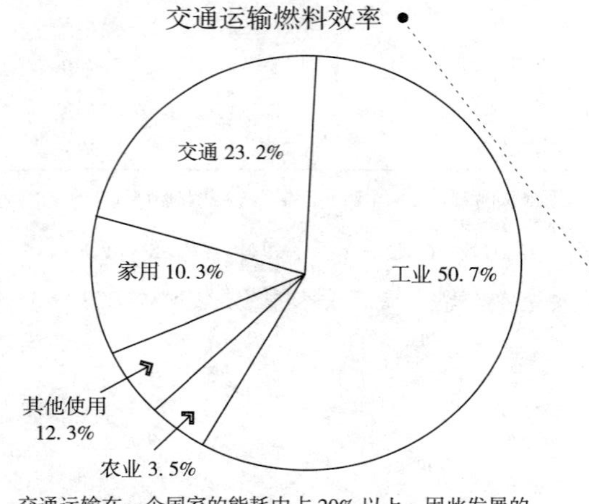

交通运输在一个国家的能耗中占 20% 以上。因此发展的强度越大，交通中节约的能量就越多。

按行业划分的能耗（英国）

我们要知道，电动或燃料电池汽车并不是取代内燃机的解决方法。在今后 10 年甚至 20 年间，电动或燃料电池汽车都不可能大量存在，也不可能独立解决甚至大幅影响矿物燃料消耗的问题。燃料电池中，化学反应将氢转化为电能，仅产生水和热量。目前燃料电池技术仍处早期，生产氢的主要来源仍是矿物燃料。这种运输形式并不具备可持续性，更不要说燃料电池本身的制作过程了；所以燃料电池汽车——虽然有很多绿色的成分——仍然不是最好的方法。尽管燃料电池的能效是现在的内燃机能效的两到三倍——在现有可再生能源（如水乃至藻类）制氢之前——仍不是零排放的，因为现在主要的燃料甲烷要通过燃烧才能分离出氢。而对于电动车，其问题在于发电厂。电动车的排放为零，但是并不能将其看做零排放，因为矿物燃料要在发电厂燃烧后产生电能。考虑到矿物燃料的起源，电动车的二氧化碳排放比汽油动力车少了 67%。传统汽车比电动车环境影响大的说法是错误的。传统的汽车每吨生产量制造 26t 有害废弃物，而电池驱动的汽车——包括铅和有毒酸液在内——制造 52t 废弃物。

当然，汽车运输还有其他的问题：严重的事故、城市和生态系统的割裂、疏远、使用的所有成本、不可渗透的铺装路面、土地的退化等。

所有的运输模式都存在着能量的消耗。发达地区中约 32% 的能量用于不同运输模式的运转。在英国这样的工业化国家里，私人汽车的能耗占据了交通运输总能耗的 80%，其二氧化碳排放则占了 25%。比较起来，美国三分之二的能量以石油的形式用于不同交通模式的供应。

生态设计应通过简单的交通规划的修订来减少空气污染，因为汽车交通是城市和郊区烟雾产生的主要原因之一。汽车尾气排放在全球变暖的气体排放中占 21%（每车每年排放 5443.2kg 二氧化碳）。美国客车的每加仑汽油平均可以行驶 23 英里，而一加仑汽油燃烧后生产 23 磅的二氧化碳。

解决交通运输的影响

考虑交通运输的影响，生态设计必须做到以下几点：

- 如果可能，在开始阶段就不使用汽车。1995 年，世界上有 5. 3 亿辆汽车，其总生态影响是巨大的。车辆的燃料需求推进了石油工业的发展。而拖拉机和小型卡车被用于农业。
- 在布局规划阶段尽力减少道路的长度和使用范围，增加低能耗交通运输系统的使用，通过设计确保不同运输方式在同一点的相互换乘。这样能减少不同运输方式衔接的能量成本并提高效率。通过规划和设计将开发强度（如高容积率）与周围建筑群，公共交通运输站以及枢纽达到整合以节约能量。例如作为高楼城市的香港，人均使用的石油量在世界上是最小的。而如果建筑物远离公共交通设施、自行车道和人行道，即使是最高效的能源利用也无法达到这一目标。
- 搁置或完全停止机动交通基础设施(公路及高速公路等)附近的城市环境规划。
- 生态设计和规划应对总体规划中不同的土地使用和通道系统进行布局，鼓励使用公共交通工具、自行车和步行，避免使用机动车。建筑群一旦定型为有机动车的模式，就会对其形成依赖。
- 进行高密度、多样性的设计，减少对机械化交通的依赖，因为需要的能源越少，对自然环境的影响就越少。因此，很大程度上，生活质量取决于在有关环境和交通运输的影响下，我们如何建设城市。与扩张的规划概念相比，较高的城市居住密度和用地容积率有助于达到公共交通较高的能效。在特定区域，生态规划要通过设计尽量增加建筑群的密度；研究表明，城市的密度和多样性越高，其对机动车运输的依赖性就越小。在现有城市环境（如大城市）的市区扩展规划中，最好是对现有 / 城市环境的土地使用进行优化——例如对棕地进行再利用以增加城市环境的强度和公共交通服务已提高的特定区域的现有密度——而不是扩张城市边界或建设卫星城。
- 将短程空运改变成陆地运输。例如，100 英里的飞行中每名乘客消耗的燃料是 1000 英里飞行中的 2—5 倍。

城市建成环境布局的扩张类型

- 现在，人们做什么事情几乎都要开车去，这耗尽了不可再生的矿物燃料，并造成严重的生态影响，总体规划必须避免导致这些后果的城市扩张。例如，1920 年之后建设的许多美国城市都是按照机动车的所有权规划的（如洛杉矶及其扩张区域和高速公路）。20 世纪 40 年代，与其他几个美国城市一样，洛杉矶拆除了公共铁路系统为汽车让道。城市的汽车总量在 1950—1990 年之间翻了四番（达到了 1100 万辆）。结果就是为汽车而建造的城市加剧了烟雾的形成。到 20 世纪 60 年代，烟雾在一年中上百天里影响着 1000 万人，破坏了 80km 之外景观中树木的生长。1976 年，这个城市的空气在四分之三的时间里都是有害的。到 20 世纪 90 年代，该城市的烟雾仍然危害着人们的健康。

总体规划应将建筑物聚集在一起，将商业及住宅用途混合，致力于公交道路周围的开发，为自行车和行人提供交通便利并创造有凝聚性的邻里关系。

- 改造现有建成环境中的交通模式和类型。如果我们将郊区生活的人均能耗与没有私家车的城市居民的人均能耗做个比较，就会发现郊区居民消耗的能量要高得多（除了时间和金钱）——大约相当于无车的城市居民能耗的 10 倍（按照汽车制造和高速公路计算）。
- 机动车道的布局不仅要确保土地使用的效率，还要维持场地生态系统中现有空间的生态连续性。

在进行机动交通设计时，其基础设施和停车（如地面停车场）要注意减少土地使用面积（以增加绿化用地地面积）。一般来说，设计这些地面交通的土地使用时，通常要将城市的总面积扩大数倍，以容纳公共交通车辆和基础设施。占据了城市及交通系统的机动车道成为资源损耗、生境破坏、气候改变和物种灭绝的最大的动因。例如，美国到 1990 年已经设置了 5.5×10^6km 的地面道路供汽车使用，超出了铁路长度的 10—15 倍。这些公路将美国宽广的空间改变成了吸引人、居住和投资的新模式，也使大多数成年人拥有了汽车。到 1990 年，北美、欧洲和日本的车用面积占据了地表的 5%—10%。全球范围内这一数值为 1%—2%，与城市占有的空间成比例（亦与之重叠）。

污染

- 教育人们反对驾驶汽车和呼吸烟雾，接受对汽车驾驶的限制并减少烟雾排放。在历史上，城市烟雾一直存在有两个主要原因：一是人们没有更多的选择，因为城市交通系统不完善；二是除了汽车发动机技术外没有更好的选择。

1850—1900 年间主要来自汽车废气的铅排放平均每年增长 22000t，1971—1980 年达到了 430000t，而 1981—1990 年之间下降到 340000t，数值的减少反映了人们的环境意识、新技术和效率的提高。

据估计，1950—1997 年，空气污染已使 2000 万—3000 万人丧生。另外，20 世纪里 1 亿多人因空气污染罹患慢性疾病或病情加重。

- 确保汽车废气和空气污染不会对现有建筑造成影响或损害（如遗迹）。例如，汽车排放的烟雾（以希腊雅典为例），在 25 年内对卫城中古代大理石的风化程度超过以前的 2400 年中风化的破坏。米开朗琪罗的大卫雕像（在佛罗伦萨）因为太容易受当地大气污染的破坏，因而用一座复制品代替它摆在那里。印度阿格拉的精炼厂排放的二氧化硫吞噬了泰姬陵的建筑。玛雅提卡尔（危地马拉）的石灰石雕像也受到 100km 之外石油燃烧的腐蚀。
- 通过设计减少交通事故。人类拥有汽车之后，车祸夺去了无数人的生命。据估计，20 世纪的美国共有 200 万—300 万人丧生于车祸。截至上世纪末，全世界每年丧生于车祸的人数为 40 万。不发达国家中每行驶一公里发生事故的次数（包括死亡事故）比发达国家高 26 倍。
- 通过设计减少运输的附加成本，如航线和管线。

  每种运输模式的汽油消耗量如下：

  驾车行驶 32km 往返于大型购物中心：4. 546L

  开船运货行程 1609km：3L

  由卡车中转，开船行驶 1609km：0. 455L

对污染的影响（输出）	对当地生态系统的影响（输出）	对资源的影响（输出）
温室气体二氧化碳、二氧化氮及（间接地）氧气的排放	二氧化碳的健康及肥力效应	有限的不可再生能源（如石油）的使用的增加
促成酸雨的二氧化硫、二氧化氮	针对儿童心理发展的影响（PG）	制造过程中金属及其他不可再生能源的使用
	二氧化硫、黑烟、挥发性有机化合物（VOC）及低水平臭氧（O_3）的健康效应	稀有土地资源在公路、公园建设中的使用

● 交通的环境影响

运输工具类型	速度（km/d）	携带体积（t · km/d）
人类搬运	30	1.0
驮畜	30	3. 5— 60
两匹马的四轮运货马车	30	60
火车	740	5000000
运货卡车	1125	20000
高速公路运货卡车	1600	60000
飞机（DC-3）	5800	15800
喷气式飞机（707 及 DC-8）	18500	360000
大型喷气式客机（747）	19300	1750000
货船	885	9960000
货柜船	970	25400400
驳船队	200	7000000
超级油轮	640	175000000

运货模式的对比

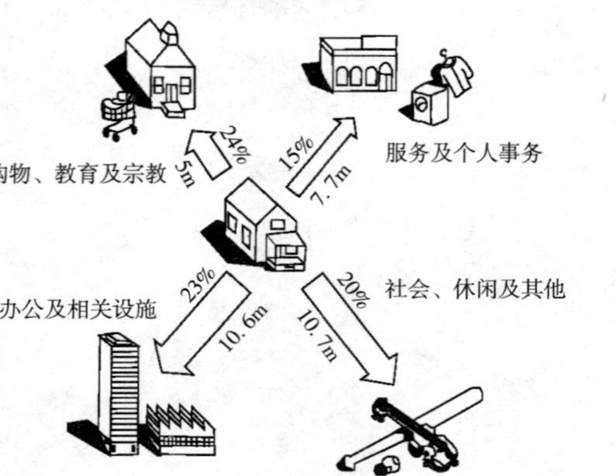

总出行距离：每组行为代表了平均出行距离

目前建成环境及景观的交通道路管理

- 对于项目场地环境中的其他土地利用规划来说，要在位置和距离上加以规划利用，以减少对车辆的依赖性。一个典型的例子就是购物及零售设施的布局，购物是机动车的主要用途。要积极鼓励网络购物以减少购物旅程的长度。网上购买物品，并通过地面运输直接将物品送到收货人手中，这比其他类型的购买能节省更多的能量。如果国内的杂货店可以在线订购并每周送货上门，家庭就可以节省石油能源的消耗，以及购物和驾驶的时间。
- 使用最少的能源来优化交通运输模式。汽车的空调增加了 15% 的燃料消耗，我们可以从能耗的角度对比一下公路、飞机和铁路旅行。从燃料效率来看，铁路旅行是最佳选择。将火车和飞机的能耗进行比较发现，火车的燃料效率是飞机的 2—8 倍。把运营良好的区域性高速铁路系统进行推广，可以减少成本并使能效最大化，从而依次减少高速公路和机场带来的环境及交通压力。

飞机在导致全球变暖的气体排放中所占的比例约为 8%，尽管乘飞机旅行的人数比乘汽车和火车的少得多。例如，纽约 – 旧金山往返飞行一次每位客人将产生 2925. 72L 的二氧化碳。喷气式发动机产生的碳排放对全球变暖的影响是其他方式的三倍，因为污染物质在高空直接排入大气中，破坏性最强。

污染计量使用的是每千米每吨污染物中的二氧化碳排放量（以克为单位），不同运输模式的污染比较如下：

船：30

火车：41

公路：207

飞机：1206

- 在设计和规划中要考虑场地内部以及进入场地的交通。交通运输在一个国家的能源消耗中占了约 23%，建筑物可以直接或间接地通过当地运输的形式、类型和位置的相关影响改变能量的使用。例如，1996 年欧洲每 2. 5 个人拥有一辆车，对于评价有上百甚至上千居住者的大型建筑物来说交通范围和相关问题占有重要比例。

确保当地高密度建筑与其他建筑物的协调（如果可能），以便对将要产生的交通量进行管理并控制其对公路、公共交通系统和能量使用的影响。很明显，场地内通道和道路的布局设计关系到建成环境中货物分配的能量和建设过程中材料的运送。每英里每吨货物运送（以英国公路为例）的平均能耗为 0.0056GJ。

材料	距离（km）
回收的砖瓦	160
回收的石板	480
回收的砖	112
回收总计	240
回收的木材（如地板）	1600
回收的钢铁产品	4000
回收的铝制品	12000

● 回收材料的运输距离示例

提倡自行车及步行

- 对场地进行规划设计，增强食品及其他零售商店的邻近性，鼓励步行和商业区的行人专用区。购物旅程在每年的私人行程里程中占了 13%（以英国为例）。乘汽车购物占据了总里程数的 86%（英国）。总体规划时，生态设计应鼓励人们用步行代替汽车。缓慢的步行距离标准大约是 150m，最大步行距离是 300m。如果鼓励将步行作为一种交通运输的方式，布局规划就要提供足够宽的路线与人口密度匹配。如果有顶的走廊（潮热地区）更受青睐，那么也应提供。公共汽车、有轨电车或火车比汽车能效更高。例如，火车用电运转，因此有助于减少汽油废气带来的污染。据估计需要 200 棵树才能吸收一辆汽车排放的二氧化碳。因此，设计师必须确保设计的能量影响中考虑了车主的数字：英国人均 0.3 辆车，美国人均 0.56 辆车，印度人均 0.0012 辆车。
- 通过设计，鼓励用自行车或步行来完成较短的行程，使用公共交通工具（公共汽车和火车）来完成较长的行程。场地规划中，我们应最大限度地使用公共交通（并创建自行车和人行道系统），避免分散发展（如在新的市郊的开发和绿地开发），同时增加现有市郊公路网的密度和强度。大面积、单一土地使用的开发会割裂对货物和服务供给的需求。要将两者联系起来，人们出行就越来越多；摩天大楼这样的集中开发有助于创建更有效的低能耗城市环境。
- 通过设计使用步行、自行车或其他车辆等低能耗方式的交通，减少车辆使用的污染和对土地开发的影响。通过建立替代能源加油站、拼车 / 合用车计划

能量使用	公斤系数
家用（kWh）	
电	×0.45
气	×0.19
燃料油	×2.975
旅行（km）	
汽油汽车：驾驶	×0.20
柴油汽车：驾驶	×0.14
铁路：城市间	×0.11
其他服务	×0.16
地下	×0.07
公共汽车：伦敦	×0.09
伦敦城外	×0.17
特快车	×0.08
自行车	×0.00
步行	×0.00
航空旅行：	
欧洲内	×0.51
欧洲以外	×0.32

● 年均二氧化碳排放（$kgCO_2$）

或与邻居分摊加油成本和分享加油的利益，提供交通服务设施。通过步行，人们可以以相当快的速度（5km/h）8h 走 40km。

- 通过建成环境的设计鼓励使用自行车进行短途出行，并提供相关的服务设施（如自行车停车架和洗车 / 换车设施）。例如，商业或公共事务的楼宇可以为大楼住户提供带有方便换车 / 洗车的设施（在建筑物 180m 之内）和安全的自行车停放处。在住宅区，可以为住户的自行车提供有棚的停车场所。
- 对土地集中使用和对新建成环境进行规划设计时可以使其临近现有公共交通（如班车站、轻轨或地铁站 800m 之内，或 2 个或更多便利的公共汽车路线的 400m 之内）。这样可以减少车辆的污染和对土地开发的影响。
- 通过设计减少汽车和停车的使用，尽量减小停车场的使用、停车场和车库的面积，可以减少单一车辆占用带来的污染和对土地开发的影响。生态设计还应允许相邻建筑物间共用停车设施和一辆挨一辆的停车方式。设计师可以按照当地分区要求设计停车场的容量，为建筑物内拼车或合用车的用户优先提供停车场。
- 对于产品，交通规划要考虑的相关问题包括产品制造和随后成品运输到仓库、零售和销售的物料流程。
- 交通设计还必须考虑使用当地生产的食品（见 B21）。装载食品的车辆占陆地货运总量的 33% 还多（以英国为例）。

影响设计系统中建筑的形状、朝向和布局的因素主要有：交叉口（如立体交叉道）、机动车道、车辆下客处和服务点、停车，以及来往设计系统的人和材料运输。

- 交通运输还要考虑航空旅行。有必要减少国际航班。英国居民中只有 14% 的人是因商业目的出国的（2001 年的数据）。
- 交通运输的结果可以用人员、货物和废弃物出入设计系统的能耗来衡量。但是，交通运输的影响还包括车辆道路（公路等）和停车场的使用、其他运输模式的影响（如公共交通）以及所有上述过程中向生物圈产生的排放（一览表见 A5）。要在规划的一开始就避免对车辆道路的过分依赖。

交通运输中有效的能量利用

交通运输业中的能量效率与车辆、乘客或行程有关，其每一类都需要用不同的方法来度量。这三个种类是：

- 车辆效率：使车辆移动的效率，单位为 km/L。
- 乘客 / 货运效率：当前运输模式下使乘客或货物移动的效率，以每乘客公里的能量或每公吨公里的货运来衡量。
- 行程效率：用某种运输方法从 A 到 B 所需的燃料。

原产国	经货柜船运输到英国的能耗（GJ/t）
巴布亚新几内亚	2.4
印度尼西亚	2.2
不列颠哥伦比亚	1.0
巴西	0.7
加纳	0.6
西伯利亚	0.5
芬兰	0.3
瑞典	0.1

运输能耗对比

小结

设计师必须在设计系统生命周期的每个阶段都考虑交通运输的影响。包括估算从生产、运营、再利用、循环使用和重建的各个阶段中人和货物进出建成环境的能耗。新建筑的位置应位于现有公共交通的节点、交会处、路线上或附近。规划布局和概念应减少对车辆的需求（如无扩张的布局和鼓励步行、抵制车辆使用的集中布局等），鼓励使用低能耗的交通系统。生态设计要考虑设计系统输入输出对交通运输的影响，包括人、材料、能量、信息和装备进出设计系统的过程。

一般来说，生态设计必须尽力减少使用不可再生能源带来的环境影响，转而使用设计系统要求的低能耗运输方式——不管是产品、建成环境还是基础设施都应如此。

B11. 通过设计整合设计系统的广域规划背景和城市基础设施

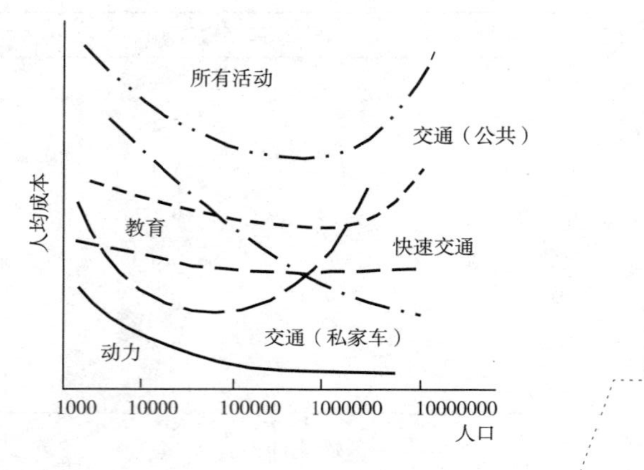

城市密度阈限：
提供城市服务的规模的经济性与不经济性

生态设计并不是孤立地考虑设计系统及其场地，而是要在现有建筑和城市环境及其所在的自然环境（见 B5）的大范畴内考虑问题，此外还要考虑其公共设施和车辆路线与现有基础设施系统的连接和距离。这样不仅能确保建成环境与自然环境的良好整合，还能与现有的人造建成环境以及基础设施良好整合，其目标是创建完全整合的绿色建筑群。

经过充分考虑的生态设计方案能改变所在城市的环境。此外，单个场地不能孤立地存在，要成为人造大城市背景中整合的一部分——在现有的高度城市化的场所尤其如此。

在大多数情况下，传统的城市规划方法往往都是“乌托邦”式的，没有考虑自然过程，而这正是城市形式的决定性因素。规划方法主张的是城市将要呈现的景象，而不是基于当地关键的自然特征的城市形式。此外，许多景观设计师受到误导，将自然环境从原始地点迁移到现有的建成环境中（即城市中），这样做环境成本极高，并要以自然为代价才能维持，然而这将成为自然灾害的处方。例如亚利桑那州（美国）的城市图森在 20 世纪 50 年代使用大量灌溉来养活绿地和茂盛的植物。但是，20 世纪 60 年代的立法要求地下水的抽取要与其天然补给相平衡。结果就是高能耗、高维护的绿色植物被本土的沙漠植物所代替。城市获得了属于当地景观的地方特色。通常只有为了生存必须作出改变时，人们才会获得理性的环境意识。

我们还需要将城市规划与现有的不可再生能源的使用情况联系起来。矿物燃料时代带来了新的规划方法和人类社会的组织方式，包括工业企业、民族国家治理、人口密集城市的安居和发达世界的生活方式。作为矿物燃料时代典型特征的权力和规模经济的集中不可避免地导致了人口数量的集中并消耗了大量能量，最终导致不可持续发展。许多发电厂都坐落在距离输出对象的用户很远的地方。电流平均要从发电厂输送 352km 甚至更远才能到达用户。

城市中的生态设计可以从两个方面来考虑。首先是保护和恢复在城市绿化过程中城市居住区本身的现存生态现象和过程。很明显，除了功能方面之外，生态还包括城市中自然区域的美学、教育、休闲娱乐和心理功能。第二个方面就是城市建成环境（如城市）对地球、水文及大气资源的影响，而这些正是他们赖以获得食物并施加影响的生物圈。在这个方面,生态设计必须坚持处理现有建成环境中由交通运输、节能、空气及水质污染控制、材料及养分循环等带来的问题。

场地规划及保护策略

我们的设计及规划的生态目标要立足于对大多数生物圈中现有的生态系统和物种的保护（见 B4 和 B5）。以下粗略的规划不仅可用作保护策略，也可作为局部和本地场地的规划策略。

- 立即抢修并保护规划区域内处于生态临界状态的地区。
- 保持完整的植被地带和剩余的边界森林。
- 停止老龄树林和成熟树林的场地内的森林采伐（见 B4）。
- 集中精力于现有的海洋、湖泊和河流生态系统，尤其是受到严重威胁的生态系统。
- 精确定义当地生态保护的临界地点。
- 进行并完成当地生态多样性的绘图，作为精确有效保护行动的基线。
- 使用最先进的绘图技术绘制陆地、淡水和海洋生态系统，确保它们全部都在保护策略的范围之内。
- 使生态保护与设计的所有人文系统和建成环境达到整合。
- 更有效地利用生物多样性使其有利于所有人类系统。
- 在当地的关键区域连续开展生态恢复和重建。
- 增加当地的动植物保护区域和植物带的容量。

- 设计要包括对作为城市生态系统的城市、城镇和郊区等现有的高密度建成环境的重新认识（尽管不完整，而且目前为接待人数系统）。它们与周围的空气、水、陆地、生物系和人类制度之间多种规模的关系往往是复杂而难以理解的。现在的城市对其基础设施的要求，已经显著地改变了当地水文和养分交换，改变了初级（植物生长和林木植被）和二级生产的场所，以及垃圾堆和焚烧炉内的分解过程。

尽管现在全球城市面积仅占世界陆地面积的 2%，但是却使用了世界资源的 75% 并释放出相当比例的废弃物。以 1996 年的伦敦为例，尽管其人口只占英国的 12%，但是其生态足迹量是表面积的 125 倍，也就是近 $20 \times 10^6 hm^2$ 与 $0.159 \times 10^6 hm^2$ 的对比。

- 将规划与现有的建成环境及其改良修复策略整合起来。
- 通过场地规划设计来促进生态系统的相互作用，不使用阻碍此作用的布局类型。
- 通过设计场地规划、建筑物结构和连接的类型，鼓励低能耗的运动及步行（优先于使用私人交通工具和小汽车）并增强生态连接性；采用生态廊道（见 B7、B8）。
- 通过设计提升建成环境与其他现有公共设施（如商店、学校、工作场所、休闲娱乐场所等）的可达性，以减少对交通的需求，降低交通造成的影响（见 B10）。
- 设计并规划与现有城市公共交通站或公共交通载客点的可达性；建成环境离这些地方越近，人们对额外交通模式的依赖性就越小。
- 设计中要避免因城市扩张导致高度的汽车依赖性而削弱公共交通、自行车或步行的角色。这种交通模式的结果就是大量消耗汽油和相应的高浓度烟雾，交通堵塞引起的巨大压力及街头生活的丧失和对公众安全的威胁（见 B10）。城市扩张是在古老、密集的定居点（如城市和市中心）周围大面积低层建筑物覆盖自然景观的过程。扩张内容包括房屋建设和公路、高速路的建设。

> 扩张是长期存在的城市中心到达城市边界、产生一种不断蔓延、扩展的发展的方式的结果之一。这就是郊区化——既不是有完整服务设施的城市，也不是适宜于农业的农村，更不是拥有当地动植物、河流及其他自然生命形式的森林。郊区已经存在了 50 多年，在这些扩张区域里已经成长了两代人，许多人开始认为这是最佳的生存方式——可以满足人类对交往、食物、文化、休闲和驾车上班的需求。极少有人希望或要求我们的规划者和开发商采取更紧凑的建筑布局方式或设置步行可以到达的设施。

扩张总伴随着对环境的危害，丘陵起伏的地区会被夷为平地，表层土和地被植物消失了,其中生存的所有动植物（许多都是未曾发现和未被描述的）都被消灭。众所周知，开发商总是乐于整个水系填埋或使河流改道，以便建设更多的建筑物。如果沼泽或湿地的一部分被填埋，湿地对周围生境自然循环的所有益处都将永远失去。

但是，扩张的影响还不仅限于环境，人们总是不得不驾车出行。人类会消耗大量的土地，这些土地原本可以养活更多的人。在菲律宾，大多数新的支路都是在肥沃的农用土地上建立的。在其他地方，河流系统的最大污染源就是草坪施肥，铺设整个花园的地面做停车场，所有的雨水都从不可渗透路面汇入径流。这些区域几乎无法种植粮食作物。

与大多数环境问题一样，扩张也是可以停止或减缓的。可以采取以下几种方法：例如对已建城区进行智能化高密度规划控制，或引入小区域内住宅、商用和其他用途相结合的混合型发展模式阻止城市进一步扩张。

- 对现有城区内的建筑区域和不断增加的人口密度进行集约化设计；研究表明这样可以降低能耗。

例如，欧洲城市紧凑、密集式发展已经越来越普遍。新发展的区域主要位于现有的已发展区域的内部或附近，并以相对较高的密度进行规划。这样的发展能够合并多种用途、平衡工作场地与住宅的生态特征。

这些用地中的大部分地区都可以通过使用附近发电厂多余的能源进行供热。双层水系统可以提供饮用水和再利用的非饮用水以及通过自然沼泽管理雨水。住宅是低能耗式的，必须用可持续采伐的木材搭建。

- 通过规划设计，在城市中心或附近可再生土地中的退化区域加以重新开发或再利用，优化现有高强度建成环境的土地使用。
- 通过设计使主要的新增建成环境拥有良好的公共交通并以此为基础进行设计，减少私人用车的能耗。这些系统的建设在住宅楼建好之前就可以开始；线路和投资也应同时在建成项目中加以考虑。
- 用封闭或循环的城市代谢进行新的建成环境的设计和规划；这样所有废弃物都能体现为其他城市过程的输入。例如，生态设计可以确保政府管理的重组，掌管废弃物、水和能源的部门可以在生态循环原则下进行分组（如用下水道污泥产生的沼气驱动公共车辆，以及用作热电联产的燃料以提供区域集中供热）。
- 采用聚集、紧凑的城市规划类型，将供热、发电和区域集中供热相结合。如果建成环境的建筑物与这样的发电厂相连，就可以持续地提高燃料效率，大量减少污染物的排放。
- 使用分散而非聚集交通的街道模式。
- 设计街道模式使其符合场地的自然地形，减少对环境的影响以及对场地自然排水模式的改变。这样还可以减少额外的公路工程投资从而节约成本。
- 设计和规划带有街景的绿化工程。
- 通过设计和规划减少不透水地面的面积。例如，设计师可以将建成环境聚集并向高空发展，使其共用车道，减少侧面及后方花园的阻碍，以减少不可渗透路面的铺设。设计可以明确指出铺设路面的替代物（如多孔混凝土）。如果必须铺设不可渗透的道路，就要使用碎玻璃、可循环轮胎及其聚合体这样可循环的铺装材料。

一般来说，设计系统的形式不仅要与自然环境和当地生态系统的特征整合，还要与现有的规划环境进行整合。

小结

对于拟设计系统生态含义的评估，设计师不应局限于项目场地之内，而应包括对拟设计系统所在地的人造城市环境的影响和整合。这样做之后，设计师必须将设计系统的结构、景观类型、生态廊道和交通运输的要求与更广泛的建成环境（当然必须包括其生态环境）进行整合。生态设计就是要使建成环境成为与其他人造建成环境和自然环境整合的系统，而非孤立的对象或系统。

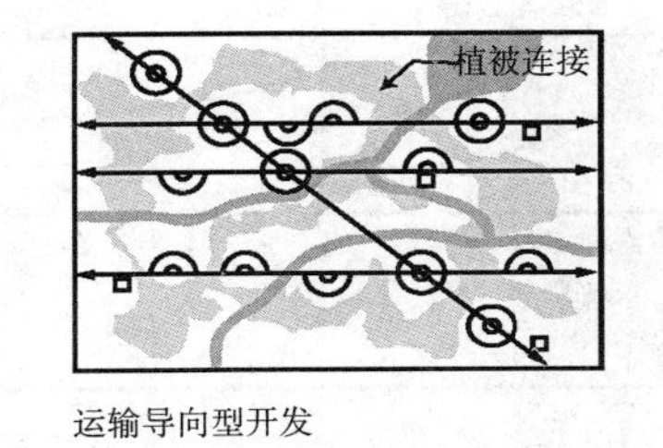

运输导向型开发

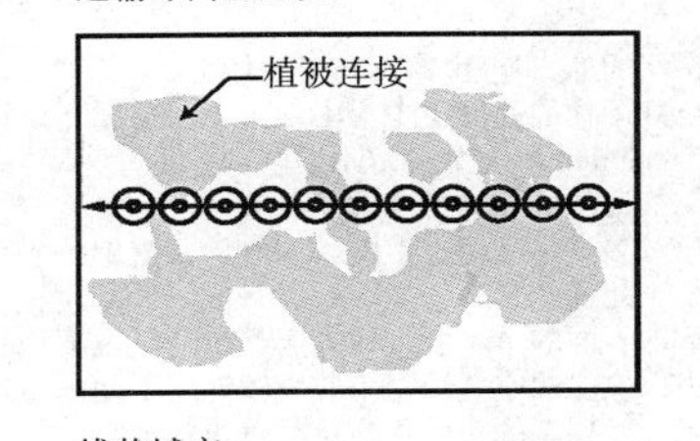

线状城市

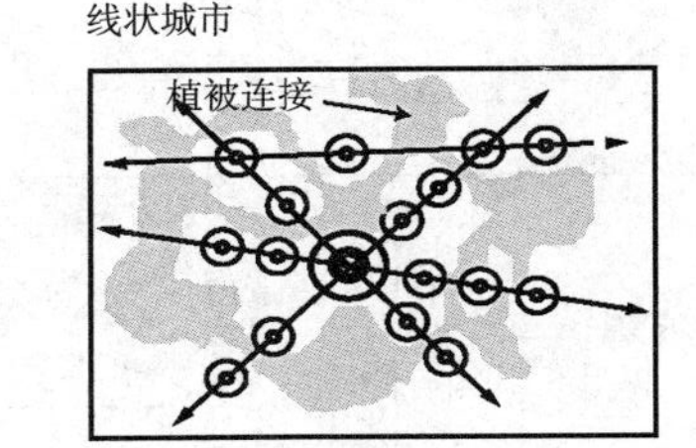

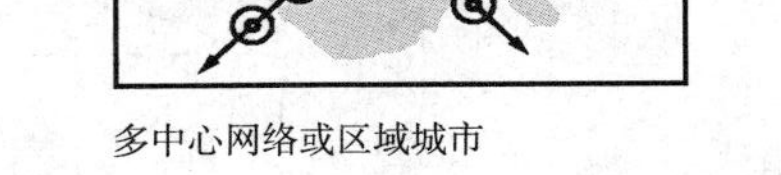
多中心网络或区域城市

城市形式、交通连接及相连的生态区域

B12. 通过设计改善室内舒适度（针对作为围护结构的设计系统）：基于优化模式（B13—B17）设计的建成环境

干球温度 C/F：49/120、43/110、38/100、32/90、27/80、21/70、15/60、10/50、4/40、−1/30、−6/20

相对湿度 %：10、30、50、70、100

所需湿度、所需日照、干热、无法忍受、轻度活动的极限、所需风力、闷热、过干、舒适区、过度潮湿、使人烦躁的、上方所需阴影、良好的、阴冷的、极冷的

- 房间的凉爽程度应与舒适度兼容。
- 空气运动的速度至少应为冬季 10m/min，若小于 6m/min 可能会导致不通气。
- 空气运动应该是可变的。
- 相对湿度不应超过上限的 70%，最好能一直小于此值。
- 室内表面的平均温度应大于等于空气温度。
- 头部位置的空气温度不应高于地板平面的温度，居住者的头部不应承受过量辐射热。

舒适条件

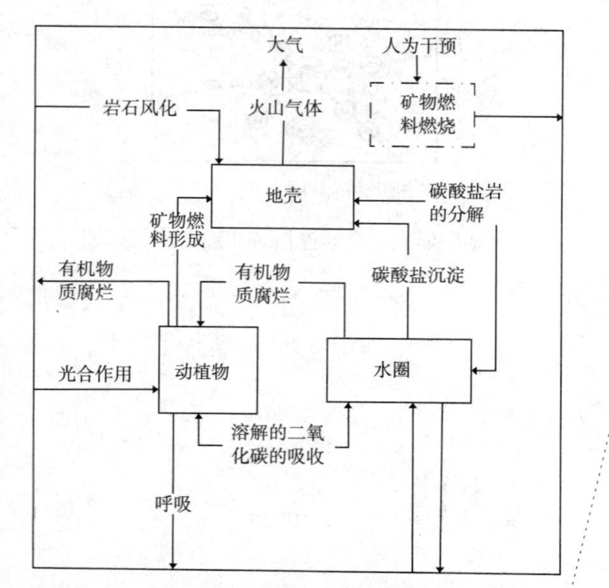

矿物燃料燃烧的人类干预对生物圈中碳循环的破坏

如果一个生态设计还包括了建筑物或建成环境这样的围护结构设计，那么在其建成环境、围护结构和内部环境系统的设计定型过程中，设计师就要确定用户能接受的室内条件的水平（见 B1），同时降低不可再生能源的资源消耗（如矿物燃料、电等）。生态设计中主要的决定性因素是能量，或是如何通过消耗不可再生资源来达到舒适性。很明显，在满足使用要求后如果舒适性越低，甚至低于标准设计条件的话（如 ASHRAE 设定标准的 ±1℃之内），总的能耗就越少。这种能量节约很重要，如果全球的石油、天然气的产量在此后十年左右的时间内达到顶峰，缺乏电力或矿物燃料的世界经济有可能会引发一连串的事件，从而破坏我们现在的家庭及工业生活方式。不可再生资源的保护设计就是临时整合的设计。

舒适的范围一般在 18℃和 24℃之间，它随相对湿度（应保持在 30%—65% 之间）而变化。相对湿度是对空气中水蒸气含量的度量，湿度 100% 即为饱和空气。在上述的一般极限之内，相对湿度越高，就越需要降低空气温度以满足人们对舒适度的要求。热舒适性不仅与空气温度、温差、辐射温度、空气运动和周围的水蒸气压力有关，还与居住者着装、居住者和活动水平有关。

同时，设计师还要确定建成形式的空间需求、选择使用的材料和组件、并考虑可供运营系统使用的技术。后者对于达到改进建筑物围护结构、发展被动模式（与生物气候有关、太阳能驱动）策略很重要，由于现在的人大约 90% 的时间是在建筑物内部度过，这样还能优化室内舒适条件并减少对电和矿物燃料的需求。所选择的方案要符合总体能量平衡和材料回收的标准，要基于能量的环境兼容形式方面的最新技术水平。

现有的建成环境和全球化进程依赖矿物燃料。矿物燃料已经使人类的商业企业

从根本上得以压缩时间、缩短距离并使原材料开发和人类劳动力形成单一的世界市场成为可能，这也包括成品和服务的市场。从生态角度看，能量生产的成本是我们最大的能量成本。但在典型的办公建筑内，节能的成本与办公人员的薪水比起来要小一些。

室内舒适条件：能量系统

我们要将不可再生能量的使用与创建室内舒适条件的五个基本模式联系起来看待：

- 被动模式系统。这些系统不使用不可再生能源，优于主动系统（即使用机电设备的系统）；这样的被动系统应在生态设计的第一个基本步骤里得到充分考虑。
- 混合模式系统（即部分使用机电辅助设备、优化当地其他环境能量的系统）。
- 主动模式系统。即完全主动系统，在生态设计中的能量及环境影响较低（如二氧化碳排放较低或不存在）。
- 生产模式系统。这些系统能够现场产生能量（如光电系统、风力发电机等）。
- 复合模式系统，上述模式的组合。

因为这些系统没有使用机电系统，因此在生态设计过程中，设计师要在开始使用上述列举的其他模式之前从策略上——先逐渐地、然后连续地——优化所有设计系统的被动模式，以此提供良好的室内舒适条件。

作为设计策略，这种方法具有生态上的意义，因为如果我们首先优化了建筑中所有的被动模式，那么随后的所有策略就能增强其低能耗的性能。如果我们不采取这一策略，就可能会建成那些需要补充或修正的不适当的建筑，从而使低能耗设计变得毫无意义。此外，如果建筑不使用任何外部能源就达到可居住的水平，那么它在停电时也是适于居住的。另一方面，错误配置的被动式建筑在断电情况下可能完

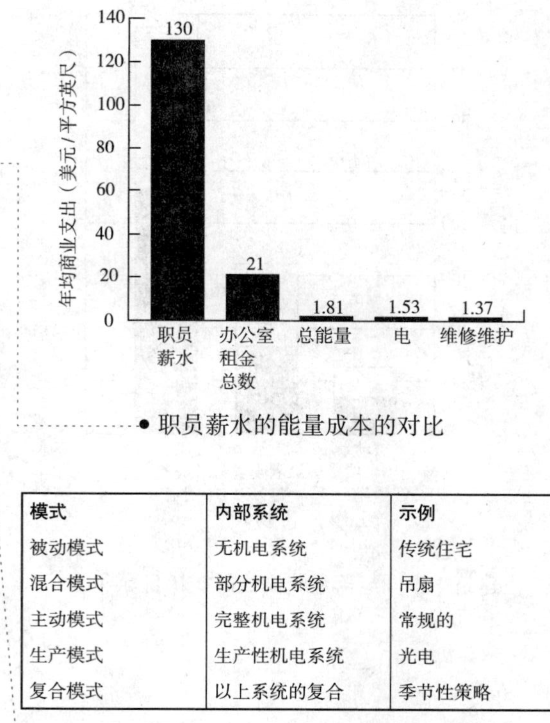

● 职员薪水的能量成本的对比

模式	内部系统	示例
被动模式	无机电系统	传统住宅
混合模式	部分机电系统	吊扇
主动模式	完整机电系统	常规的
生产模式	生产性机电系统	光电
复合模式	以上系统的复合	季节性策略

● 创建室内舒适条件的模式

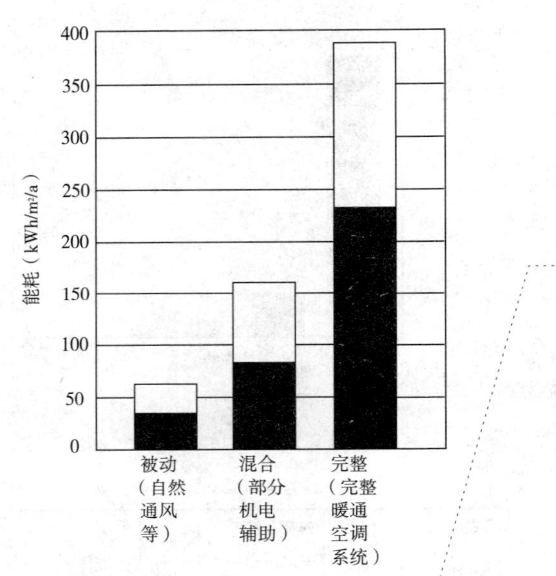

建筑中不同运营系统模式的能耗目标

全无法使用。优化了被动模式策略之后，可以在必要时实行混合模式策略，随后优化主动模式系统的能量效率。

这种逐步选择的设计模式会影响到建筑的设计和规划，逐步的设计可以由场地生态分析得出（见 B5）——或与其同时设计。在建筑定型过程中，我们首先要把握机会来优化所有的被动模式或生物气候设计方案，以此控制当地的室外气候条件和环境能量。能量分析可以用于改进设计。建设完成后，设计师应使用主动模式进行试运转以确保系统能达到预期的性能。

所有建成环境的基础都是其内在功能——即为人类或与人类相关的活动（如储存）提供围护结构。围护结构显而易见的功能就是提供对外部气候的保护，提供比外部条件优越的内部条件，这一目的可以通过上述的不同模式达到。

自然系统中，动物和其他有机体的生境条件可以通过被动方法（例如蚁丘）或有机方法得到维持。对于人造建成环境，内部环境条件已通过机械途径（如使用机电装置和技术）以及使用非项目场地周边的能源得到维持；取而代之的是石油、煤炭、燃气或其他燃料发电等不可再生资源的使用。模仿自然系统的生态设计应该将被动系统与当地气候、昼间条件进行优化。建筑物中的运营系统就是创造室内舒适环境的条件和促进材料回收的系统（即 A5 中的 L11）。

这里提出的一些技术方案的有些方面需要精炼和修改以使其完全符合生态目标。然而，由于生态设计的技术仍处于早期开发阶段，不能将这样的系统看做万能。通过应用“生态设计法”，所有的运营系统都需要进行输入、输出、运营结果和外部影响的评估，还要进行许多分析。这一章节提供了大型建筑物的运营系统的总策略。其他部分已经非常详细地涉及了不同运营系统工程方面的问题。运营系统所采用的类型——不管是被动模式、混合模式还是主动模式等——取决于当地的气候及其生态（即 A5 中的 L22）。

在方案设计阶段，设计师应该已经完成项目的常用建筑形态设计分析，并确定建筑物被动及主动运营系统的下一步方案。这是要考虑的生态内部相互依赖性（见A5）。必须要记住建筑物在其生命周期内总的运营活动，设计的考虑应包括来自这些活动的所有生态影响和相互作用（A5 中的 L11）。其重要因素包括环境的空间分布、能量和材料（包括输入和排放）、建筑物用户的活动，以及结构本身的功能系统。

我们对建成环境运营过程中全部资金流动和材料及能源使用的检查能够说明每个建筑物某种模式的用途。反之，也要评估这一模式的潜在环境影响并进行相应的修改。例如，我们可以将每平方米每年的能耗指标作为不同建筑类型的基准点。类似的设计标准可建立在不同建筑类型上，主要体现为能耗和二氧化碳的排放。可以为不同的建筑类型确立类似的排放（输出）指标（如每平方米每年的废纸总吨数等）。

我们已经看到了主要能量使用（A5 中 L21）和类似的二氧化碳排放比例（输出，A5 中的 12 行）是与建筑物相关的，60% 来自住宅建筑，7% 来自商业办公建筑。这样的统计数值似乎表明了我们的设计应该首先减少住宅建筑类型中的能量使用，然后是商业办公建筑；这些数值之所以强调住宅建筑是因为其总量巨大。但从每平方米来看，商业建筑物消耗的能量多于住宅。两种类型在运营阶段（A5 的 L11）的 60% 的能量消耗在空间加热和空调中。例如，建筑物主要体现的能量（以欧洲为例）在不同的结构方案之间相差不是很大（约为 2. 5—3. 5GJ/m^2），对于一般的 60 年寿命的建筑物来说只占了总能量的 5%—10%。事实上，结构部件需求的能量总数（包括寿命确定）只占总能量需求的 35%。

建成环境运营系统的生态设计是否成功取决于是否达到每年较低的运营能耗（单位 kWh/m^2）、最小的污染排放以及对生态系统的影响最小。例如，对于温带地区的建成环境，主动模式建筑物的一般指标（对于典型的传统主动模式商业建筑物）应是小于每年 150kWh/m^2。当然，除此之外还应满足其他相互作用的生态标准（A5 中 L22、L12 及 L21）。

需作出的设计决策	需评估的生态标准（相互作用结构）	需考虑的设计策略示例	所需的技术应用及创造的示例
• 服务系统的选择	• 生产、建设、运营及处理过程中的能量及材料资源的消耗	• 使用周围的能源及材料源	• 可以再利用的可拆除结构及系统
	• 生命周期内输出的排放	• 减少用户需求及舒适的总标准，减少总的消耗水平	• 来自于可再生资源的材料
	• 对项目场地生态系统的空间影响	• 优化使用能量及材料输入	• 可循环材料
	• 生命周期内的行为和活动对生态系统的影响	• 优化使用能量及材料输入	• 可融入生态系统的生物可降解材料
	• 其他	• 其他	• 低能耗及低污染形式材料的开发
			• 其他
建筑的空间规划	• 对项目场地生态系统的影响	• 对场地生态影响最小的设计	• 定位及反应前对场地进行生态分析

• 运营系统选择的生态标准

地区及所选国家	1980 年	1990 年	2000 年
世界	68	70	71
北美	300	293	301
加拿大	416	418	446
墨西哥	56	63	65
美国	362	355	367
中美、南美	41	43	53
阿根廷	61	61	77
玻利维亚	15	15	19
巴西	35	43	57
厄瓜多尔 / 萨尔瓦多	24	26	28
危地马拉	11	12	19
尼加拉瓜	10	9	14
巴拿马	13	12	12
委内瑞拉	49	36	57
西欧	111	112	118
奥地利	142	147	155
丹麦	149	158	182
法国	175	164	173
德国	165	163	185

• 人均能耗（10^6kJ，全球）

技术	特点	功能	可靠性	建造能力	维护要求	备注
自然通风	使用自然压力差进行室内通风	用于简单建筑，但需要设计污染及日光冲突	排气口、围护结构和窗口需要维护	不需使用不可再生能源	排气口、窗口和自动执行机构需要维护	炎热气候中的含尘空气不易过滤
主动模式通风	使用风机能量控制进入建筑的气流	需要风机动力，但是可以回收热量	复杂的控制需要良好的管理	维护依赖性	装置需要维护，过滤器需要补给	系统可用于主动热存储，由可再生能源产生动力
混合模式通风	根据需要，结合风扇和窗户进行通风	提供自然及机械通风的灵活性	需要谨慎控制	调节依赖性	装置需要维护，过滤器需要补给	系统可用于主动热存储，由可再生能源产生动力
雨水采集	采集雨水以供饮用或冲洗	依赖于降雨的比率	气候依赖性	简单的，基于元件的装置	冲洗低维护，饮用高维护	依赖于降雨
污水回收	回收并储存洗涤水以供厕所冲洗	适用于降雨少或饮用水供给不稳定的区域	健康因素	基于元件的装置	高维护（监测、过滤及消毒）	依赖于环境的严重性
堆肥厕所	储存水流用于堆肥之处，冲水式坐便器的替代品	适用于没有排水系统的区域	人工依赖性	极少移动零件，自我组装	低维护，易维护	不依赖供电进行混合肥料加热的系统
被动式蓄热器	露天的建筑结构，控制太阳能获得量和热储存及冷却能量	气候依赖性	气候依赖性	可能会依赖于材料的可用性	低维护	依赖气候
主动式蓄热器	主动模式的机械或半机械系统，控制能量储存及排放速率	可能需要能量供风扇和控制使用；气候依赖性	没有良好控制就不能起作用	需要精细调节以保证一致性	取决于复杂程度	没有强有力的控制可能易碎，需要设备管理的能力
冰库	尽量增大峰值外的冷却能量来管理冰库，在日间释放冷却能量	较高的总体能耗	复杂系统，需要经常管理	基于元件，但占据空间	冷却器、泵、管道工程及冰容器	没有技术的控制通常易碎，需要良好的控制及金融敏锐感
地源热泵	使用地下潜在热能驱动热泵的冷却或加温模式	地点依赖性	系统维护	基于元件，但钻孔会有较高成本	热泵及其控制需要维护；钻孔可能被淤泥堵塞	闭路钻孔大多可靠，开路钻孔可能会提供冲洗／灌溉水

建筑中不同保护技术的使用

对于商业建筑的能耗，目前为止，在主动模式中能耗最高的是机电系统，其次是人工照明系统。其他的机械和电气系统（如电梯、水管设施和污水处理系统）对于建成环境中的运营能耗影响很小。因此，节能与提高能效的第一个重点区域就是机电系统，其次是人工照明系统。我们生态设计的目标，是采用建成环境及其各自的运营系统，使其尽可能地利用自然照明和自然通风，并使建成环境对剩余能量的要求减到最低。

有人提出，随着运营能效的提高，建成环境在其整个生命周期中能耗的重要性会越来越低于在建设中那些不断增长的能耗。但是，除非建成环境在其运营阶段能完全达到零能耗，否则“初始能量成本”仍会比“运营能量成本”低。据说德国的年度初始能耗的首选标准是低于每年 $100kWh/m^2$。

一般来说，建成环境运营系统的管理（无论被动、主动、混合模式还是复合模式）会影响总体热性能、生态性能以及建筑物。我们要注意主动模式（主动）系统对建成环境整体寿命中的能量使用的总能耗影响最大。但是，为了有效地实现真正的节能，这三个方面在设计规划阶段的一开始都应考虑到。

这里的目的不是要为所有气候带（除非确有需要）提供设计指南，而是简单地表明生态设计对建筑物运营系统的不同处理模式。

简单地说，设计系统（见 A5）导致的整套相互作用体系不仅限于建筑物建设和构件本身，还包括运营使用、最终处理、回收和对生态系统整合的所有过程。

建成环境、设施或基础设施的用户能接受的舒适条件的范围决定了这些设计系统的使用，因此也影响了其建成环境和使用的范围及规模。

对建成环境设计中被动模式设计方案进行优化的基本原理是双重的：首先是低能耗设计（即少使用不可再生资源）；其次是将建筑布局与当地气候联系起来，使其成为严格的地域性设计。

如果全球石油及天然气产量达到人类尚无准备的高点，建成环境（即国家与能

年度	总消耗	住宅	商业	工业	交通	电力
1975 年	76.004	15.707	9.986	31.064	19.226	21.503
1980 年	82.730	16.815	11.197	33.959	20.779	28.887
1985 年	81.000	16.980	12.185	30.666	21.175	28.012
1990 年	89.375	17.812	13.892	33.488	23.780	32.180
1995 年	94.120	19.509	15.198	35.936	25.294	34.850
2000 年	104.208	20.880	17.336	37.635	28.375	38.166
2001 年	101.637	20.332	17.263	35.682	28.375	36.661

总体及最终用途行业的能耗，千的五次方 kJ。

• 不同行业的能耗（美国）

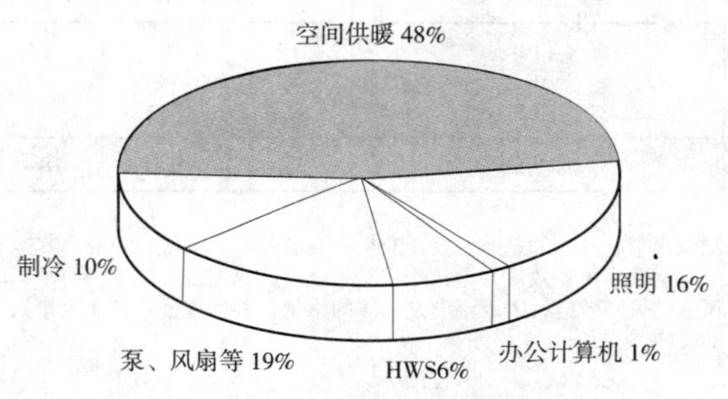

• 典型的空调办公楼中的输送能量

空气温度（℃）	表观温度（℃）		
35	34	42	58
30	29	32	38
25	23	25	27
RH（%）	20	50	80

身体感受的温度与空气湿度有不同程度的相关（RH 即相对湿度）。炎热与潮湿会导致中暑和不适——与炎热干燥气候以致脱水的情况不同，必要时可大量饮水以替换出汗导致的盐分损失。

空气温度（℃）	表观温度（℃）		
+10	+9	0	−3
+4	+3	−8	−12
−12	−14	−32	−38
风速（m/s）	2.0	9.0	18.0

刮风会引起汗水的迅速蒸发，产生凉爽的感觉。空气较凉时，其运动有时会产生风寒效应，导致严重的不适。此表用表观温度列出了不同风速的风寒效应，表观温度是人体的感觉，其计算公式基于大量人群的反应。

空气温度与表观温度的比较

源公司）就可能会将矿物燃料（如煤炭、重油、含油砂）作为代替品，从而导致二氧化碳排放的剧烈增加，温度增幅提高，甚至对地球生物圈产生超出预想的破坏性的影响。

除了实际存在的建成环境以及能量的输入输出对当地生态系统造成的生态影响之外，约 90% 的环境影响来自满足内部条件的舒适性（即供暖、制冷、照明等），只有 10% 来自建筑物建造本身的“内涵能量”（在 60 年生命周期内可以接受）。

小结

设计师在设计建成环境时，一般方法是首先进行建筑围护结构及其环境系统的布局规划，同时考虑项目场地的要求（见 B4—B11）。在设计建筑围护结构和环境系统以提供比户外更优越的舒适条件时，设计师的总策略是——逐渐并连续地——首先明确当地特殊气候条件可用的所有被动模式的生物气候设计方案，然后在定型、布局（规划）和建成环境与当地气候和生态整合的过程中对其进行优化。这一设计步骤必须在使用其他设计模式之前进行（见 B13—B17）。

B13. 通过设计优化设计系统的所有被动模式（或生物气候设计）：确定建成环境、布局、规划的配置，在不使用可再生能源的前提下，通过设计提高室内舒适度水平，采用与当地气候相适应的低能耗设计

设计围护系统时，建成环境及设计系统的规划首先应考虑以被动模式来提升内部舒适性，而这受到当地气候和季节的影响。首先应优化所有被动模式设计策略以确保有效的被动低能耗设计（见 B12）。生态设计要采取这种方法以减少不可再生资源的消耗并减少温室气体排放等消极作用。

另外，设计师应对场地自然特征进行生态分析（见 B3 及 B6），因为这会严重影响建成环境、公路及通道的形状。另一个影响建成环境形状的因素是采用的被动模式设计，该设计本身就受到当地的气候条件影响。这两个方面对建成环境有决定性的影响。

在 B12 中，有五种基本设计模式均适用于营造建成环境舒适的内部条件：被动模式、混合模式、主动模式、生产模式和复合模式。事实上，被动模式不使用不可再生能源就能提供舒适的内部条件。在采取其他模式之前从策略上优化、尽可能采用被动模式设计方法的基本原理能够较少地使用或不使用不可再生能源，因此对环境的影响最小。

实际上，被动模式设计与生物气候有关，设计师要了解当地的气候来利用环境能源和气候特征。被动模式系统通过使用自然的能源和能源吸收汇（如太阳辐射、室内空气、湿润表面、植物、内部增益等）提供热舒适性。这些系统中的能量流来源于辐射、传导、对流等自然途径，而未使用机械方法，并随气候的改变而改变。在寒冷气候，生态设计的目标是吸收最多的太阳辐射，而在热带地区，建筑是的主要目标是减少吸收的太阳辐射量且使自然通风最大化。

设计师所选择的设计的类型和顺序对建筑结构、空间排列和布局有相当大的

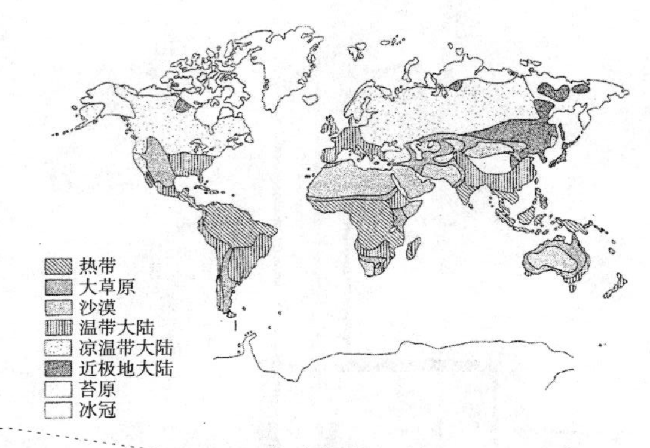

● 全球气候区域

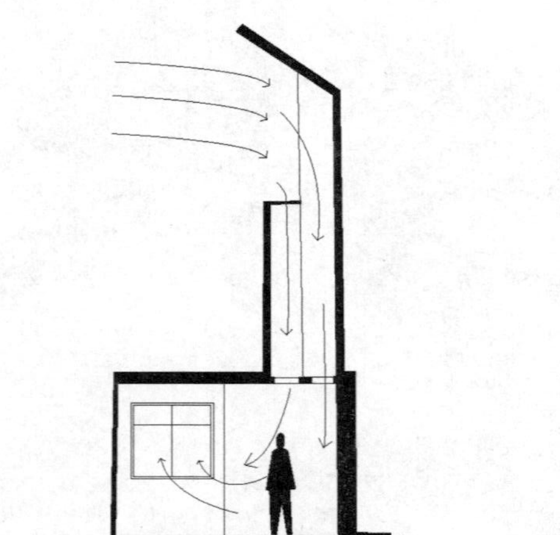

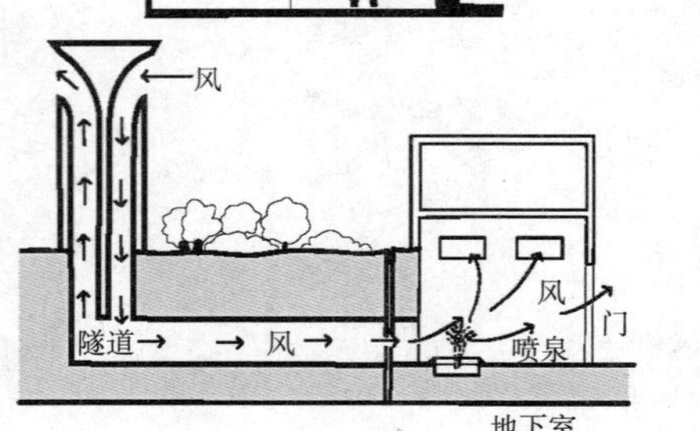

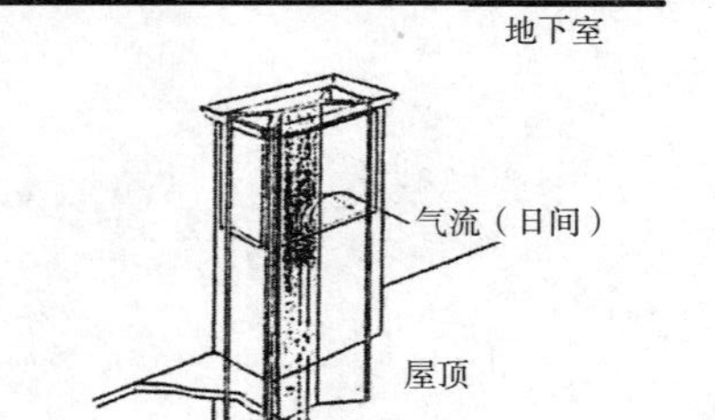

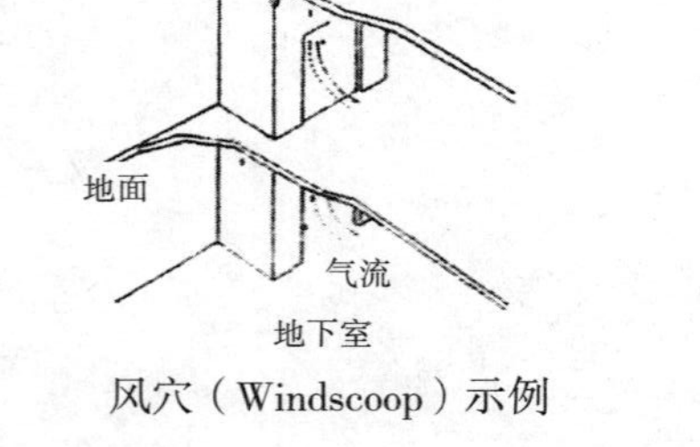

风穴（Windscoop）示例

影响；被动模式设计的使用可能是建成形式的定型及材料使用中最关键的决定性因素。

在设计项目中，被动模式策略和生物气候设计对建成形式的定型、朝向、内部空间安排、颜色、孔隙率、材料使用等方面有重要的影响；应该最大限度利用季节变换、太阳、风和其他气候特征。包括在适当时候优化被动式太阳能设计及冷却系统。

建筑本身从本质上可以看做一种围护结构，它保护着人类及其相关行为不受外部环境的影响并提高内部舒适条件的水平。如果设计师不对建筑被动模式这些方面（即其结构和朝向）进行优化，可能会导致建成形式的错误定型或不适当定位。这样一来，机电系统中低能耗设计的任何尝试就毫无意义了，需要使用更多的能量来弥补这些错误。

人类活动会改变地球气候系统的很多元素。建筑地区的气候影响一般包括：比露天农村更高的温度、较小的风力、地面上不同的日晒水平。太阳辐射、温度和风力条件随着地形和周围环境而改变，城市对当地气候和天气的影响更大，有时候甚至是破坏性的。不幸的是，许多城市的建成环境布局都是在完全理解环境问题之前完成的。现在，设计师们正处于一个重要的开端，要从过去恣意使用能源的错误中吸取教训。

事实上，生态系统是使用太阳能的。太阳能量通过绿色植物的光合作用变成化学能，促进生态循环。对于生态拟态的生态设计，我们也要这样使用太阳能量。但是，现在太阳能的使用局限于不同的太阳能集热器和光电系统。

我们要回到建设建筑和围护结构的基本原理。人类在改善建成环境中的舒适水平。随着生活水平的提高，人类对舒适条件的要求也在提高。围护结构的第一个层次当然是衣服。第二个层次就是建成环境。当代对建成环境内部的舒适水平要求很高，并不是仅靠被动模式就能达到的，还需要获取外部的能量；不幸的是，外部能源中很多都是不可再生能源。人类对外部能源的依赖主要是矿物燃料的消耗。建筑物目前占据了输送能耗的 40%—50% 以及接近 50% 的二氧化碳的排放。大约 60% 与建筑相关的二氧化碳排放来自住宅区活动，约 30% 来自服务行业（公众及商业建筑）。在服务行业中，二氧化碳排放总量约为 89 × 10^6t，其中约 44% 来自空间供暖（以英国为例）。

今天，我们用机电系统或机械及电气（M&E）系统来改善建成环境的室内舒适度。随着机械、电气和管道系统的发展和普及，供暖、制冷和家居照明的自然技术（被动模式）已逐渐被设计师忽略或消失。生态设计必须尽量减少不可再生能源的消耗，在这一点上低能耗设计是重要的生态设计目标。但是，必须明白生态设计并不仅仅是低能耗设计。

人类一个不同寻常的能力就是在极端气候中生存，并使自身适应恶劣的天气。人类经历的不同极端气候的种类比其他任何一个物种都更多（除了蟑螂以外）。传统方法是采用不使用矿物燃料的可持续技术。其中包括了简单的人类居所等被动设计策略。

建成环境中的被动模式设计是指没有机电系统的建筑物，例如我们在世界上所有国家见到的传统住宅以及和居住相关的结构。与传统相似，要首先优化所有适合当地气候和生态的被动模式策略来设计建筑形式；第二步则是确定是否应采取其他模式来进一步增强设计系统的能源性能。值得注意的是，很多设计师又开始采取被动模式的建筑策略，将被动式冷却和自然通风整合到其设计规划中。必须在设计建筑形式时首先考虑实施被动式生物气候设计策略。

设计规范		分离 100—150m^2
参考情境 任意定向的紧凑形式的“概念”建筑物（符合 1990 年建筑规章）	El kWh/m^2 CO_2kg/m^2	100—115 25—29
步骤 1：大多数窗户向南；无遮蔽	El kWh/m^2 CO_2kg/m^2	85—100 25—30
步骤 2：同上，所有窗户装配双层玻璃（0.75ac/h）	El kWh/m^2 CO_2kg/m^2	55—65 17—20
步骤 3：所有窗户装配绝缘夜间百叶窗或低辐射率涂层的双层玻璃；窗户面积在指南规定的范围之内	El kWh/m^2 CO_2kg/m^2	50—60 15—18
步骤 4：同上外壳绝缘达 U–0. 25	El kWh/m^2 CO_2kg/m^2	35—40 11—12
步骤 5：同上，带有机械通风和热回收（0.5ac/h）	El kWh/m^2 CO_2kg/m^2	< 30 < 9

• 住宅建筑的能量指数（EI）和二氧化碳排放指数（CO_2）

被动模式设计

建筑生态设计的第一步必须是根据当地的气候条件考虑被动设计方案和系统的范围，并使设计机会最大化。这个方法不是按照当地气候来设计建筑形式，而是使建筑响应气候。气候不能决定建筑形式，但是可以影响建筑形式。必须优先考虑被动系统而不是主动系统，因为它消耗不可再生能源的水平最低，这样才能达到生态设计的理想水平。低能耗的被动设计不是通过机电方式实现的，而是通过建筑物特定的形态组织达到的。被动系统采用不同的简单冷却和 / 或加热技术，通过使用自然

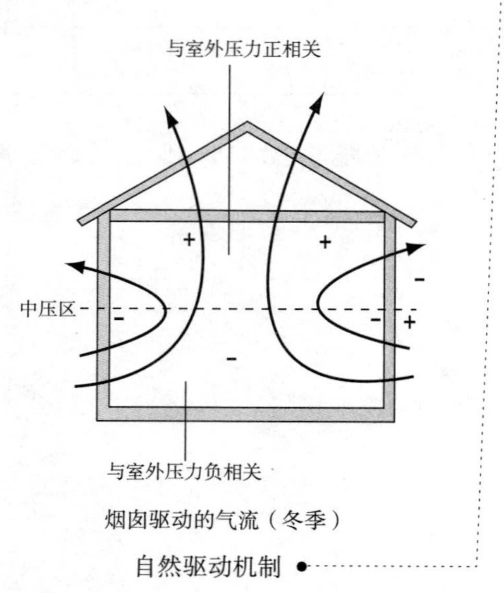

自然驱动机制

界中的天然及环境能源来优化室内温度。显然，机会的范围取决于项目场地所处的纬度。严格地说，被动系统不应采用任何使用不可再生能源的机电设备。气候响应设计（如生物气候设计）能尽量少用机械系统，从而减少不可再生能源的消耗。尽管有人会说也可以使用风扇或泵，但这里所说的完整的“被动”系统是指不使用机电设备或系统的操作体系。“主动”是指依赖于或部分依赖于机电系统的体系。

例如，在温带地区，生物气候原则可以通过穿越墙壁和窗户的传导、辐射和对流来减少夏季的热增量，并减少冬季向外部的热损失。被动式冷却系统将入射能量转变成自然能量储存或热储存，如空气、上层大气、水和土壤。被动式采暖系统无须复杂的控制器就能储存和分配太阳能。使用被动系统可以在夏季降低外界温度的平均值并提高冬季的室内温度。

如果建筑形式已经被动地改善了室内的舒适条件，那么即使不能从外部资源中获得能量供应，这些建筑仍是可以居住的。另一种情况是：如果建筑完全依赖于完全模式或混合模式系统，那么在没有外部资源支持的情况下可能会导致居住条件不舒适。

被动模式策略包括了与当地太阳轨迹相关的适当的建筑物体型、自然通风的利用、植物的利用、适当的立面设计、遮阳等等。一般来说，当地传统的建筑物是被动模式设计或生物气候设计最好的范例，因为这些建筑物是在使用不可再生能源的机电系统不存在的情况下建造的。通过反复试验和摸索，再加上个人直觉，这些建筑物已经能改善内部的舒适条件并抵抗恶劣天气，尤其是无须使用任何机电系统。

被动模式方法

下面列举了一些应用于建筑的被动方法，以满足对内部较高水平舒适条件的剩余需求；这些目标可以通过生态可持续形式的能量驱动的主动或混合模式系统实现：

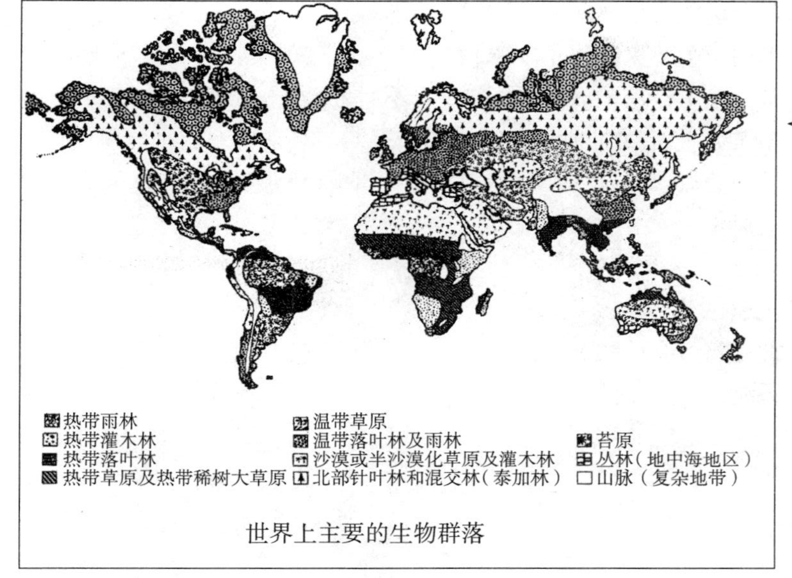

世界上主要的生物群落

被动舒适措施	主动舒适措施	气候区域 冰冠	苔原	山地	大陆	温带	地中海气候	亚热带	热带	大草原	草原	沙漠
自然通风		○	○	①	④	⑥	⑥	⑦	⑦	⑦	⑦	⑦
	机械通风	⑤	⑤	③	③	③	④	⑤	⑥	⑥	⑥	⑥
夜间通风		○	①	②	③	⑤	⑥	⑦	⑦	⑦	⑦	⑦
	人工通风	○	○	○	①	①	③	⑤	⑤	⑤	⑤	⑥
蒸发制冷		○	○	○	①	②	③	②	②	⑤	⑥	⑦
	免费制冷	○	○	○	④	③	⑤	⑥	⑥	⑦	⑦	⑦
大型工程		③	④	④	⑥	⑤	⑥	②	②	③	⑤	⑥
轻型工程		③	③	②	②	③	③	⑤	⑤	⑥	④	④
	人工供暖	⑦	⑦	⑦	⑦	⑥	④	○	○	②	④	①
太阳能供暖		②	③	⑥	⑥	⑦	⑥	○	○	②	③	○
	免费供暖	⑦	⑦	⑦	⑥	⑥	⑤	○	○	○	③	○
伴随热量		⑥	⑥	⑥	⑥	⑥	⑥	○	○	⑥	⑥	○
绝热 / 渗透性		⑦	⑦	⑦	⑦	⑥	⑤	○	○	①	③	④
日照控制 / 遮阳		○	①	③	④	⑤	⑥	⑥	⑥	⑥	⑦	⑦
	日间人工照明	⑥	⑥	④	④	④	③	③	③	②	②	②
日光		⑥	⑥	⑥	⑥	⑥	⑥	⑤	⑤	⑤	④	④

○ ① ② ③ ④ ⑤ ⑥ ⑦
不重要　　非常重要

全球区域内的节能措施

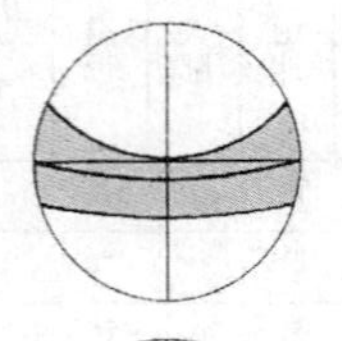
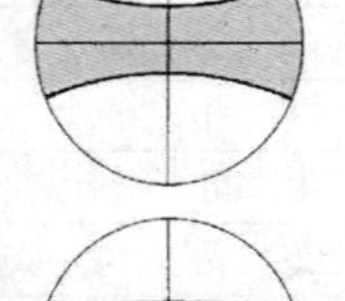
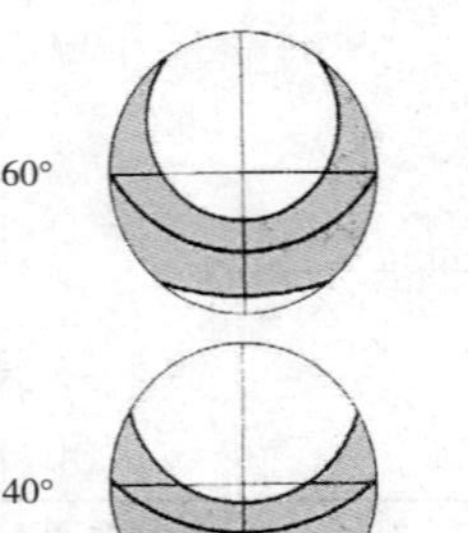
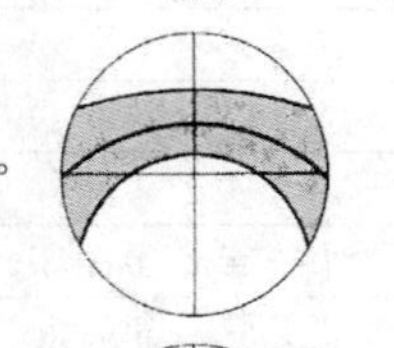
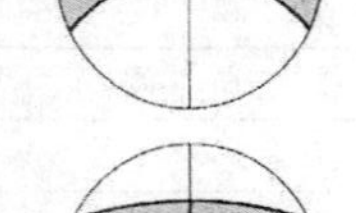
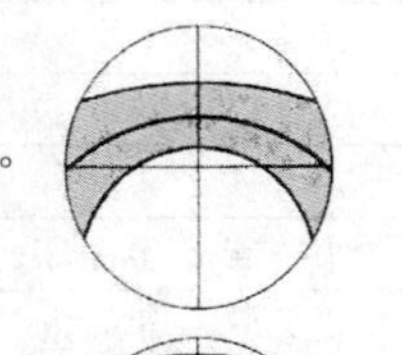
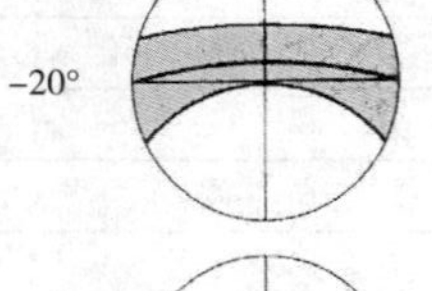
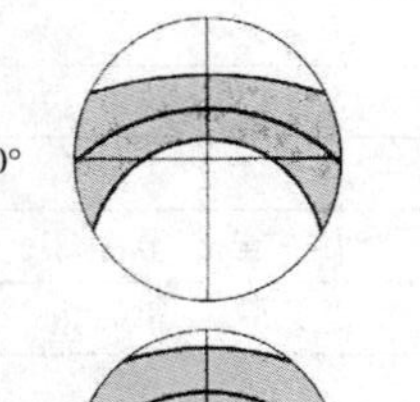
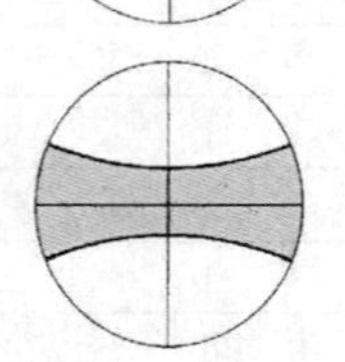
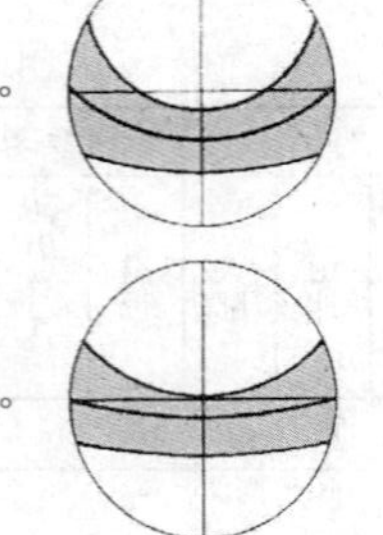
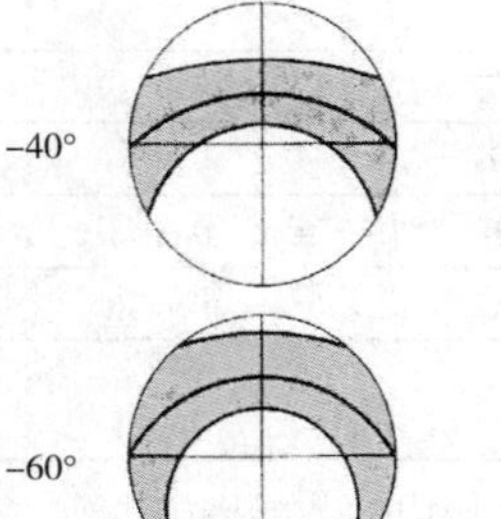
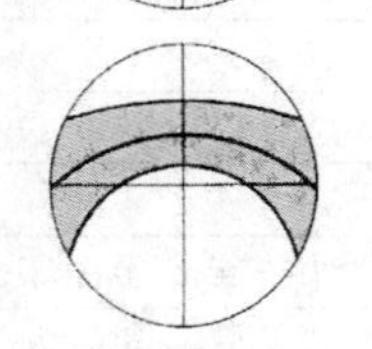
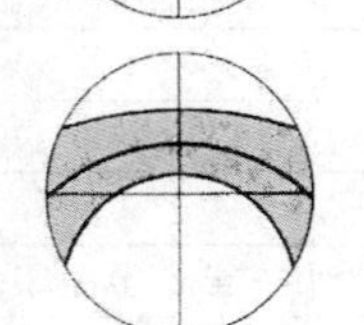
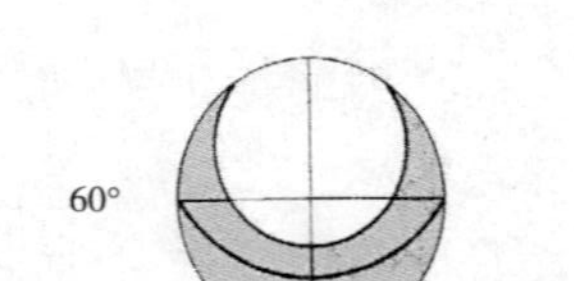
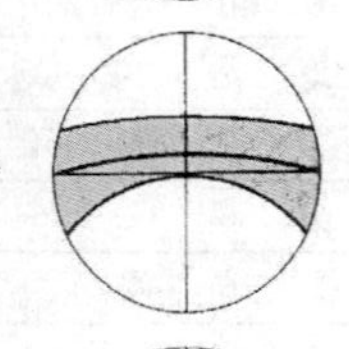

太阳轨迹从赤道到两极的变化图形

- 建成形式布局及场地布局规划；
- 建成形式的朝向（主要立面和开口等）；
- 围护结构（及立面）设计（包括窗户开口大小、位置及细节）；
- 日照控制设备（如立面和窗户的遮阳）；
- 被动式日光照明的概念；
- 风力及自然通风；
- 屋顶景色；
- 建成形式外观颜色；
- 景观设计（即建筑带有植物）；
- 被动式制冷系统；
- 建筑群。

这些方法的讨论

建筑物配置的被动模式

建成形式的空间排列和布局的规划与周围环境能量以及被动反应的当地气象资料相关。但是，降低加热能量的需求（如通过优化入射热量）并不只是确定建筑物朝向这么简单的问题，它也会受到建成物形式和体积表面比的影响。根据该纬度太阳的轨迹，建成形式的布局可以减少能量消耗（最多可减少 30%—40%）并且不会产生额外成本。

建成形式的体型和在场地上的布局要与其他设计目的（如获取广阔视野）一样以低能耗的方式进行，以达到保护隐私和确保安全的目的。这种方法已在低层和多层建筑物中得到了广泛应用，但是在高层建筑中尚不多见。如果个别建筑物没有按照被动效益最大化的原则布局和确定朝向，那么后期安装的任何一个机电主动系统和设备都有可能要“修正”早期设计中的“错误”（如错误布局或定向的建成形式）。

通常来说，接近赤道的气候区域内的建筑形式应有 1∶2—1∶3 的长度比，更高纬度上的建成形式的长度则应是宽度的两倍。这种布局能更好地减少遮阳对朝南建筑物的影响（如果建筑物在赤道线下）。我们应确保建成形式的长轴是东西走向，这样建筑物的长边就是面向南北的。那么赤道以下建筑物的大多数窗户就可以设计在北墙上（反之，在赤道以上亦然），建筑物内就可以获得最大量的太阳辐射。

设计师必须考虑与场地、气候和方向相关的建成形式的内外界面和舒适性，以及建筑物的全球生态影响。例如，在炎热潮湿的热带地区，一种方法是通过建筑楼面板的定型，按照当地纬度的太阳轨迹，在合理的位置建造服务中心，以形成日照缓冲减少进入室内的日照。与其他建筑相比，高层建筑类型会更全面地接触外部温度、风力和日照，因此其布局、方向、楼面板的形状和缓冲组件的使用对节能设计和内部空间的自然照明有更重要的影响。

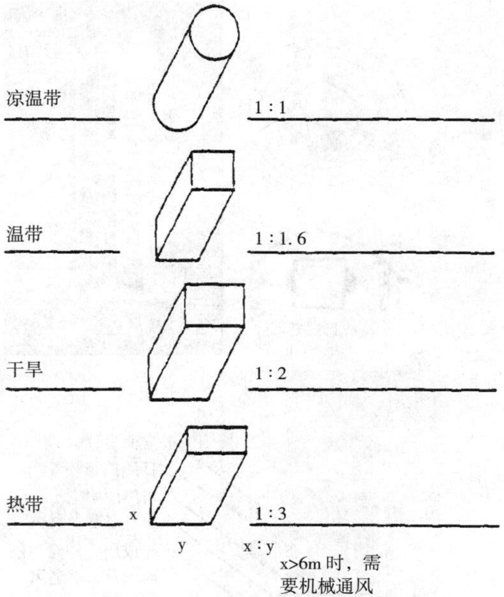

建筑物中服务中心的位置还要确定楼面板的周边哪些部分有开口（如用于通风和观景）；开口的位置还可以改善建筑物的热力性能。设计师在进行设计权衡（如最佳视野的方向、场地形状、相邻建筑物等）时必须考虑当地的太阳轨迹和风力以及其他因素。服务中心可以设置在建筑物“较热的”东侧或西侧，或两侧都设，可作为热带地区的日照缓冲器。研究表明，即使在温带和寒带地区也可以用两侧中心结构——南北向窗户开口、服务中心在东西两侧——节约空调系统。但是这种策略在赤道地区和赤道以北纬度高达 40° 的地区最为适用。这种方法能阻止内部用户空间的热量增益并为热的一侧提供空间热绝缘缓冲，与此同时来自用户空间的热损失会达到最大。在寒带和温带地区的生物圈上层或南部地区可以用作风力缓冲器。

凉温带 1∶1

温带 1∶1.6

干旱 1∶2

热带 1∶3

x y x∶y

x>6m 时，需要机械通风

• 建筑物的最佳高宽比

在外围的服务中心

在服务中心的不同定位（即中央中心、双侧中心和单侧中心）中，双侧中心模式是首选。在外围的服务中心的优点是：

- 没有防火增压管道，启动及运营成本较低；
- 可以观景，用户对该地有更多认识；

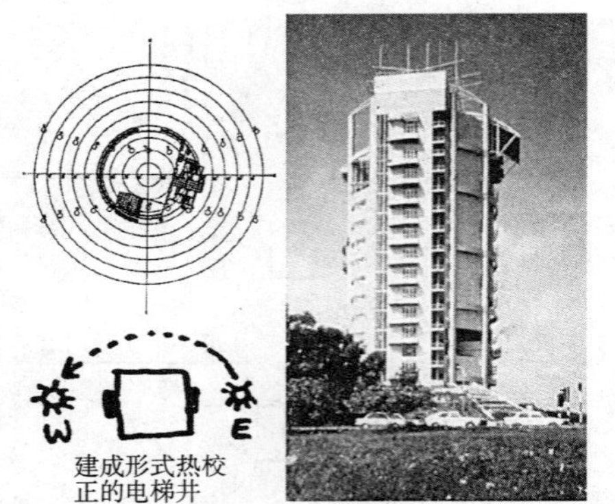

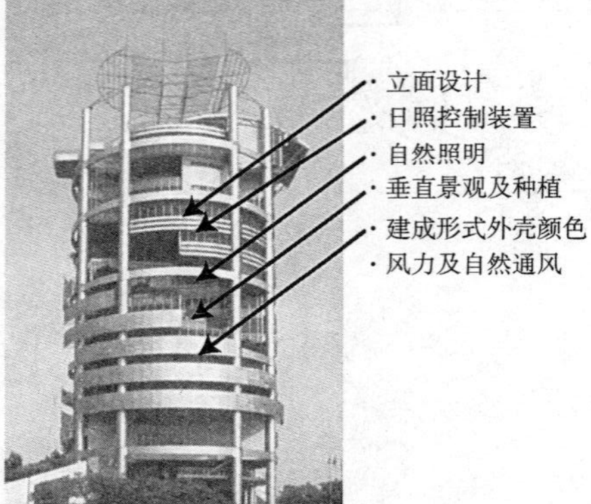

IBM（Mesiniaga），梳邦市，马来西亚

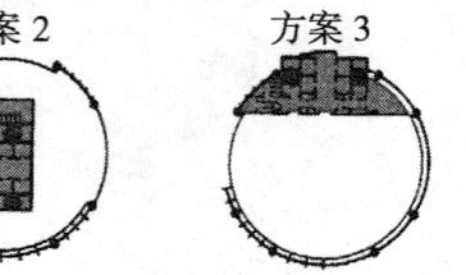

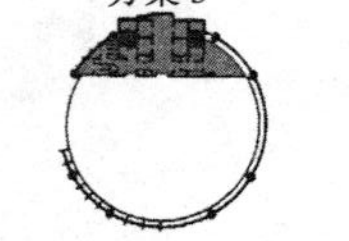

方案 1		方案 2		方案 3	
北	=37.0	北	=37.0	北	=39.0
东	=55.7	东	=61.7	东	=53.0
南	=38.8	南	=38.8	南	=38.8
西	=52.0	西	=52.0	西	=52.0
总 OTTV=43.3W/m^2（< 90%）		总 OTTV=47.5W/m^2（< 99%）		总 OTTV=47.6W/m^2（< 100%）	

建成形式及朝向的被动模式示例

- 在电梯间使用自然通风（即节约了更多能量）；
- 在电梯间和楼梯间使用自然通风；
- 完全停电情况下较为安全的建筑物；
- 太阳能缓冲作用和 / 或风力缓冲作用。

在赤道带北部的场地，服务中心的位置可以根据太阳轨迹进行调整，并依此确定楼面板的形状。若在高层建筑形式中采取以上策略，结构的布局就可以脱离传统的中央服务中心模式。

我们认为不同的服务中心位置、朝向与年均制冷负荷之间有对应关系。很明显，空调负荷最小的服务中心类型是两侧中心布局，其开口从北向南，管道自东向西铺设。相反，空调负荷最大的服务中心类型是中央中心布局，其主要的照明开口在东南或西北方向。

一般来说，热带的高层建筑如果设置成南北向长的，所承受的未经优化的（即外墙没有特殊的立面处理）空调负荷将会是东西向长的建筑物负荷的 1.5 倍。

在温带地区，仔细考虑建筑物形状还可以大量减少供暖的能量消耗。古老的办公建筑在建设时希望射入建筑内的太阳辐射量能够达到最大。但是，因为表面积 – 体积比较大，其热量损失也很快。如今，建筑师都喜欢能保存热量的“深平面”设计。深平面建筑物的供暖成本比具有同样平面面积的浅平面建筑少 50%，但是平面较深的部分获得的自然照明也较少，因此需要消耗更多能源进行人工照明。取消供暖和制冷比减少供暖和制冷更能节约成本。

建成形式朝向的被动模式

这一策略必须要解决建筑物楼面板的定型、在场地中的位置、相对于太阳轨迹的方位和当地的风向等问题。例如，若要响应热带地区的太阳轨迹，建筑物的形状就应是沿东 – 西轴向的矩形，以减少建筑较宽阔一侧宽边的太阳辐射量。这是因为热增益最主要来源就是透过窗户射入建筑物的太阳辐射。当然，热增益与一天中的日照时间和入射角度有很大关系。

建成形式的朝向是设计中的重要问题，这主要与太阳辐射和风力有关。在大多数寒带地区，建成形式的朝向有利于最大限度吸收日光；热带地区则相反。在季节变换明显的地区，两种情况应周期性地出现。寒冷气候的建筑物朝向最好是微微南偏东（约南偏东 15°），这样建成形式在上午接受的日照比下午多，在日间就可以开始升温。

我们必须仔细区分“真北”（或太阳北极）与地磁北极，二者并不一样。真北随时间变化，但都在地磁北极以西的 11° 附近。设计时我们必须确保方位是按照真北确定的。错误的理解会严重影响阴影的形状。

如果场地没有沿着太阳运动的轨迹排列，建筑服务中心等元素就可以沿着场地的几何形状布局，以优化其对柱网、地下停车场布局和其他等特征的影响。但是还要引入其他特征对受热立面进行修正。

有人也许会认为正方形的建筑楼面板的外围面积较小，因此比其他形状的建筑形式接触的外部空气少，因而空调负荷较低。但是研究表明圆形楼面板的暴露表面是最小的。但尽管圆形具有暴露表面小的优点，但是矩形更容易进行日照控制。

如果充分考虑被动式太阳能的使用，并且不会导致温带和寒带地区过热，我们就需要在为建筑物选址时考虑太阳能增益以减少供暖需求。这一方法对于低居住密度的建筑物较为适用，因为可以降低设备的内部热增益。

在赤道以上的温带和寒带地区，确定建成形式的形状以最大限度减少能量影响有两种基本策略：

- 尽量减小表面积 – 体积比，设计较高的隔热水平，使建成形式更加紧凑以减少冬季热损失。这种策略有助于减少建筑材料的消耗和对燃料的直接能量需求。
- 减少“深平面”，尽可能使用自然通风和自然照明。

目前的低能耗办公建筑设计的思考都倾向于用后者作为被动模式的解决方案。

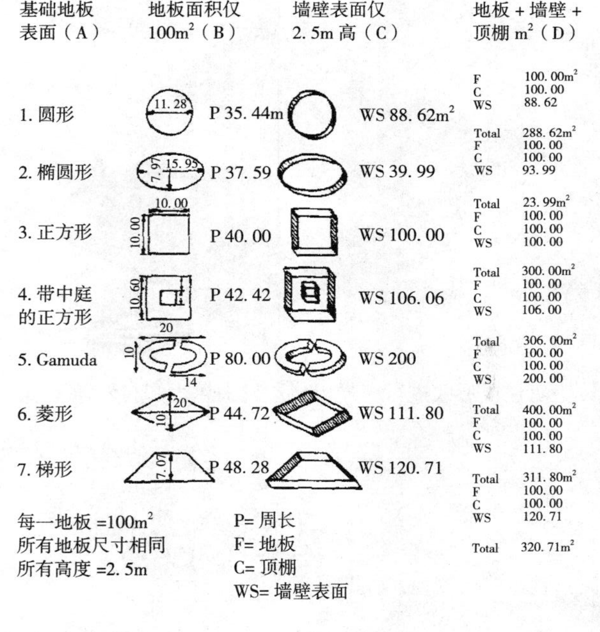

日照增益的分区

图示表示了可用于日照热增益的空间的位置。此位置随每个气候带的太阳轨迹而变化；在热带及干旱地区，此空间在东向和西向一侧；在温带和寒带地区则位于南向一侧。

• 不同建成形式的表面朝向

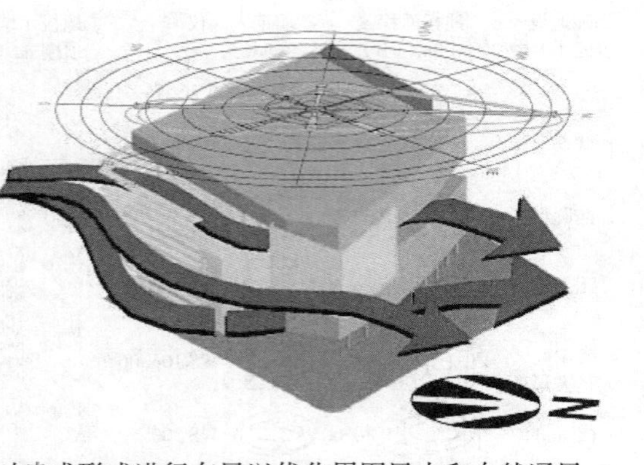

对建成形式进行布局以优化周围风力和自然通风

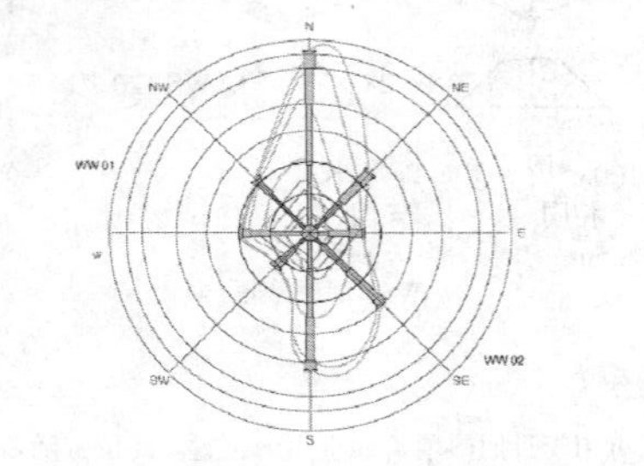

当地图形的风向频率图

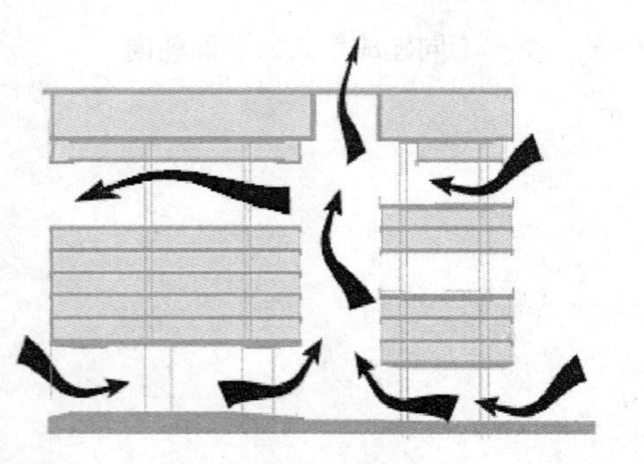

被动模式：自然通风

此方案能最大限度使用自然通风和自然照明并减少能量消耗，虽然适用范围乍一看是有限的，但大多数情况下仍是简单适用的。例如，规划内部空间时，设计师必须确保没有特殊环境要求的房间可以从自然照明和自然通风中受益。一般办公室的定位可以利用外部的环境能源；但是相反，热增益较高的区域（如小厨房、机房）应面向北（如果场地在赤道以南）；如果需要进行完整的机械处理的话（如清洗房间和一些计算机设施），可以位于深平面建筑物的正中央。换句话说，设计策略就是要在热增益有利的空间内利用外部环境能量，如果设计策略会加重现有问题或完全不适用，则需避免太阳能增益和自然通风。

与建筑物方向相关的第一个场地的决策会影响后期所有的决策。每座建筑物都是独一无二的，因此建筑物的设计只与其场地相关。这一特性限制了设计决策。在决定怎样将环境响应引入场地内的新建筑物时，必须考虑两个主要的场地因素：即当地气候和建筑物环境与场地之间的相互影响。当地气候的影响可能是积极的，也可能是消极的。建筑物的朝向可以利用太阳光和热的自由能量。风力影响可以通过种植防护林或建造可渗透墙壁得到缓解，也可以（与兼容设备结合）用于自然通风。通过建立基本微气候信息的图像，可以找出最适合建筑物的场地和布局，排除不适当的（污染的、阴暗的）地区，通过建成形式、植树和防护林最大限度地利用剩余土地的潜在动力。调查性的研究包括了用于清晰区分的叠合法的使用。最终的设计应结合足够的门窗布局利用太阳能量和自然照明，并减小热损失、避免眩光。这一目标可以通过理想值在 20% 以上的玻璃装配比（玻璃与立面实体面积的比值）——单层玻璃（尤其是在温带地区）达到，但是可以通过人工计算或计算机建模进行核对。

外墙系统的新发展包括了特种玻璃、双层玻璃、带百叶窗的复合双层玻璃、双层立面等，这些进步允许建筑采取较大的窗－实体比。

密集的建筑物应与场地相邻的或有关的其他建筑物结合起来考虑。应对美学、阴影、自带遮阳、气候变化、植被和污染等方面进行检查以免对现有建筑和新建筑造成负面影响。应在早期就确定能量使用的整体场地策略和完整的能源政策；包括废热、使用热电结合方案（即热电联产）现场发电的潜力和可再生能源（如风力涡轮机、光电伏等）的利用。换句话说，应对场地进行全局考虑而不是孤立考虑。进行平面定型和立面设计时，设计师还应从建筑物和周围环境中识别出需要进行维护的主要的“景观廊”。

在太阳轨迹较低的温带气候区中，要采取足够的措施来避免夏季过热并确保冬季可用太阳能增益的最大化。温带气候中，太阳要设计成即“外”又“内”的。必须达到北面热损失和南面热增益间的平衡。这一目标可以通过精心的材料选取和空间规划实现。例如，机电工作间的热增益可以减少周边区域的供暖需求。另一个策略是使用服务中心和循环空间、楼梯间和走廊作为住处与户外的缓冲器，也可以将其置于北面以减少热损失，或置于南面以减少过热（如设计成走道和画廊）。

在温带区域，太阳能增益对大多数早晨温度较低的建筑物是有益的。这一点对于温带和寒带的非住宅建筑形式尤其明显，冬季在东面和东南面使用的太阳能量可以免费提供早晨的预供暖以弥补供暖负荷。由此带来的夏季过热的风险可以通过遮阳（见下文）解决。

当内部热增益较高时，房间西南和西立面吸收的日光可能会导致过热，因为一年中的大多数时间太阳都会在较晚的时候晒到内部已经很热的立面。例如，与现在推崇的北面玻璃减到最少的高层住宅建筑（公寓楼、旅馆等）相反，在非住宅高层建筑物中，北面玻璃应尽量增加以利用日光照明，但同时要避免过量热损失。要知道在现代办公建筑中，人工照明消耗的电力占总体电力成本的50%。伴随不受控制的过量太阳能热增益，随之升高的内部温度也会导致不必要的空调能量消耗——深入理解内外因素累积造成的影响可以避免这一问题。

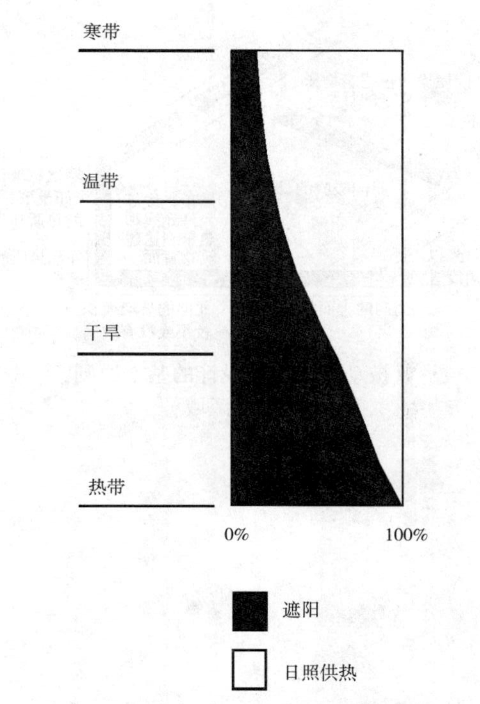

从赤道开始向北，日照供热的需求不断增加（白色区域），对遮阳的需要（黑色区域）则不断减少。

● 每年所需遮阳和日照供热的百分比

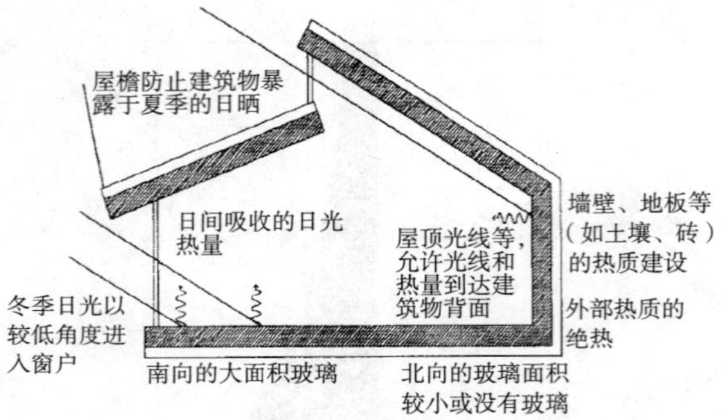

屋檐防止建筑物暴露于夏季的日晒
日间吸收的日光热量
屋顶光线等，允许光线和热量到达建筑物背面
墙壁、地板等（如土壤、砖）的热质建设
外部热质的绝热
冬季日光以较低角度进入窗户
南向的大面积玻璃
北向的玻璃面积较小或没有玻璃

被动式太阳能设计的基本原则（温带区域）

围护结构（立面）设计的被动模式

下一个任务——立面设计和围护结构设计应在确定建成形式的内容（即其操作系统）之前进行，实际上应与被动系统、混合模式和所使用的主动系统的优化相结合。建筑物表面对光、热和空气的渗透性及其视觉透明度必须是可控制且可调整的，这样建筑物才能对当地不断改变的气候条件作出反应。这些变量包括了太阳光过滤、眩光防护、临时热防护和可调自然通风方案等。设计良好的建筑物围护结构可以节约大量能量。建筑物就如同我们的肌肤和衣物之外的第三层皮肤；围护结构的所有这些层次都要自然地发生作用并与我们的身体和自然环境协调一致。以此类推，作为我们第三层皮肤的建筑物立面也需要呼吸，并起到调节器、保护者、绝缘体以及与自然环境整合者的作用。

因此，理想的外墙应能成为环境响应的过滤器。外围应有可调节的开口，像筛式过滤器一样进行自然通风、控制对流通风、提供对外的视野、遮阳保护、调节被风吹扫的雨水、排泄暴雨、冬季绝热（温带地区要满足炎热夏季、寒冷冬季和两个过度季的需求），并促进与外部环境间更直接的联系。在温带及以上地区，设计师应考虑夏季和冬季太阳入射的不同角度，因为两者截然不同。绿色环保方式与这些依赖密封外表面的立面设计是相反的。“绿色”的立面要设计成多功能的。要能够减少穿过外部遮阳设备进入空间的太阳能热增益，提供新鲜空气的通风，发挥隔声墙的作用，提供维护通道并为建筑物的美学作出贡献。

绝热增加

绝热在建成形式需要机械供暖或制冷时至关重要。提高外墙的绝热性以减少热渗透和热桥，并降低玻璃－墙体面积比，这一被动模式能够有效地减少建筑物的能量消耗，在温带和寒带地区尤其如此。绝热能降低热量流经安装部件的速度。在供暖和制冷的建筑物中，可以节约大量能量并达到热舒适。

直接接受日晒的外墙表面在进行绝热的同时还要考虑“时滞”。外墙应该采用能有效散热（如铝制包层）的材料或设计成“双层”（或三层）的通风空间。设计师要核实窗框和玻璃的热传递性质。例如，带有热桥阻断的铝制窗框可以减少热传导。现有的温带地区外墙隔热的标准约为 0.45kW/（m^2 · K）。因此设计应以低于此标准为目标。通过减少或使用高于标准几倍的绝热水平，也可以减少二氧化碳排放（如 1991 年的 Vale and Vale）；在居住设计中使用三倍绝热建议值二氧化碳排放可以达到 28kg/m^2/a。单层玻璃的窗户的热损失比建议的英国建筑物规章 [墙壁 5.7W/（m^2·K）] 要大 10 倍。安装双层玻璃（取决于空气层的宽度）可以将此值减少到 2.8W/（m^2 · K），安装三层玻璃则可减少到 2.0W/（m^2 · K）。减少外墙中的窗墙比的实体可以使此值进一步减小。

设计师通常认为立面和屋顶采用较高的绝热水平（摩天大楼的水平为最低）是减少能量消耗最好的解决方法。但是，增加绝热并不是最终的解决办法。因为材料的热力性能要与下列的因素结合起来考虑：

- 在温带和寒带区域，如果不立即解决绝热水平的问题，因空气泄漏产生的热损失会在占据热量损失的主体。
- 类似地，供暖系统和部件的设计选取也要考虑能量的有效利用并且必须与建筑构造和目的相“匹配”。带有无效或供暖系统控制不良的良好绝热建筑物可能会产生过热的问题——并且不能节约能量。室内的热水生产也可能会成为总体能量图表的关键因素，因此需要采取整体的方法予以解决。

夏季及冬季

在温带和寒带地区，较高的绝热水平会降低冬季和夏季热量损失的速率，但也可以减小热增益的潜能。必须对热力性能进行评估以优化热增益和热损失，防止夏季从内部资源中阻挡热增益并避免冬季的过度损失。同时，不应仅考虑避免夏季增益而取消冬季潜在的可用增益。最佳方案是将绝热水平最大化，适当地设计高操作效率的供暖系统，提供夏季的遮阳防护而不会损害冬季的可用热增益。

当然，上述策略并未排除高绝热标准的好处，但是指出了解决方案应经仔细评

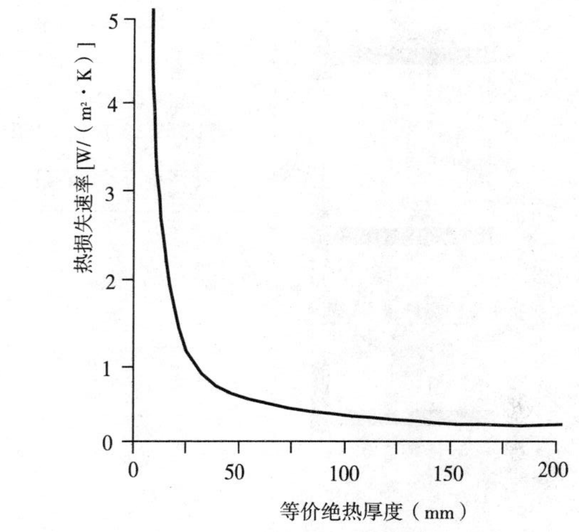

● 绝热厚度与通过建筑物组件热损失的关系

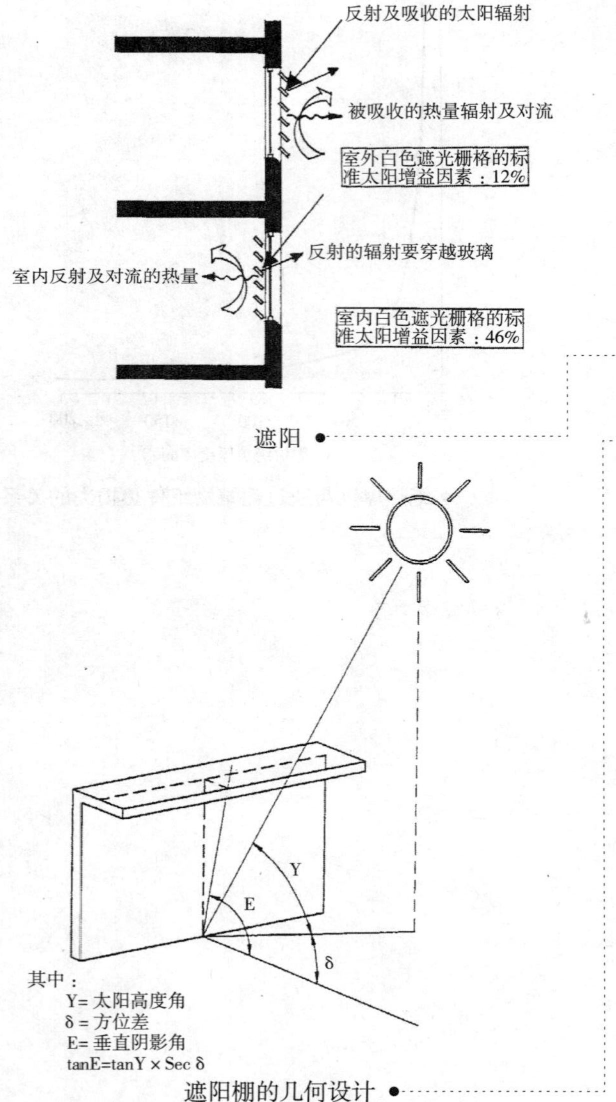

遮阳

遮阳棚的几何设计

估的事实。使用现代技术和材料可以以较少的附加成本达到超出法定要求的较高绝热值，此方法应广为采用。

带有日照控制装置的被动模式

遮阳：遮光栅格、有色玻璃、反光玻璃等

不论何种纬度，通常建筑物“较热”的表面上（一般在东面或西面）都需要遮阳的装置，以控制进入空间的光照和光线质量。若要符合其他标准（如隔热值），可能还需要在无日照的立面安装全高度幕墙。西晒墙壁在一天中最热时候日照强度最高。立面优化中最关键的因素是正确的角度控制（通过计算机辅助设计），要避免日光长时间直射室内区域，并保持较高的日光使用率（辐射传输）。根据不同的季节和时刻，遮光栅格的角度控制能达到最佳的自然光照明和最小的热增益。“智能立面”使用自动角度控制，用入射太阳辐射和室外空气温度进行调节。在产生不必要室外热增益的阶段，遮光栅格放置的角度要比在可以利用被动太阳能来减少房间加热能量成本的时候陡一些。因此角度控制是太阳能传递总量中的重要因素。另一个因素是在室内空间和将其与室外空间分离的空气层之间采用的玻璃的类型。

在温带地区，设计师应减少夏天及冬季供暖中对空调的需求。通过夏季增强的对流通风，可以将此策略延伸至季节中期（春季及秋季）、晚秋和初秋。冬季，我们要获取尽可能多的太阳能，我们可以通过增强的外壁绝热来减少室内加热的需求（如移动挡板）。

最有效的日照控制是在透明玻璃上安装遮阳设备。透明玻璃往往是首选，因为它建立了建筑物室内外之间更为直观和自然的关系。随着最近玻璃技术的发展，已经制造出了能提供良好的光线传输但遮蔽系数较小的“门玻璃”。

生态效率最高的设计只能来自在对当地太阳几何学的理解，并以此为基础确定立面遮阳装置的横截面。

一般来说，可以用顶棚、阳台、较深的嵌入（如完全嵌入式窗户）或空中庭院来减少通过建筑物内窗户的太阳能得热。这种顶棚降低了直接透过窗户以及间接来自表面传导和辐射的巨大的太阳能增益。应通过设计使遮光既能减少眩光又能使光线被动传输到深处的楼面板。设计者可以使用透明玻璃使日光更好地穿入室内空间，这样就能减少照明能量负荷并在建筑物内外之间建立更好的审美关系。

在温带及寒带地区，需要使用可调整的立面来使冬季的日光穿过窗户加热住宅建筑，减少办公建筑内的眩光，在夏天提供遮光效果并减少热增量。可以用建筑体来储存热量，但此方法不适用于夜间空气温度不能下降到舒适温度以下来实现放热的地区。

在热增量和眩光可以得到控制的情况下，外层和中间窗格的遮光比内部遮光有用。因为移动装置可以提供冬季热损失的附加保护，因此，建议使用外部装置（如移动百叶窗或中间窗格保护）而不是用内部百叶窗进行固定遮光（尤其是在东和西立面）。整合能量，舒适度及生态的考虑，固定与可移动、固体与种植遮光设备的结合使用都是符合成本效益的。

过去都使用固定遮光装置而不是可移动装置，部分原因是考虑了简单、低成本和低维护的特点，另外也是因为有限的人类干扰从某种意义上限制了房间的错用或误用。但是，除了给面向正南方的建筑遮光之外，固定装置的效率低于可移动装置。如果这是使用固定方式的目的，那就应该将它牢记。例如在英国的夏季（从五月中旬到八月初），约 56° 的纬度上，每米高的向南的玻璃需要大概 0. 7m 宽的水平架式屏风才能有效遮光。玻璃顶端可以采用不同的格局，或在窗玻璃下面安装矮一些的架子。或者将遮光装置一部分放在室内一部分放在室外，形成一个导光板使光线照入空间深处。要通过详细的细节设计避免经过上方暴露窗格的过度眩光或热增量。遮光装置允许热空气通过，但是不能承受雪载或风载。从建筑角度而言，可以用遮光栅格达到一定的清晰度，与固体导光板相比，需要较少的挑檐就能达到同等的保护程度。

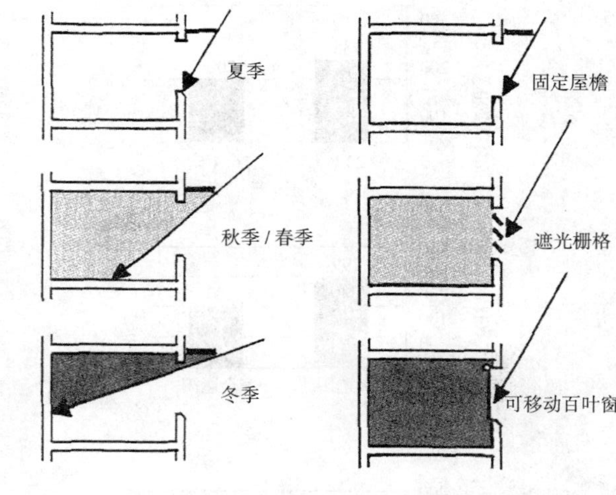

● 对视野和通风有不同影响的遮阳设备类型

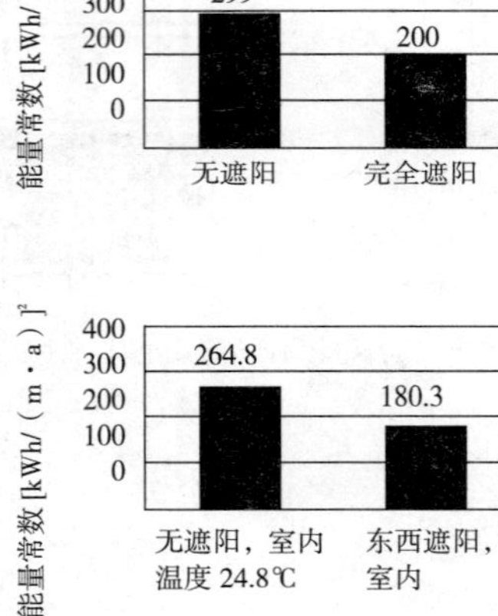

通过提高室内温度并在东西玻璃墙安装日照防护减少的能量消耗

建筑的东立面需要设置遮阳设施，因为此立面要承受上午的日照。垂直阴影角决定了水平遮阳设施的有效性。入射“8”的日照角的水平分量是太阳方位角与墙壁方位角的差值。太阳高度角“y”由同心圆量出，这些数据都来自在给定时间内当地建筑物所在纬度的太阳轨迹图。

屋檐等固定的水平遮阳设施对于较高纬度的南侧立面是非常有效的，但是在“最坏情况”下有个缺点——仅取决于太阳高度角而与外界温度无关。因此，这些阴影可能会在需要供暖的特定情况下挡住有益的日光。东和西立面总是需要一定程度的垂直遮阳。

可调节的遮阳设施有两个主要的优点：一是可以根据外部条件进行调整以达到日光的最大效益并提供眩光及过度热增益防护；二是在冬季的温带地区，可以将设施关闭以减少建筑物夜间的热损失。根据太阳能得热的防护，外部遮阳设施比内部设施更为有效；中平面遮阳也是比内部方案较好的选择。外部设施可以防止日光进入空间，而内部设施则允许太阳能穿入再将日光通过玻璃反射出去。此过程的效率不会达到100%，但是通过浅色或百叶窗或窗帘的反射，这种方式可以成为最有效的方案。高层建筑物的外部遮阳组件也需要与立面清洁策略相整合。

有色玻璃不能成为遮阳的代替品。着色后最明显的效果是将热传递减少20%，但对于缓解温带地区的炎热天气和夏季环境（太阳辐射高达500—1000W/m^2）仍是无效的。有色玻璃吸收热量，因此外壁会变热，但是辐射会加热内部空间，就必须使空气降温以保持舒适。温度较高的玻璃还会进一步传递热量，因此制冷负荷仍然很高。更糟的是有色玻璃隔离了日光，影响了内部空间的质量。吸热玻璃吸收短波太阳辐射，因此减少了建筑物内部的热增益。但是，根据一致的内外部气候条件，这部分储存的能量可能会在近傍晚时随着室外温度的降低而“再次辐射”到空间内。同时，内部装置和临时热增益开始达到峰值。因此，带有有色玻璃的建筑物夏季过热会比透明玻璃建筑的危害更大，并且冬季热增益也会较迟出现以完成吸热过程。

研究表明有色玻璃对于建筑物居住者有两个影响：

- 减少长波（光）传递，导致人工照明需求的增加，并且/或者需要加大窗户面积以达到同等的日光照明水平。
- 透过棕色、灰色或绿色玻璃观察外部环境的心理作用可能会对居住者造成不利影响，这一问题已被列为影响居住者健康问题的重要因素。

反射玻璃可以减少日光穿透，同时却像吸热玻璃一样不会影响视觉效果。但是，这种方法会减少短波（热）和长波（光）的传播，因此会减少冬季的可用热增益以及全年使用人工照明（有时自然照明充足时也需要）；换句话说，热增益的减少是以高质量的自然照明为代价的。但是，反射玻璃在不需要热增益和无法实现外部遮阳（尤其是在西侧立面）的情况下非常有效。

低辐射玻璃传导光大于传导热，这一过程能减少直接得热。其外观类似于透明玻璃，通过将热量反射到空间内减少热损失。因此对于需要日光但是要减少热增益的情况非常适用。还可以使用略大一点的窗户来接受日照，而不会导致冬季的能量消耗增加。

正在研究中的新“智能”采光系统能克服夏季和冬季需求不同的困难，部分已经可以使用但是成本很高。彩色照相、相变材料、全息或电气响应玻璃及其他技术会变得越来越普及。同时，环境响应方法有助于鼓励高质量双层或三层玻璃装配系统中——所有可能带有遮阳设施的地方——透明玻璃或低辐射玻璃的使用。遮阳最好能易于调整，外部设备应能由居住者进行控制。固定遮阳设备对南立面有效，夹层遮阳比内部遮阳设备更好。

对于生态方法，建成系统的外墙系统评估不仅包括与输入（如内涵能量评估）有关的生态成本，还应包括将来回收的设计。

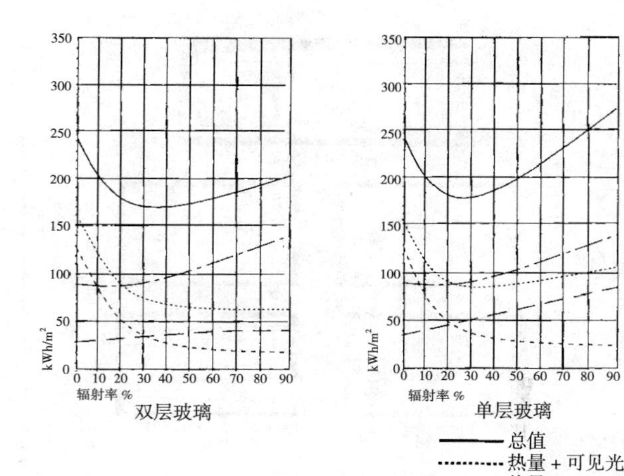

● 年均初始能量消耗

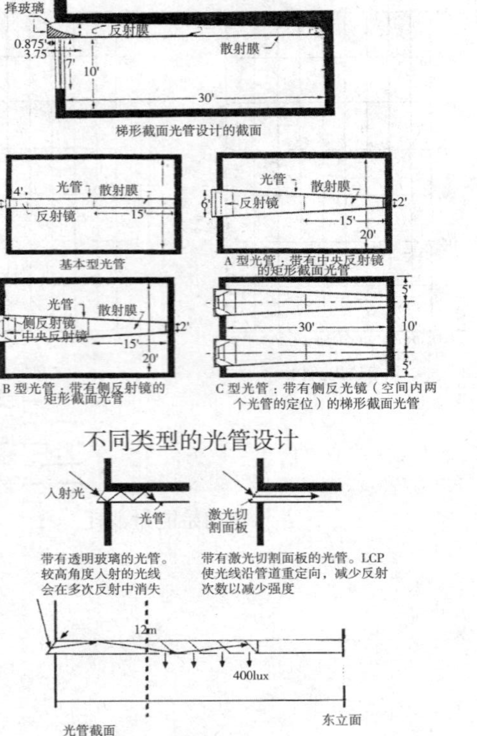

被动模式日光照明系统：光管

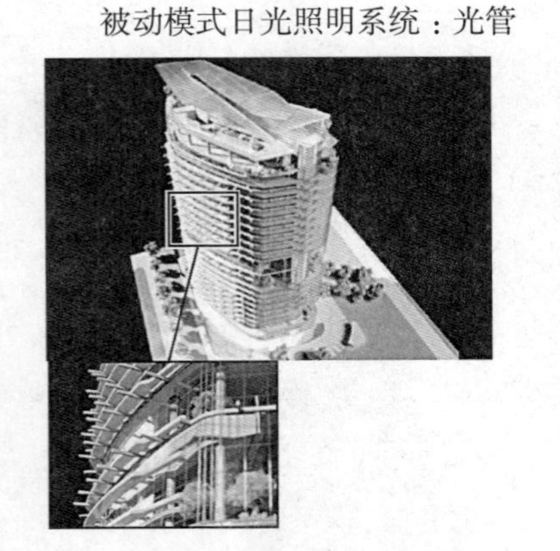
光管建筑物整合

被动式日照概念

被动模式中包括了被动式日光照明装置。其生态设计目标是使日光照明的效用最大化，并减少耗能的人工照明。

大多数被动式照明技术都是对入射的直射日光进行控制，以尽量减少其对视觉舒适的负面影响（即眩光），并通过减少热增益降低建筑物的制冷负荷。但是，直射光在孔穴平面被拦截并有效地散射到建筑物内而不产生眩光时，就成为极好的室内光源。有人认为应在阴天条件（温带地区）下设计窗户和室内空间的布置方式——室外照明强度约为 10000lux，房间深处可达 200lux。

过渡性日照设计可以在普通高度的窗户的 4. 6m 内提供充足的日照。用较大窗户和较高透射率玻璃在更远的范围内提供照明这一方法经证明是无效的。日照水平会由于离窗户越来越远而逐渐下降，所以必须在前室引入更多的日光太阳辐射，以使房间后室少量提高日光增益。

有一些实验性的边界日照系统能够使用特殊的光学薄膜、优选几何形状和小玻璃孔径和特定的玻璃（全息光学组件或 HOE）从窗户被动地重新确定光束的方向。这些系统的目的是：

- 通过窗户以最小的太阳能增益将日照水平从 4—5m 增加到 9m；
- 在全年变化的日照条件下改进穿过房间的日照梯度的均匀性。

有些先进的系统使用了“铰接式导光板”和“光管”。研究表明被动的导光板和光管设计及 HOE 可以在大多数晴天条件下从距离较深的边界空间外壁高达 12m 的区域内以相对较小的入射面积为办公室工作引入充足的日照；光管在全年范围内显示了比导光板更有效的性能。

光线采集系统的设计依赖于所使用的高反射表面材料的传播特性及其几何特性，以便更有效地进行光线的重新定向。

先进的采光系统基于以下几个概念：

- 将光线反射到顶棚，比通过一般的窗户或天窗入射到房间的位置更深，并且不会在窗户附近明显提高日照水平。这种重新定向通过墙壁和顶棚照明水平的均匀性改进了穿过房间的光线的视觉舒适度。

- 通过使用入射面积相对较小的窗户并有效地传输日光，实现节能照明的同时不会因太阳辐射造成沉重的制冷负荷。
- 通过精心的设计使系统避免日光直射，从而减弱直接光源眩光和热不适。设计的困难来自太阳位置的巨大变化和全天、全年的日光的可获得性。

无论如何设计，日照建筑只有在日光有效且可靠地替换电力照明时才能发挥节能的作用。大多数日照的设计师都同意，对于非住宅建筑，再多便利的人工切换（即使是减少 50% 设备使用）也不能有效地节能。

在人工照明中的节能方面，可以减少建筑的进深来减少人工照明的使用，并优化自然照明（如 14—16m 室外墙之间的面板尺寸）。早期带有中央服务中心的高层建筑形式的外壁到升降机井壁的距离约为 8. 2m。

立面上使用的外部遮阴装置可能会影响建筑物接收的自然照明。其他设备还包括从上层地板垂下来的屋檐和室外百叶窗。如果当地太阳的位置能证明设备的使用合理，那么就可以用导光板设备反射光线以使其到达室内空间更深处。这些设备不能提高光线质量，但是可以确保光线在室内空间的良好散射。需要进行详细的分析以确保其有效性。

当然，要在人工照明的节能和太阳能增益的提高之间取得能量平衡。我们还应改进座位和工作面的布局，减弱眩光，通过较好的窗户和立面设计进行自然照明。更有效的方法——尤其是在太阳位置较低的气候带——在室外立面使用全息玻璃和导光板都可以将自然照明从立面边线扩展 10m 或更多。研究表明，能够接触日光、看到风景会使人产生愉悦感。但是，为了保证视觉作业区具备安全、舒适的工作环境，居住者应该控制光线的数量和质量。要提供可接受度最高的视觉环境，通常要结合下列方法：低能耗的背景光、安装在顶棚的配件、从窗户进来的日光和近距离工作的工作照明。

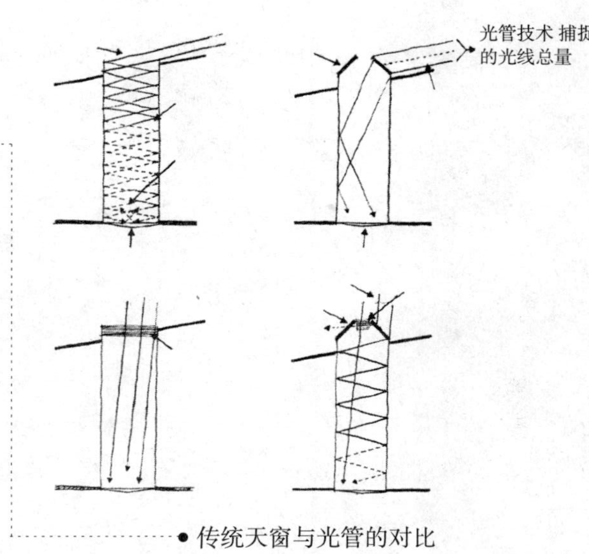

• 传统天窗与光管的对比

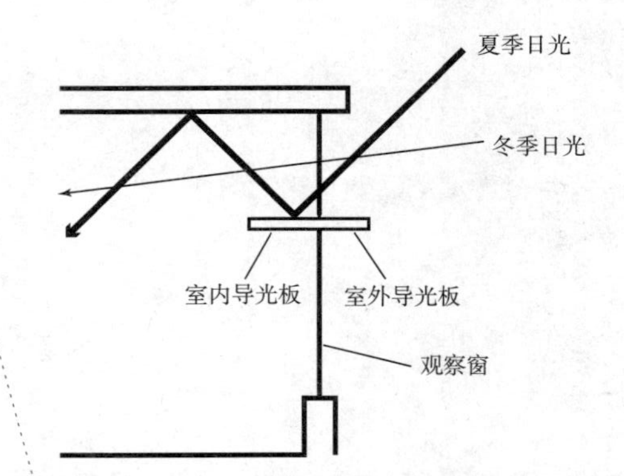

• 窗户附近防止眩光并将光线反射到房间深处的导光板

眩光

在达到可接受的日光舒适水平之后，要注意和解决的主要“不适”就是与眩光（直接及间接）有关的问题。此问题的处理反映了照明策略，对于建筑物的能量消耗有借鉴意义。眩光是对比度和亮度的函数，其形成是由以下两个原因之一导致的。首先，从相对黑暗的环境中看强光源（如日光照射的窗户或明亮的灯）。这种情况下的眩光来自过高的对比度，可以通过增加环境亮度得以缓解。此类眩光会引起居住者的不适，导致视觉功能衰退和对视觉环境的不满意。通常会有人因为主观作用产生对环境整体的不满意。

其次，如果用过强的亮光对空间进行“过度照明”，眼部机能就会达到饱和，其结果就是“失能眩光”。尽管这种情况发生几率较小，但一旦发生就会使人疲惫甚至有害。例如，在昏暗走廊尽头被日光照射的窗户会使行人陷入相对黑暗而发生危险。

空中庭院

这里，有效的方法是使用凹阳台或“空中庭院”作为内部区域和外部区域之间的间隙。这就是空中花园，它能使建筑物硬件和构件的无机质与有机质达到平衡，从而形成更均衡的生态系统。

空中庭院本质上是带有全高度玻璃门的凹阳台，从内部空间向阳台空间开放。空中庭院除了为建筑物部分提供遮阳之外，还可以实现一些附加功能：紧急疏散区域、种植和景观美化空间、将来扩展的灵活间隙区域（如将来增加可容许的容积率）；或作为以后增设高级洗手间、厨房等的空间。空中庭院还可以为建筑形式的用户提供更为人文的环境，为用户提供可选的露天区域使其可以从封闭的内部区域走出来，直接体验外部环境，欣赏风景。

可以通过这些过渡空间的定位可保护城市建筑物中较热的一侧，或构成主要视野。这样置于中央或外围的多层过渡空间可以像乡土建筑的阳台一样在本质上起到传统的过渡作用（即中间空间）。这样的空间实际上是半封闭条件下的“开放式”空间。

这些空间不应从上方进行完全覆盖。可以用百叶窗屋顶进行遮蔽，使风可以进入内部区域并释放热空气。这些空间甚至可以延伸到整个建筑物表面来创造多层凹进中庭，也可以起到风穴的作用并对建筑物内部进行通风。烟囱效应排出的热空气使空气产生了穿越前庭的运动，这一特点通常用于炎热干燥地区或温带地区（在这些地区，室内外的较大温差足够形成空气运动）。

自然通风的被动模式

自然通风可以用于提高舒适度（空气运动）、有利于健康（换气）或使建筑物冷却（风速）。自然通风方式利用与外部风力影响不同的空气压差和温差作为原动力。设计师必须确定利用当地风力影响的基础。当地风量给出了一个月或一整年内风向、频率的具体信息。

风力

风力是一个地区关键的环境能源之一。当需要良好通风或与风力相关的舒适通风时，通过优化当地在一年中和一天中的风力状况可以对城市建筑物的楼面板和外墙进行定型以达到自然通风和更有效的冷却。

自然通风中的一些方法可以利用外部空气和风力使建筑物的居住者受益。最简单的情况下，自然通风能确保室内新鲜空气的供给（如通过双层立面的排气口或窗户上方简单的排气口）。但是必须要考虑排气对室内条件造成的灰尘或噪声，尤其是在高楼大厦的低层（如第五层到第八层及以下楼层）。大型工程可能会取决于混合模式系统的烟囱效应，新鲜空气可以进入较低楼层，并在与低温混凝土进行热质接触时得到进一步冷却。随着温度上升，空气会向上运动并最终在顶层排出。

● 自然通风设计检测表

空间的建造及结构
通风及预期的室内温度
- 烟囱效应
- 风力辅助
- 机械辅助
- 舒适及避免过热
- 室内空气运动

送风
- 正常路径
- 热回收的可能性
- 防鸟网

抽气
- 来源
- 一般的回火及加热
- 防鸟网

排烟及防火
避免雨水和被风吹动的降雪
- 预防
- 预防失效时及时排放

照明
- 日光照明及电力中断设施
- 干扰通风路径
- 人工的

音响效果
- 可接受的噪声水平
- 室内音质

冷凝的风险
- 间隙
- 暴露结构

控制
- 耐久性、路径及维护
- 外观
- 成本

注：
1. 自然通风系统不易与进气过滤或其产生的附加阻抗兼容。
2. 结构工程师要对风载进行评估

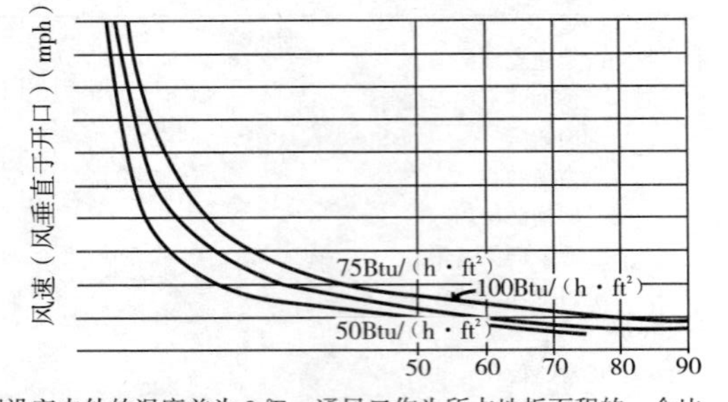

假设室内外的温度差为 3 ℉，通风口作为所占地板面积的一个比例，被用来除去内部产生的热量，它的大小可以从图中判断出来。

对流和所需通风口面积

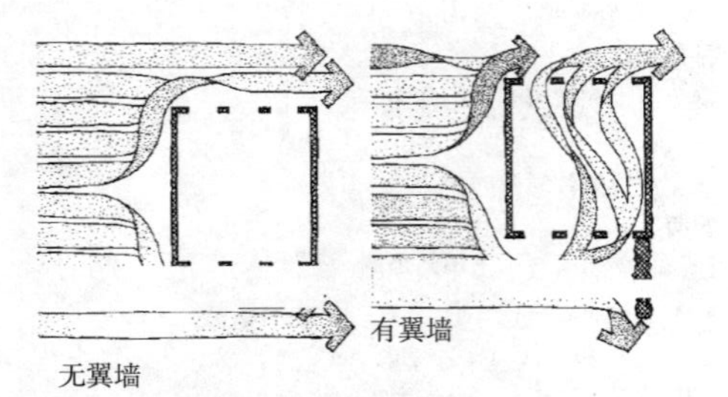

用翼墙壁来增加内部的对流

合理设计自然通风的方案既可以节省资金又可以节省能源。除此之外，还需要尽可能降低对机械通风和空调系统的要求以确保形成“健康”的建筑物。使用自然通风时的能源消耗量事实上只有装有空调的建筑的一半左右，所以得到了大力支持。另外，维修费降低了，“致病楼宇综合征”的事件也少了，碳氧化合物的释放量也减少了。

底层可以对外部空间完全开放，在湿热和（夏天的）温带地区还可以被当做自然通风空间来使用。如果能够有效地成为建筑物外部（街道环境）及其电梯厅之间的一个转换空间，它就不需要被封闭起来或者安装空调。然而，在这些区域应该采取措施防止风力驱动的雨和避免风湍流。

有两种方法可以使通风提高舒适度。一种是直接的心理作用：通过打开窗户让更多的风进来（例如，联合使用翼墙和可调式百叶窗和扰流板），内部的空气流动速度加快会使得居住者感到凉快。这种方法被视为舒适通风。引进户外流动速度高的空气到室内会给人一种直接的心理凉爽的反应——即使实际上室内空气温度升高了；尤其是在湿度很高的时候，当空气的快速流动增加了皮肤上汗的蒸发速率，这样可以降低不舒服的感觉。屋顶上风扇的运转也是同样道理。另一种方法是夜间冷却，只是在晚上对建筑物通风，这样在白天让建筑物内部进行冷却。冷下来的部分减少了室内温度的热组合率。

在温带气候，该生物策略是延长过度季节（如前文所述，通过在夏天和冬天使用多个具有不同模式的幕墙系统降低在冬天对热量的需求量和在夏天空调的需求量）。在冬天，门面的一部分成为吸收太阳能的特龙布墙，可以吸收来自太阳的热量。一部分的墙壁也可以让西边和东边的阳光进来。夜间，特郎布墙被用来加热内部，并且拉上内部的窗帘使内部与外界隔离以保持热量。在夏天同样的墙壁在外部被隔离以降低太阳光的照射，并且使用自然通风。在夏天的晚上，特郎布墙的大部分通过通风来释放积聚的热量。

密封式中央庭院或者前室通过这样的功能，即可以作为把新鲜空气带进建筑物并且可以提供自然“预热”的一个空间，来节省能量。除此之外，包含着这样一个中庭空间的设计应该利用自身特性进行自然通风，这样一来，中庭会把建筑的形式改变为可以避免“深平面”而倾向于窗户在内部和外部的布局，以此获得良好的对流。

蒲福风级	风速（m/s）	描述	陆地情况	舒适度
0	0—0.5	平静	烟垂直升起	感觉不到风
1	0.5—1.5	一级风（软风）	烟雾飘移	
2	1.6—3.3	二级风（轻风）	叶子沙沙响	脸上可感觉到风
3	3.4—5.4	三级风（微风）	国旗随风飘	头发被吹动，衣服被吹开
4	5.5—7.9	四级风（和风）	小树枝摇动扬起灰尘，吹散文件	头发弄乱
5	8.0—10.7	五级风（清风）	带叶的小树开始摇晃	身上感到风
6	10.8—13.8	六级风（强风）	电线晃动发出声音，大树枝摇晃	打伞困难。很难平稳地走路。耳朵感觉有噪声
7	13.9—17.1	七级风（疾风）	整棵树摇晃	行走不便
8	17.2—20.7	八极风（狂风）	末梢被风吹断	前行受阻。在阵风中很难把握平衡
9	20.8—24.4	九级风（烈风）	建筑物受小损坏（烟筒和楼板）	人们在劲风中被刮倒
10	24.4—28.5	暴风	内陆少见。树被连根拔起，大量建筑损坏	

风速：蒲福（Beaufort）风力等级

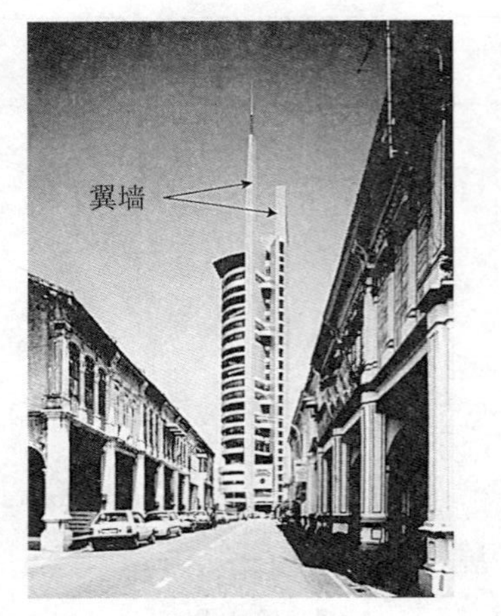

翼墙的例子 [UMNO 塔，槟榔屿（马来西亚），1995 年] 在高层建筑使用翼墙来提高内部舒适度的例子

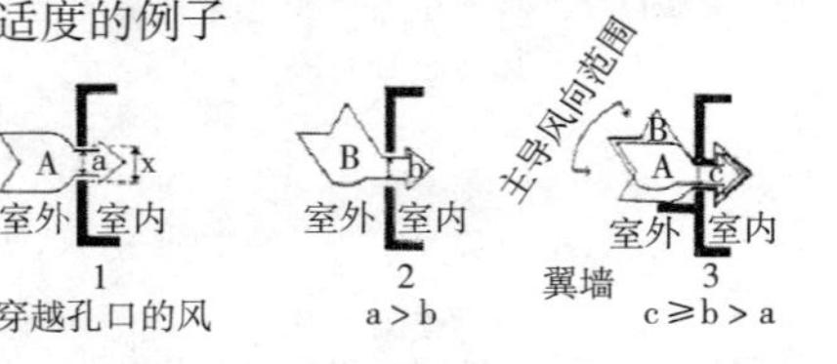

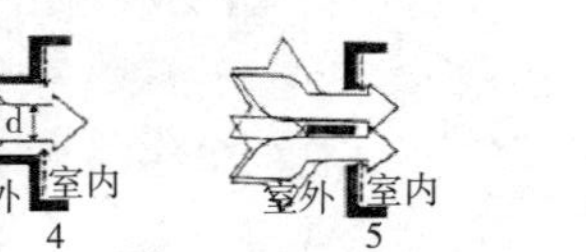

图 3、4、5 描述了在建筑物的侧面使用翼墙的效果

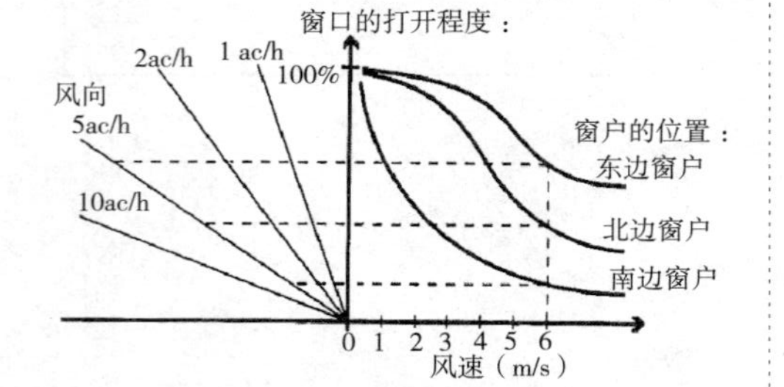

窗口打开程度以达到必需的空气变动的指南翼墙装置

自然通风应在一切不会导致加热（或冷却）后果的情况下使用。通过用外部新鲜空气稀释内部浑浊的空气的办法可以用来控制内部空气污染。空气可以在内外部温度差和压力差的作用下流动——在由气候敏感因素造成的温差很大的情况下尤其如此，例如被动式太阳能、中庭和玻璃庭院。

然而，并不是所有的建筑物都适合于完全依靠自然通风：尤其在冬天，应该采取措施避免过度通风和由于过多清新空气冷却造成的能源浪费。因此，在大型建筑中的混合模式和置换通风系统成为在冬天节约能源的方法。

有一种反对自然通风的论据是建筑物内部的空气和噪声污染会增加。人们认为在很多机械系统方面也存在这种缺陷，错误放置的新鲜空气进气口会使污染的空气再次进入建筑物内部空间。

建筑物的自然通风通过较低的进气口和较高的排气口让新鲜的空气进来并使污浊的空气排放出去。这种空气运动是因为由温度差造成的简单物理现象的压力差（即是对流）和作用在建筑物上的风力造成的正压和负压。

在任何情况下，建筑物的服务中心都应该是自然通风空间并有自然阳光。与此同时，应使住户在任何可能的情况下尽可能看到外面的景色。这一点再次强调了周边核心位置的优先选择。通过降低对机械通风、人工照明的需求和对机械增压输送管消防的需求，可以节省更多的能量。如上文所述，安置在建筑物较热一侧的服务中心在白天可以用来吸收高层建筑的热量，然后在晚上冲刷冷空气。

内部的开放平面布局应确保居住者享受日光的优势。在电梯间提供了向外的视野之后，所设计的系统用户只要一离开电梯就可以立刻接触到外部环境。当他们走出封闭的电梯到前厅的时候就可以接受到自然阳光，可以有机会透透气，并且通过这种方法对该处有更多的了解。在中央服务中心的平面布局中，建筑用户离开电梯进入人工非特定位置的大厅，通常会再加上一个黑暗的通道，相比之下让人很不满意。

风洞试验辅助了建筑结构系统的设计；有助于设计支架（例如高架桥、钢铁阳台等等）；提供外部门面设计的基础（不同的风速、表面压力、吸气作用和其他因素）；识别自然通风的机会（在电梯厅、楼梯间、厕所和其他地方）；有助于查明在地面上和高空庭院的动荡和条件（即用令人感觉不舒服和不安全的风速来辨别方向；蒲福风级为 9 的风力相当于强大的烈风）；还可以识别使用风力发电机的机会。

自然通风是可以自由选择的，而且在低能耗的大建筑中并不是不断提供的。当需要的时候（比如当空调系统损坏的时候）以及自然对流有效时，夏天最佳的窗口布局是在建筑物的向风和背风处完全把墙开放（否则一年到头处在湿热的地带），在外墙装有可调式的设备或者关闭设备以协助引导气流在所要求的方向配合风向变化。

理想情况下，在需要的时候应尽可能把窗户开得很大（对大多数电梯间来说一般是 $4m^2$，对楼梯间来说一般是 $2m^2$，这样大约每个小时就能完成 6 次空气交换）。然而，在高大的城市建筑物上部的高风速使其变得几乎不切实际。在空调发生故障的时候，具有调整气流和控制席卷风雨作用的凹窗口可以提供一种自然通风的选择。

提供足够多的新鲜空气对居住者的身体健康、清除水分和污染物都是至关重要的，而且，在不同的气候带，当室内温度较高的时候可用作散热和冷却的资源。在温带气候区，设计目标是在没有任何不必要的热损失增加的情况下确保足够的空气质量。建议达到每人每小时最少两到三次空气变化的新鲜空气供应。

空气流速在 0.4—3.0m/s 之间时，空气流动可以给居住者带来清凉的感觉。空气流动通过对流和蒸发来增加热量损失；例如，空气以 1m/s（步行速度）的速度流动可以使空气温度由 30.25℃降低到适用的 27.25℃。与使用 6 倍能量的空调相比，顶棚上的风扇很具有能源效益。

对于高层建筑立面，风力随其高度按指数规律增长。因此，如果在建筑物中使用自然通风，那么不同高度区域的一系列的改进排气装置是必需的。外部门面可以根据期望的热效应和通风系统组建成一系列的系统（例如双层墙、烟道墙壁等）。

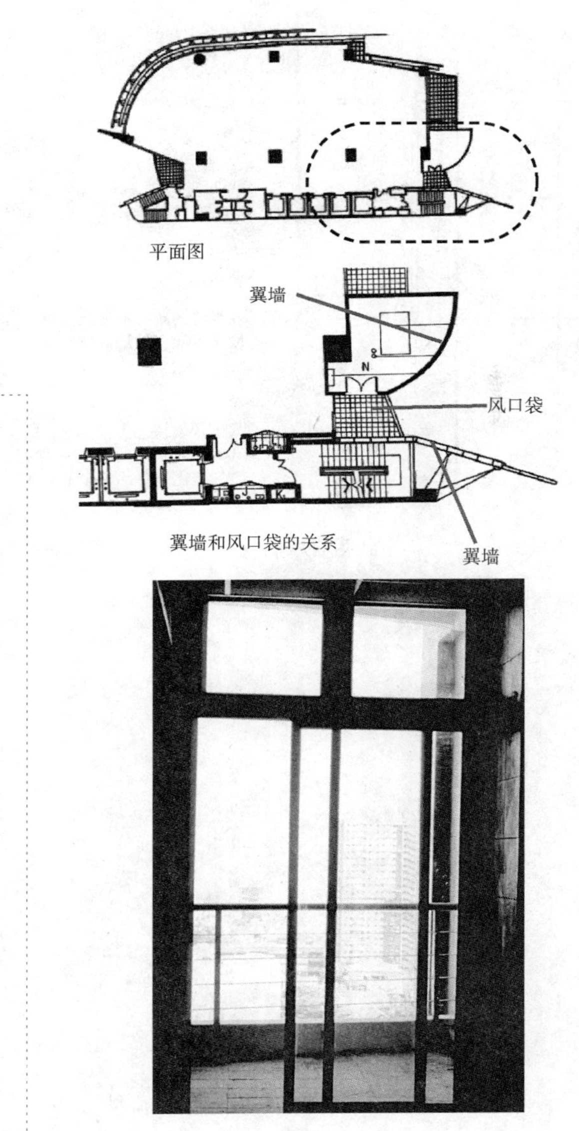

风口袋内视图
翼墙装置的细部（见前页）

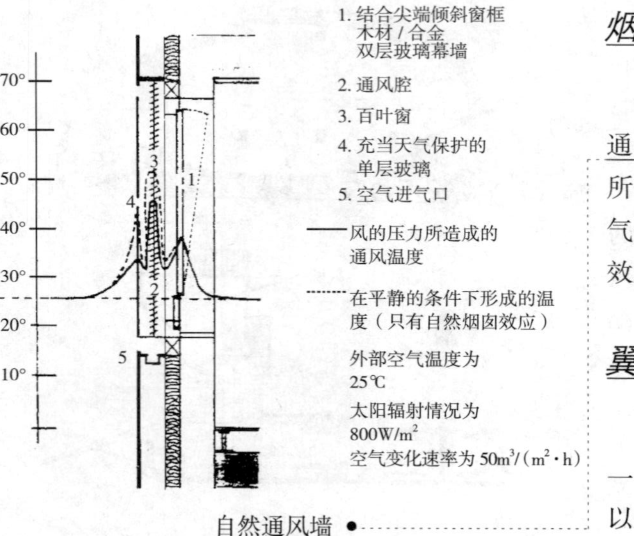

自然通风墙

烟囱通风

建筑物越高，由烟囱效应引发自身通风的潜力就越大。被动的烟囱通风是自然通风（非机械的）的一个系统，它使用垂直叠加的管道，使得内部空气在原始动力所创造的压力差下从建筑系统排放出来。当前，这种现象通过走廊空间和横向的空气壁垒的机械压减弱了——以增加单元通风能量为代价——否则会产生过度的烟囱效应。

翼墙

翼墙也是有用的低能耗装置，它可以被设计成内置形式来捕集风，在侧面上用一个鳍状物改变风向使得其朝向建筑物内部以增加每小时内部空气的流动，这样可以创造出和吊扇效果相同的舒适的内部环境。

自然通风对可持续设计是很有价值的，因为它依赖的是自然的空气运动，并且可以通过降低对机械通风和空调的需求来节省重要的非可再生燃料能源。它提出了在建筑中的两种基本需求：除去污浊的空气和水分，加强个人的热舒适性。

一些欧洲设计模式表明，为了接收充足的自然光，距离外墙最远的桌子应该安排在 5—7.5m（比如深度在外部窗户高度的 2.5 倍）处。尝试用更大的楼石进深来进行自然通风变得不太现实，因为自然通风变得不合适——空气排放到外面很久以前就有可能被污染了。

如前文所述，在那些户外空气污染严重的城市里，能使用自然通风的区域也是有问题的。这时就需要将空气引入这一空间，通过空调系统与高效率的过滤器优化内部环境的质量。除非有合适的声屏障存在，打开窗户后，外面的交通噪声也可能不利于自然通风。在会出现较高风速的情况下，空中庭院也许需要安装防风滑动屏幕来保护内部。

自然通风一般只适合有选择性的领域，比如电梯间，楼梯及厕所，这些都可以有开启的窗口或通到外部的空气间隙，但是这些也应该有一个按百分比计算空气损失的通风，这允许有空调调节的空气的渗入。在需要这样自然通风的地方，大阳台可以有足够高且可以调整的滚滑门充当可操作的出气孔。

在温带和寒冷气候中，设计的挑战就是控制进气以达到所需的最低新鲜空气交换要求，而不导致冷气流或过多的热量损失。即使是在平静的冬季条件下，内外部之间的温差通常就能够产生足够的烟囱效应来吸进清新的空气。烟囱效应是由较高的出口排放的暖空气上升引起的，因此使得更冷、更重的空气从外面被吸进来。对位于寒冷和温带气候区的高层建筑中的大多数用户来说，经常缺乏自然通风，部分是由更进一层的高风速引起的，但也由于烟囱效应引起的诸多问题。在温带气候使用的一个共同策略是使用缓和的或冷却的最少量的机械通风与自然通风（或者由风扇协助透气），针对每个不同的季节采取不同的方法，同时限制冬季设计的温度为19℃，夏季的气温大约为25℃。不同地对待每个季节，可以使建筑达到可接受的能源消耗目标（超过正常年份大约是150kW/h/m^2）。自然通风的建筑物应该在形状上和方向上最大限度暴露在所需夏季风的方向，并设计一个相对较浅的平面（大约14m长的外墙到外墙的楼板深度），在进行自然通风时方便气流通过建筑物。太阳能供暖的建筑物需要特别关注，这样做既是优化太阳能又是优化通风要求。理想情况下，太阳能定位和微风路径要一致。

要想有效地达到个人舒适度，空气通过建筑物的路径必须穿过建筑物居住者常去的区域（即距离一层2m以内的地方）。在办公室，居住者头顶的气流在夏天（除了晚上降温的目的）基本上是没有什么价值的，但是在冬季却大有用处，因为它可在避免气流的同时达到最低的通风需求。

在建筑物间创造不同的压力，可以进一步形成自然通风。最基本的原则是依靠建筑物的墙壁阻挡气流，因此有必要造成迎风和背风墙壁之间的风压差。在预计的高于地板之上的地方或者外墙上的任何翼墙壁所在之处，有效压力差往往是动态压力的1.4倍。如果墙壁开口大约是墙壁区域的15%—20%，那么通过墙壁开口的平均风速很有可能高于当地风速的18%。

在温带和寒冷气候的冬季期间，很有必要确保室内空气充分交换以保持室内空气的质量。通过风压或烟囱效应这种自然通风是可以实现的。在温暖潮湿气候

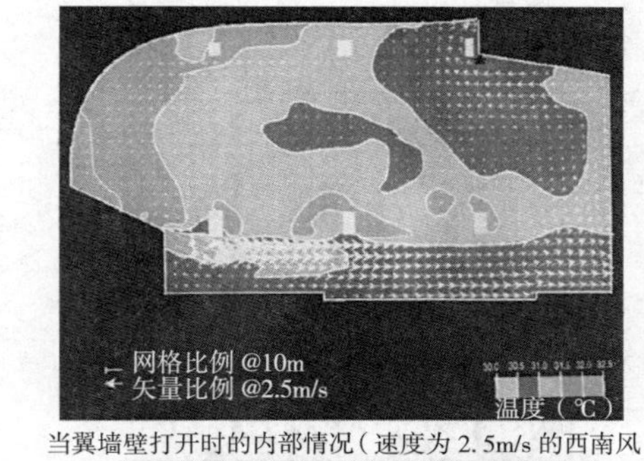

当翼墙壁打开时的内部情况（速度为2.5m/s的西南风）

空气等压线形式下的风绕流（垂直部分）

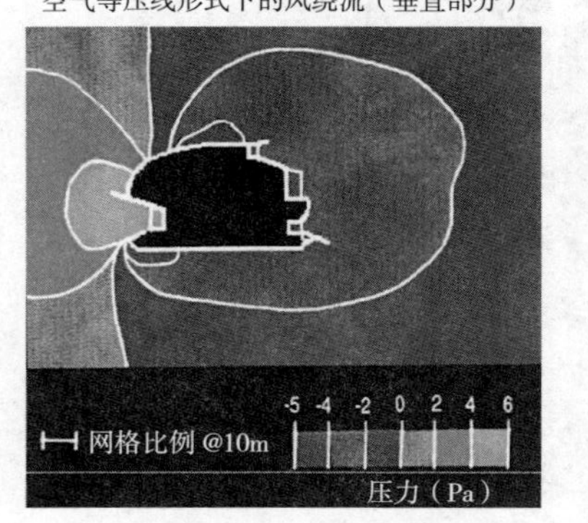

空气等压线形式下的风绕流（平面图）

利用计算流体动力学（CFD）来分析利用风力创造舒适的内部条件

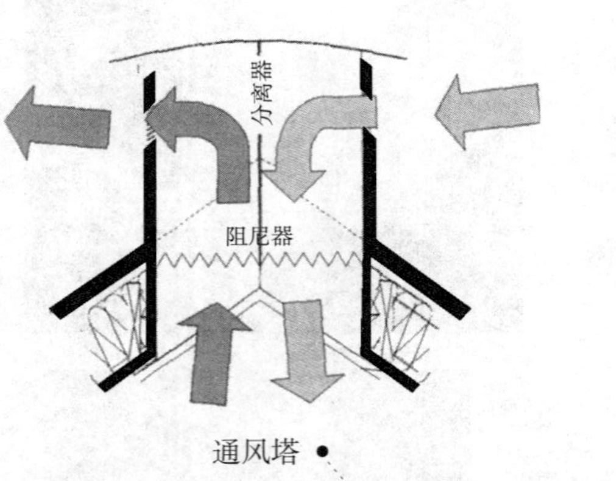

的夏季，利用风压和/或烟囱效应进行自然通风对于实现气流和室内热舒适性是很有用的。在炎热干旱的沙漠气候条件下，都市建筑可利用烟囱效应引起的自然通风，在晚上可以通过蒸发冷却系统或者风压来吸入气流以加强建筑物的夜间冷却。在白天，自然通风可以通过一个蒸发冷却系统（来确保降低进气温度和提高相对湿度）来实现。

影响室内通风条件的主要方面

- 建筑外壳的几何配置—它的形状和外形（突出物、凹进处等）；
- 考虑到风向的开口位置；
- 建筑系统围护结构的压力和吸力区域开口的总面积；
- 窗户的类型及其开口的细部设计；
- 开口的垂直位置；
- 对从入口到出口气流的内部阻塞，尤其是当空气流经一个以上的房间（它包括这样一些信息，比如连接相邻室门的开口的大小和位置）的时候；
- 开口处有无防蚊蝇纱。

这些设计细节的整体作用取决于其整体性以及在各自独立的房间所能够增加或者抑制建筑内部对流的程度。室外空气在通过建筑物时可以从建筑物的一个侧面的开口处（开口的进气口，或围绕建筑的压力区）流过，经由建筑物吸力部分的开口出去，空气对流就是在这种形式下定义的。

从人体舒适度的角度来评价通风时，我们不仅要关注整体的气流流量，而且要关注整个通风空间的空气流速分布。在有关通风的任何讨论中，可以对室内通风条件进行评估的量化标准很重要。有关这些标准的例子有：

- 在进口处的空气速度；
- 在空间任一点的最大速度；
- 在空间的平均速度；
- 在入住水平的平均速度（即是在地板以上大约 1m）。

在本质上，生物气候设计（即被动模式）要与气候一致而不是违背气候。为了做到这一点，我们当然需要了解现场的气候条件，然后根据这些气候条件来进行设计，不仅要使建筑形式的设计与当地的气象条件同步，更要优化当地周围环境的能量，使其成为一个低能耗的建筑设计。因此在不使用任何机电系统的情况下，通过设计来改善内部舒适条件，我们可以减小对外部能源的依赖，并且可以降低非可再生能源的使用。

对这种方法还有一个地方主义原理。通过和当地气候条件有关的设计，我们提出了一个和当地有更好联系的建筑形式，从而更好地利用地域特征。这在当地的建筑中将会是显而易见的，毫无例外地将会有很高的资源利用率，在建筑中将会使用当地的材料，并将会很好地适应当地的气候和生态。很多现代的绿色设计者从这些建筑中寻找灵感。

建筑的形式对它的环境绩效也有至关重要的作用，就像它的朝向和材料一样。在更详细的层面上，环境设计的固定装置和设备也很关键。这些装置和设备包括：光电太阳能面板（包括或者排除）;（日间）导光板；（日间）光管；建筑遮阳设备；缓冲区；种植；机电混合系统——部分机械的、部分被动的通风烟囱；等等。

被动模式设计的需求量很大。它不仅仅是一些简单的直观的措施，像在北半球的夏天遮挡朝南的立面和在北半球冬天保护朝北的立面。环境规划从建筑物理学出发并结束于此。这里，我们发现，正是由于测试一个被动的或者混合的建筑系统的复杂物理行为的需要，驱动着强大的环境软件的发展，这样在进行建设之前就可以看到，减少或放弃传统的昂贵能源机械系统之后，对内部环境的控制是否仍然令人满意。越是雄心勃勃的设计，就越需要这种模型，因为再一次向外界开放建筑物会比一个密封的建筑要解决太阳辐射的波动、风速、湿度等问题产生更多的变数。同时，被动模式设计的建筑物，必须满足比当地建筑更高的舒适度和性能水平的要求，该模型是为了低耗能建筑。

一旦我们选择了建筑形式的被动式配置方案，我们添加到设计中的任何其他系统都会进一步提高其低能耗性能。

即使能源来自周围环境（比如太阳能集热器、光电装置、风能等），这些系统通

速度增加的区域，
速度减少的区域
风向
速度减小的区域
速度减小的区域
建筑平面
北风
西北风
西北风
西风
西风

考虑风向对建成形式的景观设计指南

常也需要更高或更先进水平的技术支持系统，其结果是增加建筑物的无机含量及其体现的能级水平和间接体现的物质资源，因此伴随着对环境的影响。

植被

研究表明舒适的视觉享受是由建筑物中的植被所提供的。植被另一个好处就是空气质量的自然改善(见B18)。生态设计应该引进更多的自然融入我们的建成环境中，我们的设计特征应该与我们在自然界演变过程中所形成的那些特征相类似，以提供一个与自然有密切关系的丰富而多样的环境设计。

窗户

窗户的设计也能使建筑系统更节能，这是生态设计的重要方面。一般来说，玻璃是一种性价比很低的不良绝缘体，因为热量可以以很高的比例（大约为95%）非常迅速地通过玻璃。当然，设计者可以使用低反射率玻璃，它可以反射热辐射防止热量进入建筑物，否则无论照射在任何表面都会被吸收。这种玻璃有一个无形的金属涂层，它能吸纳全谱阳光，但却阻止了热辐射的逃散。目前还正在努力研制可以用嵌入式光伏电池直接利用太阳能量的窗户。

要降低冷却成本，重要的是要在白天关闭所有的窗户、门、窗帘和百叶窗将热量和阳光阻拦在室外，尤其是朝东和朝西的窗户。然而，如果室外的温度低于25.5℃，那么就应该打开窗户和门，使微风进来。在气候温和的地区，用夜间的冷空气对建筑物进行通风可以减少白天对空调的使用。天黑之后，打开所有的窗帘和百叶窗可以使室内的热量通过窗户排放出去。

使建筑物冷却的另一种方法是阻止太阳的热量从屋顶渗入。做到这一点的一个办法是在屋顶的下面增加一个辐射屏障—— 一种廉价铝箔。这将阻止至少95%的热量辐射到阁楼或顶棚上。

生态设计试图提供尽可能多的自然光给建筑的内部空间。使用清晰明亮的玻璃和自然日光，提供给居住用户室内和室外的联系，并把风景带入到经常居住的室内。在尽可能大的空间，设计需要达到最低日光因素的 20%（不包括所有直射阳光的渗透），这个空间用来完成需要综合照明设备的任务。

生态设计应该使内部日光照射达到最大。需要考虑的设计策略包括建筑物的方向、浅层平面、建筑物增加的周长、内外部永久遮阴设备、高性能玻璃幕墙和光电集成光传感器等。设计者可以用物理或计算机模型，通过计算或模型采光战略来预测采光，从而评估所达到的利用水平和日光因素。

慎重考虑窗口的设计可以避免眩光，这和房间的深度和高度、空间的表面属性，以及窗户、外部和用户三者之间的关系有关。一间只能照射到一个侧面的 3m 高，6m 深的房间，房间的后面应该能够获得日光因素的 1. 5%—2% 左右，大约 15%—20% 的玻璃窗 / 外墙比率。根据由这种想法所造成的视觉环境，这些级别被描述为“愉快日光”。对上述的光玻璃比例来说，高度 / 深度的比率为 1∶2，就会有很好的光渗透，这个比率也同样适用于成比例的房间，无论是高一点或矮一点的顶棚，还是深一点或浅一点的平面。这个比率的作用就是将非居民建筑的深度限制为大约 12m，假设它的两侧都可以照射到。

眩光问题还可以通过提高或者降低对比度来解决——例如，通过增加内表面的反射。在学校里，当浅色墙壁被海报或者起绒粗呢遮蔽的时候，就常常会产生眩光；通过在邻近窗口的墙上聚集这种材料，可以减轻眩光，从而可以使得窗户对面的墙上尽可能保持艺术品和其他覆盖物的自由。

建筑平面的布局和形状，除了商业上的考虑，还应顾及本地用户、工作方式和文化模式、隐私权和社区，所有这些的发展都和当地气候有关。这一点应该在建筑物的楼面板布局中有所体现，包括其楼的深度，其出口和入口的定位，提供人类通过空间和在这些空间中运动的设备，其方向和外部景观。楼面板布局应提供一个可居住的环境，兴趣和规模，内部可以得到阳光，足够的通风等。例如，对办公室来说，工作站不应该设在各楼层的中心，将办公室分隔在周围，相反，应该通过规划内部布局，使最大数量的用户接收自然阳光。

在典型的大型建筑使用的能源中，人工照明约占 10%（而二氧化碳的排放量，

垂直景观设计的例子（Palomas 2, 墨西哥城，2003 年）

占总排放量的 25% 左右）。这是设计努力的下一个区域，它能够使建筑运营系统的能耗减到最小。尽管通过使建筑布局尽可能多地获得自然阳光可以部分减轻人工照明的负担，但我们也可以使用高效率的灯具，低能量的人工灯，电子镇流器和高质量的配件来减小负担。例如，用一个 18W 的压缩型灯泡取代 75W 的白炽灯，在灯泡的整个寿命期间就能避免相当于典型的发电厂（在美国）排放的 4300kg 的二氧化碳和大约 10kg 的二氧化硫，并且二氧化硫也会造成酸雨。通过提供照明开关系统，再加上该建筑物的自动化系统（BAS）可以实现能源节约，或利用当地的控制和周围的光传感器来调整人工照明，取决于进入建筑的自然光的量的多少。

用单输出管、电子镇流器和反射率为 0. 8 的高性能反射器（如 3M 的 Silverlux 系列产品）取代现有的灯光设备，人工照明（两管或三管）的能源消耗可以得到改善。和老配件相比，这大约将会增加 60% 光输出量。通过使用电子镇流器，和大多数标准的磁性镇流器使用的闪烁灯。与大多数磁性镇流器启动时间较长这一不便相比，一个额外的好处就是电子镇流器是可以即时启动的。

屋顶风景：在建筑外壳的“第五个立面”

所设计系统的绿色屋顶风景应该被视为该建筑的第五个立面。与低层建筑类型相比，高层建筑形式的屋顶在热量上不及前者重要，因为与广阔的外墙面积相比，它的表面积很小。而且，除了最高的少数几个楼层之外，多数楼层高度与所有屋檐毫无关系。

建筑大多数传统的深色屋顶表面吸纳约 70% 或以上的惊人的太阳能，导致屋顶的最高温度可达 65—88℃。另一方面，那些用淡色的表面涂层涂过的凉爽屋顶，在热天也要低 10—16℃。在转移热量到下面空调空间过程中所减少的热量，可以降低平均冷却成本的 20%。

然而，需要考虑建筑顶层的屋顶对太阳能的直接吸收。在任何情况下，大部分的屋顶通常都是被机械设备所占据，可以提供一些绝缘。另一种方法是，有一个屋顶檐篷或藤架，或提供一个平台花园，或遵循永续生活设计原则（见 B21）。

例如，在湿热气候区，屋顶应该用低热容材料设计成反射的外表面（在这里外表面不会被遮蔽）。屋顶最好应该是双层建造的，并能提供一个反射的上表面。

对建筑外表面起作用的热动力是辐射和对流影响的组合。辐射包括入射太阳辐射以及和周围环境进行交换的辐射热。对流热交换的影响是与内部空气进行交换的一个功能，并有可能因空气流动而加速。

在建筑物的屋顶和阳台上也可以种一些植被。如果建筑物设计了带有植物的屋顶，那么雨水会被保留和蒸发，也会形成新的野生动物生境，内部绝缘性能会改善，能源消耗会降低。屋顶植被可以减少所收集雨水（必须被排出）的一半，通过蒸发冷却空气可以缓解密集市区中心的热岛现象，增强隔热和隔声效果，保护和延长下面屋顶的寿命，滋养动植物的可居住空间，增加当地生物的多样性。

在“景观的被动式设计”（下文），会进一步讨论植被的有利影响。

建筑形式、外表及颜色的被动式设计

通过使用白色或者浅色的材料，建筑的制冷峰值可以降低 40%，对顶层表面来说尤其如此（它获得的太阳光比其他平面或外墙更多，例如，在温带地区，夏天不需要的时候获得的太阳光很多，而在冬季需要的时候反而少）。通过在建筑物周围种植一些植被，包括大阴凉的树木，同样可以改善制冷效果。通过减少城市热岛效应和提高城市温度，当路面和建筑表面吸收而不是反射太阳的光线时，这两种方法也有助于减少对能源的需求。如果种植足够多的树木，冷却需求会降低 30%。

对外墙来说，尤其是在炎热的情况下，能够有效免受辐射影响的是有选择性吸收和排放特点的某些材料。那些反射辐射而不是吸收辐射的材料和那些更容易以热辐射的形式释放出所吸收的热量的材料，会导致建筑物内部较低的温度。外墙的颜

光学性质的扁平黑色涂料	0.98
扁平的黑色涂料	0.95
黑色清漆	0.92
深灰色涂料	0.91
黑色混凝土	0.91
深蓝色清漆	0.91
黑色油漆	0.90
斯塔福德蓝砖	0.89
深橄榄的褐色涂料	0.89
深棕色涂料	0.88
深蓝的灰色涂料	0.88
湛蓝或墨绿清漆	0.88
棕色混凝土	0.85
中等棕色涂料	0.84
中等浅棕色涂料	0.80
棕色或绿色清漆	0.79
中等防锈油漆	0.78
浅灰色油漆	0.75
红色油漆	0.74
红色砖瓦	0.70
无色混凝土	0.65
中度的轻黄色砖瓦	0.60
中等暗绿色涂料	0.59
中等橘黄色涂料	0.58
中等黄色涂料	0.57
中等蓝色涂料	0.51
中等黄绿色涂料	0.51
浅绿色涂料	0.47
白色半光面涂料	0.30
白色光泽涂料	0.25
银色涂料	0.25
白色清漆	0.21
抛光铝反射板	0.12
镀铝聚酯膜	0.10
实验室堆放的蒸汽涂料	0.02

● 各种材料的太阳能吸收比

项目	发射比（在10—40℃）	吸收比（对太阳能辐射）
黑色非金属表面，如沥青、碳、板岩、油漆	0.90—0.98	0.85—0.98
红色的砖瓦，水泥和石料，生锈的钢铁，深色油漆（红色、棕色、绿色等）	0.85—0.95	0.65—0.80
黄色和迷砖及石料，耐火砖，耐火土	0.85—0.95	0.50—0.70
白色或轻霜的砖，瓦，油漆或纸张，石膏，白色涂料	0.85—0.95	0.30—0.50
明亮的铝涂料；镀金或青铜涂料	0.40—0.60	0.30—0.50
抛光黄铜，铜，蒙乃尔镍铝合金	0.02—0.05	0.30—0.50

部分材料的太阳能发射比和吸收比

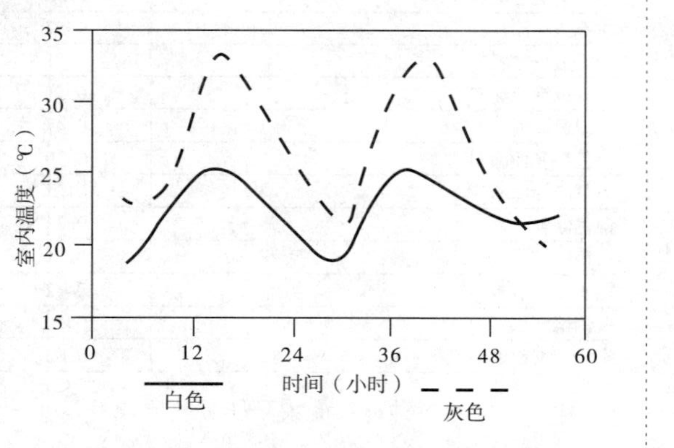

基于建筑色彩的被动式生态设计模式

色应该尽可能浅，这样可以缓解热岛效应，并且可以从整体上减轻空调的负担。特殊涂层可用来改善基础材料的热性能，这些都应被考虑到。在质量集中的建筑立面，在其内壁使用深色涂层也是设计策略的一部分。一些颜料反射了一半辐射的太阳能，而一些看起来是白色的墙面板将其吸收。

景观的被动式设计

生态设计的一个关键因素是把握好建筑物的无机特征与类似生态系统的有机或生物成分之间的平衡。在建筑物中把垂直绿化加入到建筑中可以实现这一点。屋顶可以覆盖草皮或其他植被，墙壁上可以种植攀爬的植物，汽车停车场可以有加固的绿草，道路可以覆盖一层薄薄的植物，以便它们渗透灰尘和水（见 B7）。

除了有机平衡作用之外，垂直绿化还发挥着部分被动模式的作用，来降低建筑物的环境温度以及减少城市总体的热岛效应（见 B9）。植物通过新陈代谢蒸发水分。在进行光合作用时，水在土壤中被植物带走，在叶子上蒸发。植物的蒸腾作用有助于控制和调整湿度和温度。研究表明，覆盖在外墙表面的垂直植被可以将墙的能源利用率提高 8%，原因的一部分是通过捕捉空气的口袋，另一部分则是通过防止雨水充满建筑立面的空隙（与干墙相比，湿墙是较弱的绝热体）。

另一种具有能源效益的景观设计方法是让藤蔓在格架上生长，这样可以降低墙面的温度，附着在墙上的格架的温度可以降低 4℃。节省能源景观设计的第一步应该是确定一整天中太阳主要照在建筑物的哪个地方，然后再根据气候情况采取措施挡住阳光、让它完全照射或两者混合。

在炎热干旱的地方，有高大树冠的树木会在屋顶上、墙壁上和窗户上形成最大的阴凉。如果使用空调装置，微风应偏离建筑物；相反地，如果不使用空调装置，应鼓励风的流动。

在温带气候区，落叶树木在夏季提供良好的遮阴，并且在冬季获得最大的太阳能热增益。在炎热湿润地区的夏季，在落叶树形成尽可能多的树荫的同时，应该允许微风进入建筑物。在凉爽的气候，应该种植一个偏向冬季盛行风的稀疏的防风林。

在冬天，朝南的窗户对太阳能热增益来说尤其有用。在夏季，如果有可能的话，应该种植一些落叶树避免过热。

由于存在蒸腾作用和树荫，树周围的空气温度比周围环境平均低5℃。美国能源部发现有树荫遮蔽的地方比没有树的地方温度低3℃。

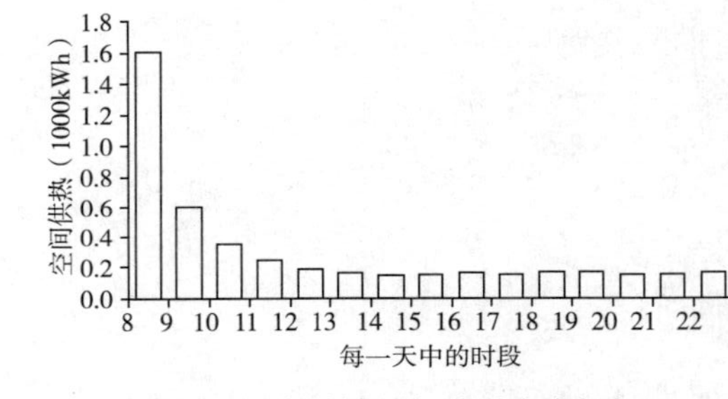

• 模拟一年中总结的每小时由常规加热电器提供的有用能源量

被动冷却系统

被动冷却系统适用于各种简单的冷却技术，通过使用自然资源能够使建筑物室内的温度降低。

在炎热潮湿的赤道地区，生物设计技术包括建筑设计和材料的选择，在提供更好的舒适条件（比内部四周条件适度地改善）的同时，尽量减少用来冷却建筑物的能源需求。这包括尽量减小建筑物的热增益，尽量减小建筑围护结构的太阳热增益和通过窗户的太阳光穿透程度，通过自然通风和其他技术提供舒适环境条件。实现这一目标的建筑方法已在上文讨论过（如建筑物的布局设计、朝向、数量、大小、它的窗口位置和细节设计、遮阳设备、围护结构的热阻和热容量）。适当地应用这些设计元素，可以将室内平均温度改善到比室外温度更舒适的程度。另一方面，各种被动的冷却系统有能力转移从建筑物到各种自然散热器的热量，通过使用被动过程提供的积极冷却往往会使用热流路径，这些热流路径在缺乏那些系统的非绿色建筑中根本不存在。在热干旱的气候条件下，被动模式采用热虹吸方法来创造空调的一个自然形式。

对于有炎热夏季的项目场地来说，有关生物气候的适当的建筑设计可以视为应用被动冷却系统的一个先决条件，并且这两种方法相互补充和相互加强。通过使用一些天然的散热器，如空气、上层大气、水和下表面的土壤，建筑物可以通过被动系统冷却下来。这些冷却来源中的每一种可以用于不同的方面和不同的系统。被动冷却方式已确定为如下几种：

- 舒适的通风系统：主要是在白天，通过室内较高的空气流动速度营造直接的人体舒适度，较高的空气流动速度可以提高汗水从皮肤蒸发的速度，从而减少湿皮肤的不适感。

- 夜间通风冷却系统：在夜间通过通风冷却建筑物内部的结构，在白天关闭建筑物的开口，从而降低白天的室内温度。
- 辐射冷却：把在夜间由于屋顶的辐射热损失所形成的冷能转移到建筑物，或在屋顶上使用一个特殊的散热器，无论在白天有没有储存冷气。
- 直接蒸发冷却：机械的或者非机械的空气蒸发冷却。然后将潮湿的冷空气引入建筑物。
- 间接蒸发冷却：屋顶的蒸发冷却，例如屋顶旁边的池塘。即使不增加湿度，也会冷却内部空间。
- 户外空间冷却：适合于外部空间的冷却技术，例如毗邻建筑物的院子。

使用大规模建设的被动模式

热质是由能有效吸收热量的建筑材料组成的，像热电池充电一样，经过一段时间以后，当建筑不再积极吸收从太阳或从其他一些来源获得的热量时，便将这种热量释放到建筑的内部空间。这里的建筑物是被当做一个热力系统来设计的，是利用其自身热惯性的材料联合很多空间构建成的。在这些空间里，热被允许和产生空气的自然流动、进来、出去、在周围或通过建筑物，在没有机械援助的情况下，改变温度和速度，通风和冷却。建筑的外形和组成元素可以每天或者季节性地对自然循环作出回应，可以开发利用周围环境能源和能源库。在自然和人造的环境中通过空间和时间共同的相互作用，这一点是可以实现的，结合空间大小的相互作用和一个开放或封闭空间的大小和形状来产生这一效果。

装玻璃面的热墙壁

在外墙的外表面增加玻璃面积，通过抑制墙壁上部分对流和辐射的热损失，可以提供一种获得由玻璃面传送的太阳辐射的方法。如果安装一个合适的深色玻璃、玻璃后面的墙面将会吸收引入的辐射并将热量释放到墙和玻璃之间的空隙中。墙上也可以大量存储热量。在日照充足的气候条件下（例如那些地中海周围地带），这种墙壁惊人的辐射规模在空隙中足以产生对墙来说相当高的温度，它可以作为一个自然的暖气设备来运行。然后它可能通过自然对流向毗邻的客房提供暖空气，以及转移储存在建筑中大量的室内热量。然而，在多云天气较多的地区，空隙中的温度对这个过程来说可能不够高，储存在墙上的太阳能可能较少。在这种情况下，应阻止空腔中的对流和墙表面的长波辐射，以减少热损失。关键的问题是，保留在墙上的热量是否可以匹配住宅的供热需求，或补偿墙上的热量损失。

以下是不同的玻璃面热墙，它们在处理玻璃面背后的热吸收、储存和分配职能的方式上是不同的。

- 特郎布墙（太阳能吸收壁，以 Felix Trombe 命名）通过自然对流把蓄热和非绝缘固体墙壁的热转移结合起来。它是一个储存和循环阳光加热的空气的有效热系统。在夜间，这个过程相反，暖空气可以从内部空间出来通过冷却的窗玻璃逸散。
- 特郎布墙是一个在顶部和底部都有通风口的巨大热墙壁。它可以由混凝土、砌体或砖坯制成，通常位于建筑的南侧（在北半球）以获得最大的太阳能增益。外表面通常被染成黑色以吸收最多的太阳能，并且墙被直接放在玻璃的后方，两者之间有一个空气气隙。
- 存储墙不包括由对流产生的热分配，单靠通过大规模墙壁的热转移。一般来说，存储墙的厚度在 200—450mm 之间，外墙壁和玻璃墙之间的空气气隙厚度是 50—150mm，每一行通风口的总面积约占存储墙面积的 1%。在夏季，墙需要遮阴以减少热增益。
- 其他类型的太阳能墙壁是水容器墙壁。
- 一个热空气面板（TAP）包含一个金属吸收器（与墙隔离），主要依靠自然对流，通过地板和顶棚的各种渠道进行热分散。
- 一种透明的绝缘材料（TIM），可安装在实墙的外墙表面的玻璃之上。TIM 允许传入的辐射通过其结构传输和被墙表面吸收，同时限制返回外界的热损失。

在采取任何其他设计模式（例如混合模式、完整模式、生产模式、复合模式）之前，通过优化所设计的系统中所有的被动模式选项，所设计的系统从一开始就作为一个低能耗的设计来运行。正是由于能耗低，而且最初也不依赖于使用非可再生能源（如化石燃料），因此随之而来的由环境所造成的后果也会更少（如二氧化碳排放量）。

如前文所述，如果一个建筑起初可以优化所有的被动模式选项，那么即使在机电系统的电力供应中断的情况下，建筑仍可保持着用户可以接受的舒适性。如果没有采纳这个设计策略，那么在发生电力故障的时候，建筑就可能完全不适宜居住。

在设计系统的结构和布局中，优化所有这些被动模式的设计方案，设计者可以采用下一个对生态最无害的设计模式。

小结

作为一个广泛的生态设计策略，设计师必须首先在外形上优化所有被动模式方案，围护结构设计与所提出的设计系统（在 B12）的规划将对其建筑形式、朝向、围护结构设计以及构造位置、布局和集中性的开放程度产生重要影响。只有遵循这一点，设计者才能进行下一套设计策略（B14—B17），它会影响建筑形式的设计和操作系统。很显然，拟议的建筑形式必须首先对当地的气候作出回应，其中生物圈所在的纬度不同，温度显然是不同的。这种设计方法通常被称为生物气候设计，它要求设计师首先分析和了解该地区在这几年的气候条件，然后再进行设计以改善拟建筑的内部舒适条件，拟实施的建筑形式和这些气候条件以及季节的变化（如果有的话）有关，无须使用任何非可再生能源或机械和电气系统（M&E），因此可以创造一个低能耗的建筑形式。

被动模式设计包括：建筑的构造和方向、围护结构和门面的设计、太阳能控制装置、被动日光的概念、风能和自然通风、屋顶风景设计、建筑的颜色、景观设计、被动冷却系统、大规模建设的使用等。

在这里要提醒设计师检查拟设计系统的环境一体化水平（在 B3）。用户对设计系统的需求越多，对舒适性水平的要求越高（见 B1），设计就离被动模式（这里在 B13）越远，转而依赖于全模式系统的方法（在 B15）。

B14. 通过优化设计系统中所有混合模式：在部分使用可再生能源的前提下，通过设计提升室内舒适度水平，采用与当地气候相适应的低能耗设计

尽可能在建筑形式中采用并优化被动模式设计方案之后（见 B13），设计师接下来可以采用适当的混合模式方案作为次好的生态有利模式。混合模式设计使用了部分机电系统（如风扇、吹风机、泵、换热器等）和部分可再生能源来改善室内舒适条件。

与被动模式设计一样，混合模式设计可以看做生物气候设计的一种形式，需要了解当地气候以便利用其特征。在混合模式系统中，应使用最佳的运营方式、最小的消耗和最适当的技术。例如吊扇、除霜扇、双层立面、通风门廊和特郎布墙。

混合模式的有效性取决于建筑内外部环境影响（与建筑物内部与外部影响完全隔离的完整模式建筑物相反）之间良好的相互作用。因为混合模式的建筑形式允许环境能源进入并对其进行控制，因此通常有较高的透明度和复杂性。混合模式在这样的建筑形式中的发展取决于有成本效益的环境能源的开发，并且不会导致不舒适情况的发生。这种设计策略通常与使用太阳能进行冬季取暖、自然照明和通风的建筑物联系在一起。使用混合模式的目的在于创建尽可能自然化的环境，建筑物的居住者通过开窗和百叶窗将环境控制在热舒适水平内。

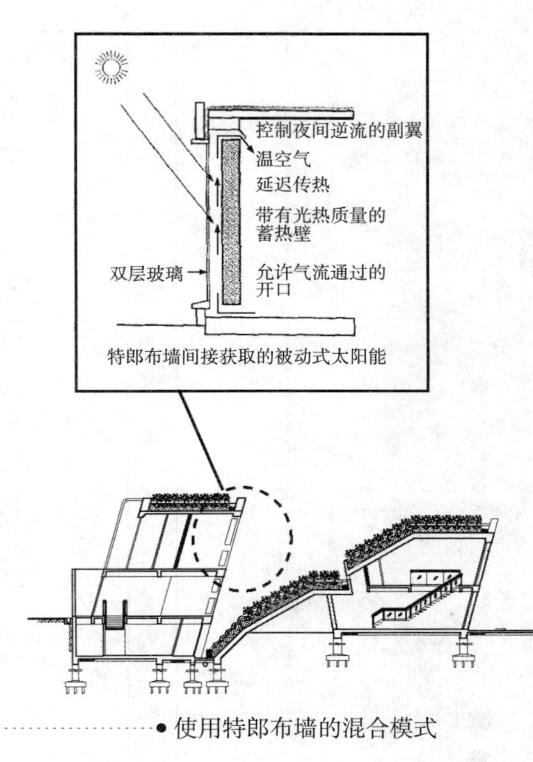

• 使用特郎布墙的混合模式

混合模式

需要考虑的事项包括：

次级玻璃表皮

一种方法是在建筑物抵抗天气侵蚀的薄膜外面包上一层次级玻璃表皮。这样能降低能量消耗，通过被捕捉的热空气“外套”、在温和天气或无风的日子里使微风穿

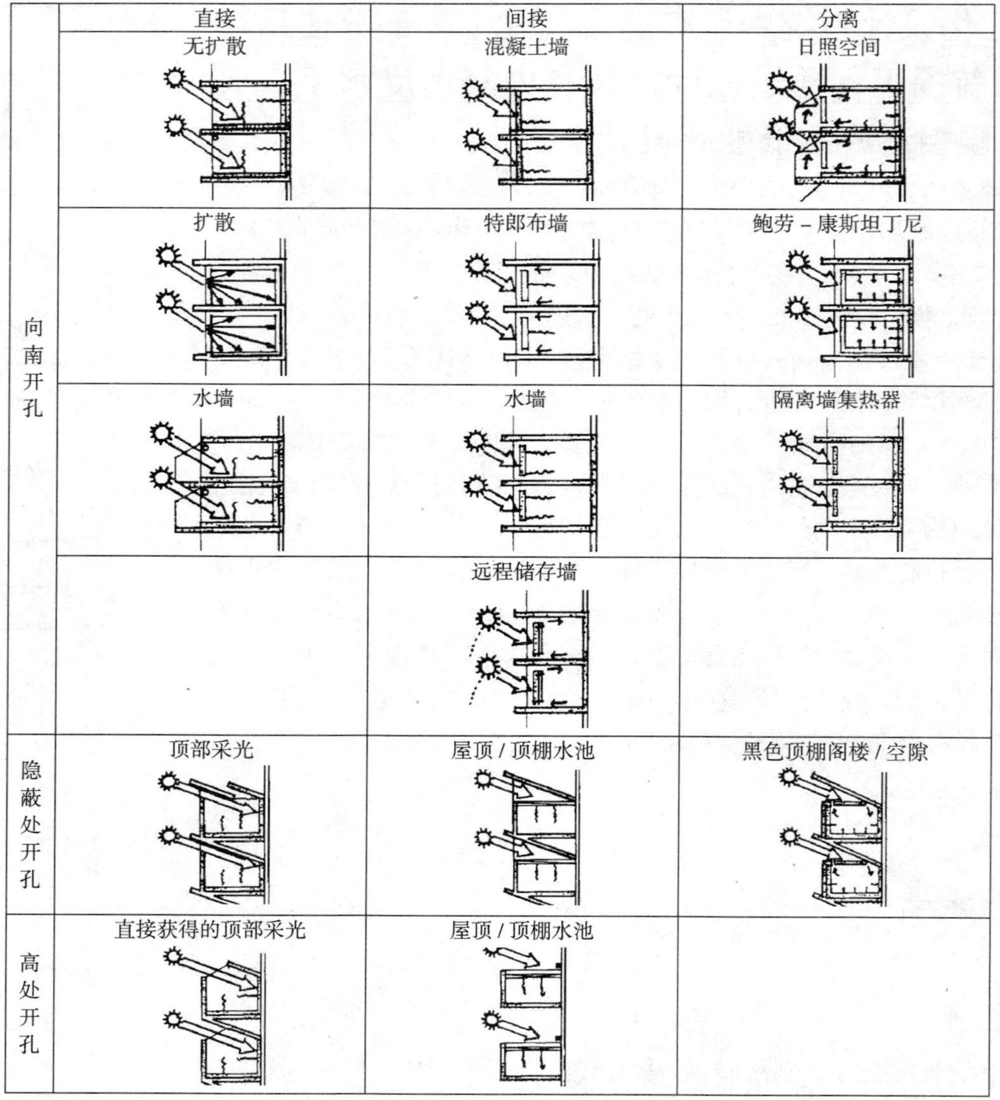

	直接	间接	分离
向南开孔	无扩散	混凝土墙	日照空间
	扩散	特郎布墙	鲍劳－康斯坦丁尼
	水墙	水墙	隔离墙集热器
		远程储存墙	
隐蔽处开孔	顶部采光	屋顶 / 顶棚水池	黑色顶棚阁楼 / 空隙
高处开孔	直接获得的顶部采光	屋顶 / 顶棚水池	

使用不同被动太阳能系统的混合模式

过并制造烟囱效应向上排气的微风。只有在最热的时候内部表皮才会被封闭，建筑物则进行机械通风。其他情况还包括带有虹吸系统的双层表皮玻璃立面（要确保第二层表皮是能打开的，以便进行自然通风）。

“双层”立面系统通过带有中间遮阳设备的通风双层“表皮”进行操作。中间遮阳设备使大多数入射太阳辐射穿越外层玻璃后转向。吸收的太阳辐射的一部分被转化成“敏感的”热量并呈放射状回到内层及外层玻璃之间的空间。

风压 / 烟囱效应

大气空间中热增益部分的通风取决于外部风压和 / 或烟囱效应的影响。烟囱效应的工作原理是百叶窗和玻璃窗吸收及辐射出的热量在空腔中上升。冷空气被吸入空间，替换通风后产生的漂浮的暖空气；这样形成的气流用来促进太阳能热增益区的空气流动。系统在外壁压力增补通风效应时最有效，但是由于风的发生和强度都在变化，设计的最佳性能也会发生变化。

为了使烟囱效应有效地发生作用，层间的空间深度必须要大于 250—300mm，外部排气口的尺寸必须大于 150mm。这样的结果就是导致立面结构变厚变重。系统能有效地控制太阳辐射热增量时，冬季将冷空气从外部引入空间就意味着空气缓冲器起到了作用。我们还必须进行仔细的监控产生于外部空气压力的自然通风，因为测试表明，外部风速达到 30m/s 左右时，百叶窗会发生剧烈振动。这一考虑对于要承受强烈阵风的国家来说至关重要。但是，双立面的获益包括噪声发射的回潮以及带有自然通风的建筑形式中较高风压减小。然而，立面内风压的减小也会减少无风天气的气体交换。有可能在每扇窗户前都形成温室效应，冬季时可使室外空气趋于温和，夏季则起到困住热量的作用。本文描述了无须承受风力的户外遮阳的使用情况，这样，带有透明玻璃的高层建筑可以不必冒着过量热增益的风险进行建设。

主动、交互墙壁

主动式与交互式立面与自然通风的双层墙壁有同样的作用原理，但具有一些优

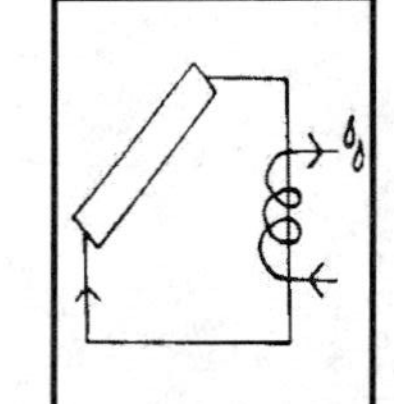

这种结构有利于空气和水体系统。集热器中太阳能加热的空气可以通过换热器将水加热，随后进行空间加热或家用热水系统。暴露在外的集热器里水不会结冰，所以不需要防冻剂，并且没有集热器泄漏的危险。
液体循环解热系统有良好的致密性。其缺点是空气－水热交换和成本的固有的低效率。

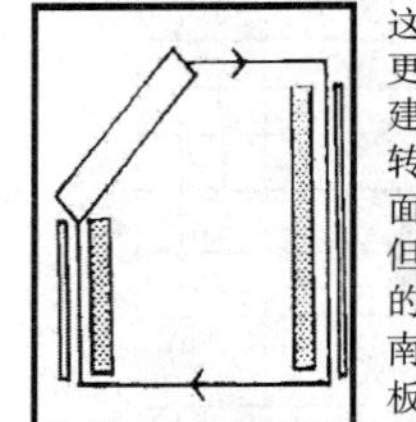

这种系统可以对旧的或绝热较差的建筑物进行更新。集热器出来的暖空气在风扇作用下穿越建筑外壳的气隙。因为集热器可以在低温下运转，因此可以达到较高的效率。提高墙壁的表面温度就可以改进效率。
但是，较大的墙壁表面积会导致低温太阳热能的大量损失。
南侧日光空间出来的暖空气可以轻易地通过地板和顶棚导管进行对流传热后进入北侧的日光空间，有效地形成温和微气候的展示间。另一个系统是屋顶集热器加热的空气通过新立面后面的风扇进行循环，类似地在更新工程中为公寓楼营造温和的气候。

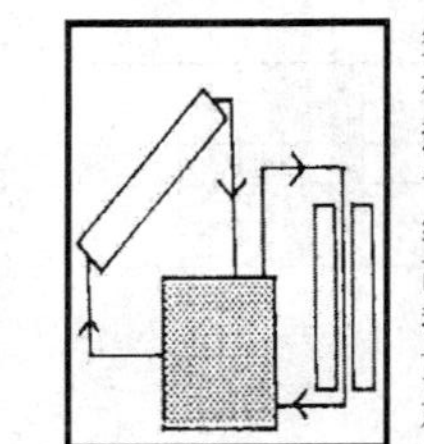

空气在集热器和蓄热器之间的闭合回路间循环，在蓄热器和热坑或热夹层间独立的闭合回路将热量辐射到房间内。因此，集热器的排放仅限于需要热量的时间，并且可以完全蓄热而不会给住户空间造成过热风险。两个优点导致了较高的太阳能利用率和良好的舒适度。
我们可以使用岩石仓作为蓄热器，由立面－屋顶整合的集热器进行充电。如有要求，热空气就从岩石仓循环到石膏壁后面的通道来加热房间。需要热量时可以进行快速反应，内部热增益偏高时则不会加热。与居住空间通过单独回路连接的立面集热器可以用于提供潜在的热存储。

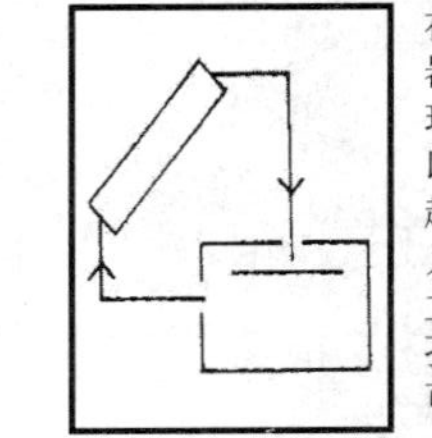

在系统中有时被称为日间加热器，太阳能集热器的空气可直接循环到室内，理想状态下会循环到需要较多热量的北面房间。夏季集热器可以用作太阳能烟囱，将冷空气从北面抽出并穿越建筑物。这种系统的一个缺点是缺乏存储：只有在太阳照射时才有可用的太阳增益。
立面可以由黑色的打孔金属板制造，可以通过孔眼进行新鲜空气的通风。门廊或日照空间也可以用来进行通风空气的预加热。

使用不同集热器系统的被动模式（参见被动太阳能系统）

使用轴流风扇的混合模式

高度（ft）
风扇边长（ft）
与风扇的距离（ft）

A B C D E F

1000 FPM 750 FPM 500 FPM 250 FPM 100 FPM 50 FPM

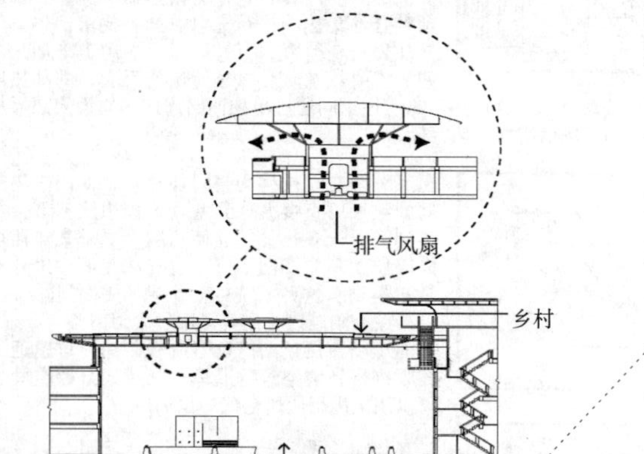

使用排气风扇的混合模式示例

势。与自然通风墙壁一样，空间内获得的“敏感”热通过强制性或可控通风被抽出。墙壁更为紧凑，这就要求比自然通风墙壁小得多的总截面深度。有主动式墙壁时，热增量由室内空气抽出。在温带和寒冷气候区域的冬季，室内玻璃可以保持与房间内接近的温度（温差1—2℃内），因此能消除冷辐射效应并能更充分地使用办公建筑的边界区域。主动立面移除的热量可用于连接热交换系统，为进一步的节能提供便利。交互式墙壁与自然通风立面类似，但是通风速率是由小型节能风扇控制的，风扇由太阳能或电气传统驱动。这是一个独立于主要建筑机械系统的“单机”系统。

特郎布墙是自立式热存储壁，放置在集热窗内侧，热流通过这层壁到达室内空间，这就是它提供热的方式。这层墙壁越厚，热存储能力越强，并且传热的长时间滞后。但是，热衰减同时也增长了。墙壁的厚度一般在20—30cm，滞后时间约为6—8h。在某些情况下，为了加强空气流通的开口设置在热存储墙的顶部和底部，以提高传热的空气对流。有时候要考虑采取措施避免夏季过热。最近新的建设方法已经开始使用透明绝热材料填充玻璃和特郎布墙之间的空气层而大大提高了集热效率。

轴流风扇

轴流风扇也属于混合模式设备，可与空调连接以使被冷却的空气穿过建筑。在冬季，设定在低速的吊扇可以使顶棚下收集的热空气散开。温和气候中的吊扇完全可以取代空调，而在热带地区可以将吊扇与空调相连，调到33℃也不会觉得不适。这样可以极大地降低制冷成本，吊扇高速运转24h比空调同等条件的成本小得多。单个房间最好采用吊扇或排风扇。微风会使我们感到更加凉爽，因为微风使水分更易蒸发，人体更易出汗并保持凉爽。夏季人类的舒适范围是22—22.5℃，但是使用吊扇后，舒适范围会扩大。高容量的排气风扇可以用于半封闭区域。

蒸发冷却器

蒸发冷却器通过冷却器内部湿润的衬垫从户外吸入干燥的热空气。较干燥的户外空气吸收了衬垫中的部分水分而降温。然后风扇将已经变凉的空气送入室内。由于技术简单，蒸发冷却器使用的能量仅为空调的四分之一。这些设备除了通风效果好之外，还可以将室空气温度降低 17℃。蒸发冷却器在 1—3min 内就能置换整个房间的空气。由于对空气湿度的增加，冷却器并不适用于潮湿气候。另有适用于这种气候的能产生冷却、干燥气体的两级模型。

干燥器

干燥器也是混合模式系统（用于潮湿气候等）的一种。干燥器冷却所消耗的能量少于室内或中央空调。尽管实际温度仍然很高，但降低湿度可使人感到凉爽。

被动式太阳能系统

被动式太阳能系统从本质上说是混合模式系统，因为它们一般都不是完全的机电系统或完全的主动系统。与生存的有机体类似，使用被动太阳能操作系统的建筑物不断地追踪太阳的轨迹。建筑物成了使居住者按照通用日历确定方向的外表面。一年中的时刻和季节使自然界中的舒适度（和美学）与内部达到同步。有人计划，大约 20 到 30 年内，世界上 20%—30% 的能量要通过太阳能来提供。很显然，最好尽快采取措施改变现有系统来优化太阳能的使用。

可以用多种方式利用太阳能产生动力，以达到供暖、制冷和照明的目的。太阳每年释放的能量比全球消耗的能量多 5000 倍。大气中的太阳辐射约为 $1300W/m^2$，其中大约 $1000W/m^2$ 到达了地球表面。术语“被动式太阳能系统”是指不依赖机械设备——如需要额外能量的泵和风扇——对太阳能量进行吸收、储存和分布的系统。被动式太阳能系统设计用太阳能满足了建筑物日常的供暖、制冷和照明的部分或全部需求，从而减少了建筑物对能量的需求。

三种最常见的被动式太阳能系统设计是直接获取、间接获取和独立获取。直接获取系统允许日光穿过窗户进入居住空间，太阳能量被地板和墙壁吸收。间接获取系统利用热储存媒介（如建筑物中某处的墙壁）吸收并储存太阳能。热量通过传导、对流或辐射的方式转移到建筑物的其他区域。在独立获取系统中，太阳能在一个单

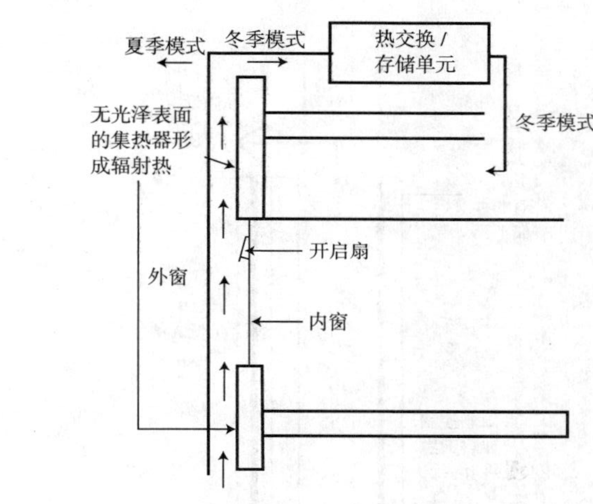

• 被动式太阳能：热回收壁

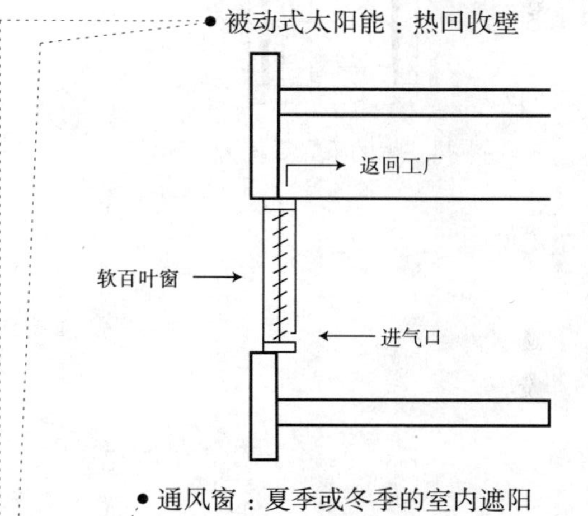

• 通风窗：夏季或冬季的室内遮阳

百叶窗 / 绝热
日照空间与建筑物之间的空气运动
间接收益
直接收益

• 带有被动式太阳能的日照空间

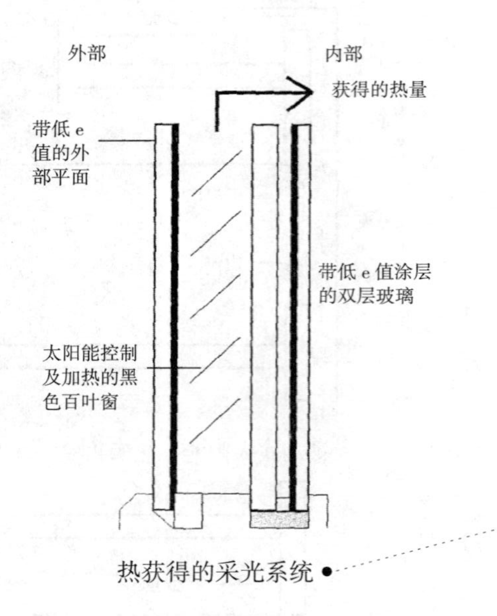

热获得的采光系统

独区域内（如温室或日光浴室）被吸收和储存，随后通过管道输送到居住空间内。为了保存更多能量，应该在最有效的被动式太阳能设计中结合绝热的设计。

在温度季节性波动的气候区域，被动太阳能供暖系统的典型特征是需要更多种类的备用热源。尽管如此，被动系统对节能的作用仍然十分突出。研究表明，增加的这些被动特征明显增加了 5%—10% 的建设成本，但是此费用在 5—15 年内可以得到补偿，具体情况取决于地理位置和地区能量成本。

在主动系统中，使用太阳能集热器可将太阳能量转化为有效热能，用于生产热水、空间加热或工业过程。平板集热器是收集太阳能过程中常用的设备。最常见是用黑色材料（如金属、橡胶或玻璃覆盖的塑料）制作的吸光板。平板将热量传递到流体中——通常是气流或水流——在其上下循环，使流体用于即时供暖或储存备用。这些系统之所以被称为主动系统是由于它们有外部的电动机械装置，如用于驱动流体的风扇或泵。住宅建筑中的主动太阳能系统通常可以为建筑物的供暖需求提供至少 40% 的能量。

开放式回路的太阳能热水器系统有时可以根据温度进行分类，主要通过低温单元集热器（可将水温升高 7℃）加热游泳池。泳池加热系统的特色是用泵循环水；因为水是定向循环的，因此不需用储罐。安装了中温系统的区域温度可以从 7℃升高到 28℃，可以用来进行住宅及商用建筑中水和空间供暖以及工业生产加热。在高温集热器中，加热到 28℃以上的水用于加热和热水，或烹饪、洗涤、漂白、阳极处理和精炼等家庭及工业过程。

热虹吸管

热虹吸管系统是常见的一种太阳能热水器，虽然使用了集热器和循环水，但它实际上仍是被动系统，因为没有使用泵。在这种系统中，储罐安装在集热器上方。集热器中的水被加热而密度降低，通过对流向上进入储罐，储罐中被冷却的水则沉入集热器中。

辐射热屏障

被动式太阳能技术也可以用于制冷。其系统通过遮蔽建筑物减少直接得热或将过多热量移到室外。精心设计的组件（如壁架、遮阳篷和屋檐）可以为窗户遮蔽夏季高度角较大的日光，并允许冬季高度角较小的光线进入建筑物。热量从建筑物室内转移到室外可以通过通风或传导来完成，热量在通过墙壁或地板时会有所损失。辐射热屏障（如屋顶下安装的铝箔）可以阻隔从屋顶传递到建筑物内 95% 的辐射热。卡纳维拉尔角的佛罗里达太阳能中心发现辐射热屏障是炎热的南方气候中成本效率最高的被动式制冷方法。

水分蒸发

水分蒸发是另一种建筑物制冷的有效方法，因为水从液态变成气态时会从建筑物表面吸收大量热量。喷泉、喷雾和池塘都能为周围环境提供良好的制冷作用。使用洒水系统可以在炎热天气里使建筑物屋顶保持湿润，并能将其冷却需求减少 25%。蒸发过程将水蒸气通过高等植物表皮的毛孔（气孔）释放出来，也可以降低当地的空气温度。

现在已经开发出了很多种主动式太阳能制冷的方法。在下层土壤温度允许的条件下，一种方法是使用接地冷却管——较长的、一端设于户外空气、另一端开在建筑物内部的埋设管道。风扇将户外热空气吸入地下管道，空气在土壤中失去热量，并保持在全年相对恒定的低温度。被土壤冷却的空气被吹入建筑物内进行循环。在主动蒸发制冷系统中，风扇通过潮湿的媒介（如喷水或潮湿衬垫）吸进空气。水分在媒介中的蒸发是气流得到冷却。

干燥剂制冷

干燥剂制冷系统设计适用于空气除湿和制冷。这些系统特别适合于空调占据建筑物主体能量需求的炎热潮湿气候。干燥剂材料（如硅胶和特定的盐混合物）能自

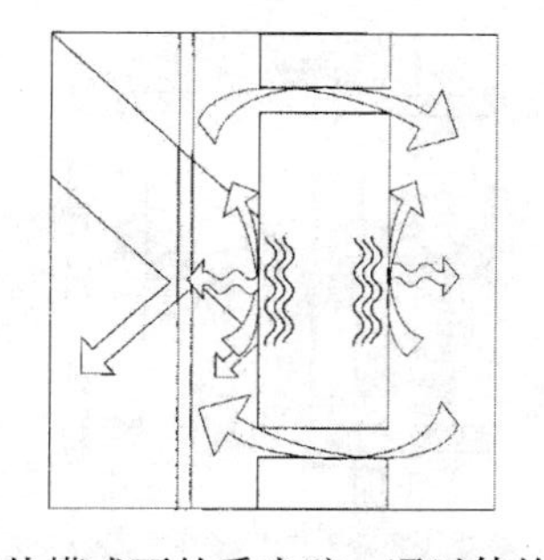

加热模式下的采光壁，通过体块和自然对流转移室内热量

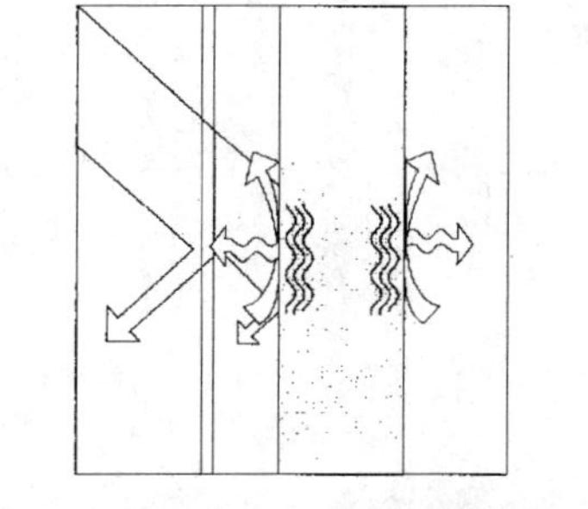

• 除了自然对流之外加热模式的采光壁

设计标准	不同的气体体积	风机盘管	置换通风	自然通风
清除安装	1	3	5	5
投运要求	3	3	5	5
楼层间高度	2	3	3	2
温度控制	4	5	2	1
湿度控制	2	3	4	1
多区域控制	5	5	5	1
空气流动	4	3	4	2
气体洁净度	4	3	4	2
气味控制	1	2	4	2
噪声控制	2	3	4	1
灵活性	1	2	3	3
工厂资产成本	3	2	4	5
维护成本	3	2	4	5
合计	36	38	52	35
用 1—5 之间的得分，5 表示积极的特征				

• 空调系统的设计标准［如不同的气体体积（VAV）和风机盘管（FCU）和自然通风系统］

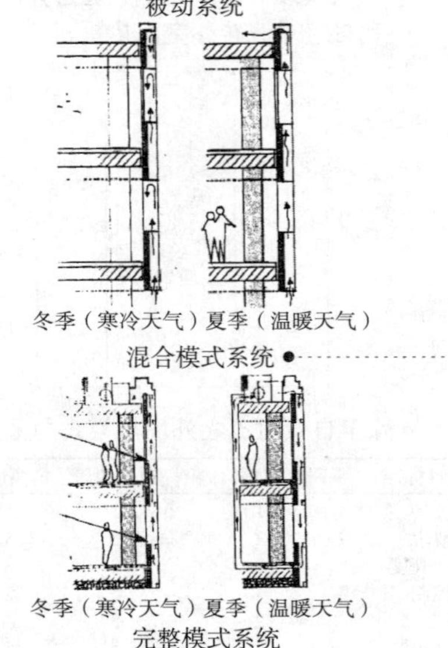

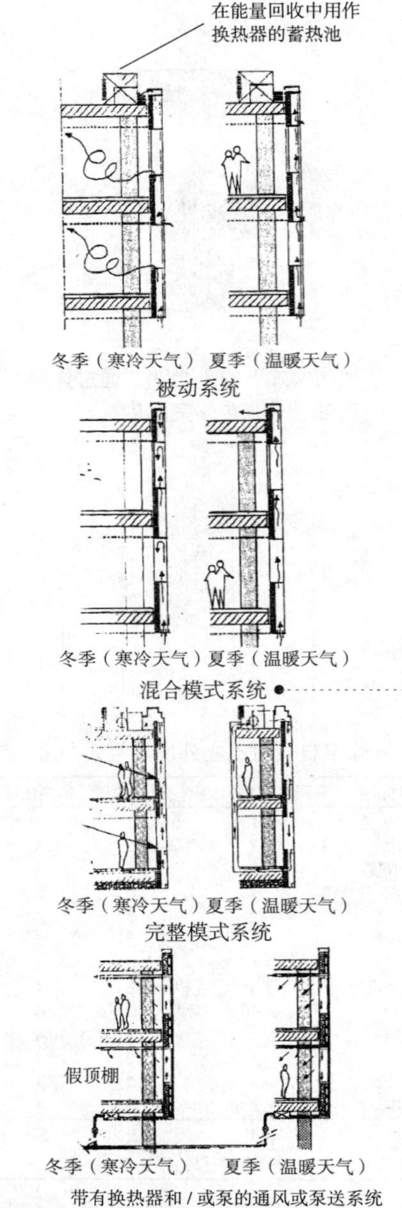

使用双层立面系统的不同模式

然地吸收潮湿空气中的湿气。包含水分的干燥剂材料会在加热后释放出储藏的湿气，这是其再利用的一个特点。在太阳能干燥剂系统中，太阳提供了干燥剂补给所需的热量。空气用干燥器除湿之后，就可以通过蒸发冷却或其他技术得到相对冷却、干燥的空气。

置换通风

作为混合模式的一种，置换通风系统使用了由楼板平面引入的空气，仅在居住区域楼板上方 1. 8m 左右进行调和。

这一技术有三大优点：

- 允许在 1. 8m 以上的空间进行“浮动”，达到节能的目的。因此通常需要比一般情况下高的天花板来获取最大效益（一般地板至顶棚高度为 3m）。
- 污染物质向上运动到高空排气区域，进入的新鲜空气从低处向上运动。
- 夏季，如果空间温度超出了设计假设的 27℃，就会在低处引入室外温度的空气（温度略微低一些）。较冷空气的向上运动会产生降温的感觉，可以改善居住者的舒适感。

另外，混凝土楼板和吊顶空间的惯性质量可以用来提供附加的免费制冷，因为这些平板的温度比室内空气温度低。这个过程可以获得 1℃的免费制冷效果。可以在前一晚的几小时内用低温室外空气的运转将剩余平板热量除去从而提高制冷效果。这种方法的有效性取决于已完成的顶棚布置；例如，悬挂的顶棚会限制气流向上流动和“进入”平板的过程。

混合模式系统（与被动模式原则相似）可以进一步影响设计系统的定型和配置及其方向、材料使用、外壳设计和运营。许多事例表明混合模式设计方法取决于当地的气候条件。

在将设计系统的被动模式特征转化成混合模式特征的过程中，系统开始需要一些机电装置和系统。但设计师要知道，设计系统的“设备”越集中，其内涵能量就越高，系统寿命结束后需要再利用、循环使用或重整的元件数量就越大。

小结

如果设计师在设计系统配置过程中已经优化了所有的被动模式设计方案（见B13），下一步就是考虑合并适当的混合模式运营系统和设计方案，再一次利用当地气候中的环境能量。混合模式设计包括某些可再生能源和一些机电系统的使用。设计师必须明白通过这种设计方法可以使设计系统逐步朝高效低能耗设计的方向发展。设计师还应知道设计系统的“设备”（即技术）越集中，其内涵能量就越高，建成系统中寿命结束后需要再利用、循环使用或重整的元件数量就越大。

B15. 通过设计优化系统中的全模式方案：通过设计使用最少的可再生能源，并且采用适合当地气候的低能耗设计，以提高舒适度水平

在设计系统中应尽可能采取被动模式和混合模式相结合的设计系统方案（见B13、B14），之后我们可以开始使用全模式系统来创建所需的内部舒适条件，并尽可能确保此过程的低能耗性。这样，设计过程就可以逐渐改进系统的低能耗性能，而不需作出与最终目标相违背的设计决策。

生态设计中要确保所采用的全模式系统与所用的被动及混合模式系统合作，并形成一个整合的环境系统来提供比户外条件优越的室内舒适条件。全模式系统能使设计系统符合舒适条件的行业标准（如 ASHRAE 标准）。

全模式作为第三个备选方案是指在传统建筑物中采用了机电系统的常规的完整环境系统。基本上，在完整的机电系统或全模式系统中，要特别注意其节能性能、生态影响和建筑物自动系统的使用。供暖、制冷、照明和通风的全模式供给都是通过耗能的机械设备进行人工控制，因此内部环境可以免受外部环境波动的影响。此系统通常是自动化的。

全模式系统设计的决定性因素有：

- 设备和服务系统设计应作为一个完整的系统进行设计，从而达到最佳效率，并使用节能设备和控制系统以避免不必要的能量消耗。
- 机电系统应操作维护得当，以免无谓的能量消耗。

如果设计师坚持要使建筑物用户的舒适条件全年保持不变，那么就要建立全模式的建筑形式。很明显，低能耗实际上是用户驱动的条件。被动模式和混合模式设计的低能耗条件没法与高能耗的全模式系统提供的舒适条件相匹敌。

在全模式建筑物中，商业建筑总电耗的15%是建筑照明，在住宅建筑中则占到24%，估计占全国总电耗的20%—25%。例如，光线的利用结合感应传感器、日光感

终端能耗	照明及家电的用电量（%）
冷冻（电冰箱、冰柜、双门大冰箱）	24
照明	24
烹饪（炉盘、烤箱、水壶、其他）	17
潮湿（洗衣机、转筒式干燥机、洗碗机）	16
家用电子产品（电视、录像机、卫星电视、电脑等）	14
其他方面	4

平均规模居住单元中照明及家电的用电量

应器、调光型电子安定器和环境光线水平较低的岗位照明可节约大量能量——不仅是照明的能量，还包括照明导致的制冷所需能量。一般的办公照明应小于 11.88W/m^2，若与照明控制相连，可低至 5.4W/m^2。

全模式建筑物的能耗占全球能量消耗的一半以上，尤其是高层建筑，密集的制冷系统增加了能量需求。高层建筑通常有庞大的空调系统，将热量排放到室外。这种能源使用方式不仅会产生污染物质，还增加了城市环境的热岛效应。例如，建筑物运营每年需消耗 35% 的能源和 60% 的电力（以美国为例）。

为提高全模式建筑物的能源效益，其设计可以结合自动化系统与能量模拟软件，从而为机电系统、照明、外部镀层材料和技术确定最适宜的节能方案。例如，此软件可以考虑当地的天气条件进而模拟建筑物每小时的能耗和成本。用户可对比节能的潜力和方案。

全模式建筑降低能耗的一种方法，是将系统设计成配有热电联产（CHP）设备的建筑群（例如设计为消耗生物质并且只排放 CO_2 的系统，而 CO_2 是从空气中回收的）。

另一个策略是公司的广泛参与，政府与商业团体合作可以共同节约照明能耗，将发电导致的空气污染减少 10%（相当于公路上减少 4200 万辆车）。另一个方法是尽可能采用高效节能设备（能捕捉发电过程的废热，并用其产生的蒸汽来提供冷却水或额外电力）。

因此，按照之前的设计依据（见 B13、B14），设计师应该将被动和混合模式（或背景）系统与全模式（或主动操作）系统进行整合。这样就可以形成复合模式系统（见 B17）。一旦建筑系统设计中所有的被动系统都已达到最大限度，就可以根据需提供的服务及舒适水平来探索其他运营系统和主动系统（如照明、取暖、空调系统）的设计方案。如前文所述，由于建筑物生命周期内相当一部分能量都消耗在内部机电工程系统的操作阶段。例如，典型的商业摩天楼的生命周期为 50 年，建筑物的能量成本约占总成本的 34% 甚至更多。而温带地区建筑物的运营过程中，室内供暖的能耗至少占总能耗的 48%。

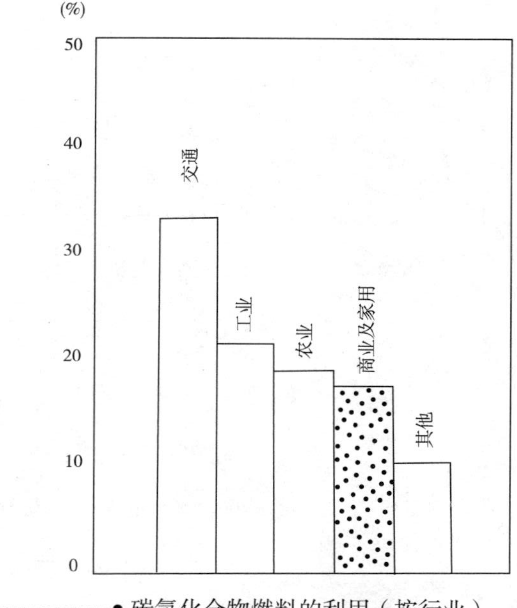

• 碳氢化合物燃料的利用（按行业）

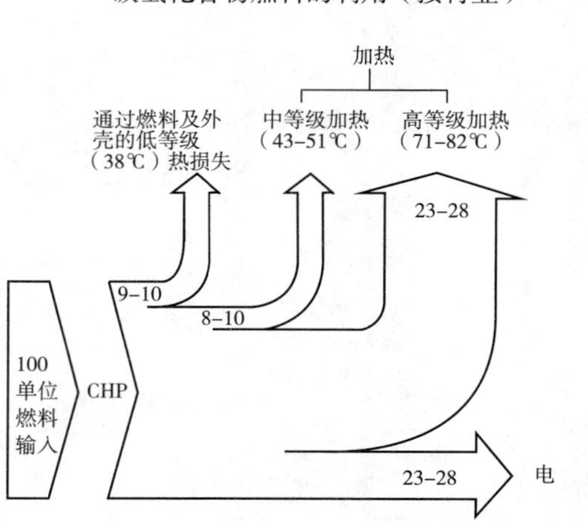

• 热电联产（CHP）单元：典型的能量平衡

装置		能源产量	能源
微型燃气轮机	小型燃气轮机可产生电力	25—500kW	天然气、氢、丙烷、柴油
燃气轮机	从燃烧室的高压高速气流中提取能量	500kW—25MW	天然气、液态燃料
活塞式发动机	活塞式发动机或内燃发动机，将燃料中蕴含的能量转变为机械动力	5kW—7MW	天然气、柴油、垃圾填埋气、消化池沼气
燃料电池（磷酸燃料电池）	与电池相似的燃料电池，通过内部电化学反应产生电流	100—200kW	天然气、垃圾填埋气、生物消化沼气、丙烷
光伏	将日光直接转化为电的太阳能电池	小于 1—100kW	日光
风力	带风机叶片的涡轮机，利用风力产生电力	高达 105MW	风力

比较各能源生产系统

被动模式或生物气候方法的主要经济效益，是降低了建筑的资金成本和运营成本——因为其运营模式能耗较低（建筑物整个生命周期可节约能源成本 20%—40%）。运营成本的节约意味着电能消耗减少，尤其是不可再生资源产生的电力，这样可以降低废热和颗粒的总排放量，缓解最终的城市热岛效应。但是节约的成本与总的成本相比很少，更大的效益是提高了生产能力（因减少了眼部刺激等原因）。

在使用了复合模式系统的温带和寒带地区，建筑物的运营应随当地季节的变换而改变。当然，如果温带地区的用户能够接受较低的冬季设计室温，就能大量节约能量。在温带和热带地区的夏季，将设计室温提高 1℃，全模式的建筑物中空调系统的制冷负荷就能减少 10%。对于全模式建筑物的空调系统，设计师可以将三种空调类型进行对比：变风量（VAV）系统、风机盘管和置换通风。

通过使用改良的机电系统（如冷却器、泵、冷却塔等）结合建筑物管理系统（BMS）的整合来节约大量能量，但是要避免过度设计。在温带气候区，与完全依赖空调（温带气候区还需要取暖）的建筑物的 230kW/h/m²/α 和典型的空调办公室的 150—250kW/h/m²/α 相比，生态设计应尽力达到不大于 100kW/h/m²/α 的设计目标。

全模式设计指南

对于必须使用全模式空调和供暖设备的建筑，应遵循下列全模式设计指南：

- 避免使用双风管系统或固定风量末端再热，因为两者都要冷却空气并按要求在使用点进行再热。
- 避免使用高速系统，因为会消耗更多能量，但是使用较少材料。
- 使用变风量系统（和风机盘管）进行局部控制。
- 从有余热的建筑构件回收热量并利用起来。
- 避免使用 CFC 和 HCFC 的系统。
- 选择效率最高的设备。

	所需最大升温幅度	室内温度令人满意的中性区		所需最大降温幅度
温度	室内温度需升至环境温度		室内温度需降至环境温度	室内温度需降至环境温度以下
	需要供暖		要考虑机械通风	需要机械制冷
通风	呼吸和气味控制需要的新鲜空气		呼吸及气味控制需要的新鲜空气；可能需要大量新鲜空气降低室内温度（此值变化较大，因为炎热天气里限制新鲜空气量的唯一途径是避免引入温度较高的室外空气）	呼吸及气味控制需要的新鲜空气（只有新鲜空气——通常是新鲜空气与再循环空气的混合物——可以冷却到环境温度以下。后者通常能效更高）

• 复合模式供暖、制冷及通风设计依据

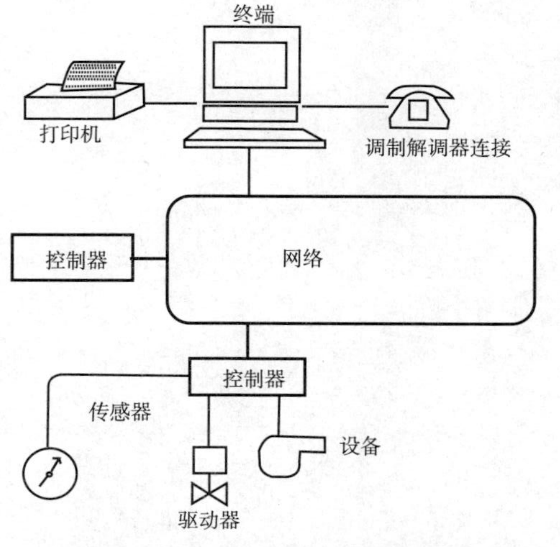

• 建筑物自动化管理系统的典型配置

我们需认识到空调的机械制冷过程有一系列潜在的环境影响。包括：

- 能量消耗产生的温室气体排放；
- 制冷剂泄露和处理产生的温室气体排放及臭氧消耗；
- 制冷器废弃物处理中产生有毒废物。

上述问题都有解决的方法，但是大多都需要损害其他生态参数。

制冷剂

生态设计师需要了解，所有的制冷剂都会造成不同程度的环境影响，因此所有制冷剂都有一定的危害。现有设备的制冷剂更换并没有标准的解决方案，即使在新型设备里，不同制冷器制造商也会选择不同的制冷剂。制冷剂的直接环境影响可以总结如下：

- 臭氧消耗潜能值（ODP），化学品对臭氧层破坏程度的度量标准，通过与 CFC 基制冷剂 R-11 的比值进行衡量；
- 全球变暖潜能值（GWP），化学品对全球变暖的作用程度的度量标准，通过与二氧化碳的比值进行衡量。

选择制冷剂时需，要在 ODP、GWP、间接 GWP（即对制冷器效率的影响）和可燃性、毒性等影响进行技术权衡。

因此有必要将运营中制冷剂的排放降到最低。每年的泄漏量评估值相差很大，最佳案例的数值为 1%—2%，而劣质安装和维护状态下高达 30%。然而不可能在设计阶段对劣质维护进行预防，因此要注意确保良好的维护状态需要进行设备配置，并设置适当的探测、隔离和排液点。然而，设计的选择对良好维护的效果有影响。例如，开式驱动制冷器的缝隙通常会有 2% 的泄漏率。制冷剂的流失不仅会导致昂贵并且会破坏环境的制冷剂的释放，还会导致制冷器性能下降。

生态设计要求设计师考虑全模式设计中的密集设备和部件的蕴能，及其更换（例如，设备和部件的使用寿命比建筑短）或寿命期结束时的再利用、循环使用和重新整合情况。

小结

采取并优化了适合项目场地气候条件的所有被动模式（B13）及混合模式（B14）设计方案之后，设计师可以开始选择全模式使设计系统达到期望的舒适条件。全模式系统（即全部机电建筑系统）的范围取决于该系统用户期望的舒适水平（见 B1）。全模式系统的设计师依靠整个机电系统，通过节能自动化系统的设计和使用来达到低能耗的目标。

被动模式设计的要点是节能，通过降低能源服务的质量来降低能源消耗，而全模式设计要点则是提高能源效率，即提高能源服务与能源输出的比例。这意味着最有效地使用每一个单位的能源。

在此再次提醒设计师，生态设计需考虑全模式方案中密集设备和部件的蕴能，还要考虑在其寿命期结束时（或更换时，例如设备使用寿命比建筑寿命短的情况）的再利用、循环使用和重新整合情况。

净效率 %
化学到热
热到机械
机械到电
电到机械
电到光
电到化学
化学到电
光到电
热到电
热到动力
化学到化学

100
90
80
70
60
50
40
30
20
10
0

发电机
水力电气
大型电机
干电池组
大型蒸汽锅炉
家用燃气炉
燃料电池（电位）
蓄电池
废弃物甲烷
家用燃油炉
小型电机
燃料
MHD
风力发电机
液态燃料火箭
蒸汽轮机
蒸汽发电厂*
气体激光器
柴油机
航空燃气轮机
工业燃气轮机
高强度灯
固态激光器
波能供电浮筒
汽车发动机
涡轮喷气机
喷气引擎
日光灯
新德国太阳能电池
转子发动机
硅太阳电池
蒸汽机车
热电偶
白炽灯

* 天然气、煤、石油、原子能、地热

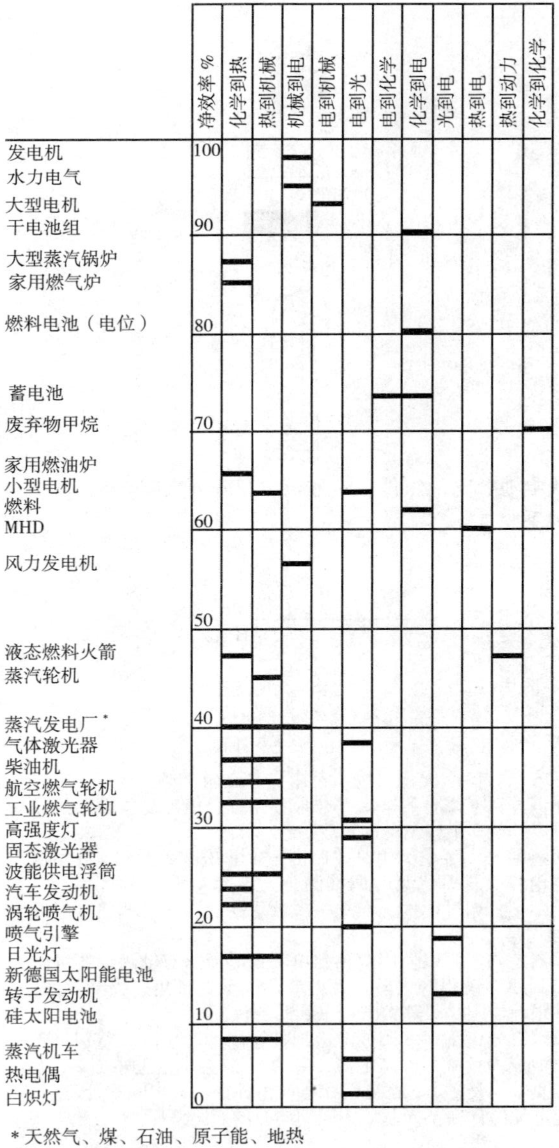

● 能量转换效率对比

B16. 通过设计优化系统的生产模式方案：在独立制备能源的前提下，采用适应当地气候的低能耗设计，通过设计提升室内舒适度水平

原则上讲，生态设计不应依赖于外部的不可再生能源（如矿物燃料等），而应像生态系统一样依赖太阳能（见 A4）。生态设计的目标是不使用或部分使用不可再生能源，因此设计中系统应采用生产模式以生产自身所需的能源。生产模式系统包括：光电池、太阳能收集器、风力及水力发电机。应尽力使建筑环境成为净能源生产者而不是不可再生能源消耗者。

要记住生物圈中生态系统的能源是太阳，是可再生能源。若要通过设计（生态拟态），建筑环境中使用的能源就应为可再生能源，生产模式则应采用太阳能。这种方法能最终在建筑环境中得以实现的意义非常重大，因为长远来看不可再生能源（如矿物燃料）将被耗尽，人类必须寻求其他能源。

但是，设计师还要知道生产能源模式的技术虽然正迅速发展，但仍然处于发展初期。例如，许多光电系统的效率低而且成本较高——尽管技术的发展正逐步提高能量转换效率并降低了其生产和储存成本。居住单元的平均能耗约为 1—5kW。

光伏

光伏（PV）是一种局部作用生产模式的能源，能提供清洁、无噪声、无污染的能源。作为参考值，1 平方米 PV 电池板平均可以产生大约 100W 电能（按英国的天气条件在盛夏产生 300W）。光线照到光电池上时，光线中大量的光子携带额外的能量，电池吸收后形成电子流，从而产生电位输出。目前利用光电池发电的成本是用传统能源发电的 4—5 倍。如今三种主要的光电池类型是单晶电池（单晶体）、多晶电池（砷化镓电池）和非晶硅电池。不同类型的光电池有不同的效率因子。这些因子的计算结果如下：

电池
电池组件
电池板

光伏电池、电池组件、电池板以及阵列之间的关系

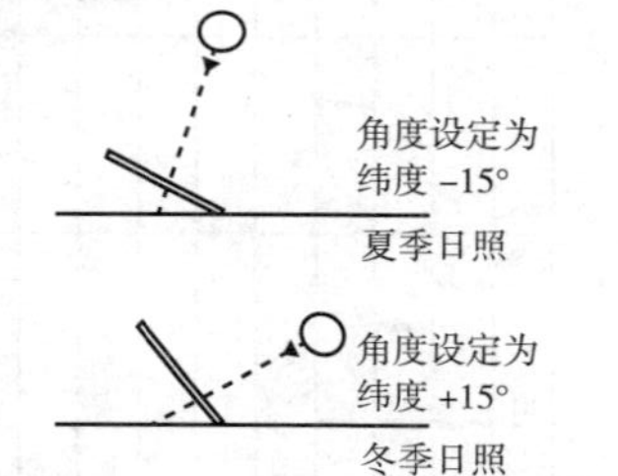

固定方向。冬季优化时按照正南（非磁南）倾斜 +15° 定位电池板。对夏季日照来说并非最佳角度，但是夏季额外的日照可以补偿非最优情况的角度。
可调整朝向。冬季优化时按照南方（非磁南）倾斜 +15° 定位电池板。夏季优化时调整倾角至纬度 -15°。通常来说，一年中不宜超过两次（春季一次秋季一次）手动调整电池板朝向。
跟踪器定向。可以使用双轴和单轴跟踪器。双轴跟踪器可以自东到西自动跟踪太阳，并自动调整垂直倾角以提高效率。单轴跟踪器则是跟踪太阳自东到西的轨迹。
遮阳。部分遮阳在太阳能电池组件输出量产生巨大差别。遮阳电池成为负载而不是电源，导致组件输出量迅速减少。无论是夏季还是冬季，都需确保电池组件在一天中间不受遮挡。确定电池组件在不同季节不同朝向时的遮阳情况。

光伏电设备安装的定向规则

- 单晶硅电池：
  效率系数：14%
  直流电压：约 0. 48V
  直流电流：约 2. 9A
- 多晶硅电池：
  效率系数：12%
  直流电压：约 0. 46V
  直流电流：约 2. 7A
- 非晶硅太阳能电池——将硅镀在支撑物（不透明组件）上：
  效率系数：5%
  直流电压：约 63V
  直流电流：约 0. 43A
- 非晶质太阳能电池——半透明：
  效率系数：4%
  直流电压：约 63V
  直流电流：约 0. 37A

单晶硅太阳能电池要使用昂贵且高能耗的半导体级硅，但是多晶及非晶硅电池不要。多晶电池使用较为廉价的冶金级硅。但是，单晶和多晶电池都是使用硅块，并将其切割成薄片用于制造电池。切割的过程会产生大量粉尘废料，并且是个缓慢、耗能的过程。

制造非晶硅光电池所用的材料比其他电池少得多，可以用薄膜的形式应用于不同材料。使用了砷化镓的非晶硅光电池的效率为 5%—8%，而结晶电池板效率为 10%—15%。薄膜电池板的效率已经达到 20%。先进的系统的效率可以达到 30%。非晶硅电池板的发展实现了太阳能电池与建筑的整合。太阳能电池板可以与传统建筑材料结合，不仅减少建筑过程的投入成本，还可以用无污染的发电材料取代传统材料。总的结论就是光电池越来越普遍，成本更可接受。

与主要电力网连接之后，光伏电池用户就不需要为储存电力而购买并维护电池，

铝箔衬底
高温下添加到铝箔上的太阳能电池层
冷却后添加到太阳能电池上的塑料载体层
拆除并回收的铝箔
添加的触体层
添加的保护塑料涂层

微米厚度太阳能电池层的沉积作用需要熔化塑料衬底的高温，因此这一层最先放到铝箔上。

- 塑胶衬底中的太阳能电池

来源	成本 / 安装	每千瓦的成本	标准能量	效率 %
微型燃气轮机	700–1000	0.07–0.10	30–300 kW	27–33
燃料电池	2000–3500	0.07–0.10	可达 200 kW	40–55
太阳能	6000–10000	0.14–0.28	可达 100 kW	15
风力涡轮机	1500–3000	0.04–0.07	10 kW–2 MW	40
柴油发电机	350–400	0.04 + 油	可达 4 MW	20–25

各种发电技术

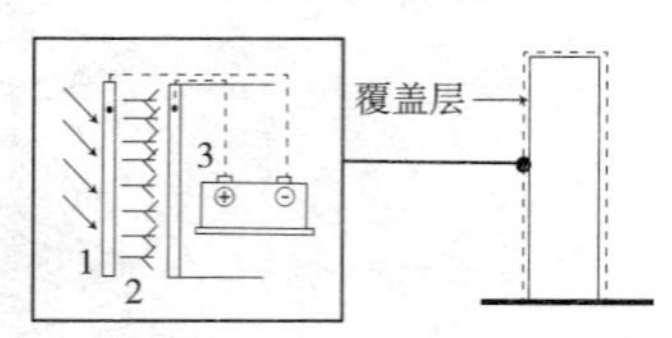

将来纳米太阳能电池可将日光变为电力。这些极其廉价的太阳能电池——由导电塑料中的纳米晶体结构制成，插入到灵活电极中——可以切成较薄的涂层添加到建筑物电镀层上。

1. 日光穿过建筑物电镀层的顶部电极，被纳米晶体吸收。
2. 太阳能量刺激纳米结构中的电极，产生在电极中通过纳米结构和聚合物流动的电流。
3. 电流经电线收集后用于给电镀层下面的电池充电，此电池用于提供设备动力和系统加热。

纳米太阳能电池

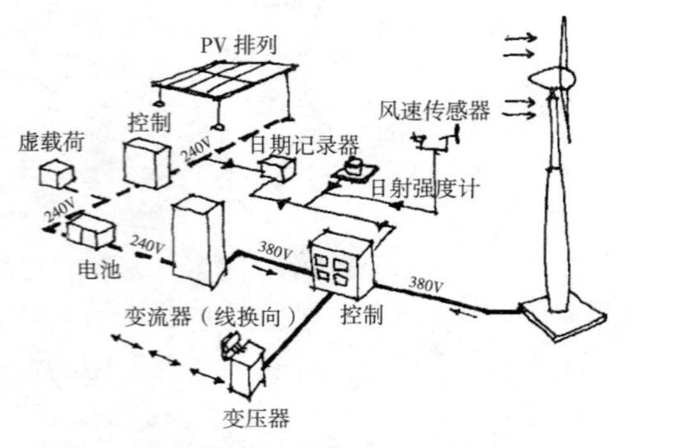

混合风力机栅极接线发电系统

可省去高昂的费用。另一个优点是减少了对传输线的需求，因为分布式发电可以实现在源头处用电。光电池通常用组件连通并连接电线，这样可以以适当的电位提取电力。太阳能光伏电池与阵列的主要元件是换流器。换流器是光伏发电的核心元件，将太阳能电池产生的直流电（DC）转换成电网电压的交流电（AC）。

设计师们面临的主要问题是开发出简单、长寿命、成本效率高、易于生产且能量转换效率高的太阳能电池材料。将来或许可以通过采用纳米技术生产的 P–N 核心式有机太阳能电池来替代现有以 P–N–P 为核心的太阳能电池。理论上讲，设计师可以设计一种合成分子来收集入射太阳能，将其分离成正电荷和负电荷，并将电荷沿着一系列集电极棒传输到存储区。这种太阳能电池要使用两个电极，阳极和阴极；其发展依赖于发现有适当纳米结构的材料。

近期，纳米设备不断发展、优化，可使用硅和其他材料制成的有机纳米晶体进行导电。太阳能电池可以用 2—5nm 宽、60—100nm 长的条状半导体棒制成。用导电聚合体将这些纳米棒混合，就能起到传统的太阳能电池的作用。

每根纳米棒都能吸收日光并将其转化成沿长度方向的高效电子流。如果将其夹到两个电极之间，那竖直方向的纳米棒就能产生可用电流。这种材料比传统的太阳能电池要便宜 5—10 倍。

最近开发的 Graetzel 电池是一种用于捕捉日光能量的染色分子。分子吸收日光后进入高能状态。在高能状态中，分子使电子从染色分子运动到二氧化钛白色晶体（是白色涂料的色素材料）的纳米粒子，从而分离出电荷。

分离出的电荷（阳极电荷保留在染色分子上，阴极电荷移动到二氧化钛纳米粒子上）通过一系列电化学反应进行重组。重组过程中，分子最初从日光中吸收的能量通过外电路的电流被释放出来。

Graetzel 电池的效率超过 7%，可以用丝印技术制造。其他生产模式包括了太阳能收集器、风力或水力发电机等设备的使用。我们要注意所有模式都含有机械系统，磨损和破坏之后需要定期进行维护和更换。

水力发电

水力发电是另一种潜在的可再生能源。近 20% 的太阳能都消耗在了地表水的蒸发上。当水蒸气冷凝并形成降雨时，就可以进行水力发电。水力发电量在美国占发电总量的 10%，而在全球发电量中占 19%。

地热能

地热尽管还没有得到广泛开发——现在仅占世界总能量的 0. 1%——但它作为一种可再生能源拥有巨大潜力。火山岩、喷泉和温泉地表下面的热水、热蒸汽可以转化为电能。

生物质能

以农业和工业废弃物形式存在的生物质也可以用于发电来电解水和制氢。以英国为例，每年可以生产 30×10^6t 固体废弃物。如果焚烧这些废弃物用来发电，可以产生的电量足以满足国家总需求的 5%。

氢能

使用可再生能源制氢，最重要的问题是太阳、风、水和地热的能量全部可以转化为“储存的”能量，并且随时随地可以集中应用，而不排放二氧化碳。所以，如果没有日光、不刮风、水不流动或矿物燃料不能燃烧就无法发电，经济活动就会慢慢停止。因此，氢是一个很有效的能量储存方法，能确保持续地为社会供应电力。

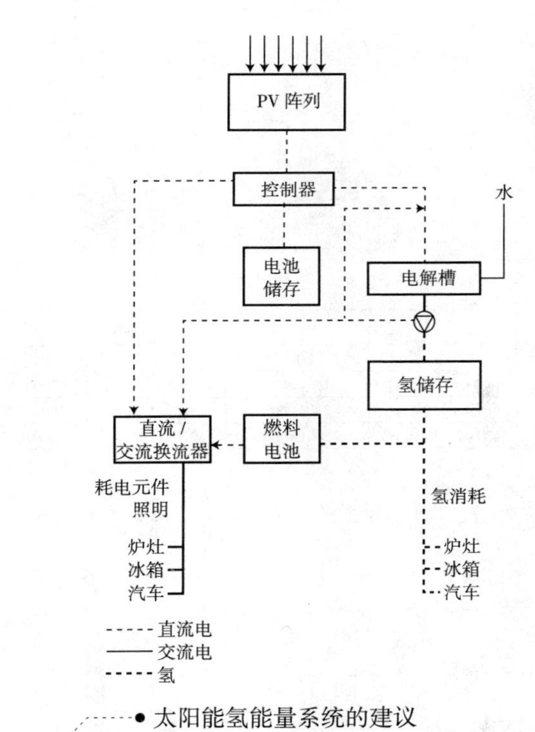

太阳能氢能量系统的建议

风力发电机

风力发电机

平均风速	转子直径（m）（能量以 kW 为单位）		
	1.0 m（0.25 kW）	3.0 m（1.5 kW）	7.0 m（10 kW）
4.0 m/s（9 mph）	150（600）	1300（867）	7000（700）
4.5 m/s（10 mph）	200（800）	1800（1200）	10000（1000）
4.9 m/s（11 mph）	240（960）	2200（1467）	13000（1300）

估算的风力涡轮机能量输出 kWh/y（kWh/a/kW）

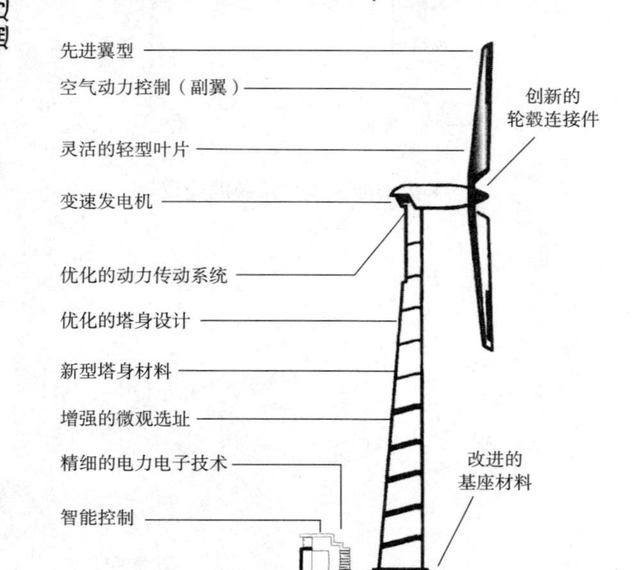

新一代风力涡轮机

2% 的太阳能通过大气循环转化成了风能。典型的风力发电机由带有两个或三个叶片的直径约 50m 的螺旋桨组成。风力发电机的叶片直径已达 140m（德国汉堡）。在平均风速 7.5m/s 的地区，螺旋桨可以产生约 250kW 电能。通常，直径 2m 的转子叶片每年可以产生约 500kWh 的电量。

生态设计必须考虑此系统的生产和此技术本身会产生较严重的环境影响，并含有较高蕴能，这一问题并不能影响运营期间能量节约。此系统的合理之处在于能模仿使用生态系统利用太阳能的方式，虽然生态系统的工作过程是化学过程（即光合作用），而人造生产系统通常为电气过程（即光伏电池）或机械过程（即风力发电机等）。

- 计算当地平均风速，以便确定风力系统的规模。当地气象站应能提供当地风速的详细数据，但是评估场地最好的办法是用带有风速计的风速加法器。
- 可用的风力发电以风速三次方的幅度增长。如果风速加倍，风力发电就有可能要增长 8 倍。
- 在风向不一致的区域，用低成本的微型风力涡轮机来补充 PV 系统比采用大型涡轮机更易于调整。
- 仔细检查制造商的规范和功率曲线。有些模型在高风速下能保持功率输出，而其他的就会有极大幅度的下降。对大部分区域来说，涡轮机在高风速下运转是没有问题的，因为只在短时间内承受高风速（高于 11.645m/s）；但在风速持续较高的区域就不能正常工作了。如果某区域平均风速较低，涡轮机功率曲线中低风速的部分就是最重要的参考。
- 大多数涡轮机都设定在风速 12.516m/s 左右，这是个相当大的风速值了。在适当的风速 6.7m/s 时，风力发电量仅为风速 11.175m/s 时的 15%。风速 2.5—3m/s 时（微风），风力涡轮机输出量就会变得很小或没有。若要有现实预期，则要了解有效的风速或当地其他的风能使用经验。
- 风力发电机的安装位置应至少比 150m 以内的所有障碍物高 6m，并应接地良好。风塔可具备倾斜功能，以便在恶劣天气（如龙卷风或飓风）时涡轮机可向地面倾斜。

人工模式生产系统通常是电子（如光电池）或机械的（如风力涡轮机等）。

将来或许会使用无碳的可再生能源形式，例如能将水分解成氢和氧的光伏、风力、水力及地热系统。

如果有足够多的建筑物采用多产模式，就能产生充足的电力从而减轻国家电网负荷，那么我们得到的就是“分布式发电”。中央发电厂与相连的小型电厂（如全部的居住社区、大型办公建筑物、主要工厂等）共用分布式电源，通过公用过剩的发电量来减轻电网负荷。

我们所持的观点是使用清洁技术在耗电现场发电比集中发电的效率高很多。这是因为通过输电线传输电力会浪费能量，而现场发电可以将过程中产生的废热收集起来并用于热电联产（如建筑物采暖）。

此外，设计师必须了解现在大多数生产模式系统都是设备及（人工模式）技术密集的，设计系统的设备越多，蕴能量就越高，其寿命期结束后的再利用、循环使用或重整的项目就越多。

最新研究已经生产出了有太阳能电池板的柔软纤维，可以覆盖任意形状的建筑形式，这大大扩展了复杂曲线建筑美学的使用机会增加了太阳能发电的使用场所。与传统太阳能电池不同，新材料没有刚性硅衬底。取而代之的是成千上万的廉价硅颗粒，将颗粒夹在两层薄薄的铝箔之间，两端用塑胶密封。铝片使其具有机械强度，可作为电气接触件使用。总的太阳能转换效率为11%。

太阳能电池还取得了其他进步，包括：使用纳米材料的可印刷的照明配电板、由半导体面板制成的太阳能电池、导电塑料中的自定向纳米颗粒、含铜原子的带有碳基分子的混合巴基球等。

小结

通过生态拟态了解到，自然界生态系统使用可再生能源（太阳能），而建成环境中的人造生态系统仍然要大量使用不可再生能源（例如用矿物燃料发电）。如果不使用可再生能源，建成环境的发展将会停滞。对设计系统的操作系统进行规划时，生

集热器使日光聚集在矿物油传热流体的管道上。矿物油加热到120—290℃，然后穿过换热器（次级流体在里面变成气态）。此高压气体使涡轮旋转发电。随后气体冷凝成液体并通过蒸发器循环并重复此过程。

槽形抛物面集热器

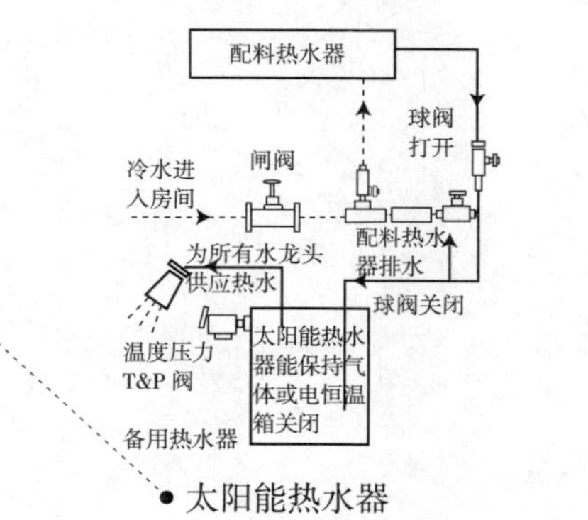

• 太阳能热水器

太阳能电池板固定在夹克衫背面，将能量储存在兜里的电池中。可以通过USB连线为小设备充电。

• 移动型光伏发电设备

态设计的最终目标应该是净能量生产系统，也就是生产和分配的能量大于消耗量。这样就能降低人造建成环境对不可再生能源消耗的依赖性。生态设计的目标是生态整合，例如模仿自然生态系统（见 A3、A4）——类似于生物圈中的生态系统——最终我们的建成环境将可以完全依赖于太阳能。目前，生产模式系统是技术和装备密集型的系统，设计师需要考虑所有系统及相关装置最终的更换、再利用、循环使用和重整以及技术系统中集中的蕴能，以使其能返回到自然环境中。

B17. 通过设计优化系统中的复合模式方案：采用复合模式，在使用较少的可再生能源的前提下，通过设计提升室内舒适度水平，采用适应当地气候的低能耗设计

从策略上讲，采用生态设计的系统有可能结合的模式有：被动模式、混合模式、全模式和生产模式（见 B15、B16），这些模式的整体作用取决于当地每天和各季节的外部条件。

复合模式本质上就是被动模式、混合模式、全模式和生产模式的整合，所有模式共同作用形成低能耗设计。

复合模式也可以使用 19 世纪发明的燃料电池等系统。燃料电池组可使终端用户按照当前发电量需求定制电池单元，也可按需增加电池组。燃料电池与电池相似，但是有个很大的区别。电池储存化学能并将其转化为电能，化学能用尽后电池就作废了。相反，燃料电池不储存化学能。而且将补给燃料中的化学能用于发电。不需要再充电，只要外部燃料和氧化剂充足就可以持续发电。

燃料电池需要氢燃料。碳氢化合物燃料太“脏”不可用作主要燃料。燃料电池一端是带负电荷的阳极，一端是带正电荷的阴极，中间是碱性或酸性电解质或者塑料薄膜，使带电的氢原子从阳极移动到阴极。商业燃料电池由许多独立的电池相互连接而成。氢从电池的阳极输入，通过化学反应将氢原子分解成质子和电子。释放的电子以直流电的形式通过外部电路离开。氢离子（质子）通过电解质层到达带正电荷的阴极。电子流返回到阴极，与空气中的氢离子和氧发生反应生成了水。燃料电池通过与电相反的过程进行运作。

与电池相似，燃料电池能将化学能转化为电能。对电池来说，当其可用功率放尽、电化学反应耗尽后，如果不能再次利用就要被丢弃。如果可以再利用，就要进行“再充电”，通过电化学逆反应将化学物质分离成发电之前的状态。与电池不同，燃料电池使用外部燃料将化学能转化成电能，因此不需要再充电，但是需要稳定的燃料供应。

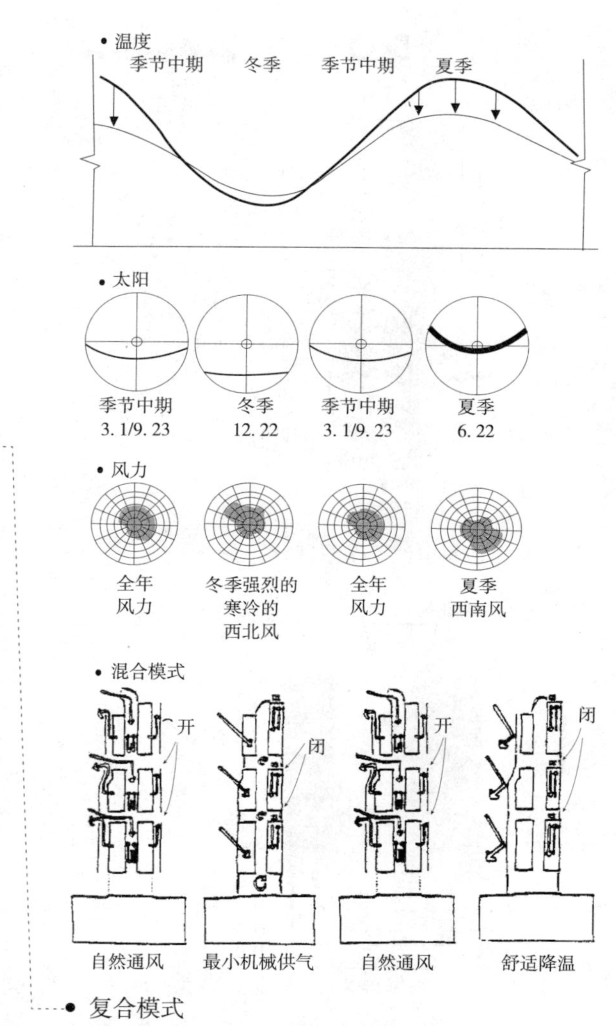

• 复合模式
（根据全年季节进行不同调整）

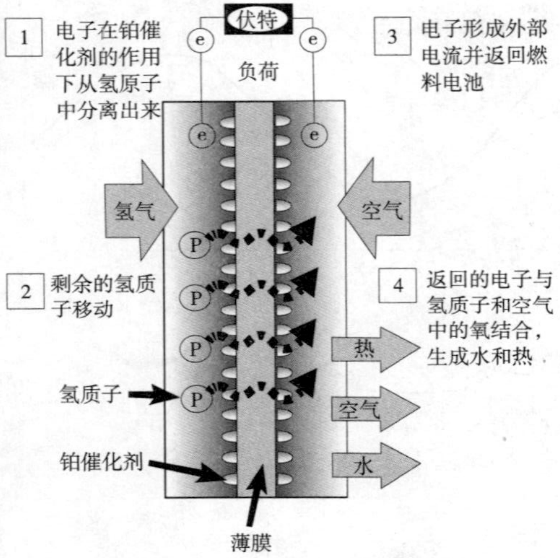

燃料电池工作原理

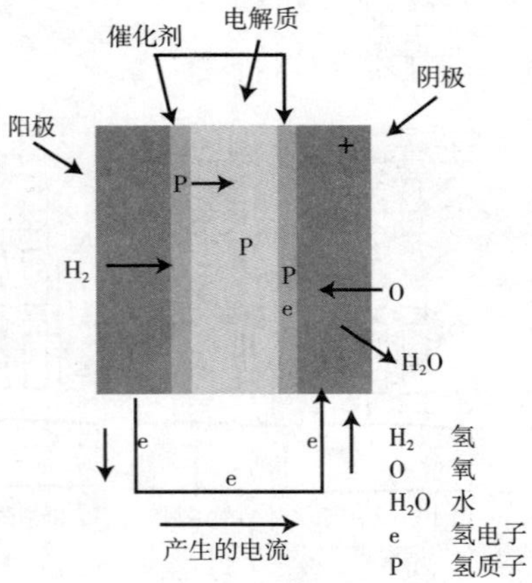

燃料电池质子交换薄膜

燃料电池的工作原理是通过使用不导电渗透屏障（称为电解质）把氢源和氧源分离开。氧或氢离子通过电解质流动到屏障的另一侧，在催化剂作用下发生化合反应生成水。为了恢复电平衡，在一端生成的过量电子（电子不能通过不导电的电解质）通过电线和负载（如电机）传输给电解质。

燃料电池有五种类型，每一类型中用于燃料和氧之间携带电荷的电解质都不同。

燃料电池没有机械运转部件，无噪声，效率比内燃发动机高 2. 5 倍。仅输出电、热和纯净的蒸馏水。但因为其体积庞大且经济性差，近来已不再进行商业生产（除了美国航空工程之外）。燃料电池需要大量铂作为催化剂，大量生产太过昂贵。但是，燃料电池的生态环保效果未必好，因为满足现有燃料电池的能量需求会耗尽地球上的铂。

燃料电池运行的基础是氢，氢的数量很丰富但是必须从水或天然气中分离出来才可用作燃料。此过程在技术上不困难，但是需要专门的设施——现有的矿物燃料经济体系需要改变。不过，在 20 世纪 90 年代，技术上的突破大大减少了对燃料电池催化剂铂的需求，开始使用“叠加”技术形成紧凑高效的装置单元。

目前，天然气是最主要的氢的来源，但从长远来看，利用可再生能源（尤其是太阳能发电和风力发电）从水中分离氢是最经济、最洁净的方法。通过这一途径，我们可以创建完全可持续的能量生产系统。与自然生态系统一样，我们所需的所有能量都可以利用太阳来提供，通过小型太阳能设备或通过氢（最终清洁能源）的分布，并得到有效的利用和可靠的操作。研究表明微型燃料电池的使用将使手提式和轻便式设备逐渐替换传统的电池。

在设计方面，复合模式取决于建筑结构或基础设施的操作元件，有助于根据日常及季节性气候条件选用不同的系统和模式。这些元件对建筑形式的定型有决定性的影响。

小结

大多数情况下，设计师会将复合模式（即 B12—B17 中的被动、混合、全模式和生产模式）结合到设计系统中，以求在可再生能源使用较少的优化的低能耗建筑系统中创建内部舒适条件，并使其适用于当地不同的气候条件和季节、一天中的不同时间段（如日间使用和夜间使用），以及不同的设备和内部空间。

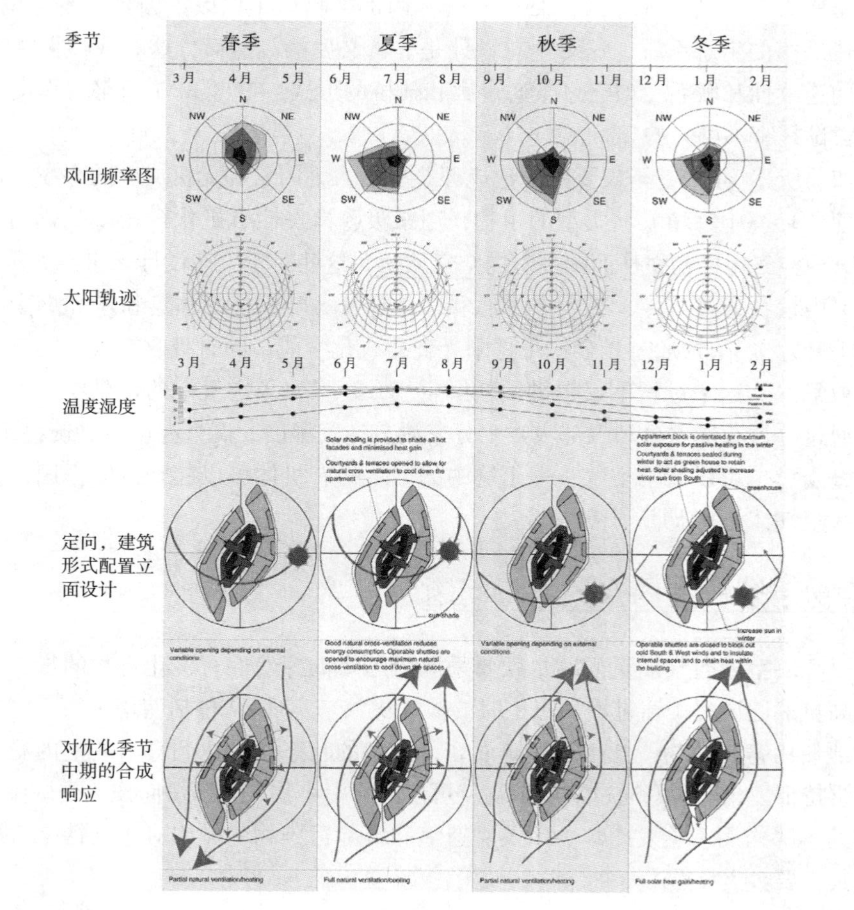

- 复合模式显示了建筑物可操作百叶窗在全年不同季节的适应性

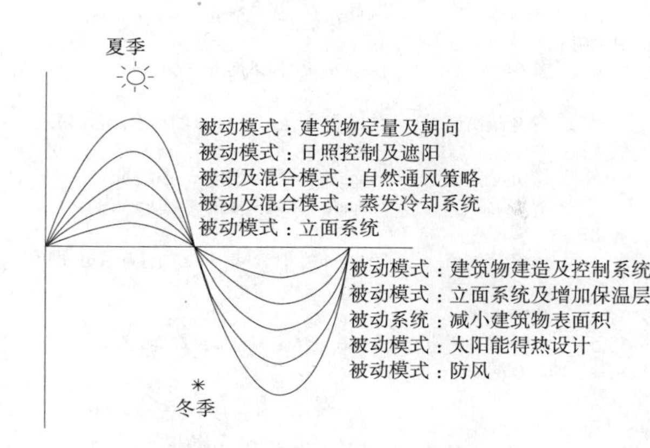

复合被动式图解

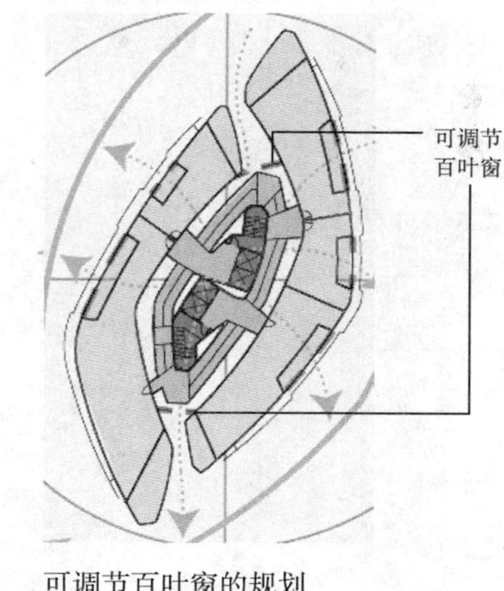

可调节百叶窗的规划
（象堡生态塔，2000 年）

B18. 通过设计将生物质与设计系统的无机质进行内部整合（如通过室内景观美化、室内空气质量改善等）

构成设计系统的生物和非生物成分之间的平衡并不仅仅依靠外部的努力，内部的生态设计也应该平衡和整合系统中有充足生物质的内部建成环境，从而去创造生态完全整合的人造生态系统。整合与合并内部生物质（如以室内景观美化的形式）去创造平衡的生态系统，这对生态设计是非常必要的。然而，这和我们大规模增加生态的连续性和联系（如通过生态走廊和陆桥的形式，参考 B8）所努力作出的其他设计尝试是密不可分的。

如前所述（B7），不仅要减少建成环境里的人为因素和无机成分的存在，还要在内部建成环境中种植某些类型的植物，用来吸收挥发性有机化合物以及影响人类健康的其他空气污染物，从而提高室内空气质量，这些对于生态设计来讲至关重要。

室内植物通过沉淀、吸收来过滤和净化空气。叶面极易沾染粉尘和烟尘（尤其是多毛叶片）。植物通过光合作用将阳光转化成化学能，同时吸收空气中的二氧化碳并释放氧气。这个过程不仅提供了新鲜空气，还稀释了空气中的污染物。此外，植物还通过叶片蒸发水分和根部吸收水分来调节空气湿度、调整温度并平衡离子浓度。另外，土壤也可以清洁空气——土壤中的微生物有机体可以起到海绵作用，吸收气体和水蒸气，尤其吸收一氧化碳。

污染物：解决室内空气质量问题

要解决室内空气质量问题，就要采取措施降低挥发性有机化合物的影响，而不是提高自然通风率（通过增加每小时的换气次数来实现），包括使用木炭过滤器和选择性地使用盆栽植物。就生态建筑而言，理想的状态是：达到舒适的室内温度和湿度并维持下去，同时只通过室内植物就可以消除污染物，无须任何技术或机械手段。植物的蒸腾作用（蒸发冷却）以及制造氧和消除污染物的作用对于维持空气质量来说极其重要。

烟：
全年中位数 80μg/m³
二氧化硫：
全年中位数 120μg/m³ 如果烟量 < 40μg/m³
80μg/m³ 如果烟量 > 40μg/m³
烟：
全年中位数 130μg/m³ 如果烟量 < 60μg/m³
二氧化硫：
全年中位数 180μg/m³ 如果烟量 > 60μg/m³
烟：
全年最高值 250μg/m³ （每日 98% 的标准百分比）
二氧化硫：
全年最高值 350μg/m³ 如果烟量 < 150μg/m³
250μg/m³ 如果烟量 > 150μg/m³
一氧化氮：
全年最高值 200μg/m³ （每小时 98%的标准百分比）
铅：
年平均值 2μg/m³
一项由（国家协调委员会（92）236 最终版）起草，对臭氧层污染大气制定了如下标准：
臭氧量：
8h 平均 110μg/m³
1h 平均 360μg/m³ 健康保护预警
1h 平均 200μg/m³ 植被保护临界值

空气质量标准和准则（EU）

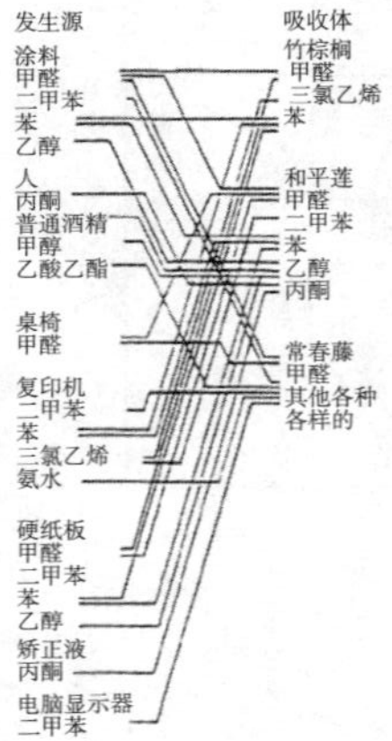

发生源：涂料（甲醛、二甲苯、苯）；乙醇；人（丙酮、普通酒精、甲醇、乙酸乙酯）；桌椅（甲醛）；复印机（二甲苯、苯、三氯乙烯、氨水）；硬纸板（甲醛、二甲苯、苯）；乙醇；矫正液（丙酮）；电脑显示器（二甲苯）
吸收体：竹棕榈（甲醛、三氯乙烯、苯）；和平莲（甲醛、二甲苯、苯、乙醇、丙酮）；常春藤（甲醛、其他各种各样的）

为改善室内空气质量所用植物

设计者应该了解有关消除污染物的各种研究。之前对诸多不同类植物消除甲醛、苯和三氯乙烯的作用进行了研究。值得注意的是，在消除污染物的过程中，最初速度很快，但两个小时后就降了下来。现在还不清楚消除过程是否达到了饱和点，或者跌幅相当大，甚至几天后整个过程完全停止了，因为迄今为止所有的研究都只持续了 24 小时。要确定整个完整的过程，就有必要进行长期研究。

影响室内空气质量的因素包括通风、湿度、照明、污染物、室内陈设和配色、保养、清洁、建筑物的使用和管理以及噪声。室内空气质量差的三个主要罪魁祸首为建筑物密封太严和人造室内陈设、通风不畅以及人为制造的生化废水。

然而，造成室内空气质量差的因素中有超过一半是由于通风不畅，因此，自然通风能有利于室内舒适性和住户健康。根据居住密度，典型的换气次数为 0.5—3.0ac/h。有益于人体健康的湿度水平为 35%—65%。对每位住户而言，典型的室内换气量宜为 5—25L/S/ 人。然而，室内空气质量可以通过提高换气次数来改善（例如：大于 4ac/h）；在某些情况下，设计者已经把换气次数提高到 6. 8ac/h。但在这种以及更高换气水平之下，可能会造成工作面的中断（如置换文件）。在美国的现行标准中（美国供暖、制冷与空调工程师协会标准 62-1989）提出了附带条件，其中规定环境空气质量是指特定场所的空气质量，而非区域的空气质量（比如：他们更青睐新风入口点的空气质量）。一个建成系统的新风入口应该远离建筑污染区域，如装货间、建筑排风机、冷却塔等其他污染源。

室内材料也可以招致污染物。挥发性有机化合物为碳基化学溶剂，是石油或石油副产品的蒸馏物。挥发性有机化合物通常可以致癌，即使很少一点也可以导致多种严重的人类疾病。这些疾病包括先天性缺陷、肾脏代谢紊乱、肺部疾病、记忆减退和呼吸道疾病。在广泛使用的建筑和室内装饰材料中，大多数都含有挥发性有机化合物以及其他有害化学物质，其目的是提高产品性能。现行标准规定挥发性有机化合物的排气标准约为 $0.5mg/m^3$。

含有挥发性有机化合物的建筑材料有：含有异氰尿酸酯的胶合板，含有聚氯乙烯的塑胶地板，许多涂料、胶水和胶粘剂以及几乎所有的石化或溶剂型保养和清洁产品。

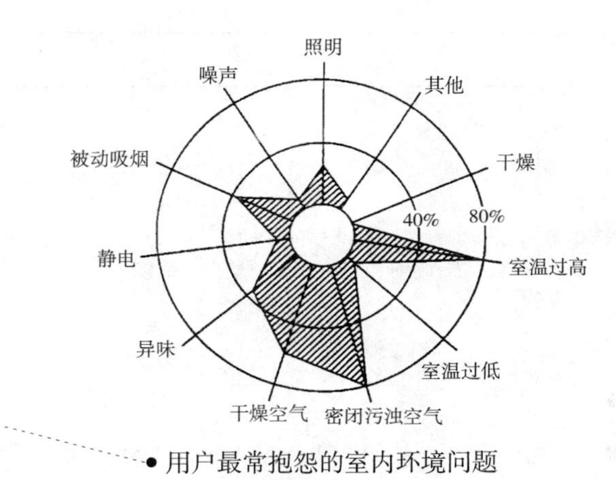

• 用户最常抱怨的室内环境问题

	来源	对健康的影响
石棉	变质、损坏或变形的保温材料，防火、隔声材料以及地砖	长期患癌症和肺病的风险
生物污染物（霉菌、露菌病菌、细菌、病毒、动物皮屑、猫的唾液、室内灰尘、螨虫、蟑螂及花粉）	植物、宠物、动物尿液、土壤和植物碎片、通过受感染的人群和动物及污染的中央空调系统传播	过敏反应、传染病、刺激眼睛鼻子和喉咙、眩晕、发烧、消化不良
一氧化碳	炉子、熔炉、壁炉、局部供热装置、烟草烟雾、连屋车库的汽车尾气	疲劳、胸痛、头疼、眩晕、视力受损、反胃、浓度过高可致命
甲醛	压缩木制品、尿素甲醛泡沫保温层、烟草烟雾、着火源、耐久压实窗帘、胶水	刺激眼睛、鼻子和喉咙、反胃、呼吸困难、疲劳、皮疹、过敏反应、可能致癌
铅	铅基涂料、饮用水、污染的土壤和灰尘	低含量会伤害神经系统、肾脏和血细胞、高含量会导致抽搐、昏迷和死亡
二氧化氮	火炉、加热器、烟草烟雾	刺激眼睛、鼻子和喉咙、呼吸道感染、肺部伤害
生物杀灭剂	杀虫剂、白蚁药剂、消毒物品	刺激眼睛、鼻子和喉咙、造成神经系统和肾脏的损坏、增加患癌症的风险
氡	污染的土壤和水、可在建筑内沉淀	增加患癌症的风险
可吸入颗粒	壁炉、木火炉、煤油加热器	刺激眼睛、鼻子和喉咙、呼吸道感染、肺癌
挥发性有机化合物（VOCs）	涂料和其他溶剂、木材防腐剂、洗涤剂和消毒剂、喷雾剂、空气清新剂、防蛀剂、日常爱好用品、干洗的衣物	刺激眼睛、鼻子和喉咙、头痛、反胃，伤害肝脏、肾脏和神经系统

室内空气污染物

这些材料（和其他材料）导致了“病态建筑综合征”。设计者应尽可能避免带入这些污染物以及其他有毒材料，因为人类也是生态系统中的生命组元。每种拟使用的主要材料都要经过认真研究，分析其化学成分，然后再根据它对环境和室内空气质量的影响，以及生产和销售这种材料对生态系统造成的影响来决定应该选择还是淘汰。比如，内部装饰应该使用机织的 100% 羊毛地毯，避免在垫料上使用胶粘剂（即使用黄麻衬底），使用毒性排放低的刨花板，有机化合物含量低的涂料和其他表面处理材料，同时在工厂对除过气的产品做表面处理。

生态设计需要考虑室内空气质量及其对用户的影响，因为人类也是生态系统的物种之一。高品质的室内空气质量设计需要遵循以下设计规则：

- 针对施工过程制订一套室内空气质量管理计划（如保护通风系统设备和通道免受污染），同时在施工完成后到入住前这段时间，彻底清洁施工期间暴露在污染物里的通风系统组件以及通道。
- 入住之前减少施工过程给建筑物带来的污染物（如粉尘、颗粒物和与水渗透相关的污染物及挥发性有机化合物）。
- 施工期间，在暖通空调系统组件的回风侧设置过滤器（最低过滤能力为 65%），同时在入住前更换空气过滤介质。
- 设置一个永久的空气监测系统，监测空气的供给和回流，以及新风入口处的环境空气中掌握空气中的一氧化碳、二氧化碳、挥发性有机化合物和颗粒物的含量。
- 建立建筑材料挥发物检测计划，主要针对以下材料：胶粘剂、密封胶、填缝剂、木材防腐剂和饰面、地毯和地毯垫、涂料、石膏板、顶棚瓷砖和镶板、保温、防火和隔声材料、复合木制品、胶条、玻璃密封胶、控制接缝过滤器、墙面涂料、楼面料、工作面、机电设备的密封胶和衬垫及弹性织物等。
- 根据推荐的标准采取预防措施阻止微生物生长，包括使用抗菌剂。必须满足现行标准的组件包括：空气过滤器和加湿器垫、机电设备的保温层、地毯、胶粘剂、织物、高分子表面（乙烯基、环氧基树脂、橡胶地板、层压板）、顶棚瓷砖涂层、涂料及其他室内构件。

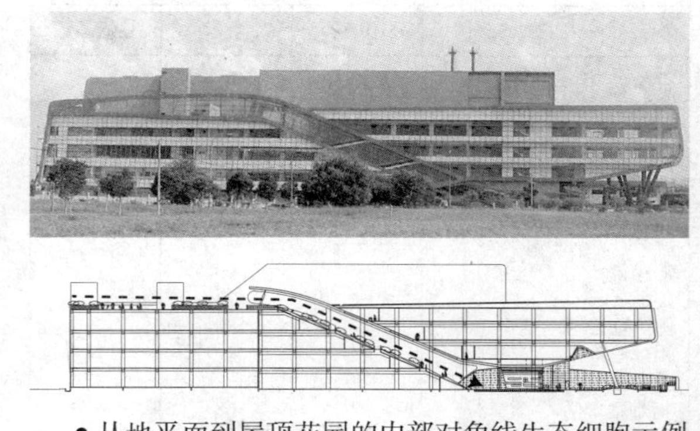

从地平面到屋顶花园的内部对角线生态细胞示例 [Mewah Oils，巴生 (Klang)，马来西亚，2005 年]

植物	甲醛	粗苯	三氯乙烯
香蕉	89	—	—
虎尾兰	—	53	13
菊花	61	54	41
白边铁树（朱蕉）	50	78	18
白边铁树（银线龙血树）	—	70	20
白边铁树（黄斑）	90	79	13
芦荟	—	—	—
常春藤	67	90	11
黄金葛	—	73	9
佛焰苞花	67	80	23
爬行毛斑	—	—	11
垂叶蓉	50	—	35
非洲菊	86	68	—
绿百合	—	81	—
常绿针叶树（万年青）	86	48	—
喜林芋	71	—	—
圆叶蔓绿绒	76	—	—
春羽蔓绿绒		—	

利用植物作为过滤器提高室内空气质量：
24h 后吸收污染物百分比

内部的生物质整合

在建筑结构内部对生物质进行整合（参考 B7、B8 和 B23）需考虑如下因素：

- 有些植物非常适合用来消除污染物。比如，办公室的常春藤在一天之内能吸收由烟草烟雾、合成纤维、染料和塑料等所释放苯含量的 90%。芦荟、香蕉、吊兰和绿萝都能有效地吸收从保温泡沫和颗粒板中释放出的甲醛。菊花和非洲菊类植物能最有效地吸收漆和胶水中的三氯乙烯。可以确定的是，去除污染物不是靠植物本身，而是与根系共生的微生物。

室内植被可以去除三氯乙烯、苯和空气微生物，吸收二氧化碳并且释放氧气从而提高空气质量；同时，若设计者使用合适的植被，还有助于调节室内环境的湿度。然而，尽管得到了实验证实，但植物作为生物过滤系统的处理速度还很缓慢，约为细菌的百分之一。因此，为达到预期效果，室内必须摆放大量植物，每平方米一株。植物将以如下两种方式发挥过滤作用。首先，叶片表面的气孔吸收气体和有毒物质，有毒物质再经过整理、加工并过滤掉。这一方式在吸收甲醛上已经得到证实。其次，另一种方式利用土壤进行过滤——有害物质进入土壤被植物根部吸收或被土壤细菌处理掉。有些植物最适合作为生化过滤器，如槟榔树、绿萝、橡胶树（无花果属）、英国常春藤（常春藤）和吊兰。办公大楼通常用植物和流动水构成的生命墙作为中央空气净化器。

植物也可以作为重要的室内生态生命保障系统。在美国，国家航空和航天管理局是研究植物在密闭区域发挥作用的最主要机构之一。他们进行了一次空间实验室任务研究，研究揭示了居民在密闭设施中遇到的诸多问题。在监测载人飞船内的气体时发现 300 多种挥发性有机化合物。（因为飞船内部是由塑料和其他人工合成材料制成）。

研究显示，室内盆栽植物可以去除密闭测试箱内的挥发性有机化合物（美国国家航空和航天管理局），该发现（©1984）还引起了人们进一步对其他 12 种普通室内盆栽植物去除甲醛、笨、三氯乙烯和其他挥发性有机化合物的能力（同美国联合景观承包商一起）做进一步评估。

迄今为止，已经在密闭试验箱内对 50 多种室内盆栽植物去除各种有毒气体的能力进行了实验。甲醛是室内空气中最常见的有毒气体，植物的等级划分就是依据其去除甲醛的能力为标准的。不同种类的树脂中也有甲醛，它被用来处理各种消费品，包括垃圾袋、纸巾、洁面巾、衣物、地毯衬垫、地板和胶粘剂。同时，在建筑材料如胶合板、刨花板和镶板上也会用到甲醛。甲醛给人体带来的健康风险包括刺激眼睛、鼻子和喉咙，更有争议的是，有人声称甲醛还会引起哮喘和慢性呼吸疾病。

植物作为加湿器

- 说到加湿，与电动加湿器以及与空调系统结合的加湿器相比，植物的效果更好，因为植物没有提供利于细菌滋生的条件。研究表明，内部设计使用室内植物可以提供一种模仿自然清洁地球大气的环境氛围。当植物的气孔打开，开始吸收和释放空气及水分的时候，室内空气被激活。这样植物就可以吸收毒素，然后转移到根部系统，由微生物分解。毒素的饱和与再释放不是问题；随着暴露程度的增加，毒素的去除率会相应提高。有的植物还会排放植物化学物来抑制孢子和细菌（比如：波士顿蕨）。另一种有效的室内植物是非洲菊雏菊，它被认为是去除（如洁面巾、地毯、燃气炉和胶合板）甲醛的最佳植物品种。棕竹是去除氨的最佳植物。和平莲能够消化人类产生的生化废水。研究表明，槟榔树吸收室内有害气体是最有效的。我们可以用以下四个标准来评价这些植物：去除化学气体的能力、种植和维护的难易程度、对害虫的抵抗能力以及蒸腾速率。

植物和降温

- 夏天只有当周围所有表面（不包括窗户）被密集的叶片覆盖时，植物才能降低环境温度。单株植物不会引起温度的显著变化。尽管如此，未来应充分重视植物在建筑物内的使用，因为它的总体效果无疑是积极的，尤其是那翠绿的树叶给居民心理上那种赏心悦目的感觉。然而，必须承认植物生存所需的环境不仅仅是最低标准的生存环境（即光合作用和呼吸作用之间的补偿点）。

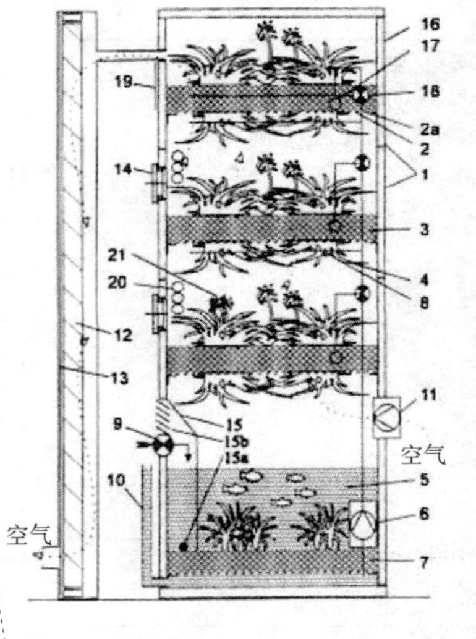

• 为提高室内空气质量的生态供气器（©John Paul Frazer）

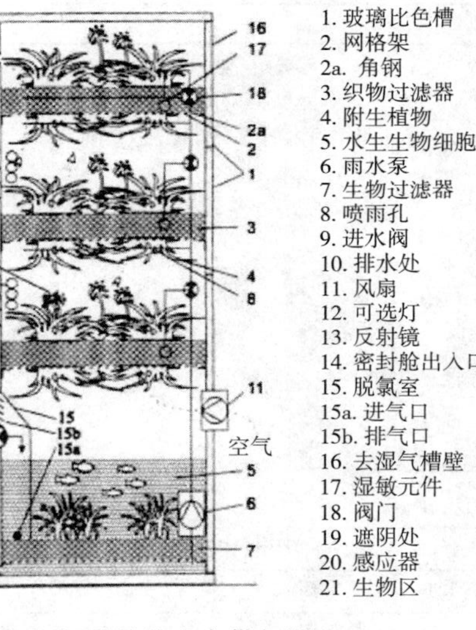

• 阶梯式垂直绿化的概念

污染物	%	建筑系统问题	
菌类	32	通风不良	50.4
灰尘	22	过滤不良	55.6
湿度相对较低	16	卫生条件不达标	41.7
细菌	13		
甲醛	8		
纤维玻璃	6		
废气	5		
挥发性有机物	4		
环境温度	3		
湿度相对较高	2		
臭氧	1		

各种类型的室内空气质量问题

问题类型	平均值
通风不足	56.6
内部污染	6
微生物	16.9
烟草烟雾	1.3

室内空气质量相关因素

实现这一点需要选择最佳的植物，种植在正确的地方并且与预期寿命长的植物结合种植。请记住，是光照带动了光合作用，因此植物应该布置在光线好的自然光区域，如冬景花园、前庭以及宽敞、开阔、四周是落地玻璃的办公室区域。当光照条件比较弱的时候，植物的光合作用和分解污染物的能力将持平。而如果在低于补偿点的环境里强行种植植物会因为得到的光照太少而枯萎，最终死亡。

- 生态设计不仅仅是建筑物室外和室外附近表面生物质的增加，还包括建筑物本身室内的植物种植和环境美化。如前所述，植物是气候调节器。对于建筑物来讲，无论是内部还是外部，或者是整个建筑物本身，植物都是重要的组成部分。

室内树

- 把内部生物质整合到建筑里就意味着必须在室内或者半封闭条件下种植树木。树木被认为是大自然的空气调节器。在光合作用过程中，树木通过其根系吸收大量水分，蒸发的时候这些水分又被释放到大气中。水分蒸发使周围的空气逐渐冷却；我们出汗的时候也会有类似的效果。在温带气候的夏季，一棵中等大小的枫树一小时内可以释放超过 193L 的水。一棵枫树的制冷量相当于一个大型的窗式空调。

另外，一棵树通过树叶的光合作用平均每年可以吸收 23kg 二氧化碳，一生中大约可以储存 1t 二氧化碳。在光合作用中，从太阳光中获取能量和吸收的二氧化碳被分解成碳和氧。氧气被释放到大气中而碳用于植物的生长。由于蒸腾作用和遮阴作用的影响，树木周围的空气温度平均要比环境温度低 5℃。有树木遮阴的区域要比没有树木遮阴的区域凉爽 3℃。

当然，从审美的角度讲，植物可以增加色彩丰富结构，使室内环境更加丰富，并且总体上能让室内生境更适于人类生存和幸福。比如，众所周知，有植物的办公室内很少有人抱怨头疼、压抑或者是感冒。

- 因为植物在改善室内空气质量上起到主要作用，生态设计时必须考虑在新的和已建成环境内部区域增加适合的室内植被。

- 同时，我们也应该意识到，通过生态设计增加城市生态系统中的生物质，还会增加其他影响人类生活的有机生命物质。现代化的城市结构和人造的生态系统并非生物禁地。实际上，有许多物种根本无须设计，就可以丰富城市的生态多样性。通常是人们所讨厌的物种：蟑螂、老鼠、蜘蛛、果蝇、蚂蚁、尘螨、霉菌和真菌。这些害虫经常隐藏在人们看不见的城市环境中，例如黑暗、潮湿的地方，地窖和地下室，地板、墙体的空隙中，空调系统内，家用电器和家具的下面等，并在那繁殖生长（参考 B7）。

在内部环境中融合更多生物质可以软化“僵硬”的建筑形式，同时还可以改变建成结构和设备的传统内部环境面貌。研究表明，医院里的植物能有助于病人加快康复。进一步研究发现，在某些情况下，精神障碍可能同人类与地球的自然环境缺乏联系有直接关系。目前人们正在对生物自卫本能进行研究，生物自卫本能作为人类基因倾向的一部分，是人类对大自然作出积极的反应。从事园艺活动或者仅仅观赏青翠的风景就会对人的情感具有修复效果，大大改善精神健康甚至是身体健康。长期接触自然的人要比那些与自然界隔绝的人更快释放压力。透过病房窗户能远眺风景的病人，其手术恢复速度要比那些无缘户外风景的病人快得多。研究也表明，仅仅是观赏花园或是自然风景就能够迅速降低血压和脉搏，甚至可以增加控制人提升情绪感受的大脑的活动量。

在生态设计中，我们必须竭尽全力使无机质和设计系统的特点与更多的有机和生物成分平衡并进行生态整合，从而与当地生态系统实现更好的整合与联系（详见 B7）。因此必须拓展到设计系统的内部环境，这一设计目标在生态设计中是很普遍的。

小结

生态设计不仅要使建筑形式的生物和非生物成分达到外部平衡，还须使设计系统中的有机成分和含量达到内部平衡，这样设计系统就能够以人造生态系统运转，以便与当地的生态系统实现更好的整合和更加密切的联系。内部景观和植被的加入也有助于改善室内空气质量。这是生态设计方法的一项基本设计目标。

地点	标准持续光照度（lx）
前庭	
・一般活动	50—200
・植物生长	500—3000
装配车间	
・中等工作量	500
阅览室	300
报刊店	500
办公室	
・档案室	300
油漆作业	
・配色	1000
公共房间、乡村屋宇、教堂	300
教室	300

- 建筑形式里有助于植物生长的光照水平设计

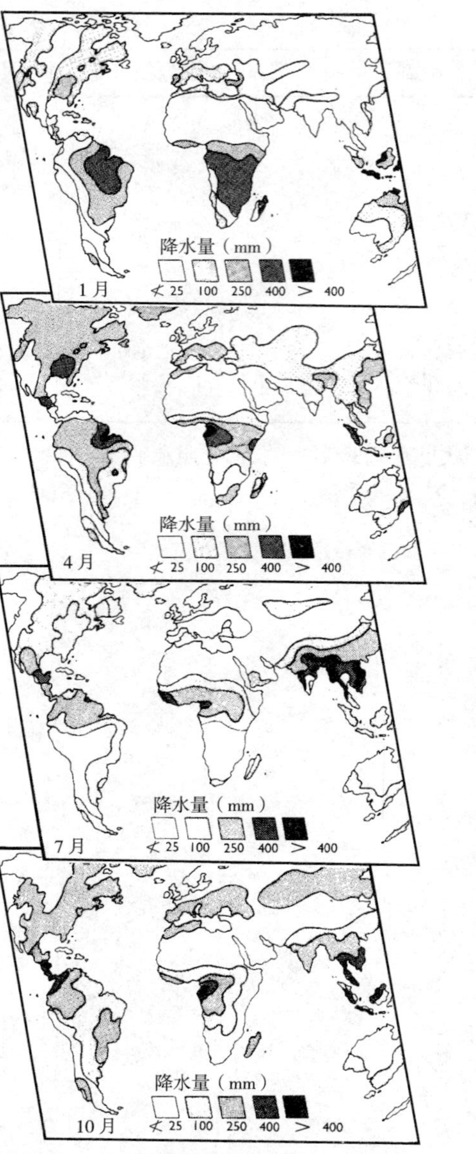

世界平均降水量

B19. 水资源的节约、回收利用和集蓄设计：节水

生态设计的一个主要目的就是在切实可行的地区，通过水资源回收利用和雨水集蓄来保护优质水资源。

由于优质水的缺乏，节水就成为生态设计的一个重要目标。优质水资源越来越少。不少人若不进食的话能存活数周，但若不喝水的话，就只能撑几天而已。在酷热的气候里，甚至几个小时不喝水就会导致死亡。有人声称，在重要性和严重性上，水资源危机给人类造成的威胁远胜过能源危机。地球上 97% 的水资源是以咸水形式存在。淡水只占 3%，其中只有一小部分可以取用，三分之二是以冰的形式存在。实际上只有 1% 的水资源可供人类日常使用以及用于农业灌溉和工业用水。地球上的可再生淡水资源（雨水）只占地球水资源的 0. 008%。尽管全球每天约有 3.785×10^9L 的雨水落到地面，但有三分之二都因挥发、蒸发以及径流而损失掉了。城镇化进程导致建成环境中不透水的地表面积逐步扩大，长期以来这被认为是改变城镇和农村水生系统水质的罪魁祸首。这个过程增加了沉淀物，营养物质被转移到了下游的水生生境。在生态设计中，场地规划和布局规划时必须首先进行地表水管理和自然排水方式的设计。

目前对径流还无法加以利用。亚洲有 36% 的地表径流，但人口却占世界人口总数的 60%。而南美洲人口只占世界的 6%，却有 26% 的地表径流。从全球范围来看，人类已经使用了 35% 的可用水资源。另外的 19% 用于稀释污染物、维持渔业和商品运输。目前人类大约利用了世界雨水总量的一半。有 11 亿人口无法获取干净的饮用水，而超过 24 亿人口缺乏适当的卫生条件。

人类对水的需求量各异，这主要取决于人的身体机能以及环境和气候条件，如温度与湿度。若以中等运动量作为计算人体能量平衡的基准点的话，那么一个人每天约需要 4L 水或从食物中摄取当量的水分（在低温且运动量很少或没有的情况下），每年需要 1460L 水。一个普通城市居民每年要用水 7—15m^3，而一个农村居民每年需要 2—4m^3 水。缺水国家应尽量保证每人每天 100L 的供水量。办公楼每人每年的平均用水量约 3000L。城市居民每人每天平均需水量为 660L。

水是地球必不可少的物质。哪里有液态水、有机分子和能源，哪里就有生命。生物圈在地球，其内部构成非常复杂，大量物种尚未被发现。水是生命之源。水没有替代品，它自然穿梭于各个国家。据估计，到 2015 年，有 30 亿人口，或约世界人口的 40% 将生活在水资源紧张的国家，这些国家将很难满足淡水需求。地球上大部分水资源分布在海洋，其水质不适合民用、商业或工业用途。建筑行业每年要使用的淡水量占全球淡水量的 16%。这个比例是指制造建筑材料以及建筑物施工和运营的用水量，并没有反映出建筑业对水质的影响。

像自然界其他物质一样，水资源也经历着循环转换的过程。水通过河流、湖泊、海洋和大气层进行有规律的循环，在植物和动物间经历着系统的循环。植物在生长过程中通过蒸腾作用将土壤的水转化为水蒸气排放到空气中。上升的水蒸气冷凝形成云，从而形成降雨，促使更多树木生长。水蒸气也会在海洋上空凝结。海水中的海藻产生了二甲基硫化物，该物质生成云雾凝结核，水蒸气围绕这些颗粒物就形成了云。蒸汽云降低了温度，造成温差和大气运动。云在大陆上空凝结时就会形成降雨。

循环过程中一个水分子在各环节消耗的时间如下：

地点	所需时间
大气层	9 天
河流	2 周
土壤水分	2 周到一年
大型湖泊	10 年
浅层地下水	数十年至数千年
50m 深的海洋混合层	120 年
海洋	3000 年
深层地下水	近 10000 年
南极冰盖	10000 年

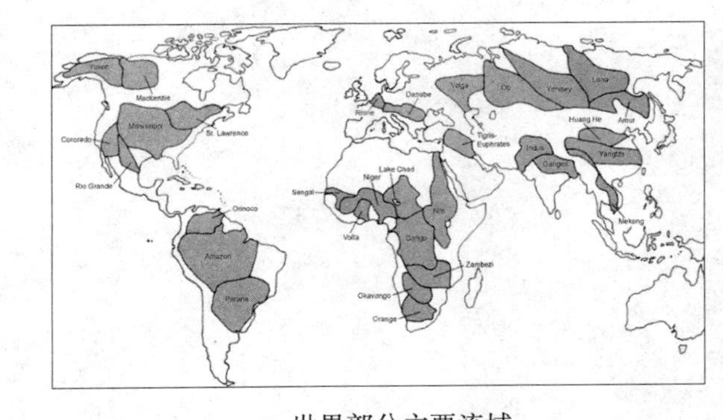

世界部分主要流域

地下水

城市中心的人口增长，特别是在发展中国家，给地下水资源的持续使用施加着巨大的压力。未经处理的人类废弃物（详见 B20）一直给水资源带来巨大的污染威胁。地下水是河流、湖泊和湿地的主要水流来源，同时也是抵抗干旱的有效缓冲。全球变暖可能改变水的补给形式，缓解全球变暖的行动变得越发重要。当降雨量不足、河流干涸之时，地下水将成为饮用水和灌溉用水的可靠来源。而全球地下水正以惊人的速率被消耗殆尽。全球饮用、清洁和灌溉农田所用水源超过 50% 为地下水。尽管对地下水的需求日益增加，但由于倾倒的有毒废弃物和农用化学品透过土壤缓慢渗入地下水，导致许多地下水源受到污染。许多农作物产区过度开采地下水，导致地下水位下降，改变地下水流径并且将污染物带到无污染的区域。

为了确定节水优先顺序，全球各领域的用水情况如下：

农业	70%（中低收入国家 82%，高收入国家 30%）
工业和商业	22%（中低收入国家 10%，高收入国家 59%）
家庭	8%（中低收入国家 8%，高收入国家 11%）

根据以上排序，在建成环境的生态设计中，最先进行节水的应当是农业，其次是工业和商业，最后是家庭用水。因此，当生态设计试图降低家庭消耗和消除废弃物时，其影响还不如直接致力于农业和工业用水节水。世界上 40% 的粮食来自灌溉农田，而灌溉用水量占世界用水的 2/3。水资源短缺问题在全球蔓延，而全球人口在 50 年内将翻一番，届时可能导致全球粮食产量减少 10%。

比如，世界人口的 60% 生活在亚洲，可再生淡水资源却只占全球的 36%，水资源稀缺的局势日益紧张。最薄弱和用水量最大的是农业灌溉，灌溉地区的地下水过度抽用，导致土壤沙化，并且已经出现淡水资源短缺的现象。每年大约 1800 亿立方米水被过度开采。水资源紧缺国家的谷物进口量占全球总进口量的 26%。同时水资源紧缺还会对食品安全产生巨大影响。

生态设计中制订节水方案的注意事项

总体上讲，设计需鼓励节水和减少废弃物排放。例如，美国每人每天用水量（578L）是欧洲国家平均水平的 3 倍，也远远超过多数发展中国家（约每人每天 160L）。

抵制因浪费和使用不当导致水资源枯竭的策略如下：

收集雨水径流

例如，将雨水从屋顶和不透水的地表引入下水道系统，这和外部排水系统的做法都应当改为收集雨水（比如通过多孔路面系统将雨水收集到雨水储水池（市区）和生态沼泽、澄清池和湖泊里），以便降低雨水的流速（如几天之内可以防止蚊虫幼体孵化），使它流回地面，而不是流走（详见 B6）。

提高水分生产率

生态设计需要提高水分生产率，提高每一滴水的产量。在农业方面，滴灌是最高效的农作物灌溉方法，然而，世界上只有 1% 的灌溉区域使用滴灌。其他的方法包括改变种植模式，回收利用城市废水来灌溉，以及选用更耐旱的天然品种作物。建筑系统应使用低流量的卫生洁具、节水装置（比如小便器和厕所）和机电设备。

居民用水

在所有的用水量中（以美国为例），47% 用于居民家庭中，其中的一半用于浇水和绿化等户外活动。除非能用可再生能源对饮用水和园林绿化用水进行运输和净化，否则我们所消耗的每滴水都在促进全球变暖。将水收集、净化并运输至最终用户都需要耗费能源。而能源也需要再收集、再净化并把排出的废水运走。

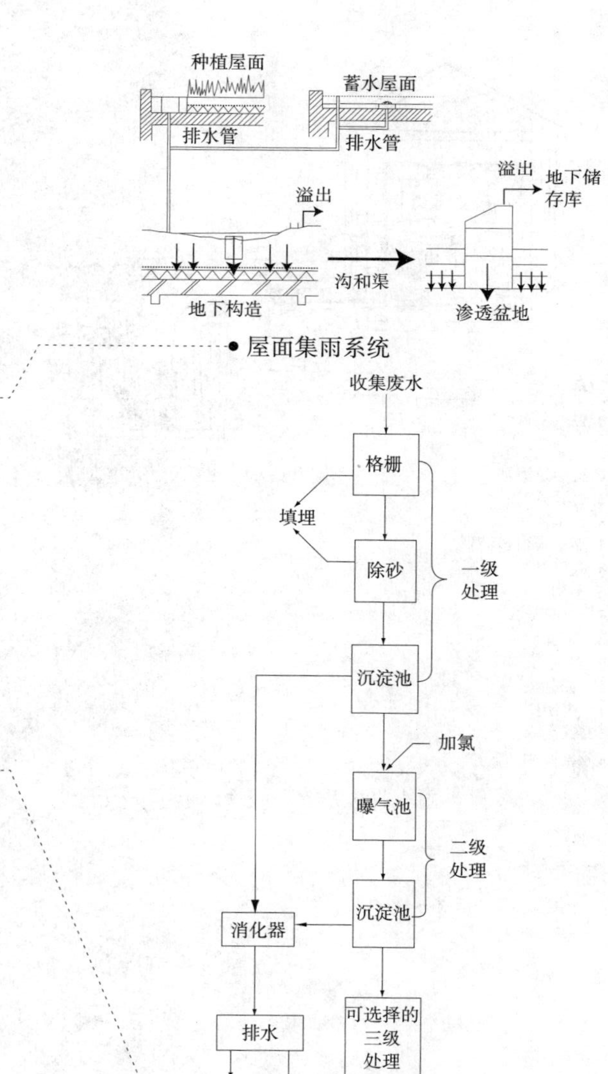

• 屋面集雨系统

• 废水一级、二级、三级处理

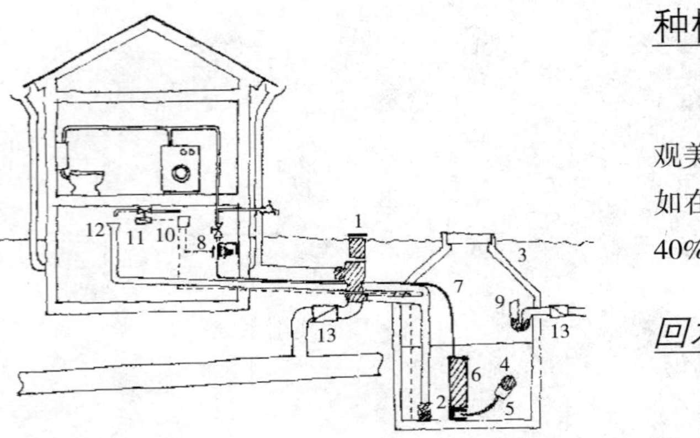

雨水收集系统示例

种植水土保持植物

种植那些具有水土保存功能的原生植物和草地而不种植非原生植被，可以使景观美化的成本降低 85%，其中包括浇水（灌溉）和维护成本（如肥料和杀虫剂）（例如在干旱环境中应种植本地耐旱物种等）。地面覆盖法也可以使灌溉需求降低多达 40%。景观美化，尤其是在干旱地区，更应该节约用水。

回水利用“灰水”和废水

一个标准的大型公寓或办公楼每天用水量超过 454600L。使用后的水通常以污水的形式排出。降低耗水量的途径之一是将从洗手盆和厕所排出的不可饮用“灰水”再利用。大多数此类项目都依靠植被来清洁饱含化学物质的水。在某些情况下，利用植物和其他生命有机体能够把污水转换为饮用水。在理论上完全有可能回收建筑内的所有污水。

减少废水并不是完全不产生废水，例如，使用节水小便器（一个冲水坐便器一年要用水 65000L）。有两种节水小便器：一种是对现有小便器进行改装设计；另一种是新型节水小便器，其中加入特别设计的“气闸”套筒、油栏或其他密封胶液体，使小便能顺利流入废水管，同时防止恶臭气体返回到房间里。

饮用水净化的新型环保技术是利用超滤膜和紫外线杀死细菌。超滤膜的孔隙如此微小，以至于可以过滤掉单个细胞。紫外线技术用于污水处理的最后消毒阶段，作为第二层防御。另一种方法是在整个消毒过程中使用紫外线，利用光化学过程制造强力氧化剂来分解有机化合物，由滞留在活性炭过滤器上的好氧细菌将有机化合物消耗掉。

收集雨水

雨水收集器或“灰水”系统能降低和消除家庭及建筑的灌溉成本。“灰水”系统能把淋浴设备、洗碗机和洗衣机产生的废水送入过滤器，过滤后的水就可以重新用于园林绿化。以一户家庭为例，如果采用上述方法，废水不是从下水道直接排走，这样每天能节水近 400L。

臭氧作为保护者

臭氧是一种有效的杀菌剂。它是发电机运行时产生的一种短暂、不稳定气体，会立即还原为氧气。在这个过程中臭氧会氧化油脂，破坏污垢和衣物之间的纽带。臭氧常用于洗衣系统，特别是那些要处理大量纺织品的设施中，例如医院和护理病房。臭氧洗衣系统可节约热水（能量），降低用水和排污成本，减少化学物质的使用并改善污水质量。

降雨入渗补给设计，如沼泽利用

通过设计和规划，确保落在地面上的雨水最终回到环境中，补给含水土层和天然水道，而不会造成质量和数量上的损失。哪里发生污染，设计系统就应该提供污染物的处理和回收方法。水返回自然环境不应该损耗水源，应该在返回自然环境时促进水生生物的生长。在现场规划布局中，可以通过沼泽使径流返回陆地。与排水沟不同，沼泽与周围的陆地是相连的。沼泽中的植被可以截获径流中的悬浮固体，埋入沼泽的土壤当中。

指定使用耗水量低的节水设备

指定使用耗水量低的节水设备并结合水循环系统不仅鼓励节水，还可以限制需求量并减少排污量。为了满足将来的水需求，水资源的保护、收集、储存、处理和再利用等方面的技术迫切需要改进。水资源保护包括使用水质不如饮用水的水，比如将废水、“灰水”或地表雨水收集起来，用来冲厕所或灌溉植被。雨水能直接满足植物对水的大量需求，但是在适合景观美化的地方应该种植耐旱植物和旱生植物。建设过程中也应采取节水措施。

下面我们总结了几种典型设备的耗水情况作为制定节水策略的依据：

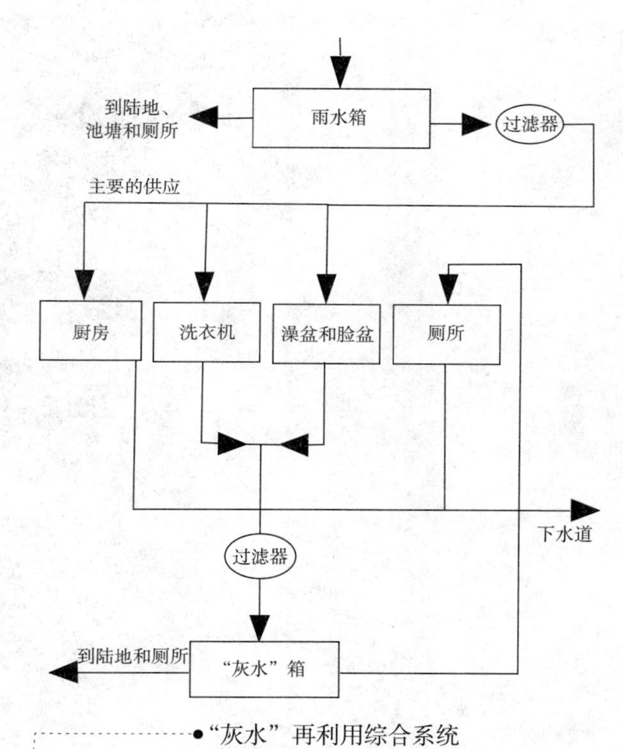

●“灰水”再利用综合系统

设备	每分钟水输出量（L）
厨房水龙头	9. 5 或少于 9. 5
浴室水龙头	9. 5 或少于 9. 5
淋浴喷头	9. 5 或少于 9. 5
坐便器和冲水阀	每次冲水 6 或少于 6
小便器和冲洗阀	每次冲水 6 或少于 6

目前，冲水量为 3. 5—5L 的标准坐便器是住宅楼和办公楼中耗水最多的设备。在生态学方面，按照市政建筑标准的相关规定，每次冲水最大用水量宜为 5.3L（新型节水坐便器）。各坐便器生产商提供了很多符合此标准的模型。在选定精确模型前，设计者应该评估其噪声、固体排泄、便池清洁和水覆盖表面的面积。双抽水坐便器冲洗固体废物每次冲水需耗水 6.05L，冲洗液体废物则仅耗费部分水量，可达到节水目的。据估计，一个居民家的坐便器平均每天约冲洗 28 次。在适宜的地方还可以采用免冲水或堆肥厕所。

小便器

使用最大流量为 15L/min 的弹簧支承小便器，或使用免冲水小便器。盥洗室也应采用弹簧支承设备，在 0.042kgf/mm^2 的测试压力下，其最大流量为 31L/min，但更高的测试压力能确保节水设施可在更广的压力范围内工作。工业设备可以配置电控装置，但只有维护人员才能操作使用。

淋浴设备和家用电器

使用在 0. 056kgf/mm^2 的压力下，最大流量为 9. 5L/min 的淋浴设备。公共设施的用水量更难监测，淋浴设备有定时循环装置，与激活装置相连。还可采用配有链式操作器的弹簧支承型设备，使用弹簧还可以解除手制动拉杆，从而自动关闭设备。

厨房和洗衣区也要按规定安装节水型设备。垃圾处理给废水处理设施带来了巨大的工作量，应予以避免。这方面堆肥法提供了一个更有用的食品废弃物处理方法（详见 B20）。

减少饮用水的使用

通过下列方式减少饮用水的使用量：

- 使用节水型装置和配件；
- 多数出水口安装限流器；
- 使用低冲水量坐便器；
- 景观植被的长期灌溉需求为最低限度；
- 与非饮用水循环水系统连接（例如连接坐便器和室外花园水管）。

规划保护更广阔的自然环境

规划保护森林和集水区，因为它们与径流类型、洪水类型和水循环控制有关。

从更宽泛的意义上讲，生态设计者有责任鼓励那些水系统公共事业单位和中央政府，使其制定严格的用水政策以规范地下水的使用，调控城镇用水价格使之更好地反映水的价值和将来的稀缺性。

生态卫生

在城市规划中，安全使用并管理自然废物资源极为重要。事实上，发展城市农业所需水源中，最可行和最有前景的水源是循环回收的“灰水”，而最有前景的肥料来源则是无害的人类排泄物和动物粪便。这是一个新概念，其名字叫生态的环境卫生或生态卫生。其定义可能是一个利用人类排泄物并将其转化为有价值资源的系统，可以把该系统引入到农业中，既不污染环境，又不会威胁人类健康。

收集和处理这些产品，并利用生态途径把它们作为一种资源利用起来，这样可以创造更清洁的城市环境，同时可能从不断扩展的循环活动中创造大量的就业机会，并使农村农业土壤得到活化，城镇农业不断扩展。人类的排泄物可以加工成气味好闻的腐殖质，并很难像土壤一样方便处理。“黑水”或厕所排水含有废水中 90% 的氮和 80% 的磷。严格管理的生态卫生设备，可以收集并循环利用营养物质，例如，尿液分离和堆肥。同时，收集起来的厕所废物和家庭有机废物可以通过好氧或厌氧过程产生能量。

污染形式	指标
水	赤潮
	溶解氧
	脱水
	油污
	营养物
	农药，除草剂，去污剂
	酸碱值
	物理水特征
	沉淀物
	流量
	温度
	总的溶解物
	有毒溶解物
空气	浊度
	一氧化碳
	碳氢化合物
	颗粒物质
	光化学氧化剂
	硫氧化合物
陆地	土地利用和滥用
	土壤流失
	土壤污染

● 污染物指标

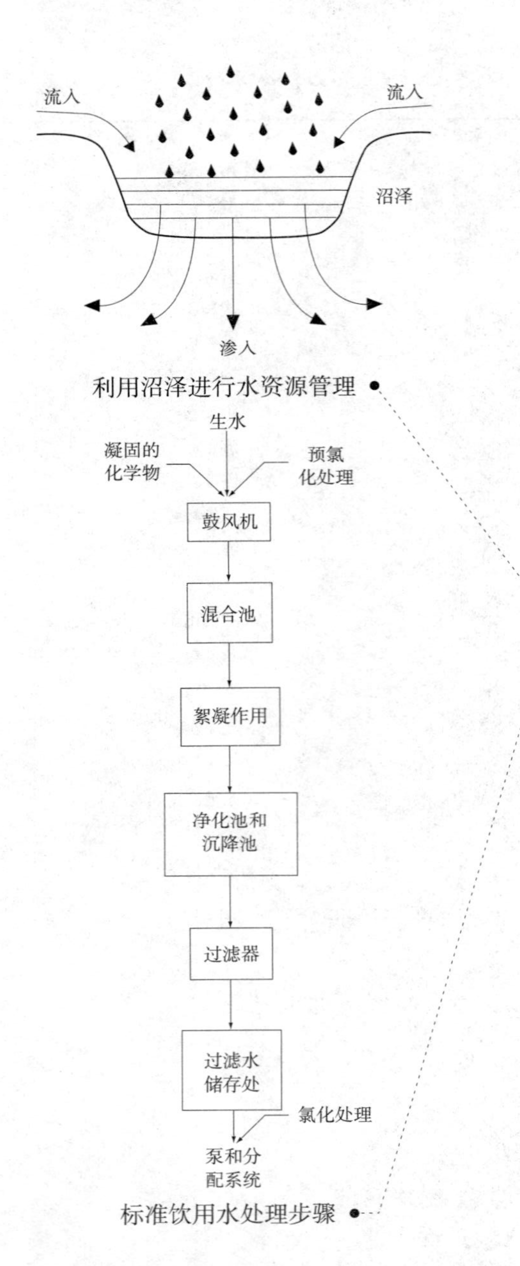

利用沼泽进行水资源管理

标准饮用水处理步骤

生态卫生指南

- 采用生物方法对住宅、商业和基础设施的雨水进行处理。
- 建立废水处理厂，将污水污泥转化为生物气，用作燃气灶具和汽车燃料，生物泥可以用作农业化肥。该系统可使耗水量减少 50%，消除“灰水”中 95% 的磷，重新加工尿液和排泄物供农业使用，还可以减少 50% 的重金属和其他营养物质。雨水排入地表，路面上的雨水单独处理。全程使用节流设备，将耗水量保持在尽可能低的水平。
- 在降水量允许的情况下，可以选择使用低耗水或不耗水的生态卫生技术。这种设计能利用雨水冲洗厕所并浇灌绿地。雨水收集在地下水池里，也可用来维持美化环境的水景。此外，还能防止建设期间地下水位下降，并及时收集降落到建筑物上的所有雨水。地下水池还能满足额外贮存缓冲区的需求。
- 根据自然生态水平衡，利用路边沼泽系统（长度约为 11km）可使雨水根据慢滤法进入生物滞留系统。这里的水渗入到填满碎石的沟渠和陆地绿色植物带。水可以储存在沟渠里，其中部分渗入地下，多余的水继续流到其他休闲娱乐区，有助于进一步储存水。
- “灰水”和“黑水”再利用。值得注意的是，一个人每年会产生 500L 尿液和 50L 粪便（“黑水”）。如果使用自来水，一个人会产生 20000—100000L 废水（如果不和“黑水”混合，即“灰水”）。

如果通过低度稀释单独收集黑水，黑水可转化为无害的天然肥料代替复合肥料，防止病原体传播和水污染。如果将废物和大量水混合，就会变成潜在危险的废物，需要以很高的成本治理（很多城市采取的做法）。因为粪便污染和养分过剩，这种混合物不可能实现简单的治理和高质量的回收。对这种重要资源不能经济地治理是因为长期以来未能成功发展高效冲水坐便器技术。近来，生态卫生上又提出新概念，利用“黑水”制造肥料，促进处理“灰水”的再利用。“黄水”（尿液）几乎包含了所有有价值的可溶解养分。

尿液分类式抽水坐便器（或非混合式坐便器）可以采用这样的系统，对“黄水”

进行低度稀释或不稀释，直接用于棕地——“黄水”的混合养分适合多种土壤。通过过滤系统将“黑水”体积缩小并储存在两腔堆肥槽里。每个这样的腔体能使用一年，第二年再用也不会有进一步变化。腔体中的最终混合物可以用作肥料。在气候温暖的国家，可以采用适宜的无水卫生设施，包括设有两个太阳能室的即时干燥厕所。

比如，每个家庭每年产生的废水超过280000L，这些废水并非来自厕所，而是来自洗涤槽、浴室、洗碗机和洗衣机。这种废水也称为“灰水”，可以安全方便地用于冲厕所和环境美化。在用于灌溉前，“灰水”先要经过过滤系统。即便“黑水”（厕所的废物）经处理后也可以用于浇灌植被。出于对健康的考虑，目前很多排水规范都明令禁止使用“灰水”。要将“灰水”和“黑水”分离开来，必须安装独立的管线和化粪池系统。建设这样的工程并不难，但要在现有系统基础上进行改造则造价颇为昂贵。

贮水箱和集水池是满足建筑物供水需求的传统做法。通常，排水系统从屋顶收集雨水，然后汇入贮水箱。生态建筑使用这些方法收集雨水可以减少水处理的需求。集水区通常设计成池塘或沼泽地的形式。以这种方法收集的雨水可用于景观维持。在建筑群或整个社区建立雨水收集系统，其成本通常和钻一口井的成本相当。在许多市政建筑中，收集的雨水与当地供水系统相连，作为后备供应。

节水设计会影响作为潜在雨水收集器的建筑形式（如屋顶）的水平表面形状和范围。用扇形遮阳棚作雨水收集器也是一种创造性的解决方案。

小结

设计者应认识到洁净水是生物圈里至关重要的资源。没有水，生命有机体就无法生存。建成环境的生态设计和它的整个过程都必须保护优质水，在设计系统中必须把优质水看做是珍贵的自然资源，整合和规划节水系统及装置、雨水收集、废水再利用和回收（如降级使用“灰水”和“黑水”），雨水与流回地面和澄清池的地表水的回收，而不是把它们排入下水道而损失掉。设计也应该预防家庭供水系统中的军团病菌。饮用水应该达到人类饮用可接受的水质标准（如世界卫生组织标准）。要做到这一点，可能使用综合太阳能收集和雨水收集的复合系统。

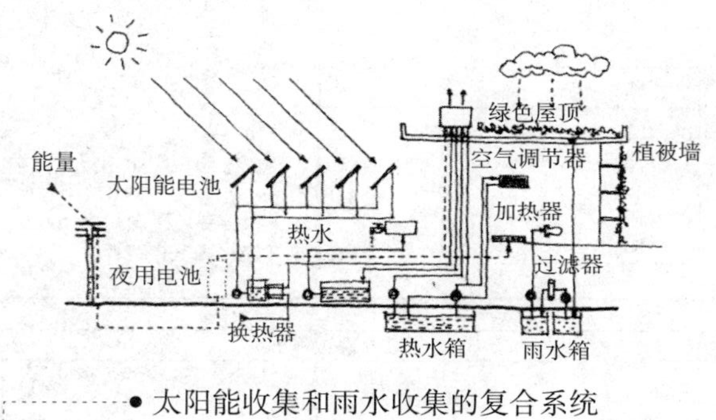

● 太阳能收集和雨水收集的复合系统

B20. 废水和污水处理以及循环回收系统的设计：控制并整合人类的废弃物以及其他排放物

除固体废弃物外，建成环境的大量排放物主要是废水和污水。如前所述，未经处理的人类废弃物（不仅是污水）仍然是威胁水资源的最大污染源。据估计，一个人一天内产生 1150g 尿和 200g 粪。而全球城镇和农村人口约有 30 亿。因此，城镇地区每天产生近 35×10^8kg 尿和 6×10^8kg 粪。就全球而言，每天总共约有 7×10^6t 尿和超过 10^6t 粪。另外，在卫生系统中有大量的洁净水因排放而消耗掉。生态设计必须解决人类废弃物的大量排放给自然环境造成的恶果。

建成结构与设施的使用者将大量废弃物排入水生生态系统和环境，生态设计须确保这些生态排放物不会造成污染。未经处理或部分处理过的污水是导致全球水污染的一个重要原因，而这些污染的绝大部分来自发达国家和发展中国家的城市。开放式净化区及人类粪便引起的水污染是造成腹泻和蠕虫感染病的主要原因，引起了全球大量的发病率和死亡率。据估计，每年大约有六七百万人死于水污染。生态设计者应确保在地球未被完全污染之前，尽快出台合适的废物管理系统。

传统的废水处理技术不能充分处理废水，无法达到完全生态整合。造成其技术上不成熟有诸多原因。首先，处理后的副产品是污泥。这种污泥通常具有污染性和毒性，通过海洋倾倒、填埋，散布在农田、焚化或堆肥等方式处理。在废物处理过程中可以使用具有环境破坏性的化学物质。比如，用铝盐来沉淀析出固体物和磷，氯被广泛用来对氨进行控制。

此外，传统的做法是，建成环境产生的废水被排放到管道，然后运送到污水处理厂。在那里对废水进行处理，去除污染物，然后排放到环境中。常用的三种处理类型是：

- 一级处理：第一阶段大部分是机械处理过程。废水经过一系列的滤网，去除枝叶和其他大型物体。然后进入沉淀池，在那里，大部分的悬浮固体沉淀形成污泥。这一过程结束后，可去除约 30% 的污染物。接下来是处理污泥。
- 二级处理：第二阶段主要是生物处理过程。把污水与能消化废物中有机物的细菌混合。这一过程结束后，可去除 85%—90% 的污染物。

家庭废水

来源	比例（%）
厕所	40
浴室	15
洗衣间	30
厨房	10
其他	15

注：左表分项之和超过 100%，原书如此。——编者注

过程	目的
一级处理过程 *	
过滤	去除可能缠绕或损坏设备的碎片（树叶、棍棒、鱼类）等
化学预处理	去除水中的海藻和其他水生生物
预沉淀	去除砾石、沙子、淤泥和其他有沙砾的材料
微变形	去除藻类、水生植物和小碎片
主要处理过程	
添加化学物质和快速混合	往水中添加化学物质（混凝剂、pH 调节剂等）
混凝 / 絮凝	转变不沉淀的或沉淀颗粒
沉淀	去除沉淀颗粒
软化	去除水中的硬化化学品
过滤	去掉固体颗粒，包括生物污染和浑浊
消毒	杀死致病生物体
用活性炭颗粒（GAC）吸附	去掉氡和有机化学物质，如农药、溶剂和三卤甲烷
通风	去掉挥发性有机化学品（NOCs），氡，硫化氢和其他溶解气体；氧化铁和锰
腐蚀控制	防止结垢和腐蚀
反渗透、电渗析	去除几乎所有的无机污染物
离子交换	去除一些无机污染物，包括硬化化学品
活性氧化铝	去除一些无机污染物
氧化过滤	去除一些无机污染物（如铁、锰、镭）

* 一般用于处理地表水供应

基本水处理过程

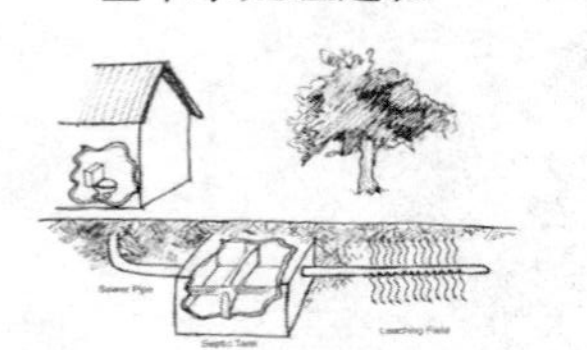

污水处理系统

- 三级处理：又叫做深度废水处理，此阶段主要是化学处理过程。它除去了初级处理和二级处理没有充分去除掉的可溶性物质，特别是氮和磷。这一过程结束后，原污水中约 95% 的污染物可去除。

理想的绿色设计要求从设计系统流出来的废水要和进入时一样清洁。利用天然的生物污水处理植物或“生态机器系统”和“人工湿地”（即植物净化系统）可实现这一目标。人工湿地利用植物、鱼类、蜗牛和细菌进行现场水净化使之达到可饮用标准。在生态机器系统内，废水和经过厌氧处理的污水流入温室罐中，经过植物（如种子和浮水杂草）净化，处理过的水用来养鱼。这改变了传统污水处理过程（见上文），作为生物污水处理和废水处理系统，它有很多环境和经济上的优势。虽然，它实际上并不节水，但对保护淡水起到了巨大作用。

另一个实验系统是环境循环系统，它既可以处理废水，也可以处理污水。在经过传统的民用化粪池进行初级处理后，输出来的水仍含有许多氮和磷，可能会污染水道。环境循环系统拦截化粪池的排放物并通过水栽法来种植蔬菜和植物。这些植物吸收已分解的氮和磷，作为食物满足其生长需求，这样，最后从化粪池出来的水就非常干净，甚至适合鱼类生存。

废水生物处理系统

废水生物处理系统是一个自然过程和生态拟态的例证。在生态系统中，自然系统与湿地密切相连，沼泽可以净化水。在人工沼泽系统中，污水通过一系列人工湿地，经亲水性植物和微生物净化，结果比高品质的饮用水还要清洁。植物实质上是一个大型温室，它包含 6 个相互连接的阶式水箱。第一个接收原污水。第二个对其进行厌氧消化（即在没有空气的环境下）。在第三个水箱中将氧气加在较为清洁的液体中，以帮助处理过程。第四个水箱含有浮游植物和细菌，而第五个水箱中含有浮游动物、蜗牛、虾和其他生物体。第六个水箱看起来像一个装满罗非鱼和水生植物的热带池塘。一些经过处理但仍富含养分的水体可以用来在水培系统中种植蔬菜（如西红柿、黄瓜和甜瓜）。小一点的水箱可以用来养小龙虾和一系列其他鱼（如

“生态机器系统”的设计原则

- 微生物群落。生态机器系统的主要生态基础是从大范围水生（海洋和淡水）和陆生环境中获取的不同微生物群落。此外，无论化学物质上还是热量上都高度紧张的环境中的有机体至关重要。当自然界的生物体和谐共处时，它们所能实现的，让基因工程望尘莫及。
- 光合群落。太阳能光合作用是这些系统的主要动力。厌氧向光性微生物、蓝藻、藻类和高等植物必须与异养微生物群落保持动态平衡。
- 相连的生态系统和最少法则。至少需要三种类型的生态系统联系在一起构成生态机器系统，随着时间推移进行自我设计和自我修复。理论上，这种系统可以持续几百年，甚至可能持续几千年。
- 脉冲交换。自然以短期 / 长期的脉冲形式工作着，它既可以规则，也可以不规则。这样的脉冲是至关重要的设计动力，它帮助维持多样性和稳健性。脉冲和设计需要相辅相成。
- 养分和微量养分贮藏器。碳 / 氮 / 磷比例需要加以控制和维持。系统中需要大量补给宏量和微量元素，这样才能建立复杂食物矩阵，并随着时间推移，探究不同的演替模式。这将有助于维持生物多样性。
- 地质的多样性和矿物质的复杂性。生态机器系统可以通过其所包含的不同地层和年代的矿物质模拟一种快速的生态历史。地质材料可以通过在很短时间内可以溶解的超细粉末，快速地被纳入到亚生态系统中。
- 渐变度。系统的子构件内部和子构件之间需要渐变。这些渐变包括氧化还原作用、pH 值、腐殖酸材料和配合基或金属基渐变。这些渐变有助于开发人们一直预测的生态机器系统的高效率。
- 系统发育多样性。在一个悉心经营的生态系统中，应包括从细菌到脊椎动物的各个水平的系统发育。系统调整器和内部设计者往往是不寻常的，且是难以预测的有机体。经过相当长的时间，根据对全球系统进行的战略探索发现不同类群的发展已经到了相当的程度。随着演化结果的出现，这个时间可以压缩。
- 微观世界作为宏观世界的一个微小映像。这种古老的与世隔绝的规则适用于生态设计和工程。就气体、矿物质和生物循环而言，全球设计应尽可能小型化。生态机器系统中需要维持这个大系统的联系。

- “生态机器系统”的设计原则

热带鱼），它们可能在经过处理的水中繁殖和兴旺。温室内部配有排水设备，那里可能有一股清水流向花园或下面的景观美化区域。这里的水是整个处理过程的最终产品。

温室或太阳能水生系统几乎不需要土地。每个成分有三个简单实用的设计准则：有再利用潜在价值的高质量废水、稳定运作和美观。可以设计这样的系统来分散处理废水，从而服务各种规模的建成系统，从城镇和郊区到家庭，为其处理中小流量的水。在这些市场中，废水处理系统可以加强与此地的邻里关系。

生态厕所

在 20 世纪 60 年代，当时制造的厕所每冲一次需要用水 25—34L。现在的新厕所每冲一次只要 7. 3L（1.6 加仑）水。然而，就生态保护而言，堆肥厕所才是首选。根据不同的样式，这些厕所基本上都是把废物冲进防臭密封池，在那里转化为无臭肥料。

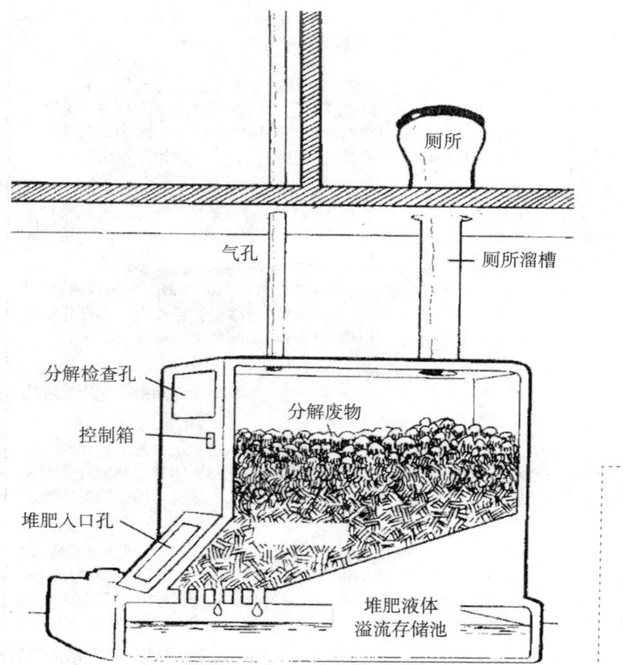

污水粗处理系统范例

生物处理系统比常规的废物处理厂更省能源、资金并大大减少化学物质的使用。其运营成本更低，并可以作为建筑有教育意义的特色功能来吸引他人，还能提供自然生境、肥料和食品。生物系统具有很高的环境和经济效益。

生物系统具有如下特征：

- 自然、生物多样性，防止向自然环境排放废物；
- 减少了与废水附加费、水购买、污泥处理和化学处理及存储有关的费用；
- 能够实现三级处理，满足法律规定的排放要求；
- 当实现三级处理水平时，比常规系统的运营成本更加便宜；
- 设计可以模块化，并依据增长的需要进一步扩大；
- 定制设计；
- 运营和维护方便简单；
- 最小化或消除排放物对环境的影响；
- 建立在自然生态工程的原则之上；
- 通常不需要使用对环境有害的化学物质，利用自然处理过程，而不是化学处理过程；

- 可以通过设计来保护并循环回收废水。生物系统的污水可以用来灌溉、冲厕所及其他非饮用用途，该系统可以节省饮用水和资源。
- 基于生态拟态的自然模型（见 A4 部分）；
- 从美学效应上讲，类似于植物园，可以成为中央花园，改善周围环境；
- 容纳了大量植物，这些植物来自废水处理系统；可以用来种植物，在某些情况下，也可用溶液培养法种蔬菜。

此系统最大的价值在于对经过处理的高质量污水再利用的固有潜能，潜在的再利用方案包括：

- 农业和环境美化；
- 工业活动，如冷却和加工需求；
- 地下水补给；
- 娱乐和环保用途，如高尔夫球场、公园和生境恢复；
- 城市非饮用水用途，如冲厕所、消防和施工建设。

该系统充分利用了阳光、受控环境和自然界的丰富资源，如细菌、浮游动物、植物、蜗牛和鱼类，这些资源被用来分解废水中的有机污染物。经过处理的水用于灌溉、再回收后冲厕或无害地排入城市废水系统。

基本设计策略包括：

重力蓄水

可能的话应采用重力蓄水，因为储水罐的每一段抬高都可以产生静压约 300000kgf/m^2。

干厕

使用可能的替代系统－干厕来替代传统的厕所，这样，生活废物就可以在干厕内进行处理，人的尿液和粪便收集在一个特别设计的腔室内，在那里，尿液和粪便分别被转移到不同的容器内，粪便经过进一步干燥和净化可以安全地用于农业。粪便排至厕所底部进入封闭隔间，用灰、石灰或锯屑进行处理，增加干燥度，同时提高 pH 值，这是破坏

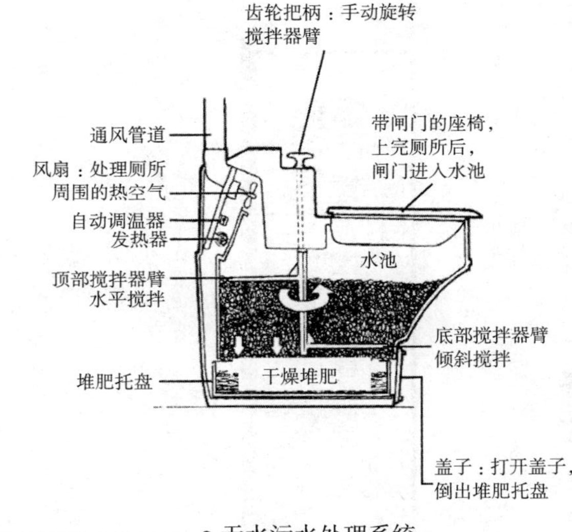

● 无水污水处理系统

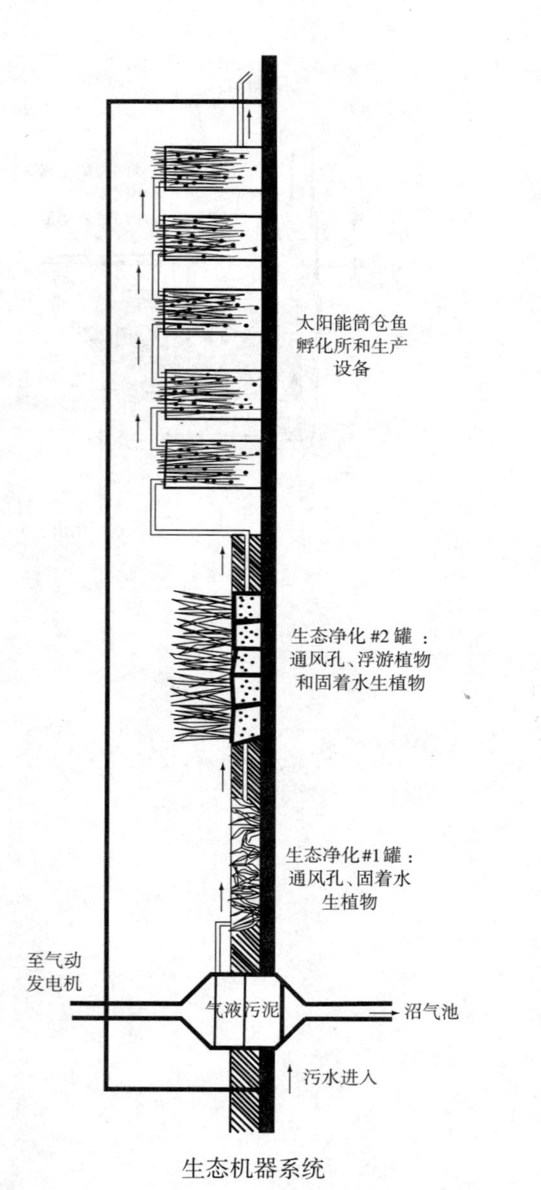

生态机器系统

病原体的必要步骤。干燥的粪便主要由碳组成，放置 6 个月后可以用作土壤改良剂。尿液被收集在单独的容器中，可以用水稀释后直接输送到地里作为肥料。实验表明，用人类粪便作为肥料，能获得更高的收成。对于生态厕所，只要正确操作，就能适合新兴城镇地区，在项目立项时就可以列入规划中。同样，在现有建筑内安装这种厕所也是可能的。生态卫生在城市农业中的使用，更容易让新兴城市从一开始就接受这种观念。生态卫生是一个系统，可收集人类粪便并安全用于农业中，目的是节水和防止水污染。 它也可以用于高尔夫球场、公园、天台花园及开垦荒地。这种生态厕所在卫生、生物能源和肥料方面具有诸多益处。不仅如此，生态卫生系统还有更多的间接收益；它摆脱了人类粪便对健康的危害，无须大量集中的资本投入于废物处理设备，还可以节约水资源。

沼气池

利用厌氧消化产生沼气可以作为替代系统。沼气池内的厌氧条件使排泄物变得无害，并且适合用作肥料或土壤改良剂。以印度的一个公共沼气厕所为例，沼气池位于地下，粪便在重力的作用下从厕所进入沼气池，在产甲烷细菌的作用下通过厌氧发酵，便产生了沼气。沼气通过排水法收集在单独的气体瓶中，或储存在沼气池里，这取决于不同的设计。一个人一天的粪便可以产生沼气 $1ft^3$。人类粪便产生的沼气含 65%—66% 的甲烷，32%—34% 的二氧化碳，还有硫化氢和其他稀有气体。

沼气净化池的主要功能是处理特定建筑内每日排出的污水。通常由一个沉淀池、一个厌氧池和一个过滤池组成，有时还需要二级或三级厌氧池和过滤池。对于更复杂的污染源，用预处理池来代替沉淀池。预处理池处理完发酵液体后，排放到下面两个池中。沼气是这个过程的副产品。沼气净化池与其他类型的池子不同：沼气池是厌氧发酵池由高浓度发酵成分产生大量气体，它的主要任务是产生气体，而不是分解污水。沼气化粪池结合了沼气池和化粪池。它使污水厌氧发酵，经过一段时间后，再把水排出。

沼气有多种用途，最广泛的用途是煮饭、照明（通过纱罩灯）和利用发电机组发电。

生态厕所和生态卫生设施使所有的有机废物能够循环再利用，它可能是在地下沼气净化池，但不是普通的沼气池或一般的化粪池。

有机肥是沼气生产的副产品，可用作肥料。该技术通过活性炭过滤污水，然后用紫外线照射，使其变得无色、无臭、无病原体。

传统模式的生态卫生和粮食生产

在人口密度较低的城市地区，人们使用传统的解决方案实施安全生态卫生措施。回收人类废弃物的传统方法是在废弃的旧厕坑中种树，这种方法在世界上很多地区普遍使用（如非洲）。使用这种技术的地方，树木（通常是果树，如木瓜和香蕉，或用于搭建，甚至染料用的树种）生长得十分茂盛。封闭循环圈的概念早已形成。

和现代化大规模的单一栽培地块的非自然且统一的特征比起来，通常是在城市分配用地和花园里才能看到种类丰富、过时、非商用水果和蔬菜。城市农业可以促进当地商业和市场的发展，振兴地方经济，并给主要的连锁超市提供必需的替代方案（见 B21）。

在城市农场，堆肥土壤是碳汇（carbon sink）供应的自然解决方案。不过，在连续添加堆肥改良后，土壤作为碳汇的能力将受到限制，堆肥只含有一定数量的腐殖质（有机质）。因此，提高土壤碳汇供应能力的唯一办法是扩大富含腐殖质的土壤面积。据计算，在一个 $1600m^2$ 的花园里，覆盖 20cm 厚富含有机质的表层土，通过添加堆肥进行改良，经过十年的土壤改良后（有机质从最初的 1% 增长到高达 7.7%），可隔离碳 19t。这相当于美国人均三年的碳排放量。

堆肥

废弃食物的生物质可为城市食品生产提供电源。堆肥不仅提高土壤碳汇能力，还在生态系统中发挥了其他重要作用。研究表明定期使用堆肥技术可以将灌溉、肥料和农药需求降低 30%。回收城市养分资源对取代含氮肥料的使用产生至关重要的影响。缺乏有机肥料是阻碍城市农业高效发展的一个重要因素。许多城市出售多余的堆肥和地膜。还有一些城市，如波特兰（美国），已经将资源回收再利用和资源使用效率作为当务之急，安装先进的循环设备进行资源回收。

城市农场堆肥也可以吸收雨水，防止雨水造成雨洪而最终流入下水道。据估计，花园及自然景观比标准草坪能多吸收15%—20%的雨水，因为草坪没有有机质，如堆肥提供的耕作层，在草坪上的水甚至很多都流走了。

堆肥还能阻止甲烷排入大气。与其在垃圾填埋场制造甲烷，还不如安全地收集沼气，为园艺提供电力、蒸汽、热量和二氧化碳。

建筑施工过程所用的材料可以作为一种资源加以恰当管理：废纸可以收集再利用；不管是在施工现场还是附近的设施，食物垃圾可以堆制肥料（如果是在现场，堆肥可以在地面上作为碳汇用于环境美化；这样的堆肥可以出售或赠与建筑用户；也可以在施工现场建温室或果园和蔬菜园）。

发电厂里浪费的能量可以为城市中生产食品的温室提供热量。工业用热只能从堆肥中获取，同时土壤养分和二氧化碳本身可以从设计的堆肥温室系统中获取。废弃物能源可以从垃圾填埋气中提炼，并随着季节调整使用，在冬季，废弃物能源可以用来取暖，而在夏季，可以提取二氧化碳用于园艺工程。

加入上述的所有/任何系统都会显著影响建筑结构或设施的规模和形状，以及基础设施的供应。

小结

生态设计包括为管理和处理建成环境中人类排出的大量废水和污水而对系统进行的设计。通过生物处理和循环再利用系统可以实现生态设计，此类系统可减少或消除废弃物处理过程中不可再生能源和化学品的使用，抑制或消除污水排放到水生生态系统中，降低继续依赖于自然环境的反弹性来吸收废物。现场规划必须从水资源管理计划开始，还要考虑地表水的保持和土地自然排水模式。

原料	处理环境			
	陆地		水生	
	旱地土壤	热带和温带土壤	海洋	淡水
水	非常有益	可能有益	无影响	影响极小
有机物	土壤微生物的有益食物； 快速的生物降解很合意		预处理时必须用氧化法予以清除，防止氧气溶解于水中而耗尽； 快速生物降解	
氮	非常有益； 植物生长的限制性养分	有益； 如果加入过量，则会渗入地下水中	可能好； 危害限制性养分，但稀释不太可能起作用	极不可取； 藻类生长的第二大限制养分
磷	有益；由于在土壤中的流动性低，浸入地下或地表水的可能性不大	有益；植物生长的限制性养分	可能好； 危害限制性养分，但稀释不太可能起作用	极不可取； 藻类生长的第二大限制养分
钾	在有一定浓度的洗涤水中有益		不太可能起作用	
硫	有益		无影响	
钠	极不可取； 有毒物可能聚集	不可取但除黏土外，部分可能被雨水冲走	无影响	无影响
	对植物直接有害，损坏土壤结构			
pH（酸度 / 碱度）	pH 较低时可取	pH 较低时可取	无影响	影响极小
氯	不可取		无影响	影响极小
硼	在有一定浓度的洗涤水中对植物有高毒性		无影响	不可取
病原性微生物有机体	在合适条件下对生物降解无害		可被稀释，但可能传播疾病	可能传播疾病
工业毒素	产生灾难性后果		极不可取； 可稀释，但可能产生生物富集	产生灾难性后果

生物圈气体排放综合表

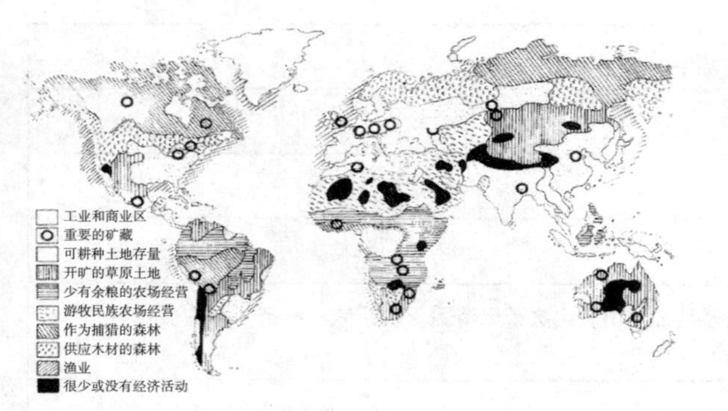

生产性土地和非生产性土地

B21. 粮食生产与自给设计：通过设计推动城市农业和永续农业

可能的话，生态设计应使每个设计系统实现自给自足的粮食生产。这点至关重要，因为粮食生产是导致环境退化的关键因素之一。农村社会保持了当地生态系统中养分的动态平衡，而城市地区则要从遥远的地方获取食物。我们需要减少对外部食品供应的依赖性，同时要限制食品加工业的影响，比如食品的运输（尤其是长途运输）、相关产品的生产和销售。要实现这一目标的一种途径是将城市农业和永续农业引入到具有食物生产潜能的设计系统区域（比如露台、屋顶、空中庭院等）。

要了解城市影响的基本方式就是搞清楚土地面积与形成生物、物质和能量资源所需要的土地量之间的关系，即“生态足迹”。生态足迹也就是支撑人类生活方式所必要的生产性土地。比如，发达国家居民（美国和欧洲）的食品、矿物质、石油都来自世界各地，所有这些过程占用了世界上有限的生产性土地。其“足迹”要远远多于发展中国家。世界上每个人只有 1. 5 公顷的可用土地。但若要维持当前的消费模式，每人需要 2. 3 公顷的生产性土地。这些过多的“足迹”简直是在践踏世界上的可利用资源，比如，每十年就有 7. 5% 的耕地被浪费掉，地球上的森林、淡水和海洋环境在 30 年内减少了 30%，三分之一的鱼类物种和四分之一的哺乳类物种濒临灭绝。仅仅为维持一个拥有 100 万人口的中等城市的生存，每二十四小时内就需要供给超过 1800t 食物、625000t 淡水和 9500t 燃料能源，并且大部分都要经过长途运输。

未来我们的食物供应问题会越发严峻。单一作物制以及采用草皮破坏耕作土地会给本土植被覆盖率造成破坏，可能加剧持续干旱的后果（比如，20 世纪 30 年代美国加利福尼亚的沙尘暴灾难），从而摧毁农业用地。我们需要质疑我们所食用食物的生态意义，比如，奶油是否源自食用转基因玉米并集中挤奶的奶牛？那些层架式鸡场的蛋（battery-farmed eggs）中是否含有抗生素？从国外种植园空运橘汁的过程中是否排放温室气体？以工业规模种植小麦来生产面包是否导致了生物多样性的减少？食物过度包装是否给垃圾填埋带来压力？现代农业几乎只能持续依靠石油，且不断消耗农用地的表层土壤和养分。比如，当前美国 4% 的能源消耗在粮食种植上，另外还有 10%—13% 消耗在运输、加工、包装和将食品运到超市里。因此，美国总共有 17% 以上的能源消耗在为人们提供食物上。

在美国，三分之一的表层土壤已经消失，剩下的大部分养分已经被严重消耗，而且由于生物杀灭剂和化学肥料的使用导致土质下降。

同时，在农业中增加的能量流动也导致了周围环境熵值的不断增加。集约式农作法导致土壤基层受到损害或腐蚀，而为了维持产量不得不使用更多合成肥料。目前，从肥料中流失的硝酸盐造成的污染有一半是农业生产造成的结果；在开垦的荒地上种植单一作物不仅可以创造规模经济，还能增加产量和收益，但也需要使用更多的生物杀灭剂。因此，更多传统农业依靠多品种种植以吸引各种昆虫，其中有一些是害虫的天敌。减少作物品种，甚至只种植单一品种，会导致作物地缺少益虫，使作物更容易遭受病虫害，进而需要不断增加生物杀灭剂的使用。而喷洒的大部分农药流入地下水，成为世界上农业区水污染的主要渠道。目前，生产一卡路里的食物大约需要消耗六卡路里的化石燃料。如果食物是进口或从很远的地方买来，则需要消耗十倍以上的能量。

生物杀灭剂也能破坏剩余的土壤。土壤中包含了成千上万的微小细菌、真菌、藻类和原生动物，以及蠕虫和节肢动物。这些生物体维持了土壤的结构和肥效。而生物杀灭剂可以杀死这些生物体且破坏它们的复合生境，加速土壤耗损和腐蚀。为了满足日益增长的人口的需要，科学家发明了小麦和大米的超应变品种，极大提高了每亩的产量。这些高产品种不到十年内在印度和巴基斯坦等一些地方产量翻了一番，但他们需要投入大量的石化肥料和化学生物杀灭剂。

人类已经在世界范围内建立了农业基础设施，此类设施依靠化石燃料进行运营，并且产量的短期增长极可能使人口总数以及居住在城市地区的人口数量得到扩充。

新的基因工程粮食作物被标榜为一种解决方案。但是这些作物也需要大量能源投入，尤其是石化肥料的形式。因此，人类企图发明一种从空气中而不是从土壤中获得所需氮元素的生物科技作物，但此项研究还远未成功。研究所示产量和人们的预计结果截然相反。地球陆地表面的 11% 已用于生产食物，只留下极少的农业耕地，当我们考虑这样的事实时，农业的前景看起来更加黯淡。为此，人类开始大肆砍伐亚马孙盆地（南美）及其他地区的热带雨林，开垦土地用于农业生产。对热带雨林的破坏使地球上许多现存的动植物物种的宝贵生境消失。那里的土壤基层太薄，只能支撑几年的粮食生产。到头来土地腐蚀不断蔓延，贫瘠的土地不再适合人类居住和动植物生长。

农场	肥料	11.6%
	拖拉机燃料	7.3%
	其他	0.4%
工厂	运输	1.4%
	其他	2.0%
	工业用燃料	7.4%
	包装	2.2%
面包店	运输	5.0%
	其他佐料	9.4%
	烘烤用燃料	23.6%
	包装	8.3%
零售店	运输	12.2%
	商店供热和照明	8.6%

一块标准白面包的能量分解

更糟糕的是，世界上三分之一的农业土地已经由种植供人类消费的食用作物转化为牛和其他家畜提供谷物饲料了。比如，牛的养殖已经成为当今世界上最消耗能量的农业生产活动。在美国，要生产一磅用谷物喂养的牛肉，就要消耗相当于一加仑石油的能量。为了维持一个四口之家每年对于牛肉的需求，就要消耗超过 1182L 的化石燃料（石油）。这些燃料燃烧后，将释放 2. 54kg 二氧化碳进入大气中，这相当于一辆汽车正常运转半年的平均二氧化碳排量。

倘若富有的西方人和其他地方的人都愿意放弃大量食肉的习惯，转而吃食物链的底层食物，比如大量食用素食，那么这些珍贵的农用地就可以被解放出来，为数百万人种植粮食作物。

生态设计应该鼓励当地的食品生产活动，尤其是在适合粮食生产的建成形式的平坦表面，特别是在居住区。研究表明，当地没有粮食生产的地区，由于二氧化碳排放量增加，其对全球变暖的影响是当地有粮食生产的地区的 6—12 倍。许多老城市都有小型生产性花园和分配用地。还有一些可对外出口粮食。比如，一个只有 $1m^2$，采用密集种植的花园就能够提供整个家庭一个季度的蔬菜需求。城市固体废弃物的 15%—20% 是有机物，这些有机物可能成为潜在的资源。如果堆肥得当的话，有机物所含养分可以为城市农业系统（如屋顶作物）提供肥料，还能满足城市大量的食物需求。当地食物生产还能节省运输能源成本（比如，在美国，将 28.35kg 的食物从种植地到送上餐桌前，要经过长达 2400km 的长途运输，运输所耗费的能量是食物自身所包含能量的十倍以上）。

为了维持人体平均每天 11500kJ 的新陈代谢率，每人每天将会消耗大约 1100g（干重）碳水化合物，或者 650g 脂肪。因此，每个人每年大约需要 400kg 碳水化合物或者 240kg 脂肪。碳水化合物主要从植物中获取，而脂肪则来源于植物的种子或者动物。除了能量，人类还需要营养。营养物通常是与人们所食用的食物中的能量结合在一起的，但是相对比例存在差异。根据美国目前的标准农业活动，一个食肉量高的人至少需要 $4500m^2$ 的土地，才能满足生活需求，而素食主义者仅需 $1000m^2$ 土地。在美国的亚利桑那（州）进行的生物圈二号实验表明，以土壤农业为基础，采用集约型手工种植法，每个成年人只需要 $307m^2$ 土地就可以为其提供全部的食物需求，包括谷物以及供牲畜（鸡、山羊和猪）食用的饲料，以便保持健康的环境。因此，$1hm^2$

土地至少能养活 33 个人。这项数据仅适用于热带气候区。 而在温带气候的地方养活一个人所需的土地量为热带气候区的 3 倍，即 $1000m^2$ 左右。

有机农业

用有机饲料饲养的动物和有机种植的蔬果理论上不含人造化肥，也不含法律上允许的农药、生物杀灭剂、除草剂、石蜡、激素、抗生素或者其他非有机食物内的添加剂。有机农业采用生态种植法，其技术依靠的是生态学知识而不是化学或基因工程。有机食物生产被定义为一种全面的食物生产管理系统，它加强了农业生态系统的健康，包括土壤中的生物多样性、生物循环和生物活动。有机农业的主要目标是优化土壤中共生群体和植被的健康和生产力。它可以增加产量、提高虫害抵御能力和土壤的肥力。通过这种途径可以种植多种作物（多元文化）；这些作物轮流种植，这样昆虫就总会被一种作物吸引而不会破坏其他作物。然而，彻底根除害虫的办法是不可取的，因为这会减少健康的生态系统所需的生物多样性，比如，自然界需要捕食者来维持昆虫数量的平衡。与化学肥料不同的是，有机方法则利用粪肥和犁地时埋入土壤中的作物来增强土壤肥力，将其中的有机物质释放到土壤中，然后重新进入有机循环。有机农业和生态密集型农业只需要 200—$400m^2$ 的土地，便可以为素食主义者提供所有膳食，此外还要堆肥作物来维持系统。

有机农业是可持续型的，因为它体现了经过长时间进化所证明的生态原理。它对土壤也大有裨益。单一作物制（例如只种植一种作物如小麦、黑麦等）和增加人造肥料的使用会破坏土壤的土质。有机农业所采用的原理是，肥沃的土壤也是活性土壤，每立方厘米肥沃土壤中的生命有机体数量达到数十亿。这是一个复杂的生态系统，系统内部生命所必需的物质呈循环模式，从植物到动物，然后到肥料，再到土壤细菌，最后再返回到植物中。太阳能是带动生态循环的天然燃料，各种大小的有机体都有必要维持整个系统并保持平衡。土壤细菌进行各种各样的化学变化，比如固氮过程，使大气中的氮可被植物吸收。根深杂草可以把矿物质带到土壤表面，使作物可以充分利用。蚯蚓可以分解土壤并疏松土壤结构；所有这些活动都是相互依赖的，共同提供营养元素从而维持地球上的生命。

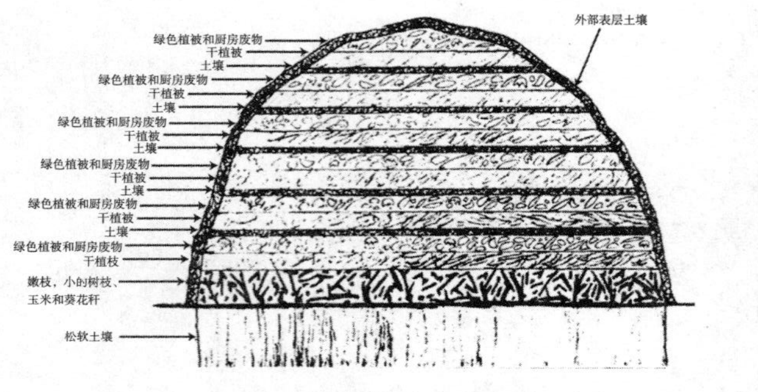

生态密集型组分堆肥

有机食物生产保护并维持了全球生态循环和自然界的生物多样性，它把生态过程与食物生产过程结合。当土壤采用有机方法培育后，土壤碳含量增加了，因此，有机农业还有助于降低全球变暖。自然培养的植物对传染病有更强的抵抗力，而且能够更好地应对气候压力。有机农业不会使用农用化学品和肥料，以免这些物质渗透到地下河床以及溪水、河流和水库中污染水体，因此有机农业还可以保护水质。

在农用化学品的生产过程中会使用大量化石燃料。农用化学品基本成分的生产、收集和配送，以及转化成成品及其销售和诸多其他用途，都需要消耗能量。

堆肥堆

在生态密集型农业中，由有机物质分解而成的腐殖质是堆肥堆的基本原料来源。制作精良的堆肥堆已经显示了它对于植物生长的益处，这远远超过了简单的“营养分析”，而且能够加强植物对虫害的积极抵抗力。利用价格不断上涨的不可再生石油产品制成的化学肥料，长期以来已经显示出对土壤的破坏性。随着土质的恶化，要维持产量就需要增加化肥的使用量，而这会给土壤结构和土壤中的微生物造成伤害。反观生态集约型植物种植法却能通过堆肥的形式循环利用有机体废弃产品，从而避免这些问题。

在有机农场中饲养的动物也支持陆地上和土壤中的生态系统，而且整个饲养企业也是劳动密集型和以群体为导向的。

生态设计者可能会建议人们改变饮食习惯，少吃肉，或者干脆变成素食主义者。畜牧业给生态系统造成了严重的影响，动物通常是在极其糟糕的环境中进行饲养和屠宰。此外，经常食用动物脂肪会导致人动脉和心脏疾病。

永续农业（Permaculture）

在合适的情况下，生态设计也应包括将永久农业，而不是城市农业，引入到建成环境里。“永续农业”这个词又译作“朴门学”或“永续生活设计”，最早用来描述用于农业的整体系统法。它被定义为一种意识设计，它保持了农业生态系统的生产力、生物多样性、稳定性和自然生态系统的回弹性。永续农业是自然景观与人类的和谐融合，以一种可持续性的方式为人们提供食物、能量、住所和其他物质及非物质需求。永续农业的设计是一个集合概念、物质和策略成分的体系，它以一种生物方式给所有形式的生命带来好处。

永续农业运用生态原理来规划自我更新的可持续系统，提供食物、水和能量。为了在住所、食物和环境间达到整体平衡，每一处可利用的空间都被用来进行密闭、多层种植：树下的地被植物、墙上爬满葡萄藤、同时还种植多用途的树和植物。

其设计原理如下：

- 连接布局：呈网状结构，结构内部的关联元素相邻放置，每个元素的输出便是下一元素的输入；
- 多功能：每个元素都有三种以上的功能；
- 循环：物质和能量在一块很小的地理区域或建成系统内循环；
- 使用自然系统：使用过渡过程来为诸多物种提供生态系统，这将是一项杰出的创作；
- 社会多样性：通过不同元素的共生关系形成更丰富的生活方式和社会群体；
- 边缘最大化利用：不同特点的各个区域之间的边界位置，适合形成丰富多样的生态系统。

永续农业和城市农业颇为不同。永续农业的基本原理是与自然合作，而不是违背自然；持久而全面地观察，而不是持久而盲目地采取行动；看待系统要研究它的所有功能，而不是只期望从中得到一种收获；同时允许系统展示它自己的进化过程。永续农业可以适合任何农村或城市环境。它是一项整合的设计系统，不仅包含农业、园艺、建筑和生态，而且还包括资金管理、土地使用策略和经济及社会的法律体系。

从本质上看，永续农业的核心目标是生态拟态：创造一个系统满足自身需求，可持续并且不会带来污染。永续农业的中心概念是保护土壤、水、能量和系统的稳定性及多样性。

另外一方面，城市农业是一个包罗万象的说法，它可能包括坚持走永续农业或可持续性农业的路线，还可能包括更倾向于大量使用以化工燃料为基础的化学物质，或是采用传统粮食作物种植方法的农业实践。永续农业利用人工控制、符合能源需求和人为设计的景观，并对其有效管理，以便节约能量，甚至制造的能量大于消耗量。

永续农业系统的操作过程中涉及许多指导原则。其中最重要的原则是，倘若一个设计元素能同时服务于诸多目的时，那么该设计元素是最理想的，比如，太阳能温室能给房屋供暖，能为即将种植的植物提供温床，营造一个安静的环境等。另外

食物种类	生产国	运输距离（km）
苹果	美国	16303
甜豌豆	危地马拉	8780
芦荟	秘鲁	10156
梨	阿根廷	11079
葡萄	智利	11660
莴苣	西班牙	1541
草莓	西班牙	1541
花椰菜	西班牙	1541
菠菜	西班牙	1541
红椒	荷兰	100
马铃薯	以色列	3518
番茄	沙特阿拉伯	4965
鸡肉	泰国	10688
对虾	印度尼西亚	11710
芽甘蓝	澳大利亚	16994
酒	新西兰	22988
马林鱼	印度洋	7261
胡萝卜	南非	9620
豌豆	南非	9620
运输总距离		161606

各种食物在原产国和英国之间的运输距离

一个重要的原则是，不同地带之间的边界区域富有潜在的生产力，能为人类、农业和自然界物种服务。通过区域性气候使建筑、城镇规划和永续农业系统形成立体的混合，为适宜技术和人类群体繁华创造背景环境。早在 20 世纪 80 年代，这一切在技术上和观念上就已经可以实现了。

当今的永续农业概念正围绕着前瞻性规划和设计进行，旨在基于生态原理创造一个稳定的自给自足的食物生产系统，形成可持续文化，它不仅为人们提供大量的食物，而且还包括能量和美学方面的东西，比如对热情、美好和有意义的追求。

永续农业的设计包括根据设计原理将适用性技术和农业融合，以使整个复杂系统实现高质量整合。城市的永续农业相当于把同样的设计准则运用到城市生境中，形成更高质量的整合。同时，生态气候的设计中也存在永续农业概念，比如，通过种植树木来为建筑物和花园挡风，或避免那些应得到温暖和光照的地区受遮挡。

在城市等建筑密集的地区，永续农业还有助于增加生物多样性。良性的生态农业模式，比如永续农业，模拟了自然界内能量传递和循环路径。食物和城市系统的一体化可以通过系统设计，以可持续的方式实现。在生态系统的服务体系中，城市农业是一个至关重要的元素和过程，它以综合资源管理的策略重新设计城市基础设施，提供了新鲜、干净的食物还提供了健康。

纵观整个历史，具有不同文化传统的国家无不使用其居住地、工作场所和其他公共区域来生产食物。据联合国粮食与农业组织估计，世界上有 8 亿人投身于城市农业，其中有两亿人是出于商业原因。农业经营已经遍布城市核心地区、俯冲地带和城外走廊及周边地区。同时，也可以在屋顶、空地、小型温室内、窗台、花盆或者花槽内进行。每公顷的生产力是农村的 15 倍之多，但常常会由于水和肥料的供应不足而导致产量下降。不仅如此，人们还普遍担心在城市环境下生长的粮食会含有污染物。然而，各种测试已经表明，在屋顶上生长的农产品，其污染物含量实际上要比当地市场或者市郊土地上出产的农产品要低。

在城市环境里进行食物生产还没有引起政府应有的关注，实际上这应该引起政府的重视，原因如下：首先，全球的粮食经济严重依靠不可再生能源。比如化石燃料不仅大量用于交通运输（食物运输约占陆运和空运的 25%），而且也广泛应用于以石油为基础的肥料、生物杀灭剂、除草剂和其他化学物质中。其次，在城市环境里从事食物生产可以最大限度降低长途运输的需求，减少废弃物的产生，这些废弃物通常是不可生物降解的包装材料。城市区域内产生的有机废弃物可以通过堆肥的方式，重新回到城市的养分循环系统中，以便生产更多的食物。

在城市地区若想最大限度进行食物生产，莫过于在阳台上种植粮食作物，阳台向上突出，却不会阻碍阳光照射下方的作物，以及屋顶的种植区。

利用建筑进行粮食生产会影响我们的建筑结构、设备和基础设施的形状和布局，我们还可以提供表面区域进行粮食生产和灌溉。

农业生物技术

可以通过生产能力更高的农业来保护生物多样性，生物技术在这点上起着至关重要的作用。通过开发抵御虫害的新品种作物，从而降低把石油资源转化成农药的需求，还节省了农药包装、运输和使用上所耗费的能源，生物技术大大提高了同一块土地上的产量。农业对化石燃料和不可再生能源的依赖程度已经非常严重，据估计，每 1kcal 的食物能量，需要消耗 9. 8kcal 的化石能量。通过生物科技和生物勘探，许多“野生”或者“自然”生态系统有可能被转化成适合大规模种植或养殖，以及高度控制的物种，用于水产业或者造林业。防虫害型作物有望帮助提高生产力，最大限度降低农业对环境造成的影响，使生产者以尽可能最安全和高效的方式，从其土地上和牲畜中获得更大的收益，这有助于现存的农业用地得到更高效的利用，从而降低边缘土地的压力，而这些边缘土地有助于保护生物的多样性。

小结

生态设计必须考虑并整合设计系统的使用者在食物生产上的需求，尽可能在当地实现这一目标，以便将独立的、群体的和当地的食物生产纳入设计系统。这样做一方面可以减少建成环境的生态足迹，同时还能降低伴随的其他生态影响（比如食物运输过程中的能量消耗）。此外，在平台屋顶、边缘、屋顶表面和地表面等提供可种植区，将有助于后期把这些地方纳入或转化为食物生产区。

B22. 根据生态系统的循环特征来类比设计建成系统中材料的使用，以最大限度减少废弃物的产生：持续的重复利用、循环利用和最终的生态整合设计

为了创造建成环境，我们从自然界索取了大量的材料，进行了加工处理和消耗，其中包括建筑、建成结构和设备、城市基础设施的建造（比如公路、排水管道、下水道系统、桥梁、港口等）以及我们生产的其他人工制品（如冰箱、玩具、家具等）和农产品（如食物）。在生态设计时，我们要将建成环境设计成人造生态系统，使它可以模仿自然生态系统通过持续的重复利用和循环再利用来处理材料的方式，具有循环利用的特性。

这是有必要的，因为我们的建成环境越多地模仿自然生态系统的循环特性、结构和过程，环境整合就越容易。作为生态设计策略的一部分，我们需要运用生态拟态原理（A4）来处理人类在材料使用上存在的问题。正如之前所述（B2），在材料使用上的四个关键策略是：减少使用（B2）、重复使用、循环使用和恢复再使用。其中减少商品消耗量和提高处理效率（即减少使用）的影响作用最为深远（B2）。商品重复使用会产生中度影响，而循环使用所产生的积极影响最小，因为它处于消费圈的末端，且循环过程本身也需要额外的能量和资源。

在建成环境中，利用材料的方式应模仿生态系统，因此我们必须要搞清楚它的处理过程。生态学家指出，能量流动是生物赖以生存的基础，而生态系统则依靠物质和能量的循环，两者之间存在可比性。这些原理可以普遍有效地运用到有机体和生态系统上，是生态系统模型的基础。我们拿用过的盒子做一个简单的模型吧，盒子代表了生态系统在特定规模上的不同组成部分，从分解者及其分解的物质开始向上。能量通过光合作用进入生态系统，通过呼吸作用流出。实际上，系统内部的任何组分或个体所占据的空间都比一个盒子大，也就是说，生态系统内部作用很复杂多变。位于食物链顶端的消费者死后成为食物链底部分解者的分解物质，这就是循环。

生态系统模型

生态系统模型的原理和前提如下（见 A4）：

- 自然“系统”本身就是一个循环过程。自然资源以常见的方式进行循环，比如食物链。再举一个例子，有机体分解腐败植物，这样使土壤更加肥沃，促进新植物生长并取代腐败的植物。废弃物和能量的重复使用让生物圈保持稳定，并随着时间的推移长期存在。因此，我们可以对自然系统（生态系统）和建成环境（人工合成系统）之间的资源流动进行类比。废弃物的使用不是单行道。自然环境中材料的循环是我们所定义的生态系统的最突出特点。
- 对生态系统来说，材料的循环流动是最基础的，然而在大部分环境里面，循环过程并不完整。生态系统每前进一个等级，它的效率就越高——成熟的生态系统比发展中的系统能够更好地通过生态系统（接近闭环）维持材料的循环。生物圈作为一个整体当然是封闭系统，但是它的生态系统组分不是封闭的。生产者把能量带入生态系统，最终被系统消耗（部分）。循环封闭的程度可以说明生态系统的成熟度。
- 在城市背景中，建成系统的环境生态系统中存在一个小型生产者基地，它对消费者来说不太重要，而这里的消费者主要是指人类。这是一种生态学上的说法，也就是说我们目前的城市发展过程中发现的可以作为食物来源的植被通常被忽略，而这些植被在能量通过生态系统中发挥的作用也相对较小。城市是一个独立的系统：它从外部的其他生态系统吸入能量，比如农村地区的农业生产者，当然也可以从废弃的生态系统，通过把它们分解成化石燃料为城市提供能量。
- 人造生态系统比成熟的自然生态系统更加不稳定，也更加不可预测，这点上它们大相径庭。在现有城市中，其能源和材料不是循环使用，把它们过滤给分解者，经过分解者改造后重复使用；而是采取线性操作，单向使用。大量引入的能量流动取代了自然循环。也有少数自然生态系统，比如河流，与城市体系类似，因为它们呈周期性的单向流动，具有线性和灵敏性。一个循环系统越断断续续和呈线性，生态系统就越依靠外部能量和材料的输入，因为系统内部的能量流动不能满足需求。从生态系统内部吸收能量和物质看起来似乎是“免费的”（就像一度看起来是取之不尽的石油流动一样），但是，由于生物圈内所有生态系统之间的相互作用关系，并没有这种“免费的午餐”。人造环境内资源的线性、单向消耗已经破坏了许多生态系统，使它们变得支

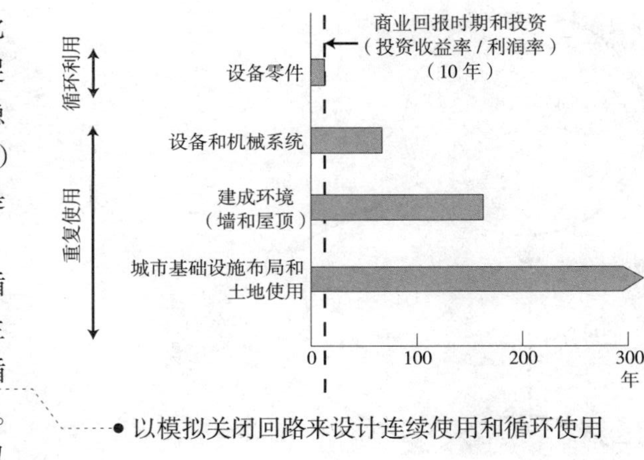

- 以模拟关闭回路来设计连续使用和循环使用

根据生态系统的循环特征来类比设计建成系统中材料的使用，以最大限度减少废弃物的产生

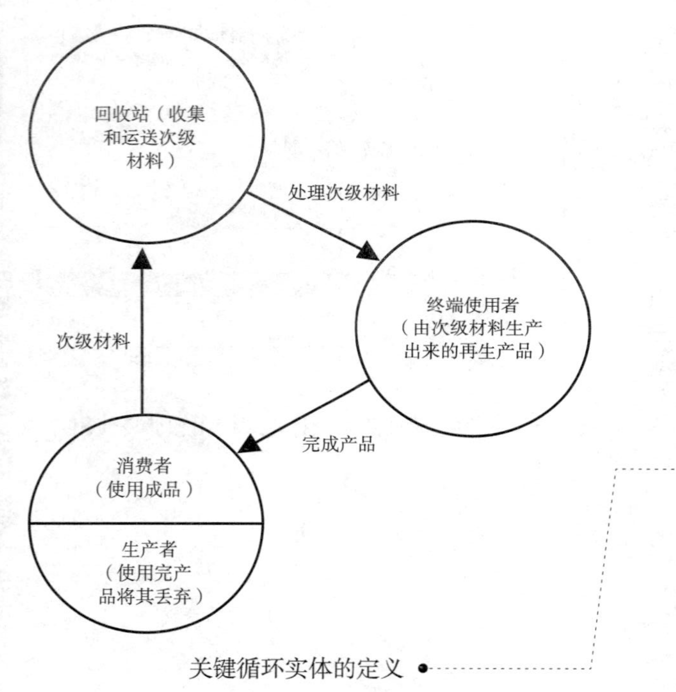

离破碎，从而导致了诸如土壤枯竭、化石燃料能源耗尽和物种灭绝等问题。

- 在现有城市生态系统中，分解层的作用被严重削弱。这种作用没有和生态系统结成一体，而且完全不起作用。因此，一个生态系统组分可能因为另一个组分的过度增长，或因破坏遭到压制。在自然生态系统中，分解作用是由一系列复杂的有机物进行（包括细菌和真菌），它们都扮演着分解者的角色。但是这些分解者实际上位于不同的营养级，分别分解其所在营养级和下一级的无机物质。没有分解者的话，系统的流出量将会变大（损失的物质本应该通过分解循环使用），这样就会导致潜藏在动物和植物尸体中的"废弃"资源遭到浪费，而且没有分解者去分解它们，就不能将这些系统需要的材料有时候甚至是稀有的物质返回系统中。在现有的城市里，那些本应在生态系统内部或系统之间循环使用的材料都统统扔掉了。
- 人类消费的速度和自然界更新速度之间存在巨大的差异（比如，设想人类一直期待生产出更多的化石燃料）。生态设计的关键因素不是完全依靠自然环境来循环利用建成环境中的输出物，自然环境也没有能力这样做。然而，我们完全可以通过人类活动来加速自然界的更新速度，如果不会给环境带来进一步危害的话，我们显然应该这样做。生态设计师可以采取的一项措施是，为建成环境提供足够的分解层。这种方式更忠实于自然界的循环模式，而这其中的分歧也造成了诸多环境问题和人类自身的问题。分解量、生产量和消费量必须相称。人造环境必须承担起一些资源回收的责任，而不仅是依靠自然界来吸收和循环利用它的产出物，因为很显然已经超过了自然界的承载力。
- 我们应该采用互动构架（A5）对建成系统的生命周期分阶段进行检查，这样才能核实每个阶段所从事的活动对生态系统造成的影响。在建成环境和建成结构之间的相互关系设计上，我们可以确定三个基本策略：设计者可以试图控制与建筑物环境相关的生态系统过程；或者干脆听之任之；或者寻求合作。在最后一种情况下，设计者应该在初级阶段就仔细检查当地生态系统与城市综合体腹地各自的约束条件、限制因素和内在机遇，接下来所有的设计尝试都应该基于对生态系统的理解，旨在找出自然环境和建成环境之间的兼容性组合体，以及相互作用。

- 在大多数城市和市中心地区，生态系统已被严重破坏，原始的生态系统（生物组分和非生物组分）已经所剩无几，可能只有表层土（如果在该地没有地下室）、地下水、岩床和周围的空气外，比如零文化。在这种情况下，建筑的外部环境就变成了城市街区，也包括整个城市和它的腹地。但也有一个主要的例外情况，在发展中国家，大型城市通常建立在生态系统保持完整的绿地上。
- 生态设计的环境因素容易受建筑的影响，环境因素反过来又会影响建筑的运营。按照生态方法，设计师不能只把设计系统所在的环境视为具有物理、气候和美学特性的空间区域。它应当作为生态系统的一部分而存在，设计中必须将它的生物和非生物组分以及处理过程考虑在内。建成系统的布局和位置也依靠这些环境因素。除了这些考虑因素外，我们将环境当做无限的资源和废弃物沉积地的观点也不得不改变了，我们必须承认自然界的局限性，尤其是它的再生能力。
- 我们设计系统的外部依赖（即环境依赖性，或者 A5 中的 L22）包括生物圈里的整个生态系统和地球资源。所有建成结构和基础设施的存在都会在空间上取代自然生态系统，同时，它们的建造、运作和最终处理也会消耗地球上的能源和物质资源。陆地资源在建筑中的进一步使用包括了对生态系统在某些点上的修改，在那里资源可以从地球上提取或者是制造出来。所以，设计者有责任考虑提出建筑材料应出自何处。
- 这个互动构架提醒设计者要考虑到建成环境里面和外面进行的活动和过程，以及这两者之间的相互作用。在这我们给设计者指出需要掌握的几点重要的影响；采用绿色设计方法需考虑所有的建筑生产工程和产品对地球的影响。除了空间位置转移的恶劣影响——有些东西已经不在原先的地方——有一些微小的但深远的影响。进入许多城市建筑和结构的资源和能量改变了生态系统能源、资源和材料的原始组分；在结构使用过程中，它的存在和运营活动可能会促发人类的其他反应（最明显的是进一步发展）。所以，一旦执行一项设计，在一定程度上会产生其他结构，更大的群体，使用更多的资源和其他难以预料到的发展。

- 城市中被人类改变的环境最多，其影响已经远远超过边界。城市的快速增长是生态环境变化的关键原因。它们的影响已经延伸到腹地，到顺风和下游群体，就某些方面而言，已经波及全球。它们从四面八方吸收的水、能量和材料数量前所未有。作为交换，城市抛出它们的产品和服务，当然还有污染物、垃圾和固体废物。城市的新陈代谢产生了污染效应和土地使用效应。只有少数社会群体能够筹集资金并以高于污染加剧的速度投资到污染治理中去（如第二次世界大战后的日本有足够的财力和独创性充分利用垃圾，把部分垃圾转化成建筑材料）。即使有人已经那样做了，但统治阶层的精英们通常认为让自己远离污染要比降低污染容易得多。因此，城市依然是污染的集中点，甚至远比以前严重，但幸亏有了接种疫苗、反病毒和其他公众健康措施，才使城市污染没有以前那么致命。

城市大约覆盖了地球 1%—2% 的土地表面，它们的空间增长只是它对环境所造成影响的一小部分。支撑城市的发展，吸收其制造的废弃物需要空间，而这个空间便是城市的生态足迹。城市吸收水、食物、氧气和其他资源，排放废水，垃圾、二氧化碳和其他废弃物。相比停止发展的城市，那些快速发展的城市（正如有机体的生长和发展）新陈代谢过程更快。比如，中国香港食物的八分之七来自中国大陆以外，而四分之一的淡水来自中国大陆，同时每天制造大约 40t 的排泄物（作为肥料）。由于现代城市自身的物理特性，要确保其他城市有足够的水资源供应，就需要采取更强硬的措施。屋顶和道路能够阻止水渗透到地面，从而增加地表径流。1990 年，芝加哥地表面只有 45% 可以渗水。然而，在 1900 年其地面已经在下沉，因为它的含水土层耗尽，1940—1985 年间，这个城市的海拔高度下降了 7cm，造成了建筑地基和排污系统的损坏。

- 生态足迹是指在世界范围内，以国家为单位，每个人能够占有的生产性土地和浅海面积，用于为人类提供食物、水、住房、能量、运输、商业和废物吸收。在发展中国家，人均占有量大约为 $1hm^2$，而在美国，人均占有量大约为 $9.6hm^2$。世界全部人口的平均足迹是 $2.1hm^2$。然而，如果世界上每个人要通过现有技术达到美国目前的占有量，则还需要 4 个地球。

据估计，现代城市居民的消耗量生态足迹约为每人 $4.8hm^2$。

- 发展中的城市也需要建筑材料，如木材、水泥、砖、食物和燃料。在铁路出现以前，所有这些建筑材料都要依靠船和公路运输。火车和卡车运输意味着可以从更远的地方获得这些材料，分散到更广阔的腹地，从而扩大了城市的生态足迹。

- 城市的密度和生物多样性越高，它对机动车运输的依赖性就越小，所需要的资源就越少，从而对自然造成的影响就越小。随着城市设计朝着保护能源和材料方向发展，同时将废弃物转化为资源（比如，当土壤保有量超过消耗量时，就有助于物种生存，实际上是把土地归还给自然，以便创造更多资源供物种健康的进化），从而使生态足迹的负面影响得到好转，形势得到根本的改变。
- 建筑物就像城市一样。在生态设计时，必须把建筑物的生态足迹保持在可控制的范围内。要做到这一点，一种方法是增加所在地的生态生产力，比如通过永续农业和增加生态多样性，从而提高建筑物从所在地吸收和循环利用废弃产品的能力，同时减少到目的地途中的能源消耗量（即在运输过程中消耗的燃料）。
- 将来，为方便购买人挑选，越来越多的产品将会贴上“气候中性”标签；意思是该产品没有净温室气体排放。比如，一家贸易公司想标榜它的产品是气候中性型，首先要尽一切可能在生产、运输和产品销售中减少二氧化碳排放。

小结

生态模仿告诉我们生物圈中生态系统内的材料是循环利用的，作为一个系统，如果建成环境要维持它目前的输入及输出的话，那么在一开始，设计者就应以相似的方式，把所有的设计系统当做潜在的废弃物来对待，同时还必须考虑（在有效期和后期生命的尽头）它们的最终处理，是持续重复使用、循环利用和再制造，还是它们最终与自然环境良性整合。对应的策略是使设计能够促进建成环境内各个层次的材料的持续重复使用和循环利用。实现这一目标将会减少环境下沉等问题的严重程度，这些问题是从设计系统及其组分以及建成环境输出物与自然环境的生态整合（见 A4）过程中产生的。当然，设计者需要同时确保重复使用和循环利用本身不会消耗大量不可再生能源，也不需要大量利用技术和设备，以防产生更多的环境问题或破坏。

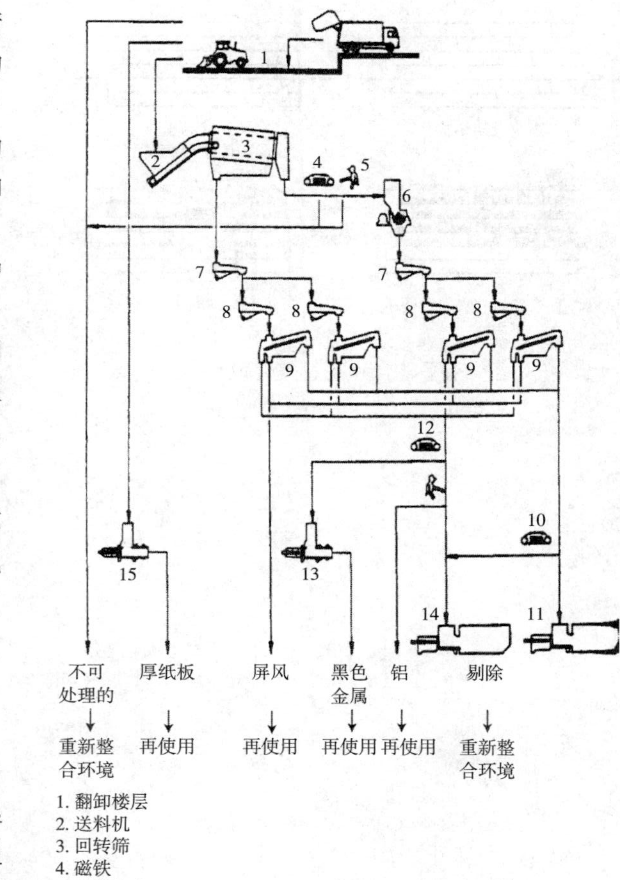

1. 翻卸楼层
2. 送料机
3. 回转筛
4. 磁铁
5. 肉眼检查
6. 碎纸机
7. 分流器
8. 均浆辊
9. 弹道分离器
10. 磁铁
11. 固定封隔器
12. 磁铁
13. 泥浆泵
14. 静态压实机
15. 泥浆泵

• 机械回收系统简图（通常为能量密集型系统）

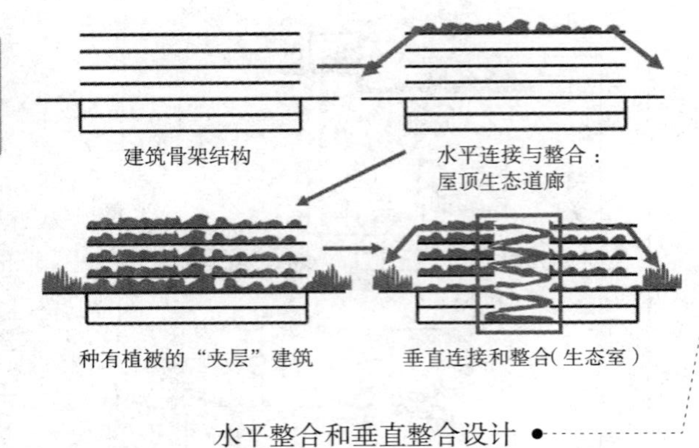

水平整合和垂直整合设计

B23. 垂直整合设计：设计系统与生态系统的多元化整合设计

建成环境在进行生态设计时，除了努力将建成环境与自然环境水平整合外，设计者还必须确保设计系统和生态系统之间在物理上和系统上的垂直整合。

在物理上将设计系统与当地的生态系统进行水平整合通常要容易一些，我们会发现一些建成系统的质量非常集中，并且在建筑布局上足迹广泛，因此，我们在提高其垂直整合度时，要格外留意。要达到这一目的，一种方法是在建筑上开更大的竖直槽口和切口，通过该槽口和切口将生物质、植被、日光、雨水及自然通风引至内深。

这些槽口和切口会成为生态室，本质上是稀疏空隙，将它们按固定间隔插入到建筑中，它们就会径直穿过所有的楼层。这些稀疏空隙有螺旋坡道，可以让日光进入建筑物内部，便于收集雨水（用于重复利用和循环利用），使相互串联的植物能够进入建筑内部，这样为建筑内部自然通风和循环系统的补给提供了条件。在建成形式内可以布置一系列生态室，这样，它们可以从屋顶露台（可以进行环境美化）穿过所有楼层，直达停车库。

建成环境类似于一个假肢（C3），倘若人工系统不仅能在物理上，而且在系统上也能和寄主生物体进行整合的话，便可以实现更高水平的整合。就这点而言，作为人工系统，我们的建成环境也必须类似地在物理和系统上与它本身的寄主生物体过程（即生物圈中的生态系统）进行整合。

当人工系统与它的寄主生物体整合，并可作为寄主体系的系统化进程的一部分进行整体运作时，系统整合就形成了。比如，通过设计将生态系统的运作职能和生态功能整合，这样可以使其在养分循环利用、获取能量的途径和流动时作为一个整体。系统整合和生命进程相辅相成，它在满足人类所有需求的同时，还尊重所有物种的需求。同时，它积极参与再生过程，而不是仅仅消耗。此外，它还应该在不同功能元素间建立积极的反馈回路和共生关系状态。

生态室作为垂直整合强化材料

材料	质量	重量	体积	密度
钢铁	1.57	2.73	0.05	1090
铜	0.05	0.02	neg.	na
铅	0.06	0.06	neg.	na
铝	0.01	neg.	na	na
Concrete	63.33	53.75	0.09	1190
黏土和砖	15.01			
砖	na	21.21	0.35	1210
木头	19.64	22.01	1.10	400
玻璃	0.33	0.22	neg.	na
塑料	<0.01	neg.	na	na
总计	100.00	100.00	2.4	830

建筑施工过程中典型的废弃物

从为建筑结构选择材料和为建成系统选择能源开始就存在这种相互作用。建筑物的运作依靠一套内部工艺——建筑的"新陈代谢"，它与环境间可以相互作用（当然，建筑物里面的废弃物和废气都排放到环境中）。建筑师必须了解这些过程及其产生的影响，以及生态系统的反应。设计者可能把建成结构的建造（比如一座建筑物）看做某种形式的能源和材料管理，或者是对资源的审慎管理。一般来说，可持续发展涉及人类和支撑人类生存的地球的物理条件之间的合作；我们人类与生物和生理自然景观存在包含关系。但这种联系已经被工业化和城市化进程削弱殆尽，以至于我们有必要积极地将良性质量设计到环境中去。同样，建成环境的外围密封部分（建筑物等）和基础设施（公路、下水道、排水设备、供水路线等）必须从物理上和生态机械上与当地的生态系统整合。

小结

设计者必须确保设计系统与生态系统的整合，这不仅是沿着建成形式或项目场地的水平整合（即建造新的生态走廊或者改良现有的生态走廊），而且还要有建筑自身的垂直整合。在之前的章节中，设计系统和自然环境之间的大部分设计界面主要集中在水平整合，而本章节的设计重点则是通过插入垂直整合设备和系统，确保建筑内部有足够的垂直整合度，以便实现设计系统和自然环境间更高程度的整合。

从地下室到屋顶的垂直整合
（冠捷科技集团，科威特，2005 年）

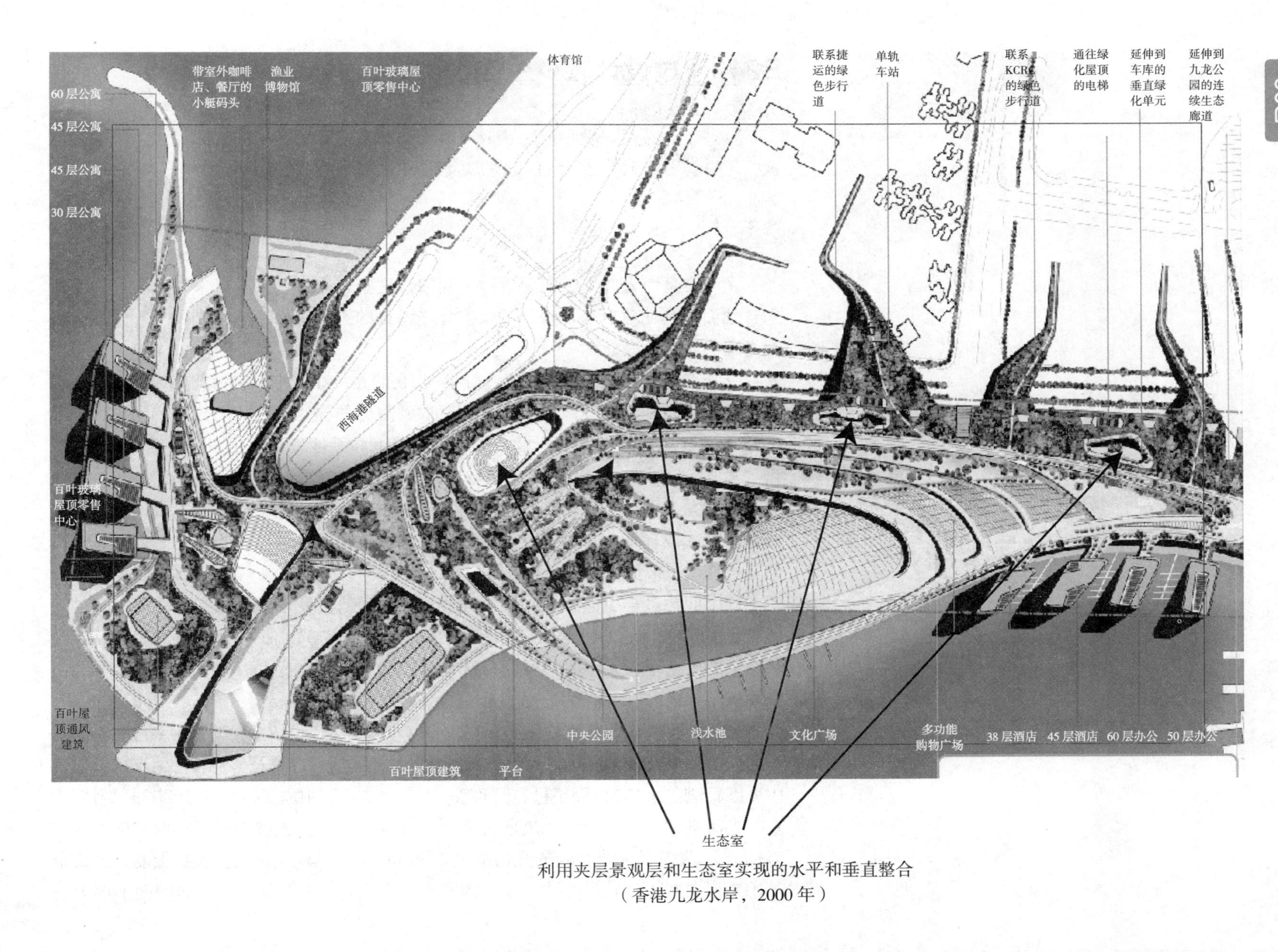

利用夹层景观层和生态室实现的水平和垂直整合
（香港九龙水岸，2000年）

B24. 通过设计减少生态系统的噪声与光污染

生态设计必须减少和消除建成环境给周围自然环境带来的光和噪声污染，因为这些污染会影响到生态系统的健康以及动物、植物和它们的生境。

光污染

光污染是由光向上、向外散射引起的，这些光或是直接来自人工照明装置或是来自地面和其他建成环境表面的反射。光污染的影响包括产生眩光、光入侵、天空辉光和造成能源浪费。

眩光直接来自人工照明装置（灯具），它的光线让人难以看清物体或给人造成不适。光入侵则是指光线以侵入的方式照射到附近的物体上，从而使人感到讨厌。天空辉光是指来自密集城市环境（如城镇、城市和其他发达地区）的混合照明光线，当从建成环境外一个相对黑暗的区域远眺时，天空中呈现淡黄色的辉光。

在生态设计中，考虑光污染问题非常重要，因为它能影响自然系统。并且它本身是人造建成环境中产生的一种废物。它对资源是一种消耗，并且与燃烧化石燃料给气候变化带来负面影响有关。

这个问题最早引起了天文学家的普遍关注，他们发现通过天文台看清夜空越发困难了。事实上，20 世纪建造的天文台中有很多都被严重损伤了。研究表明，在没被污染的天空里，人用肉眼可以看到大约 2500 颗星星，但是在一个典型的中等照明程度的市郊只可以看到 200—300 颗星星。在城市里只能看到几十个。

光污染源能够影响生态系统中 160km 以外的生态环境。主要的光污染源是不断增长的城市发展，以及公共场地和国家公园附近社区的人口增长。在理想情况下，夜空中可以看到超过 15000 颗星星和银河系。在美国，只有 10%的人经常看到这样的情景。

光污染越来越成为一个焦点问题。大约 50%的人造光被浪费了（没有用于设定目标上）。尤其是高层建筑的光污染现象极其严重。其他光污染源包括没能把光线全部用来照射路面的路灯，建筑物周围的室外安全灯，商业标志和广告牌向上照射的灯光，景观照明中向上或向外的灯光，以及夜里从建筑内透射到室外的光。据估计，三分之一的室外人造光会散发到夜空里。同时，还有因照明系统效率低下引起的能源浪费问题。过度照明就意味着公共设施会消耗更多的能源，同时排放更多的污染物。据估计，在美国每年浪费大约 25kWh 的电能，这些电能每年可以制造 19×10^6t 的二氧化碳。

光污染对城市生态的影响包括动破坏植物和动物的生物循环。它对迁徙的野生生物造成特别的威胁，尤其是鸟类，它们会因为光而迷失方向。一些迁徙的鸟类可能错把建筑物的光亮当成了它们通常作为目标来导航的星座。在一些迁徙的鸣禽中，鸣鸟是受影响最大的，这可能与它们的迁徙方式有关，因为它们是在晚上迁徙而且低空飞行。此外，夜里也容易发生碰撞事件，它们在飞行中碰到建筑物，导致死亡或受伤。这些鸟很容易被泛光灯吸引；一旦用闪光灯代替泛光灯的话，每年因灯光致死的鸟类数量将减少到几只。事实已证明光污染影响鸟类，据观察鸟类会跟随着灯塔光束旋转。比如，因为夜晚的人造光和热酷似自然日光环境，在英国伦敦的一种画眉会在晚上歌唱。

针对光污染对野生动物的影响人们开展了各类研究，最广泛的是对筑巢海龟的研究。光会影响海龟上岸筑巢。当有很强的人造光时，雌海龟可能不会一起爬上岸，或者可能会失去方向感，来回徘徊爬上公路等。海龟的孵化也会受光的影响。它们总是在晚上孵蛋，并且本能地将头朝向光源。它们把这个光源误当做是大海的方向，因为海面比陆地明亮（来自月球的反射光或是生物体发出的光）。因此，光污染会导致它们朝着错误的方向孵卵。

昆虫也会受到光污染的影响，特别是飞蛾，还有一些种群会似乎比其他种群更容易受影响，或许这也标志着这些种群已经得到进化，适应了强光。

对植物而言，用白炽灯来为园林景观照明可能会对调节大多数植物的生长有积极作用，并且可以将生长期延长至夏末和秋天，从而最大限度降低植物因秋天霜冻受到损坏的可能性。然而，众所周知，一定频率和强度的光线可以调节植物的生长和开花（光周期反应），并且人们认为延长白天的长度可以阻止或延迟植物对白天缩短的反应，那样它们就不会休眠和落叶。生态研究表明，当无花果树离路灯太近时，它们就不会正常落叶。

人类也会受光污染的影响。随着不断进化，人们需要将自己在一定程度上暴露在黑暗中，形成白天黑夜交替的节奏。当人处于黑暗中时，身体就会产生褪黑激素，这是一种很重要的激素，它可以调节人体在夜间休息和恢复的循环。研究表明，即使是在很微弱的光线下，夜间的褪黑激素分泌活动也会受到抑制。

研究进一步显示，大约 3fc 的光亮度用于室外安全照明是合理的。然而，我们通常会看到光线强度是这个水平的 3—10 倍，达到 100fc 或更多。研究人员指出，光的均匀度，光的颜色和覆盖范围和光照度一样重要。光的覆盖范围决定了是否会有阴影产生。这个问题与安全相关。在一些情况下，据显示，光线更多并不意味着更安全。从黄昏到黎明，耀眼且明亮的安全灯光给安全本身罩上了一层令人炫目的幻觉，可能仍然是人类的安全威胁。

光污染降低指南

对于设计者来说，降低光污染很容易，但最终的作用和影响可能是相反。当设计室外人工照明的时候，为最大限度降低光污染，必须牢记以下注意事项：

- 在设计道路照明时，将具有误导性和向上的光线降到最少。眩光对司机尤其危险。使用非截光型灯具时，司机的视野内常出现眩光。充分利用全截光型灯具会大大地降低眩光和光幕照明带来的影响，从而改善可见度。
- 使用某些材料和设备来代替额外照明，比如反光镜，是值得提倡和考虑的。
- 对建筑标志和商业广告牌照明的设计而言，应确保将不照射到目标区域的光线降到最低，同时保持溢散光最少。某些类型的广告灯光是需要禁止的，比如探照灯光和激光。
- 在建筑物外围不需要灯光的时间段内 ，将灯光使用量降到最低或不使用。同时应使用定时开关照明控制。
- 限制光源相对于物体边缘的高度，防止光线侵入到周围的物体上。
- 确保泛光灯类型的照明设备不会造成严重的光污染（当它们方向偏离或没有

遮护设施时）。墙灯的方向不能调整，因此不是室外照明的首选。倘若在建筑物或灯标杆上安装不正确的话，这种泛光灯向上和向周边传送的光甚至可能比射到目标区域的更多。

在装修办公室时，要确保照明的能量效率，可以采取如下策略：

- 用节能灯代替基体建筑物上的荧光灯。（比如用 28W 的 T5 灯代替 T8 荧光灯）。
- 在灯光四周安装光传感器，当自然光线充足时，灯将自动关闭。
- 在会议厅和仓库用手动开关。
- 在浴室用控制照明。
- 设置定时开关装置。
- 在重点照明区使用调光控制设备。

大型建筑物造成的光污染，影响了周围的生态和环境。我们需要对这些问题有更好的了解，这样就会让我们向确保生态和环境保护的方向努力。

- 尤其是摩天楼，它带来的光污染对很多动物造成了影响，需要重点管理。
- 摩天楼光污染造成鸟类迷失方向从而引起鸟类死亡也是光污染的主要问题。
- 由于存在光污染，动物可能改变生活习性，而植物可能改变生长方式。

天空辉光

用于室外夜晚照明的灯光无论过于明亮或昏暗都会引起光污染，特别是在一些拥挤的环境（比如像纽约这样的大城市）。这些城市通常都是不夜城，因为这里晚上的活动和白天一样多。路灯、建筑物和广告牌发出的灯光点亮整个城市，看起来如同白昼。倘若照明设施不加以遮护，同时又不对准照射目标，那么这些过多的人工照明和不加以控制的眩光进入夜空，经空气中的小水滴及灰尘颗粒反射，形成一种特殊景象，也就是天空辉光，此时就会引起光污染。过度照明意味着我们正在迫使我们的公共设施消耗更多的能源，也因此释放更多的毒素到环境中去。

如上所述，光污染对野生动物是一种威胁，特别是对于迁徙的物种。迁徙的鸟类因为摩天楼的灯光而迷失方向。还有一些迁徙的鸟类可能错把建筑物的灯光当成了它们通常作为目标来导航的星座。它们在建筑物周围盘旋，要么撞到建筑物上，要么飞到筋疲力尽而径直掉到地面上，结果不是受伤就是死亡。实际上，目前迁徙的鸟类数量只有 1860 年迁徙鸟类的一半。这其中部分是由于城市的非自然热力效应造成的。每年大约有一亿只鸟在飞越美国的途中因撞击窗户而死亡，或由于建筑物灯光“催眠”而迷失方向直至筋疲力尽而死。

大多数鸟类碰撞事件发生在相对低空的区域，而且常常是在清晨。这是因为夜晚建筑物的灯光使鸟类迷失方向，尤其是在阴天，并且有极强的天空辉光效应时，这时它们将不顾一切地飞向能找到的任何植物度过夜晚余下的时间。

其他的飞行物种也会碰撞建筑物而死亡，包括蝙蝠（大概有 5、6 个物种）、螳螂和蝉。

然而，也有一些动物已经适应了光污染并利用其优势利用：比如，一些蝙蝠利用光来捕食那些被光吸引的昆虫。

光污染也影响着海生和水生物种。比如，研究表明，靠近海边的城市对海龟的孵化是一种威胁。美国大西洋沿岸沙滩是西大西洋棱皮龟和绿龟的繁殖地。这个城市的人造光干扰了海龟向地面最亮的光源爬行的自然本能。刚孵化的小龟错把城市的灯光看做是月光、星光和海洋生物荧光的反射光。由于受到光源的干扰，海龟在孵卵以后没有游向大海，而是径直爬向内陆，结果它们通常被汽车压死或是被捕食者吃掉。

光周期反应

植物也会受光污染的影响，尽管这方面的研究很少。众所周知，一定频率和强度的光线可以调节植物的生长和开花，这个过程就叫光周期反应。白天时间变短，许多树木和灌木丛就会进入休眠期，并且会落叶。用白炽灯来为园林景观照明可能会对调节大多数植物的生长有积极作用，并且可以将生长期延长至夏末和秋天，从而最大限度降低植物因秋天的霜冻受损坏的可能性。

然而，并不是所有的植物都对光周期有反应，那些有光周期反应的植物会因为很弱的光线受到影响，这正好在室外照明光线的强度范围内。有这样一个实验，人们打算将小麦和马铃薯一起种植，以便为空间站提供食物，但结果发现，小麦生长所需的理想日长却阻碍了马铃薯块茎的形成。后来的实验发现，3fc 低的光照水平确实能阻碍块茎的形成。市区和郊区的光污染延长了“日长”是否耽误了树木、灌木丛和一些开花植物的休眠，从而导致它们死亡仍是未知数，但是有一点是肯定的，就是保证进一步研究的可能性。

尽管光污染对植物的影响还没有完全得到证明，但是，保护和维持城市树木的生长仍然十分重要。树木可以缓和气候，保存能量和水，改善空气质量，控制降雨水径流量和洪水泛滥，降低噪声，孕育野生动植物，增强城市的视觉效果，并且通过降低热岛效应从而降低夏天的温度。树木有助于雨水管理、空气质量改善和节能。

光污染问题越来越引起了人们的重视。在许多城市，建筑物业主或管理人要求房客晚上关掉灯光，以便帮助鸟类能够绕开建筑物。在其他很多主要城市，许多摩天楼会在夜晚将灯光调暗，或者关掉灯光，以便减轻给鸟类造成的危险。在一些城区，公共规划鼓励建筑物关掉室外照明灯、关上百叶窗或拉上窗帘来降低光污染。在某些情况下，当局还制定了法律法规来控制光污染。

我们应该开始考虑降低现有光源污染的方案。其中一种方法是使用带有遮护的照明设备，将光线直接照亮行人和车辆交通，同时远离植物。

解决光污染的问题不一定需要以区域为单位实行；每个家庭都可以使用新式、更节能、设计更好的灯泡来代替旧灯泡。办公室和公司可以把效率低的水银灯更换为低钠灯，这种灯在设计上能防止光线侵入到不需要灯光的区域里。好的照明设计能降低能源浪费，抑制光污染对野生动植物的影响和改善夜晚天空的可见度。

最后，像摩天楼这样的高层结构也会影响气流，从而影响蝴蝶和飞蛾的迁徙。

噪声污染

建筑物会造成空气污染、噪声污染和光污染，这些污染会影响人类健康，同时

强度（dB）*	声源
0	人的听力的极限值
10	正常呼吸
20	叶子掉落，安静的房间
30	轻轻地耳语，安静的图书馆
40	嗡嗡叫的冰箱
50	普通家里和办公室
60	正常的交谈
70	真空吸尘器，繁忙的街道
80	吹风机
90	听力损伤的阈值，割草机，商店里的工具，城市交通
100	拖拉机，农用机械，电锯，叶扇，垃圾卡车，地铁，报纸印刷
110	汽车喇叭，链锯，距离 610m 的喷气机起飞
120	疼痛的阈值，现场摇滚音乐会，雪地汽车鸣笛
130	摩托车，鞭炮
140	射击，距离 30 m 的鸣笛
160	喷气发动机关闭

* 近似数据。比如，不同的行为和机器类型都有不同分贝水平。典型的交谈是 50—70dB，食物搅拌机一般是 85—90dB，叶扇一般是 95—155dB，等等。

一般音源的强度

还会影响生态系统里的物种。倘若设计者对这些问题有全面的理解，就能让他们为降低其影响和改善生活质量，以及对生态系统的影响而不懈努力。

噪声污染源主要有：繁忙的机场、通行量大的交通干线和城市街道、摇滚音乐会、链锯、手提钻、雪地汽车、叶扇和真空吸尘器。从这些地方和成千上万种其他人类产品及娱乐活动中发出的声音都是一种污染，这种污染令人讨厌并且有害健康。

在许多情况下，听力的丧失至少一部分原因是我们居住的嘈杂环境造成的。在美国，超过 2000 万的人经常暴露于工业和娱乐的噪声当中，这些噪声可能导致听力丧失。比如，对 70 名 20 多岁的迪斯科舞厅工作人员测试发现，三分之一的人有很大程度的听力丧失。对 40 名工作长达 10 年或以上，经常暴露于警报噪声的纽约消防员的测试发现，70% 的人有很大程度的听力丧失。

同时，噪声还和一系列的身体和心理问题有关。45dB 或更高的噪声便能让一个正常人晚上无法入睡。研究还显示，噪声影响人体健康，容易导致高血压、易怒、消化不良和消化性溃疡，还可能造成心脏病和精神病。

据证实，动物在喧闹的噪声中也会受伤害。研究人员把恒河猴放在高强度的噪声中，它们的血压会升高。巨型油轮和军用声呐设备的噪声干扰了海洋生物的交流体系，迫使它们改变迁徙路线。研究表明，当麋鹿和狼暴露于雪地汽车的噪声中时，会分泌较高水平的皮质激素，并释放荷尔蒙。

声音的强度以分贝为单位。分贝是一个对数，每升高 10dB 意味着声音强度增加 10 倍。因此，50dB 的声音强度是 40dB 的 10 倍，声音放大两倍；60dB 的声音强度是 40dB 的 100 倍，听起来是 40dB 时的 4 倍大。

距离也是决定有效分贝水平的一个因素。离声音越近，到达耳朵的分贝值就越高。喷气式飞机起飞时，它周围的声音大约是 160dB，但是距离到达 610m 时，声音听起来大约有 110dB，几乎和靠近的汽车喇叭声一样大。

导致听力丧失的一个因素是暴露于嘈杂噪声环境中的时间长度。在 85—90dB 的环境里每天超过 8 小时，100dB 超过两小时，或是 110dB 超过 30min，人类的听力就会受损。任何暴露于 130dB 或是更高分贝的噪声环境里都会导致永久性听力丧失。

海洋噪声污染

研究表明，由轮船和其他人类声源产生的人为噪声可能干扰某些海洋生物的繁殖和种群恢复（比如鲸鱼）。须鲸和蓝鲸发出的极低频的求爱歌通常会在水下传播，其距离没有上千里，也有几百里。但在过去的100年里，机动船的极低频和人为噪声也显著增加。

寻找须鲸的歌声（长须鲸）也适用于那些关系很近的蓝鲸，并且对其他种类的须鲸也有效。研究人员记录总结了他们的报告：在一定程度上，长须鲸群的生长受限于易于接收到歌声的雌性和雄性之间相遇的几率。须鲸和蓝鲸群从过去受人类大肆捕杀到现在种群恢复，这个过程很可能受到阻碍，而阻碍来自对人类活动制造的低频噪声的错误认定存在疑惑造成的。

对人类来说，噪声是一种压力来源，而且会使城市变得嘈杂。愤怒随着噪声的增加而加剧，但烦恼的程度却受信念和判断力的影响。关于交通噪声的研究表明，愤怒程度的高低跟判断道路是否危险，和邻居是否有矛盾，哪里的土地适合商业和住宅目的有关系。有关交通噪声的影响，这里有一个很有趣的研究结论，年轻人更容易受噪声的影响。这似乎跟这样的事实有关，年轻人的听力比老年人好。并不是所有的噪声都令人烦恼，这得看情况。随着技术的发展，城市噪声总会得到解决，比如听噪声成了一种习惯。

在城市环境里，交通噪声是主要的声污染源，这些噪声是由汽车、小卡车、公共汽车、人力车和摩托车的喇叭与排气系统产生的。并会随着发动机故障和消声器缺陷、狭窄的街道及高层建筑而加大。而在高层建筑之间形成一条“峡谷”地带，交通噪声会在这个“峡谷”里回荡。随着人们的睡觉时间变晚，在不损害声音质量的情况下，对城市交通基础设施将提出更多的要求。

道路参数也会影响交通噪声的程度。比如，相对于敞开的道路，在隧道里，交通噪声的传播会大大减少。在这个范畴里的其他因素包括路面状况（比如，石头路面尤其嘈杂），倾斜度（陡峭的山路会令交通工具加大负荷，因此产生更多的噪声）和宽度（紧靠两旁建筑物的狭窄街道会让噪声无法出去，从而加重噪声的影响）。

城市街道的噪声能达到分贝水平的危险等级，并且足以导致听力丧失。据发现，城市街道的一些声音完全能够引起永久性的听力损伤。专家表示，长时间持续暴露于 90dB 以上的噪声环境中将会导致听力丧失。为了确定某种声音是否足够大到能损伤你的耳朵，我们需要搞清楚声音的响度（用分贝来衡量）和暴露于这种声音中的时间长度，这点很重要。一般情况下，噪声响度越大，听力丧失需要的时间就越短。研究揭示，暴露于 85dB 的噪声环境中最长时间是 8 小时。而在 110dB 环境里，最长的安全暴露时间是 1′ 29″。

作为生态设计者的参考资料，下面列出了在建成环境里各种城市声音的响度，以 dB 为单位：

- 60　正常交谈
- 70　主要道路交通
- 85　繁忙的交通，嘈杂的饭店
- 90　卡车，大声交谈
- 90—115　铁路、地铁
- 95—110　摩托车
- 110　婴儿哭泣
- 110　汽车喇叭
- 120　风钻，重型机械
- 120　救护车警报
- 130　手提钻，电钻
- 143　自行车喇叭

小结

在设计建筑的结构、设备和基础设施时，设计者必须考虑通过设计来减少和消除光污染和噪声污染。光污染通常被认为是较轻的一种污染形式。然而建成环境造成的光污染和噪声污染不仅仅影响人类，还影响当地的动物、植物和生态环境。

B25. 将建成环境作为物质与能量输入流的管理中转站进行设计：通过设计系统评估建成环境的输入、输出及其结果

就像生态学家分析生态系统中的能量和物质流一样，生态设计师把生态设计看做在人类使用期间一种瞬态建筑中能量流和物质流的管理形式，这是很有用的，并且在有用生命的最后阶段最终会流回自然环境。在设计系统中的这种流动，原则上可以从生物圈中其源头处来进行追踪，通过提取、加工和制造，直到建成结构的生命周期点，最终融入自然环境。总的来说，流动不只产生于分割点和会合点之间（或者是入口和出口），也产生于媒介点之间。

设计系统的建造要求从环境中投入大量的能量和物质。理论上说，这些构成了建成环境（即分块矩阵中的L21）由外到内的相互依存性，并且包含了建成环境的维护和处理它的输出物所需的投入。这些不仅包含用来合成它们物质形态和形式所需的能量和材料，还包含了用来维持它整个生命周期所有阶段的能量和材料。在它的运行期间，还会排放大量输出物，并且会给生态系统造成其他影响。如果我们利用的是废弃材料，就能节省一大半的能量投资。在这些生态措施中，设计者必须筹划和量化所有从外到内的交换和任何能造成的环境影响。从整体来看，对建成环境中输入物的使用与输出物的排放、运作的设置和地球生态系统及资源的有限度有关。

当前的技术包括物质流分析，可用来计算建成系统（如建筑、地区、城市）外自然材料和人造物质（资源和资金）的转移，如输入或输出物。它也检查系统内能量和物质的储量、流量和转变情况。

建成环境和自然环境间的相互依赖性包含由建筑引起的生态系统中部分发生明显的空间转移；能量的数量和物质的输出；人类活动给建成环境造成的后果。从最广意义上来说，建成环境的生态后果不能只考虑建筑施工活动和其他人工制造业相关活动造成的即时影响，同时还必须意识到，这些后果还包括源于建筑制品的使用，用完后的后期处理以及最终的回收活动带给环境里的相互作用。

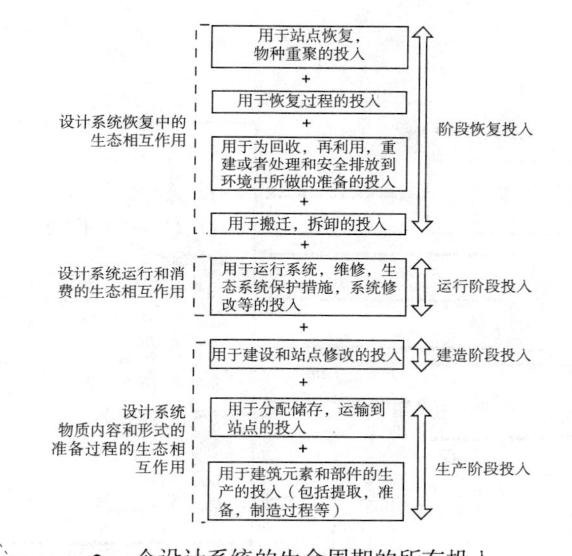

● 一个设计系统的生命周期的所有投入

	住宅（%）	商业（%）
纸	20—40	25—50
瓦楞纸板	8—12	20—30
塑料	6—8	10—15
金属	4—8	2—5
其他废物	40—50	18—24

● 输出：住宅与商业输出对比

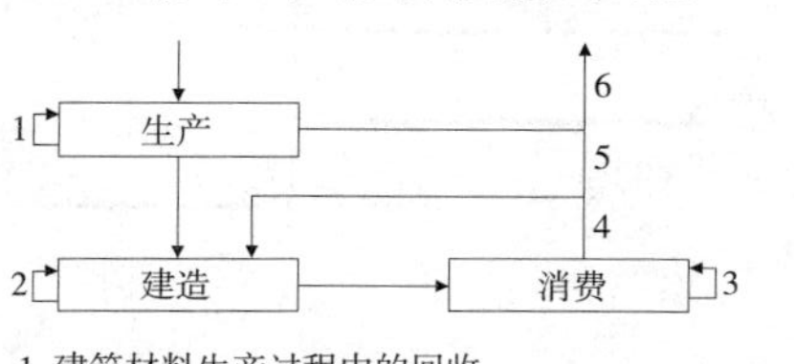

1. 建筑材料生产过程中的回收
2. 建造过程中建设残余物的回收
3. 建成系统运行的回收
4. 从运行建设过程的物质回收
5. 从运行生产过程的物质回收
6. 其他地方材料的自由使用

● 重新利用和回收建筑材料的方法

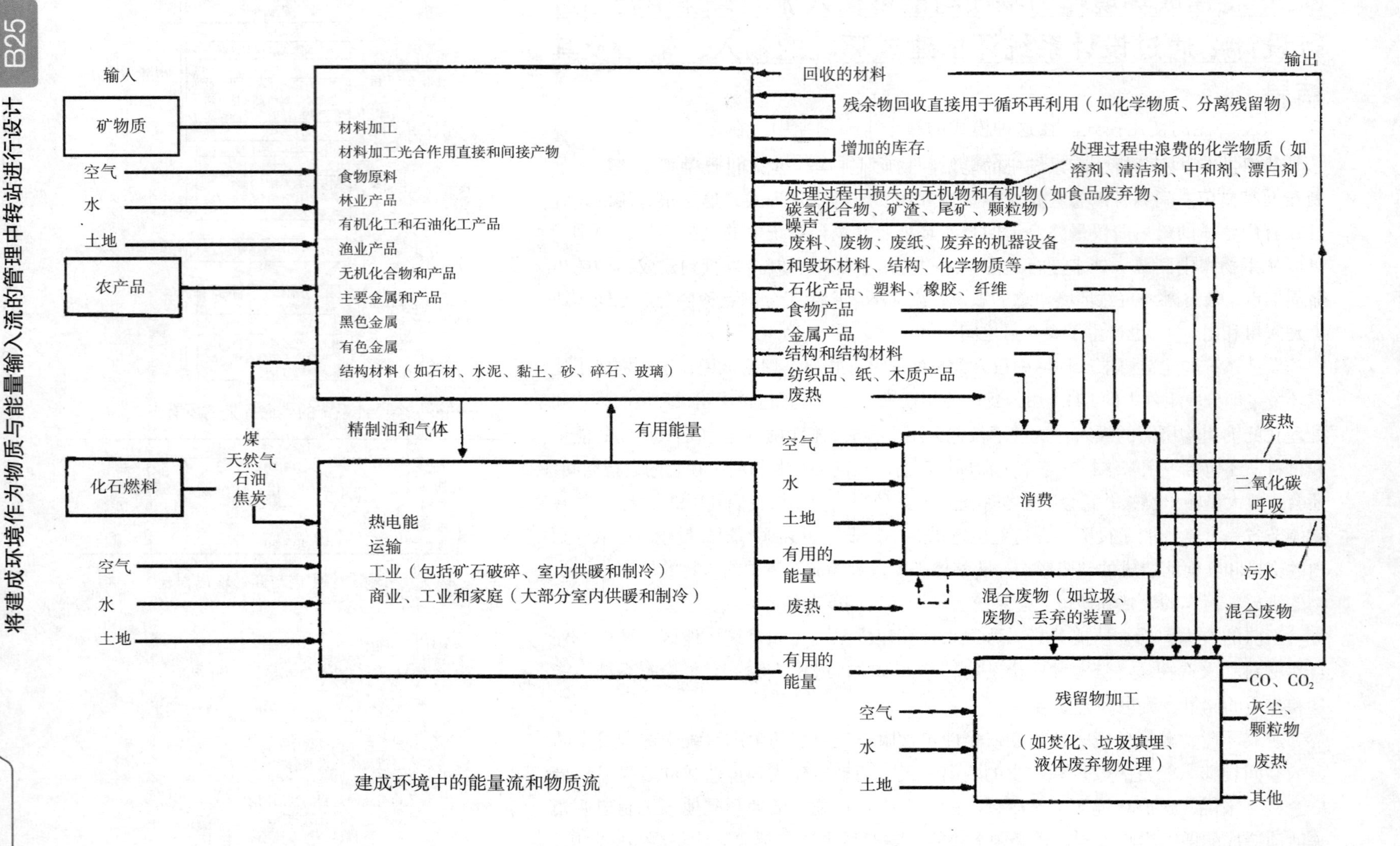

建成环境中的能量流和物质流

为使能量和物质的结果概念化，管理过程应依据环境中能量使用的具体方式，以及材料从产地到进入建筑物，最后进入到终端环境中降解的整个流动过程加以考虑。通过考虑该过程，我们能够从所代表的使用模式分析所有构造物体。同时，我们还能够通过设计来预判每种模式对地球生态系统的需求和影响程度，并预测未来资源可能的使用模式。在这种模式的整个生命周期中，在设计系统内所采取的措施和进行的活动将决定建成环境的输入流和排往环境外的输出物，同时它们将会对地球生态系统和它们的资源供应产生一定的影响。比如，一个国家（如英国）大约 50% 的能量消耗（即 A5，L21 部分，输入）和相似比例的二氧化碳排放量（即输出）与建筑有关。其中大部分（大约 60%）用于居民消费，剩下的 40% 分别用于办公室（7%），仓库（5%），医院（4%），零售商店（5%），教学楼（7%），运动设备（4%）和宾馆及其他建筑结构（8%）。这些数据表明，我们在节能时，重点应放在住宅楼，其次是办公楼等主要建筑类型。以下讨论为我们的环保摩天大楼和大型建筑设计中选择材料的方法。

建筑物的方案设计一旦完成，我们就要确定所需的物理部件的数量，并评估对环境的预期影响，确定设计是否满足当前的环保设计标准。在大多数传统建筑的施工中，人们通常先为整栋建筑准备一套“工程量清单”（通常为竞标之目的），这种量化行为很容易被转化为重量相当（t）的材料，或是其他的体积量，为了进行比较分析，随后被转换为蕴能当量和生态影响当量。类似地，建筑的操作系统（机电设备）也可以经历这个过程。

生态学方法综合考虑了建成环境及其使用者对物质和能量的使用，建成环境建成的同时，每种材料和部件在设计系统中的使用途径，不仅要在经济方面，而且要在整个生命周期的生态方面要接受管理和监控（从产地直至最终被生态系统同化吸收）。

如前所述，建筑的设计和建造成为一种能量和物资管理，这种管理一直延伸至建成系统的整个生命周期。这是因为所有的建筑活动都涉及对地球能源及材料资源的某些成分进行利用、再分配和聚集，而这些能源和材料通常是经过长途运输到特定区域的，这个运输过程也改变了这部分生态圈的生态情况，同时还增加

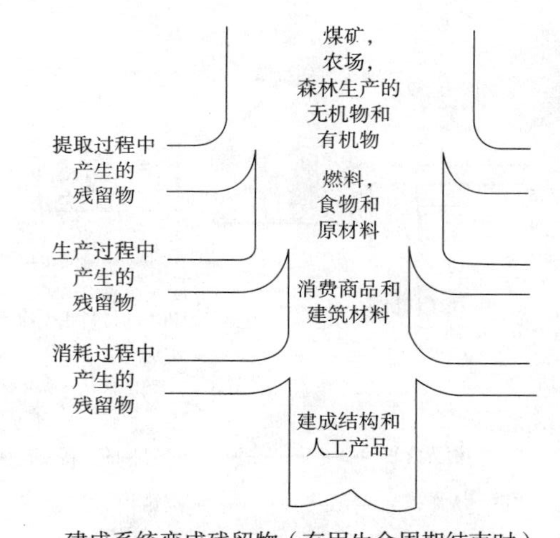

• 作为能量及物质流一部分的建成环境

输入	（吨每年）
能源（燃料，油，当量）	20321000000
氧气	40642000000
水	1018082000000
食物	2428520
木材	12190000
纸	22330000
塑料	21330000
玻璃	365770000
水泥	1970000000
砖	36577000000
金属	1219200000
输出	
二氧化碳	60960000000
二氧化硫	4064200000
氮氧化物	284500000
污水（污泥）	6720300000
工业拆卸废物	11582900000
家庭、城市和商业废物	3962500000

• 城市的输入输出流
（以伦敦为例，7 百万人口）

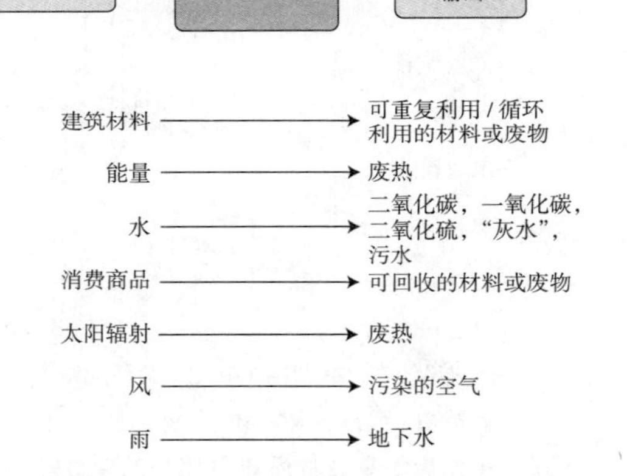

建筑物作为一个人工生态系统的输入和输出

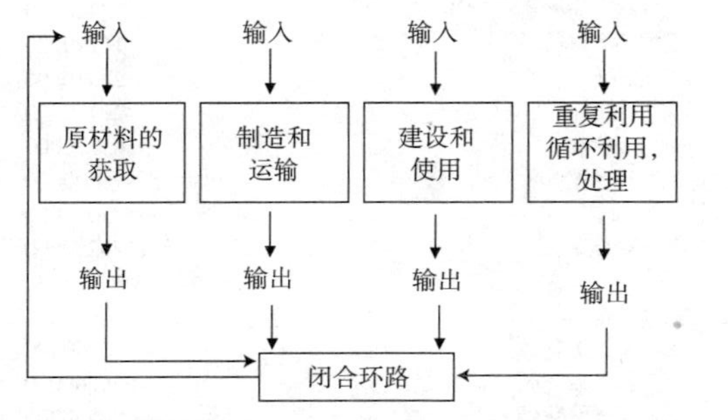

在一个产品的生命周期中，对它进行生命周期分析，以量化其每阶段的输入和输出，同时描绘它们的特征。

典型的材料生命周期

了生态系统的成分。因此，在摩天大楼和其他密集型建筑的环保设计中，应当包括确定在这些建筑中能源和材料的使用方式（结构、外包层系统、内部隔断系统、零配件、设备等）。此外，理论上，环保设计预先考虑到了在整个建筑生命周期里，能量和物质流动到循环再利用、重复使用或与自然环境重新整合（别忘记在施工前，生产过程给环境带来的伴随影响）。

我们以一袋水泥的生产为例。首先，提取黏土和白垩要损失土地；其次，生产这袋水泥需要煅烧原料，从而消耗大量的能量（好比用足量的化石燃料来带动一辆家用汽车行驶 30km）。此外，将水泥成品运到批发商，然后再运输到零售商，最后运输到施工现场，这个过程需要进一步消耗能源并产生污染。然而在施工现场，生产混凝土的设备以及吊车将水泥吊到建筑框架上的过程需要消耗更多的能源（同时还会排放更多的二氧化碳）。在上面这个看似简单的例子里，却隐藏着诸多错综复杂的关系，通过这个例子说明，设计者在运用生态原理进行设计时，需要有一些更深层次的考虑。用于建成环境中的每个螺栓、钉子、木料或金属都有类似的资源链和能量利用过程。

事实上，我们可以把建成环境和城市看做是一个复杂的系统，其特点是能量和物质的流动是一个持续变化和发展的过程。资源利用有两个基本模式：线型和循环型。线型模式受到工业界的青睐，不可再生能源一旦进入建成环境被利用完后就会遭丢弃，但这是一个资源转换为废物的变换过程。

生态流管理
实施的主要因素包括

- 理论上，在资源循环利用模式中，要从环境中获取特定的材料或能源用于建筑物中，然后以一种高能效的方式转换成一种新的资源。这个过程随后会变成闭合环路。该过程先前只能产生废弃材料（废物输出），而现在却能够生产出新的资源（生产投入）。这个过程使已经具备一定循环特征的过程形成进一步的循环过程。

在此需强调一点注意事项：在建成环境中，资源利用可能不会形成一个封闭循环模式。回收循环只是一个阶段，在这个阶段中，可能总会有一些资源损失。比如，在回收废钢过程中，大约 10% 的材料会被浪费掉。一些材料在最初使用后就根本不能再回收到系统中：就像涂料、溶剂和清洁剂这些产品的使用，本质上就是把它们散布在环境中。还有一些其他因素也会导致系统中材料的损失，比如摩擦和氧化。此外，热量释放也意味着能量损失，即使是在一个理想的系统中，建成环境中的每种元素都被重新利用或回收，能量损失也是存在的。

- 把建成系统看做是以建筑物形式临时存在、作为短期使用的大量材料，用完后，它的各个部件会回到持续的使用中，而不是像传统意义上将它的数量看做是固定和一成不变的。此后，这些部件又会在生物圈中持续流动，并进行交换能量和物质。这种对建成环境“尘归尘”的思维方式，类似于生物学家看待生态系统中能量和物质的交换方式一样。
- 关注可利用的能量和物质流，特别是从初级生产者——包括绿色植物和其他光合作用系统，流到生态系统中各个阶层的有机消费者（人类及其经济活动），降级后的能量和物质（废弃物）回流到生态系统中。生态系统中能量和物质的循环是生态系统分析的一个主题。生态系统的总能量关系在食物链、食物网和生态元素的循环中可以一目了然，同时还涉及对物质的流出（流到生态系统中其他部分或完全流到系统外部）和流入的测量（来自生态系统其他部分或生态系统外部），这将会很难去测量。通过陆地系统，物质的加工和能量的形式以及物质在不同生态系统中的停留时间，将陆地生态系统和其他生态系统（大气和海洋）直接联系起来。在生态学上，生态系统能量和养分流动通常会被模拟，这种模拟涉及对生态系统的不变性，以及更广阔空间尺度的观察的推断所做的微妙的基本假设。我们目前有 40% 的陆地光合作用净产品和 25%—35% 的沿海大陆初级生产量。

所以，在生态设计中很有必要了解转移进入建筑场地或从其中转移出来的能量、目前存在于建筑现场内部的一切事物，以及对未来能量流的预测。

输入

全球每年 40% 的原材料（按重量）用于建筑建造中；
一个国家 36% 的能量投入用在建筑中。

输出

20%—26% 的填埋废物是建筑废物，用在建筑中的 100% 的能量流失在环境中。

● 建筑的输入和输出

产生部门	废弃物成分（%） 纸	纸板	塑料	金属	其他
办公室	65	15	6	2	12
工业	35	20	25	6	14
零售	35	40	8	1	16
运输、交通和公共设施	20	15	15	5	45
批发、仓库和分销售	25	32	25	7	11
公共场所	45	10	5	6	34

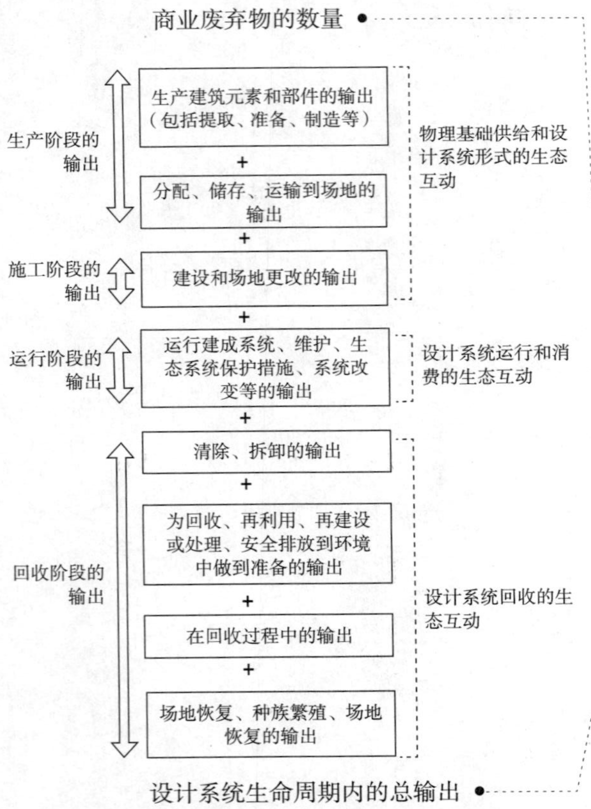

商业废弃物的数量

生产阶段的输出
生产建筑元素和部件的输出（包括提取、准备、制造等）
+
分配、储存、运输到场地的输出
+
施工阶段的输出
建设和场地更改的输出
物理基础供给和设计系统形式的生态互动
+
运行阶段的输出
运行建成系统、维护、生态系统保护措施、系统改变等的输出
设计系统运行和消费的生态互动
+
回收阶段的输出
清除、拆卸的输出
+
为回收、再利用、再建设或处理、安全排放到环境中做到准备的输出
+
在回收过程中的输出
+
场地恢复、种族繁殖、场地恢复的输出
设计系统回收的生态互动

设计系统生命周期内的总输出

• 把地面上的建筑物可以看做是生态系统中原始生物体的物理位移形成。在生态系统上的建筑物，生态设计者必须掌握先前在生态系统中被代替成分的作用，维持能量和养分的流动。用人造建成环境来代替自然生态环境就类似于勒颈无花果植物的行为。这种无花果树的根，最开始以附生植物的形式长在树冠上，缠绕在宿主树上。最终，宿主树木被勒颈无花果植物缠绕致死，从而被它所代替，它突出的根部现在触及地面，成为树干，从而履行生态系统中能量流动的功能。

• 考虑建成环境中运行的设置和地球生态系统和资源的局限性。整体看来，进入建成环境的输入物的利用与输出的排放有关。一定要了解和处理建成环境和自然环境的相互依存性。建成环境和自然环境之间普遍呈开放和线性关系。现存的模式可能会被描述成一个“一次通过式”系统，资源在一端使用，而废弃物在另一端排出。

• 通过如下方式，采用输出流量管理措施关闭建成环境中的回路（见 B27）：
  • 减少产生源头处的输出流量；
  • 在产生后管理输出；
  • 执行最终保护措施（如重新整合）；
  • 通过在建成环境里持续重复使用和循环再利用的设计原理关闭回路。

相互作用框架图（参见 A5）显示了输出物的排放和管理与输入流量，建成环境内部的运行和地球生态系统的吸收能力在系统上相互关联。在设计过程中，设计者有必要预计与拟设计系统相关的净输出量（在整个生命周期里）、相关的影响以及与生态系统的相互作用，管理这些输出物所使用的输入程度和类型，在建成环境内循环管理这些输出物的方式。

• 降低建成系统在其生命周期内的输出量。人工系统和自然系统的区别在于后者不制造废物。自然系统中的废物会被重新融入和吸收到生物圈的自然循环中。而人工系统呢？因为从一开始就没有进行回收设计，因此它会产生废物。比如，在建成环境的许多生产过程中，按输出物重量计算的话，材料输出占总输出量的 25%—50%。施工过程的输出物包括结构瓦砾、混凝土、砖、木材碎屑和金属制品。住宅建筑物在使用期间的固体输出物主要包括纸、可发酵有机质，但也常常伴随灰尘、煤渣、织物、玻璃、瓷器、木材、金属和塑料。商业建筑在使用期间的输出物大部分是含纸的废弃物，但同时也有食品废弃物。而工业建筑物在使用期间的输出物则包括废物、塑料、木质纤维、粉尘、气体排放物，来自生产过程的废弃液体和其他有害排放物。随着人造环境的活动在数量和花样上不断增加，输出物和废物也会不断地增多。

管理从建成环境中排放到生态系统中的物质，通常不是设计者涉及的领域。相反，相关的规章制度已经着手处理诸如固体废弃物和污染控制等这类环境保护问题，包括空气和水污染工程和液体排放物处理。这种特化作用让我们很难从整体上去考虑建成环境的排放量，尽管解决环境问题存在结构障碍，然而，物质和能量的交换却仍需监控。评估这种排放是改善污染威胁生态系统的第一步。

- 在规划阶段就预计建筑物会产生的废弃物类型。这样做，能很有效的去检查和分类所有潜在污染物的输出（和产品）。有几种可能的分类方案，比如按输出物的状态（固体、液体、气体、颗粒物）或者按毒性程度分类。如果选择第二种方法，就有必要按毒性等级系统地检查所有碳氢化合物，水银混合物等。
- 通过分析来源去了解建成环境产生的废弃物。比如，输出物中可能包括建成环境建设的副产品。在这些材料中，可能会有废木料、尾料和废弃的建筑部件。同时，可以将这些材料收集起来，如果重复使用在技术上可行的话，还可以将它们运送到其他新的施工现场。如果这些材料不能重复使用，那么将它们处理掉，但是必须谨慎处理，从而使环境危害程度达到最小。建成环境产生的某些类型的能量和物质天生就不可回收。要完全阻止因摩擦、热损失和其他形式的输出而导致的能量损失绝无可能。对这种类型的能量交换，我们能做的就是尽最大努力通过好的设计使损失最小化。就建筑物本身而言，当它们达到使用寿命的尽头时，还可以循环再利用，另外像建筑材料、拆除的材料、产品包装和其他的潜在废弃物都可以通过循环进行回收。设计结构的建造、维护和拆除也会产生废弃材料，如尘土，这些材料可以收集和循环再利用。

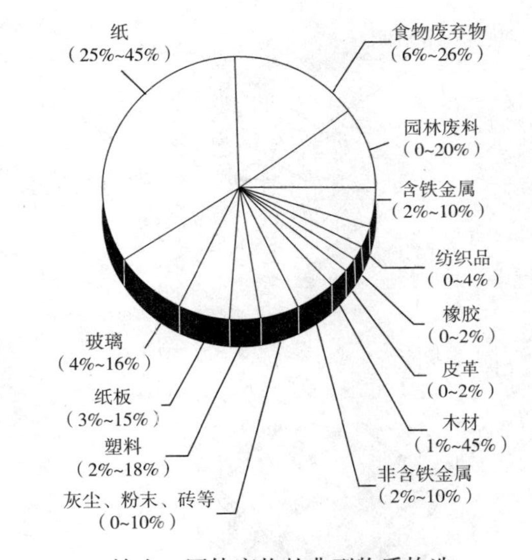

● 输出：固体废物的典型物质构造

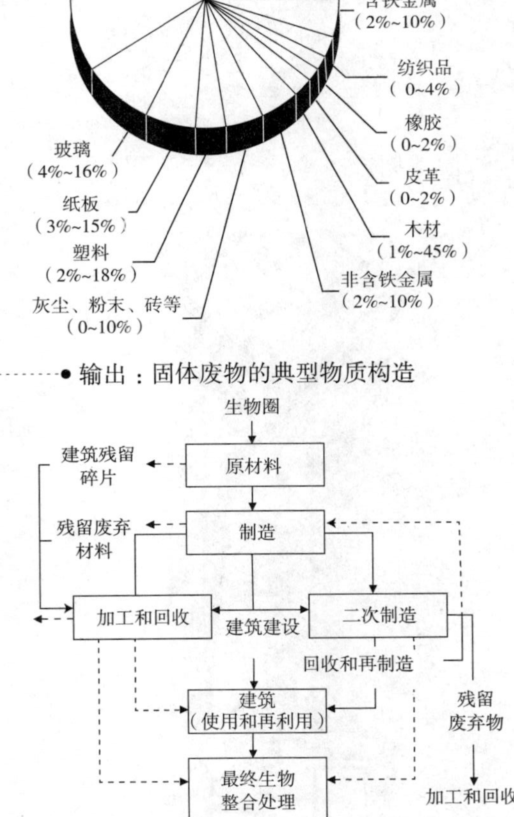

● 使用、再利用和回收模型

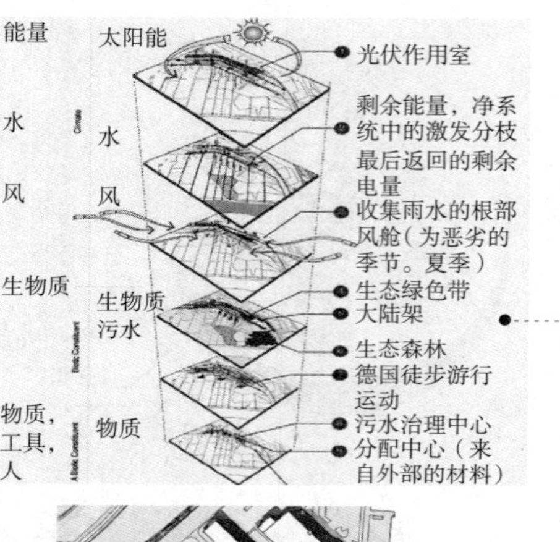

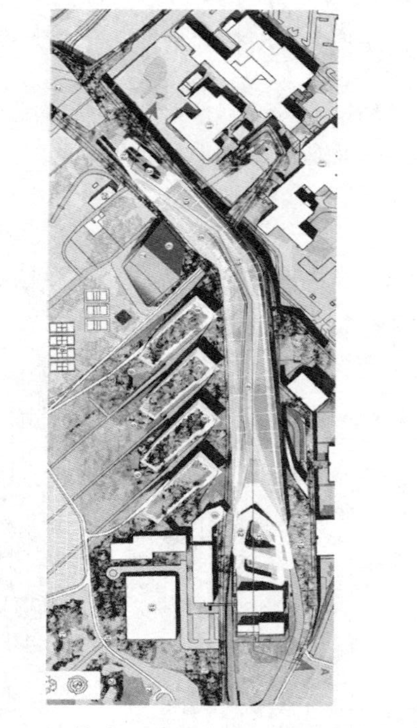

作为一个系统流设计建筑
（阿姆斯特丹大学，荷兰，2000 年）

考虑到每个建筑活动都会产生的大量材料和能量，难怪污染的治理会采用这样一种步进的方式。

绝对数量的潜在污染物也会使环境保护尝试受挫。

- 限制大型建筑向环境中排放物质和能量的数量，将会变成生态设计的一个核心目标。不可回收的材料和某个特定建筑会不可避免的产生一定数量的能量，这两者之间存在一些差别，我们应加以区分。最基本废物中的一些，会引起已存在于环境中的某些特殊物质或能源数量不断增加。在其他（和更糟的）情况下，潜在的有毒物质会涌入到环境中。显然，要采取所有可能的手段避免产生第二类废弃物。

物质流分析（MFA）

我们要把物质流分析作为一种规划工具来指导设计和城市发展评估，以提高其可持续能力并促进经济复苏。物质流分析可以计算从城市转移出来的自然和人造的物质（资源和资金），这些物质与输入 / 输出分析的流量相关。它同时也可以检查城市中能量和物质的贮存、流动和转移。这种分析的“新陈代谢”式框架为“持续性监督”提供了依据，它同时还能够确定杠杆平衡点的变化，比如：（1）资源废弃物在工业中用于新的用途；（2）公共干预，政策，完善的规定或基础设施发展会带来最大的投资回报；（3）生态发明提供进口代替产品，或节约资源服务使城市恢复活力。

通过物质流分析，我们会发现建筑原料生态效率的改善，这使我们能够以相对较少的公共财政投资来减少资源、能源的利用，降低气体排放（某种情况下可能是收益），其实现过程比在土地利用方式和城市格局开展新的绿色发展或改变来得更快（比如为重建和改造性再利用及翻新提供强大的支持，而非鼓励进行新的开发）。城市居住区的生态重建能达到资源自治，并在减少净资源消耗的同时，还提供生态服务。

物质流分析的优点

* 有前瞻性，能确定城市规划朝着可持续方向发展（或系统设计方案）而不是一味地监控与缓和生态影响。
* 以设计为导向,积极主动,而不是采取公式化的设计或设计时受规章制度的约束。
* 使简化的，累积或局部影响评估可以计算出来，代替了在生命周期评估中，对单个项目和产品总能耗的测量。

• 三个基本的标准或指标是：资源自治（就温度控制，空气质量，通风，雨水的重复利用，照明，能量需求和运作性能而言，建成环境可以通过设计达到自给自足）；物质可再生性和复用性（所有的物质要么可再生，要么可重复利用；可回收物质应尽量避免，因为它通常需要消耗很高的蕴能）；生态系统服务（设计系统维持或增加前期开发阶段生态系统服务的使用）。

在评估一个建成系统的流量时，我们首先要搞清楚建造建成系统本身所需的能量数量。对一个建成系统能量流的完整的能量审计包括制造建筑材料、部件和建成系统施工所消耗的能量,这是它自身的蕴能。蕴能可以“直接”和“间接”用于制造、运输和安装建筑产品。

· 直接能量是指实际上消耗在建筑形式建造过程中的能量，它在蕴能中只占较小的一部分。
· 间接能量是指在建筑材料的生产和与它们相关的运输过程中消耗的能量。间接能量占了蕴能的绝大部分。

当全部的生命周期分析完成后，还应该对蕴能的范围予以延伸，材料和部件的维护和修复所消耗的相关能量也应包括在内。

小结

在设计产品、建成结构、设备或基础设施时，设计者应该把设计系统看做对物质和能量流的暂时管理，它贯穿于建成环境的整个生命周期，从它的源头到最终重复使用，循环回收或最终的重新整合。在评估它们的后果时，设计者应该力图将这

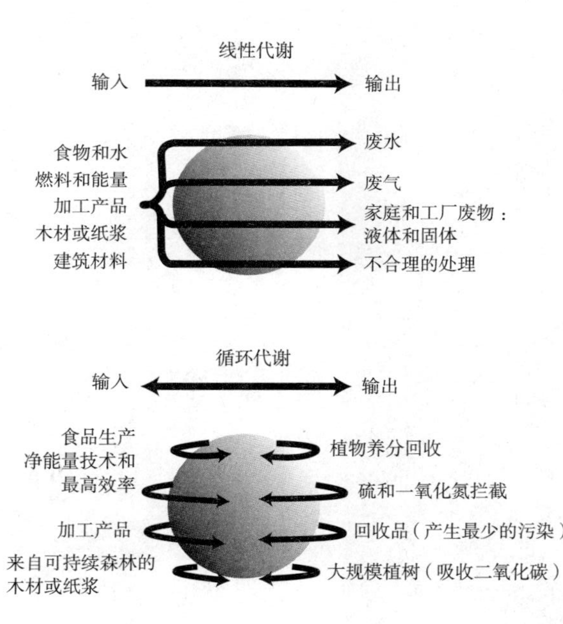

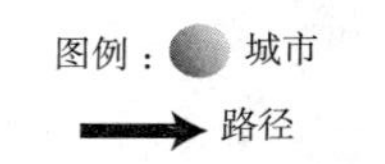

● 消费模型

些流量进行量化。这是对建筑物是什么的一种彻头彻尾的再构思过程，建筑物里面的材料和设备经过暂时的组装，供人类使用一段时间之后，再将它们拆卸或损毁。这给设计者在评估创造这些流量的后果时提供了方法架构，而这些流量产生于全球物质资源的使用，可再生和不可再生能源资源的使用，以及对自然环境自身的使用。更重要的是，对流量的评估为随后的环境整合设计提供了依据，特别是有关建筑结构的输出物，以及这些输出物怎样系统化地被吸收回生态系统中，或回到生物圈过程中。

B26. 通过设计保护不可再生能源与物质资源

生态设计必须力图通过高效使用、谨慎管理它们的流动、持续重复利用和循环利用等方式保护不可再生能源和物质资源（作为一种可持续策略）。石油生产的预测峰值可以通过石油成本的增加和供应的短缺反映出来。这将会严重影响我们未来建成环境的设计，于是低能耗设计在生态设计中会显得更加重要。

生态设计必须建立在对不可再生能源和物质资源明智而高效的消耗基础上。今天，我们建成环境所使用的能量主要来源于化石燃料，比如：石油、天然气和煤。它们都是不可再生的，终有一天会全部耗尽。据预测，在接下来的10—20年内，世界上石油资源的产量会达到顶峰。一旦石油总储量被开采到一半的时候，被视为产量达到顶峰的时候。在一个国家（英国）的能源使用量中，工业约占用了22%，其中化工领域占绝大部分，约22%，其次是钢铁和其他金属行业，大约占14%，其他金属产品和机械设备生产占13%，食品、饮料和烟草占12%。在设计过程的起始阶段，设计人员就在降低物质和能源的使用上发挥重要作用。然而，必须承认，除了设计的地方外，物质会引起区域变化，这种变化在规模上已经超出设计者的控制范围。可持续性的生态设计理念是为了避免耗尽自然资源，同时避免耗尽到无法恢复的地步。在生态设计中，这种资源保护方法和时间整合设计有三个主要目的：

- 维持基本的生态过程和生命保障系统；
- 保护生态系统内基因的多样性；
- 确保物种、生态系统和自然资源的可持续利用。

生态设计的整合作用实质上是一种时间整合。使用不可再生能源时，生态设计应让使用的方法和速度能确保它们能够再生和防止它们不可逆的枯竭。在设计建成环境的时间整合时应该注意，目前人类使用化石燃料的速度是它们生成速度的250000倍（见A2），这点至关重要。人类的生态足迹已经超越了全球生物能力的21%，这意味着人类使用自然资源的速度要远远大于它们自我更新的速度。基本前提是，自然资源的可获得性是有限的，它的最终极限是依靠地球自身的能力持续为人造环境提供原材料和化石燃料。

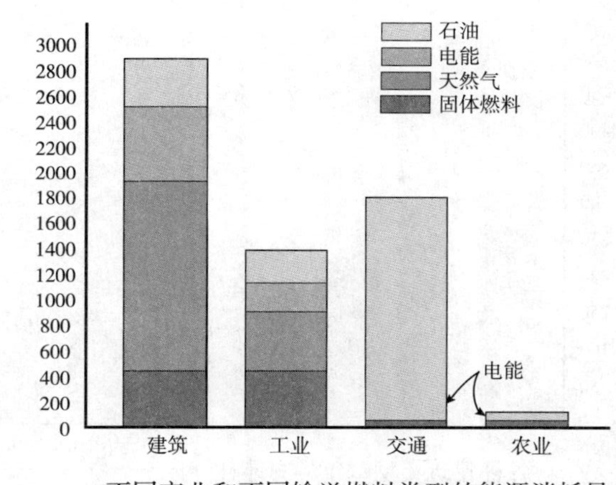

• 不同产业和不同输送燃料类型的能源消耗量（英国，1987年）

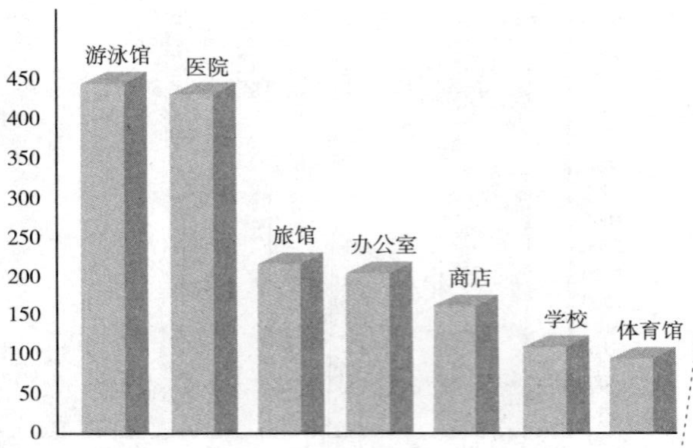

游泳馆 医院 旅馆 办公室 商店 学校 体育馆
0 50 100 150 200 250 300 350 400 450

各种建筑类型每年的总能耗

和传统途径一样，资源管理的基本原则是能够提供一种资源保护的方法。生物圈内的自然资源可以根据一系列原则进行分类。比如，可以根据资源的最初来源对它们分组：林产品、非金属矿物质和由它们制成的产品及复合产品。我们必须明白，建成环境里面的每个建筑构件都拥有自己的能量和物质消费历史。建筑物或结构的每一部分都会产生污染和导致生态系统退化。生产一种特定的建筑构件，并在建筑工程里使用，就必然会造成环境后果。

自然资源包括能源和人类在地球上获取和开采的物质。这些资源可以根据它们的可获得性和可再生潜力进一步分类。可再生资源和不可再生资源的区别在于，它与构成环境的可变因素相关，并且其重要性在增加。有些人认为这种区别对于用生态方法来保护自然资源是最基本的。建成环境的外部依赖性和它所依赖的资源归类如下：

· 永不枯竭的资源

这种类型的资源包括空气、水和太阳能。虽然这些资源中，每一种可获得的总量实际上是没有限制的，但它们的存在形式却是多变的。这种变化对于这些资源在维持生命的能力上有着特殊的影响。它们的质量产生任何永久的退化（比如由于污染）都会引起关注。

· 可替代和可维持型资源

这种类型的资源包括水以及植被。简单讲，可替代和可维持型资源是指，它们的生产是环境的主要功能的资源。在正常的环境条件下，这些资源可以无限制地生产。然而，对环境的任何伤害会对这些资源的生产造成不利影响。这取决于许多因素，但尤其取决于人类在这些资源生产过程中的故意和无意干扰。

· 不可替代资源

这种类型的资源包括矿物质、土壤、化石燃料、土地和原始状态下的自然景观。这些资源以不可替代性而闻名，它们的可获得性与人类开采的速度和类型有关。不可再生能源资源实质上是由太阳能过去的作用下产生的，所以它们存在的数量是有限的。目前人类对于这些资源的消费速度远远超过它们的自然再生速度。这种形势产生了一个几代人资源分配的严重问题；我们现在使用的不可再生资源越多，未来我们的子孙们能够使用的量就越少。

这些资源的分类清楚地表明，它们中的哪一些需要我们在保护上下工夫。这种分类是灵活可变的，因为开采和回收方法不断发展，或者已经为传统能源找到了替代品。不论是可替代型资源的发展还是开采技术的发展都会对供应产生影响。因为建筑材料是由自然界的资源制成的，且在全球普遍使用，因此，建筑中对物质和能量资源的使用会对它们未来的可利用性产生影响。

常见的不可替代型矿物质和能源资源，可以根据用途进一步归类：

- *不可再生（金属矿物质）资源*

此类资源包括大量的金属，如铁、铝、铬、锰、钛和镁。稀有金属也包含在这些不可再生资源内，包括黄铜、铅、锌、锡、钨、黄金、银、白金、铀、水银和钼。

- *不可再生（非金属矿物质）资源*

此类资源包括在化学肥料和特殊用途中的矿物质：钠、氯化物、磷酸盐、硝酸盐、硫。其中部分主要是建筑材料：水泥、沙子、碎石、石膏、石棉等等。水也是不可再生资源，存在于湖泊、河流和地下水之中。

- *有限和不可再生（能源）资源*

这些资源包括化石燃料，比如：煤、石油、天然气和油页岩以及其他适合核裂变和融合的矿物质。

- *连续流动的（能源）资源*

它们包括直接和间接的使用形式。直接使用的例子包括：沉淀水的流动、水的

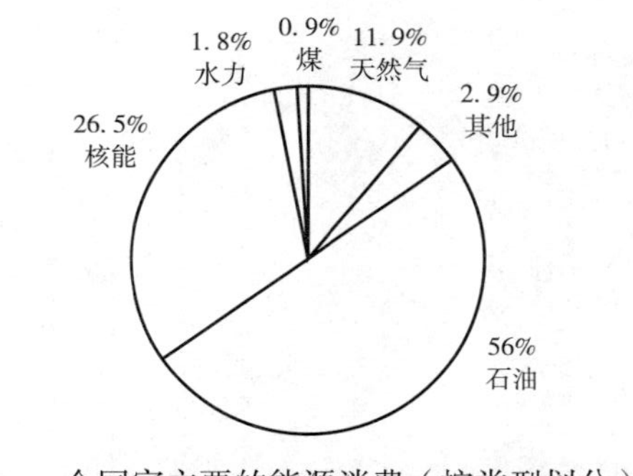

• 一个国家主要的能源消费（按类型划分）

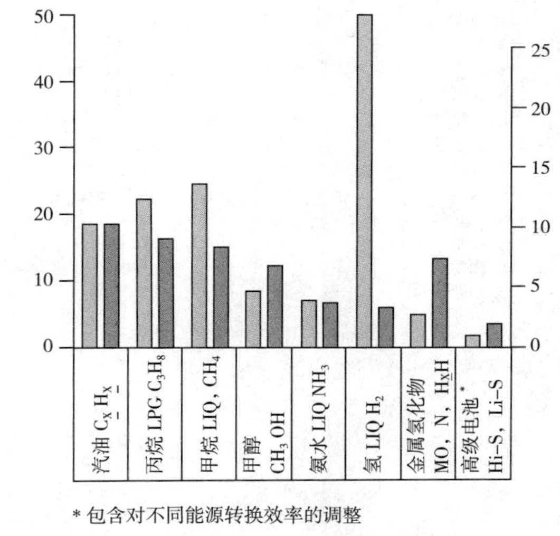

• 建成环境所用燃料的能量密度特点

能源
1. 煤
2. 石油
3. 天然气
4. 裂变
5. 落水
6. 地热
7. 垃圾
8. 藻类
9. 木材
10. 风能
11. 潮汐
12. 波浪
13. 洋流
14. 温差
15. 太阳能
16. 核聚变
17. 静电
18. 重力
19. 氢
20. 水脱盐
21. 海水压力
22. 相变
23. 动态模拟

能量转化技术和运用
1. 热能的运用 \ 转化
（a）蒸汽机
（b）燃气涡轮
（c）蒸汽泵
（d）内燃机
（e）核反应堆
（f）火箭
（g）喷射机
（h）供热系统
（i）暖风炉
（j）家电

2. 电能转换
（a）发电机
（b）电动摩托
（c）光照
（d）热

3. 机械转化
（a）水轮机
（b）水力涡轮机
（c）收缩引擎
（d）氦 / 氢气球
（e）帆 / 风

能量储存
1. 大块储存
2. 地下
3. 矿山 / 洞穴
4. 电池
5. 泵压水库
6. 压缩空气
7. 氢气发电
8. 飞轮
9. 水中的热
10. 钠等

能源运输
1. 水运
2. 铁路
3. 卡车
4. 管道
5. 直流传送
6. 交流传送
7. 低温电缆 \ 管道

能源利用
1. 工业
2. 交通运输业
3. 住宅 \ 商业

能源和系统

潮汐作用、地热现象、风能和气候能量。间接使用的例子（比如通过燃烧）包括：光合作用的能量（如木材）、作为燃料的生物质和废弃产品。

上面的分类对于设计者来讲很有用，因为它们可以提醒设计者哪些是可再生资源，哪些是不可再生资源。在设计和输入及输出管理的过程中，都应该考虑这些资源的现状。地球上的不可再生物质和能源资源的数量是有限的。

生态现实不容争辩。然而，究竟是什么激发了资源保护主义者之间的意见分歧呢？答案是资源量。现存的资源到底有多少？它们位于哪里？它们中有多少可以被开采出来？地球和生物圈经过多长时间会成为封闭的物质系统？从而导致其完全无法维持人类目前这种持续和不断增长的消耗速度？目前可利用的矿物沉积包括燃料和金属，形成于地质年代过程，但人类消耗速度远远超出它们的再生速度。随着不断增加的矿物质和燃料需求，人们不得不使用低级的资源，这样，资源枯竭的问题就可以暂时解决，但是这种解决方法的代价是增加了环境污染还破坏了生态系统。

保护不可再生能源和物质资源的设计指南

在保护不可再生能源和物质资源的设计中，设计者需要：

- 考虑人类和不可再生资源的技术参数，而不是那些由地质决定的因素。一些资源面临枯竭，比如稀有金属，少数原因是因为它们的实用性，而大部分原因是因为它们的经济价值。这些物质的高市值是人们开采它们的动机，虽然也可能因为它们可以重复使用。
- 在产品的整个生命周期内将输入（资源和能量）和有害的输出（废弃物和排放物）降到最低。资源如何使用在生态改造中起到了重要作用。如果将输入量降到最低，那么环境的成本将会降低，因为在所有行业中，“污染者负担”（PPP）原则将最终起到重要作用。
- 我们要承认，使用建成系统内的任何组件其实就是与生态系统直接和间接相互作用的过程。设计者必须意识到每一种建筑材料的选择都会对地球上的资源产生影响。设计者可以通过相互作用框架来分析这种影响。制造建成系统组件的每种活动，首先都会给周围环境带来空间压力，同时还会影响当地的生态系统。比如，每个建筑工程都会影响建成环境里的其他干预活动。建筑物的正常运营本身也会消耗能量和物质。而且，建成环境的每一部分都会产生输出物和废弃能量，它们可能会排放到生态系统中，进而污染环境。这些都构成了自然环境和建成环境之间能量和物质交换所产生的生态影响（即A5中的L21）。

- 接下来考虑评估整个生态影响的下列相关因素：首先，设计者必须考虑，在设计系统内，各种活动和过程的完整性，以便使各种物质和能量资源可供使用。其次，这些过程和活动取代了自然区域，以及它们对当前环境中的自然系统所产生的影响也应该考虑在内。最后，还必须考虑这些过程和活动所需要的能量和物质的总量，单个过程和活动所消耗的能源和物质所造成的影响，以及对生态系统的环境影响。
- 对建成环境各部件所产生的生态影响进行完整的分析，毫无疑问，这将会是一项十分耗时间的复杂工作。同时，有必要对建筑结构里面所采用的每种材料和能源资源产生的生态影响进行分析。我们必须考虑每种资源从环境中的原产地到最终被生物圈再吸收（伴随着建筑物和综合设施的损坏）的过程，当想起这些，这种分析工作的量就会变得更加令人难以承担。然而，指示生物可以为分析提供便利。当然，环境影响的多样性就像分块矩阵里所展示的相互关系（见A5）。这种净影响是指使用给定的资源和能量建造一栋建筑物或一组与建筑相关的结构所产生的总生态成本。将建成系统中所使用的能量进行量化。目前广泛接受的物质资源开采形式大部分依靠不可再生化石燃料作为能源。这些不可再生能源变得越来越稀少；在许多情况下，它们只有通过消耗额外的能量才能进行回收，反过来，这些能量也必须从环境中获取，从而又造成其他环境影响。

以目前不可再生能源的使用速度，在接下来50年内，世界上的化石燃料可能会耗尽（除非发现新的化石资源）。因此，尽可能使用可再生能源（比如，太阳能、

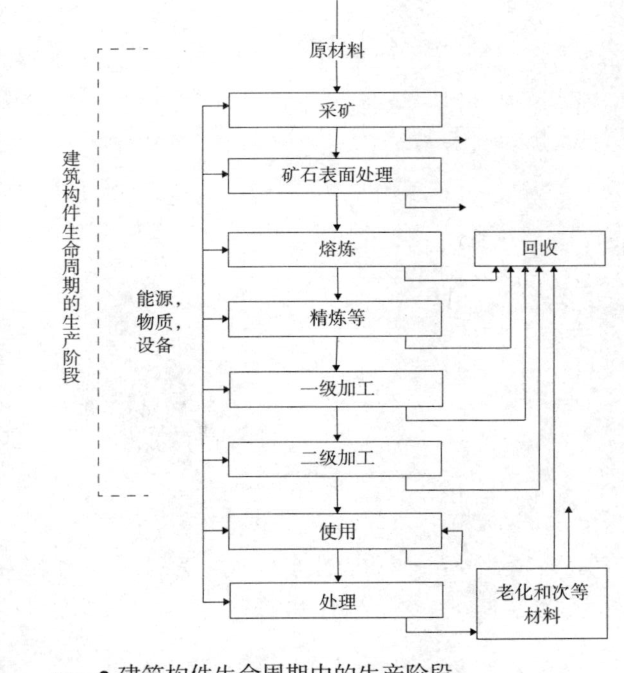

建筑构件生命周期中的生产阶段

风能、地热能）势在必行。事实证明，倘若在当地气候条件允许的情况下（平均风速大于或等于 6m/s），风能是一个可行的选择。现在的风力发电机的效率大约是 40%—50%，但理论上，它的效率上限能达到 53. 3%。其他可供选择的可再生能源包括：生物能、太阳光伏和其他能源，所有这些都有助于未来的进一步发展。

一般来讲，目前的建筑开发主要依靠化石燃料，这些建筑的设计造成了不可再生资源使用时的铺张浪费。这种现状的出现是因为，直到最近，人们都很少从能耗的角度来整体地考虑建成环境。相当数量的能源被用于建造房屋和后期的维护。能量还消耗在建筑的运营、人员及货物流动，以及建筑物不能使用时的拆卸过程。建筑物对当地的能量流动也产生了主要影响。而且，即使在处理建筑物导致的环境问题时也同样需要消耗能源（比如，循环使用固体废弃物和减少空气污染并非“中性”活动，而是需要消耗能源）。在特定年份中，建筑物和其他相关结构消耗的能源约占人造环境需求量的 30%—40%，运输占 25%。从环境保护的角度来看，增加能源供应量将达不到预期目标，因为增加供应量会导致使用量不断增加和材料的集中，因此，这样做只会刺激资源消费。这种做法会促进目前的形势更加严峻，还会使当前的环境问题恶化。

不可再生能源的获取会对其他物质资源的可用性产生影响，最终影响到建成环境的运营。通过使用化石燃料，我们增加了地球的环境压力。显然作为设计者，我们必须努力减少总能耗，这将会对环境产生积极的影响。

为了评估一个设计系统的价值或者一种服务的成本，我们增加了制作这个系统或提供这种服务所需要的不可再生资源的数量。这种计算方法的净效果是体现了这些物质的能量价值。以单位数量计算，某些产品会比其他产品的能耗更高。如果我们考虑这样一个事实，任何资源的使用都不可避免地会对环境产生影响，而且，在目前的人造环境里使用的大多数能源都来自不可再生能源，那么，建成系统中各组分对生态\生态环境的影响就可以通过“能源当量”的形式在设计过程中计算出来。

设计系统的能量消耗必须从最广义上来考虑，因为它贯穿于整个生命周期。与建成系统的初期建设相比，它整个生命周期里的运营阶段会消耗大量能量（约 65%）。比如，有这样一个更富戏剧性的发现，建设一栋商业大楼所消耗的每一千瓦时的能量（包括材料生产、运输等消耗的能量），相当于这栋楼在其有用的生命周期过程中，每一年运营所需的能量。

能量学

在生态学领域里，能量学主要研究生态系统的能量交换和新陈代谢（或者效率）。能量学将一个生态系统内的生物质转化成能量或单位。能量可以在建成系统内流动，而这部分能量可以通过指标来量化，这就使我们能够从生产建筑材料的能量成本的角度来认识建成环境。一种产品的能源成本可以通过它所消耗的能源资源来说明它对环境的影响，这也可以让我们和其他产品的能耗做对比。这种方法可以让我们通过综合考虑建成环境中产品的制造、运行，以及后期的处理和回收过程中所消耗的能源，来评估当前技术的效率。不同建设过程的总能源成本和材料可以相互比较，同时，它们对地球资源的相对依赖程度也可以进行评估。

选择能源和物质材料时，有许多因素需要考虑（见 B27）。如果我们采用一种关注环境影响的设计，那么我们必须分析和量化建筑物在其使用周期内的能量和物质资源需求量，同时，我们必须还要列出这些物质和能源会从哪些方面影响生态系统的详细清单（也就是说，我们必须确定它们蕴含的生态影响）。设计者在为他们的工程选择物质和能源类型时，也必须超越实用建筑主义的束缚。一种设计标准是看某种特定能源或物质在建筑的整个使用期内对环境产生的影响。当考虑到物质时，要考虑这种物质是可再生或不可再生能源，对于设计者来讲这点尤为重要。这种评估实际上很复杂，因为建成环境的每个过程都需要能源，而且每个过程都会对外部环境造成特定的影响。

设计时考虑这些能源和物质的目的有很多。首先，设计者应致力于降低生物圈内储备资源的消耗。其次，尽管有不错的设计，但他或她仍要努力将建成环境排放到生态系统的输出物降到最少。最后，设计者应努力减少建成环境对自然界资源的消耗量。

- 在评价一个拟定的建筑项目时，要通过大量信息分析建成环境和生态系统之间的交换。这些信息可以将不同设计方案中物质和能源的使用所造成的总体

建筑输出物	
材料蕴能	千焦 / 千克
窑内烘干的软锯木	3.4
窑内烘干的硬锯木	2.0
空气风干的硬锯木	0.5
硬纸板	24.1
刨花板	8.0
中等密度的纤维板	11.3
夹板	10.4
胶合板	11.0
建筑单层板积材	11.0
普通塑料	90.0
聚氯乙烯	80.0
合成橡胶	110.0
丙烯酸漆	61.5
稳定的土壤	0.7
进口的规格花岗石	13.9
当地的规格花岗石	5.9
黏土砖	2.5
水泥	5.6
石膏灰泥	2.9
石膏板	4.4
纤维水泥	7.6
现浇混凝土	1.7
预制蒸养混凝土	2.0
预制倾斜混凝土	1.9
混凝土砌块	1.4
砂加气混凝土	3.6
玻璃	12.7
低碳钢	34.0
镀锌低碳钢	38.0
铝	170.0
铜	100.0
锌	51.0

● 普通建筑材料加工的耗能需求

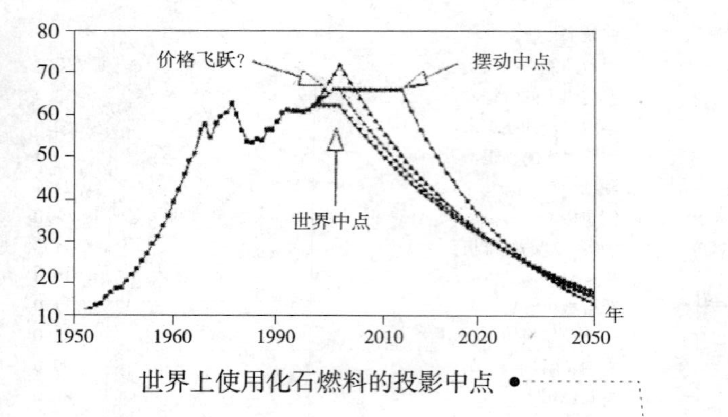

世界上使用化石燃料的投影中点

影响进行对比。反过来，这种对比可以告诉我们，在选定的设计方案中如何选择子系统。同时，设计者也可以通过对设计系统进行配置来保护不可再生能源和物质。此外，设计者还可以确定设计系统哪方面需要配置更多资源，然后锁定那些对资源挥霍无度的消费者，改掉他们的消费习惯，从而达到更合理的消费水平。将环境影响最小化的目标可以通过规划能源的高效利用和最小化的资源消费来实现。反过来，减少能源使用也可以降低给生态系统造成的影响。切记，建筑物在它整个使用寿命期中都会对环境产生影响，所以，设计者可以规划设计系统内的资源循环利用或者回收，而不是在设计系统生产和运营的最后阶段浪费掉。这些策略，如降低供应和流动速度、提高效率和系统性能以及设计新系统都会有助于资源的保护。

- 通过改变人们对于资源需求的类型（即降低生活标准）和通过能源和物质使用过程中的保护方法（见 B19、B20、B22、B25、B26、B28）来减少总体需求量是一种长期的解决方法。然而，必须意识到，尽管替代物质的高效利用使原来高生态影响的物质和能量形式的使用量减少了，但这只能在一定程度上减少对生物圈的总体影响。如前所述，这种最佳策略也有很大的社会、经济和政治后果，这些不属于这项工作的范围。
- 在设计阶段，为了介入环境所作的许多决定，对在建筑使用过程中的能量和物质使用量都有深远的影响。最初的设计者只会在起始阶段指定输入到建成系统中的材料类型和质量，尽管也有其他输入物。设计者所采用或提倡的产品制造和回收的处理或加工方法，将会对建造过程以及竣工后，最终的废弃物生成量产生巨大的影响。因此，在早期设计时，我们所作的决定非常重要。比如，设计者如果选择了某种较差的材料，它失效后需要更换。在这种情况下，从消耗的资源数量来看，使用的物质总量将会增加一倍。作为更大型组件不可分割的一部分，如果该产品失效了，那么它对环境的影响甚至更加直接，最终只会沦为一无是处，以垃圾的形式排放到环境中。
- 在材料的加工领域，加工方法的选择尤为重要，这种方法不需要过多的机械设备，或者不会产生过多的废物（或两者兼有）。这种过程将会增加每个建筑产品单元的物质和能源的消耗总量。材料的使用、建造的模式、生产技术、运输、建筑构件的装配和拆卸都必须根据材料的含能量、生态影响及生命周期做好规划。

- 设计者应该考虑如何提高资源的使用效率，以及降低资源的总消耗量。随着能源和物质消耗的降低，能量和物质通过建成环境的总流量减少了。设计者应该帮助确保建筑的设计过程所需的物质和能量最少，它们来源于能够执行指定功能的可替代资源。为达到这个目标，设计者不得不利用较少的资源做更多的事。除了在一部分建成环境的起始施工阶段，致力于能源和物质的理性使用，设计者还要考虑选用的组件的预期重复使用和回收。
- 目前，人类依靠有限的化石燃料资源提供能量。这种能源是由几亿年前远古生物储存的太阳能逐步转化而来的。这种能源被用来种植庄稼、加工和烹饪食物、冬天为室内供暖、夏天制冷、运行机械设备、制作塑料制品等。这种能源一旦使用就不能再生。这些化石燃料不应该被浪费掉。我们需要保护它们，而不是将它们耗尽。

所以，生态设计是保护化石燃料使用的低能耗设计。我们需要转变消费习惯，改进技术，这样才能降低能源和材料使用率，从而实现可持续利用。

值得关注的还有建成系统内的能源使用量。当前广泛接受的物质资源开采形式大部分都以不可再生的化石燃料作为能源，化石燃料储量因此变得越来越稀少。在许多情况下，它们的回收还要消耗额外的能量，而这些能量也必须从环境中获取，从而又造成其他的环境影响。

比如，自1950年以来，全球的电力需求增加了三倍。根据世界能源委员会统计，人造环境每年使用的能源相当于消耗 10^{10}t 石油，到2020年，能源消耗量可能还会提高50%。这些能源大部分来自化石燃料——煤和天然气，尤其是石油，它已经成为地球上唯一最紧缺的资源。人类经济所依靠的石油矿床已经有上千万年的历史了。至于现在还剩下多少，我们无从得知。当前，勘探和开采石油和天然气的技术不断提高，进入了资源生产时代，这在以前是可望而不可即的。要预测将来会以什么样的速度消耗化石燃料也非常困难，由于经济和政治因素之间复杂的相互关系，化石

能源使用	（%）
工业运营	37.3
供电运输	24.8
驾驶小汽车	13.2
驾驶卡车和公共汽车	5.5
飞机驾驶	3.2
驾驶农用或其他越野车	1.2
给船加燃料	1.2
给火车加燃料	0.7
办公室和家庭供暖	17.9
为化学物质和塑料提供原材料	5.5
办公室和家庭热水	4.0
办公室和家庭的空调	2.2
冷冻食品	2.3
家庭和办公室照明	1.5
烹饪食物	1.3
其他用途	3.0

● 建成环境内能量消耗百分比（对于某区域）

燃料的使用也很复杂。目前获取的最新储量数据是（依推测估计）：煤大约可使用250年，石油大约40年，天然气大约70年。

至于成本，在极端环境里——偏远的沙漠地区、北极地区和深水地区勘探石油储量已经成为一种非常昂贵的活动了，因为最容易获得的石油已经枯竭了。目前，一个普通的油井平均深度已经超过3km，实际上，只有大约三分之一的新油井能钻探到石油。把这些遥远的资源变成产品的代价是十分昂贵的。并且，将这些燃料从油井经过上千公里路程运输到精炼厂又会增加大量费用。比如：美国最大的油田位于北极圈北部400km的阿拉斯加海岸线上，它通过1000km长的输油管道与瓦尔迪兹港相连，这条管道穿越三座大山和三个主要地震区。当石油最终进入加油泵以后，石油在汽车发动机燃烧时所释放的化学能量并没有全部转化成活塞运动的动能，而是有一部分转化成废热。电动汽车非常节能，然而目前路上的电动汽车数量只占1%。

至于能源使用，关于内部环境和某些集中型建筑的运营消耗水平可能是最重要的决策。在一些传统型建筑中，这些因素占据了建筑在整个生命周期内耗能的65%。

• 我们要意识到，当设计以舒适度的标准为依据的同时，人类对环境的影响（或伤害）将会和他们的生活条件及生活标准成正比（见B3）。在传统和工业化以前的社会，人类的生活尚处于生存水平，那时他们对于环境的需求显然要少得多。人类越远离简单或者农村的生活方式，他们对环境的要求就越高，与环境的相互作用关系就越复杂，他们消耗资源的数量越来越多。生态足迹分析支持这样的论断：若想实现经济的可持续增长，物质和能量的消耗量就不能像目前这么集中。要减少对环境的影响是有可能的，但是代价只能是降低人类住所的数量和质量以及舒适度。人类对生态系统的需求越少，那么对它的影响就越小。在已经工业化的世界和高物质和舒适度要求的社会里，设计者肩负着减轻环境影响的沉重担子。资源的摄取量依赖于建成环境的居住者所能接受的水平。感知需求水平越高，建成环境的范围就越广阔，对环境的影响就会越大。归根结底就是生活方式和文化层次的问题。生态设计者在准备设计大纲前，必须先处理如职业责任和用户教育这类问题（见 B3）。

- 为帮助保护资源，我们要寻求对生态税进行改革，实行更全面的调控（比如从政府层面上）。如果对资源消耗征税和对投入经济的自然资本实施市场配额的话，可能会产生如下几种结果：鼓励寻求更多节材和节能的科技；任何成本节约的先买权，从而预防由于重新定向额外或替代的消费形式使效率提高而获得经济利益；形成投资资金，这些资金可以恢复自产自然资本的重要形式。

工程和自然之间在最低耗能上具有二元性。这是因为动物和植物为了生存，相互之间不断竞争，从而进化成可以依靠最少的资源生存和繁殖。这涉及不同生物机能之间的新陈代谢和能量最优分配的效率问题。

- 从一开始，设计者就需要把重点放在项目用户及其需求评估上，而不是回应对硬件的供应需求。与其想当然地认为设计内容需求，设计者不如探讨设计本身会从哪些方面不经意间促进与自然和建成环境形式相关的不可持续的期望后果。

在设计的最初阶段，设计者能够对建筑结构产生最大影响。因此，在完成设计大纲之前（决定施工和围护结构的范围），质疑该项目规划和当地用户的需求是大有裨益的。我们可能会发现，比如，这些需求可以通过其他方法来满足，而根本不用修建围护结构，或者仅仅在用户之间达成一致意见，共同降低自然资源的消耗水平。

- 设计者可以在首要标准的基础上来优化能源管理，以减少能源过度使用对环境造成的影响。比如：设计者可以按照北美照明工程协会和美国供暖、制冷与空调工程师协会标准 90. 1—1999（不做任何修改），或者按照当地的能源法规来设计建筑，无论哪个更严格。
- 同时，生态设计也应该鼓励使用利用无污染可再生能源在现场生成的自供可再生能源，包括使用太阳能、风能、地热能、低影响水力发电、生物能和沼气等，通过这些措施来减少由于使用化石燃料对环境所造成的影响。

寻求减少臭氧耗竭的措施。这些措施包括安装不含氢氯氟烃或者卤代烷的基础建设水平的机电设备、冷冻设备以及灭火系统。

- 采用切实可行的措施，比如在设计系统内安装测量设备来监测：
  - * 照明系统和控制；
  - * 马达的恒定荷载和可变荷载；
  - * 变频器的运作；
  - * 可变荷载下冷却装置的效率（kW/t）；
  - * 冷却荷载；
  - * 空气和水节流器以及热回收循环；
  - * 空气分配静压和通风量；
  - * 锅炉效率；
  - * 建设相关过程中的能源系统和设备；
  - * 室内给水立管和室外灌溉系统。
- 在建造过程中使用混凝土时，应当遵循以下准则：
  - * 仔细估算现场所需要的混凝土数量，减少废弃物；
  - * 考虑可用的地基系统，比如墩式地基使用的混凝土量远远少于浇注式全高度地基墙或者板式地基；
  - * 考虑使用预制混凝土系统；
  - * 说明混合料的最低使用量——控制混凝土性能和可用性的化学添加剂能够释放出甲醛和其他化学物质进入室内，取决于所添加的物质；
  - * 指定加入混凝土混合料中的粉煤灰量，这可以提高混凝土的可用性和强度——可能提高 25% 或者更高；
  - * 控制洗涤水的径流量，避免洗涤水溢流到当地的表层土或者流入地表水中；
  - * 不论何时，尽可能使用废弃混凝土作为填充物；
- 除了暂时整合建成环境以外，还要在物理上和系统上将生物圈和生态系统过程与建成环境整合。

比如，如前所述，化石燃料的形成需要上百万年，如果我们消耗这些能源的速度与它的生成速度不一致，据预测，大约在未来 50 年内，我们将会耗尽所有的化石燃料。

使用不可再生能源和物质资源的关键问题是：首先，生态设计者的设计系统能够为将来规划多远？其次，设计者在设计其寿命以外的资源重复使用时，这种责任是否应该转交给使用者\拥有者而不是设计者本人？

随着对地球资源的消耗超出其再生能力的现状，人类正在目睹当前在能源、经济、生物多样性和人类生存上的危机，比如社会剥夺。因此基于长远考虑的设计很必要，因为可持续性并非事物的静止状态，而是涉及一系列广泛多样的问题，它们通过共生关系联系到一起，就像上亿个细胞一起工作来维持机体的最佳温度，以及通过不断变化来适应机体内外条件的改变一样。

生态系统之间的相互作用是一个动态的过程，它随着时间而不断变化。原则上，设计者应该预先考虑到设计系统在其整个生命周期里，在当地生态系统中的影响和表现状况——在这段时间内，生态系统不会保持静止状态，而是不断变化的。设计者目前责任的限制范围需要拓展，应当还包括对设计系统在其整个使用周期内对环境所造成的影响负责。同时，在这段时间内，还需要某种形式的环境监测，以检查设计系统对环境的影响，包括环境的变化状态和回应状况。

因此，设计者必须时刻关注设计系统造成的影响。建成环境的建造看起来或多或少有些侵害性或者损害性，这取决于我们把建成环境对将来的影响规划了多长时间。在确定建成系统的影响是否可以忽略不计，或临时性的，或具有永久破坏性上，生态系统内各种活动的积累和加强，以及生态系统的恢复时间和能力是至关重要的因素。消极因素可以被分解成很多阶段或层次。某些干扰因素，比如在同一个地方的上游倾倒有害废弃物,会给生态环境造成临时性的变化。另外一些强烈的干扰因素，比如在建设过程中，完全移除从上到基岩中的生物成分，将会造成永久性的影响。

现代法律和其他有决定权的专业机构对设计过程提出了这样的构想，设计者现在不用负责对其设计系统组分的后期处理工作。但这在实践上还是一个问题，需要专业机构来解决。

- 设计减少进入建成环境的输入物，不仅包括建筑材料，还包括来源于不可再生资源的能量，用于它们的运输、现场装配和施工，同时也包括维持内部环境状况所需能量，包括由运作系统到最终的循环利用或者重复使用或者生态系统再整合。

从生态学家的观点来看，一栋建筑物只是物质和能量在生物圈里流动过程中的一个过渡点，它由人类管理和装配，供短期使用（通常从经济学角度来界定这段时间）。

- 设计者精心设计，对长期的生态影响负责，从传统意义上来看，这不是设计者的责任。解决环境问题的一种可能方案是让建筑材料和部件的厂家或供应商来对这些长期的影响承担责任。在这种体制下，设计者在建筑物内组装材料和部件时，会意识到这些材料和部件最终可能会被重新生产，或退还给供应商或者厂家。

习惯上，当一栋建筑物的使用寿命快完结时就会被拆毁，其构成材料被丢弃或者收集起来在其他地方重复使用。在目前的经济体制下，材料都是单向流动——作为自然资源从产地通过运输和组装成成品，再通过销售渠道流向消费者。消费者使用建筑物，但建筑物并没有“被消费掉”，严格来讲，消费者只是在使用后把它丢弃了。通常许多“被消费”的产品，实际上只是为向建成环境提供临时性服务罢了。尽管建筑物被拆毁，但它的建材仍然以废弃材料的形式向环境输出。

如果材料的这种单向流动成为惯例并得以持续的话，那么那些被肆无忌惮丢弃的废弃建材会在生态系统中不断积累，最终会超出环境的承载能力。设计者需要从一开始就关注材料的最终重复使用。在生态设计方法中，设计者必须评估建筑物部件回收的可能性。

原则上，设计时应该主要使用当地或附近的资源。虽然不是绝对切实可行，但这减少了材料运输过程中的能量消耗。

温室气体

地球变暖是由于大气中气体不断积累，阻止热量从地球上散失的结果。太阳辐射进入地球大气层，到达地表后被转化成红外线能和热量，就产生了“温室”现象。热量不断上升，与二氧化碳和其他气体一起冲击地球大气层，迫使气体分子要不断振动。气体分子就如同反射体，把部分热量反射回地表，形成加热效应。同时，二氧化碳、甲烷和其他温室气体形成一种大气覆盖物，让太阳辐射时产生的大量热量停留在地球上，这为生命的繁荣提供适当的条件。从一万年前到工业时代期间，温室气体的平衡相对稳定，所以地球温度总保持在较小的范围内变化。然而，19 世纪和 20 世纪期间大量燃烧煤、石油和天然气，改变了这种平衡。

在过去的 20 年内，二氧化碳的浓度几乎增加了 75%，这主要归因于化石燃料的燃烧。其余部分是由于森林砍伐和土地使用变化造成的，这两者都会向大气中释放二氧化碳。然而陆地和海洋吸收了二氧化碳排放增加量的一半，剩余的则排放到大气中了。

氢气很可能成为建成环境中的下一种能源来源。氢在宇宙里是最轻最普遍存在的元素。当把它作为一种能源形式利用起来时，它就会变成“永恒的燃料”。有这样一种建议认为，我们应当就地建立氢动力微型发电站，把作为“分散式发电”的终端用户与广大的、世界范围内的氢能源网相连，在那里用户之间可以分享和出售能源。

今天，世界上几乎半数的氢气来自天然气的蒸汽重整过程。天然气与蒸汽在催化转换器内相互作用。这个过程剥夺了氢原子，剩下二氧化碳作为副产品。煤也可以通过气化重整来制造氢气，但相比天然气而言，这个过程更加复杂（因此更加昂贵）。石油或者气化生物质也可产生氢气。

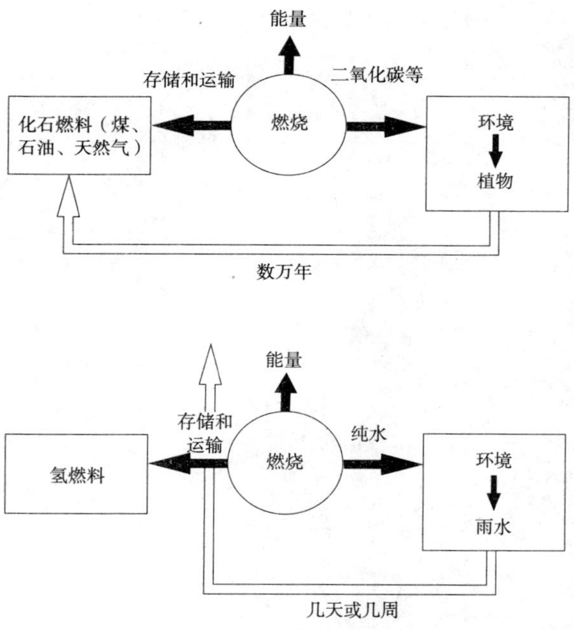

化石燃料和氢能流动

小结

设计者可以采取这几种方法中的一种来设计保护不可再生能源和物质资源的使用：

- 考虑流入建成系统或建筑物中的是何种物质和能源，确保这些输入物符合建成环境的预期使用类型以及预计生命周期。在设计内容还未确定时以及在早期设计阶段，这很容易实现。然而，即使对于现存的建成系统，设计者也可以采取措施，确保材料和能源的高效利用，且产生相对较少的废弃物。
- 修改设计大纲和项目，减少输出产品。
- 减少设计系统用户对不可再生能源的消费水平，反过来，这样可以整体减少设计系统的副产品。

- 改变建成系统内输出物的输出过程。比如，改变人造建成环境里的建设、生产和回收过程，提高效率，从而减少废弃物。由于效率的提高，建成环境里的不可再生能源和物质的使用量减少，因此，设计者就可以限制生态环境的破坏程度。
- 调整设计系统的耐久性（有效寿命期），使其符合设计的预期使用期限。
- 整合设计系统的内部过程和它的排放物，将其控制在周围生态系统的回弹性和承载能力范围内，进而使排放物的吸收达到预期水平。不仅要考虑输出水平，而且还要考虑排放的时机和规律性。显然，这得取决于当地生态系统和生物圈过程对特定排放物（即废弃的能量和物质）的生态承载能力（B4 和 B5 中）。

能量效率是指输出能量服务与输入能量之间的比值。它意味着从所用的能源中获得最多的能量输出。

注：

能源保护就是通过使用更低质量的能源服务来缩减能耗量（比如，通过调低恒温器来降低供热或者空调水平、降低车速和家用电器的耗能限制等）。这意味着在使用这些服务时，不用考虑节省能源，它受法规、消费行为和生活方式的改变所影响。

未来可能要依靠聚变能量的开发。对聚变能量发展做出最大贡献的是欧洲联合环形加速器（JET）（开始于 1978 年）。然而，在聚变能量发展过程中，还有许多科学和工程上的困难尚待解决。

B27. 建成环境的输出物管理以及与自然环境的整合设计：通过设计消除污染并形成良性的生态整合

在生态设计中，设计者需要了解设计系统从生产到重复使用和回收的整个生命周期内的所有排放物，以确保它们不会对自然环境造成污染或消极影响，它们在建成环境中要么可以持续的重复利用，要么可以回收，在建成系统生命的末期，它们可以与自然环境形成良性的完美的重新整合。

如果我们采纳生态拟态策略，也就是说，将我们学到的生态系统处理各层次材料和废物的方式付诸实践，原理很简单，即在生态系统中，“废物即食物”。自然生态系统是循环的，而我们目前的工业系统是线性的。自然界中，物质在持续不断地循环，这样，生态系统就不会产生废物。生物法则将资源消耗量限制在现有资源的范围内，当有机生物体破坏了这个法则，同时消耗资源的速度超过资源本身的生成和再生速度时，就会产生污染。

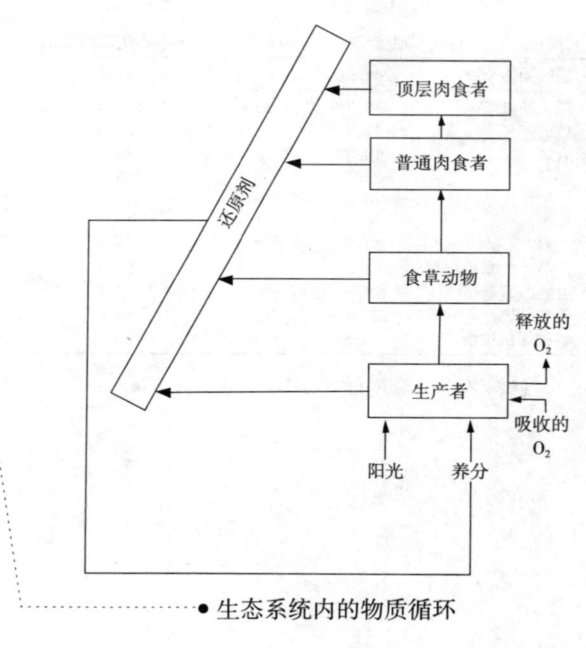

● 生态系统内的物质循环

人类系统广泛地使用自然资源，将它们转变成产品（同时也生产废物），再把产品卖给消费者，消费者用完后即丢弃，因此产生更多的废物。

当换位到建成环境时，生态系统的“废物即食物”原则意味着，所有加工的产品和材料，以及加工过程中产生的废物，最后都必须给新事物提供营养物。通常，一个可持续的商业组织可能会成为综合“组织生态学”的一分子，在这里，任何一组织产生的废物（作为输出物）都会作为资源供其他组织使用。在这样一种可持续的工业系统中，每一个组织的全部输出物——它的产品和废物——会作为一种资源被感知和处理并且在系统中循环。

就建筑产业而言，长期耐久性的设计可能包括高适应性的建筑——其设计不仅适用于当前，而且能很好地适应将来的用户——舒适，宜居和人性化。建筑本身也应该有很强的适应性，这样，就算有意外使用情况也能满足——“寿命长，配置灵活，能耗低”——并且有经久耐用的设计元件。为未来设计是指设计能起作用，并且经久不衰。

大部分建筑在用途上都注定有很强的适应性。从长远来看，这种适应性使建筑

材料	生产部分	回收部分	回收占生产的比例
总的固体废物	231.9	69.9	30.1
纸，硬纸板	86.7	39.4	45.4
玻璃	12.8	2.9	23.0
金属	18.0	6.4	35.4
塑料	24.7	1.3	5.4
橡胶，皮革	6.4	0.8	12.2
纺织品	9.4	1.3	13.5
木材	12.7	0.5	3.8
产品中的其他材料	4.0	0.9	21.3
食物，其他	25.9	0.7	2.6
工场装饰品	27.7	15.8	56.9
各种无机垃圾	3.5		

材料的生产和回收（美国，2000年）

寿命期更长，并减少资源的使用量。改造和修复是必要的。如果建筑师想从保护主义者那里学点东西的话，那就是该怎样设计新的建筑，这种建筑能够使他们自己甚至未来的保护主义者钟爱60年。从那些对一个世纪经久不衰的建筑的保护中学到了一些关于材料、空间设计、规模、易变性、适应性、功能惯例、功能独创性和壁面反射的知识，并应用到新的建筑中。旧建筑，就像古老森林，被誉为具有代际公平。

- 大型开发以取代的理念为基础。而零碎式增长则源于修复的原则。因为取代意味着消耗资源，而修复意味着保护资源，因此，从生态学观点很容易看出，两者之间零碎式增长更切合实际。但他们在实践上有更大的区别，大型开发是基于这样的谬论：有可能建造出完美的建筑，而零碎式增长则是基于更健康和更现实的观点，即错误是不可避免的。除非有资金修复这些错误，否则每栋建筑，一旦建成，在一定程度上，是会被指责为不切实际。零碎式增长基于这样的假设，建筑及其用户的适应必然是一种缓慢而持续的过程，在任何情况下，这种过程都不能一蹴而就。
- 随着环境保护论的发展，又产生了另外一个长期性的问题，即保存建筑的蕴能（建筑自身构件中所蕴藏的能耗——译者著）和削减拆毁建筑的巨大固体垃圾负担。要解决这个问题，可回收材料显然是解决方法。德国汽车制造商领导的一些企业正在采用“重复使用设计”和“可拆卸性设计”工程技术。在建筑施工中，可拆卸性设计更加吸引人，因为这可以让建筑进行后期重塑。当前的可拆卸性设计正面临着改革，这场改革会波及材料制造商，建筑师以及木匠，会改变他们的行事方式。敲钉子已经过时了，使用电动（和非传动）自攻螺钉会更容易些。木材框架构造是最原始的建筑材料，其设计只为方便拆卸。比如，整个中世纪的北欧，几个世纪以来，木材一直在建筑上被沿用。镀锌钢立柱更便宜，更轻，更直，更容易切割，不会腐烂，而且60%以上都可以回收。用墙板螺钉组装时，钢柱墙能很快地拆分，以便重复使用。
- 在当前的生态设计中，大多数努力都集中在能源效率或保护上。其实，输出物管理更重要，也就是从建成环境到自然环境这种“由内向外的交换”（L12在相互作用构架中）。如前所述，要把我们的建筑设计成完全封闭的系统，与外界环境没有任何的能量和物质交换，这在实践中是不可能的，因为外界的相互作用是生命系统的必要特征。

前文已经详细讨论了回收设计的所有可选方案（如上），我们可能不得不接受这样的事实，即一定程度的环境相互作用和交换是不可避免的，我们要确保设计过程的方针是减少初始能量输出。这点至关重要，因为一旦出现输出物，我们就只能以额外的能源、材料和对环境的影响为代价来处理。如果是摩天大楼和类似的大型建筑，那么在一开始就减少建筑排出的物质和能量数量是很重要的。一旦建筑竣工，回收过程就会受到一定的限制（上面讨论过）。

事实上，对一些指定项目来说，设计者就是“输出管理员”（见 B27），他们竭尽全力将消极的环境影响降到最低。首先，设计者必须确定其控制的建成环境中哪一部分将会排放到周围的生态系统中。利用相互作用框架（见 A5），设计者可以考虑建筑排放物的整体范围。设计者不仅要知道建筑将会排出何种物质和能量，还要知道它以什么样的形式排出，它们可能会与自然环境的哪些部分发生相互作用，可能会给现存的生命形态造成什么样的影响，最后，他们在哪里结束。设计者考虑到这些潜在污染物所做的决策是根本性的，并且从一开始就必须和设计过程结合起来。作为输出管理员，设计者在整个过程中都应当致力于控制物质和能量的外排量，修改设计以便减少污染。不幸的是，由于那些无法避免的原因使新项目总会造成污染，设计者必须采取措施，确保对排出物做环保处理。

- 在大多数情况下，作出对影响建成环境污染有影响力的决策，当前并不是设计者的特权。相反，污染物排放问题通常移交给了他人，比如污染治理工程师，有时候他们会太依赖简单的技术方案，并没有考虑到生态系统的生态复杂性。
- 过于简单的生态方案限制了对上述类型的环境后果的充分考虑。比如，如果某一活动即将要产生污染，典型的回应可能是采用技术方案来解决这个问题。包括可能采取稀释污染水，或在排放之前先处理污染物。另一方面，通过生态方法可能会改变源头的活动，以便降低或消除第一步所产生的污染物数量。但不幸的是，很少采用第二种方法。

首先，设计者必须知道排放物是什么，必须确定排放物的源头以及它们的质量和

材料类型	废弃物（%）
木材	27.4
沥青 / 混凝土 / 砖 / 泥土	23.3
干式墙	13.4
屋顶	12.0
混合物	11.9
金属	8.8
纸	2.7
塑料	0.5
总共	100.0

在拆建（C&D）现场的可回收材料中，金属回收率最高。黑色金属和铜以及黄铜很多年来都有很好的市场。据估计，钢材的拆建回收率达85%。

建筑拆除产生的废弃物

数量。其次，设计者还应当知道排放物会在哪些方面产生影响。再次，设计者必须清楚，这些排放物会造成什么样的危害，频率如何。然后，当设计者确定了影响的程度和特征，必须评估这种影响是否严重。如果确定有重大危害，那么接下来设计者就应当分析一系列的问题解决方案，提出各种各样的设计对策来限制污染。最后，一旦建筑投入运营，设计者将会确认限制排放的措施是否已经采纳，并且监测它们的效力。

污染处理

废品排放

在对潜在废品的重复使用和回收进行设计时，应该平衡如下三个目标（见 A5 的分块矩阵）。它们是：将建筑使用的能源和材料数量降到最少；减少建筑产生废物的可能性；把对生态环境的负面作用降到最低。在平衡这些目标时，我们应该尝试使废物的产量最小化，而不是集中在通过何种方式控制或处理废物。这些后期过程必须消耗额外的能源，因此在减少地球压力的作用变小了。相反，如果设计者能够选择一些方法，让污染物降到最低，或者完全消除，那么就不用创造新的方法或体系来处理污染物，这样最好。

保护措施

如果不能采纳回收（即重复利用、循环利用、再加工）设计，那么最终的选择就是保护措施。包括对污染物的预处理无论如何都不能重复使用的副产品。考虑到这些措施，设计者会把污染物对环境的副作用降低到减小。

预处理

如果潜在的排放物不可能回收，设计者也可以考虑对其进行预处理。通过预处理，排放物中的有害成分就被中和掉了。物质和能源得到改良，被吸收之后可以减轻生态环境的承载负担。预处理方法可能包含物理、化学或生物转化。物理过程改善了排放物的物质性；例如，排放颗粒的大小、物质的比重、黏度等。同时，排放的副产品可以利用化学方法进行转化，从而降低其危害性。这种转化可以通过试剂来实现，这种试剂也要经过仔细挑选，因为它们也会引起额外的环境危害。最后，生物过程力图在溶液中将建成环境排放物中的胶状有机杂质和其他物质隔离开来。生物反应也可以分阶段进行，以便让物质更容易被环境吸收。在自然界中，过滤和污泥活化都是生物过程。

无论物理、化学还是生物的处理过程，预处理几乎都需要额外的能源和材料。同时，预处理还有可能进一步造成环境影响的风险。因此，在设计预处理系统时，我们的目标是确保它在运营时，把对环境的影响降到最低。同时这个过程应当确保不会完全耗尽接收排放废品的环境汇槽的同化作用。预处理并非万能药：它不能减少建成系统的总排放量。相反，预处理过程还能够借助于排放的类型和时空格局，产生更合适环境吸收的物质。原则上，预处理过程可以将污染物转化成无公害物，但是，这个方案只能在采取了所有可能措施来降低资源消耗量和建筑排放量，以及对周围环境全方位分析之后，才会提上考虑议程。

贮留系统 / 储藏

一些潜在的排放物（如有害物质）不能被处理，因此不能轻易地销毁掉。对那些要产生这些物质的系统，最好是设计一个贮留系统。那些限制性排放物可以先暂时存储起来，直到找到更好的处置方法和机会。这种设计也能使排放物和环境的吸收能力合拍。物质先储存起来，直到接纳它们的天然汇槽能够对其进行处理。污染物在进一步处理前，也可以用贮液槽、储罐和其他存储系统将它们隔离。在其他情况下，我们可以通过存储废物来减少它们的数量，同时探索更好的去除、处理、回收或排放方案。很明显，存储污染物需要空间和设备。然而，最好是在最初的设计过程中就防止产生这些排放物。

存储排放物仅仅是部分解决方法，因为并不能从根本上改变排放物。不幸的是，大多数对环境有影响的物质——有毒废物、有害和放射性的物质——都是通过这种

	常见污染物种类							
	生化需氧量	细菌	养分	氨	混浊度	固体物	酸	有毒物
点源： 市政污水处理厂	×	×	×	×				×
工业生产设备	×							
组合排水管溢流	×	×	×	×	×	×		×
非点源： 农业径流	×	×	×		×	×		×
城市径流	×	×	×		×	×		×
施工径流			×		×			×
采矿径流					×	×	×	×
化粪池系统	×	×	×					×
垃圾填埋场 / 溢流	×							×
造林径流	×		×		×			×

污染物及其来源

方式进行处理的。除了将这些物质储存在各种容器中，有时候还可以将其密封或冷藏。在转运站或处理中心，或现场都能将它们进行存储和处理。

分散

还有一种与存储污染物几乎截然相反的方法，那就是将它们大面积分散开来。这种方法是在某些情况下，设计者可能选择将排放物扔到大面积的陆地上、水中或空气中。这样，污染物的浓度会降低，以至于对任一区域的危害甚微。比如，为了将工厂的气体排放物尽可能地分散到广阔的区域中，设计者可能会建议建造高大烟囱。或可能将工厂分布在一片更大的区域，而不是集中在一个地方，这样就能更大限度分散污染物。请记住，工厂的位置也可以根据特殊的敏感区来确定。原则上，不能只指望通过分散污染物来解决污染问题，因为它本质上并不能减少排放到大气中有害废弃物的数量。当我们分散污染物时，我们还应该研究如何减少污染物的数量，或通过重新设计建成环境消除它们。

稀释

我们还可以通过稀释的方法将有害排放物对环境的影响降到最低。在良性介质中通过稀释增加某些物质的数量，有时也可以使环境更容易接受它们。此外，环境中的很多区域在接受污染物方面的能力都存在差异。因此，在某些情况下，在生产源转移输出物可能是有帮助的。这样就可以将物质从一个不适宜排放的地方转移到另一个能够吸收它们的地方，这很可能是由于先前污染程度降低的缘故。这种替换方案不应该过多使用，因为环境空间有限，其中未被污染的区域最终也会被污染吞噬。此外，污染物的转移也会耗费更多的能量，并造成额外的环境伤害。

- 当所有预防措施都因不实用而遭到弃用时，设计者只好选择“最后的保护措施”。若已知建成环境会产生潜在的有害物质，设计者便会采取措施来保护人类、动物、植物和自然界的其他生物免受其害。设计这些保护措施有两种形式：环境治理设计和环境钝化设计。

环境治理

环境治理设计包含改变接收汇（汇，指吸收某些物质的系统），这样可以将废弃物的影响最小化。这样做还可以代替从源头处治理输出物，可抵消各种排放物最终在同一个汇里沉积而产生的累积影响，这种作用尤其突出。通过仔细分析污染物排放对当地生态系统的影响，设计者应该尽可能预测在环境中处理污染物的后果。但这种方法有明显的缺点：它需要额外的能量和材料，并且，它提供的环境污染问题解决方案只是权宜之计。然而，相对于长期的环境问题，这些缺点对单个灾害来说意义并不大。比如，用这种方法处理石油泄露很有用，当这种一次性事故在其排放区周围的环境获得改善后，就能有助于吸收更多的石油（Spofford，1971）。

环境钝化

环境钝化设计必须使接收汇对污染物的影响不那么敏感。这种设计力图保护环境中易受伤害的元素免受环境恶化的影响，包括人类、植被。在某些情况下，可以通过环境中的缓冲带，将这些消极影响的接收器与源头隔离开来。钝化的另一个例子是，向受污染的沙滩喷射清香剂来减轻污染物的气味。从这个例子可以一目了然，对环境问题来说，这是其他方法都不奏效的最后一招，这无疑需要额外的能量和材料消耗。

运输，转化，储存

如果排放物不可避免要进入环境中，那么我们可以利用如下三种方式中的其中一种来处理：在生态系统内进行输送，从一种形式转化成另一种形式或储存。每一个方法都会对环境有危害。运输需要利用环境介质；转化需要能量完成材料的物理、化学或生物构成的改变，储存会在环境的其他区域进行，但也会给环境造成负面影响。

当建筑排放一种特定的物质时，这种物质（或能量）会选择众多路线中的一条进入自然环境中。因此，在排放前，必须先分析出这些潜在的路线，因为即使是最微小和看似无关紧要的排放物都可能有严重的环境影响。比如，由于热量散失导致水

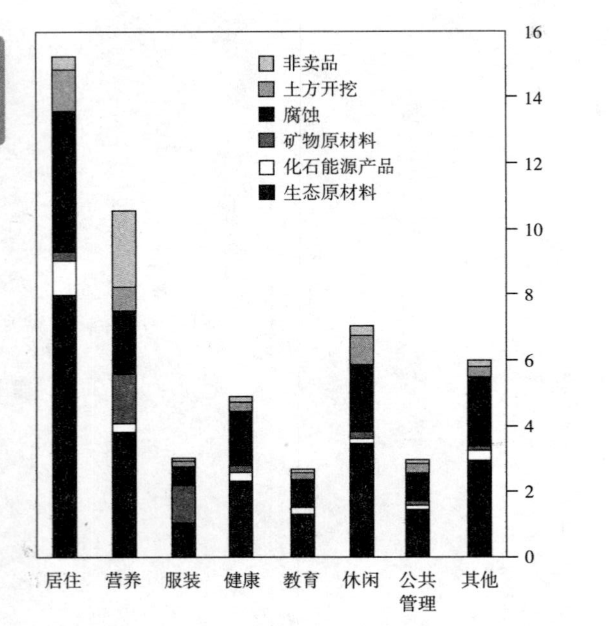

不同使用需求的人均材料输入量（德国，1990 年）

生系统的表面温度增加 1. 25℃，这样可能会对水中生物群落造成严重的危害。当排放污染物对生态系统的损害变得更严重时，就会出现生态失衡。这样，人类产生的物质或一定数量的能量就会进入生态系统中，进而损害或摧毁生态系统，从而构成污染。污染物可能不是生态系统内部产生的物质，或可能是该生态系统常见的物质或能量形式，但并不是在高密集度的居住区，那样对环境有害。

很明显，特定污染物对环境危害的程度与生态系统同化物质、能量及排放物的能力相关。生态系统对任何污染物的同化能力都会随着时间和地点发生变化。这要取决于当地情况和生态系统中某些元素的随机质量。比如，气流、温度、光照数量和其他因素都会影响生态系统的同化能力；排放物质或能量的特性在决定生态系统吸收排放物的能力上起着重要作用。

排放后果评估

任何时候排放到环境中的有害能量和物质数量超过环境的吸收能力时，这种日益严重的污染就会引起一连串不利的环境后果。

- 正如我们看到的那样，如果环境的一部分受到重创，那么另一部分可能也会产生连锁反应。污染物能够徜徉于整个环境中，导致不同地区的资源质量和数量发生改变。当污染物进入生态系统中时，它就会干扰现有的生态平衡，并且随后必须重新建立新的平衡。如果污染较轻，那么生态失衡可能仅仅是暂时性的：污染可能会停止，系统的平衡将会恢复原状。但是，如果生态系统中出现严重的污染，并且污染一直持续，直到排放物的数量超过了系统的同化能力，这样就会造成严重的环境破坏。甚至还可能导致生态环境的毁灭，但无论如何，环境都会遭到破坏。而在后一种情况下，能够在这衰败的生态系统中存活下来的就只有微生物了。
- 为了评价将要产生排放物的地方的环境同化能力，设计者必须确定当地生态系统的生物和物理承载能力。同时，设计者还必须清楚排放物的特性，以及排放类型。进而，设计者必须能够明确说出排放物的时间和地点。以便确定环境中潜在污染物的浓度。做这样的评估是有难度的，因为排放物的源头很多，绝不止一个。

在评估排放物的整体类型时，必须比较一系列因素。举一个极端的例子，在某个区域，其热量完全依靠发电来提供，运输大部分靠电动交通工具，工业和蒸汽工厂产生的废气通过湿擦法加以去除，但是这样产生了很多垃圾，然后将这些垃圾倒入污水系统中，并以原始形态流进水渠中。在这样的地方，空气确实得到了最大限度保护。但是，这个区域会让其水生环境所承受的负担达到极限。我们再举一个与之形成鲜明对比的例子，某地区的市政和工业废水得到了有效地处理，污泥和固体废物被焚烧，这些措施固然可以保护水生环境；但是，这样会影响陆地和空气的同化能力。另外还有这样一个例子，某地区在鼓励对废物进行大量回收和循环利用的同时，也能将产生的残留物控制在较低的水平。如果整个地区和所有生产过程的效率都能达到这个水平的话，那么进入环境中的排放污染物数量就会少得多。然而，这个地区要达到这种回收和循环利用水平，可能会需要大量的物质和能源来提供能量。A5中相互作用框架有助于我们作出很难的取舍，正是有了这种取舍，才能够在受环境影响的地区实现平衡。

抵制把生物圈当做“汇”

然而，在预期或设计的经济寿命末期，我们的建筑构件、材料或设备的实际生态寿命仍在持续；因此，要处理这些最终的“废物”，还必须确定一些重复使用和循环利用形式。在建筑的经济寿命末期，为了避免废物过度排放到生态系统中，延长建成环境中的建筑构件的使用寿命是至关重要的。

- 生态系统是人造建成系统中废弃物、排放物和所有其他输出物的终点站。这就是为什么要把生物圈当做“汇”的原因所在。但是，因为生态系统本身是有限的，它吸收排放物的能力也是有限的，因此要对建筑物的废物排放量加以限制，以免周围生态环境的同化系统不堪重负。从整体上考虑，我们可以

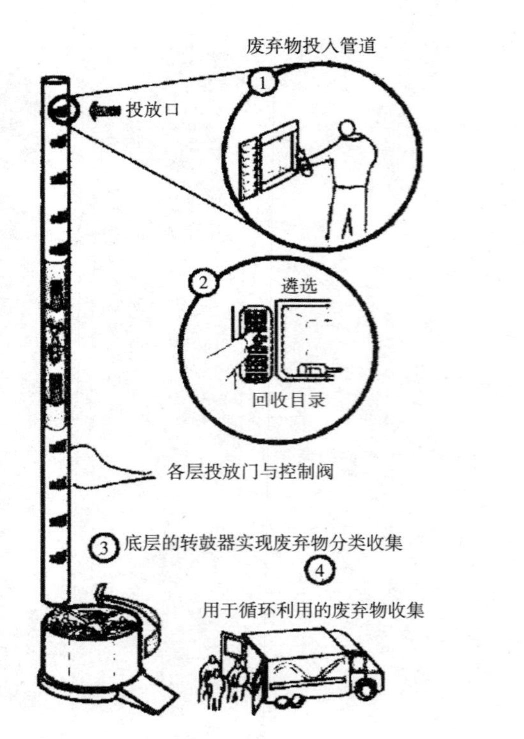

机械废弃物分拣器

看出整个建成系统的“寿命”是有限的，因此，设计者必须考虑其所设计建筑的构件的最终命运。当建筑构件不再有用时，建筑本身也就废弃了，它的材料或者被回收，或者被处理掉。这样我们就能区分设计者面临浪费的两个方面：建筑物使用寿命期间要处理的废物数量，以及在建筑寿命末期，必须处理建筑结构时要涉及的事物。设计者要同时考虑这些因素，建筑设计不仅要保证竣工时移交给业主，并且，设计者的责任还涵盖建成系统从源到汇，包括建成系统组件在其生命周期内的整个流程，这是生态设计者的职业道德和责任。

- 必须承认，由于生态系统的连通性，所有生态设计都具有全球性影响。以目前建筑和法律行业的角度来看，建筑场地通常被描述为具有低边界性，这与国际公认一个国家的国界很类似。相比之下，生态系统在自然边界内演变，但它们可能会被纵横交错的人为线路和区域划分开，而生态系统不受此约束。如果设计者所处地块的环境中也有一些或很多其他的建筑用地，但仅仅因为这个，并不意味着设计者可以把其所处的特定地块当做孤立的实体，它仅存在于法律界定的人为地界线以内。一个场地并不仅仅指地图上的一个小方格，它在世界上也占有一席之地。在这些地块上的活动对当地生态有影响，这种影响会延伸到同样的环境及以外的人为地块中（即建筑用地）。正如我们所见，这种设计可以同时影响当地、整个地区、整个大陆和生物圈。
- 至于城市建筑，如摩天大楼和大多数其他场所，虽然已经城市化了，但通常已经大范围退化，没有任何生物成分可言。在这样的情况下，建成系统的设计者不得不考虑这些建筑在余下生命周期内对建成环境的影响，包括当地微气候层面的影响（比如空气污染、热量散失等），对周围建筑的影响，建成系统的所有排放物和废弃物排放到城市的基础设施系统，然后排放到当地和全球环境的其他地方（因为整个生命圈中的所有自然系统具有连通性）。
- 设计者必须意识到，作为开放式系统，所有设计系统都会产生排放物。这些排放物作为垃圾进入周围生态系统，无论它们是固体，液体还是气体。某些情况下，排放物被带回建成系统并得到回收和再利用，而其他垃圾则无法避免地排放到了生态系统中并被环境所吸收。

- 设计者不能简单地认为一旦垃圾排出了建成系统就不必再关注了，好像它们莫名地通过建成环境的边界消失了一样。建筑物和任一建成系统的输出物，都必须被周围环境所吸收；为促进生态系统对输出物的同化能力，可能需要对其进行一定程度的处理。决定是否预处理，以及预处理必须达到何种程度，必然是设计者的责任，他们必须考虑到各种各样的限制因素。当地环境的气象特征决定着垃圾随风扩散的速度。降雨量和地面水的径流率限制着河流以及其他水系对垃圾的容量。由于环境的各个系统是相互联系的，土壤条件不仅影响着陆地表面垃圾的处理情况，也会决定废水的回收和其他因素。类似地，地形（如土壤条件）影响着通过填埋法来处理垃圾的可能性，并且在防止洪水和侵蚀上起着一定作用，设计者也必须考虑到这些环境威胁。
- 为了减少大气中的温室气体，现在可以将发电厂排放出的二氧化碳捕获并储存起来（碳封存）。比如，燃料燃烧排放出来的气体通过溶剂、溶解、薄膜分离或吸收等方法提取出来，能以惰性气体的形式储存好几百年。盐藏和未开采的煤床也可储存二氧化碳。
- 因此，我们应该把设计系统输出物的管理当做是一个重要问题来处理，原则上应当在建成环境里或至少在直接环境中处理。如果在城市建筑中，那就意味着在城市里处理污染物。如果污染物不能在当地被重复使用或不能被当地的生态环境所吸收，只有在这种情况下，才能考虑将城市的排放物从市区环境转移到偏远地区，除非不惜以环境污染和过度的能量消耗为代价。
- 如果设计者不能完全杜绝其建筑工程中的垃圾输出，那么垃圾回收专家和污染控制工程师就会用指示生物来评估污染程度。之后，他们可以确定该生态系统对允许的污染类型的同化能力。比如，对于水体污染，如果出现藻华，就表明水体中存在溶解氧、蒸发、养分和大肠杆菌，还有生物杀灭剂、除草剂和脱叶剂。水的 pH 值也能分析出来，就如同分析水体的物理特征一样——比如输沙量、流量、温度和混浊度——从而揭示有毒的和无毒的溶解固体物的存在。
- 对于那些可能导致污染的输出物（比如工业排放物），容许排放的污染物的标

源	一氧化碳（CO）	颗粒物	硫氧化物（SO_X）	未燃尽的烃(HC)	氮氧化物（NO_X）
运输	111.0	0.7	1.0	19.5	11.7
燃料燃烧/发电	0.8	6.8	26.5	0.6	10.0
工业过程	11.4	13.1	6.0	5.5	2
固体垃圾处理	7.2	1.4	0.1	2.0	0.4
其他	16.8	3.4	0.3	7.1	0.4
总共（1970）	147.2	25.4	33.9	34.7	22.7
总共（1940）	85	27	22	19	7
30年的变化率（%）	+73	–6	+54	+83	+224

• 释放到空气中的污染物，百万吨 / 年（英国，1970 年）

准的某些指标可用来确定生态系统的同化能力（见 B5）。这些指标包括：

污染形式	指标
水体污染	藻华
	溶解氧；蒸发；大肠杆菌；养分；生物杀灭剂；灭草剂；脱叶剂
	pH 值
	物理特征
	输沙量
	流量
	温度
	全部溶解固体物
	有毒溶解固体物
	混浊度
空气污染	一氧化碳
	碳氢化合物
	颗粒物
	光化学氧化物
	硫氧化物
土地污染	土地利用和滥用
	土壤侵蚀
	土壤污染

土壤和空气分析

除了水，污染治理工程师也能通过分析空气和土壤来确定污染程度。大气中的指示生物可以揭示空气污染存在的各种类型，包括一氧化碳、碳氢化合物、颗粒物、光化学氧化物和硫氧化物。对土地本身的利用和滥用，我们可能称作“土地污染”

可以表现为明显的土壤侵蚀和土壤污染。

- 就生态系统容易受到破坏的组成部分——土壤、空气和水而言，尽管用指示生物来考虑很方便——但污染物对整个系统和生物圈及其生物圈过程也有重大影响。同时，建成环境的各种排放物对植物、动物、人类、自然生境和种群，以及生态系统运作的影响也应考虑在内。
- 我们发现，环境中的污染物事实上是设计过程早期决策的结果。从设计者对某个项目的要求第一次作出纲要性回应的那一刻起，它就决定了建筑会对环境有什么样的影响。设计师从一开始就应当确保建成系统的设计方式能够将破坏环境的物质产量和能量的数量降到最低。如果做到这点，那么建筑就不会给生态系统吸收排放物的能力加重负担。因为大多数密集建筑（如摩天大楼）周围的环境已被开发，它们的吸收能力在很多情况下已经没有效果了，因此，确保新建的高层建筑和其他城市建筑不再进一步制造出大量的物质和能量，以减少其环境的负担这是至关重要的。
- 很多常见的建筑材料都与引起严重环境污染的工业过程有关。矛盾的是，人们不断使用这种材料，是因为它们都很耐用，如果能重复地使用这些材料，那么它们的劣势可能会与它们较长的使用寿命达到平衡了。

排放物管理

排放物管理的措施可以归纳如下：

- 降低生产源的排放物（比如，采纳建成环境中的生产或系统效率）；
- 排放物生成后进行有效管理（比如，在建成环境内通过持续重复使用和回收）；
- 启用最终保护措施（比如，与生态系统的良性和无缝再整合）。

这些措施可能与排放物的路径有关。比如，为了减少建成环境产出的废料数量，设计者要么修改设计，要么改变对建筑排放废弃物的管理方法。第一步是减少建筑生产的物质和能量的数量，确保排放物的存在形式易于有效管理。要达到这个目标，就要修改工程的设计，仔细挑选建筑材料和方法。在这样的初始阶段，设计者要采

污染物	平均时间	加利福尼亚州标准		国家标准		
		浓度	方法	一级	二级	一级
臭氧	1h	0.09ppm（180μg/m³）	紫外线测光法	0.12ppm（235μg/m³）	同一级标准	乙烯化学发光
	1h	9.0ppm（10μg/m³）	非扩散红外线光谱学（NDIR）	9ppm（10μg/m³）		非扩散红外线光谱学（NDIR）
	8h	20ppm（23μg/m³）		0.053ppm（100μg/m³）		
一氧化氮	年均		气相化学发光		同一级标准	气相化学发光
	1h	0.25ppm（470μg/m³）				
二氧化硫	年均		紫外线 荧光灯	80ppm（0.03μg/m³）		副品红
	24h	0.05ppm（131μg/m³）		365ppm（0.14μg/m³）		
	3h				1300ppm（0.5μg/m³）	
	1h	0.25ppm（655μg/m³）				
悬浮颗粒物(PM10)	年几何平均值		分经采样口，大容量采样器重量分析			惯性分离和重量分析
	24h			150μg/m³	同一级标准	
	年算术平均值			50μg/m³		
硫酸盐	24h	25μg/m³	浊度计硫酸钡			
铅	平均30d	1.5μg/m³	原子吸收			原子吸收
	季度			1.5μg/m³	同一级标准	
硫化氢	1h	0.03ppm（42μg/m³）	镉氢氧化物			
氯乙烯，降低能见度的微粒	24h	0.010ppm（26μg/m³）	Tedlar 采样袋，气相色谱分析			
	8h（上午10点到下午6点 PST）	当相对湿度小于70%时，由于足量的微粒存在，可以产生0.23/km的消光系数。按照ARB方法V进行测量				
仅适用于美国塔霍湖空气域						
一氧化氮	8h	6ppm（7μg/m³）				
降低能见度的微粒	8h（上午10点到下午6点 PST）	当相对湿度小于70%时，由于足量的微粒存在，可以产生0.07/km的消光系数。按照ARB方法V测量的				

环境空气质量标准

取措施，确保能有效地管理建筑的一切生成物。

- 要降低建筑产生的废品有很多途径。第一，设计者要考虑建筑本身需要使用什么样的物质和能源。这些物质和能源应该与建成环境的预期使用类型，以及它的预计寿命相匹配（即分块矩阵中的 L21）。在工程的设计阶段，更容易实现这种匹配，然而，就算是对于已有建筑，设计者也可以采取措施确保所用的物质和能源产生较少废品。第二，设计者可以通过修改建设方案来减少排放物的产量。第三，降低建筑物用户的能耗水平，进而全面减少建筑物产生的副产品。第四，可以改变建筑物内部产生排放物的处理过程。比如，可以通过改进施工、生产和回收过程来提高效率，从而减少废弃物。由于效率提高，建成环境中使用的能源和物质就更少，我们就能够限制生态环境的破坏。第五，设计者可以调节建筑的耐久性，使其与它的预期使用寿命相匹配。第六，建成环境的内部流程 (L11) 应该与周围生态系统吸收预计排放物的能力相协调。这不仅需要考虑排放物的数量，而且也要考虑好排放的时间和规律。
- 在建成环境中，废物的管理通常需要消耗额外的能量和物质，同时还会造成进一步环境污染。因此，在建成环境的设计和规划阶段，设计者应该确保起初要么将复杂的排放物降到最低，要么干脆不生产，因为一旦生产，就必须考虑如何处理。
- 对于排放废弃物质或能量的建筑，设计者可以选择是在它们排入周围环境之前还是之后再处理这些污染物。我们已经讨论过对排放物生成后进行管理的一些方法。在某些情况下，可以对排放到环境中的物质和能量进行规划，使其可以再被使用。在这种情况下，这些潜在的排放物就可以重复利用，循环利用（或再制造）。如果不能采纳回收（即重复利用、循环利用、再制造等）设计方案，保护措施是最后的选择。保护措施包括污染物的预处理——无论如何也不能重复使用的副产品（参考预处理）。通过考虑这些措施，设计者可以把对环境的不利影响降到最低。
- 减少产品废弃物的一种方法是根据容器来设计产品。作为一种产品，部分设计系统可以设计配有容器，用于回填。回填消除了制造（或处理）替代产品

建成环境的排放物	流入	位置	流出	整合的时间标尺
CO_2	化石燃料燃烧 滥伐森林	主要在大气中	海洋吸收 绿化吸收	100 年
SO_2	化石燃料燃烧，矿石冶炼	主要在大气中	酸雨	1 周
垃圾	生产	垃圾填埋场，海洋倾倒	生物和物理降解，燃烧，堆肥，回收	10 年
放射性废弃物	发电厂	垃圾存放处，现在几乎全部临时储存在反应堆里	放射性衰变	元素钚需 24000 年
养分（硝酸盐、磷酸盐）	农业径流	河流、湖泊和含水层中的水体	清洗，植物吸收，沉积物埋藏，蒸发	（根据水体）1 年；100 年；3 个月
饮料罐	丢弃	随处存放	回收，降解	5 年
污水	生产	排水渠	生物降解	1—3 年
汽车	生产，进口	汽车污染	废品，出口	10 年
住房	建设	住宅区	重复利用，回收，拆毁，燃烧，垃圾填埋	50—75 年

建成环境的排放物和环境整合

或包装的需要。基本的回填系统有三个：(1)可以退还给制造商用于回填的容器；(2)用户能带到回填地点的容器；(3)使用填充料袋的容器，它包含的包装更少,可以用于原件的回填。很多用于建筑物的供给物(如食物和燃料)最终都进了容器。

- 设计者还要考虑建筑物部件更换后的结实度问题。建筑结构、设备或基础设施中的一些组件可能是用耐久性材料制造的，但仍然不够耐用，因为一旦某部件先于其他部件被磨损，就不能更换。因此，在设计时，可以把这些重要部件的更换能力也考虑在内。建成环境中的许多常见产品都可以通过改变基本设计得到重复使用。其中的一种方式是通过模块化设计和组装，这样可以使维修和更换作业更快捷、轻松。当一个部件失效或者废旧了，其所在模块可以很轻易地拿掉或更换。有了模块化设计和机械连接组装(而不是化学黏结)，用户甚至能够自己进行维修和更换，这样就进一步推行了持续重复利用和循环利用的原则。就专业的维修和更换服务而言，劳动力通常是主要的开支，而模块化组装意味着降低维修费用。与模块化组装相关的一个概念是拆卸设计(DFD，B28)，其目的是让复杂产品和部件更容易拆卸。
- 设计者必须意识到，在重复、循环利用和回收时，设计系统中必须提供额外的储存空间和内部空余，构造连接处或连接点应采取机械连接，而不是化学黏结。至少，必须留有充足的空间来收集各种材料，如碎玻璃、铝材和办公用纸。
- 为了减少建成环境产出的废料数量，设计者要么修改设计，要么改变对建筑排放废弃物的管理方法。为了便于修改，第一步是减少建筑产出的物质和能量数量，确保排放物的存在形式易于有效管理。要达到这个目标，就要修改工程的设计，仔细挑选建筑材料和方法。在这样的初始阶段，设计者要采取措施，确保能有效管理建筑的一切生成物。
- 至于固体废弃物的管理，有如下基本选择：燃烧、焚烧、填埋和堆肥。每一选择会生成不同的输出物，同时，选择何种方法得看最终想得到什么输出物。所有这些废料是建成环境中的现有系统排放的结果，如果在建成环境的初始

计算机时代的垃圾填埋场

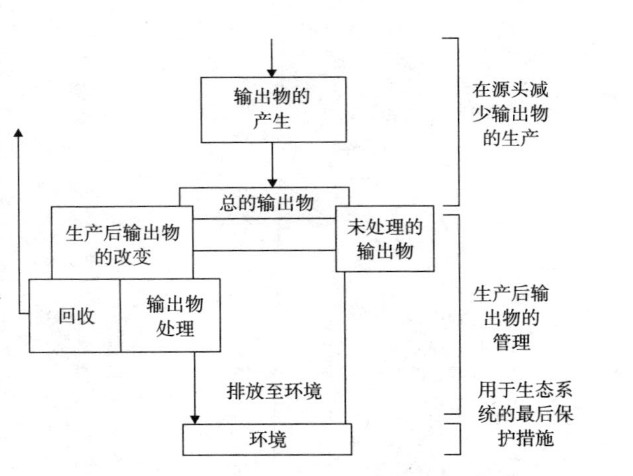

建成环境输出物可能采取的路线图。这是追踪建成环境输出物流动的通用模型；它可当做问题定义工具。对系统中每项输出物的管理类型的选择得看建成系统、排放物的类型、运作情况、输入物的类型、环境状况和所有这些因素之间的相互作用。

输出物的管理

设计时就考虑到了将来的重复利用、循环利用，以及最终再整合到自然环境中去，那么，这些废料是可以减少或消除的。如果寻求从垃圾中进行能量回收，可选择焚烧和填埋。通常，混合固体垃圾的总体含能量仅次于低质煤或褐煤的含能量。如果想从垃圾中尽可能回收最多的能量，那么就选择燃烧。实际上在燃烧时，所有的有机碳都会瞬间转化为 CO_2，需要很高的资金成本。而对于湿的有机垃圾，采用燃烧方法就不现实了，必须采取措施控制排放并处理生物圈过程造成的后果。混合垃圾的焚烧不仅仅是有选择的燃烧，比如我们能从普通发电厂共熔的废纸或废木材中制造垃圾燃料，但这也增加了成本，而且还涉及污染物排放问题。控制垃圾填埋场回收甲烷，在 20—30 年时间内，约少于 50% 的有机碳在无氧条件下转化成生物气（CH_4 和 CO_2）；这些生物气可以用来满足当地的能源需求。另一方面，垃圾填埋场就像地上的一个大型厌氧消化池，但效率颇低。但研究发现，通过垃圾填埋法生产的生物气，超过 90% 都可以回收。如果采用堆肥方法的话，则不会有净能源效益，因为垃圾中的有机碳成分一部分转化成了 CO_2，另一部分则被保留或封存在制堆肥过程的终端产品中——腐殖质或有机物质。虽然这个过程中的能量不能回收（尽管可以回收热量），但是堆肥垃圾作为提升土壤的有机物含量的调节剂 / 改良剂，功不可没。

小结

设计者可以采纳上述诸多方法之一来减少建成环境的输出物数量。生态设计者的设计必须保护不可再生能源和不可再生或稀有物质资源的使用，以此作为可持续的设计策略。减少不可再生能源和物质资源的开采和消耗的主要途径是通过设计减少用户需求和减少对这些资源的使用，以及通过设计来有效地使用物质资源并对物质进行持续的重复利用和循环利用。设计需要模块化，这样有助于更换部件，更具有灵活性。施工过程中，应最大限度在场地外进行预加工和预安装。要实现这些目标，就必须确保所有的施工方法和装配技术都必须广泛适用和适应于未来可能出现的任何情形。

B28. 对建成系统进行从源头到重新整合的全生命周期设计：通过设计推动其持续的再利用、循环利用和再整合

无论设计任务是产品、建筑结构、设备还是基础设施，生态设计师必须在其生命周期结束之前对其在建成环境中连续再利用和回收进行设计，以使其可拆卸并返回到生态系统中。为了使设计更加严密，设计必须考虑不同部分和组件的收集、组装、固定和连接的方式。基础原则是可拆卸设计（DFD）。为了达到再利用、循环和回收的目的，产品或材料不应该被制成混合物，因为混合材料的结合使用可能会使其中一种材料变得不纯并且会影响另一种材料的回收。

对于资源保护的设计方法这里有三个可供选择的主要策略。

减少供给和流量的策略

- 通过控制资源使用率或降低生活标准来降低现在的消费水平。
- 通过减少产品或组件的总数来减少流量。
- 用其他资源代替（如可再生资源）。

改善现有系统效率和性能的策略

- 鼓励现有组件的回收（再利用、再循环、再生产），前提是不会加剧环境的破坏和污染。
- 提高回收过程的效率。
- 延长设备或组件的使用寿命。
- 控制腐蚀和磨损来抑制损失。
- 提高生产过程的效率。

1. 使用再循环和可循环的材料
2. 将材料的种类降至最少
3. 避免有毒和有害的材料
4. 避免复合材料
5. 避免对材料二次整理
6. 提供标准和永久的材料类型识别
7. 将组件的种类降至最少
8. 用机械连接而不是化学连接
9. 使用带有可交换部分的开放式建筑系统
10. 用模块设计
11. 用与标准建筑实践兼容的组装技术
12. 从覆盖层中分离结构
13. 提供获取所有建筑组件的途径
14. 设计适用于所有阶段装卸的组件型号
15. 提供组装和拆卸期间的装卸部件
16. 为拆卸提供适当的容许限度
17. 将紧固件和接插件的数量减至最少
18. 将接插件的类型减至最少
19. 设计能够承受反复组装和拆卸的接头和连接件
20. 允许类似的拆卸
21. 为每个组件提供永久识别
22. 使用标准的结构网
23. 使用预制子配件
24. 使用轻质材料和组件
25. 辨别永久拆卸点
26. 为其提供备件和贮存
27. 保留关于建筑及其组装过程的信息

- 可拆卸设计（DFD）准则

- 提高部件或设备的使用效率。

现有系统重设计 / 设计新系统的一般策略

- 通过适当的设计和选择来达到材料和能量经济效益并降低生态影响。
- 重新设计现存系统以实现最大性能。
- 通过设计达到便于维修和回收的目的（如通过材料和部件的标准化和简化）。
- 通过设计优化组件每一个单元的使用。
- 通过设计减少每一个组件每一个单元的材料使用。
- 通过设计提高使用效率，降低生态影响。
- 通过设计提高加工和回收过程的效率，降低生态影响。

当然，以上的例子并未包括所有的资源保护设计策略。但它们指明了我们设计努力的方向。我们也应该意识到建设过程中会排放大量的废弃物，因此设计师必须确认建造者制订了垃圾管理方案——包括材料的回收和再利用以及相应的垃圾处理方案。

建筑物本质上具备一种自然功能。当建造活动在自然界中发生时，生物体（无论是小鸟、蚂蚁还是熊）从各种来源获得材料，接着把它们聚集在一个特定的场所（相当于“工程现场”），然后把它们装配到活动的围护结构中，以免受气候因素的影响或其他有敌意的生物体的危害。因此，包括地球上能源和材料资源的利用、再分配和从远距离场地转移到特定位置的聚集（现有的施工管理中）在内的所有建筑物活动都会导致生物圈部分生态的改变，并增加当地的生态系统结构，这是不可避免的事实。如前文所述，新增建筑环境未来的连续存在和维护取决于地球的生态系统和资源能否为其运行提供必要的材料和能量。

对人类来说，物料的来源和运输目的地之间的距离是跨区域的，围护结构的规模不仅巨大而且史无前例。这些进入建成环境的“流入物（见 B3，L21）”不仅包括建筑材料，而且包括来自不可再生资源的能量，为其提供物料的运输、装配、现场的建设以及需要维持内部环境条件的能量。但是，上述结果并不局限于工程现场的生态系统，还会从整体上影响地球环境。排出物和无法避免的废弃物都被排放出来（在 A5 里的分块矩阵 L12）。

由于这些原因，设计师会把建成形式的建立当做能量和材料管理的一个形式进行必要和谨慎的资源管理。例如，电的供给包括从燃料到能量的转换，这些转换过程消耗不可再生资源；除此之外，它们在建筑的整个生命周期产生的相关排放物都会对环境产生持续的消极影响。我们已经注意到，绿色设计考虑的是建筑系统的整个过程和运行以及最后的分解；实际上生态设计师决定了他们自身作品的生与死。无论是建筑还是产品的生态设计，设计师从伦理上都要负责在它生命周期结束之后——即生态系统或产品及其材料在有用的生命结束时会发生什么。因此，设计师不仅要明白所有建筑的输入和输出的环境内涵，还要试图回收所有的输出作为其他过程的输入（即类似于生态环境中的自然循环）。设计师必须关心设计系统及其所有组件是怎样拆卸或分解的，这样能允许最大限度再利用和回收。

从生态上看，设计师的设计任务不仅包括了对产品的制造和销售，甚至还延伸至移交给客户之后的阶段。从环境角度看，设计师要从伦理上对设计系统中的材料处理和设计系统的长周期负责。精确计算生态方法的参数时，设计师不仅要确认以什么样的环境代价（即材料需求和对地球的影响）来建造设计系统，而且要分析怎样和用什么环境代价来使用、管理和最终处理产品。这个方法在其他设计领域嵌入了初始设计和其后的使用处理，被称作为可拆卸设计（DFD）或再利用、回收和再制造设计。

当然，这些努力对生态的长期影响并不是设计师的责任。一种方法是使制造商、产品供应商或建筑物和组件的拥有者对这些项目的后果长期负责。在这种情况下，考虑到最终会被“再制造”或返给供应商或制造者，或被回收以便再利用或再循环，因此设计师应该收集建筑结构或产品的材料和组件。

通常，当一个设计系统到了使用末期时就会被丢弃或拆毁（如建筑物或构筑物），其组成部分被丢弃（如掩埋）或回收以在其他地方进行再利用或再循环。在现有的

实体	工艺	时间范围
塑料膜容器	降解	20—30 年
铝罐	降解	80—100 年
玻璃瓶	降解	100 万年
塑料袋	降解	10—20 年
塑料涂层纸	降解	5 年
尼龙纤维	降解	30—40 年
橡胶底板	降解	50—80 年
皮革	降解	多达 50 年
羊毛袜	降解	1—5 年
香烟头	降解	1—5 年
橘子或香蕉皮	降解	2—5 年
大气中的 CO_2	丢到海洋	100 年
大气中的 H_2O	丢掉	7 年
地表 O_3	降解成无害产品	几个小时
平流层 O_3	降解成无害产品	几个小时
大气中的 $CFCl_3$	降解成不增加平流层 O_3 的产品	70 年
大气中的 CF_2Cl_2	降解成不增加平流层 O_3 的产品	120 年
大气中的 $C_2F_2Cl_3$	降解成不增加平流层 O_3 的产品	90 年
大气中的 CH_4	降解成非温室产品	10 年
大气中的 CO	降解虽然主要产品是 CO_2	0.4 年
人类排泄物	生物降解	6 周
人类	繁殖	30 年
建筑	变得无用	50—75 年
森林	从砍伐到树木成熟的连续生态系统	50—300 年
渔业	从过度捕鱼中恢复	5—10 年
鲸类	从过度捕鲸中恢复	50 年
大器械	变得无用	15 年
耕地	从侵蚀中恢复	数个世纪

临时整合：材料分解周期

经济系统中，物质从自然资源这个初始点开始流动，通过加工、装配到货品并销售给消费者。在这种情况下，材料和其他组件的环境影响被遗忘了，因为它们被集中在更大的产品中。消费者使用设计系统，但是不能被称作“消费”，严格来说就是在使用之后丢弃。通常情况下被认为是“消费”的很多产品实际上只在建成环境中提供了暂时的服务。因为即使建筑物拆除了，它的钢筋网仍然以废弃物的形式排放到环境中。

如果这种物质的单向流动是可接受的做法，那么垃圾的随意丢弃将导致其在生态系统中的积累，一旦数量巨大则会超出环境的承载能力。这些物质在使用期内即使没有加剧处理问题，在丢弃之后仍然会加剧环境污染问题。从材料的生命周期和生态学家的角度看，生态设计师必须从一开始就考虑到物质的最终使用和路线。

设计师很明显不愿意详述他们的设计前景和未来将要拆除的建成形式，但是总有一天是会被拆除的。设计师在设计之初就必须用生态的方法评价可被回收的建筑组件或产品的潜能。但是潜能毕竟不同于实际，这样的考虑帮助设计师意识到他们要参与到恢复、再利用和回收的过程。这些就是我们作为设计师在管理建成环境中的物质和能量时的最终目的。从生态学家的观点来看，建筑物只是生物圈中物质和能量流动的过渡阶段，简单地看做是物质和能量流动的瞬态物相，由人类在短时期（通常用经济方面来定义的周期）内进行管理和装配。

正如之前讨论的那样，几乎所有的现有设计都基于这样一个错误的假设：地球的自然资源（如原材料、燃料、土地和其他材料）是无限的以及地球可以无限容纳人类产生的垃圾。建筑和自然环境之间的联系是开放式线性的。这种现存的形式可称为“单程”系统，资源在该系统的一端使用，然后垃圾在另一端排出。有人提出技术的应用可能会不经意地开发生物圈，因此，如果在更加了解生态系统的情况下使用技术并进行设计，人类就能够通过这些设计与自然达到更好的平衡。

在生态拟态过程中，我们必须要模拟生态系统中碳、氮、氧、磷和硫等基本元素的完全循环。在一个生态系统中，营养素进行循环从生命体中通过有机垃圾和其他物品回到新的生命体，在新生命体中能量不断流入（以阳光的形式）和流出（热的形式）。

如果我们产出的一切都是人工的而且最终全部会到其他地方去，那么在设计之前就要把我们设计的一切当做潜在的垃圾或最终融入环境的事物。

我们从环境中提取材料，通过这些提取物和富有成效的努力，我们与环境之间建立起深刻的联系。设计中的第一个问题就是，提取过程会不会对环境产生不可预料的影响以及这些影响能否避免。

可拆卸设计（DFD）

- 在可拆卸设计（DFD）中，很多产品的 DFD 发展比建筑行业中的建筑系统更为先进。使用 DFD 的制造者必须能够轻易地分解产品或拆卸它们以重新分配原材料。可拆卸设计的特征包括使用简单的夹子、钉子和螺钉进行非化学固定（如使用很少的胶粘剂）。例如，当结构物被粘贴在隔板上不得不需要胶粘剂的地方时，胶粘剂应该是水基黏合剂，应用在关键部位，尽可能减少其使用不仅仅是为了节省，而是为了允许用其他材料翻新。最成功的产品或建筑系统应当包含很少容易被分解、分离、重新组合和再利用的材料和组件。这些都是 DFD 的基础。

  随着废弃物的减少，对劳动力（从事所有的分解、分类和回收）的需求增加了。因此这种方法可以被称作为“服务流动经济”，包括了从自然资源到人力资源的转移。
- 通过设计，使建筑环境产品更耐用或寿命更长，处理或替换的需求较低。在现有的基于商品买卖经济的基础上，这些商品的废弃和频繁的处理替换都是为制造商创造经济利益，即使这对环境是有害的或是对消费者的浪费。相反，在 DFD 服务流动经济中，使用最少的能量和材料来创造长寿命的产品是制造商和消费者的共同利益。
- 一开始就进行生物整合设计并使用生物可降解产品。塑料和一些其他化学产

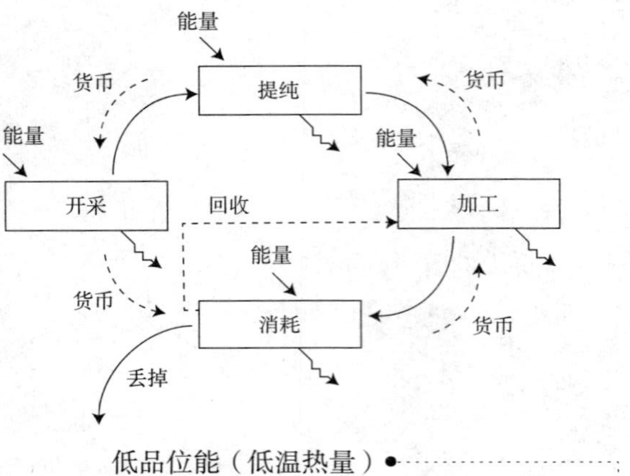

低品位能（低温热量）

品可以通过设计让生态系统中的分解体对它们进行分解和降解，这样，其组件能够迅速返回地球生物圈而不是被垃圾堆掩埋。

目前大多数有毒的合成物被无限地留在陆地和水内，造成有害的生态影响。我们不应该增加这些影响。

- 尽可能长时间地延迟环境整合的设计，通过用不变的再利用和回收方式保留所有城市生态系统中的人造物品，其目的不是排放、沉积或把任一这些物品整合到自然环境中。这些物品在“使用”时效果持久。要达到这一目标，我们建成环境的设计方式就要把建筑材料的使用变为连续的再利用和循环利用行为。
- 对于不能被再利用或回收的那些产品我们要进行环境整合设计，这些产品需要以对环境友好的方式存储在某个地方，进而恢复到生态圈的生态过程和循环过程，而不是以掩埋或丢弃在环境中的方式存储下来。虽然设计再利用和回收就意味着设计材料，最后在它们不能用了之后，很多会变成垃圾并需要整合。
- 我们创造的物质和我们生产的一切反映了我们与物理和生物世界的关系。毫无疑问，目前这是一种疏远和剥削的关系。通过设计我们需要重新安排我们的现存状况和新的建成环境，为了人类的自然位置与其他种群以及地球的生态完整性保持共生关系。
- 原则上，再利用设计比回收循环设计更容易受欢迎。再利用材料的回收仅仅需要额外的能量用于运输，而在回收物料的恢复过程中，我们需要破坏产品（如果是合成物）然后重新构成物料，在某些情况下需要巨大的能量（如回收铁需要的能量几乎和我们生产铁的能量相当）。

设计师必须采取一系列策略来选择和使用能源和材料，以利于他（她）对建成环境的设计。本质上必须尽可能采取循环的形式，这样会将从源到汇的能量输入和环境破坏降至最低。

可拆卸设计（DFD）、再利用和循环设计的策略总结

- 对作为 DFD 策略一部分的再利用进行设计。
- 对作为 DFD 策略一部分的再循环进行设计。
- 对持久性（在最终的再利用和再循环之前）进行设计。
- 通过设计减少材料的使用量（如果是稀有材料或不可再循环的材料）。
- 通过设计将垃圾量降至最低。
- 为其重新进入自然环境进行设计。
- 为重新制造而设计（作为再循环较少的形式）。
- 为再利用的维修和保养进行设计。
- 为升级进行设计（不是为处理）。
- 为回填进行设计（而不是替换）。
- 为替换进行设计（反对大规模处理）。

低一级的可拆卸设计（DFD）的原则

- 在可能的地方使用已再循环的和可再循环的材料。
- 将材料类型降至最少。
- 避免有毒和有害的材料。
- 避免合成材料和从同样的材料中获得不可分离的产品。
- 避免对材料进行二次整理。
- 为材料类型提供标准的永久识别。
- 将不同类型组件的数量降至最低。
- 使用机械而不是化学连接。
- 使用带有可互换部分的开放式建设系统。
- 使用模块设计和协调设计。
- 使用与标准建设做法兼容的组装技术。

- 将结构和覆盖层或外面保护层隔离。
- 提供获取所有建筑组件的途径。
- 设计适合在所有阶段操作的组件型号。
- 在组装和拆卸期间为操作提供设计系统的组件。
- 为拆卸提供合理的容许限度。
- 将紧插件和接插件减至最少。
- 将接插件的类型减至最少。
- 设计能量满足重复组装和拆卸以及经得起反复拆卸的接头和连接件。
- 允许类似的拆卸。
- 为每一个组件提供永久识别。
- 使用标准的结构或协调组件网格。
- 使用预制子配件。
- 使用轻质的材料和组件。
- 辨别永久拆卸点。
- 为其提供备件和储存。
- 在设计的系统上保留关于建筑和其组装过程的信息。

从生态方面，包括建筑设备在内的我们所有的产品和工具（经济学家的“资产”）都是“器官的体外等价物”——像身体上的器官一样，需要能量和物质在它们生产和操作的环境中持续流动。

DFD 也可以应用到家具和电器（耐久的物品如冰箱和洗衣机）等产品上，必须将其设计为使用寿命结束后可以简单拆卸的形式。单独组件可用于再利用和再制造，或者将其材料进行简单分离后进行再循环。

必须尽量减少包装并杜绝宣传，并且必须由制造商回收。可拆卸设计对于汽车工业尤为重要。已确定的目标是：到 2007 年，所有欧洲汽车必须在使用后由制造商回收，经历“处理过程”——在那里它们被分解，成为可以被重新制造、再循环或适当处理的部件。包括汽车在内的每一产品的设计必须首先了解使用末期所有部件的处理，必须能够辨别它们，这样才能分离后用于再利用或再循环。当最终的用户把产品返还销售商以求免费再循环时，拆卸过程就开始了。重型汽车需再调整以求高质量的再利用。可循环物品（如玻璃）可以从其他混合物中分离出来,比如说塑料，它也可以细分为各种各样的类型进行回收。金属可以弄成碎条，然后分为有色金属的和黑色金属的部件进行进一步加工。

“回收立法”可以在法律上促进这些过程，制造商已经开始投资拆卸工厂。此概念必须扩展到耐用消费品和产品的设计上。

在理想的生态工业社会，所有的产品、材料和垃圾都变成很容易与生物结合的生态技术和养分。通过设计使生物营养重新进入生物生态循环，由土壤中的微生物和其他生物将其消耗。

输出的管理

用多种方式来构想输出物管理的设计方法。第一，考虑减少第一生产地排出物的数量，这相当于消除垃圾；第二，设计师在排放物产生后对其进行管理。此方法包括再制造和再循环；第三，采取行动保护那些材料和/或能量可能会被排出的地区。

在建成环境的材料和能量的管理中，对建成形式及其服务系统中能量和材料的使用形式，我们能确认四种可能的设计策略，即单程设计、开式循环设计、闭式循环设计、复合的开式循环设计。

单程系统

现有建成环境的布局包括单程系统，也就是说，资源消耗的前提是假设资源是无限的；因此，人们常常很少考虑排放物会对环境造成什么样的影响，很少分析其最后进入污水坑的路线，就将其排放出去了。

开式循环系统

开式循环系统提供了一种可选择的方法。这里，设计师会利用环境从建成环境中吸收垃圾的能力。这个系统和单程系统之间的相似之处是都把环境当做藏污纳垢的地方。但是开式循环系统的排放不会超出生态系统吸收它们的能力。这样，排放程度总保持在对环境发生伤害的程度之下。目前的做法是通过详细规划排放物的地理位置和预处理来达到开式循环。有一个开式循环系统的一个例子是关于工厂排放物的处理，这个工厂坐落在有很少污染物或相对自然的区域。处理的普通方式是不考虑陆地而倾倒工业排放物，因为陆地被认为是无限大的。但是，在开式循环设计方法里，在确认工业产品排放物的任一系统之前，环境会被评估以及可能被修改。

闭式循环系统

在闭式循环系统中，过程的大部分是在建成环境自身内部进行的。闭式系统的优势是对周围生态系统的伤害最小。如果我们只考虑输出的话，完全内在化是可能的，因为任何系统都要依赖与环境的相互作用长期生存，特别是产生保持系统运作的能量，因此，完全消除系统排放物是不太可能的。尽管如此，将开式循环系统和闭式循环系统复合可能是有用的，当地生态系统的吸收能力和其他特征束缚建筑运作的时候尤其如此。

生态设计应尽量通过连续的再利用和循环使用使内部人造环境受益，内在化不应追求这一点，因为会给周围的生态系统带来新的环境问题。复合开式和闭式循环各方面形成的建成环境有利于降低单程系统产生的环境伤害，与此同时，有利于增强生态环境吸收排放物的能力。当设计师从事设计任务时应该考虑到这三个系统，设计师应该首先排除突出的单程系统，创建闭式循环系统（即回收设计；参见下文）。正如我们所观察到的，一个完全自我封闭的系统未必或甚至不可能存在，但是设计师要以此为目标，例如，进行再利用和回收设计；也有必要考虑复合开式和闭式循环各方面的合成系统的要素。

其他考虑包括

- 当设计师了解了建成环境的生态影响后，就有必要考虑建筑物交给主人或客户之后的寿命。如果设计师严格地采取了环境方法，就不仅能告知主人预算设计系统的环境代价，而且能明确其使用寿命结束后的使用和最后处理的花费。

  出于这一目的，设计师要考虑很多因素。其中包括建成系统导致的内在的环境联系。但是，建成环境对生态的影响不仅仅是制造了一幢或全套建筑物，它还包括它的使用过程带来的一系列影响。此外，建筑的最终处理和回收的环境影响必须在了解房地产和使用形式的经济学基础上进行评估。如我们所观察到的，一所建筑物的实际寿命要比它的经济寿命长得多。对环境比较敏感的设计师会从两个方面考虑。
- 设计师也要考虑资源使用的形式，他们必须努力减少线性形式的使用，这样有利于循环形式的替换。绿色设计过程的目的是使一所建筑物或全套建筑物将产生的资源消耗和废弃物降至最低。达到这一目标就需要循环利用和回收，设计师必须确认这些过程不需要过量的材料、能量和空间。
- 自然环境的稳定性是引入动态系统建筑物设计师主要考虑的问题。一旦建成系统进入生态系统，相互作用的整个链条就启动，一直持续到建成结构移动或生态系统恢复，设计师必须考虑所有这些影响。从环境获取建筑材料的那一刻起，废弃物进入环境汇，建成系统就消耗材料和能量，与此同时制造排放物。因此，有环保意识的设计师必须有选择能量和材料的总体感觉。设计师必须了解建成系统和自然环境在它的整个“寿命”期限内互相影响的方式。因此，设计师必须努力将每一个可能的扩展带来的消极影响降至最低。

  即使这样宏大的规划也不能产生没有废弃物的建筑物；更确切地说，系统设计应尽可能达到能量及材料消耗的高效或有益性，尽可能减少对生态环境的破坏。这就意味着在设计和建设阶段要减少对环境的空间影响和污染，还要实施循环和回收程序。作为目标之一的材料回收设计可能会导致建筑物较大的成本，但是从循环利用和回收的整个运行过程来看，可能会在一定程度上弥补损失。

- 为了全面认识建筑对环境的影响，设计师必须把资源使用看做一种循环形式，在这种形式下材料和能量通过环境（建筑和自然）来流动。这种循环可以认为是从材料生产、使用到回收的过程。循环模块使我们能够把这个建筑物内外发生的活动和其他建筑物联系起来。所有设计都应具有这种连通性；这样，不连续行为的生态影响就可以作为大系统的一部分来进行评价。
- 通常来说，我们的城市、建筑物和其他元素（比如说输送系统和基础设施）必须解释为材料和能量流动的复杂系统，这里我们主张对这些流动进行管理以确保其具有生态效应。上述讨论处理了与设计师有联系自然方面的输入，我们必须承认，我们需要用广泛的方法考虑建筑物住户的食物输入。根据制造摩天大楼和其他大型楼群的现存框架，我们要通过各种不同的阶段观察城市的食物系统：农业和园艺、运输、加工、封装、冷冻、储存、批发、销售、陈列、买主的采集、进一步加工和食物及其包装等垃圾的处理。总的来说，这些过程代表了所有环境影响和能量使用的主要组成。这些方面尽管重要，但都在这项工作的范围之外；然而，它们证明了这里描述的生态方法可以扩展到所有发生在建成环境中的人类活动和功能，人类活动无法存在于真空中或没有生态条件的地方。
- 一开始就应该明白回收不会解决潜在的资源破坏的问题。

下面是结束循环的基本设计策略：

制造后的循环（在消费者使用范围以外，即它寿命结束后）

产品面临下列两个结果之一：被吸收到局部的垃圾流中（掩埋或焚烧）或者回收和再利用。从生态学意义上讲，闭式循环的产品可以在其生命周期结束后被回收，这些虽然至今尚未听闻，但是已经有所改变。比如在欧洲已经拟定了法规，要求公司在产品使用寿命结束时对其进行回收，这些产品包括冰箱、洗衣机和汽车。在德国，法规从最初的销售开始。公司必须回收所有包装（或雇用中间人替他们回收所有的包装）。这种回收责任从消费者转移到制造商意味着制造商为了最大的利益必然要将产品设计成使用时间很长或者能被容易拆卸成可回收和再利用的部件（DFD）。

为了在建成环境内实现循环利用，设计回收系统和回收中心是重要的——无论是每个楼层还是整座建筑的中心。

制造商也经常用废物和生产废料（制造后的废弃物）来制造额外的产品。碎塑料瓶子有很多用处，包括制造隔热的布料纤维（使用回收的塑料对人类健康有害，并会产生未知的后果）。

从制造、使用到寿命结束后的生态设计可以使人类在不破坏生态圈的情况下保持可持续发展，在不引起环境破坏的情况下得到所需服务。最近，使建成环境混乱不堪的这些可丢弃和高能耗的产品使我们无法重视其他的事情。

减少

意味着购买和处理的减少，因为需要能量进行收集、持有、制造和船运，这样减少就意味着更少的燃料燃烧和更少的 CO_2 排放。

再利用

意味着产品的多次使用——无论是为了同一个目的还是不同的目的。这要比再循环好多了，因为在产品再次使用前不需要重新制造。如果产品回收不需拆卸、搅碎、熔化和还原，或者是不需要运输到垃圾场，就可以防止 CO_2 的大量排放。这样，再利用也意味着减少或较少的购买。

若要关闭这个循环，就需要一个完整的生物和技术再循环系统——设想一个不生产任何垃圾的工业过程，没有排放物的汽车，变成废弃物又能最终转化成食物的包装。这种系统的目标是制造一些环保和不破坏自然结构的产品（不仅仅是产品本身，材料还有制造过程都要是对环境有益的）。

虽然发展中国家在发展过程中可能会出现最具破坏性的损坏，但是发达国家也难幸免。USEPA 披露美国金属开采工业造成了最严重的有毒污染，估计 1998 年大约排放 16×10^8kg 的有毒污染物。另一个污染最严重的是电力工业，排放 5×10^8kg 的有毒污染物。

建筑废料再循环

建筑材料的再利用可以节省大约 95％的能量，不然这些能量会被浪费。一些材料（如砖瓦）使用时的损失高达 30％。可回收材料再循环的节约程度是不一样的，铝高达 95％而玻璃仅为 20％。一些再加工过程可能会消耗更多的能量，特别是需要长距离运输。

经计算，使用可循环混凝土仅节约了混凝土内涵能量的 5%，粉碎混凝土的运输距离至关重要——最好在 50km 以下，使用 40% 的循环飞尘或熔渣作为代替品的水泥可以节约 50% 的内涵能量。

每年新建筑物的建设要消耗 3×10^9t 的原材料，建筑废料占城市固体垃圾的 30％，建筑废料的再循环已经成为很重要的工业，在欧洲尤其如此。比如，荷兰多达 75％的建筑和拆毁垃圾（包括混凝土、沥青、木材、石膏）需要再循环。在德国和比利时，此比例高于 50％。今天，估计北美的再循环材料仅为 25％。但是由于垃圾场的短缺和倾倒垃圾费用的增加，这一小型工业在今后十年可能会增长至少 10％。

生态设计师试图避免使用生产过程中存在有毒的化学物，或者在最终产品包含化学物，比如甲醛、挥发性有机化合物、聚氯乙烯、溶剂、醇酸酯、氯氟碳化合物和一氟二氯乙烷等的材料。

减少建筑垃圾最好的方式是通过改进旧结构来再利用旧建筑（即自适应的建筑）。

用新的功能赋予旧建筑新的生命。模块建设也能减少建筑物的建造能量。使用标准预制件能减少能耗，因为它减少了建设工作量。

回收设计

据估计，建筑物消耗材料资源在建成环境中被回收的比率高达25%。

对建成环境进行回收和再利用的另一个方法是改善旧的建成结构并对其进行全面的再利用。今天的建筑大多数“被赋予了新生命”，变成了群体的新元素并获得了商业价值。柔性增强设计包括了可以轻易移动以改变用途或地点的墙、管路和其他内部构件，“柔性的”和“可拆除的”是这些系统的主要特征。这些建成环境内部的回收节省了能量和掩埋空间，建造材料在材料流中占了40%，最终成为废弃物，其处理过程的费用占建筑预算的2%—5%。

拆除建筑物所需的能量是很少被考虑的。对建筑师和开发商来说，即使构件的经济寿命会越来越短，建筑物也是为永久存在而设计的。

拆毁和拆除

生态设计包括产品或建成形式的解构或选择性拆除设计，即将其拆卸成各种各样的部件和构件以进行再利用、再制造和回收。解构包括用更高级的用途选择来分离不同建筑材料和再利用回收的材料。传统的拆毁是高机械化、资金密集和高垃圾量的，解构则是劳动密集、低技术的且不破坏环境。

在绿色设计的过程中，我们必须考虑用来拆除建筑物及其部件的资源的数量，我们也应该考虑此过程产生的污染物和垃圾的数量。正如我们所观察到的，回收建筑材料需要更多的经费。这样，我们对材料的选择必须考虑某种形式的回收和再利用所需的相对环境成本。考虑再利用的环境成本时，我们不仅要看到使用的资源而且要看到此过程对生态系统的影响。拆除建筑环境的一部分和恢复一些或全部部件必然会有生态影响。例如，拆除可能需要使用大型设备，这些设备运输到现场、安装和运行的过程中必然要对环境产生影响。

在现场安装设备来处理拆除的材料是有必要的，但这也会对现场的环境造成一定的压力。不仅如此，恢复过程可能会有材料以污染的形式排放。设计师必须权衡其对可循环资源使用的目的和回收工艺的选择，对比一下可能产生的排放物的质量和数量。

原材料的可用性也影响着我们的选择。环境中特殊材料是稀有的还是丰富的？以及它们是否容易被开采出来为人所用？这些都也会影响到资源恢复的经济生存力和生态必要性。例如，黄金由于它的高经济价值而通常被回收。而铝的回收不是因为稀有——事实上它很丰富——而是因为从原材料制铝的能量成本很高，相比较而言再加工较廉价。

废弃建筑物上的建成形式会影响初始使用后回收的可能性。例如，从建筑中收集钢材和其他金属并熔化是相对简单和划算的。相比较而言，混凝土是通过化学反应产生的建筑材料，它不能被分解成砂、水泥和钢筋。它的再利用仅限于使用低等形式的材料作为堆填区或其核心部分作为再利用的混凝土骨料。很明显，与用机械连接生产后可以被分解的建筑系统相比，通过物理和化学过程生产的建筑系统回收的可能性较低。

可以证明，较大、较复杂的建筑物中的结构系统很难拆卸。暂时的解决方法通常是应用在小范围内，其中材料的选择、转移和回收过程的选择都是由建筑师和客户制定的。在较大工程如高楼和其他密集建筑群中要整体考虑附加因素，包括安全、稳定和消防。为确保结构的稳定性通常需要使用那些最难分解的建筑系统。此外，通过当地的、州的和国家的各个政府部门建立的参数来设计这些大型工程，必须满足所有的设计参数。达到结构经济性的特定意义在于它能使生产更容易和更经济，但是它们会使拆除和回收建筑变得难上加难。这样的过程包括持续构件的使用、现场用物理和化学方法制造的接头和由多种构件组成的复杂部件的使用。

然而设计师必须考虑建筑最终被拆除或拆毁的方式。拆除方法自然会影响到回收材料的质量，废旧物的类型或来源对此也会有影响。例如，风化致旧的建筑物或构件也会因为这些因素导致物理上的腐蚀。要回收的构件必须是情况良好或至少可以维修。它们也必须同新建筑相协调，特别要考虑其尺寸、性能和安装的方法。设计师要考虑回收构件的最终目的，并预先设定怎样来拆除或拆毁建筑物。设计师要知道建筑的部件是否被再利用或材料是否被回收来再生产。拆除的决策至关重要，因为废弃的材料就是在这个点上转成了新资源。不幸的是，现在的大多数建筑物的设计并没考虑最终的拆除和回收。

要把建成环境的废弃物变为资源，当下就必须出现对它的需求。因此，考虑了建筑材料和构件最终回收的设计模式，会假定对结构这些零件的连续需求。如果一种建筑构件与长期使用且能引入到结构系统较宽范围内的材料无关——比如说砖，从罗马时代到现在一直使用着——其回收就是毫无意义的。限制使用的材料的回收只会产生昂贵的废弃物。资源的地理存在以及当地回收构件市场的存在也会影响到回收的经济性。

可以说，我们整个人类环境都需要重建，以使其通过恢复环境中的大量资源，这样才能更加有效地利用能源和物质资源。人们通常认为，在使用回收形式的基础上，人类生活的支持系统仅仅是在有限系统里运作时间不确定的结构。回收任何输出的可能性都依赖于技术方法、产品输出规范（或设计程序）以及恢复的输出物潜在使用（或要求）的适应性。

再利用设计（见前文对 DFD 的描述）

材料的再利用可能是初级的（在它的原始形式），也可能是次级的（修改后的形式）。初级的再利用意味着物品被再利用是出于最初的目的，而不需要任何再加工。次级的再利用指物品的再次使用是出于不同的目的，这样就需要用特定的方法来修改它。次级的再利用是指对那些无法完成其初始功能的建筑物零件的创造性的再利用方案。赋予这些部件新的生命（作为最初设计的一部分）的规划方式会增加它们最终再利用的可能和速度。次级使用是经过预先决定和计划的。由于使用的能量和付出的努力较少，再利用要比回收受欢迎。

我们应该意识到集中于使用一方的危险性，这让我们误解整体的性能，在一个生命循环的观察中必须了解这项设计。通常来说，材料的建造和组装的方法影响其再利用和回收。材料固定和连接的设计应该：

- 使部件容易拆卸（如机械固定方法）或 DFD；
- 减少使用不同类型材料的数量；
- 避免混合使用不兼容材料；
- 考虑怎样识别材料（长时间内，一些化学示踪剂可能被使用）；
- 确保污染回收过程的任何部件都很容易（微处理）被转移。

再利用设计也被称作“螺母和螺栓”。

再循环设计

再循环是一种资源回收方法，此方法涉及再加工后输出的使用，这种加工伴随着形式上的完全或部分改变。这也涉及垃圾产物的回收和加工以用作原始产品制作中的原材料。但是这一设计比简单的再利用设计更复杂，因为为了再循环基础设施的收集和分配可能会付出额外的能量代价。为了证明材料再循环的合理性，设计师必须确认节省的能量和资源（和对生态系统的减少的影响）要比需要制造一件新产品大得多，同时，我们要注意到复合材料使再循环变得困难了。

使用再循环材料的环境利益来自一个事实：因为已经使用过一次，因此对环境的影响会比完全使用新材料来得轻微得多。

理想的再循环（循环之后，产品或材料机能价值基本不降低。——译者注）与下降性循环（循环之后，产品或材料机能价值降低。——译者注）之间有所区别。在绿色建筑中，使用的产品——无论建筑构件、配件或设施——也会被设计，因此它们，或它们的一部分，或它们的构成材料能被简单地回收和循环，而不仅仅是下降性循环。这种较新的工艺不仅可以产生良好的产品，而且从长远来看更有效并且制造过程产生的废弃物较少。再循环减少了地球必须吸收并从中提取资源的废弃物的数量。

持久性设计

现在欧洲建筑的平均寿命是50—60年，在美国仅为35年，日本的部分地区是20年。在相对较短的寿命中，很多建筑都经受过重建以吸引不同的用户群体。

一件易于再利用或维修的长寿命产品意味着垃圾总量更少。通过很小的改变甚至是不改变的方式延长资源和产品的寿命是一种简单的再循环方法。通过设计使产品的寿命超过以前是通过再利用减少废弃物的一种方式。有时使用新技术来做到这一点，比如节能致密荧光灯泡要比普通白炽灯持续时间长很多；另一种方法是用更持久的材料来制造产品。

在美国，商业建筑表面的平均寿命仅20年。7—15年更换一次，室内构件3—5年替换一次。实际上很多商业建筑在其短暂的寿命中已经被重修过了。1940年前的建筑比它们现在的对应建筑更加持久。公共机构和居住建筑通常情况下也比商业建筑寿命更长——但是也在衰退，因为同样用于商业建筑的材料和建造程序现在也应用在了住宅区。

在很多地方这种对建筑的短期行为也变得普遍了。一些国家对所有依靠保养的普通建筑给出了40—60年的建议寿命。其他的参见持久性的三个目录，不用替换或不容易检测出故障的建筑和构件最长寿命高达50年，很容易得到的和很容易检测出故障的材料仅仅5年，其余的15年。

研究显示在英国住宅平均寿命是140年，美国是103年，德国是80年。这与中国台湾和日本的类似建筑仅30年的寿命比起来相当突出。变化的社会和人口统计学理论、经济发展及土地和房地产使用的改变已经先后影响了住宅区的改造速度。在欧洲和美国，更长的住宅寿命更接近于它的“物理耐久时间”，这样更接近可持续的发展思想。

长寿命的或持久的建筑形式是用世纪来衡量而不是用几十年来衡量的。如果我们仅仅建造了一次，潜在节省的资源将是巨大的。拥有者也会通过一次性投资来获得长时间的收入。自然绿色系统公司也会将运作花费降至最低，减少能量消耗，创造舒适健康的生活环境。

需要保护的目录	建筑构件例子
不必要的	内部木制品，地板，内墙支柱
任选的	顶板支护（涂漆的），地板托梁，条板
值得做的	外墙支柱，屋顶支护，覆层
不可或缺的	垫板，承载木制品，与地板连接或防湿层下的混凝土连接的支护

● 不同建筑构件的保护目录

维护一览表				
	活动1		活动2	
项目	活动	频率每年	活动	频率每年
外表面				
外面的玻璃	冲洗	12		
其他外表面	—			
窗户				
木制框架	冲洗	4		
钢制框架	冲洗	4		
铝制框架	冲洗	4		
内部的玻璃	冲洗	12		
地板装修				
水泥地板	清扫	50		
石制地板	清扫	50		
木制地板	清扫	50	抛光	50
塑料地板	拖地	100	修补	5
软木地板	清扫	50	抛光	50
乙烯地板装饰	拖地	100		
乙烯地板	拖地	100	修补	5
油布地板	清扫	50	拖地	50
油布地板装饰	清扫	50	拖地	50
橡胶地板	清扫	50	拖地	50
羊毛地毯	吸尘	100		
尼龙地毯	吸尘	100		
砌块地板	清扫	50	磨光	10
刨花地板	清扫	50		
磨光软木地板	清扫	50	磨光	10
磨光硬木地板	清扫	50	磨光	10
内墙表面				
糊墙纸板				
钢制薄板				
刨花板				
内部玻璃	冲洗	50		
石膏－喷漆墙				
糊墙纸板装饰				
木墙装饰				
表面墙装饰				
木制墙边装饰				
石膏墙面				
喷漆墙				
瓷砖墙				
顶棚表面	冲洗	25		
喷漆顶棚				
石膏顶棚				
顶棚边				
金属				
瓷砖顶棚	冲洗	12		

● 一些建筑构件的保养一览表

持久性设计也意味着适应性设计，因为寿命长的建筑系统必须在它存在的整个时期都是可用的。设计一个持久建筑并不是很难，难点在于设计的建筑在其使用寿命期间能否适应多种用途。严重影响建筑寿命的因素可以粗略地归为四个范畴：规划、形式 / 空间、材料 / 建设和用户满意度。

高效材料使用的设计（为减少而设计）

简单来说这个技术是通过设计来减少使用的材料的数量以有效地使用材料（如果材料是稀有的或不可再生的）。这并不等同简单主义者的设计方法，虽然我们应该追求尽可能保存稀有材料或为再循环和再利用设计。

通过设计使废弃物最小化（为减少而设计）

需要清楚了解再利用和再循环中产品的使用寿命和不同材料的性能。对设计产品也要有所了解，这些产品的寿命期望值要比材料的短。

为重新引入到自然环境而设计（重建）

这意味着在设计就已经确认材料是可生物降解的，而且使用之后可以重新回到自然系统中。

再加工设计

这涉及使用之前输出物部分或全部地恢复到最初形式。这个概念有时用于描述“服务产品”——产品或材料的供应者买回材料来再加工。这种材料被认作是以“出租”

的形式卖给用户的。供应者承担最终再加工、再循环或材料的处理责任。建筑的一部分可以在建设初期就设计为可以分解、整修和再组合的形式，最终磨损后，用新零件或从其他产品回收的零件进行替换。再加工在汽车和国防工业中很普遍。再加工可以节省生产和分配新产品中 70% 的资源、劳力和能量。

再制造设计包括

- 确认部分物品之间是可替换的；
- 使部件可维修或容易替换；
- 不影响产品的整体构架情况下允许替换技术性部件；
- 选择一个美学设计通过替换一些关键部件，如仪表盘来简单地升级建筑零件。

维修和保养的设计

为了方便地保养和维修而设计建筑部件（如包层）要求替换部件具有适应性，以及简单分解和再次聚集的能力。易于人工操作和从制造商处获取技术援助是有益的。除为了便于维修和保养而设计，我们还应该意识到不适当的使用、过度使用和忽视短寿命的部件以及最小化再利用的可能性。因此，对所有使用者来说，学习怎样正确地处理和运作建筑和它的部件和系统，怎样合理地利用它们来满足实际需求，当需要时给它们提供服务，还有安全，明智地储存或保护它们免受气候影响，这些都是有益的。

对建筑适时的维修能延长它的部件的寿命。维持建筑和它的系统运行实际是再利用很重要的一部分。很多建筑部件是以一种几乎不能维修的方式制造的。例如，焊接在一起、化学黏结的或铆接的（而不是用螺钉拧紧的）或住宅中被永久封焊的部件，这些都很难进行维修或替换。一般原则是，当维修的费用不多于替换费用的一半时，维修总是优先考虑的。

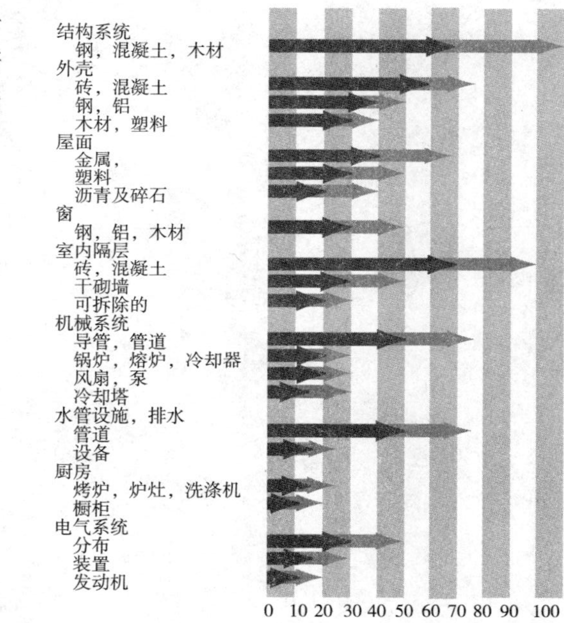

● 临时整合：建成环境中各部件和系统的标准使用寿命

升级设计

当拥有者的需要改变或技术发展时，建筑中的一些物品就要进行升级。例如，建筑自动化系统（BAS）的计算机通常需要通过增加一个较大的芯片、新的驱动或其他类似的部件进行升级，一些复印机现在也带有智能升级能力。

在英国，每年有150万台计算机被倾倒填埋，同等数量的计算机未经使用就被储存起来。除了升级，还可以进行计算机维修，整修后的计算机被船运到发展中国家。

替换设计

设计师也应该考虑替换问题。如果仅仅是建筑的一些部件由持久的材料制成，那么它并不能长时间地继续工作，因为往往是一个部件在其他部件之前用旧了并且不能替换。替换这些重要部件的能力应当被结合在设计中。一种方式是通过模块建设，这能使维修更快更简单地完成：当一件部件失效或变旧时，特殊模块能被简单地移掉或替换。这些带有模块的构筑物，甚至用户自己也能够更多地进行维修和替换。在这种个人服务的情况下，一个相关的概念是分解设计，它的目的是使分离复杂产品和部件变得容易。

从源头到源头的设计：生命循环分析

在生态设计中，我们必须尽可能保证材料的再利用或回收。对于建成环境中材料的选择，我们必须考虑建筑和它的部件有大概50—80年的使用寿命，辅助系统（如包层）的使用寿命较短（大约5—10年），机电设备（10—15年）。不同的材料、部件和设备有其自己的使用寿命，在此之后，就必须对其进行替换和回收。

建筑的物理寿命也不同于它的经济寿命。一个商业建筑的经济寿命是其产生投资回报的阶段。与投资建筑相反，所有者居住建筑的商业寿命是它被直接使用的那段时期。建筑的经济寿命不同于它的物理寿命，其物理寿命更长一些。然而，物理寿命和建筑拥有者收到投资相应的回报的这段时期之间是有联系的。

建筑系统部件的生态物理寿命可能非常长。但是，今天的设计行业并非以这样的方式对建筑部件物理寿命给予考虑。在大多数工程中，建筑和部件的经济寿命是主要考虑的因素。但是，当我们采纳了生态方法时，就必须把我们自身同我们建筑工作的生态寿命联系起来。

在强调经济性、实际效益和设计过程现存系统之下，商业建筑的寿命期望值约为 30 年。这是其经济寿命的范围，之后其价值就会消失。显然，大多数商业建筑的优点是用耐久材料建成，但在投资过程期间能够持续的经济寿命则相对较短。很多现代建筑和设计实践的“用完丢弃”文化导致一些建筑成为非经济、非生态的大而无用的东西。超过 30 年的限度后这些建筑物几乎被抛弃了。因为在设计过程中并没考虑它们较长的物理寿命，因此已经很难进行再利用或更新了。

废弃

很多因素会导致整个开发方案、建筑或建筑部件的报废。这里我们可以讨论与结构设计中不同的内、外部原因相关的废弃种类。影响价值流失过程的因素包括现场报废，也就是说，建筑初始的作用不再适合现场，或者由于社会和经济能力的影响不再被需要（德国首都迁到柏林后，在波恩的政府建筑报废了）。发展的技术对现存建筑是个挑战，因为很多建筑不能适应这样的改变。自然本身的能力也使建筑系统或其部分报废，因为它们给结构带来了压力，使结构落后于所建立的舒适和安全的标准。此外，改变法规——比如建筑规范，也可能导致建筑的报废。

通常，价值判断需要由预测的建筑使用寿命决定。例如，铝比钢材有更高的内涵能量。但是，在建筑使用寿命末期，它比钢材需要更少的能量来进行再循环。从再循环铝中得到铝要比将其丢弃而重新制取节省 90% 的能量，空气污染少 95%。类似地，从再循环玻璃中得到玻璃可节省所需能量的 32%，减少 20% 的空气污染，减少 50%的水污染。

根据循环阶段考虑建筑系统，我们能鉴别建成环境的部件之间的生态相关性，还能估计每一个部件的环境影响。这是唯一正规的决定实际环境损失的方法，也是最可靠的方式，通过这个方式可以评价整个建筑的要求或个体产品的“绿色”状态。使用寿命目录（LCI）提供了对产品相关的环境输入和输出的定量估计的方法。这个方法描述了能量和材料的潜在使用寿命。在循环中的每个阶段，我们注意接收能量和材料，以及作为输出而释放的能量形式。判断这些过程是否在特殊场所开展并承受这些活动的负面环境影响是很重要的。在这方面我们能用相关构架来测试我们的发现。

通过从这个角度看建成环境，我们要在消耗阶段之外考虑能量和材料的使用，这恰好是设计师通常关注的。建筑的环境影响很容易看出，但是生产单个部件的过程常被忽略。建筑中每一个构件代表着一定数量的能量和材料的消耗以及一定数量的排放污染物和一部分退化的生态。

逆转熵是可能的，但这必须要耗尽过程中的附加能量，当然，使用附加能量时也增加了整体熵。再循环中的一个问题（与只需要运输和安装能量的再利用相比）是需要在材料收集、运输和处理过程中消耗额外的能量，增加了环境中的整体熵。

小结

生态设计师必须尽可能对设计系统的每一部分及部件的环境影响作出综合的评价。要考虑设计的系统使用寿命中每一个元件的流动情况——从源头如原材料到它的加工、使用、再利用、回收和最终的再整合，包括所有使用的或消费的材料和能量资源，还有整个过程中生产的垃圾量。要达到这一目标，设计必须从预设计的连接性原则开始以使其可拆卸。

设计过程中，设计师要评定设计系统的每一个元件和组成在整个使用寿命中对自然环境的整体影响。有时，使用寿命中的各个阶段可能仅仅代表造成较小的环境危害，但是当设计师集中观察它们时，就会发现不适当的环境危害，比如资源的过度浪费和环境的退化。

可拆卸设计的核心是对组装的理解，它取决于：部件和子系统的功能和尺寸的协调、焊接的规定、装配和拆卸的工艺。这必须通过非破坏性的方法完成拆卸。

由于设计行业和相关规定出台不久，加工现有建成环境的开发过程的结构，所以不能只从经济角度看待建筑结构、设施或基础设施的生命周期，应将环境因素考虑入内。

来自
铝土矿
105.5kg
110
100
90
80
70
60
50
40
30
20
10
0
来自
回收
利用
铝
钢
玻璃
混凝土
木材

材料内涵能量成本的比较

B29. 使用环境友好型的材料、家具、装置、设备，以及可持续再利用、循环或重新整合的产品进行设计：评估用于设计系统的不同材料的环境影响

显然，生态设计必须利用没有负面环境影响的材料和设备（还有作为我们建成环境一部分的所有项目）。除了一般的设计准则（例如美观，成本等），通常的策略是按照下列条目选取的材料（即 L21）：

- 可再生能源和高回收含量；
- 使用寿命后期材料的可持续再利用和回收的潜力（例如，因磨损更换）；
- 低内涵能量的影响（包括场地的交付）；
- 在产品加工和制造过程中的低内涵生态影响（即低排放，废弃和污染）；
- 生物降解性（有利于恢复）；
- 当地的生产（运输中的低能耗）；
- 人类和生态系统的低毒性；
- 安装的方法和生命周期。

即使有以上的通用准则，我们仍然需要对材料的选取作出价值判断，尤其是在某个准则与其他准则冲突的情况下。

产品和设计系统的材料的选取包括以下几个步骤：

- 确定材料的分类。
- 确定建筑材料的选择。
- 集中技术信息。
- 审查提交资料的完整性。
- 基于以上准则评估材料 。
- 选定。

例如，在初步设计阶段或示意图阶段的建设项目中，材料可以进行如下分类：

场地建设

- 混凝土；
- 砌石；
- 金属制品；
- 木头和塑料；
- 防热和防潮；
- 门窗；
- 涂饰；
- 特制品；
- 装置；
- 设备。

特殊的建设

- 运输系统；
- 机械的；
- 电子的。

材料选择的附加规则可能是：

- 当存在同等价格且起作用相同的两种材料时，选择毒性较低的那种。
- 选择未提炼的材料和尽可能贴近自然状态的材料，因为它们需要更少的能量来生产和更简单的加工过程（即生产过程的损失尽可能少）。
- 尽可能用当地的材料；从最近的资源处获取最重型的材料。通过利用当地的材料，我们能减少有重要影响的运输能量。
- 设计最低的能源消耗和最长的使用寿命，因为材料会变得更加精炼，所以其中蕴藏的能量将增加。

下面是关于设计、说明和建筑绿化更详细的规则：

- 尽量增加耐久性。
- 尽量提高能源效率。
- 尽量实现未来再利用和再循环的能力（每次再利用之后，机械加固最好用化

	将被评估的生态准则（交互框架见 A5）	将被考虑的设计策略的例子	技术应用的例子和需要的发明
建筑材料和建造系统的选择	▪ 全球能源和建设过程中材料资源的消耗 ▪ 材料和建造形式对当地生态系统的影响 ▪ 在得到可利用的材料和建造中消耗的总投入 ▪ 在建造中得到可利用材料的总输出量以及它们的影响 ▪ 因活动范围、与得到可利用材料相关的活动以及建造形式而引起对生态系统的整体影响 ▪ 材料和建造系统的维护所需要的能源和材料的成本 ▪ 材料的易用性以及循环利用和回收再造的程度 ▪ 材料的易用性和与环境重新统一的程度	▪ 利用当地的材料资源 ▪ 建成环境中同样的物理状态下再利用简易性的设计 ▪ 用于避免短期更换的多功能和长寿命的设计 ▪ 在低级别中重新利用的设计 ▪ 在同一个国家的其他地方重新利用的设计 ▪ 可回收利用的设计 ▪ 环境恢复的设计 ▪ 其他	▪ 可分离的构造和容许被长远再利用的体系（DFD 或分解设计） ▪ 从可再生资源中获得材料 ▪ 可回收材料 ▪ 可以被吸收到生态系统中的可降解材料 ▪ 低能耗和低污染材料的形式的开发 ▪ 其他
服务系统的选择	▪ 在制造，建造，实验和处理过程中能量和材料资源的消耗 ▪ 整个生命周期中产出的排出 ▪ 对规划场地生态系统的空间影响 ▪ 在生命周期内因活动引起的对生态系统的危害 ▪ 其他	▪ 利用能源和材料的环境资源 ▪ 减少用户需要和舒适度的整体水平及降低整体消费 ▪ 优化利用能源和物质投入 ▪ 将排除物吸收到生态系统中 ▪ 建成环境内部的回收 ▪ 其他	▪ 环境能源（例如，太阳能，风力） ▪ 更加高效的科技系统 ▪ 通过再利用和回收系统的方法来结束系统循环 ▪ 设计与生态系统共生的系统 ▪ 其他

生态设计中材料选择和建造形式的策略

学黏结或黏性的 / 溶剂的焊接方式，因为这样能减少连接处的能耗）。

- 使最易维护和材料寿命最长。
- 尽量再利用和回收：关闭环路；收集和回收不是目的，我们必须把回收的产品收集到建筑物中，就算产品通用的有效性变弱，它仍然可以被回收成为另一种有用的物品而不是扔到废物堆里。
- 使当地材料利用达到最大化以减少运输能源的成本。
- 尽量降低内涵能量：促进一种材料的高效利用是为了避免对内涵能量的浪费。造纸就不是对一棵 500 年的红木的高效利用。
- 尽量少使用具有危险性的化学制品（石棉、铅等）。
- 尽量少使用化学合成物：利用化学合成物被认为是违法的除非它被证实。

作为一个通用的策略，我们需要在自然处理物质方式基础上进行建成环境中物质利用的生态拟态。在生态系统中，所有的生物靠它们在环境中持续流动的物质和能量来生存。虽然所有生物都会持续排放废物，但是一个生态系统是不产生废物的——一个物种的排泄物是另一个物种的食物。因此物质通过生命之网持续循环。在生态系统中，通过再利用和回收，这种循环必将成为我们人工环境中材料使用的基础。

我们还可以模仿生态系统的过程，利用时间来进行自然选择并吸取教训。在一个复杂、成熟的生态系统中有机物沿用以下的做法：

- 在系统范围内把废物当做资源材料来利用（即在一个建筑环境中的所有废物能被用做另一种资源）。
- 多样化并且充分整合生境的利用（即最少的废弃物）。
- 有效地聚集并利用能量（即在生产过程中低能耗的利用、再利用、回收和重新恢复）。
- 优化而非最大化（即高效利用）。
- 节约用料（即减少材料的利用）。
- 不要污染系统（即不要在堆填区毁掉有用的能重新利用的材料）。
- 不要耗尽资源（即确保持续利用可再生资源）。

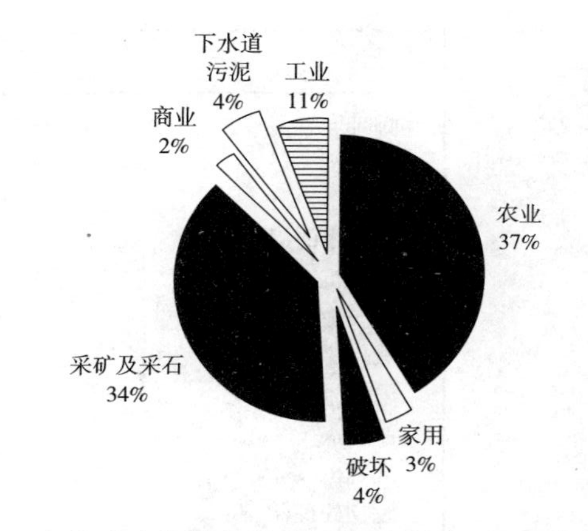

- 年均废弃物总量的估计值（英国，1980 年）

注：上图中分项之和不足 100%，原书如此。

设备	W/h	设备	W/h	设备	W/h
咖啡壶	200	吊扇	10—50	小荧光灯等效于白炽灯	
咖啡机	800	台扇	10—25	等效于 40W	11
烘炉	800—1500	电热毯	200	等效于 60W	16
爆玉米的锅	250	吹风机	1000	等效于 75W	20
搅拌机	300	剃须刀	15	等效于 100W	30
微波炉	600—1500	电脑		电动割草机	1500
威化饼烙铁	1200	笔记本电脑	20—50	树篱修剪机	450
电炉	1200	个人电脑	80—150	剪草机	500
油煎锅	1200	打印机	100	1/4″钻头	250
洗碗机	1200—1500	打字机	80—200	1/2″钻头	750
废物处理器	450	电视		1″钻头	1000
洗衣机自动	500	25″彩色	150	9″圆盘沙磨机	1200
手动	300	19″彩色	70	3″传送带沙磨机	1000
真空吸尘器		12″彩色	20	12″锯	1100
直杆	200—700	录像机	40	14″带锯	1100
手握	100	CD 机	35	7 1/4″圆锯	900
缝纫机	100	音响	10—30	8 1/4″圆锯	1400
电熨斗	1000	附带时钟的收音机	1	制冷机 / 冷冻机	
衣物干燥机		AM/FM 汽车磁带	8	常规的	
电气	4000	卫星盘	30	$20ft^3$（1993 年前）	145—250
天然气加热	300—400	CB 收音机	5	$20ft^3$（1993 年后）	60—100
加热器		电子表	3	太阳能冰箱	
发动机缸体	150—1000	无线电话		$16ft^3$ DC	22.5
手提式	1500	接收	5	$12ft^3$ DC	14
水床	400	传输	40—150		
储罐	100	灯泡		Vesfrost 制冷机 / 冷冻机	
高炉鼓风机	300—1000	100W 白炽灯	100	$12ft^3$	30
空调		25W 小荧光灯	28	Vesfrost，常规的	
室内	1000	50WDC 白炽灯	50	$15ft^3$（1993 年前）	88
中央	2000—5000	20WDC 小荧光灯	40	$15ft^3$（1993 年后）	61
				Sunfrost 冷冻机	
				$19ft^3$	50

家用设备的标准能量消耗程度

- 保持生物圈平衡（即确保材料能降解）。
- 在系统内部运行内在信息（即在没有外部指导下的自我维持）。
- 利用当地的资源（即为了低运输成本）。

在设计之初，应简单地把人类所产生的一切当做最终废弃材料或把人工建造环境（包括我们无论如何美观的建筑结构）当做最终垃圾或废物材料。接下来的问题是我们怎样处置这些废物材料？其中一些是准备降解的，可以通过分解回到环境中。近期的发现包括了用玉米制作的可降解塑料的生产。玉米糖浆通过发酵形成分子，脱水后成为与塑料类似的聚合体——差别在于它是一种可再生资源并可降解（即当报废时它能转化成合成物）。

惰性废弃物的平衡需要在类似掩埋场的地方储存。从生态拟态方面来讲，在它们生产和开始作为内部设计之前，我们就需要考虑一种产品或者一座建筑物及其构件如何被再利用和回收。这个决定了我们能利用的材料类型和它们相互连接的方式。

如果设计过程能坚持耗能最小的再利用、再生产和回收等措施及考虑到所有人工产品的回收，那么建成环境对非再生资源的依赖程度会减少很多。因此，对不可再生资源的需要也将减少。鉴于大量不可再生矿物燃料和地球上的其他材料是有限的这个事实，我们从建成环境过去的部分发现材料的能力必须增加。我们也必须将浪费资源的程度减到最小，并且我们必须限制对不可再生资源的使用。很多我们认为是“污染物”的材料，事实上是在不适当的地方的资源的积蓄，或者废弃的资源占领闲置的空间，这可能使之复原并且回到人造的系统中。我们不能认为这样的材料是污染，需要将其恢复并使其有新用途。污染物是在可使用范围之外的一种资源。

就像一些生态学家所希望的，我们可以争论经济动机将改变工业方法而不是针对不合理的环境行为采取行动。如果是可再生资源，这种改变部分取决于对资源有限性和基本要素（如水和能量等）最终有益性的认识。如果在我们建成环境中的工业工序与天然有机物十分相似，那么它们可以排出大部分废物。如果生活消费品被认为是服务（就像租借的汽车），那么它们可以被有效经营。为了

最终用途	kWh/a
空间加热器	10000
电（电阻）	500
燃气（只有风扇）	1000
制冷机	800
冷冻机	4500
热水器（电的）	100
洗衣机 / 烘箱	780
烘干机	
电	1000
燃气的	70
空调	
室内	1000
中央	2000
照明	1000
其他用处 / 设置	
水族馆 / 生物养育箱	548
音频系统	50
黑白电视机	40
电热毯	120
冷水器	300
吊扇	50
钟表	25
咖啡壶	50
彩电	250
电脑	130
干燥器	400
洗碗机	200
排气扇	15
发动机加热器	250
炉膛鼓风机	500
废物处理器	10
增光和辅助设备	800
吹风机	40
加湿器	100
热水器	160
电烙铁	50
微波炉	120
割草机	10
水泵	1500
矿泉水池 / 热水池	2000
污水坑 / 污水泵	40
烤面包炉	50
真空吸尘器	30
录像机	40
水床	900
井泵	400
所有房间风扇	80
窗扇	20

• 用在建筑中不同物品能耗汇总

材料	内涵能量（GJ/t）
混凝土	1.0
砖	3.1
玻璃	33.1
钢	47.5
铝	97.1
塑料	162.0

主要建筑材料的内涵能量

我们的生存，大自然需要获得补给，水源、耕地和我们建成环境所用的空气也需要得以补充。

虽然环境政策的制定者在关注日益增加的垃圾和污染，但是大部分的环境破坏在材料被消费之前已经产生。在美国制造业中，这四种最主要的材料行业（纸张、塑料、化学制品和金属制品）在毒性排放物中占 71%，并且在美国制造业的能源使用中的五种材料（纸、钢、铝、塑料和玻璃容器）占 31%。我们生态设计的努力应集中在这些产业上。

这里的要点在于：材料的选择并非通过衡量不同材料的特性确定系统内涵能量从而简单地列出一个优先顺序，选择也取决于设计（如是否设计了回收）。

下面是对材料选择的依据。

材料选择

可再生资源是高度可回收的物料。理想地讲，材料的选择应该从丰富资源或可再生资源中选取以避免其耗尽和不可持续的利用。设计必须减少有限的原材料和需要长周期可再生材料的利用和消耗，并用快速可再生材料取代它们。优先利用快速可再生建筑材料和用频繁收获的植物加工产品（如十年或更短周期内）。一开始，设计师可以为快速可再生材料确立一个计划目标并且确定材料和能完成这个目标的供应商。生态设计必须重新利用建筑材料和产品（包括废物利用、翻新或重新利用材料、产品和设备）以减少对原材料的需求和减少废物，以此降低对原始资源的提取和加工过程相关的影响。

除了美学上通用的建筑标准和成本外，生态标准对材料的选择是最重要的，包括用来再利用和回收的材料的潜能（因为取代是由于在该建筑的使用寿命的最后磨损）。大多数普通的建筑材料与那些对环境污染有最严重的影响的工业工序有关。是否继续使用此材料的争论在于大多数材料很耐用，并且通过再利用其加工制造的缺陷可以通过它们较长的使用寿命来平衡。

材料选择应解决其全生命周期内的性能问题，包括生产工序对环境的影响，如：

- 可再生资源；
- 生产工序对环境影响；
- 安装后化学制品（泄漏的气体）的放射；
- 耐用年限；
- 回收能力。

例如，一些材料的选择准则包括：

- 回收的泡沫铺垫在无毒的黏性物下面；
- 油布；
- 铺垫的软木塞；
- 被污染的橡胶木料地板；
- 内含天然橡胶的琼麻地板；
- 含挥发性有机化合物的排放的油漆；
- 为墙壁的设备而压缩的竹片和软木；
- 继续再利用和回收的材料在使用寿命末期的潜能（由于磨损和滑坡而替换）。

材料的选择必须建立在它们能被回收利用的基础上。一种材料可能在刚开始利用的时候有一种高的内涵能量，但是之后就会减少很多。例如回收，它就能够节省某种塑料中大部分的能量，对铝来说高达 75%。在建筑物投入和产出管理的设计中，我们所关注的应该从目标开始（是管理活动的最终结果，以后通过目标和 MBO 来管理）。目标仅仅是要减少对自然环境的影响、必定可再生、恢复和优化自然环境。最好通过将保留在建成环境内部的材料和部件的重新利用来实现。在有回收能力的材料中，用于回收的有潜力的材料必须优先回收，因为再利用只使用较少的能量投入和努力——即使两者都应避免排放到环境中。

一种材料用来回收再利用的潜力应在“内涵能量”上给予更多的优先权。有一个错误的观念是优先权应该给予那些低内涵能量的材料和零部件。相反，一种材料的首次和第二次利用更重要。因为每一次材料被再利用，它的最初内涵能量是减少

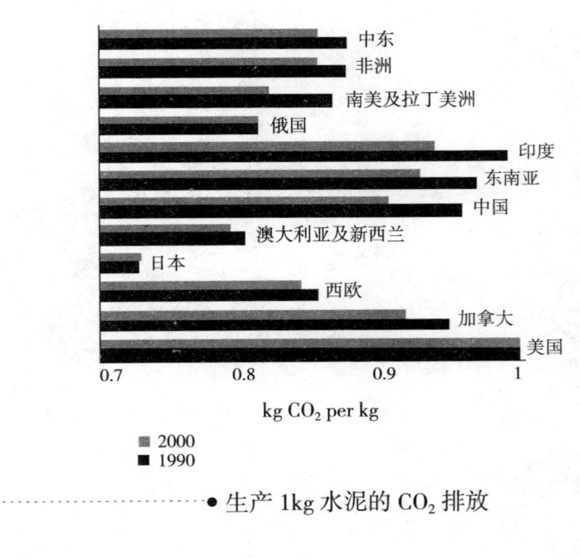

● 生产 1kg 水泥的 CO_2 排放

的（即大约不超过 50% 的最初内涵能量依靠再利用的能量消耗）。此后，材料或零部件再利用的次数越多，它的内涵能量的成本贬值得越快，因此要加强初次利用的适用性。

作为一个初始策略，来自不可再生资源的材料应该尽可能回收或利用以保存材料。同时，在材料的选择中，优先权应该给予那些先前利用过（即来自早先建筑物的废物）或回收过的材料。这样可以立即降低在建筑物主体中整体内涵能量。

为了促进再利用，在建成形式中两个零部件之间应采用机械连接以便于拆卸和在合适的条件下利于再利用。

降低内涵生态影响（包括运至现场）

“内涵生态影响”反映了对自然环境的影响：在加工源头、材料或部件的提取和生产，还有到现场的直接运输活动。常用指标是以千克测量的 CO_2 的排放量。但是在材料的生产中，CO_2 的排放并不是唯一的生态影响；另外还有土地荒芜、排水道污染和传输的能量消耗。

为了形成更严格的设计方法，应该考虑：

- 原材料和部件供应者的记录应该受到检查以确认它们的加工过程并没有造成不必要的污染。作为最低要求，供应者应该能说明他们没有违反当地法规，以及他们的相关排放物造成的生态影响是可接受的。
- 应该评价加工特殊成分的过程，以明确他们对环境的影响（加工中的污染）。
- 同样方式生产产品（从油漆到牙膏）会造成不同级别的污染后果。例如，应该避免用氯漂白工艺生产的纸，而支持非漂白纸或用氢过氧化物漂白的纸。
- 材料使用后对环境的影响也应该予以考虑。检查它们是否能被完全生物降解，如果产品被掩埋是否会有环境污染问题。
- 节约用水在一些地方好比节约能源。设计师目标是设计节约用水的产品和组件。

- 材料可能是自然的或合成的、再循环的或为开采过的、可再生的或不可再生的。关于最小的环境伤害没有明确的定义，自然材料比人工材料更受人欢迎的观念是错误的，因为这些材料可能很短缺或它们的生产可能导致环境危害或生物多样性的缺失。
- 离使用地点较近的材料有运输所需能量较少的优势。一些人讨论可否使用当地产出的建筑材料以产生一个更准确、更有区域性的设计。
- 一些原材料的提取过程，如铝和金，对产地有较严重的危害。而设计师不能对供应链刚开始所发生的危害负责，这些信息应该从原材料供应商或中间商获取。材料选择的决策应该符合其开采和提取过程的最小的伤害的要求。

安装方法和使用寿命

为了促进再利用和再循环，我们还必须考虑材料在建筑结构上的安装方法。机械的安装形式有利于再利用，而化学和改变了的安装形式会抑制再利用。

降低对人类和生态系统的毒性

对于建筑中使用的每一材料、产品和构件，我们都需要仔细研究其物理含量、加工历史和性能记录。这样做的目的是尽量减少材料的毒性和它对人类及生态系统的影响，因为人类毕竟是在建筑生态系统中主要物种之一。例如，办公家具应该测试是否含有甲醛，墙面应使用有很小的化学挥发（VOC）的油漆。所有胶粘剂、结构密封剂（如充填物）、地毯、油漆和涂料、墙壁涂层、地板装饰和家具系统需要仔细地检查以减少有毒元素的存在，比如甲醛、挥发性有机化合物及其他建造材料中常见的有害的化学物质和所有影响室内空气的材料。

化学物质的种类通常是很复杂的，因此需要制订综合的办法。准则的制定更有利于作出决定。例如，可以先确定室内空气质量，因为它直接地影响建筑用户，相比于加工过程或处理的数据资料，化合物的信息更容易得到。对于需要权衡上游和下游危险性的情况也可能有例外（Zeiher，1996）。例如，聚氯乙烯（PVC）塑料焚烧时排放高毒性化学物质，应尽可能避免其使用。

通过了解材料中化学物质的含量，来确定材料的有毒化合物含量、排放气体（被传送给用户）的几率和其潜在的健康危害，这门科学尚不完善。例如，美国材料安全数据表（MSDS）的检查是决定产品中有害化合物存在性的第一步。制造商根据要求提供的材料安全数据表列出了产品中主要化合物的名字和数量。下一步是根据国际癌症研究机构的致癌物质的列表和很多本毒物学手册来检查信息。

但是，在制定设计决策的过程中，制造商信息的缺失使设计师必须对产品类型进行综合研究。虽然能获得材料安全数据表，但是也需要一定的专业技能来解释科学数据。

有毒性的溶剂和醇酸酯（如苯、甲苯和二甲苯）都能在很多普通建筑产品（如油漆）中发现，这些溶剂能进入血液中导致呼吸病、过敏反应和肝损伤。用在纤维、地毯生产中的化合物和家具中的压缩木材含油甲醛、苯醚和苯乙烯也都会引起很多健康问题，例如免疫系统的抑制。

设计师能防止这些问题中的一些发生。例如，使用无铅水基乳漆，混合羊毛/尼龙，使用有衬底的无甲醛地毯。我们房屋使用的家具需要通过独立甲醛存在实验进行测试。

避免 CFC 和 HFC

设计师应该确认材料和系统的选择没有使用破坏臭氧的氯氟碳化合物和氟氯烃化合物。大约有 50% 的 CFC 在建筑中普遍使用。逐步停止使用 CFC 和 HFC 的主要方法是：

- 设计房屋时避免使用 CFC 和 HFC 空调；
- 避免使用在生产过程中产生 CFC 和 HFC 的绝缘材料；

- 避免使用哈龙灭火剂；
- 设计房屋时尽量使用自然照明和通风；
- 用可替换的系统来升级现存的 CFC 空调系统，避免重复使用 CFC 相关的材料（包括 HCFC）。

石棉

另一个有害的材料是石棉，设计师必须确认建筑物的建造没有使用石棉或包含石棉的材料。现有的摩天大楼的改建必须有一个石棉处理和管理计划。

当大自然开始加工材料时有四个特征：

- 善待生命的加工过程（材料是在水中制造、在室温下加工，没有催化剂或高压——与人类的“加热、敲打和处理”方式相反）；
- 一个规则的建筑体系；
- 自动组装；
- 用蛋白质模拟水晶。

非物质化设计

另一个方法是通过非物质化设计以更有效地利用材料。商业上，这一方法作为市场内的竞争推动着企业寻找新的方式实现低投入高产出，也就是说，用较少的材料和能量来生产物品和供给。新技术也引领非物质化，就像在提供信息服务的电话公司里，磁盘取代了电话号码本；例如，一个磁盘就带有 9000 万个电话号码，这些号码若写在电话本上，则电话本的重量将高达 5t 重。因此，虽然整体消费可能会上涨，但是每单位输出的资源消耗是下降的，即使用较少的资源产生较少的垃圾。

材料	加拿大	美国	新西兰	瑞士	芬兰
金属					
– 铝	236.3	192.0	145.0	261.7	468.0
– 镍	168.3	58.0			
– 钢（普通的）	25.7	39.0	32.0	27.7	43.2
– 锌	64.1		68.4	68.4	
非金属矿物					
– 玻璃	10.2	19.8	16.7	21.6	16.5
– 石膏	7.4	7.2		1.4	2.8
– 砖	4.9	5.8		3.1	
– 玻璃棉	22.3	14.0		18.0	23.4
水泥产品					
– 水泥	5.9	9.4	7.4	4.9	4.9
– 混凝土	1.2	1.3	2.0	0.9	
– 泥浆	2.2			1.4	
塑料					
– 聚乙烯	87.0			49.3	
– 聚烯烃	97.0				
– 聚苯乙烯	105.0			122.8	
– 油漆（水基）	76.0	77.7			18.8
					76.7

选择的材料的能量强度（MJ/kg）

非物质化现象有利于发展中国家，因为其能利用工业国家的这些技术，“跳过发展的资源密集阶段”。

工业生态学

“工业生态学”的实践从线性熵过程到循环能效过程，改变了生产和消费。此术语是指人类被嵌入到自然中的自然 / 社会系统。工业生态学的原则是“非物质化”。非物质化的速率与环境有很大的关系，但是，是“不确定的”。也就是说，非物质化意味着每单位的输出使用的原材料和能量较少；其策略集中在原材料的特征上，而不是资源上。例如，人需要“燃料”，不一定是石油。韧性的、传热的或结实的材料不仅仅是银、铜或钢。从这种方式来看，开发和生产过程几乎有无限创造、开采、替换的机会，同时存在能扩张潜在资源基础技术的机会。

由于用做基础设施和建造的材料约占总消耗材料的 70%（不含燃料），非物质化能显著减少资源消耗；这一趋势十分明显。现在，相比于几十年前，建一座摩天大楼能够节省 35% 的钢材。由于这个变化，钢材在重量上变轻了但在强度上变大了。资源减少的另一个例子就是汽车，特别是光纤电缆的发明。在后例中，仅仅 65kg 的二氧化硅光纤电缆，其携带的信息是 1t 铜电缆携带的信息的若干倍。如果无线通信取代了传统的有线通信，它将减少资源消耗，从而减少环境危害。

日常设备、仪器和产品必须设计得很轻。普通加热器也变得更紧凑，从每单位 110kg（1972 年）到 91kg（1987 年），降了 17%。热水器、洗衣机、干燥器、空调和冷冻机也有同样的趋势。在同一时期，冰箱和洗碗机在型号和重量上都增加了。涉及包装的食品数量出现了下降的趋势，铝制软饮料罐包装数量也巨幅下降。首次被引进时（1963 年），生产 1000 罐需要 25kg 的金属。到 20 世纪 90 年代早期，仅仅需要 15kg。单个公司每年能节省 9×10^4t 铝合金。另外，罐中 50% 的再循环材料意味着能节约更多的资源。

三类设计方法得出的非物质化策略

- 轻型的设计（通过改善设计，使用较少的同样材料）。
- 通过替换进行设计（用较轻的和高效的材料替换重的和低效的材料，用轻的但不一定是小的材料完成同样的任务）。
- 再利用和再循环设计（从企业残渣到后消费的源头）。再循环是纯的“非物质化”，因为它是从废弃物中得到材料然后再加工。这要依赖于材料能否轻易地与废弃物分离，是否存有大量的材料符合相对统一的数量以及在丢弃的垃圾中蕴藏着多少价值。

相比同样材料制成的不可循环产品，再循环通常可以减少每个产品所需的能量和材料。但是，资源保护的实现方法通常是用一种非常有效的材料代替另一种非常传统的、能量和资源密集的材料。

其他技术研制可能拓宽了再循环的机会，阻止材料以一些方式“浪费地”传送到环境中并导致无法进行回收。词语“浪费地”可以用于描述汽车的刹车片和“对高速公路的压力均匀分布的”轮毂。它们的添加物和叠片经常导致其材料不能达到与使用高科技复杂的材料相同的资源保护水平。

“非物质化”是一种“不被称赞的环境上的胜利”，因为它减少了与资源提取和加工产品相关的环境危害，可能也减少了经济增长的“运输强度”。

自然界中没有垃圾，因为所有的“加工过程”从当地到全球都是互相联系的。一个地方不需要的东西恰好是另一个地方有用的，这些关系构成了生物圈，更进一层复杂的生态关系是由前一层互利共生的关系发展而来的。工业生态与这种相互联系的关系十分相似。废弃物成为另一种可销售的或可交换的商品。钢材及其废料被其他公司用于另一个工业过程。例如，钢材加工中得到的炉渣可以替代混凝土中的水泥。日本的建筑企业将 80% 的炉渣水泥和 20% 的普通波特兰水泥混合，使得一个生产循环的垃圾成了另一个的原材料，这也已经变得很平常了。

各工业不需要位置上的相邻，只要他们之间有共享信息并能相互利用彼此工艺的废弃物。在可能产生很多废弃物的过程中，废弃物经过设计可能比需要填埋的少量废弃物发挥的作用还大——只要它是有用的或被需要的废弃物。

我们使用的产品	它们产生的潜在有害的垃圾
塑料	有机氯化合物，有机溶剂
生物灭杀剂	有机氯化合物，有机磷化合物
医药	有机溶剂和残留，重金属（例如，水银和锌）
油漆	重金属，色料，溶剂，有机残留物
油，汽油，以及其他石油产品	油，苯酚和其他有机化合物，重金属，氨水，盐酸，碱
金属	重金属，氟化物，氰化物，酸和碱清洁剂，溶剂，色料，磨料，油电镀盐，油，苯酚
皮革	重金属，有机溶剂
纺织品	重金属，染料，有机氯化合物，溶剂

加工普通产品产生的垃圾

房屋居住期间材料使用的考虑

不仅仅重新估计用户需要是重要的，房屋的使用形式也是重要的。例如，仅美国商业每年就要消耗大概 21×10^6t 的办公用纸，相当于 3. 5 亿多棵树。实际上，办公用纸是办公室垃圾输出的六大因素之一，也是使用比例增长最快的一个。例如，如果整个美国办公用纸的使用形式中提高了双面复印的比率（如通过用户教育），就会节省大概 1500 万棵树。

设计师必须意识到，为回收而设计，建筑中就必须有额外的储存空间。起码，必须有适当的空间用于储存收集的碎玻璃、铝和办公用纸。

降低内涵能量的影响（包括运送到现场）

建筑也把能量消耗在提取、运输、加工和安装材料和部件上。绿色设计必须追求通过最大限度地使用当地本质上低内涵能量的材料（最小化它们的运输）来最小化"内涵能量"（木材是最低的，铝是最高的）。

综合来看，材料的内涵生态影响可用三个标准来估计：全球的可持续发展；自然资源的管理；生产源头当地的环境质量。

材料或组装部件的内涵能量是指消耗（从非可再生能源）在原材料的提取、加工、制造、运输和建设上的能量。一些人认为产品的内涵能量是错误的保守估算。

现在已经发现材料内涵能量的主要构成是消耗在运输到建设现场的过程中。争论观点是当地的产品由于运输的距离最短所以更受欢迎。但是，这又与材料或部件的再利用相矛盾。再利用潜力有限的当地产品与远距离运输的材料相比，可能有较低的内涵能量，但是远距离运输的材料可以再利用很多次；此外，当地的材料作为一种资源可能供应量是有限的。

认为建筑材料"包含的"能量大多与质量而不是使用有关，这一观点会造成误导。

例如，由于玻璃比砖的质量低，就认为玻璃是更好的材料，玻璃外墙就优于砖，这种观点可能并不正确。砖的质量较高，也有较好的绝热性能，因此在建筑使用寿命中会节省能量；另一方面，玻璃比砖更容易拆卸和再利用。

材料的预装也计算在内，例如，木架结构比传统木结构的内涵能量少 20%。在两卧室住房里，内涵能量相当于使用阶段（加热、照明和发电）中 2—5 年消耗的能量。因此，内涵能量是生态设计中影响初始成本的一个因素；就能量使用而言，运作能量成本远远超过这些，但是与内涵生态影响相比时则较少。欧洲的一些研究表明建筑包含的生产能量（原始能量约为 2. 0MWh/m^2）大约是建筑整个使用期间运作能量的 20%。

研究表明建筑中内涵能量的程度与建筑总质量有关。通常情况下，建筑的质量越低，其材料和部件中所拥有的内涵能量的总值就越低。较低的办公建筑内涵能量不应超过主要传递内涵能量的 10GJ/m^2。

加固的混凝土结构几乎同钢材有同样多的内涵能量，但是其使用寿命结束后的回收要比钢材少。钢材通常能用几乎同样的方式来回收和再利用。然而，混凝土的局限性在于只能以降级的形式（如橡胶）进行再利用，也能因为结构原因而被回收。

由于内涵能量仅仅占建筑寿命中使用的能量的 35%（A5 中分块矩阵的 L21），大部分能量应用在它的运营模式上（高到 65%，A5 中分块矩阵的 L11）。因此，我们应该将重点放在被动设计上，以使运营阶段的建筑利用大量的环境能量（如自然日光、自然通风等）来最小化它的寿命中对剩余能量的要求（考虑 60 年的建筑寿命）。

内涵能量 / 碳氧化物的计算是有环保意识的建筑设计的主要指标。但是，在比较可替换建设形式的内涵能量值时，材料每单位质量或每单位体积的内涵能量值是不重要的。建筑必须得进行比较，因为作用相似的可替换材料会有不同的特性。这被比较的部件被称作“功能元件”。例如，虽然钢材比加固的混凝土在每单位质量有较高的内涵能量，但是其硬度相当高。结果是用较少的钢材就能执行加固混凝土执行的构造功能。

建筑类型	输出内涵能量 GJ/m^2	主要内涵能量 GJ/m^2	内涵 CO_2kg GJ/m^2
办公室	5—10	10—18	500—1000
房屋	45—8	9—13	800—1200
公寓	5—10	10—18	500—1000
企业	4—7	7—12	400—700
道路	1—5	2—10	130—650

● 不同建筑类型的全部内涵能量和内涵 CO_2

因此，当进行这样的计算时，应该比较的是“功能元件”的内涵能量。在上面的例子中，此值可能是通过对具有同样功能的钢梁和混凝土梁进行比较而来。但是当比较办公楼中的可替换框架时，功能部件应该是建筑的总面积的某性质，因为采用了钢材或混凝土构架导致了很多实质因素（比如地基的类型和结构的耐火性）。

比较办公楼的钢和加固混凝土构架的研究显示在可选择的建设方法之间没有明显的内涵能量 / 碳氧化物差别。这样，对设计师来说选择任一材料都不会有内涵能量 / 碳氧化物损失。但是，选择了高内涵能量材料的设计师必须在其建筑使用寿命结束之后注意它们的回收或再利用。

因为建筑需要花费很多能量，一旦建筑物不再起作用，就必须要考虑其组成材料的处理（B28 中再利用设计和分解设计）。

使用回收的材料、采用所有促进最终回收的材料以及设计坚固的有较长寿命的建筑都可以平衡内涵能量。将这些缩减并系统化的难处在于判断建筑的能效时很少（假如有的话）考虑内涵能量。

但相反的是，建筑的运营所需的输入能量远大于内涵能量。在英国，总体能耗中约 5%—6% 是内涵能量，而大约 50% 能耗用在了建筑中的空间采暖和降温、加热水、照明和发电。

可被生物降解的材料（见 B28）

当我们考虑材料的使用和选择时，自然世界存有大量的设计灵感。人类想做的一切事情——在不需要消耗燃料、污染环境或置未来生态于危险境地的前提下——自然世界通常都能达到。仿生世界里使用的材料也会用自然界生产材料的方式进行加工，甚至用太阳能和基本化合物来制造可完全降解的纤维、塑料和化学物品。

需要解决的主要设计问题之一是我们的建成形式及其运营系统与生态系统本质上的整合。这个整合对整个的生态设计至关重要，因为如果我们的建成系统和建成形式不能从本质上与自然系统整合，它们就会保持人工制品的特征，而无法通过生物降解和自然的腐烂过程实现最终的整合。当人造环境中的再循环和再利用导致了垃圾沉淀的问题时，我们追求的不仅仅是将无机垃圾整合到生态系统中，而且也包括了有机垃圾（污水、雨水径流、废水、食物垃圾等）的整合。

植物性 / 木质材料

木材是最绿色的建筑材料，因为它的内涵能量最低。但是，由于大范围滥伐森林造成的社会和环境影响，因此只有从可持续管理的森林中得到的木材才被认为是绿色的。例如，国际林业管理委员会（FSC）是在德国波恩 1993 年成立的国际非营利机构，他们支持适应环境友好的、有益社会的和经济上可行的全球性森林管理方法。FSC 对森林产品引进了一套国际标号方案，给来自管理良好的森林的产品提供了可靠保证。所有带有 FSC 标志的森林产品经过了独立验证，因为这些森林产品来自符合国际认证的 FSC 原则和森林管理标准。FSC 用这种方式鼓励市场实施好森林管理。

植物也可以用作绿色建筑材料，竹和芦苇成了传统建筑材料的典范。现在，主要是大麻和红麻（洋麻），它们应用广泛且生产投入低。两种植物的纤维都能用于复合材料的强化。

必须开发出能够减少环境破坏的新材料。亚麻纤维与可回收的聚丙烯联合产生一种可生物降解的有抗张强度的多层材料。这个过程的研究有两个目的：用自然纤维代替玻璃以及用可再生材料代替塑料。最终，希望能用环保型材料代替热塑性复合化合物。

复合材料也许不能很好地循环利用，因为生产复合物的技术引进了复杂的材料，从而使材料难以从废弃物中分离出来。

但是，我们必须了解，对新材料和环境知道得越多，就越容易对其环境优势作出更适当的结论。

- 符合法律和 FSC 原则
  森林管理应该尊重国家法律、国际协议，遵守 FSC 原则和标准
- 保有权和使用权以及职权
  长期的土地和森林资源保有权和使用权应该明确表示、记录和合法建立
- 本土居民权利
  本土居民的合法的和惯例的权利，拥有、使用和管理他们的土地、领域和资源是公认的和尊重的
- 社区关系和工人的权利
  森林管理运作应该保持或加强森林工作者和当地社区长期社会的和经济利益
- 森林的效益
  森林管理运作应该鼓励有效地使用森林的多样产品和服务来确认经济活力和广泛的环境社会利益
- 环境影响
  森林管理应该保护生物多样性和它的相关价值、水资源、土地和独一无二的易毁坏的生态系统和景观，通过这样做来维持森林的生态作用和完整性
- 管理计划
  管理计划——适合森林管理的规模和强度——应该被制订来评价森林情况、森林产品的产量、监管链、管理活动和它们的社会的和环境的影响
- 监督和评定
  监督应该被指导——适合森林管理的规模和强度——来评价森林情况、森林产品的产量、监管链、管理活动和它们的社会的和环境的影响
- 天然森林的养护
  原始森林、发展很好的中生代的森林和主要环境的、社会的或文化标准地区应该被保护。植树不应该代替这样的区域或其他陆地使用
- 植树（没被批准的草拟原则）
  植树应该补充而不是代替自然森林。植树应该减少对自然森林的压力

林业管理原则

生物聚合物

新材料和工艺的研究发现，存在着新的可持续利用的资源，这些资源能够替代过去对环境有害的材料。比如由土豆和玉米淀粉制造的生物聚合物，与塑料有同样的性质，能用同样的方法来制成，但是它们是可以完全生物降解的。例如，这些塑料能从玉米和其他植物中获得；它们被制成各种各样的纤维、包装和其他形式，但是当它们被丢弃后会自然降解。这种过程的前提是包装不仅仅是废弃物，而是有价值的原材料。

大豆

其他农作物因其化学成分而存在着巨大的潜在市场。研究最广泛的农作物之一是大豆。用于建造的大豆基产品包括混凝土水封剂、大豆油漆和用于结合湿的或干的木材的胶粘剂的溶剂。豆制胶粘剂减少了对甲醛的需求。

泡沫保温材料是用大豆制造的另一个产品。一个例子是被称作生物基 500 的半刚性轻质泡沫保温材料。

农产品

农产品的新应用也进入了建筑行业中，如加利福尼亚的研究测定了使用谷糠灰作为烟灰水泥的胶粘剂的潜在利益。研究者从大豆油中得到了可以用作建筑保温材料的硬泡沫氨基甲酸乙酯。不适合消费的牛奶回收后可用于油漆生产。

压缩硬纸板使用的是一种农业副产品。“用于切割的硬纸板由大米或耕种的副产品小麦杆制成。不需要胶粘剂就能把秸秆压缩成平板。用简单交替压缩机就能进行制造，即秸秆在两个大约 1. 25kWh/m^2、210℃的加热板之间被压缩。”其优势包括：使用了废弃物副产品，否则这些废弃物就会被燃烧并排放空气污染物；其基础是自然的、可再生的材料；不使用甲醛胶粘剂，消除了与树脂制造有关的环境危害和最终产品的潜在 VOC 排放。VOC 排放通常与 MDF、胶合板和碎木板有关。更好的是，可降解的硬纸板也能回收用作新硬纸板，或者用作覆盖物或肥料。在胶粘剂用来黏结纤维和硬纸板的地方，要经过特殊选择水基的来消除与通常胶粘剂有关的 VOC 排放。

另一例开发出的生态响应较好的材料是合成有机动物（羊毛）和植物（苎麻）纤维制造出的一种冬暖夏凉的纤维。它能完全生物降解，并且不存在有害染料和生产过程。此纤维可应用于从衣物到包装的全部领域，其生产过程是有机的而且能生物降解。使用之后，这些产品就被堆积起来降解并返回到土壤中做肥料。这是与技术“服务产品”完全相反的，比如说汽车和电视机，它们都有自己封闭的使用和再利用（分解设计）循环。进行处理时，许多部件就要再加工成类似的产品而不是“下降性循环”成较低质量和价值的材料。

可参见农产品大豆在未来建筑中的应用。

塑料

塑料一般不会被大量回收（当然也有一些例外，如塑料的汽水瓶）。因为塑料一般很难从垃圾中分离出来，它们会以很多不同的难以区分的树脂形式出现。塑料通常与其他材料复合或与其他塑料结合。此外，塑料是一种非常有效的材料——对于很多产品，一点材料就能使用很久，因此，每一产品中仅仅使用很少的树脂，这样，回收那种产品不会产生很多材料。塑料是回收利用的产物，其制成原料一般是曾经被认为是废气并在炼油过程中被烧去的气体。天然气能高效地转变成有用的物质，并有少量的残留物制成塑料。这与金属的开采有明显的差别，后者通常需要从大量矿物中提取和使用大量的材料。回收是一种避免产生废弃物的耗能过程；因为塑料通常是从有效的残留气使用过程中得到的，所以与很多金属、玻璃和纸相比，通过回收会有较少的“可以避免的成本”。

可生物降解的塑料

用生物法生产可降解塑料的技术已经存在很长一段时间了（可追溯到 20 世纪 20

年代的巴黎巴斯德研究所），但是，此技术直到最近（20 世纪 80 年代）才在工业中得以实施。通过发酵细菌来生产生物降解塑料。这些细菌利用氢、碳氧化物和氧气的混合物来生产药剂的缓释胶囊和其他物品。

生物塑料

现在的绿色“生物塑料”是由甘蔗、大豆、玉米秆、玉米淀粉和白薯制成的；虽然被大肆宣传为新科技，但事实并非如此，因为第一批塑料是由纤维素或纯蔬菜纤维制成的。在此之前，所谓的“生物降解”塑料袋则是因为社会需要合格的原料而由化学公司在 20 世纪 80 年代引进的。但是，它们主要是由常规的油基塑料制成，用玉米淀粉作为填充料，掩埋后会被细菌所降解。事实上，一旦玉米淀粉被降解，塑料袋的 95% 仍然残留着，以永远都不能完全降解的“塑料碎屑”的形式存在，这会增加其浸入附近水域的机会。在 1990 年，完全由玉米淀粉制成的可生物降解的复合塑料的确有了真正的改善。它的成本几乎是一般塑料的四倍，但也缺乏用后回收的场所；另一种可生物降解的塑料是由聚乳酸制成的，是由发酵牛奶、甜菜、玉米、土豆和谷物中的糖分制成的。1833 年被发明后不久，它就应用于外科手术和骨科螺钉，因为它可在人体内无害地降解，能被安全地回收或焚烧，如果制成肥料或掩埋，则可在六周内腐败分解。

美国的一些大学走在了安全的非油基塑料的开发前沿。他们正在研究从超临界碳氧化物中提取出“绿色”塑料（部分液体、气体和其他可以代替油基溶剂的物质）。超临界碳氧化物也可以用来产生新的化学反应，最终生产出一系列环保的易溶的塑料。在不使用石油产品的情况下开发出了一种无毒的甲基丙烯酸甲酯单体（主要成分是树脂玻璃）。

其他从有机资源获得的可降解的生物产品包括用土豆淀粉制成泡沫塑料和食品包装；最近研究证实，小麦和玉米淀粉也可类似使用。

非生物可降解塑料

在以可持续材料为基础的未来，非生物降解塑料是没有容身之地的。合成材料——具体地说——含氯有机化合物要对环境中的二噁英负责，二噁英被描述为“因含氯化学物质的工业使用显著增加而产生的恶性致癌物质——PVC(聚氯乙烯)”。除了致癌性，塑料的另一个致命性质就是不能被有机生物降解而永久存在。这一特性——一旦被认定其顽固性，就成了它最大的劣势。制成的每一片非生物可降解塑料都会继续出现在自然环境中——通过吸收看上去像水母实际上是塑料而死的海洋生物，到被丢弃的看上去像穿过海洋的幽灵的尼龙渔网缠绕而死的海豹——会一直持续几个世纪。

焚烧也不能使塑料消失。作为一种处理方式，极端高温下的焚烧仅仅是把它们转化为毒性更强的气体和独特的物质，此方式下空气毒素的扩散比掩埋更甚。

塑料很容易燃烧。在焚烧装置中点燃塑料会释放有毒的气体，其对人类和其他有机生物的危害甚至与人类曾经设计的某一生物武器相当。聚丙烯的废纸篓、聚氨酯泡沫垫子、尼龙地毯、地毯的苯乙烯－丁二烯泡沫底层、聚乙烯绝缘电缆和聚氨酯泡沫垫家具都是易燃品，它们释放的烟气都对人类有致命的毒性。

有毒塑料的警告标识

类型	性质
永久的	对于没有二次使用的产品。对于产品在医药和相关领域的应用于有机部分有直接的联系，如植入的髋关节，心脏起搏器的外壳，人工血管，或者血液袋。主要方面的材料，特征，持续品质，如尼龙 66。可以忽略的数量。
可再用的	能一次又一次的使用的产品，如塑料桶。为了转卖，复合工具或设备可以整体或部分维修或改良。包含很多物品。木材、锡、搪瓷、玻璃和陶器在生态上和美术上都是可取的。
回收的	热塑性塑料和人造橡胶在很高的温度下熔化并很容易回收。热固性聚合物不能熔化并很难回收。继续研究寻找更好的方法。
复合回收的	兼容的材料能一起回收来形成有用的新材料。
可生物分解的	试图将可分解的性质植入到合成聚合物中这样它们就能转成覆盖物。这些化合物掩埋后由于缺乏水分表现不佳，但当复合后就稍微好点。根本地改善生产了塑料，现在市场上可买到，被丢弃后不超过两个月就能完全分解。继续研究对降解开始阶段的进一步控制。
可生物降解的	完全降解而不是分解。PHA（多羟基链烷酸酯）多元酯家族的一员，直接通过微生物来“制造”。已经发现了大量的生产这种有机聚合物的细菌，包括 PHBs（聚羟基丁酯），市场上可买到的一种形式。PHA 塑料能像油基塑料被铸模，熔化和塑形，有同样的韧性和强度。能使用同样的生产方法，如熔化铸造、注塑、吹塑、纺织和挤压。
生物再生的	聚乙酸丙酯薄膜三个月内能完全生物分解，无残渣。对用玉米基纤维材料分层的纸的研究证明，其可耐水 6—8h，适合饮料和快餐包装。
可生物加强的	使用添加剂来刺激植物生长，在干燥气候下防止腐蚀（人工果球），或者将植物种子埋在生长刺激剂中。

塑料的类别及其回收降解可能性

塑料	性质	使用
丙烯腈，丁二烯和苯乙烯的共聚物	强韧，轻质，高抗冲，耐磨，抗污和化学药品，粘金属	汽车部件，家庭设备，电话和电脑外壳，雪橇鞘，溜冰鞋，自行车安全帽
环氧基树脂	结实，电绝缘，容易粘金属	保护涂层，胶粘剂，密封层
高密度聚乙烯（HDPE）	结实，刚性，抗化学药品和湿	容器（牛奶纸包装，垃圾袋，酸奶容器，谷物盒垫套），管道
低密度聚乙烯	强韧，韧性，透明，抗磨损抗湿，可热封	薄片（袋子，薄膜，防撬盒的覆盖物），涂料纸（牛奶盒），瓶子（家用清洁产品，食物，汽油）
线性低密度聚乙烯（LLPE）	结实，抗磨损和防穿孔	包装（收缩薄膜，拉伸缠绕膜），垃圾袋，可处理的尿布
尼龙	易塑形，抗化学药品和腐蚀，不可燃	纤维（地毯，轮胎帘线，服装，背包，帐篷），拉链，非润滑齿轮和其他机器部件
酚，甲醛，树脂	强韧，抗热和抗火	压实木制品，绝热，胶粘剂，油漆和印刷墨盒
聚碳酸酯	结实，强韧，刚性，高抗冲，抗热和抗湿，保持形状	电话机壳，笔记本，电池，电动工具，微波炉餐具，头盔，窗户，镜片和前灯镜，医疗设备
聚对苯二甲酸乙二醇酯（PEE 或 PETE）	强韧，清晰，不透水和不透气	容器（软饮料瓶，其他食品或非食品容器），汽车轮胎，地毯纱线，合成纤维棉絮，织物的“多元酯”
多元酯	强韧，耐久，抗热，抗日光，抗很多化学药品	食品容器和包装，微波炉餐具，浴室台，衣服纽扣
聚丙烯（PP）	通用，结实，强韧，抗热，抗湿，抗化学药剂	包装（热的流体，机器外壳，酸奶容器），纤维，汽车的塑料件
聚苯乙烯（PS）	通用，强韧，容易塑模，保持形状，绝热	包装（CD/宝石盒，食物还有包装周围薄膜的泡沫垫），电话和笔记本电脑的外壳，碟子，杯，坐便器座，玩具（汽车，人偶，玩具），冷冻机和冰箱的绝缘材料
聚氯乙烯（PVC）或乙烯树脂	强韧，韧性，抗化学药品和抗湿，不易燃，高抗冲	管道和管件，地板砖，房屋壁板和落水管，信用卡，包装（香波瓶子），绝缘线，医用输液器，涂塑布
聚氨基甲酸酯	通用，强韧，高抗冲和抗腐蚀	线路，水龙管，管道的涂层，防水涂层，伞和户外家具，鞋底，滑雪鞋底，冰鞋，覆盖层和门板

各种类型塑料的使用

聚氯乙烯（PVC）

聚氯乙烯（PVC）在 1929 年首次由 BF Goodrich 引进美国。它被高呼为奇迹般的材料——毕竟，它具有廉价、抗水、化学稳定、柔韧等特性。但是，它也有潜在的危险，若发现太晚则无法阻止其造成灾难。之前已经知道 PVC 具有麻醉特性，但是，由于忽略了乙烯工人的健康，这一问题从来没有被重视过。首先，乙烯工人易罹患胃炎、皮肤损伤和炎症以及稀有的肝炎。最后，乙烯还与癌症联系在一起，特别是肺的血管肉瘤（是由暴露在氯乙烯单体中造成的）。

全球超过 50% 的 PVC 加工应用于建造及其产品（如管线、电线、轨道、地板和墙纸）。作为建筑材料的 PVC 很廉价，容易安装和替换。在很多地区，PVC 取代了“传统的”建筑材料如木材、混凝土和陶土。尽管看起来是理想的建筑材料，但是 PVC 是以环境和人类健康为代价的，这一点制造商并未告诉消费者。

PVC 从制造到处理过程都会排放有毒的化合物。在 PVC（氯乙烯单体）的建筑构件加工期间，二噁英和其他稳定污染物被排放到空气中、水中和陆地上，这样就导致了急性的和慢性的健康危害。在使用期间，PVC 产品能释放出有毒的添加剂，例如，地板能释放被称作邻苯二酸盐的软化剂。当 PVC 到了使用寿命末期，它要么被掩埋，在那里它释放出有毒的添加剂；要么被焚烧，再次排放二噁英和重金属。PVC 在意外火灾中燃烧时，就形成了氯化氢和二噁英。

对于实际 PVC 的应用，现在已经有较安全的方法，即使用更持久的、传统的材料如纸、木材或当地的材料。其他环境危害较少的塑料也能代替 PVC——虽然大部分塑料对环境都有危害而且会加剧全球垃圾危机。

聚氯乙烯（PVC）独特性质是氯和添加剂的含量高，使其在整个使用寿命中都对环境有害。聚氯乙烯是人所共知的致癌物质。在它的加工和处理期间，PVC 释放二噁英和其他稳定污染物，由于它含氯和添加剂所以不容易回收，然而，添加剂不一定与塑料有联系并会流失。

聚对苯二甲酸乙二醇酯（PET）

在乙烯树脂致癌使人受惊吓之后，装瓶工业对最安全塑料的研究仍在继续，最后发明了 PET（聚对苯二甲酸乙二醇酯）瓶子。PET 现在无处不在，多亏了制造商很快发掘到其轻质、结实和不易破碎的性质的价值，但是它会让已经填满的填埋场不堪重负。同时，PET 完全不同于塑料工业曾经生产的最坏产品（它的补偿是回收率高：在美国 1993 年是 30%，如下）。当与最坏的塑料相比时，泡沫聚苯乙烯杯子和唱片降解所需时间最长。它们也会给环境带来双重伤害，因为用来将苯乙烯制成泡沫的化学制剂同样是消耗臭氧层的含氯氟烃。最坏的是，对于大部分部件来说，聚苯乙烯材料在被丢弃之前仅仅能被使用几秒或几分钟（来使食物保温）——在填埋地，它们几乎一直完好无损，需要消耗很长的一段时间来释放出毒素。

使用之后，PET 瓶子获得的新作用是作为模拟羊皮合成羊毛材料的基本成分。PET 苏打瓶被收集、搅碎和挤成称作“絮片”的微小碎片。在净水槽内首次清洗，然后被漂白（如果清晰）或独自留下（如果染成绿色）。接着絮片被熔化和加压并通过一个喷口来挤拉成头发一样的细丝，这些被起绒和纺纱，是合成的油基产品，能完全回收和再利用。

聚氨基甲酸酯（PU）

聚氨基甲酸酯（PU）主要用作绝缘和软的 / 泡沫产品如地毯衬垫。它使用一些有害的半成品，因此制成了很多危险产品。这些包括光气、异氰酸盐、甲苯、二元胺和消耗臭氧的二氯甲烷和 CFC，还有卤化缓凝剂和颜料。PU 燃烧会释放大量的有毒化学物质，如异氰酸盐、碳氧化物、氰化氢、PAH 和二噁英。

聚苯乙烯（PS）

聚苯乙烯（PS）广泛应用于泡沫保温，也应用于杯子和玩具中。它的产品涉及已知的（苯）和可疑的（苯乙烯和 1，3—丁二烯）致癌物质。人们知道苯乙烯对生殖系统有伤害，PS 能被技术回收，但是回收率是很低的，但是仍比 PVC 的回收率要高。

丙烯腈—丁二烯 – 苯乙烯（ABS）

丙烯腈—丁二烯 – 苯乙烯（ABS）在很多应用中被用作硬塑料，如管道、汽车缓冲器和玩具（硬建筑材料）。ABS 用了很多有毒的化学制剂，包括丁二烯、苯乙烯（如上）和丙烯腈。丙烯腈有剧毒并且人畜很容易直接通过皮肤吸收。它的液体和蒸气都有剧毒。丙烯腈、丁二烯和苯乙烯则是潜在的致癌物质。

聚碳酸酯（PC）

聚碳酸酯（PC）应用在产品制造中，如 CD 和牛奶包装瓶，通常用高毒性的光气制得——从氯气中获得。PC 不需要添加剂但是其生产过程需要溶剂，如二氯甲烷，这是一种致癌物质。其他使用的溶剂包括三氯甲烷，1–2– 二氯丙醇，四氯乙烷和氯苯。现在已经有很多工艺已经发展到从压制盘和 PC 牛奶瓶和水瓶中回收聚碳酸酯，为了向下循环到低质量产品，如箱子或用作建筑设备，或为了混合在较少的原材料中得到瓶子等高级产品。

聚烯烃

聚烯烃如聚乙烯（PE）和聚丙烯（PP）是不需要增塑的较简单聚合物结构，虽然它们需要如 UV 和热稳定剂之类的添加剂，抗氧剂和在一些设备中的缓速剂。聚烯烃和其他的塑料相比危险较低，并具有较高的机械回收潜力。PE 和 PP 都是可多用的和便宜的，能被设计来代替几乎所有的 PVC 应用。在不使用增塑剂情况下，PE 被制成后或硬或柔，PP 容易塑形的特性也有广泛的应用范围。

相比于 PVC，PE 和 PP 使用较少有问题的添加剂就能减少填埋的浸出潜能，减少燃烧时二噁英形成的潜能（假设没使用溴化的 / 氯化的缓释剂）并且减少回收时技术问题和费用。

生物聚合物，如可再生资源的生物可降解塑料，现在被认为有可能替代塑料产品，这些塑料产品或使用寿命短或不适合回收，如食品包装，农业塑料和其他一次性的材料。

从自然生存或生长系统生产的原材料获得的产品制成生物基塑料，比如淀粉和纤维素。生物聚合物的优势是它们很容易降解和被复合。自然聚合物包括纤维素（来自木材、棉花）、角质（固化的蛋白质）和生橡胶；转换的自然聚合物包括硫化橡胶、硫化纤维和酪蛋白。

各种材料的估计分解率

泡沫聚苯乙烯外壳：	>100 万年
塑料桶：	100 万年
玻璃瓶：	100 万年
一次性尿布：	550 年
铝罐：	500 年
锡罐：	90 年
皮鞋：	45 年
塑料袋：	20 年
烟蒂：	5 年
羊毛袜：	1 年
纸袋：	1 个月
香蕉皮：	3 周

塑料在脱气物质（有毒水汽和烟雾的排放者）中名列前茅。那些暴露在排出气体中的人群是化学敏感的；其症状名称是 EI/MCS，即环境疾病 / 化学物质过敏症，治疗这些病的唯一方式是尽量避免接触塑料。

PVC
PU，PS，ABS，PC
PET
PE，PP
生物基聚合物

• 聚氯乙烯（PVC）和其他氯化塑料
• 聚氨酯（PU），聚苯乙烯（PS），丙烯腈—丁二烯—苯乙烯（ABS），聚碳酸酯（PC）
• 乙烯树脂（PET），聚烯烃（PE，PP 等）
• 生物基聚合物

塑料金字塔

垃圾的主体并非是塑料或者其他不可生物降解的材料。在 14t 废渣（这一数据来自 5 年内对 9 个地区的掩埋的研究）中快餐包装只占 45kg（当所有的考虑都放在不可生物降解的苯乙烯泡沫包装上）。事实上，快餐包装、泡沫和一次性尿布的总量占被掩埋的废渣重量 1% 的一半。研究也发现所有塑料的体积，包括泡沫、薄膜和硬玩具、器具和包装，大概是所有废渣的 20%—24%，掩埋的垃圾中比重最大的则是纸张。

除了塑料，环保的建筑材料还可由再循环的材料制得，从压制到脱水再到保温，墙身保温就是由可再循环的报纸制得的。

塑料金字塔

利用塑料金字塔可以对材料的选择作出指导，尽量避免 PVC 的使用，该指导着眼于各种潜在的可替换材料的毒性。它以环境问题和健康问题为基础提供了一个 PVC 定性的范围，强调使用、处理和再循环期间的生产，添加剂和产品污染物排放。

它不包括原材料和能量输入，因此不注明使用寿命分析的所有标准。它为净化产品路线期间的步骤提供了指导。最终，我们再讨论为什么使用这些材料及其必要性。

塑料金字塔是根据它们的毒性划分的塑料的范围。最有争议的塑料 PVC 在金字塔之巅；污染最小的塑料生物基聚合物在金字塔之底。它表示了经济活动中主要塑料正在被替代的过程。如果需要，会添加更多的塑料，根据材料的新信息来改变必要性和合格性，例如根据生产过程或有毒添加剂的使用。

有毒添加剂的添加能明显地改变塑料的环境影响。例如，带有重金属稳定剂的聚烯烃或生物基塑料产品中的氯化石蜡或溴化阻燃剂会明显地增加塑料的危害程度，因此会改变它在塑料金字塔的位置。然而，很多添加剂是持久性有机污染物（POP）并能引起严重的环境危害。

生物基塑料的生产不涉及转基因产品（GMO）或允许生命形式的专利化。

可回收物的储存和收集

设计有利于减少建筑用户所产生的垃圾，以及这些垃圾的搬运、处理、掩埋；

且设计应考虑服务整栋建筑的功能区域，该区域专门用于再循环材料的分离、收集和储存，包括纸张、褶皱的纸板、玻璃、塑料和金属。

建筑再利用：保留现存的墙壁、地板和屋顶

应延长现有建筑的使用寿命、保护资源、保留文化资源、减少垃圾和减少新建筑的环境危害，因为它们与材料加工和运输有关。

尽量保留现存建筑的结构和外貌（外壳和框架，窗户配件和非结构的顶棚材料除外）。

考虑现存建筑的再利用，包括结构、外壳和非外壳部件。移除给建筑用户带来污染危险的部件，改善过期的部件，如窗户配件、机械系统和卫生设备。量化建筑再利用的范围：

- 我们能从掩埋处理转换到建造、拆毁和清理碎屑。这需要设计师更改可回收的资源使其回到加工过程。把可再利用的材料换到适当的地方。
- 设计师必须开发和实施垃圾管理计划，量化材料转换目标。再循环和/或回收大量建造、拆毁和清理的碎屑（至少 50%）。

当地的生产（低运输能量成本）

建筑形式的主要能量成本之一是将材料运输到工程现场。例如，木材本身只有很低的内涵能量，但是如果用船运 200km 到现场，那么它所节省的能量就被运输过程浪费掉了。生态设计师必须尽力增加在本地区（800km 范围内）提取、收获或取得和加工的建筑材料和产品的需求，支持当地经济，减少由运输带来的环境危害。

区别能达到这个目标的材料和材料供应者。在建设期间，设计师需要确认安置了分好类的当地材料，以及量化它们的总比例。

材料选择时，应该鼓励环境可靠的森林管理，并且尽量（但不是限定）使用木基材料和合格产品当木材建筑部件，包括构造框架和普通框架、地板、饰品、家具和非租用的临时建筑设备，比如支柱、混凝土和隔板。

因为绿色认证和标准的不足，加上来自从主要的建筑工业信息资源中获得绿色建筑产品信息的困难，给说明增加了额外的负担。

企业开始使用生态标记作为加工者之间的交流方式，这些标记传达产品和服务对环境的良好影响，并且将其作为选择建成环境的依据。

选择材料有很多不同的方法，并没有绝对的原则。选择产品的准则可能相当主观，一个特殊的产品在一个标准下可能是环保的，但在另一个标准下是不环保的。设计中的权衡取舍以及不同标准之间的选择过程是不可避免的。当然，生态评价系统可能发展为一项对比指导。但是，这要基于部分分析、评价的加权因素和材料之间的比较，所以整体看来不像它所拆分成的各个部分那么容易理解。这样的系统给材料、材料的组装和设备的选择只能提供普通的根据。

一个例子是材料的能量强度指标。能量强度是指用在建筑材料或部件生产上的能量。它可以用能量 / 质量或者体积如 MJ/kg 或 MJ/cm^3 来表示，也可以用能量 / 标准单位如 MJ/m，或 MJ/m^2。

濒危木材种类

山达木	(*Fitzroya cupressoides*)
（智利）人造落叶松，柏树	(*Pilgerodendron uviferum*)
巴西黄檀	(*Dalbergia nigra*)
智利松	(*Araucaria araucania*)
危地马拉冷杉	(*Abies guatemalensis*)
弯叶罗汉松	(*Podocarpus parlatorei*)
非洲柚木	(*Pericopsis elata*)
巴西多柱树	(*Caryocar costaricense*)
中美洲 / 洪都拉斯桃木	(*Swietenia humilis*)
古巴桃花心木	(*Swietenia mahogoni*)
加维兰枫桃	(*Oreomunnea pterocarpa*)
扁枝豆	(*Platymiscium pleiost achyum*)

小结

在生态设计中，对于产品的加工、建造和生产、建筑结构和基础设施，设计者必须选择和使用环保材料。众所周知，在实际情况下，进行的设计对生态系统没有影响是不可能的，因为在建成环境中使用任何材料和生产任何产品都会对外界环境有影响（或大或小）。然而，我们的设计策略是使用对自然环境有最小危害的材料，以及能继续再利用、回收和最终良性回复到自然环境中的材料。选择材料的方法很多；但却没有绝对明确的规则；选择产品的准则可能相当主观，一个特殊的产品在一个标准下可能是环保的，但在另一个标准下是不环保的。不同标准之间的选择过程是不可避免的。生态评价系统能被开发为一项对比指导。但是，这要基于部分分析、评价的加权因素和材料之间的比较，这在总体上是不可理解的。然而，这些能为材料的选择和材料组装或设备提供相比较的根据，选择的基础是与同样类型的其他产品相比危害最小的产品。

B30. 通过设计减少生态系统及生物圈维护的使用及对共享的全球环境的影响（系统性的整合）

生态设计应当考虑并减少建成环境对全球生物圈生态系统的影响。

人类和建成环境间接地利用自然界提供的生态系统服务，比如环境提供的氧气和自然净化的一些资源。在工业进程中排放物都是直接排放到大气中或者水里，或者是轻易地排放到地下。在建成环境中所产生的全球影响，包括使用能源所排放的二氧化碳、酸雨、CFC 与 HCFC 导致的臭氧层破坏、大气和水的污染。据估计 1kWh 电能消耗的能源将排放大约 1kg 二氧化碳到大气中。

由于生物圈的相关性，在我们的建成环境中一个地方排放的污染物将会转移到另一个地方去。一个地方排放的污染物可能会使地球上任意一个地方的水受污染。现在已经有大量的渔场消失或者正在急剧减少，并且人类使大量的海滩变得毫无用处。

大气也是一个单一的生态系统，而且有可能比海洋系统更容易受到破坏。人们无法扔入海里的东西全都烧掉排放到大气中。事实上，燃烧不会消灭任何东西只不过是将它们转换为其他形式而已，影响人们的健康也影响其他的生物体和植物。酸雨是由于在一个地方燃烧矿物燃料所产生的气体在其他的地方降落产生的，杀死树木、污染湖泊并且影响生态系统的产物。空调和冰箱中 CFC 的使用会污染大气，当它释放的时候能破坏臭氧层，而臭氧层能保护生物圈和人类不受太阳发出射线的伤害。

我们不断加大矿物燃料的燃烧直接导致二氧化碳持续不断地排放到大气中，二氧化碳是一种无味气体，可以被植物吸收。但在地球上并没有足够的植物将所有的二氧化碳都转化为光合作用所产生的氧气。因此大气中的二氧化碳持续增多，导致全球变暖。在 20 世纪中，特别是在过去的 25 年内，全球表面温度升高了大约 0.6℃。因此生态设计必须尽可能寻求我们的建成环境再生能力，以抵消全球变暖的影响（见 B7）。

气候类型	示例	基本概要	主要设计问题	规划及城市设计响应	优先选择的建筑形式
炎热潮湿	赤道地区	• 炎热潮湿和季节性的较小气温变化 • 大雨 • 在海拔高的地方比较舒适	• 热量过多 • 湿度很高	• 通风：开口和分布式 • 开放的街道支持风的运动 • 广阔的阴影 • 支持通风的超高层分布式建筑 • 结合建筑高度的变化 • 宽敞，但有遮阳的露天场所 • 遮阳，规划乔木带	• 分布式楼板结构和有开口支持通风的宽松建筑形式
清凉潮湿（温和的）	北美 加拿大	• 多雪 • 多风，大风雪条件 • 夜间严寒	• 低温 • 冬天和夏天的高降水 • 多风	• 供暖（被动和主动） • 混合开放和封闭的形式 • 冬天保护（用建筑物或者树木）上风侧边缘地带 • 统一建筑高度 • 中等分布式露天场所 • 圆形有趣的树木带	• 混合分布式楼板结构和有开口支持通风的宽松建筑形式（适合夏天的条件），控制建筑形式的封闭性（与冬季大风雪的影响抗争） • 在季节中期两种策略之间变化
热干	中东 北非 澳大利亚的大部分 美国的西南部	• 密集的太阳辐射 • 白天和夜晚大的温差 • 沙尘暴；骤雨 • 少多云天气 • 强烈脱水 • 高盐浓度；蒸发超过凝结	• 过于与白天的高温 • 多灰尘和风暴	• 紧凑的样式 • 遮阴的 • 蒸发冷却 • 防护冷却 • 保护城市边缘远离热风 • 上风向地区接近水体 • 狭窄弯曲的邻里小路和巷道 • 统一的城市高度 • 小型、分布式受保护的公共露天场所 • 圆周形有趣的树木带 • 采用地球空间轨道的概念	• 紧凑型楼板和紧型建筑形式
冷干	内陆高原 亚洲中部 西伯利亚中部	• 压迫感和不适感 • 干冷、风力很强的风	• 过于低温加上干燥 • 压迫感很大的风	• 紧凑和集合的模式 • 保护城市的边缘地区 • 狭窄弯曲的临近小路 • 统一的城市高度 • 小型、分布式受保护的公共露天场所 • 圆周形有趣的树木带 • 采用地球空间轨道的概念	• 紧凑和连接型楼板和建筑形式
海岸特性	尤其是沿秘鲁沙漠海岸 智利北部 卡拉哈里－非洲西南部 大海洋海岸—摩洛哥撒哈拉沙漠 墨西哥海岸西北部	• 多暴风雨 • 微风 • 高湿度 • 腐蚀	• 潮湿地区 • 高湿度 • 多风	• 适度分布格式，开放城市边缘地区 • 宽阔的街道垂直连接到海岸接受通风 • 建筑高度的多样性 • 宽阔的公共露天场所 • 遮阴，规划乔木带	• 适度分布式楼板和宽松型建筑形式 • 尤其是在靠近多暴风雨的海岸地区
			• 干燥地区 • 高湿度 • 多风	• 沿海开放，简洁保护土地 • 高层建筑和底层建筑相结合 • 小型受保护的分布式公共露天场所 • 遮阴，规划乔木带	• 紧凑型地板布局和建筑形式，对土地保护性考虑，然而朝海边开放
高山倾斜地区	倾斜度低 中等倾斜度 高倾斜度	• 多风增加空气循环 • 随着海拔升高湿度增加 • 提供健康适度的气候 • 加强吸引人的风景	• 多风	• 半紧凑型：混合紧凑和分布 • 水平街道，提高视觉效果 • 低高度建筑物 • 小型受保护的分布式公共露天场所 • 采用地球空间轨道的概念	• 半紧凑型楼板和建筑形式，结合紧和封闭的布局

气候类型和生态气候城市设计响应

全球生态系统服务包括了对生态系统生物品种的关心。对物种灭绝的担忧是因为这些物种所属的自然生态系统能够为我们提供一些必要的服务；这些服务包括保护水流域、调节当地气候、治理大气质量、处理污染物质、合成和治理土壤。生态系统功能是否正常关系到地球是否有能力来获取太阳释放的能量，并将其转化为化学能的形式，为不到30万种光合自养生物以及人类所依赖的其他1000万种物种提供生命活动中所必需的能量。

森林或鱼群良好的生存状况是否依赖于生态过程、关联及物种三者相互作用的系统，还存在着争议；即便没有工具价值、审美价值或者固有价值，它们也应被社会广泛察觉到。生态经济的重要意义之一或许就在于鉴定这些生态系统的功能如何实现对人类的价值。名词“分担价值”解释了在捕食关系中的物种所得间接利益，这对大众化的物种在数量上的稳定和繁荣多样性是十分必要的，得益于生态系统。所有的物种都有自己的分担价值，任何一种物种的消失都意味着整个生态系统效用价值将会持续递减。

生态系统也负责调节养分循环，这些养分都来自经过风化的矿石和大气，这些养分在维持生命上起到了持续的效用。农作物附近的昆虫数量，总是维持在天然和部分天然生态系统附近，必须有足够多的昆虫给这些农作物授粉，以确保农作物和水果可以结果。人们不需要为这些生态系统服务感到担忧，也不要为生物品种在它们的生活中各自的角色担忧。

在系统整体设计中，方法如下：

吸收作用

所排放的废气必须以适当形式和规模配置于生物圈媒介（大气、水和大地）中，要控制在媒介可吸收这些无污染排放物能力之内，也要在媒介可以自我清洁和自我更新能力之内。

生物降解

排放物——包括正在暴露到大气中的排放物——在短期内将被细菌作用和风化作用所分解。降解时间和所在地吸收类似无机物和有机物的降解物质能力才是关键。之后这些物质在生态系统中可以成为养分（食物）。

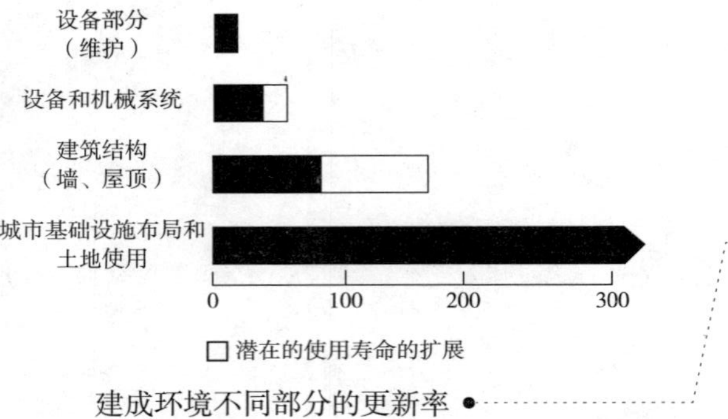

建成环境不同部分的更新率

小结

对设计系统性的整合必须从源头上开始，这意味着要减少设计系统的投入和产出，在开始时减少和消除其对生态系统和生物圈的自然进程及环境介质的依赖，在建成环境的使用期限末期吸收和消化其排放物及产出物。这将减少负面后果及在对生物圈进程所产生的负荷，因为环境中所有的自然生态系统都是相互联系，会产生连锁反应；设计师必须警惕地监测设计系统的输出通过空气、水和土地对生态系统和生物圈造成的影响，以确保我们的建成环境应能服务于我们的星球。

B31. 在全生命周期内对系统整体环境整合水平进行整体设计（产品、结构、基础设施）再评估

设计师应避免片面地遵循生态设计中所有的关键因子，而应将其看做理论上的互动矩阵以进行全面覆盖（见 A5 及 B3）。

C部分
相关思考

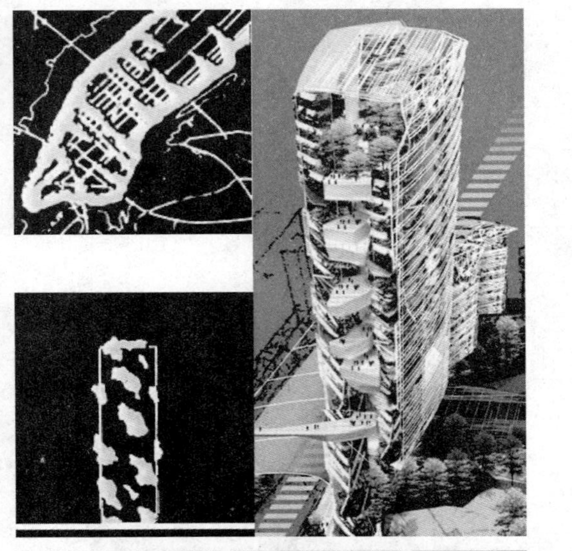

空中庭院详图
（在象堡生态塔，伦敦）

C1. 何为绿色美学

设计师必须关注的一个关键点是准确定位何为绿色美学。绿色建筑或绿色产品应该是什么样的呢?

这是一个令人困惑的问题，目前尚无答案。目前存在的争论是，生态设计或绿色设计不仅是一种建筑风格或审美手段，更是一种哲学或道德选择。在这种情况下，适宜的美学问题仍然存在。每个生态设计师都需要解决什么是绿色美学或什么是适宜的绿色美学的问题。本手册内容已超出生态道德责任和行动中的技术或补救项目清单。必须巧妙地处理设计外形和环境之间的关系，为建筑学和建成环境开发出一套新的以生态为基础的审美标准。审美外观和环境性能都是衡量生态设计师工作水平的标准。

除了满足生态设计中系统方面的要求外，生态对应的结构设施、基础设施或产品必须具有审美愉悦感、经济竞争性和良好的使用性能。如果没有达到这些标准，就可能不会被大众所接受。如果工业界和商业领域只是承认绿色设计的益处而不考虑道德评判，那么生态设计经济学（或生态经济学）就应当合理化。生态设计的审美必须使设计者的解释和观点具有多样性。这样对当今生态设计师进一步提出挑战：什么是绿色美学?

已经清楚的是，无论设计的系统是建筑物还是围墙，其生物和非生物成分含量必须达到平衡，这会对其外观和审美产生巨大影响。现在的趋势过分强调技术成分，当前结果表明绿色设计外观已经远离了自然形象。在其外部区域存在有机质（见B7），主要是在接收阳光的建筑物外部区域，会赋予设计一种模糊或“多毛的”或植被密集的有机审美。一些生态学家主张生态品质应趋于“杂乱”美。对景观有益的可能不好看，好看的不一定对景观有益。功能和外观的差异往往使将表象看做伪装的完美主义者感到忧虑，但这是设计理念固有的内在因素，从这个角度来看，每个设计都是某地区众多可行设计方案之一。

被动式设计选择（B13）同样对（按照所在地气候条件建设的）建筑的外形和朝向有重要影响，在季节性波动较大的地方会很复杂。

生态技术驱动的建筑或设有生态装置系统（如太阳能集热器、双层墙体和烟道系统等）的建筑外观可能比较呆板。而其他建筑外观更自然些。从有效的生物一体化方面来看，建成系统和自然系统之间良性的注重环境的系统整合是生态设计中最重要的方面，其重要性超过审美需求。

为实现未来的可持续发展，世界上的生态设计师应特别关注大型建筑和密集型建筑，尽可能使它们既满足生态要求又充满美感。

生态设计中影响建筑形式的一个方面是当设计师将景观视为建筑形式或基础设施的内在部分时，如何将景观与建筑形式联系起来。例如，景观和建筑形式之间的连续性，可为建筑保留土堤、半埋边缘和半埋连接。值得争辩的是，为实现建筑形式功能一体化，应利用土地和植被（见 B7）与其环境背景融合，以这种方式成为自然环境的一部分——将建筑形式和基础设施与环境背景整合（即景观式建筑和建筑式景观）。设计的审美应当抓住自然界内连通性和生物一体化的真正意义。

景观内生态单元的位置（B7）也会影响到建筑朝向与建筑形式。这些都是垂直整合装置。最终，有将水返还到地面的系统，有处理人类排放污水的生物系统，这些系统均会占用部分地面空间。在这些系统排放物进入生态系统的过程中，要求准确定位生物传感器以便监控污染情况，并要求考虑生态系统的承载能力。

边缘种植（Boustead Tower，1985 年）

小结

20 世纪 70 年代，由于当时的建筑形式并不美观，为利用太阳能所付出的努力以失败告终；最终努力的效果并不好，且通常都不具有成本效益。如果曾经我们需要的是优秀的设计师，那么现在以环境为基础的建筑的审美需要得到广泛认可。低能耗生态设计策略和解决方案适用于各种设计师建筑风格，随着生态设计的发展，有一些生态决定性因素会影响建筑配置、材料使用范围和因装饰过度产生的边石材料。由于设计初期是提高建筑环境性能的最佳时机，如果绿色设计是个持久的观点，那么我们就必须在开始阶段使建成环境具有生态反应性，而且要尽量去发展其生态审美特点。因实施生态设计和规划原理而彻底改变生态响应和可持续设计途径的价值体系，因为其自身的优点最终可能形成一套新的生态审美学。

该模型效仿了热带雨林的风格——树木排列紧密，树冠平坦宽阔，就像拼图的小块一样与相邻树冠相互接合。可以看到这些树冠相互交织。树上长出枝干，枝干上又长出叶子，一切井然有序很少重叠。每片叶子的位置可以使它吸收充足的阳光从而有效地进行光合作用。

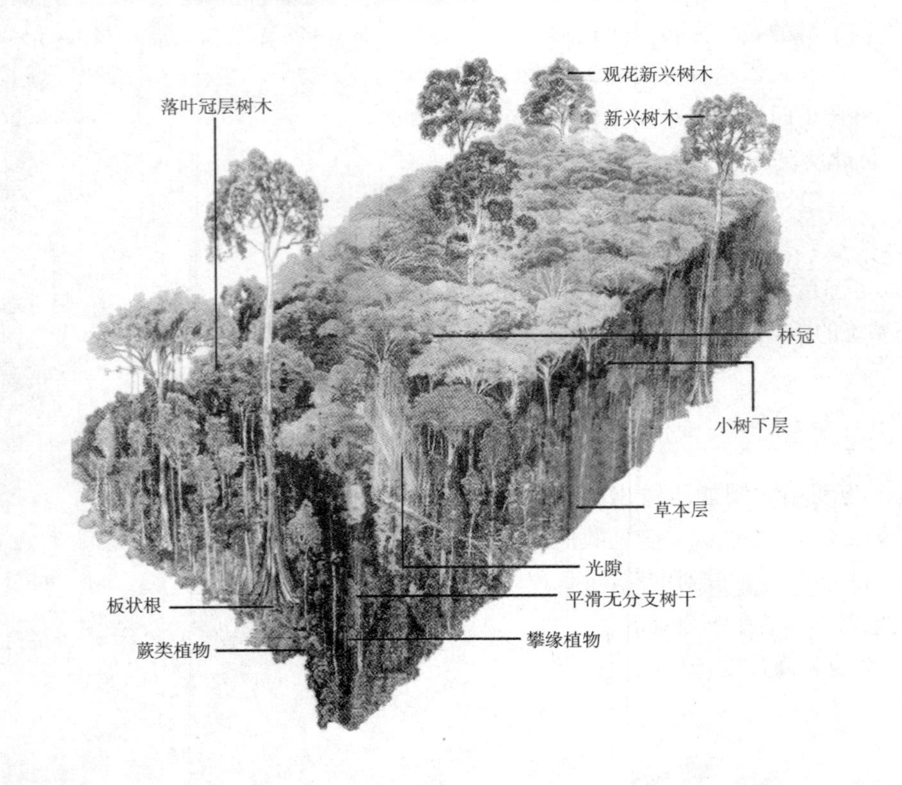

C2. 实践问题

如果生态设计可达到的最佳效果仅仅是建设一些生态构筑物、保留自然植被区、建设自行车道、发展废物回收产业、建设野生动物生境通道或有机农业土地，那么我们就不可能拯救世界，确保未来可持续发展。全球经济、政治、社会机构需要更大的转变，需依照生态规则进行大刀阔斧的改革。自古以来，人类文明的每个阶段都是控制自然、阻碍自然的标志。建筑物具有建筑外围，其目的是将自然极端温度隔离在室外。人造公园和花园将植物生长能量转移到人工培养的作物上，开采铁矿，砍伐树木获得木材等。

阻碍实际开展生态设计的其他方面包括：

- 环境设计业的工作方法抑制变化。生态设计的工作程序必须是在设计系统规划各阶段以及扩展生命周期中为人类社会和其他受影响物种寻求最佳解决方案。
- 绿色设计导致成本增加。相反，由于取消或减少了机械组件，绿色建筑的费用并没有超过常规建筑。
- 目前的生态实践中处理内部矛盾需要花费大量时间，这在生态角度上是不可容忍的。例如，通常会在化石燃料燃烧、建筑影响和结构性能之间取折中方案。
- 现在很多专业人员并没有必需的生态学和生态设计背景，无法充分理解生态方法。学生（集中一年时间接受环境设计原理培训的研究生）通常没有时间将他们的设计方式融合到新的实践当中。早期“生态设计”如此杂乱且不完整的原因之一是：生态设计是一门交叉学科。大多数设计师缺乏生态学、生物学及其他环境问题相关领域的知识。本书所阐述的理论为综合设计框架奠定了基础，一系列复杂的相互依存关系可以作为设计的考虑因素；否则，“生态设计”会变得零零散散或呈直线延续。因此，相互影响的框架是整体设计理论的核心。

新兴的知识和研究领域很多（例如资源保护、污染控制和低能耗工程），更高级生态设计的标准会越来越复杂。这会给进行实践的设计师带来更多压力，因为太多解决问题的可用信息已经超出他们的吸收能力。为了继续进行下去，设计必须具有选择性而且能对设计问题背景下最重要的问题做出反应。

- 在实际操作中，在生态设计成为一个经济可行性的课题之前，生态设计只对具有正义感，心有敬畏或开明的设计师有吸引力。
- 生态设计需求来自某一个学科，但却需要很多其他学科的知识。知识越复杂，建筑师掌握的难度就越大。而一些设计咨询工具（导则、范例、标准）让设计师对究竟什么是生态设计感到困惑。
- 使用给定资源对环境造成的影响要追溯到它成为可用资源的过程；设计师通常不会考虑材料寿命的早期阶段，他们经过培训，总是习惯性地考虑将各部件组装到某项目场地的结构中。例如，哪个设计师会主动考虑开采建筑项目所用金属及其他相关开采工艺是否会破坏自然生境？而设计师应该知道当含有矿物质的岩石运出矿场时，废弃的岩石通常会被丢弃在附近的尾矿或露天垃圾场。不断增长的需求降低了矿物存储量，并且推动了低级矿的开采，用于开采矿藏的土地面积急剧增加，同时也增加了废弃岩石的数量。在建筑材料开采、运输和加工过程中不仅消耗了大量能源和材料，同时还会产生大量废弃材料和废弃能源。
- 提炼过程产生的固体废弃物产品和废气必须排放到环境中。当矿藏中的矿产资源耗尽时，我们就只能面对满是空洞、石山、零乱建筑物和废旧机器的萧条景象。矿藏废弃数十年后，地球表面露天的断层会导致有毒有害物质进入地下水，产生有害的径流。废弃物循环、破坏和能源消耗的过程是无限蔓延的。恢复一个被严重破坏的景观需要耗费更多能源和材料资源。除矿场以外，产品的运输、在建成环境中的使用及其最终处理甚至会消耗更多的能源和材料并产生更多废弃产品。要时刻谨记，没有任何过程是发生在真空环境中的：都需要植物、机械、建筑外围和能源材料的供应才能持续。
- 建筑效率低的原因之一是，建筑师和工程师的报酬通常直接或间接地与建筑本身的造价或建筑所用设备的价值的百分比相关。尽量不使用昂贵设备的设计师最终得到的报酬很低或刚能抵消所付出的巨大工作努力。

- 现在人类进步的观念还有待改进。我们要重新思考“文明”的边界。我们将人类文明视为“人类与大自然的关系”，而不是人类艺术文化和科学技术的进步。这允许我们将文明视为人类社会对自然环境的改造程度。
- 我们需要重新评估人类需求，制定合理的目标。如果不考虑产品最终用户——即人类社会本身——的生活习惯和生活水平，这样的可持续发展设计就是不完整的（也是没有意义的）。必须解决社会过度消耗的根本原因及其对环境的作用。在这样一个逐步全球化的时代，贸易使我们低估了当地自然资本的价值，并对过度消耗的后果熟视无睹，在遥远的出口区域尤其如此。当前，社会正处于自然系统量重于质——多优于好的风气占上风的时期。当然，这通常是西方国家的观念。各国尤其是能源消耗量高的社会（如北美）必须清楚地认识到这一点，他们认为少不一定代表不好，而是代表与众不同。其他文化的处理方式更少。全球的环境问题通常归咎于人们日益提高的生活水平需求，以及对景观造成污染或破坏的技术和实践的传播。如果全世界每个人都利用现有技术努力达到美国当前的消费水平，那么还需要四个地球来满足全人类的需求。

从生态世界的观点来看，我们应当用更全面而真实的发展指标（EPI）来取代常规的国内生产总值（GNP），其中包括对经济活动环境成本的估计。

探讨生态设计

通过不断扩大自身数量并提高经济水平，是否就可以漠不关心、恣意地以最恶劣的方式对整个星球开展屠杀和破坏，是否有物种通过这种方式向前发展呢？现代人难道不应利用物种的净化能力进行感知和分析，以便中止和判断人类行为的潜在后果并降低他们的集体破坏性吗？尽管没有获得普遍的政治支持，是否应该重新思考全球价值系统，是否应该让人口数量和经济增长的需求凌驾于其他几乎所有价值之上？

到目前为止，21 世纪最严重的环境问题不仅仅是生境丧失、臭氧耗竭、化学污染、外来物种入侵、气候变化等问题，而是所有问题的集中爆发。

生态学家担心生态系统或物种的承载力有限，不足以承受人类的破坏，因此提议人类减轻负荷，哪怕是通过调整经济成本（这些忠告具有经济可行性），而经济学家也提醒我们，用于实现宏伟目标的人力、技术和经济资源是有限的，我们无法承担所有避免潜在生态影响的措施。我们不可能（即使知道该如何做）取代所有的自然生态系统功能（如害虫防控，更不用说取代趋于灭绝的物种）。因为就像生态学家所提醒的那样，物种一旦消失，就永远消失了。将我们的环境未来抵押出去或把寻找解决方案的负担留给后代的做法既不负责任也不经济。尽管经济学家反驳说，我们为后代留下了更多的财富去解决这些问题。通过文化二分法来寻找价值平衡点是政治活动经常采取的方法。但应注意该方法仅在决策过程中表达价值时起一定作用，如果因为夸张和令人困惑的争论而变得混乱，就很难发挥作用。

重新思考设计的本质、方法和目标

- 建筑是一门多学科综合的社会艺术，而生态学是一门自然科学，包含人类在自然环境中的生存问题——人类不断利用并改造环境，逐渐削弱了物种的可持续发展。设计师必须通过生态设计找到将二者合并在一起的方法。
- 建筑是人们改变自然环境的首要方法之一，不仅是移动位置，而且要由远及近地利用资源进行建筑施工。在逻辑上要遵从设计师和建筑师的要求，他们负责创造建筑结构，如果要降低人类建筑施工对自然系统的影响（它们有着共同的生物圈），我们就应多了解、掌握建筑和环境之间的相互作用。必须修改建筑学教育和实践以及产品的工业设计，要包括对系统设计、系统应用以及最终处理的生态学分析。
- 生态设计的需求不再是争论的焦点，而在设计实施中需要将全面的“绿色”方法具体化，包括建筑学、规划、工程和产品设计。例如，建筑理论分为两大阵营，这两大阵营能够分别改善空间和气候模式。真正的生态方法同时包括这两个方面。任何建筑结构在其环境中都会明显引起空间位移，并且通过建筑结构运营改变气候和自然环境。

生态设计进一步包含了建筑产品和建成环境的相互作用，该作用超过了空间位移和工程现场的作用效果。因此，建筑结构内能源与资源的类型和数量，以及能源开采的来源和环境作用都要考虑到。在运转方面，必须检查建成环境的内部进程及产出，生态系统的反应或“反馈”作为生态系统努力吸出产出的结果也应该受到检查。相互作用的四个组件与建成环境对地球生态系统提出的一系列要求相对应。每个都与其他学科相关联，例如关于污染、环保和节能等。因此，必须加强研究生态设计和环境改造问题的根本依据，才能促进框架进一步发展。

- 生态学家显然比较关注建筑学和建成环境的系统性方面，而不是审美或社会层面（尽管这些方面可能会间接造成生态影响，如对生态系统中的人类行为产生影响）。生态学家更感兴趣的是能源和材料的消耗，以及能源和材料从源头到环境汇的流动。对生态学家来说，建筑物、建成构筑物或设施是以短暂的人造建筑形式消耗资源的机器，位于某特定工程现场，但它与生物圈的大规模作用相关。从生态学角度讲，建筑物同样是一个潜在的废弃产品，要像软饮料包装或塑料瓶一样循环使用。设计师可能不愿意这样看待他们的作品，仍然保留传统观念，将建筑物视为建筑师的审美和使用建筑物自身功能的副产品。然而，建筑物要同时具备这两方面内容。它是具有特定社会和经济功能的构筑物，将个体或群体的审美理论具体化，同时，作为创造和运营的结果，需要一定的资源并产生一定的环境影响。
- 建筑师专业职责的传统概念同样会扩展。比如，如果设计师意识到采用某种有毒的能源和材料可能会造成不良影响，他 / 她必须对可能产生的生态作用负责。从绿色观点来看，设计师要对材料和系统的选用负责，还要负责构筑物及其组件的使用方式、回收利用或建筑生命末期的处理方式。另外，建筑师不愿意接受他们的建筑总有一天会被拆除或取代的观点，更喜欢用永恒的审美角度去考虑；但是这样的观点并没有意识到可持续建筑实施的需求以及对环境和自然资源的保护。显然，建造城市建筑所消耗的资源总量会很大；这些材料最终是否会成为废弃物在很大程度上取决于建造之前的设计选择，这就是设计师的职责。能源和材料的使用对生态环境的影响需要进一步研究。但如果这里所说的职责由建筑师来承担，似乎负担过重，应当记住这也是指导和决定人类如何与自然环境相互作用的重要机会，同时也决定了人类的行为方式是否能够使其生存模式实现可持续发展。

- 我们需要监控建筑形式的整个生命周期从而确定它的生态影响，需要在合适的位置上安装监控系统。因此，在项目场地上建成建筑物并不代表建筑师和设计师的工作结束了，而是继续“从源头到目的地”全过程。目前已经有很多关于设计方法的资料文献，提出了多种多样的方法建议。在设计问题方面，设计师必须使各组件都具备一定的重要性，从而达到平衡，这样可以在这种情况下使用某种方法，另一种情况下使用另一种方法。这种逐案法根据不同的环境需求采用了不同的方法，从责任和生态学角度来看都是有效的设计方法。不同方法的优缺点各异；由于技术和系统不断发展进步，其成本和收益会随着时间的推移而发生变化。因此，不可能预选一套设计问题的标准解决方案；我们所能做的是为设计师提供设计宗旨和工作方式，这些是可更新可持续的，与当前创造有效设计综合体系可用的最佳知识相对应。
- 我们现在仍处于生态设计和生态技术的早期阶段，我们只能预测设计师应考虑的设计选择。分块矩阵（Partitioned Matrix）中规定的相互作用总是存在的，生态问题的技术解决方案将不断演化发展。最初的设计决定十分重要，并且需要进一步研究。如上文所述，这些将决定环境失调和破坏的程度，以及预防或改善行动的范围和可行性。
- 人类通过行为改变环境，并不一定具有固有的破坏性。分块矩阵对环境影响进行了量化，反映了对生态系统以及相应（需减缓的）资源的影响程度。设计师的任务是将设计系统和周围生态系统整合，从而降低消极影响，并通过设计技巧的介入与环境达到“稳态”关系。需进一步研究获取量化数据来支持生态设计，研究涉及分块矩阵中指定的有相互作用的领域，并且将贯穿建筑物的整个使用寿命周期。一些需要量化发展的部分是建筑所用的能源和材料数量；这些资源的全球可用性和消耗率；各项投入的生态结果；建筑输出的许可水平，以及通过生态系统的这些输出物的排放路径；产出管理的能源和材料成本；建筑运营系统的合适性与效率；系统过程的内在化程度；运营系统过程的生态后果；建筑周围生态系统的生物多样性和适应力；对建筑自然系统的全球影响；对其他人造系统的影响；以及可再生和不可再生资源的全球影响。

- 生态设计并不意味着整个生物圈应脱离人类的介入而成为一个自然保护区。不论人类介入与否，生态系统都会改变；生态设计的目标只是尽可能以损害最小的方式管理人类和环境之间的相互作用，将生态系统和生物圈资源的局限考虑在内，以最可持续的方式利用生态系统和生物圈资源。原则上说，建筑物实际上是可以产生有益的生态影响的。关键的设计选择会决定是否能达到积极的效果以及效果如何。设计中有组织、有条理地运用生态准则的相关方法仍在完善；不幸的是，在很多情况下，并没有能够达到期望效果的信息、理论和实际应用。到目前为止，建筑系统对生态系统的改造在很大程度上被忽视或误解，无法预料的效果并不罕见。生态设计要求改变我们现有的建成环境和产品，创造新的建成环境和产品并投入使用，个人和集体都要与自然系统相一致。问题在于我们是否能够很好地理解自然界的复杂性（B5），以便成功地进行整合（A1 和 B3）和效仿（A4）。例如，我们当今理解自然的方法仍然依赖于传统的还原科学。生态分析仍然不能完全掌握自然界各系统的协同作用和它们之间复杂的相互关系。研究人员应付出更多努力，以便更深刻地理解建成环境的环境影响，将其视为设计和规划的常规部分，以适合设计分析的方式收集数据供设计师在设计前参考使用。
- 我们的知识与实践之间的差距不应阻碍设计师在设计中考虑生态因素。当无法准确量化数据时，可以利用一些指标（比如水质指标）。应当遵循较好的经验数据。提供监控系统有助于促进环境保护系统的完善，这是十分必要的。由于尚未识别或估计到很多潜在的危险污染物，所以此时需要更多数据。我们还需要进一步研究相互作用框架的四个要素，搜集关于建成环境投入与产出、生态系统各体系之间的相互作用以及建成环境等其他因素的可靠数据。

- 当然，更大的社会使用形式，以及可持续资源消耗和保护的压力或愿望等因素都超越了设计师的权利范围。但是，一个具有生态学思维的设计师至少可以“购买时间”，直到社会形成更多的生态消费习惯和更负责任的价值体系与生活方式——就像设计师不得不等待新环保技术的开发一样，不过我们可以利用现有最好的可用技术（通过快速原型法成为可用技术），同时应考虑到未来发展。绿色设计的追求本身就是促进人们改变关于自然界与建成环境关系的思维，同时激励新的、“绿色”技术的发展。建筑师和设计师没有理由不引导这样的发展，他们不应只是等待出现这样的发展。他们有一切理由让建成环境尽可能越绿越好。
- 设计师应具备什么基本知识？生产人工制品时，我们应怎样运用这些原理？我们怎样从其他学科获取知识，而不是仅应用我们已掌握的知识？过去，我们曾采用的一种方法是设计师扩展学科知识面，与其他领域重叠。例如，建筑学教育越来越需要其他学科的固有知识，而这些学科也在迅速扩展知识面。知识面越广，设计师被迫将知识转化成信息的量就越大。结果，设计师常常挪用其他学科的知识来不断扩充策略数据库，从中挑选适合当前设计任务或项目的信息。知识越复杂，设计师的改动就越大。设计咨询工具通过限制性选择和最佳化过程来引导设计师，然而定额制度（例如 LEED 和 BREEAM 等）使设计师完全脱离了决策过程。不管名字是什么——咨询、指导方针、先决条件或标准——这种方法使我们无法摆脱已经完成的事情。预定结果服从形成预期解决方案所必需的知识：例如可持续产品或建成环境。
- 共同的主题能够将多个学科集合起来。在生态设计中，设计师想要生产人工制品或制订解决方案时，其他人可能想要了解的只是某个现象。
- 我们需要把自己的背景环境建成为解决环境影响较大问题的一部分。我们的背景可缩小为“可持续设计系统”，而我们一直在做的事却恰恰相反。我们认为建筑结构、设施、基础设施和产品都是独立存在的个体，优化了以上各方面的能源消耗情况，我们就尽到了自己的责任。通过可定义和指定的产品、策略，或人工制品，这种对背景的限定确保了建筑和设计的常规实施不会改变，而且以我们最容易理解的方式引进了新的“解决方案”。

- 如果我们将研究背景从解决方案扩展为问题本身会如何呢？比如，在建筑物中，我们关注的是更有效的照明系统而不是建筑设计，我们能否问一问人类需要什么才能看见其他东西吗？我们能否向前回溯，问问自己我们的行为对环境退化有什么影响而不是将注意力集中到可持续建筑设计上呢？最终，我们自然会回到解决方案上来，作为设计师，我们要制造东西。然而，在制造东西以外，我们要进行更深更广的思考。

确保生态设计的一个普遍实施方法就是立法，重新编写生态设计的规则和建筑法规。例如，当今的法规忽略了以下方面的环境影响：

- 资源；
- 资源获取和消耗；
- 资源运输；
- 制造工艺；
- 资源利用效率；
- 在构筑物使用寿命末期，资源能否再利用或再循环；
- 资源利用后的处理和重新整合；
- 材料的具体化能源；
- 在建成环境中，各项活动对全球变暖的影响。

小结

21 世纪，建成环境和产品的建筑和设计都处于振奋人心的实验性阶段，但由于过度简化建筑学 – 技术 – 环境学之间的复杂关系，我们可能会重复 20 世纪前人所犯的错误。

为创造一个生态可持续的未来，生态设计并不应仅是依靠设计师和其他有关设计领域的人对设计方法进行修改。生态设计作为一项活动，不是并且也不应该是设计师独有的领域。在任何情况下，由于设计具有跨学科综合性，能够包容地方差异和专长，设计都被其他学科当做一种概念。

不仅是设计师，其他学科的关键决策者，以及商场和政界有能力推动工业和社会经济、哲学和审美价值深入变革的人，都应该采用这里提到的生态设计和说明。在此次重新确定方向的同时，我们应对当前建成环境技术、政治和经济进行无情的批判，努力在全球范围内实现简单的共同目标，即我们人类利用自然环境作用或建造的一切事物实现友好而紧密的生物整合。

C3. 生态设计的未来：作为人工－自然系统生物整合设计并行基础的修复设计

修复设计是医生和外科医生对人造人体部件的设计，生态设计可从修复设计的整合问题中学习经验。修复学探索的是人造人体器官或部件与人体宿主之间的有效生物整合。而建成环境设计同样探索的是人造设计系统与宿主生物体（即生物圈中的生态系统）之间的有效生物整合。

我们可以将生态设计同修复设计进行类比，两者的共同问题是人造系统与其宿主生物体系统的生物整合。该类比与设计师寻求整合建成环境与自然环境的解决方案相关。

修复学是外科的一个分支（包括牙科），是处理人造装置或假肢的学科，指的是附加或嵌入人体的机械、电子或混合装置，以便替代、补充或提高失去的或有缺陷以及病变的人体器官和部件的功能。其中包括人造手臂、人造腿、人造乳房、人造膝盖骨等等，这些人造器官与人体的自身部位相冲突。由于进行的这些设计代表人体组织、器官、部位的精确仿生学，所以可将其视为对人造器官制造商的最终挑战。

生态设计中，我们所设计的系统类似于修复系统（或人造系统），它们都必须与宿主生物体有效整合。对修复装置来说，其宿主生物体是人体，将其附加在人体上是否成功，这取决于人造修复系统和自然宿主生物体之间的共生整合的有效性，以及人造系统本身的性能。对建成环境来说，相应的宿主生物体是生态系统，其设计是否能够成功取决于整合有效性、设计系统本身的性能，以及人造建成环境和生物圈中生态系统之间的共生关系。

因此，可以将生态设计看做修复设计的一种形式，建成环境设计类似于修复装置和宿主人体间的关系设计；以此类比，我们必须注意到与有整体特性的机器和机械系统有机组织不同的是，它们的整体大于各部件之和。通过类比，建成环境的设

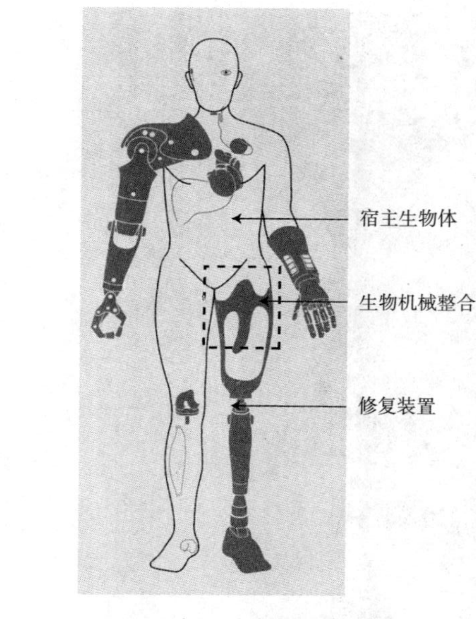

● 生态设计类似于修复设计

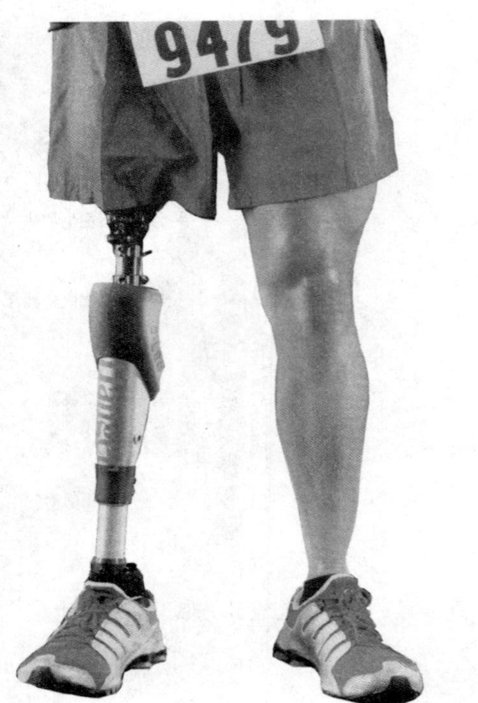

修复腿

计不仅要机械整合，还应与生态系统、性能、工艺和流程实现整体整合。建成环境绝不能成为生物圈的机械附加。

系统与宿主的有效整合对于生态设计和修复学来说同等重要。例如，有效的义肢必须同它的宿主生物体系统进行良好的整合。我们应当注意到，简易义肢的整合程度处于生理机能水平。而更精密的整合水平是依附宿主生物体的神经系统，这样的修复术涉及内部裸露伤口的嵌入物，有脓毒性感染的潜在危险。

然而在修复学中，除了裸露伤口的嵌入物以外，系统与宿主的整合也会受到外部影响。例如，利用幻肢反应与外部接收装置，可将宿主生物体对假肢的指示通过身体接触传递给外部。

由此类推，建筑物（或者建成环境）可以看做是一套生命－支持系统和附加系统的结合体，二者都嵌入特定位置的生态系统中。其实际存在（即建筑形式足迹，全部质量和相关基础设施）及其内部流动和过程都必须与所在位置的系统、生态流、能源与材料以及有机体的过程相整合（见 B3，B7，B23）。

怎样以良好完整的形式实现有效整合是生态设计的关键问题。我们可能把那些不与自然环境相整合的设计看做同生态环境分离的人工制品，因此不具有生态性。人工制品只不过是生态系统中的一个物体，更糟的是，如果将它们不断堆积或累积起来，则会成为又一个人为产生的废弃产品，且无法进入自然循环。

总的来说，人们发现环境整合是有缺失或有缺陷的，在某些地方人工制品会导致环境问题和破坏。所有的人造系统和结构，确切地说是人类所创造的一切，如果与自然环境的生态过程相分离，那么它们就会成为废弃物和无法整合的人工制品。从生态学观点来看，它们是人造外来物体，与自然物体相对立。人造物体和物理差别产生了如何与自然环境进行有效重整的问题。通过比较，我们发现在生态系统中不存在这个问题。因为生态系统没有废弃物，系统中生物体产生的所有物质通常都会通过循环回到生物系统中。

人造这个概念在这里用来指人造的且不能进行重整的人工制品、物品、部件和建筑形式。在不额外使用不可再生能源或燃烧时，大部分都是无机且非生物降解的，并且不易与自然重整。这就是必须从人造建成环境中消除的人造物。

此外，整合和重整不能一次性完成。整合过程必须持续建筑的整个生命周期，从进化和产生开始，经过使用和运营阶段，直至在生态系统中毁坏或拆除。

如今，技术复杂的修复装置与其生物体宿主（人类）之间的关系就如同我们对生态圈（我们的宿主生物体）生产力和生命支持服务的依赖状态一样，尽管我们的设计（义肢）技术越来越熟练。这种依赖性重申了其基础前提，即生态设计基本上是与建成环境设计相关的，是整个生命周期中人工系统与自然生态系统机械和有机的组成。这里暗示的是，我们应当以对自然环境有益的方式最终整合，使人工修复系统和自然宿主系统成功运转，并且不会失误或失败。

通过了解生物机械学、生物技术和生物机械的相互关系可以获得很多信息。通过类比，如果我们观察假肢，例如手臂或腿假体，那么如前所说，整合的设计问题基本上是一个物理的或生物机械的设计。对于更复杂的修复装置和系统，如人造器官，设计问题可以超越机械整合，扩展成器官、系统和时间的整合，其情形具有十分核心的价值。

从人类伦理上讲，修复装置与人体整合会产生更大的差异。有几种这样的整合方式也同样适合于生态设计：机械整合、附加整合以及器官性整合。通过类比可发现，这些方法可能使建成环境与其宿主生物体（即自然环境）相整合。

例如人耳——最常见的附属机械装置是助听器。更高级的人造机器或生物体与假体在耳内整合，如耳蜗植入的使用就是通过直接的电－神经连接使聋人再次听见声音。植入忽略了耳蜗损坏情况，接收声音并转换为信号经由电极传递给听觉神经附近的细胞。

植入物可以是一个简单的电子设备，它将耳内扩音器接收到的多重声音频率分离，并通过电极输出频率为6或相当频率的声音，该装置植入耳内神经元旁，通常接收来自传感细胞（转换耳蜗毛细胞的运动）的信号。依靠植入，设置在不同位置

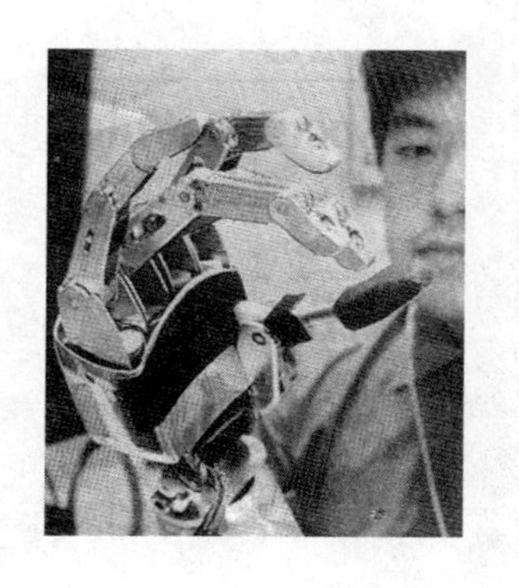

改进的假手

的 8—22 个电极点可以发出信号，使大脑刺激的范围和频率达到最高程度。扩音器戴在耳后以便接收声音，声音传送到处理器转录为编码信号并传送到传线圈。随后传线圈通过无线电波发出信号，经过皮肤回到植入接收器。虽然是电极—神经直接连接，但因为需要扩音器和传线圈，该系统不可完全内置。

比起仅能放大音量的常规助听器，使用植入物可使失聪的人们清楚地了解谈话内容。这些人造耳蜗的电极是永久植入的，所以它在硅装置和患者神经系统之间建立了直接电路连接。由此类比，生态设计也是如此，我们可以在自然环境中建立环境生物传感器和催化剂连接网，这相当于自然环境的植入物，我们可以利用此装置监控建成环境和生态系统各环节之间的相互关系。

另一个实例是视力的修复和提高，它最近流行于人类试验中。它是在盲人（一定失明程度，例如眼部肌肉退化）眼内植入视网膜芯片，使之有简单的视觉知觉。视网膜植入物是一个硅网膜。硅晶片仅有 2mm 宽，含有 5000 个太阳能单元，可将光转化成电脉冲，并通过视觉神经传递给大脑。在另一个系统中，用病人眼镜上的相机捕捉图像并传递给植入装置。它需要用电池组磁性将电力传送到耳后佩戴的接收器上，将电能传递给植入物从而刺激神经元。目前的植入物有 16 个电极，而下一代植入物可包含 100 个电极。由于人眼固有的复杂性，眼睛植入比耳朵的人造耳蜗更复杂，它们需要与有着数万个不同神经或神经元的宿主生物体神经系统连接。例如，生态系统中的生态设计是在生态系统中直接嵌入植入物，这样可以提高生态系统的分解回收能力，扩展生态系统的承载力，甚至促进光合作用。

对截肢患者来说，假肢比外观明显的机械附件要微妙得多，通常由金属轴、充满磁限（magneto-restrictive）液体的关节、单板电脑、电池组、连接头和宽松的线束构成，它既没有无菌包装也没有将零件都显露出来。

假体设计中需要注意的是，无须总是进行高度复杂的整合。按照上述实例，我们可能建议在假臂和假腿残余部分的神经之间建立相似的神经连接。然而，人们对此并没有太大热情，这是因为对假腿来说，直接神经连接的益处不足以弥补随之而来的问题。

有机整合的另一个问题是宿主生物体（即人体）对嵌入其中的人造物质或外来物质有排异作用，该领域需要大量研究和开发。再次通过类比可发现，生态系统有许多生物和微生物过程，生态设计中很难对其进行整合或模仿，和假肢裸露伤口的脓毒性感染问题一样，这些都是需要解决的重大挑战。至于建成环境，自然界中没有可进行生物降解的人工材料，我们很多产品都要经过漫长的降解和重整过程。受损的生态系统类似于自然生态系统对人造建成环境的排异或消极反应作用的实例。

建立与假肢器官之间的神经连接，其益处可能大大超过了假肢。最新技术是在切断的神经细胞群中心植入有孔洞的硅芯片。人类神经可通过孔洞和回路再生长，以测量神经内的电活动和并将自身的信号注入神经。芯片与设置在外部皮肤上的检测器进行无线电沟通。与此类似，建成环境的无机构件设计也可采用孔洞、空隙和齿孔，以使生态系统中的关键有机构件穿过孔洞生长。假肢设计的新发展是采用内置微处理器的假肢，这样有助于肢体更自然地活动；同时还设有内置传感器用来测量运动和力。

即便是人造心脏，其整合水平主要也是机械整合，但是它的有机整合水平不断上升。“生物兼容性”的首个成功案例是人造心脏。在发展方面，这项开拓性生物机械整合是第一个用内部人造人体结构的手术。不幸的是，早期的病人易受感染，最后很多人备受煎熬并死于并发症。然而从那时起，成百上千位接受心脏移植手术的患者中，有的成功运用了型号较小的人造心脏。近期研制的心脏泵或心脏辅助泵，可以辅助衰弱的心脏，但其同样是一个机械构件。

即便是技术最先进的人造心脏，这种人造器官仍然需要外部能源提供动力（例如外部充电的电池）。我们仍然无法设计出依靠人体能量自行驱动的人造心脏。相似地，人造建成环境仍然不能完全依赖开发太阳能或其他环境能源来满足自身动力需求，仍主要依靠不可再生能源，如化石燃料。进一步类比，生物整合（对于建成环境来说是生态整合）的成功可能是由于创造了混合体，混合体既不是人造的也不是有机的，而是两者的成功结合。

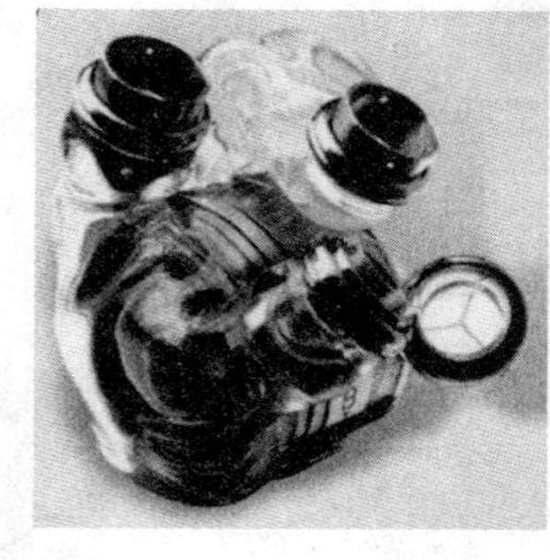

• 人造心脏（外部能量来源）

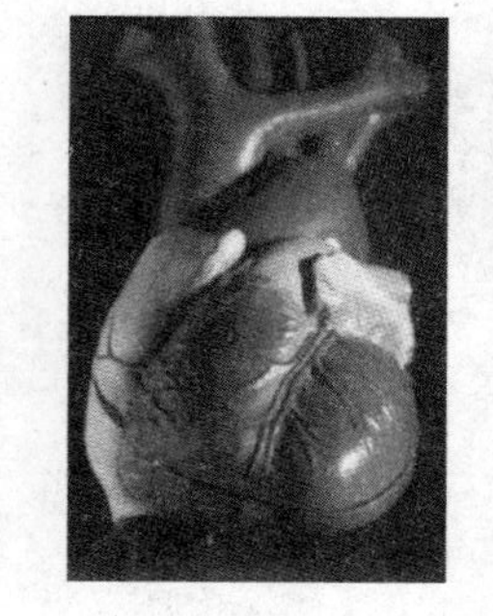

• 成活率

肺
肺循环
右心房
主动脉
左心房
右心室
左心室
静脉血流
动脉血流
体循环
系统毛细血管床

人体循环系统

•人造心脏（要求）同时进行机械整合和生物整合

就医学界的人造混合体来说，现在已经有成千上万个人类“混合体”。从功能上看，这些人是半人半机械；一些人体内有直接与神经系统连接的电子植入物，因此发挥的功能更好一些。广义来说，生态设计的未来也在于将建成环境与人工产物混合，使其成为半生态系统半人造的设计。

就假肢和其他人造器官而言，随着技术进步，未来可以真正地实现将有机与人造器官整合为混合体。例如，假肢永久安装到病人的骨骼中，皮肤与修复表层融合在一起，在技术上可以实现用线路将人脑与手臂甚至腿连接起来。将来的生态设计中，建成环境也可能以类似的复杂水平与自然环境整合。

近期，相对于上述完全人造机器假肢在人体中的使用，研究者利用有机质，例如有机培养肌肉（取自其他哺乳动物），取代机械电动机并且最终制造出有生物肌肉的假肢。与机械添加及整合相对的是有机或整体的假肢整合，包括通过基因疗法对人体细胞层的处理。类比于生态设计则是在生态系统保护中生物技术的使用。未来，成功的生态设计取决于设计的生物技术建成环境（例如材料的生态循环和再生以及能量的生产）。这里，与假肢一样，设计解决方案成了人工材料（例如硅和钢）与生物物质的有效结合。理想结果是有机物和修复物之间的差异消失，成为真正的混合体。

我们必须明白，采用当今技术进行简单的器官移植要求有一支庞大的高技术专业团队的合作和支持。要有专人负责器官摘除、组织分类和保存。这同样可用于建成环境生物整合的早期尝试。

就遗传研究来说，插入或消除遗传物质并不是最新的技术。它仅是充分利用了研究者使全部构件相互联系的方法。真正的挑战是通过类比完成由计算机和中心处理器进行的再设计。将这些应用于基因工程，虽然完成再设计仍然超出现有能力，但一些工作已经在中间过程中启动。也许，30年后，将可能在生命有机体内编制细胞。工程生物学和生物技术将使机械技术黯然失色。到那时，假肢技术已经合并到生物技术中，并进一步融入生态技术。

现在很多生态设计师设计的建筑物、构筑物及产品部分类似于人造假肢装置。然而，下一步是将其扩展为系统和网络分析，使得建成环境与其宿主生物系统（生物圈中的生态系统）实现物理的、系统的、暂时的良好整合。假肢系统可能模仿生物体对环境变化的反应，主要体现在以下可塑性类型：

- 形态可塑性（生物体拥有一个以上的身体形态）；
- 生理适应性（生物体组织为适应压力可以改变自身）；
- 行为灵活性（生物体可以做些新鲜的或之前没做过的事）；
- 智慧的选择性（生物体可以基于以往的经验选择或不选择）；
- 惯例的引导性（生物体可以受到他人经验的影响或教育）。

最终，生态设计不仅是关于建成环境的设计，也不仅是人工制品与自然环境良好整合的设计。它还与人类及其生活方式以及对环境的态度有关。它对有效的生态设计系统毫无意义，因为奢侈的消费群体对其益处全盘否定。

在生态学意义上，生态设计需要生活方式作出相应改变。例如，在寒冷季节，为建筑物设计一套节能供暖系统可为居住者创造高舒适度，而居住者穿戴暖和的衣物也可以达到同样的节能效果，但是前者的能量效率并不高（或者反过来看，在炎热的季节，出门不打领带、不穿夹克可以减少使用空调降温的需求）。

最终，为了实现绿色可持续发展的未来，我们需要尽快改变生活方式并进行全球社会经济产业变革，而不需要全球性灾难来影响变革。

生物圈最需要的是实时全球早期预警和监控系统监控其进程和生态系统以及具有生态后果的人类活动，这样全球任何地方可即刻实施补救措施以防止发生生态灾难。这方面已经存在相关卫星技术。该系统综合了全球信息系统（GIS）和水陆空生物传感器与物理检测计的全球网络（可检测和监控生物环境和生态系统的变化，并以可识别的方法反映环境污染和生态指标）。传感器技术和环境敏感性使我们能够控制和监控人造建成环境的生态情况，以及任何对建成环境有消极后果的人类行为。

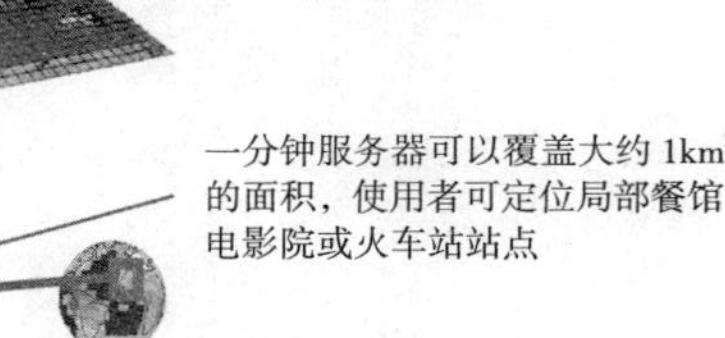

十级服务器能覆盖大约 10^6km^2 的面积

一级服务器能覆盖大约 10^4km^2 的面积，并且会注重局部信息，例如国家供应站点或土地分布图

一分钟服务器可以覆盖大约 $1km^2$ 的面积，使用者可定位局部餐馆、电影院或火车站站点

有关全球生态监控系统（GES）的一项提议，全球可按照经纬度分割成三个大小不等的生态区。各分区的专用服务器能记录生态区域或生态系统当地监控网点和地图的生态数据以及其他相关信息。搜索引擎可以直接查询某个类型的服务器了解生态状况，这取决于需要何种类型的生态数据。

● 提出的全球生态监控系统（GES）

小结

生态设计的未来会应用假肢设计原理，并需要确定有效的生物整合对建成环境设计有何益处。未来生态设计会依赖于系统设计与宿主生物体（生物圈中的生态系统）在以下三个层次的整合：机械整合、附加整合以及有机整合。

C4. 附录一 与全球环境问题相关的关键性国际发展事件年表

1962 美国海洋生物学家 Rachel Carson 的《寂静的春天》出版；

1967—1969 环境保护基金会，自然资源保护委员会和地球之友协会的建立；

1968 Buckminister Fuller 的《地球太空船》的出版；

1969 在加利福尼亚的圣巴巴拉海岸发生漏油事件，由此议会通过了《国家环境政策法》并成立了针对环境质量问题的美国环境保护机构和委员会；

1970 第一个世界地球日诞生；

1972 在斯德哥尔摩举行关于人类环境主题的“只有一个地球”联合国会议；
联合国环境计划署正式启动；
英国皇家建筑师学会会议《生存计划》、生态学家协会《生存蓝图》出版；

1973 罗马俱乐部提出危险物种和石油禁运法案；
《增长的极限》出版；

1974 F. Sherwood Rowland 和 Mario Molina 共同研究证明氟氯碳（20 世纪 30 年代提出）这种成分包含二氯二氟代甲烷，可以分解大气中的某些成分，特别是臭氧层；

1975 世界观察研究所成立；
《关于国际上买卖濒危动植物》协定正式实行；

1977 以沙漠化为主题的联合国会议；

1979 采用《长期越境的空气污染协定》；
全国科学研究院所发布有关气候变化的报告；

1980 世界自然保护联盟发布《世界自然保护全球 2000 年战略报告》；

1981 由美国迈阿密大学的教授 Arthur Bohan 创办 PLEA 的第一次会议；

1982 世界资源研究所创立；

	关于《海洋法》的联合国大会召开；
	关于自然的联合国世界宪章颁布；
1985	世界气象协会，联合国环境计划署和国际委员会召开奥地利会议报告关于二氧化碳和其他能引起温室效应的气体排放；
	发现南极的臭氧层出现空洞的现象；
1987	环境和发展世界委员会（WCED）发表了《我们共同的未来》（牛津出版社出版）；
	蒙特利尔协议描述了臭氧层受到破坏之后的威胁，并且制订了逐步淘汰氟氯化碳的计划时间表；
1989	巴塞尔协议对控制越境的有害垃圾运动进行标记说明；
1990	建筑物研究确立了环境评估方法；
	英国的建筑物研究协会建立；
1992	主题为环境和发展的地球高峰会议和联合国会议在巴西的里约热内卢举行，其主题是将大气中的温室效应气体稳定在一定浓度范围内，以此阻止人类对全球气候的系统的干扰；
	议事日程第 21 条（作为国际行动抵抗气候变化的基准点）采用了关于气候变化的联合国结构协定，这个协定是由世界各国领导人（包括美国总统在内）签署的。关于生态的多样化协议的签署在第四章的第二段落的 b 小段；此协议是为了指导工业化国家制定将温室气体排放量减少到 1990 年排放水平的目标；
1994	全球环境设施的建立；
	关于人口和发展问题的联合国会议在开罗举行；
	联合国签署抵抗沙漠化的协议；
1995	世界贸易组织建立；
	欧盟自 1995 年开始禁止生产氟氯化碳，并且到 2015 年逐步淘汰 ACFCs 的使用；
1996	由 Wackernagel, M 和 Ree, W, New Society, Gabriola Island 编写的《我

	们的生态足迹：减少人类对地球的影响》出版；
1997	关于气候变化的联合国框架协定的京都协定书正式签署；
	这个协议要求各个工业化国家减少温室效应气体的排放（如减少二氧化碳、甲烷、二氧化氮，HFCs、PFCs 和 SF6 放射物的排放），2010 年减少 5. 2%，超过 140 个国家认可这个协定；
1997	美国 Byrd–Hagel 的决议申明美国不受履行任何减少有害气体排放的承诺，除非这个协议针对发展中国家同样具有约束力；
	ISO 14040（生命周期评估的原则和框架成为 ISO14000 系列的评估标准的一部分）;
1998	这些协定适用于工业化国家或者附件 1 中提到的国家，如美国、加拿大、日本、欧洲、澳大利亚、新西兰和东方集团的几个国家；
	鹿特丹协议是为了阻止有害物质和生物杀灭剂的交易而签署的；
2000	关于 POPs 的斯德哥尔摩协议签署；
2001	USGBC（美国绿色建筑委员会，华盛顿特区）能源和环境设计领导，环境建筑等级系统的 2. 0 版本创立；
	LEED 认证通过设立一个普遍标准定义绿色建筑，以提升整套建筑物的实用程度，刺激绿色健康的竞争，引起消费者的意识，转换建筑市场和产品和认识建筑环境的环境影响；
2002	关于可持续发展的世界峰会在约翰内斯堡举行；
	关于气候变化联合国框架协定的执政内阁会议在新德里举行；
2003	京都议定书正式执行；
2004	俄罗斯赞同京都议定书；
2012	京都议定书失效。

C5. 附录二　可持续发展

可持续发展是一个有关国际发展事宜的概念，追求当下需求与未来自然生态资源多样性和地球生态系统的平衡。可持续发展这个专业术语最先出现在《世界自然保护战略》这本书上，这本书是世界自然保护联盟在 1980 年出版的；1987 年由挪威总统 Gro Harlem Brundtland 主持的以环境和发展为主题的世界委员会议上，可持续发展这一想法进一步得到强调。《我们共同的未来》（世界环境与发展委员会布伦特兰报告，1987）阐述了对环境退化和自然资源稀缺越来越深的担忧，由工业、科技、经济活动引起的即将出现的危机，这一危机因为工业化世界里资源的过度消耗和发展中国家经济的快速增长而加深。所以世界环境与发展委员会号召一个全球的参与承诺——可持续发展，其主要目的是为了使经济和社会的发展与世界人口相协调而不损害我们下一代的需求。

为了避免社会和环境灾难的发生，我们应该倡导可持续发展，用这个概念去衡量各种标准，包括自然保护、回收利用、人口控制、可替代品的发展和更新能量资源等标准。这个概念已经引起了各国的生态学家，经济学家和政治家在“地球承载能力”方面的激烈讨论，它的适应性、可恢复性潜能和这个术语的发展与可持续性已经得到充分的体现。

可持续发展的建成环境被定义为保护不可恢复的能源、物质和生态资源且回收利用包括建成环境在内的各种产出，减少有害物质的排放并尽可能恢复这些环境建成系统的生命周期。这个概念会逐步得到完善，同时维持可接受人类生命的质量并将生态系统的承受力保持在某个地域或全球的水平。

C6. 附录三　里约原则

里约原则包含以下几个方面：

- 人民有权与自然和睦相处，享受健康、富有的生活。
- 今天的发展不能以牺牲当代与后代子孙的发展和生存环境为代价。
- 国家对国有资源有优先开采权，但是不能跨越国界破坏环境。
- 各国之间应制定国际法律，为其行为造成的跨国界破坏作出补偿。
- 各国应采取预防措施保护环境。在有严重或者不可逆的破坏威胁的地方，科学的不确定性就不能成为推迟有效措施阻止环境恶化的因素。
- 为了实现可持续发展，环境保护要包含一整套的发展进程，而不能孤立看待。
- 消除贫困和缩短世界各地贫富差距对可持续发展与满足大部分人的需求是非常重要的。
- 各国须共同合作，保存、保护和修复地球生态系统的平衡和完整。发达国家认识到，在全世界追求可持续发展过程中，发达国家需要付很大一部分责任，如发达国家的社会对全球环境造成的压力，以及发达国家掌握的技术和财政资源。
- 各国应减少甚至消除不可持续发展的生产和消费的形式，推行合适的人口政策。
- 环境问题在全民的参与下会得到妥善解决，各国也要通过大量有效的环境信息唤醒民众的意识，为其提供方便促使全民参与。
- 各国应颁布有效的环境法，甚至制定有关民法来维护那些环境污染或者其他破坏的受害人的权益。在得到授权的情况下，国家应该对有可能造成严重环境危害的行为活动进行环境影响评估。
- 各国应该合作起来共同促进形成一个开放性的国际经济系统，这样就可以让所有的国家经济增长和可持续发展。我们不能利用环境政策作为一种不公平的手段去限制国际间的贸易。

- 原则上，污染环境的国家应该承担污染造成的损失。
- 各国应相互提醒可能会造成跨国界有害影响的自然灾害或活动。
- 可持续发展要求对各种问题进行更为科学的理解。国家间应该分享各种知识和技术创新才能达到可持续发展这个目标。
- 女士的充分参与对实现可持续发展十分重要，也需要青年们的创造性、理想和勇气以及当地民众的知识才能；国家间应该认可和支持当地人的人权，文化和兴趣。
- 战争是违背可持续发展本质的表现。国家间应该尊重有关武装冲突期间保护环境的国际法律，而且应该在更进一步的建设中相互合作。
- 和平、发展和环境保护是相互依赖、不可分割的。

术语

A

acid rain　酸雨

pH 值低于 5.6 的降水。主要由于工业燃烧矿物燃料所产生的二氧化硫、机动车辆排放的一氧化氮转化成的二氧化氮生成。

aerobic digestion　需氧消化

处理硫或其他增稠浆料的方法，通常用于降低淤泥的固体含量或去除病原微生物。在浓缩浆料中，需氧消化会产生大量热量。例子包括延时曝气、自然式耗氧消化（ATAD）。堆肥可以看做用水较少的需氧消化过程。

有机废弃物可以用作细菌生长的基质。作用是利用存在的氧来稳定废弃物并减少其体积。有机废弃物降解的产物是二氧化碳、水和包括无机化合物、未消化的有机质及水分在内的其他成分。

aerobic treatment　需氧处理

利用细菌去除废水中的有机污染物，在有氧气的条件下最终将污染物分解为水和二氧化碳。滴流、过滤、活性淤泥和生物转盘都属于需氧处理。

agricultural wastes　农业废弃物

来自植物和动物的固体废弃物，通常由农场和农产品的生产和加工产生，包括固体废弃物管理站去除的肥料、果园和葡萄园修剪的残枝以及作物秸梗。

air change　换气；换气次数

测量建筑物内的空气交换量。建筑物内空气交换量的一种衡量手段。

air emissions　空气排放；空气污染排放物

固体微粒（如煤飞灰）和气体污染物（如氮或硫的氧化物）或臭气。这些基本上是由车辆尾气、燃烧装置、垃圾填埋场、堆肥、清扫大街、基坑开挖和爆破拆除等各种行为造成的。

air pollution　空气污染

大气中存在过量的有害物质。“有害物质”在这里是指：该物质在一定条件下，已被充分、连续地使用，并且已对人的健康状态、舒适生活、社会安定造成了不良影响；或者是其性能已得到充分发挥。

aluminium can or container　铝罐或其他容器

含铝量至少为 94% 的盛食品或饮料的容量。

ambient air　环境空气

周围环境空气。

ambient lighting　环境照明

为整个区域提供的全面照明。

ambient temperature　环境温度

介质（空气、水、土壤）、周围人群、物体或设备的干球温度。

American Society of Heating，Refrigerating and Air–conditioning Engineers（ASHRAE）　美国采暖、制冷和空调工程师学会

在美国为采暖、制冷和空调工程师建立的专门学会。

amorphous silicon　非晶硅

和玻璃一样内部原子排列无序的硅，属于非晶体，亦称薄膜硅。

aquifer　含水土层、蓄水层

一种地质构造，能为水井、泉水或地表水补给大量地下水的群式构造或部分构造。

azimuth　方位

太阳的正下方水平方向与正南方向的夹角。

azimuth angle　方位角

太阳的正下方水平方向与正南的角距（午前角距为负，午后角距为正）。

B

backyard composting　庭院堆肥

枯叶、杂草堆或 / 和其他庭院垃圾在其产生的地方进行可控性生物降解的过程。

berm　护堤

人造假山或小土丘，靠近房子的墙壁，用于稳定室内温度或为房子挡风。

bioclimatology　生物气候学

研究气候和生命之间的关系，特别是气候对生命健康和行为活动的影响。生物气候设计基于生物气候学原则。其主要方法适用于所有气候带，但是会随当地条件和纬度位置有所变化。

biodegradable　生物可降解

一种可由微生物分解成简单化合物，或者由其他分解剂分解成元素——该类元素在处理后较短时间内就能在自然界中找到——的物质或材料。

biodegradable material　生物可降解物质

可以由微生物分解成简单、稳定的化合物（如二氧化碳、水）的废弃物质。大多数有机废弃物（如食品垃圾、废纸）都是生物可降解的。

biodegradable plastic　生物可降解塑胶

主要是指能够被微生物分解的材料，如那些由淀粉或纤维素与苯乙烯聚合转化成的天然聚合物和合成聚合物。

biodegradation　生物降解

由生物体的某种作用导致的材料分解。

biological diversity　生物差异

在生物体和生态环境中产生的品种差异性和变异性。

biological oxygen demand　生物需氧量

生物氧化过程中，利用微生物分解成有机质的溶解氧的总量。

biomass　生物量

任何有机质（木材、农业、植物）；其主要成分是碳和氧。

biome　生物群落区

最大的陆地生态系统。不管在何处，生物群落都是世界上具有显著地域特征的生态系统，通过相似的土壤条件、气候条件以及动植物种类得以识别。

black body　<光、热>黑体

一种强大的辐射吸收体和辐射源。空洞是一种强大的黑体。油烟类似于黑体，而（抛光的）铝是种很弱的辐射吸收体和辐射源。

black water　黑水

生活用水所产生的废，包括洗手间废水。

brownfield　棕地

不再具有初始用途甚至已被污染的地方。例如，旧加油站或废弃工厂。

buffer zone 缓冲带

作为保护屏障将冲突力量分开的中立地带。用来减少污染物对环境和公共利益的影响的地带。例如，在堆肥设施和相邻居民住所中间搭建的隔离气味污染的缓冲带。

building envelope 围护结构

包围有条件空间的建筑元素，热量通过围护结构在有条件空间与外部环境之间交换，或在有条件空间与无条件空间交换。

Building Research Establishment Environmental Assessment Method（BREEAM） 建筑环境评估方法

由英国的建筑研究所开发的绿色建筑评估体系（参见能源和环境设计评估）

C

carbon cycle 碳循环

该术语用来描述碳在空气、植物、动物和土壤中的循环过程。

carcinogen 致癌物质

一种会导致癌症的制剂。

carrying capacity 承载能力

一个地区可以承载当地人类生活，而且当地可用资源不会退化的能力。

chimney effect 抽吸效应

空气或其他气体被加热后，由于重量比环境气体轻，在垂直通道中上升的趋势。在提高自然通风来增强冷却方面很有用处。

chlorofluorocarbon（CFC） 氟氯碳

挥发性、非抗电性、非腐蚀性、不可燃、易液化的气体。甲烷或乙烷的衍生物群组中的氢原子被氯原子和氟原子所置换。氟氯化碳对平流层臭氧有明显破坏作用。过去用作冷却剂、火药推进剂、吹制泡沫聚苯乙烯。相关化合物亦包括溴（例如卤代烷），可用来防火。

closed-loop recycling 闭环再循环系统

某物通过再次循环用于制造同种产品（如旧铝罐翻新）的过程。在一个封闭式过程中，制造业中回收再利用废水或加工化学品的封闭系统。

co-generation 热电联产

从同一来源生产出两种形式的能源。

collector efficiency　集热器效率

用百分率表示由集热器传输到加热携带液的可利用的太阳能量。（量热法用集热器和小储罐组成的封闭系统来检测集热器的日功率，十分有效。在稳定条件下，该瞬态方法用一个开放式隔离散热器检测午间太阳能。）

collector，flat plate　平板集热器

由一块金属板或其他合适材料板组成的集热器。朝向太阳的一面通常是黑色的，可以吸收阳光并将其转化为热量。这种板通常装在一个绝缘的盒子里，朝太阳的一面覆盖有玻璃或塑料，以利用温室效应。在集热器中，热量会传递给循环流动的流体，如空气、水、油或防冻液。

collector，solar　太阳能集热器

一种采集太阳能的装置，从普通的窗户到复杂的机械装置都属于这种装置。

Combined heat and power（CHP）　热电联产

产出电力并保留热量。

commercial waste　商业废弃物

批发业、零售商、公共设施、服务设施（如写字楼、百货店、市场、剧院、旅馆、仓库）产生的废弃材料。

compost　堆肥

生物分解或有机材料的分解产生的相对稳定类腐殖质的材料。

composting　堆制肥料

有氧微生物在固体废物中对有机材料进行可控降解，将其降解成腐殖质，产生土壤调节剂和肥料。有机废物（如食品垃圾、庭院垃圾）与微生物（主要指细菌和真菌）相互作用，产生类腐殖质物质。

composting toilet　堆肥厕所

这种厕所安装得当后，几乎不需要用水，不会存在健康问题或气味问题，同时人体的垃圾可以用做培养料。

compost system　堆肥系统

有机废物可控的生物降解，有机废物经过机械混合、搅拌、粉碎后被分解为成堆的腐殖质，或充气外围的腐殖质（如机械蒸煮机或机械卷筒）。

conservation　保护

有计划地管理自然资源，防止过度开发、破坏或忽视自然资源。

consumer　消费者

类似于异养生物。是指某种不能自给自足，只能依赖于其他生产者存活的有机体。

contaminant　污染物

任何一种对大气、水、生物环境产生副作用的物理、化学、生物、影像的物质或材料。

Convention on International Trade in Endangered Species of Wild Fauna and Flora（USA）(CITES)　濒危野生动植物种国际贸易公约

列出了濒危木材种类和其他濒危的自然物种的名单。

conversion　转换

将废弃物质转化成质量较低的可用材料的循环方法。例如用碎石混凝土和砖块做路面和道路的颗粒基料。同时亦可理解为下降性循环。

'cradle-to-cradle'　摇篮到摇篮

该术语用于分析生命周期，指一种材料或产品在达到使用寿命期限时经过再循环生成另一种新产品。

'cradle-to-grave'　摇篮到坟墓

该术语用于描述材料的生命周期，从材料生成到其最后处理的过程，例如对有害废物的管理。

crystalline silicon　晶体硅

这种硅的原子结构与金刚石的规则结构相似，亦称单晶或多晶硅。

D

deciduous　每年落叶的

不同于针叶树，叶子会随季节脱落的树种。

decompose　分解，使腐烂

将物质分解成成分、元素、简单化合物的过程；进行化学分裂的过程；在微生物和真菌作用下进行衰变或腐烂的过程。

decomposer　分解体

一种通过分解尸体有机质来获取营养能量，从而为自己提供养分的微生物。

degradable plastics　可降解塑胶

在日光照射下或直接接触微生物后，一种能够被分解成某种特殊物质的特殊塑胶。

dioxin　二氧（杂）芑

有机化合物群组的通用名称，学名多氯代二苯并二噁英。作为有毒杂质的碳氢化合物出现，在除草剂中尤为常见。

direct cooling　直接冷却

直接冷却有四个主要部分：阻挡热量、提供通风、地下工程和蒸发冷却。为建筑物阻挡热量最常用的方法是避免直接获得太阳的热量。具体措施包括建筑物所在位置应避免强烈的阳光照射，用间接日光取代人工照明，使用悬垂遮光屋顶、遮光墙及遮光窗，悬垂翼墙、植物来调整表面积－体积比。

direct irrigation　直接灌溉

利用挠性管地面之上的低压浇水系统，通过临近单个植物的喷头，释放小型、稳定的水量。

direct solar gains　直射太阳能得热

利用穿过玻璃（主要为朝南方向）的直接太阳辐射来为室内供暖。

direct solar radiation　太阳直接辐射

由于太阳立体角的存在而产生的太阳直接辐射，太阳辐射以直线形式到达某物表面。

disposable　一次性

使用一次就扔掉的东西。

drinking water standards　饮用水标准

测定固体悬浮物、污染气味、微生物对人类健康损害程度的水质标准。饮用水标准隶属于国家水质准则之下。

E

earth-sheltered design　地球保护设计

建筑物部分或全部建于地下的设计，可以通过对现有地势的开挖或对部分结构的填埋的工作来完成。地球保护设计用地球深部某处的恒温来提高能效，并且由于能够减少维护次数和对环境的影响，对现场十分有益。

ecological integrity　生态完整性

一种表现出完整性的自然系统，若遇到干扰的时候，这一系统有自我恢复的能力，可以恢复到对系统来说正常的最终状态，但不一定恢复成原始或自然的整体状态。

ecology 生态学

对生物与其生存环境的关系的研究。该词是从希腊词派生出来的，意为“对家庭的研究”。

ecosystem 生态系统

自然群落的生物体之间以及它们与所生存的物理环境相互作用，共同形成一个整体。

ecotone 群落交错区

一个由邻近的明显不同的生境创建起来的新生境。两个或更多的生态系统之间的生态区域或生态边界亦叫做边缘生境。

effluent 污水

某种过程排放的废水。

embodied energy 蕴能

蕴能包括所有耗尽在生产和运输的能量与产品在其生命周期某一特定点上的固有能量之和。它包括：

- 制造建筑材料所涉及的能量。
- 配送材料所消耗的能量。
- 施工过程中所消耗的能量。
- 拆除建筑结构所需要的能量。

emission 排放

释放到环境中的污染气体、微粒或液滴。

emission control 排放控制

任何一种减少排放到空气、水、土壤中污染物的方法。最有效的排放控制方法是重新设计，在源头上减少排放的污染物。普通排放控制包括吸尘器、废水处理厂、植物固体和有毒废弃物的减排装置。

emissivity 发射率

从给定温度的表面发射出的辐射能与在同等温度条件下的黑体辐射的能量的比值。

energy 能源

通过在不同温度下的两物体之间物质的移动或引起热变产生作用的能力。能量的存在形式可以相互转化，如热能、机械能、电能、化学能。

energy cost　能源成本

建设过程所耗费的单位能量和所需的能量种类，包括每天、每季、使用率的变化。

energy management system　能量消耗监控系统

一种能够监控环境和系统负载，调整监测和评估产出，在保存能量的同时维持舒适度的监控系统。

environment　环境

生物或种群的外部条件；“环境”这个概念主要是指生物生活的物理和生物方面的总条件。

environmental cost　环境成本

对资源耗竭，空气、水、固体废弃物污染，生态环境扰乱等影响的定量评估。

environmental impact statement（EIS）　环境影响论

一个详细描述某一行为对环境潜在影响的文献。

environmental medium or compartment　环境媒介或间隔

环境的一部分，特别指空气、水、土壤和生物群等携带或传播污染物的媒介。

environmental rehabilitation restoration　环境修复还原

一种修复人类行为、工业生产、自然灾害导致的损害，完成自我修复的生态系统的行为。其目的是使该地区尽可能恢复到被破坏之前的自然状态。例如，树林的重新种植、土壤固定、矿坑的填埋和重新开挖等。

environmental sustainability　环境可持续性

对生态系统的成分和功能的持续维护。

environmentally preferable　环境适宜的

与功能相同的竞争性产品或服务相比，对人类健康和环境影响较小的产品或服务，包括原材料的采集、生产、制造、包装、分配、再利用、操作、维护及对产品或服务的处理。

episode（pollution）　区域（污染）

在某一区域内，由于气象条件产生大气污染，导致疾病和死亡现象大量增加的一种空气污染现象。尽管该定义大多用来表示空气污染，但亦可用来指其他环境问题，比如大面积水体污染。

evaporative cooling　蒸发冷却

水从液态到气态的相变过程是一个热吸收的过程。比如水体汽化的结果是使空气冷却。特别是在干燥、炎热的气候下该项技术能够大幅减少对药物制冷过程的依靠。

F

flat plate collector　平板集热器

由一块金属板或其他合适材料板组成的集热器（朝向太阳的一面通常是黑色的）。可以吸收阳光并将其转化为热量。这种板通常装在一个绝缘的盒子里，朝太阳的一面覆盖有玻璃或塑料，以阻止热量流失。在集热器内部，热能转化成循环液或循环气，比如空气、水、石油、防冻液；热能可以马上使用或者储存后再使用。

fluorocarbon　碳氟化合物

不可燃的、热稳定性好的烃类液体或气体，其部分氢原子或全部氢原子已被氟原子所取代。曾用在制冷剂、气雾推进剂、溶剂、起泡剂、涂层、单体中。碳氟化合物同氟氯化碳一样被归为臭氧层消耗物质（ODS）并禁止用来做气雾推进剂。

focusing collector　聚焦型集热器

一种可以把太阳光聚集到一个很小区域上的抛物线形或其他反射面的集热器。这种反射面可以将热量强化收集到集热器的某一点，将热能采集液提升到更高温度。这种型号的集热器只能用于阳光直射的时候。

food chain　食物链

直线型的生物集合，每种生物都是食物链中下一个生物的食物。

food web　食物网

食物网是一种食物链相互交错的网络。由于几乎没有任何一种生物只食用一种类型的食物，食物网准确描述了这种存在于自然界中复杂的营养循环。

formaldehyde　甲醛

具有刺激性气味的有毒活性可燃气体。易与多种物质和多聚酶相结合。可能会刺激眼、鼻、咽及其他呼吸系统，导致流泪、鼻子灼热、咳嗽或支气管痉挛等过敏反应。与其接触会致敏、致癌。一般用于木制品、塑料产品、化肥、泡沫绝缘材料中。与尿素、苯酚、三氯氰胺化合形成合成树脂。脲醛（超滤）树脂用来做碎料板（例如底层地板、排架、橱柜及其他家具）、硬木胶合镶板（例如装饰涂层、橱柜及其他家具）、中密度纤维板（总配线板）（斗面、橱柜、其他家具的顶部）。总配线板比其他超滤压制木材产品具有更高的树脂 - 木材含量的比率，特别是在这些产品的表面和边缘处有叠合或无涂层时，它是甲醛 - 挥发比含量最高的压制木材产品。软木胶合板和定向木板（定向刨花板）用在外部建构的生产，包括比较暗的酚醛树脂。通常情况下，含有酚醛树脂的压制木板产品比含有脲醛树脂的压制木板产品挥发的甲醛更少。

fossil fuel　化石燃料，矿物燃料

从植物残留物中沉积下来的烃类物质，包括煤、泥炭、沥青砂、页岩油、石油、天然气。是一种不可再生的矿产资源。

G

green roof　绿化屋顶

屋顶表面有植被覆盖。分两种类型：广泛型和集约型。广泛型绿化屋顶（亦指生态屋顶或生存屋顶）：具有可水平传播的薄土层及可覆盖整个屋顶表面且对结构负荷影响很小的低增长植被；可通过消除或延缓径流来控制生态暴雨。亦可有效降低吸收阳光热量所导致的屋面温度升高，减缓城市热岛效应。集约型的绿化屋顶（亦指传统的屋顶花园）：具有厚土层或植被种植区，例如要求集约化看管维护的树木、灌木林；其对房屋结构产生实质性负荷。

grey water　灰水

生活废水，由厨房、卫生间、洗衣房、浴缸、清洗机的洗涤用水构成，不包括人体垃圾。

ground cover　地被植物

用来控制腐蚀、浸出现象的土壤表面覆盖物，为地面遮阴并防止出现过热或过冷的现象。有些地被植物是由园林垃圾堆肥制成的。

ground water　地下水

在地表以下的水，填充地下土层（认为是含水层）并在土壤颗粒与岩层间移动，形成井水和泉水。地下水是饮用水的主要来源，而农业、工业污染物或地下储罐所渗透的物质对其所导致的污染，也为很多地区日益关注。

H

habitat　生境

一类含有食物、水的隐蔽空间，有利于生物或种群生存成长的地方，或是特异性植物和动物物种自然聚集的地方。（对动物来说是生境；对其他生物来说是生长地。——译者注）。

hardwood　阔叶树

树叶很大、比针叶树生长速度慢的阔叶树木。通常情况下，温带的阔叶树包括橡树、枫树、樱桃树、核桃树、山毛榉、桦树、柏树、榆树和山核桃树等稠密细晶粒结构的树种。从温带及热带地区有大片阔叶林。因具有超强的耐久性和耐磨性用作家具、地板。

harvested rainwater　蓄集雨水

降落到屋顶或院子里，然后汇聚到储水罐（储水池）中的雨水。饮用水的装置往往会放弃冲刷屋顶的第一次降水，而随后的雨水会被收集起来以备使用。

大部分地区都可以采用此法来获取优质的水资源。

hazardous material　危险物质

运输过程对人类健康及生态环境构成巨大威胁的化学产品或其他产品。

heat load　热负荷

用来供暖的总能量。

heat loss　热损失

通过建筑单元组成部分（墙、窗、屋顶等）的热流量。

heat pump　热泵

将热量从一种介质转移到另一种介质的热力学装置。第一种介质（热源）冷却，第二种介质（冷源）变热。

heat recovery　热回收

利用可能被浪费掉的热量。其所用热源包括机械能耗、照明能耗、工序能耗和人体能耗。

heating season　采暖期

使建筑物保持舒适条件的供暖时期。

Heating，ventilation and air-conditioning systems（HVAC）　暖通空调系统

建筑物中的采暖、通风、空气调节系统。

hydrocarbon　烃

只含有碳原子和氢原子的化合物；石油的原油是烃类物质的最大来源。

hydrochlorofluorocarbon（HCFC）　氢氯氟碳化物

氢氯氟碳化物通常比相关 CFC 对平流层臭氧的消耗危害小；通常用来代替 CFC 使用。然而一项关于所有含氯氟烃和氢氯氟碳化物使用的总禁令即将在 2030 年开始实施，参见 CFC。

hydrofluorocarbon（HFC）　碳氟化合物

碳氟化合物并不会消耗臭氧，但它是温室气体而且会导致全球变暖，参见 CFC。

hydrologic cycle　水文循环

字面上指水与地球的循环过程。从物质的三种形态上说，它实际上是指不同环境间的水体运动。

I

impact　影响

对环境或生物体的作用。

impermeable　不渗透性

阻碍物体通过某表面的运动。

impervious surface area　不渗透水面层区域

密封好的并且不允许水渗透的区域，例如屋顶、广场、街道和其他坚硬的表面。

incident angle　入射角

太阳光线和辐射表面的法线之间的夹角。

incineration　焚化

通过高温下的控制燃烧分解废弃物的处理工艺。

indigenous　本土的

属于本地区域的。

indirect gain　间接得热

通过绝缘的、导电性或对流的介质（例如热力储存墙体或屋顶池塘）将太阳辐射热转移到集热器加热部位的间接转移过程。

indoor air quality（IAQ）　室内空气质量

可接受的室内空气质量的定义是空气中没有超过权威机构规定的浓度标准的已知污染物，而且该空气条件下的大多数人（大于等于 80%）都未表达不满。

industrial waste　工业废弃物

工业生产或制作工艺工程中排放或产生的废弃材料（包括液体、淤泥、固体、危险废物）；用于住宅、商品、机构之外的所有无危害固体废弃物。在同样前提下，也包括有自助餐厅、办公室、零售店产生的少量废弃物。工业废物包括所有拆除工程、建设施工、制造工艺、农业操作、批发交易、开采工程等活动产生的废弃物。

inert solids or inert waste　惰性固体或惰性废弃物

包括土壤、混凝土在内的非流动性固体废弃物，不含有害废物或含量超过水质标准的可溶性污染物及大量可分解固体废弃物。

infiltration 渗透

室外空气通过窗户、门、墙体、屋顶、地板的裂缝进入室内的不可控运动过程。例如冬天的冷空气或夏天的热气流的侵入作用。

infrastructure 基础设施

一种附属结构或支撑基础：某一系统或社会依赖的设备；例如，公路、学校、发电厂、通信网络、交通系统。

inorganic 无机的

不是由一次性物质（如矿物质）组成的物质；通常来讲，其化学成分不是以碳为基础的。

inorganic compound 无机化合物

不含碳原子的化合物（例外，如二氧化硅、硅酸盐、氰化物）。矿物质、金属、陶瓷、水都属于无机化合物。大多数无机化合物很难被氧化、比较稳定。参见有机化合物。

insecticide 杀虫剂

消灭害虫的化学制剂。利用毒素破坏幼虫和成虫的繁殖系统和中枢神经系统。

insolation 日照率；日射量

入射太阳光线的集聚，是指特定时期内某地点入射的总太阳能量。照射在暴露于空气的表面的太阳辐射（直射、漫射、反射）的总量。通常用 W/m^2 来计量。

insulation 绝缘

材料对能量传递具有阻抗性，例如隔声、电气绝缘、隔热、振动绝缘、化学隔离。

integrated waste management 综合废物管理

利用多种方法把城市固体废弃物减到最少，例如节能、回收利用、燃烧焚化、填埋工程。

internal gains 内部得热

人体（体热）和家用电器（照明、炊具等）向受热空间释放的能量。这部分能量可满足部分室内采暖需求，以 kWh 为单位。

K

kilowatt hour 千瓦小时

1kWh=3. 6MJ

L

labelling 标注

通用术语，包括标签、标注或标语牌。

landfills 垃圾填埋场

卫生填埋场是用来处理无害固体废物的地面处理场，填埋场内垃圾层层铺开，以最小实际体积压实，在每个运营日结束时盖上覆盖材料。有害废物安全填埋场是经允许有害废物处理场。这两种填埋场的设计都是为了尽可能减少有害物质排放到环境中。

latitude 纬度

赤道北部（+）或南部（–）的角距离，以弧度计量。

Leadership in Energy and Environmental Design（LEED） 能源与环境设计引导（LEED）

美国绿色建筑委员会提出的一套可持续性 / 绿色检测名录和评估体系。它的区别在于其遵循的基本理念：所有建筑都可以按照可核实文件进行量化评估。该体系需要常规文献来进行鉴定，鉴定过程复杂且耗时。后续版本减少了书面工作的繁杂，为建筑性能评估提供了一个量化统计的数据记录。

生命周期评估体系评估了设计系统从以土壤萃取材料为开始，紧接着制作、运输、通风，最后以包括检测、再循环和最终建设处理和再综合的废物治理为终点整个生命周期的整体环境方面和潜在环境影响。

life cycle 生命周期

发展过程的所有阶段，包括萃取、生产市场营销、运输、使用和处理。

life-cycle assessment（LCA） 全生命周期评估体系

评价某产品、过程或活动环境负荷的方法或框架，通过鉴定、量化、评价其能量、材料使用情况及环境释放情况，来判定其环境治理时机。原材料萃取、加工、制造、运输和分配，使用 / 再利用 / 维持、再循环、最终处理等均考虑在内。

life-cycle cost 全生命周期成本

某产品、过程或活动整个生命周期的内部成本和外部成本，为产品每年的摊销成本，包括资本成本、安装成本、操作成本、维修成本、处理成本。该概念从传统意义上已排除了环境成本。

light shelf 导光板

导光板是建筑物内部的水平构造，将直射的太阳光反射到空间内部深处的顶棚上。导光板在南向立面上能发挥最大作用，因为每天的工作时间长并且可以为下面的玻璃窗遮阳。

liquid　液体

物质三种形态之一。液体的特征是有固定的体积固定但形状不固定。

longitude　经度

某处子午线与格林尼治子午线之间赤道上的一段弧，以东或西的角度计量。

M

Mechanical and Electrical (M&E) systems　机械电力系统

建筑物中的机械与电力系统，通常用来提供改良的室内条件以服务建筑用户（例如供电、供水、通信、污水排放等）。参见美国的暖通空调系统。

metal　金属

一种矿物资源，是良好的电和热导体，产生基本的氧化物和二氧化物。是垃圾中隐藏的财富。

microbial　微生物的

适合于微小有机体，例如细菌、原生动物、酵母、霉菌、病毒和藻类。

mitigation　缓解

降低对环境不利影响而采取的措施。

monitoring　监测

为确定不同媒体或人类、动物或其他生物中符合法定要求的水平或污染物水平而进行的周期性或连续性监督或测试。

N

natural　天然的

由自然决定的，符合一般自然规律；未受文明影响的自然状态。

natural resource　自然资源

为满足人类需求而从环境中获得的材料或能量；并非由人类制造的材料或能源。

niche　小生境

有机体对周围环境的影响以及周围环境对有机体的作用。

nitrogen cycle　氮循环

氮通过植物和动物并返回大气的循环过程。

nitrogen oxide（NOx）　氮氧化物

与挥发性有机化合物一样，是烃类燃料燃烧的产物之一，光化学作用下会产生臭氧。

non-biodegradable　非生物降解的

在正常空气条件下不能分解的物质。

non-recyclable　不可再生的

不能回收再使用的。

non-renewable energy　不可再生能量

使用后不可再生的能源，例如石油、煤或天然气。

non-renewable（resources）　不可再生（资源）

不能自然恢复或补充；在地壳上储存量固定的资源；因为不能被自然过程替代（例如铜），或替代速度远远低于使用速度（石油、煤），因此会耗尽。矿物燃料（煤、石油、天然气）是不可再生资源的代表。

nylon　尼龙

聚酰胺树脂家族中的人工合成热塑性熔融纤维。尼龙是一种结晶固体，其特点是：高强度、弹性、耐久性、高度灵活性、低吸水性、耐磨、耐腐蚀和防霉。用于制造人造纤维、绳子、地毯和模压塑料。部分尼龙是可回收的，但是现在只有极少量尼龙得以回收利用。

nylon 6　尼龙 6

己丙酰胺衍生的聚合物。是人工合成材料中一种很耐用的纤维，仅次于尼龙 6. 6。用于纺织品。由单一聚合物制成，因此可以百分之百回收后制成地毡纤维。也称为 Zeftron（BASF 制造的产品的商标）。参见尼龙。

O

offgassing　废气排放

将气体或蒸汽排放到空气中。

operational costs　运营成本

维持项目或设施运行所产生的直接成本。不包括资本成本。

organic　有机的

由生命物质或曾经的生命物质组成，更广泛地说，成分以碳元素为主的化合物，二氧化碳除外。

organic compound　有机化合物

在碳链和碳环基础上形成的化合物，含有带或不带氧的氢、氮或其他元素。有机化合物是所有生命物质的基础，也是现代聚合物化学的基础。目前已知的有机化合物有数百万种，且各有特点，参见无机化合物和挥发性有机化合物。

organic waste　有机废物

能自然分解的天然物质，例如食品和园林废弃物。

organically grown　有机种植

种植过程中使用极少量合成肥料或生物杀灭剂的农业产品。哪种产品可以作为有机作物来出售需要根据不同的状态和行业定义来确定。

organism　有机体

从土壤中的细菌到植物和动物全部包括在内的生物。

orientation　朝向，方位

某个表面偏离正南方的角度，偏向东方或西方。正南不应与地磁南极混淆，地磁南极会随磁偏角发生变化。

oxidation　氧化

物质在化学反应中获得氧、失去氢或电子的过程。是一种化学处理方法。

oxygen cycle　氧循环

氧通过不同环境相进行循环的过程。与碳循环密切相关。

P

packaging　包装

用来包裹食品、家用及工业产品容器的塑料、纸、纸板、金属、陶瓷、玻璃、木头和卡纸。

paper　纸

由木浆制成。纸在含有硫磺的溶液中消化、漂白，然后卷成长片。酸雨和二噁英是造纸工艺的标志性副产物。

particulates　颗粒

灰、烧焦的纸、尘土、烟灰或废气中携带的其他不完全燃烧物质的悬浮小微粒。

passive solar cooling　被动式太阳能冷却

利用自然通风和热质（尤其是在炎热干旱的气候）来保持凉爽，以避免不必要的太阳能热量的建筑设计。

passive solar heating　被动太式阳能加热

利用天然过程收集、储存并分配建筑内部热量的建筑设计。多数被动式太阳能加热建筑都需要辅助加热系统，以便在太阳能热不可用或不充足时使用。

peak power　峰值功率

在辐照和电池温度的标准测试条件下一个 PV 模块产生的最大功率值，单位为"Wp"（比喻能有力量迅速拖动重物的"拉车者"）。

pesticide　生物杀灭剂

能够消灭昆虫、啮齿动物、线虫、真菌、种子、病毒或细菌等害虫以及杂草等植物的致命化学物品，包括杀虫剂、除草剂、灭鼠剂以及杀真菌剂。用来预防、消灭、抵抗或减轻有害物影响的物质或混合物；用于植物生长调节剂、脱叶剂或干燥剂的物质或混合物。化学生物杀灭剂包括有机氯杀虫剂、有机磷杀虫剂、氨基甲酸盐、氯代苯氧化合物、二硝基酚和百草枯。其活性成分是半挥发物，有些能在环境中持久存在，比如有机氯杀虫剂。载体溶剂和惰性成分表现出的毒性与活性成分相似或更强，其中包括了排放到室内空气中的挥发成分。可能会导致中枢神经系统出现问题（头晕、恶心）。直接在室内使用会使建筑居住者受挥发性有机化合物和杀虫剂影响。控制有害物的安全方法包括使用粘纸或机械装置。也称为杀菌剂。

petrochemical　石化产品

由石油或天然气原料（例如乙烯、丁二烯、大部分塑胶和树脂）制成的化学品。也被称为石油化学制品。参见烃。

petroleum　石油

一种矿物资源，是烃的复杂混合物，呈油性，含沥青的可燃性油质液体，存在于地壳上层部分地区。

photovoltaic（PV）　光伏

在可见光或其他辐射下能产生电压。固态电池（通常用硅制成）直接将太阳光转化为电。产生的电可以直接使用、储存到电池里或出售给公众机构。

planned obsolescence　计划报废

生产具有短暂寿命期的产品以增加其产量的行为。

plastics 塑胶

由来自石化产品（与纤维素、淀粉和天然橡胶等天然聚合物相比）的大分子聚合物构成的合成材料。

包括一种或多种大分子量聚合物的材料，成品形态为固体，在其制造或处理的某些阶段以流体形式存在。包括聚合物、可塑剂、稳定剂、填料及其他添加剂。塑胶制造过程中会使用许多有毒化学物质（例如笨、镉化合物、四氯化碳、铅化合物、苯乙烯、氯乙烯）。

permeable 可渗透的

含有允许液体或气体通过的孔或开口。

pollutants 污染物质

含量超过自然水平或设定标准的所有固态、液态或气态物质。

pollution 污染

废弃物排放后有害物在环境中积淀，导致土壤、水体或空气污染。

polyethylene 聚乙烯

由乙烯聚合物构成的热塑性材料。用于薄膜、涂层和软包装容器。有高密度（HDPE）和低密度（LDPE）两种形式。这些都是毒性较低的材料。

polyethyleneterephthalate（PET） 聚对苯二甲酸乙二酯

用乙二醇和对苯二酸制成的热塑性聚酯树脂。用于制作薄膜或纤维。具有高抗拉强度及冲击强度，高硬度，高弯曲疲劳寿命及韧性。用作饮料瓶、胶卷和电绝缘的吹塑成型。一般的回收聚酯塑性树脂用于生产聚酯纤维和塑料薄板。

polypropylene 聚丙烯

由丙烯聚合而成的热塑性树脂，成品坚硬、可抵御水分、土壤和溶液，耐热。用作模压物体、纤维、薄膜、玩具等。熔融挤压聚丙烯用于制作室内外地毯、室外设备、非织造材料、硬弹性材料、地毯纱、绳子、人造草皮、包装及初层地毯背衬。

polystyrene 聚苯乙烯

由苯乙烯聚合而成的硬质热塑性聚合物。在芳香烃及氯代烃溶液中可溶解。挤压聚苯乙烯（XPS）刚性绝缘有较高绝缘电阻值和无孔结构，因此防水性能好。XPS 是以 HCFC 为发泡剂制成的；HCFC 是较强的温室气体。发泡聚苯乙烯（EPS）板有时用于替代 XPS 以避免使用 HCFC。但是，EPS 的绝缘值略低，水分可能会进入其颗粒间隙，这样就需要附加防水板或防水膜。用于注射成型、绝缘件的挤压或铸造、纤维薄板、硬质泡沫和塑料模具。

polyurethane 聚亚氨酯

热塑性及热固性聚合物。用于高耐磨橡胶、泡沫以及油漆胶粘剂以赋予弹性。

polyvinyl chloride（PVC） 聚氯乙烯

氯乙烯的热塑性聚合物，是具有良好阻电、阻燃性能及抗药性的刚性材料。需要添加稳定剂以防止接触光线或受热而导致脱色，需要添加可塑剂以增加弹性。众所周知，氯乙烯单体是致癌物质，由于制造过程中会将其释放到环境中，欧洲很多地方都禁止生产 PVC。环保组织“绿色和平”已经开发了 PVC 替代品的在线资源向导。燃烧时危险。还可用于软质弹性薄膜，包括地板和模压刚性产品（例如管道、纤维、饰面材料、护墙板和刚毛）。其标记是在包装上的循环三角形里加个“3”。

population 族群

在同一生境同一种生物所形成的群体。

porosity 孔隙度

材料中孔隙或其他开口与材料总体积之比。

Portland cement 硅酸盐水泥，波特兰水泥

在砖窑中燃烧石灰石和黏土制成的一种水泥。向水泥中加水，氧化钙与水化合形成碱性的氢化钙。短暂皮肤接触是可以忍受的，但是有些人会发展成深度烧伤。水泥引发的皮炎包括皮肤干燥、皮疹等。未水合的硅酸盐水泥是一种呼吸性粉尘而不会造成沙尘危害。用于制作陶瓷锦砖、采石场和铺路砖的薄泥浆。也称为水硬水泥或水泥。

post-commercial recycled content 商用后回收物

在制造过程中从固体废弃物流中回收或转移的材料。不包括已用的、修理的或再造的部件。也称为预消费回收物。

post-consumer recycled content 消费后回收物

目标消费者使用过的或已被丢弃待回收的材料或成品。是回收材料众多种类中的一部分。例如报纸、杂志、饮料罐、建筑材料等。

potable water 饮用水

适宜饮用的水。

primary treatment 初级处理

在废水处理中，去除污水中所有漂浮物或悬浮固体的过程。参见二级处理及三级处理。

producer 生产者

像植物一样，可以通过光合作用等过程制造自身所需食物的生物体。

product　产品，产量

成果或制品，数量、产量或总生产量。

R

recover　回收

收回潜藏在废弃物中的资源。

recovered materials　回收材料

从固体废弃物中回收或转移出的废料及副产物。不包括初始制造过程中产生的和普遍再使用的材料和副产物。

那些已知具有回收潜力的材料可以回收并且已经从待售的固体废弃物流中分离出来。

recovery rate　回收率

所有被丢弃的材料通过各种回收策略得以回收，包括园林废弃物、堆肥和再使用。指定的回收材料加上通过沉淀回收的材料除以指定的可用材料总量。

recyclables　可回收物品

达到最初使用目的后仍具有有效物理或化学性质的材料，可以重复利用或再制造出附加产品。废料作为原料得以收集、分离和重复使用。

recycle　循环利用

将特定材料从废弃物中分离出来并进行处理，从而以类似的最初的利用形式实现重复使用。例如将回收的报纸制成纸张或纸板。

recycled content　回收成分

产品由回收材料制成的部分。可能包括消费前和消费后材料。购买有回收成分的产品可以支持回收利用。

recycling　循环利用，回收利用

从废弃物流中提取材料并重新使用的行为。从废料或其他丢弃的材料中提取并回收有价值的材料。金属采取静电分离。回收的混合塑料用于生产不要求颜色、透明度或强度的产品，例如地毯背衬。高价值回收产品需要将塑料按照密度、物理性质、溶解性或感光性等进行分类。真正的回收利用是将废弃材料还原成最初的形式。另一种是将其转换为其他材料。参见转换。

recycling loop　再利用循环

对可能被浪费的材料进行收集和处理并将其转换成新产品的过程，否则会被丢弃。

reflectance 反射比

表面反射光占总入射光的比例或百分比。良好的光源反射器不一定是良好的热反射器。

regeneration 重建

沼泽林地和矿山的恢复。常用的措施包括排水、换土、移植和施肥。

region 地区

两个或多个合并区域构成的组合地理区域；两个或多个未合并区域；合并或未合并区域的组合。

relative humidity 相对湿度

特定温度下，空气中水汽量与能保持的最大水汽量之比。

renewable resources 可再生资源

自然恢复或补充的速度等于或大于损耗速度的资源。通过自然生态循环或健全的管理措施能够完成更新的资源。例如太阳能、风能、水力、地热及生物资源。可再生资源有时是指再生、不衰竭或本期收益能源。

从无尽或可循环资源自然生成的原材料或能源形式、如太阳、风、流水、生物燃料、鱼类和树木，通过自然方式管理，这些资源的更新与消耗速度大体相同（持续产量）。

repairability 修复能力

产品或包装能以低于更换价格的成本进行修复以使其投入使用的能力。

residue 残留物

处理、焚化、堆肥或循环利用后剩余的物质。通常会在垃圾填埋场处理残留物。

retention basin 贮留池

为了保留径流防止腐蚀及污染的区域。

reusability 可重用性

产品或包装能够以同一形式多次使用的能力。

reuse 再利用

材料的回收，不经处理而再次使用（例如牛奶场重用的玻璃瓶）。

回收可用的产品（否则将成为废弃物），将废弃物的产生降到最低的处理过程。

以同一方式同一目的多次使用一件产品，例如，将饮料瓶回收到装瓶重新灌装；为已完成初始作用的物体或材料发现新功能，再次使用。

rock bed　岩床

填满岩石、鹅卵石或碎石，并通过提高岩石温度来储存能量的容器。

roof pond　屋面蓄水池

建筑物屋面上的水体，暴露于阳光下以吸收并储存太阳能。不管在晴天还是阴天，热能都能以适当的温度均匀地辐射到建筑物内。

runoff　径流

流经地表（而不是浸入地表）并最终汇入水体的水（降水产生），会携带大量悬浮物或溶解物质。很多情况下，径流是有毒化合物组成的渗滤液。

S

salvage　抢救

在爆破或重建过程中对已损坏、丢弃或废弃物质进行的回收。

secondary treatment　二级处理

污水处理中，去除漂浮及沉淀固体、需氧物质和悬浮固体的生物处理过程。包括滴滤池或活性污泥处理。消毒杀菌为最后一步。参见初级处理和三级处理。

sedimentary rocks　沉积岩

构成地壳的三种岩石中的一种。是早期固体风化的结果。

sewage　污水

住宅和商用设施产生的废弃物和废水最终排入下水道。

shading coefficient　遮阳系数

通常是指透过窗户的太阳能与入射太阳能的比值。用来表示玻璃窗或遮阳设备的有效性。

sick building syndrome（SBS）　病态建筑综合征，室内空气综合征

一种与不良室内空气质量相关的疾病。与建筑相关疾病不同，病态建筑综合征没有既定原因或明确病症，也不能从医学上进行诊断。可能是多数因素造成的问题（例如通风不良、机电操作不当、暴露于烟草、挥发性有机化合物、霉菌等室内污染物中）。症状包括鼻塞，干眼症，眼部、咽喉及皮肤发炎，头疼，嗜睡、疲劳并导致精神不集中。一离开建筑物这些症状就会消失。

silica gel　硅胶

用作除湿剂和脱水剂的高吸附性硅，也可用作催化剂或催化剂载体。

sludge　污泥，淤泥

废水处理后遗留的半固态到固态的残渣，以固态沉淀在腐化槽或废水处理厂沉淀池底部；必须通过细菌消化或其他方法处理，或用泵抽出作地面处理、焚化或堆肥。

softwood　软木材

松树、冷杉、铁杉、云杉或雪松等针叶树的木材。软木生长很快，主要用于建筑，参见硬木。

soil　土壤

我们居住的地球外壳上的薄层，已被风化和生物体的分解所影响。植物可以在松散的地表顶层生长。

solar collector　太阳能集热器

收集并储存太阳辐射能的设备，从普通窗户到复杂的机械装置都包括在内。建筑物中常用的主动式太阳能集热器主要有三种类型：平板式、真空管和多种线性聚光器。平板式是供暖和热水中最常见的类型。真空管和聚光集热器通常用于需要高温的情况。参见光电。

solar energy，useful　太阳能，有用的

造成总热负荷的太阳能总量。用绝对数值（kWh）或集热器单位面积的能量（kWh/m^2）表示。

solar radiation　太阳辐射

太阳发射的携带能量的电磁辐射。太阳辐射包含很多频率，每个频率都对应着一类辐射：

- 高频率 / 短波　紫外线
- 中频率 / 中波　可见光
- 低频率 / 长波　红外线

太阳辐射在到达地球大气层之前相对畅通无阻。部分辐射将被反射至大气层以外，部分被吸收。到达地球表面的被称为直接辐射。被大气层散射的被称为散射辐射。直接辐射和散射辐射之和称为总辐射。

solid waste　固体废弃物

通过垃圾掩埋场、焚化炉或堆肥处理的固体产品或物质。可用重量或体积表示。

solar water heater　太阳能热水器

太阳能热水器是一种水加热系统，用集热器收集太阳的热能，并通过泵将其输送到存储设施。存储设施内加热后的液体通过换热器将热量传递给生活热水。需要通过控制来调节其运行。

stack effect　烟囱效应

烟囱中受约束的热气和出口周围冷气之间的差异形成对流，并由此产生压力驱动气流。烟囱效应的力量可能超过建筑物的机械系统进而中断通风和循环。

管道或其他垂直通道中的空气或其他气体受热时，其密度低于周围的空气或其他气体从而产生上升趋势。在建筑物中，由于内外部空气的密度差，形成内部受热空气被外部未受热空气置换（温差所致）的趋势。

succession　演替

生态系统内发生的进步性变化，最终形成稳定的群落。

sun space　阳光间

玻璃覆盖的空间，通常朝南布置，收集热量并将部分热量提供给其他空间（通常为相邻空间）。阳光间的温度通常不受控制，随季节每天都发生变化。

surface-area-to-volume ratios　表面积 – 体积比

建筑能源性能的一个潜在的并且常常有误导性的指标。最小比值应用于球形或实践中常见的近方形建筑物。表面积也非常重要，因为它可能提高建筑物被动太阳能采暖、自然通风和 / 采光的潜能。

surface water management systems　地表水管理系统

为防止地表水流入废弃物堆填区而设计、建造、运营及维护的系统。

sustainable　可持续性

维持、耐久或继续的能力。既满足当前需求又不会破坏将来的资源。使循环利用可持续的主要途径是让公众购买回收材料制成品。

sustainable development　可持续发展

指一种资源管理模式，让当代人在满足自身需求的同时不影响后代满足其需求的能力。

T

task lighting 工作照明

聚焦于特定表面或特定物体的任意形式的光。其目的是为特定行为提供高质量的照明（通常具有灵活性）。

tertiary treatment 三级处理

废水处理的最后阶段，去除硝酸盐、磷酸盐和微粒。该过程也称为污水深度处理，是去除原污泥和生物处理之后的步骤。参见初级处理和二级处理。城市废水处理厂有时需要三级处理。主要是去除营养物和大部分 BOD（生化需氧量）的深度清洁。

thermal chimney 热风筒

建筑物的一部分，通过刺激上升气流和受热空气排放来控制太阳热量或热流。热风筒还能使新鲜空气通过打开的窗户或通风孔进入建筑物的使用部分，形成被动制冷系统。

thermal conductance 热导率，导热性

取一定厚度面积为 $1m^2$ 的材料，材料两面温度相差 1K 所传递的热量。

thermal mass 热质

能够吸收热量或冷量并在较长时间后将其缓慢释放的材料。土壤、水和石材可以为被动加热或制冷系统设计提供极好的热质。

绝热状态下受热空间单位体积内建筑物的质量。初级热质直接接收阳光；二级热质接近于初级热质，接收初级热质发出的辐射及对流能量；远程热质被初级热质和二级热质掩盖，只能接收对流能量。

thermal pollution 热污染

将热的废水排放到天然水体中，温度的改变会扰乱水路的生态平衡，从而威胁到某些生物的生存或有利于其他生物。

thermal storage 热储存

通过热储存可以使太阳能获取系统收集的热能大于目前所需水平，并且将其存储以备后用。

thermal-storage wall 蓄热墙

用来储存太阳热能的砌筑墙或水墙。其特点是南向的一面通常都漆为深色以提高吸收量。

time lag 时滞，时间间隔，时间延迟

材料吸收太阳辐射与释放辐射能回到空间之间的时间间隔。时滞是确定蓄热墙或特郎布墙尺寸的重要参数。

toxic 有毒的

为方便管理而定义的一种含有毒物并对人体健康或环境有重大威胁的物质。

toxic substance 有毒物质

概括地指所有对人体或环境有害的材料，例如苯、四氯化碳、氯仿、二氧杂环乙烷、二溴化乙烯、二氯甲烷、四氯乙烯、1，1，1-三氯乙烯、三氯乙烯。

tracking 跟踪

全天改变模块倾斜度，使其面对阳光以实现功率输出最大化的过程。

trophic level 营养级

该术语用来描述食物网内的各级能量消耗水平。食物网内的能量总是从生产者开始，沿一个方向流动。

U

ultraviolet radiation 紫外线辐射

波长比可见光辐射短的电磁辐射，存在于太阳辐射中，是一种不可见的辐射。对塑料玻璃、油漆和家用纺织品的变质有影响。

U-value U值

参见热导率。

V

volatile organic compound（VOC） 挥发性有机化合物

在常态或常温常压下容易蒸发的有机化合物。例如苯、三氯乙烯和氯乙烯。还包括光化学反应后产生臭氧的前体以及氮的氧化物。

W

waste 废弃物，浪费

所有丢弃、无用或不需要的物质、不需保存以及“将其废弃”的物质。“节省”的反义词，“浪费”。

wastewater 废水

家庭、社区、农田或工厂消耗使用的水，含有溶解或悬浮物质。

watershed　流域

将水排入河流、水系或其他水体，或排入常见出水口的陆地区域如湖水出口、河口或沿河道的任意点。

wetlands　湿地

湿地环境的特点是水位浅或水位波动，具有丰富的水生和沼生植物。包括沼泽、海湾、泥塘、沼池、泥潭和池塘。

经常被地表水或地下水渗透、并生长大量能适应饱和土壤条件的植物的区域。

white goods　白色家电

用来描述冰箱、洗衣机、干衣机等大型家电的术语。近年来这些家电为标志性的白色，因此而得名。

window-to-wall ratio　窗墙面积比

玻璃窗面积与外墙总面积之比。

wind turbine　风力发电机

利用风力转动连接在发电机上的风力螺旋桨来发电的机器。

wing wall　翼墙

窗户或墙一侧上的垂直投影，用来增加或减少墙壁或窗户承受的风压或太阳入射。 翼墙是与窗户旁外墙垂直的小型外墙。翼墙会激发空气穿过窗户（微风）从而形成一个负压区。

X

xeriscape　节水型园艺

为达到节水、节能、低维护目标而进行的绿化工程。节水型园艺的七个原则是：杰出的规划设计、实用的草坪区域、高效率灌溉、土壤改良、覆盖层的使用、需水量低的植物和良好的维护。

译后记

本书分为三部分：一、生态设计的概念、前提、理论等基本介绍；二、生态设计导则（包括帮助设计者确定所要设计的生态内容；系统的室内舒适条件和相关的系统设计；系统的内外环境关系；系统的输入输出；系统的评估）；三、相关的生态思考。

本书是作者长期实践探索的总结。它以热带、亚热带气候的建筑生态设计为主要研究对象，全面而广泛地介绍了生态设计知识和系统的生态设计方法，并结合了景观生态学、城市生态学和普通生态学等理论的知识，对建成环境中的生物物种进行了一定深度的探讨，介绍、提出了“城市屋顶空间物种”、“景观桥”、“正干扰”等概念；作者对热带、亚热带气候条件下的被动式设计策略，如“风铲”、“被动式日照系统”等较为重视，同时介绍了通过计算机流体动态模拟等手段，调节建筑微气候的方法。

本书论述对象主要为建筑以及基础设施等建成环境，少部分章节还有产品生态的内容，有利于拓宽生态设计的视野；而且本书没有难以理解的公式和理论推导，容易为读者所掌握与应用；特别是作者总结出的如“空中庭院”、“绿化遮阴”、“垂直连续绿化”和“生物与非生物一体化设计”等设计方法，对于我国湿热地区的绿色建筑设计具有较强的应用价值和借鉴价值。

杨经文先生是国际绿色建筑与生态设计领域的先行者，在他近四十年的研究和实践中，不仅在生态设计的普适性理论方面卓有建树，更难能可贵的是将这些普适性原则应用于他所生活的热带和亚热带地区，形成了诸多富有活力的实践，使我们得以亲身体验生态设计的魅力。在本书的翻译过程中，我们可以深切感受到杨先生希望把许多生态学艰深理论平实化，用为设计师们所熟悉的表达方式予以阐述的良苦用心，但囿于自身水平，常常感到力不从心，虽反复修改，仍会有不尽如人意之处，其中谬误也希望得到同仁们的指正。

本书的翻译得到了家人和朋友的支持，夏伟、邹涛、黄一翔、王富平等诸位博士都对翻译工作给予了许多指导，在此一并表示感谢！

本书的翻译是团队工作的结果，其中各章节英汉直译工作分别由黄献明（目录、序言、词汇表、B18–B27、C4–C6）、吴正旺（A1–A5，B1–B13）、蔡意（B14–B17）、黄聪健（B28–C2）、王建佳（C3）等同志完成，统稿由黄献明完成，统一校审由栗德祥教授完成。